西北工业大学研究生高水平课程体系建设丛书

KONGJIAN SHENGWUXUE YU KONGJIAN SHENGWU JISHU

空间生物学与空间生物技术

商　澎　杨鹏飞　吕　毅　编著

西北工業大學出版社

【内容简介】 本书较全面、系统地介绍了空间生物学与空间生物技术领域的基础理论及前沿研究进展。全书共分2篇18章。第1篇为基础篇，内容包括空间特殊物理环境的基本概念，动物、植物、微生物等在细胞、生理和个体发育层面对空间环境的响应以及空间生物力学和生命起源等基础研究；第2篇为技术篇，内容包括空间和地基模拟实验的硬件设备技术，空间细胞培养、蛋白质晶体生长、生物分离、育种、制药技术以及受控生态系统等技术应用研究。

本书可作为高等院校空间生命科学相关专业高年级本科生和研究生的辅助教材，也可供相关学科专业的教师和科研工作者参考。

图书在版编目(CIP)数据

空间生物学与空间生物技术/商澎，杨鹏飞，吕毅编著．—西安：西北工业大学出版社，2016.3

(西北工业大学研究生高水平课程体系建设丛书)

ISBN 978-7-5612-4782-2

Ⅰ.①空… Ⅱ.①商… ②杨… ③吕… Ⅲ.①航天生物学—研究生—教材 ②空间科学—生物工程—研究生—教材 Ⅳ.①Q693 ②Q81

中国版本图书馆CIP数据核字(2016)第062943号

策划编辑：华一瑾
责任编辑：张珊珊

出版发行：西北工业大学出版社
通信地址：西安市友谊西路127号　　邮编：710072
电　　话：(029)88493844　88491757
网　　址：www.nwpup.com
印 刷 者：兴平市博闻印务有限公司
开　　本：787 mm×1 092 mm　　1/16
印　　张：23.875
字　　数：576千字
版　　次：2016年3月第1版　　2016年3月第1次印刷
定　　价：88.00元

编审委员会

前　言

随着世界经济的发展和航天科技的进步，人类探索太空、利用空间资源的需求不断增加，各空间大国已将空间生命科学作为空间科技领域发展的重要方向之一。我国正处于空间科技快速发展的关键时期，以载人飞船和返回式卫星为代表的空间技术已经成熟，航天实力稳步提升。但是与各航天大国相比，我国在空间生物学和空间生物技术领域的基础科学研究与人才培养方面还存在一定的差距，其中该领域相关著作的缺乏即为明显的体现之一。

本书的编写工作是基于西北工业大学"空间生物科学与技术"这一学科多年建设基础之上的。2004年，西北工业大学在"985"工程的支持下开始建设"空间生物技术实验室"，2007年该实验室获准为国防科学技术工业委员会首批"国防重点学科实验室"，2008年"空间生物科学与技术"学科获批国防科技工业局的"国防特色学科"。在此过程中，支撑该学科的各个研究团队瞄准国家在航空航天领域特别是在空间生命科学领域的重大需求，进行了大量原始创新和集成创新的基础研究工作。该学科和重点实验室的建设也得到了国内前辈同行的大力支持、帮助和指导。本书即是在该学科科学研究和经验积累的基础上，特别邀请了国内多年从事空间生命科学研究的专家，结合多方的基础研究经验和实践经验编写而成的。本书部分内容在一定程度上反映了编审委员会成员多年的研究成果，不仅向广大读者介绍了该领域的前沿基础研究现状，同时也是国内该领域专家对各自研究成果的系统总结。

我国航空航天类科研机构和高等院校不仅需要从事该领域的基础科学研究，更肩负着培养未来高质量后继人才的重任。因此，更加有必要从基础研究前沿、学科建设和人才培养的角度，以专著等形式，立足基础理论，注重系统性、交叉性，同时反映学科进展和前沿，系统地介绍该学科领域的基本理论、研究成果和应用，为这一庞大的系统工程添砖加瓦。

本书对学科和相关领域的基础理论、学科体系、研究成果和发展趋势进行了回顾和展望。全书的内容分为两篇，共18章，以空间生物学效应为基础，以空间生物技术为支撑，适当介绍空间生物技术的应用。编写过程中特别注重空间生物学与空间生物技术研究的特殊性，即科学问题与实验技术条件的密切关联、不可分割的关系，具体内容如下。

第一篇为基础篇(第一章～第十章)，主要介绍空间生物学基础理论和研究进展，包括空间环境下微生物、植物、水生生物、细胞等的响应，以及空间发育生物学、空间生理学、空间辐射生物学、空间生物力学和生命起源及地外生命等。

第二篇为技术篇(第十一章～第十八章)，主要介绍空间生命技术，包括空间生命实验设备与技术、空间生命科学地基实验技术、空间细胞培养与组织工程、空间蛋白质晶体生长技术、空间生物分离技术、空间技术育种、空间受控生态生命保障系统和空间制药技术等。

相比国内外已出版的同类书籍，本书有以下特色。首先，本书力求体现基础性、系统性、交叉性和前沿性，反映出该学科的基本范畴和体系，并将学科发展与研究进展相结合，综合反映国内外该领域现状和发展趋势。其次，本书编写过程中特别邀请我国在该领域工作的一线中、青年专家组成编审委员会，他们分别工作在生物学的不同二级学科，既保证编写质量，又最直接地反映我国以及国际上在该领域的工作进展。最后，本书从基础、技术和应用方面进行介绍，注重基础性和前沿性，同时注重系统性和交叉性，体现"空间生物科学"与"空间生物技术"的结合，注重"科学"(研究问题)与"技术"和"工程"(研究手段和研究条件)、空间科学与生命科学的有机结合，在一定程度总结反映了编者近年来在"空间生物学与空间生物技术"基础科学研究领域的实践经验，以及"空间生物科学与技术"这一特色学科的建设实践过程。

本书的具体编写分工如下。绪论：商澎；第一章：尹大川；第二章：黄庆生，杨慧，曹慧玲；第三章：郑慧琼，张岳(中国科学院上海植物生理生态研究所)，吕毅；第四章：王高鸿(中国科学院水生生物研究所)，卢慧甍；第五章：骞爱荣，胡丽芳；第六章：王金福(浙江大学)；第七章：余志斌(第四军医大学)；第八章：李钰(哈尔滨工业大学)，续惠云，丁冲；第九章：杨鹏飞；第十章：骞爱荣；第十一章：张涛(中国科学院上海技术物理研究所)；第十二章：李文建(中国科学院近代物理研究所)，尹大川，贾斌；第十三章：骞爱荣，郑慧琼(中国科学院上海植物生理生态研究所)；第十四章：尹大川；第十五章：李京宝，邓玉林(北京理工大学)；第十六章：刘录祥(中国农科院作物科学研究所航天育种研究中心)；第十七章：郭双生(中国航天员中心载人航天环控生保室)；第十八章：卢婷利。(注：未特别注明单位的编委均属西北工业大学)

需要特别说明的是，在编写本书的过程中，我们得到了多位国内同行学者、专家的指导和帮助，限于篇幅，无法一一列举姓名，在此一并表示衷心的感谢。此外，本书编写力求通俗易懂，以满足专门从事生物科学、空间科学技术等工作的专业人员，高等院校相关专业的研究生、本科生，以及对空间生命科学与技术感兴趣的读者等不同层次的需求。

由于水平所限，书中的错误和纰漏在所难免，恳请专家、同行和广大读者批评指正。

商 澎

2016 年 2 月于西安

目　录

第二篇　技术篇

绪 论

第一节 空间生命科学的概念

一、空间生命科学研究的目的和意义

自古以来，生活在地球上的人类就对浩瀚的宇宙充满好奇和向往，并对其进行了长期的探索和研究。自1961年苏联航天员尤里·加加林开启迈向太空的第一步后，迄今已有20多个国家的多名航天员先后遨游太空。随着人口的爆炸式增长，地球上有限的能源、水和土地等资源紧缺，作为一个封闭系统，地球生态系统的稳定性也在逐步下降。为了寻找出路，人类将目光转向了远离地球的外太空，开发地外资源，开拓新的生存空间。

空间科学技术是现代科学发展的前沿，是先进技术的代表，是社会生产力高度发达的重要标志，也是综合国力的体现，它的发展促进和带动了其他科学技术领域。其成就为人类解决众多科学和经济问题开辟了全新的途径。

在整个空间探索活动中，人是活动的主体和最终服务对象，开展空间生命科学的研究，是保证空间探索活动顺利开展的基础。如何保证人在空间特殊环境下健康、安全并高效工作，了解人在返回地球后的再适应过程，以及对后代是否有影响是空间生命科学研究的首要任务。其次，研究空间特殊环境下人及其他模式生物的生长发育，繁殖、代谢等生命活动过程是否受影响，其生物学机制是什么。研究地外生命起源，利用空间特殊环境条件开展应用性研究，推动相关领域技术的发展，解决地面人群所面临的问题也是该学科研究的重要领域。空间生命科学的研究不仅增加了该领域的新知识，也利于指导人类如何在空间中更好地生活、工作，同时为基础生命科学问题研究提供了新场所，如研究重力在地球生命形成、进化、维持以及衰老过程中的作用。

二、空间生物学和空间生物技术的概念

空间探索的开展在推动已有学科发展和融合的同时，也开辟了新的学科。空间生命科学主要包括心理学、生理学、医学、生物学以及与之相关的物理、化学、地质、工程以及天文学等。

其中，空间生物学是空间生命科学的重要组成部分。目前一般认为，空间生物学是指地球上的或地球以外的生命，当其生存于地球大气层以外时，进行生物学现象及其规律研究的一个学科。

空间生物技术是指利用空间特殊环境，以现代生命科学理论为基础，结合其他基础科学的科学原理，采用先进的技术手段，按照预先的设计改造生物体或加工生物原料，为人类生产出所需产品或达到某种目的，为社会服务，它是一门新兴的综合性学科。

三、空间生物学与空间生物技术的研究内容

与空间生理学和医学不同,空间生物学研究更侧重以空间环境为工具,帮助人们更好地理解重力等物理因素对基础生物学过程的影响,研究对象也集中在微小生物体,如细胞、动物、植物和微生物,而空间生理学是以人的整体为出发点,空间医学则是评估长期空间飞行过程对人类带来的问题和危险,并针对这些问题提出解决方案或应对策略。空间生物学的主要研究内容包括理解重力对细胞、动物、植物以及微生物的影响;阐明微重力和其他特殊物理环境(如辐射、昼夜节律变化、亚磁环境等)对生物体的复合效应;利用空间环境拓宽生命科学知识,提高地球上人类的生活品质。

空间生物技术研究主要侧重应用方面,根据美国国家航空航天局(NASA)的分析,当前的主要内容可归纳为几大类,即细胞培养和组织工程技术,大分子的结晶、分离和纯化,以及适用于空间生物实验的特殊方法技术和实验仪器的开发。

第二节 空间生命科学研究的发展历程

在空间科学探索方面,美国和苏联起步较早,因此空间生物学研究也开始于两国。一般认为,空间生物学始于 1948 年美国 Bloosom - 3 火箭将名为 Albert 的猴子送上天时。随后,苏联在 1951—1952 年将 9 只狗发射升空,1957 年又将小狗莱依卡发射升空,并使其在轨道上生活了一周时间。

从 1948 年起到 1961 年加加林飞天期间,美国共发射了 14 枚生物火箭,苏联发射了 26 枚生物火箭,将狗、猴和其他生物发射到 100～500 km 的高空,在该条件下进行生物学和医学研究。研究在密闭舱和非密闭舱内的生存条件以及生物对辐射、失重和加速度的耐受性。这个阶段的研究目的是了解近似绕地轨道飞行的条件对动物的影响,主要是研究猴子、狗和小鼠机体在空间飞行条件下是否受到损伤;间接了解空间条件对人的影响,判断把人送入太空是否有危险;研究生存条件和保护装置。1957 年,载有小狗的人造地球卫星绕地轨道飞行,研究了从发射到入轨,以及长时间轨道飞行对动物的影响,并采用遥测技术监测了动物的生理参数,监视动物的行为和反应,同时,还研究了宇宙辐射的生物学效应,这一阶段的探索性研究为后续载人航天打下了基础。由于证实了人进入空间不会发生意外,这才有 1961 年的第一次载人飞行。其后有几次搭载猴子和小鼠的亚轨道空间飞行。

前期,由于美国及苏联主要侧重于监测和保护航天员的健康,重力生物学和空间生物学在开始时发展缓慢。重力生物学作为一个新的学科,始于 1960 年初的生物卫星。1960 年美国的发现者 7 号和苏联的生物卫星 2 号卫星搭载了细菌和动、植物细胞。紧随其后,又进行了天空实验室等一系列实验。这个阶段的研究受到工程技术手段的限制,且实验缺少有意义的对照。

20 世纪 60 年代后期,通过生物卫星和各种航天器进行多种生物学实验以及医学实验的工作增加,与此同时也在探索延长空间飞行时间和飞往月球的安全性。20 世纪 70 年代初进入空间站建设时代,长期空间飞行成为可能。

1970 年后,大量系统的空间生物学实验研究得以开展,旨在探讨航天病的机理以找出相应的防护措施,同时,利用空间的特殊条件揭露生命活动的奥秘,更好地服务于地面人群生活。

1983 年，航天飞机的服役使进行系统和广泛的空间生物学研究成为可能。

我国空间生物学研究起步较晚，最早的记录为 20 世纪 60 年代中期发射的 5 枚生物火箭，搭载其上的生物样品均实现安全返回，并通过对狗、大鼠、小鼠及其他多种生物样品的实验，获得了有价值的资料，为我国的空间生物学研究走出了第一步。20 世纪 80 年代起，我国先后发射了数颗返回式卫星，期间开展了空间蛋白质结晶、空间细胞培养、生物大分子分离纯化和空间生物学效应实验以及空间医学研究，利用空间辐射条件多次搭载农作物种子进行空间育种应用研究，并研制了空间实验装置，多方面开展了生物学效应和生物技术研究。

总体来看，20 世纪 90 年代前的这段时间，各国的空间生物学研究多处于现象观察，资料积累的阶段，深入的理论研究及大规模应用较少。

而 1998 年国际空间站的建立，紧接着我国载人航天任务的开展，为在空间开展长时间、大批量且有人值守的生物学和生物技术研究提供了难得的机遇，也使空间生物学和生物技术的研究迈入新的发展阶段。空间生物学研究，更侧重利用新的生物实验手段，从较微观层面揭示生物体对空间环境的响应机制，比如从细胞或基因层面研究植物的向重性机理，长期空间飞行引起的失重性骨丢失机理，微生物代谢产物变化等。同时，随着空间科学技术商业化热潮的出现，空间生物技术的应用也逐步转向生物技术的基本过程研究，进行相关航天和民用产品的开发等。

第三节 微重力生物效应的一般原理

重力对决定生物形态、行为和生理功能起着十分重要的作用。微重力生物效应是空间生物学研究的重要领域，也是迄今为止在效应机制方面研究较深入的领域。根据大量空间飞行和地基模拟微重力实验，本节对微重力生物学的一些基本概念和相关原理进行总结归纳。

一、微重力生物学现象分析

1. 尺度效应

尺度效应是微重力的实验应该考虑的最主要参数，不同形态大小的个体，同一生物的不同水平，对微重力的响应表现也不同。大型动物其骨骼所占体重的比例越大，所受重力的影响也越大，如人的骨骼占体重的比例是鼠的 2 倍。而小型动物因受表面张力等因素影响比重大，因而受重力的影响小，如更小的生物体如细菌，几乎不受重力影响，主要受环境黏滞性和布朗运动影响。因此，较小的生物在重力高达 100～300 g 时都不会表现出任何效应。体外培养的哺乳动物单个细胞常能耐受几百倍 g 的超重力，而个体（如大鼠）只能耐受 2～5 倍 g 正常重力而不表现明显的效应。

2. 重力敏感阈值和阈时

阈值（threshold）即临界值，是指释放一个行为反应所需要的最小刺激强度。阈时或称刺激时阈（presentation time）是指由某种强度的刺激引起某种反应时，这种刺激为最短的有效刺激时间。生物体对重力刺激的响应有其敏感阈值和阈时，不同物种，不同部位以及不同组分对重力的响应程度也不同，如在 10^{-4} g 条件下未表现出微重力响应的，在 10^{-6} g 时就可能表现出效应，微弱的微重力效应可能会随时间增加而放大。此外，研究显示，植物细胞相对动物细胞对重力的反应就较“迟钝”。微重力效应往往取决于微重力水平和作用时间的乘积。因此，在实际的实验设计和分析中,要根据实验目的充分考虑实验对象的敏感阈值和阈时。

生物体不同成分在不同 g 力作用下的耐受性,可用其"失重敏感曲线"来描述。图0-1所示为一个机体的不同成分预期会呈现出的失重敏感曲线。

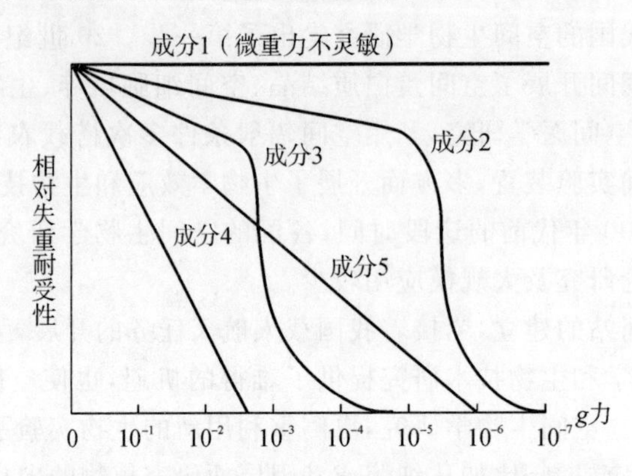

图0-1　不同成分有不同形状的失重敏感曲线

二、微重力生物学效应分类

微重力作用于生物体的表现不同,按照时间和效应的作用方式可进行以下两种分类。

1. *初始效应和后效应*

一般认为,微重力初始作用于生物体时产生的效应是物理效应,然后再是重力感受及生物效应。微重力对于生物体的初始效应多半是微弱的、短暂的,研究中能被观察到的往往是其后的效应。

2. *直接效应和间接效应*

直接效应是指生物个体或其某种组分直接对重力做出反应而产生相应生物学现象。大部分高等植物、部分无脊椎动物以及多数脊椎动物,都有特殊的重力感受子或感受器官,能识别重力矢量的改变并且启动响应。如高等植物中的淀粉体,某些无脊椎动物的平衡器,脊椎动物的耳石。微重力的真正直接效应,在 1 g 条件下难以复现,除非在模拟微重力效应(如回转)过程中。

间接效应则指系统并不直接对重力本身做出反应,而是响应微重力条件所引起的局部环境的改变。在低重力环境下,由于重力的减小,浮力驱功的流动减弱、沉降率和流体静压力下降。与重力无关的力,如表面张力,变得更重要,而热传递、对流等则会减弱。

低重力环境中流体动力学的改变对于生物系统的行为有显著影响。如在细胞培养实验中,氧气、营养物质、生长因子和其他分子的向质膜扩散,以及废物及 CO_2 扩散离开细胞,在缺少对流的情况下都会下降,除非对介质进行搅拌或强迫流动。空间飞行时的细胞培养实验发现,细胞的生长速率或葡萄糖利用率会部分降低。在植物个体方面,微重力引起表面张力改变,导致植物根部缺水或使根部受涝而影响通气。同样,叶子表面的气体交换率降低会使光合作用中 CO_2 的利用降低,影响植物的糖类和能量的生产。

三、微重力生物学研究方法

1. 合理的实验设计和分析方法采用

合理的实验设计是研究成功的基础。对于生物体来说,微重力的影响较弱,目前尚未有微重力会引起生命体产生突变的报道,因此更应注意实验过程中的对照设置和局部控制。同时,空间飞行过程中并非只存在微重力一种环境因素,辐射、磁场的差异、振动以及飞行器上升过程的超重等条件都可能交织一起共同作用,因此,需要通过实验设计和后续的分析方法,尽可能将各因子对生物体的影响独立剖析。在进行地面对照实验时,上述空间特殊环境因素(特别是辐射)都不易控制,因此,在空间飞行器上需要使用能产生 1 g 对照环境的飞行用离心机。

2. 模式系统选择

合适的模式系统选择,对于微重力生物学研究非常重要。最优的模式系统应该在对重力矢量发生改变时,呈现出明显、无误的生物学效应。目前研究常用的模式系统包括高等植物(向重性),大型动物卵(如两栖类——对受精的旋转响应,禽类——囊胚泡沿重力矢量的极化),以及其他特殊器官系统(如骨骼系统等)。在响应重力刺激时,简单的模式系统可能会很好地代表更复杂的生物体,因此简单的模式系统在微重力生物学研究中也是有用的。

3. 地基模拟实验平台建立

在真实的空间微重力环境下开展实验受到许多限制,如空间飞行成本高、飞行次数少导致实验重复机会少,实验条件不易控制,获取实验数据困难等。地基模拟失重平台的建立,就可以有效克服真实空间实验的限制:①地基实验不受飞行时间和航天员技术能力的限制;②实验条件易于控制,便于收集实验样本;③实验可多次重复;④避免空间飞行实验中航天器起飞和着陆时超重和振动对实验样本的影响;⑤节约实验研究成本。因此,目前常采用地基模拟实验平台来模拟空间微重力环境。地基模拟实验装置主要有落塔、探空火箭、失重飞机、回转器、随机定位仪、大梯度强磁场超导磁体等。

4. 现代生物学实验技术应用

早期微重力生物学研究主要停留在现象发现或以整体响应研究的水平,关于生物体在细胞和分子水平响应的研究开展较少,其中很大一部分原因归结于传统实验方法技术的限制。随着现代分子、细胞生物学等学科的快速发展,新兴的高度集成和高通量实验方法、统计学方法及现代计算机分析技术应运而生。比如针对基因水平研究的基因芯片、高通量测序等手段,为从遗传学角度揭示生物体响应重力刺激过程的作用机理提供了有力支持,也将微重力生物学研究带入了一个全新的阶段。

第一篇　基础篇

第一章 空间环境的物理基础

第一节 空 间 环 境

“空间环境”(space environment)一词已在不同场合得到广泛运用,在许多专业教科书及一些百科全书中,可以看到不同的定义,但总体归纳起来,可以从广义和狭义两个角度对其定义。

从广义的角度而言,“空间环境”就是宇宙的泛指,即地球、太阳、银河系赖以存在的空间,或者说是各类天体之间的区域。

从狭义的角度来看,“空间环境”是指地球大气层之外的地外区间。其关键特征之一就是没有大气,换句话说,空间环境是一个理想的真空环境。但是,实际上理想的真空环境并不存在,因此,需要一个“边界”来标识区别空间和地球大气环境。迄今为止,在人类进行的实际空间活动中,“空间”的边界尚没有通用的一致定义。目前几个使用中的定义如下。

(1)卡曼线(Kαrmαn Line):离地面海平面高度为 100 km 的一个球形边界。美籍匈牙利人 Theodore von Kαrmαn(1881—1963)经过计算,发现在该高度附近,空气太稀薄以至于航空飞行器不能正常飞行,即:在此高度,航空飞行器必须比轨道速度更大,才能获得足够支持航空飞行器的升力。同时,在此高度附近,气温存在一个突变,并与太阳辐射之间有强烈相互作用。卡曼线被国际组织 Fédération Aéronautique Internationale (FAI)所采用。

(2)航天员飞行高度:美国对在 50 英里(约 80 km)高度以上飞行的人员,称为航天员。

(3)再入高度:NASA 规定,在 76 英里高度(约 122 km)为再入高度。在该高度以下,飞行器受到的气体阻力变得显著。

(4)新观点:2007 年,卡尔加里大学(University of Calgary)L. Sangalli, D. Knudsen 等人通过实际测量,指出空间始于 118 km 高度。该高度是较为缓慢流动的地球大气与猛烈流动的空间带电粒子的一个突变区域。

“空间环境”对不同领域而言,其关注点各有侧重。例如,对宇航工程及航天学等领域而言,空间环境关注的是对航天器的运转产生影响的环境,如辐射、空间碎片、大气阻力、太阳风等,还有人根据一些航天器执行绕地轨道航行任务时周边环境之不同于地面环境,将空间环境称为“轨道环境”;而对空间物理学、大气物理学等领域来说,空间环境是自地球电离层下边界(约 50 km 处)向外延伸的空间,该空间存在各种固态颗粒(如流星、小行星),高能粒子(离子、质子、电子等),以及电磁及电离辐射(如 X 射线、远紫外线、γ 射线等)。

可见,采用“空间环境”这个名称,实际是要与地面人们完全熟悉的环境区别开来。该环境的特征与地面环境有明显差异,且共同认可的看法是,“空间环境”是离开地面向外延伸到某处之外存在的一个环境。

研究空间环境的目的,是为航天学、宇航工程、空间物理、空间生物及空间生物技术等学科提供影响航天器与航天员执行任务的周边环境因素信息。而空间环境的动力学变化过程(空间天气),会对航天器产生重要影响,也会对地球大气、电离层、地磁场等产生影响。因此,研究空间环境,理解空间环境的物理学本质及其特征,对人类从事航天活动,甚至是地面的一些其他活动,如地面通信,都有重要的意义。

第二节　空间环境的物理特征

一、空间重力环境

重力,本质上是四个基本相互作用之一的引力相互作用(其他三种:电磁相互作用,强相互作用,弱相互作用)。所有具有质量的物体之间,均存在引力相互作用,其表现是相互吸引,且与物体之间的相互距离有关。引力相互作用是四种相互作用中最为微弱的一种,在微观现象的研究中,基本可以忽略不计。但是引力相互作用同时也是四种相互作用中作用距离最长的,因此,在宏观天体运动中,引力相互作用常常起着决定性作用。

在宏观世界里,通常使用牛顿于《自然哲学的数学原理》上发表的万有引力定律来描述这种引力相互作用(更精确的描述参见爱因斯坦的广义相对论)。

$$F=g\frac{m_1m_2}{R^2} \tag{1-1}$$

式中,F 为两个物体之间的引力;m_1,m_2 为物体 1 与物体 2 的质量;R 为两个物体之间的距离;g 为万有引力常数,$g=6.672\ 59\times10^{-11}\ \mathrm{N}\times\mathrm{m}^2/\mathrm{kg}^{-2}$。

任何两个物体之间都具有相互吸引力,引力的大小与两物体的质量的乘积成正比,与两物体间距离的平方成反比。万有引力定律的发现,首次把地面上物体运动的规律和天体运动的规律统一起来。由于其广泛的作用范围,牛顿万有引力定律可以解释一些大范围的现象,如天体的运行规律、潮汐现象、地球扁平形状、日常生活中的机械运动规律等。历史上哈雷彗星、海王星、冥王星的发现,都是万有引力定律取得重大成就的例子。而如今,空间科学研究以及宇航探索中,牛顿万有引力定律仍然发挥着巨大的作用。

在空间科学研究中,与重力相关的一个重要物理量是重力加速度。牛顿第二运动定律指出,物体的加速度 a 跟物体所受的合外力 F 成正比,跟物体的质量 m 成反比,即

$$F=ma \tag{1-2}$$

对于一个在重力场中运动的物体,也同样遵从该运动定律。于是,我们可以得到在地面上该物体的重力加速度值 g,则

$$a=g=\frac{F}{m} \tag{1-3}$$

其中,F 为物体受到的引力,也就是物体的重量。在地球的表面,通常采用 $9.806\ 65\mathrm{m/s^2}$。

当然,在地面的不同位置,其重力加速度大小是不一样的。如果所在地纬度为 ϕ,高度为海平面,则其重力加速度 g 可通过下式(国际重力公式,也称 Helmert′s equation 或 Clairaut′s formula)进行估计:

$$g_\phi=9.780\ 327(1+0.005\ 302\ 4\sin^2\phi-0.000\ 005\ 8\sin^2 2\phi)\quad \mathrm{m/s^2} \tag{1-4}$$

如果考虑到所在地的高度,则其重力加速度可以使用下式估计:

$$g_{\phi,h}=9.780\ 327[(1+0.005\ 302\ 4\sin^2\phi-0.000\ 005\ 8\sin^2 2\phi)-3.155\times10^{-7}h]\quad \mathrm{m/s^2} \tag{1-5}$$

在其他天体上，同样具有各自的重力加速度（见表 1-1）。根据万有引力定律与牛顿第二运动定律，可以推算出某天体（质量 m）上的重力加速度大小为 $g_{天体}$，有

$$g_{天体}=\frac{Gm}{r^2} \tag{1-6}$$

式中，r 为该天体的半径。

根据上述公式，与地球比较，月球上的重力加速度约为地球上的 1/6，而火星上的重力加速度约为地球表面上的 4/9。

表 1-1　太阳系内部分天体的表面重力加速度

天体	重力加速度/(m/s^2)
太阳	274.1
水星	3.703
金星	8.872
火星	3.711
地球	9.807
木星	24.79
土星	11.19
天王星	9.01
海王星	11.28
冥王星	0.610
月球	1.622
木卫一	1.796
木卫二	1.314
木卫三	1.426
木卫四	1.240

显而易见，在浩渺无垠的太空，远离各个天体的空间环境中，一个尺寸可近似忽略不计的质点所处的重力加速度环境接近于 0，这就是通常所谓的零重力环境。

在载人航天飞行中，常常见到微重力现象。在绕天体运行的轨道航行中，微重力现象实质上是天体重力加速度与航行器运动加速度之间的平衡。例如一个进行圆周运动的航行器，将受到一个向心加速度 a 的影响：

$$a=\frac{v^2}{r} \tag{1-7}$$

其中，v 是圆周运动速率，r 是圆周运动半径。该向心加速度与重力加速度完全平衡时，即可实现所谓的“微重力”状态（或称 μg，micro-g，microgravity 等），即物体内部之间的相互作用趋近于零。此时，虽然航行器所处位置的重力加速度可能仍然达到地面重力加速度的

80%以上,但在该状态下物体表现出完全失重的现象,如溶液中的自然对流、沉降的消失等。该环境正是微重力科学赖以开展科学研究的特殊环境。

对于到空间环境开展各种活动的人类来说,不可避免将要面临的问题之一,是重力场环境的改变,包括在轨航行或远程星际航行中的低重力环境(特别是失重环境),以及在其他天体上与地面环境截然不同的重力环境。因此,研究不同重力环境对生物,特别是人的影响,是空间生物学与空间生物技术研究中占据重要地位的课题。

二、空间磁场环境

地面上的所有生命活动过程,都是在地磁场环境下进行的。由于地磁场伴随着地面正常状态下的所有生命活动过程的始终,其对生命过程的影响往往受到忽视。然而,多年来的研究表明,地磁场对生物的影响是显著的。对人类的航天活动来说,这是非常重要的信息。因为在远离地球表面的地方,其周边的磁场环境将很可能与地磁场环境存在显著区别。因此,研究地磁场对生物的影响,以及空间磁场环境对生物的影响,有着十分重要的意义。

了解地磁场对理解空间条件下的磁场环境有重要作用。地磁场实际上可以近似视为一个巨大的磁偶极子,其南极接近于地球的北极,而其北极位置则接近于地球的南极。南北磁极轴线与地球自转轴线之间,存在约11.3°的倾斜。理论上讲,地磁场是无限延伸的。一个有限尺度数万公里的(自地球向外延伸的)磁场,通常被称为磁气圈(Magnetosphere)。图1-1给出了一张磁气圈的示意图。磁气圈将地球表面包裹,太阳风吹来的带电粒子,进入磁场后受到洛仑兹力的影响,运动轨迹被弯折。因此磁气圈能够基本上将带电粒子辐射屏蔽。磁气圈总是在面向太阳(白天)方向受到压缩,而在背对太阳(晚上)方向被延伸(见图1-1)。对生物体而言,正因为磁气圈的作用,生物才能最大限度免受太阳离子辐射的影响。

图1-1　地球磁气圈示意图

注:左侧为太阳,右侧为地球及包围地球的磁气圈。由于带电粒子在电场中运动受到的洛仑兹力的作用,磁气圈能够将来自太阳的带电粒子辐射屏蔽,从而很好地保护地球表面上的生物免受带电粒子辐射的影响。

地磁场的存在是一个众所周知的事实,它对生物体的影响也逐渐受到了广泛重视。地球的磁场是如何产生的呢?空间上其他各天体的情况是否也一样?其他天体上的磁场情况显然将对人类探索这些天体产生重要影响(包括磁场本身对生物的作用,磁场对各种宇宙离子的屏蔽及对生物的保护作用等)。

磁场本质上是由电流产生的。该电流可以是来自微观的电子轨道电流,可以是电子自旋电流,也可以是宏观的电荷运动。对于地磁场的来源,显然也是某种电流运动导致的。针对地磁场的产生机理,自上个世纪初开始,学者们就提出了大量的理论,但目前被广泛接受的理论为英国地球物理学家 Edward Crisp Bullard (1907—1980)于 1948—1950 期间发展出的"发电理论"(Dynamo Theory),该理论可以解释多数观察到的现象。其核心思想:地球自转引起熔融(导电)金属核出现内部对流运动(剪切流动,即流体以不同的速率运动时相邻流体之间产生的相对运动)。在已有磁场下,由于运动导体切割了磁力线,根据 Lenz 感应定律(Lenz's Law of Induction),会感生出电流。根据安培定律(Ampere's Law,沿着任何一个闭合曲线方向的磁场与该方向长度乘积之和与闭合曲线内通过的电流成正比),由于电流的出现,将产生磁场,从而实现磁场的长期维持。迄今为止,以该理论为基础的研究仍在进行,并已发展出更多的更复杂完善的现代理论模型,对观察到的各种现象诸如地磁场的强度随时间发生变化、地磁场的反转、磁场西向漂移等进行解释,并进一步成功拓展到空间其他天体上的磁场问题研究。

根据上述理论可知,在不同的位置,磁场的磁感应强度将有所不同。地磁场在地表面的分布与地理位置有关,其磁感应强度范围可以低至 0.3 Gs($1Gs=10^{-4}T$)以下(南美、南非等地),也可以高至 0.6 Gs 以上(磁极附近如加拿大北部、澳大利亚南部、西伯利亚部分)。显然,远离地球,磁场将逐渐减小。此外,由于磁场受到地球内部熔体运动以及外部太阳风的影响,地磁场并非总是恒定的。

在将上述思想向其他天体拓展时,可视具体天体的情况,获得对不同天体上磁场情况的描述。例如,在地球上,导电流体是地球外核中的熔融铁流体;而在太阳上,导电流体则被认为是跃层(Tachocline,太阳内部运动中剪切现象十分显著的层,即辐射内圈与外圈对流区之间的区域)中的离子化气体。导电流体的流动规律,是决定天体磁场变化规律的主要因素。例如,对太阳来说,跃层流体运动每约 11 年,太阳的磁极就会发生反转,导致磁力线从内升到太阳表面,表现出太阳黑子周期现象。

在太阳系中,木星的磁场是最强的(比地磁场大一个数量级以上,约 4.2～14 Gs),由于其结构及运动的特点,使其磁场呈现出巨大的扁平形状。火星的磁场则由于其内核的对流运动十分微弱,所以其表面的磁场也极弱。在水星表面,虽然其自转缓慢,但仍然存在一个明显的稳定磁场,其赤道附近的磁场大小约 300 nT,约为地磁场的 1%。在金星上,其表面的磁场虽然存在,但是非常微弱,很可能是由太阳风与金星大气相互作用引起的。在火星上,目前没有观察到结构性的全球磁场,但是研究发现该星球过去存在过磁场,且发生过磁场磁极反转,表明该星球过去可能曾存在与地球类似的磁场。土星上存在明显的磁场,其强度约为0.2 Gs,比地球磁场略低。在天王星上,存在一个很特别的磁场,其磁极与自转轴严重偏离,达到 59°,从而造成在该星球上的磁场范围较宽,约 0.1～1.1 Gs。与天王星类似,海王星表面上存在约 0.14 Gs的磁场,其磁极也明显与自转轴偏离,偏离角度约 47°。在月球上,磁场非常微弱(约 1～100 nT),其磁场有可能来自于过去月球历史事件中获得的剩磁。

在一个无磁场的星体,或周边无星体的空间环境,其磁场的特点将是趋近于零。因此,所谓空间磁场环境,可以指人类将来进行星际探索将面临的各种磁场环境,有的可能具有与地球周边相近的磁场,有的比地球磁场更强(例如,2013 年的一项发现表明,在宇宙中存在磁场非常强的星体,如距地球约 6 500 光年的一颗中子星 SGR 0418+5729(这类特殊的中子星又称磁星 magnetar),其磁场可达 $10^{10}\sim10^{11}$ T 数量级)。而更多的情况,则是磁场趋近于零的环境。人类离开自己熟悉的环境,去面对这些新的磁场环境时,会对人类及其他生物产生什么影响?这显然应成为空间生物学与空间生物技术需要研究的问题。

三、空间压力环境(真空)

远离地球大气层的空间环境,是一个压力几乎为零的理想真空环境。“真空”一词,意指没有物质的空间。但是,绝对真空只存在于理论中。实际的真空(度),代表的是环境压力逼近绝对真空的程度。外层空间环境中的真空,是自然中存在的最高程度的真空。人类现有技术还远远不能达到与空间环境真空相当的程度。表 1-2 给出了不同真空度条件下气压值的大致范围,可见在空间环境下较宽的真空度范围,而其最高的真空度,远超出人类真空设备所能够达到的范围。

表 1-2　不同环境下的气压水平

环境	气压
大气压	101.3 kPa
低真空	100 kPa ~ 3 kPa
中真空	3 kPa ~ 100 mPa
高真空	100 mPa ~ 100 nPa
超高真空	100 nPa ~ 100 pPa
极高真空	<100 pPa
空间环境	100 μPa ~ <3fPa
理想真空	0 Pa

空间环境具有非常低的压力,以及非常低的密度,是已知环境条件中对绝对真空的最佳近似。但是,即使如此,在压力最低的地方(银河际空间),每立方米空间中也存在个别氢原子(相比之下,地面空气中的气体分子数量,可达每立方米 10^{25} 个)。由于空间环境中多数区域空间压力太低,使用“气压”概念已不是一个比较好的描述手段,因此,常常采用术语“密度”来描述空间的真空环境。

不同位置的空间环境,其真空程度也各不相同。离地球最近的是地球空间(Geospace),通常包括大气层的上部,电离层和磁气圈。大气层的上部卡曼线以上向外延伸数百公里的空间范围内,虽然属于“空间环境”范畴,但是其气压还是相对较高,充满了各种气体及粒子,足以对在该范围内运行的卫星等飞行器的运动产生阻力。因此,近地轨道卫星运行时,每隔数天就必须启动引擎,以维持卫星在天上的轨道。此外,地球空间中还充满了各种带电粒子,其运动受到地球磁场的影响,也会对飞行器产生影响(详见下文“五、空间粒子辐射环境”)。

行星际空间(Interplanetary),即太阳系内各行星之间的空间。在这些空间内,稀薄地分散着一些宇宙射线(包括带电的原子核、各种亚原子粒子),一些气体、等离子体和尘埃,小的流星及一些有机分子。行星际空间中存在的太阳风,是太阳向数亿公里之外的空间喷射的由带电粒子组成的连续流。

星际空间(Interstellar)是在星系内部,除各恒星系之外的空间。在该空间范围内,主要由非常稀薄的离子、原子和分子、较大的星际尘埃、宇宙射线等组成。从质量组成上看,约 99%为气体,1%为尘埃。星际空间的密度范围在每立方米数千到数亿个粒子,而在银河系中,星际空间的平均密度为每立方米约百万个粒子。其中,以原子核数量计算,星际空间通常包含约89%的 H,9%的 He,以及约 2%的原子序数大于 He 的原子(含痕量重原子(金属))。

银河际空间(Intergalactic),即各星系之间的空间。在银河际空间中,通常不含有各种尘埃和碎片,是空间环境中最接近真空的环境。有研究认为,整个宇宙的平均密度约为每立方米1 个氢原子。由于存在一些十分密集的地方,如银河系中心区域(行星、恒星、黑洞等),因此银河际空间的实际密度将显著低于上述平均密度。从各个星系向外延伸的区间中,存在着略高于宇宙平均密度的区域,其密度可能约每立方米 10～100 个氢原子(在银河系簇——巨大的多个相互接近的银河系集合中的银河际空间,甚至可达到每立方米 1 000 个氢原子)。由于在该区间的气体温度可高达 10^5～10^7 K,因此氢原子中的电子,在相互撞击下,会轻易被电离,故在该区间的氢原子可能主要以离子化的氢离子和电子组成,形成非常稀薄的等离子体。

四、空间温度环境

“温度”一词,宏观上是对热力学系统之间热量流动的一种度量。如果两个互相接触可以进行热交换的热力学系统之间不发生热量的流动,则两者的温度一致(热力学第零定律)。微观上,温度常被定义为物质分子平均动能的一种度量,是一个描述物质分子运动状态的物理量。对于绝对真空而言,由于不存在物质,微观方式定义的温度就不适用(不存在)。而以宏观方式定义的温度则可以适用于描述绝对真空:在绝对真空中,使用温度计测量其温度,则温度计会向外辐射能量,直到完全不再向外辐射能量时,温度计的温度就会与周边环境温度相等。显然,此时,温度计的温度将降至绝对零度,因此,绝对真空的宏观温度是 0 K。而在实际空间中,周边环境存在各种辐射。在宇宙深处真空度最高的地方,也存在一定的微量辐射,被称为“黑体背景微波辐射”,目前该体系的温度接近于 2.725 K。

对理想气体的状态方程,可以得到对温度的描述:

$$pV=nRT \tag{1-8}$$

其中,p 和 V 分别是空间的压力和气体分子的运动速度;n 是气体的摩尔数;R 是常数;T 是温度。可见,在空间环境一个特定区间范围内,其压力和气体分子摩尔数恒定时,温度和气体分子的运动速度成正比。

对于具体的气体分子或等离子体而言,可以采用物质的微观温度定义。此时,采用的“温度”术语指的是该研究对象分子的状态。这种描述是对运动粒子动能的一种非正式的度量。此时,需要区分“分子温度”“电子温度”“等离子体温度”等微观温度量与其周边空间环境的温度之间的区别,前者温度可以很低(接近周边环境宏观温度),也可以非常高(数千度甚至数百万度以上,大大高于其所处环境的宏观温度)。

置于空间环境中的物体,其自身的温度将受空间环境的影响,但温度变化并不十分迅速。这是由于在空间环境中,常常缺乏大量可以与该物体发生能量交换的物质,因此导热条件非常差。该物体的温度变化主要依靠其自身向外的辐射(通常是降温),或接受外来的辐射(如太阳的辐照,通常是升温)。因此,一个在空间环境中的物体,其面向太阳一边的温度与背向太阳的另一边的温度之间，可以存在很大的温度差。此时，辐射环境成为决定物体温度的主要因素。如在地球辐射下（即地球阻挡了太阳辐射时，处于地球阴影下的地外空间环境）物体的温度约237 K（−36.15 ℃），此时地球表面温度约为281 K（7.85 ℃）。

五、空间粒子辐射环境

空间环境中充满着处于运动状态中的各种物体，大至各种天体，小到各种基本粒子。这种环境分别在各种尺度对在空间环境中的人类活动及人类本身产生影响。关于空间辐射环境，具体请见本书第八章“空间辐射生物学”。

参考文献

[1] 江丕栋. 空间生物学[M]. 青岛：青岛出版社，2000.

[2] Janet L Barth. Space and Atmospheric Environments：From Low Earth Orbits to Deep Space[J]. Protection of Materials and Structures from Space Environment Space Technology Proceedings，2003(5)：7-29.

[3] Alan C Tribble. The Space Environment：Implications for Spacecraft Design[M]. Princeton：Princeton University Press，2003：23-168.

[4] Andrea Tiengo，Paolo Esposito，Sandro Mereghetti，et al. A variable absorption feature in the X-ray spectrum of a magnetar[J]，Nature，2013，500：312-314.

第三章 空间微生物学

空间微生物学(Space Microbiology)是研究空间环境或模拟空间环境中微生物的生长、发育、繁殖、代谢等生命活动规律以及空间环境微生物的应用、危害与防护的科学,是以微生物为研究对象的空间生物学,也是空间科学与微生物学结合形成的新的交叉学科。其主要研究内容包括空间微生物生态系统、空间特殊环境对微生物产生的生物学效应与应用、航天器中微生物对航天器及工作人员的危害与防护等。

微生物是自然生态系统的重要成员,广泛存在于空气、水、土壤以及生物体中。微生物既是生产者又是分解者,特别是作为分解者,对生态系统乃至整个生物圈的能量流动、物质循环、信息传递起着至关重要、不可替代的作用。微生物对环境有着极强的适应能力,对诸如营养成分、温度、氧浓度、气压、重力、光强度等变化,微生物在自身生理代谢和形态上都会做出及时调整以适应变化的环境。对微生物生长与代谢过程的研究,促进了生命科学许多重大理论问题的突破,促使DNA重组技术和遗传工程的出现,为生命科学的发展做出了巨大的贡献。由于微生物生长迅速、操作简便,作为一种模式生物也被广泛应用于空间生命科学的研究,通过对空间环境下微生物生长与代谢过程的研究,对其他生物体在空间环境下生命过程的研究也具有提示意义。此外,在狭小的密闭舱内,微生物的滋生以及个体之间的近距离接触都会增加舱内工作人员发生感染性疾病的机会,还可造成航天器材的生物腐蚀。所以,对于空间环境下微生物可能造成的潜在危害,各航天大国早已有所重视。NASA的HEDS计划(Human Exploration and Development of Space)中把微生物与航天员健康、微生物与环境提到了一个优先的层面。在规划总体设计中,致力于为航天员提供一个安全的生活和工作环境,并且在设计时提出最大限度减少微生物在舱内滋生的总体要求。多年来,关于微生物空间效应与微生物生理学、微生物生态学关系的研究已经回答了一些该领域早期提出的问题和疑问,但随着研究的深入,也提出了更多有待于进一步深入研究与探讨的问题。

第一节 空间微生物学的研究历程

微生物比动物及植物更早被用于空间生物学的实验研究。由于微生物作为模式生物的优点,以及人类的生命活动始终离不开微生物存在等原因,人类发明气球和火箭后,很快就将微生物带入外层空间,作为探索空间环境对生命体影响的重要研究对象。

一、气球与火箭阶段

微生物与其他动物以及高等植物一样被广泛用于空间生物学实验研究中。最早的空间微生物学实验是1935年,史蒂文斯采用热气球在25.286 km高度的平流层所进行的微生物学实验。七种真菌孢子被放置在石英管中,在平流层暴露于低温、光照、低气压、宇宙射线之下长达4 h,结果发现七种真菌中除了其中一种分支孢子菌属的死亡率偏高外,其他几种真菌的存活率基本没有变化。Hotchin 和 Lorenz 在 1965 年和 1966 年分别利用气球在 35 km 高度和利用火箭在 160 km 高度，对脊髓灰质炎病毒、T－1 噬菌体、青霉菌、枯草杆菌进行了实验观察。微生物样品在气球上分别暴露 90 min 和 120 min，火箭上的微生物样品在 60～124 km 高度暴露 206 s、在 82～160 km 高度暴露 143 s。所得到的结果与史蒂文斯先前获得的结果基本吻合。由此可以确定微生物在空间环境下短暂的暴露，不会对其造成致死性影响。

二、卫星与宇宙飞船阶段

空间微生物学实验经历气球与火箭阶段之后，随着人造地球卫星特别是返回式卫星以及宇宙飞船的应用，利用这些航天器所进行的微生物学实验又有所深入。卫星上的微生物学实验最初的动机是作为宇宙射线、失重等空间环境对生物影响的探测系统，为未来人类进入太空进行生物安全上的评价提供依据。这一阶段研究人员比较全面地在微生物生理、生化、形态、基因突变、溶原性细菌噬菌体诱导量等方面对空间飞行中各种因素的可能效应进行了研究。其中研究最为细致的是诱导 *E. coli K*－12(λ)$^+$ 溶原性大肠杆菌产生噬菌体的研究。这种溶原性大肠杆菌可以感应到很小剂量的射线，小于 1rad 的剂量就可以使整合在细菌染色体中的前噬菌体激活。研究人员用这株大肠杆菌一共在宇宙飞船上进行了 12 次实验，在该环境下停留 24 h 以上时，发现诱导产生噬菌体的量都有一定程度的提高(见表 2－1)。不同菌株的实验似乎都能证明，在空间环境下细菌生长速度变快、生物量增加。但并不能完全肯定究竟是微重力环境还是辐射引起的变异导致细菌生长加快。更令人称奇的是，1967 年由"观测器－3"带到月球上的电视摄像头，1969 年由"阿波罗－12"带回地球，在经历 950 天月球低温、高真空等环境后，从电视摄像头上面仍能分离到存活的链球菌。

表 2－1　宇宙飞行对 *E. coli K*－12(λ)$^+$ 溶原性大肠杆菌诱导噬菌体的影响

飞船名称	飞行时间	射线强度	噬菌体产量诱导度
Spaceship 2	26h	10 m rad	低于同步对照
Vostok 1	1.5h	0.6 m rad	1.0
Vostok 2	2.5h	1.3 m rad	1.2
Vostok 3	94h	64 m rad	4.6
Vostok 4	71h	48 m rad	1.8
Vostok 5	119h	75 m rad	3.6
Vostok 6	71h	48 m rad	1.7
Voskhod 1	24h	75 m rad	1.2
Voskhod 2	26h	65 m rad	1.2
Kosmos 110	22d	36 rad	2.3
Zond 5	6.5d	2 rad	1.9
Zond 7	6.5d	2 rad	2.0

三、空间站阶段

随着地球资源的日益枯竭，深空探测作为人类保护地球、进入宇宙、寻找新的生活家园的手段，越来越受到关注。而空间站则是人类进行深空探测的中转站和前哨。着眼于人类在空间站的长期生活并为将来的深空探测建立安全、有效的微生物生态环境，本阶段对空间微生物学研究也提出了更高的要求。目前，我们不仅仅把微生物作为一种模式生物，在空间环境下进行基础生物学研究，更重要的是把微生物作为受控态生命保障系统资源再生的执行者加以利用的开发研究，以及把微生物作为可能导致人员感染和引起航天器腐蚀的重要风险因素所进行的空间微生物生态学研究。

受控态生命保障系统是人类开展长时间、远距离和多乘员载人航天活动唯一可以依赖的先进生保系统。这一系统的核心是生物部件，即生物物种，主要包括微生物、微藻、低等植物、高等植物和动物等种类。其中微生物在物质循环利用、参与空气循环以及提供可食用菌方面发挥着重要的作用。微生物利用其自身的优势，可以实现上述功能，为航天员提供充满生机的空间环境。

此外，空间站的狭窄空间以及航天员在空间中的长期停留为传染病暴发提供了理想的条件。水和空气不断地重复利用，也为微生物的滋生创造了条件，给病菌传播提供了媒介。空间的微重力环境和高强辐射性还容易使微生物发生变异。美国国家生物医学研究所将利用现代分子生物学技术确定空间微生物 DNA 特征，把获得的空间微生物与现有样品进行比较研究，以便更好地了解空间微生物的行为和它们的特性。

尽管空间微生物学领域存在众多有待解决的问题，但通过长期不断的研究，人类在空间微生物研究上取得了丰硕成果，空间环境因子所产生的效应为微生物资源的利用开辟了一条新途径，也为人类的太空探索提供更多的理论和技术支持。

第二节　空间微生物效应与机理

自 1960 年以来，人们开始利用轨道卫星进行微生物搭载实验，研究空间特殊环境对微生物产生的生物学效应。我国在微生物空间诱变育种方面走在了世界前列，通过空间诱变育种获得了多株产酶、产抗生素活性强，效价高的优良变异株。

一、空间微生物效应

空间环境的特殊条件对进入空间的微生物具有明显诱变作用，其微生物学效应主要表现在以下四个方面。

1. 空间环境对微生物生长繁殖的影响

自 1960 年以来，苏联、美国、西德、日本等国利用不载人的轨道卫星做了大量的微生物实验。研究结果表明，空间飞行可促进微生物生长，使其生长速率加快，生物量增加。研究发现微重力环境可以使许多微生物生长加快 1 倍以上，有一种链霉菌搭载后其菌落生长比地面对照快 6 倍。德国科学家在 D2 飞行实验中观察到 0 *g* 枯草杆菌形成的孢子数量比地面对照增加 4 倍。通过空间和地面两组相同培养条件的实验比较，发现空间培养的大肠杆菌比地面对照培养的大肠杆菌密度要高 25%。但是，这两组细菌所消耗的葡萄糖却是一样的。这也提示在空间条件下，微生物对营养的利用效率提高了 25%。地基模拟条件下的实验也获得了类似的结果，模拟失重下菌体密度提高了 9%～12%，营养成分的利用效率提高了 9%左右。相反，在超重力条件下的细菌培养，却获得了相反的结果，细菌在超重力条件下生长密度下降了 19%～40%。这些结果证实了细胞在悬浮状态下能够提高胞外物质利用效率的假说。我国利用发射的返回式卫星，搭载了进行突变研究的大肠杆菌菌株 CSH108，A3 和 A2，并使用了三种搭载方式。卫星返回后，测定菌种的存活及产生的 lacI－突变和 Arg＋回复突变的频率。结果表明，大肠杆菌在空间条件下可以存活；经小生物舱搭载的 A3 菌株产生的 lacI－突变体的频率是地面对照的 67 倍；铅罐中搭载的 CSH108 菌株产生的 Arg＋ 回复突变频率约是地面对照的 10 倍，而且回复体中无义抑制基因的突变频率明显增加。由此可见，空间条件有可能显著地提高微生物中某些基因的突变频率。G. Horneck 等对大肠杆菌(pUC19) 航天搭载以后的生存能力、lac 位点突变、DNA 链的断裂、修复系统的效率等进行了研究，并与地面处理材料进行了比较，结果表明真空度的提高能够导致孢子突变频率的提高，但对质粒 DNA 无影响。宇宙射线会导致 DNA 链的断裂并使材料的成活率降低。A. Takahashi 等分析了太空环境中微重力对 Escherichia coli and Saccharomyces cerevisiae 的作用效果，两种菌株经过太空飞行后，其 DNA 均出现不同程度的突变和 SOS 效应，暗示微重力诱发了菌株变异及 SOS 效应的产生。

一些噬菌体诱导实验结果表明，微重力环境可使噬菌体活性增加。美国先后对空间飞行前后细菌生长的变化和细菌原噬菌体的诱导作用进行了实验，并在地面进行重复实验，研究表明悬浮生长的微生物细胞在空间飞行中与在地面以不同的速度繁殖。苏联也曾多次在空间飞行过程中搭载研究大肠杆菌 K12 噬菌体系统。由于小到 0.3 伦琴的 γ 射线，以及小剂量的质子和快中子，尤其是单一的高能重粒子就能促进噬菌体的繁殖速率及引起其突变率的增加，因此，溶原性噬菌体系统能提供关于宇宙射线潜在突变活性方面的信息，可用作辐射剂量计，作为观察影响遗传变化的空间飞行因素的生物指示剂。

我国多家研究机构联合搭载了 10 多种微生物材料，实验结果表明，微生物生长速度有较大变异、明显提高、不变、降低甚至夭亡等类型。有学者利用返回式科学卫星搭载了食用菌平菇(*Pleurotusost reatus*) 和金针菇(*Flammulina velutipes*)进行实验，结果表明，搭载食用菌与地面对照相比，具有子实体形成早、产量高、粗纤维及有机质转化率高、多糖含量高、菌丝体内源激素含量高等优良性状。有空间搭载实验表明，与地面对照相比，搭载的烟曲霉菌株气生菌丝生长良好，分生孢子生长丰茂(见图 2－1 和图 2－2)，初步说明微生物在空间条件下繁殖能力增强，搭载后生长加快，形态分化提前。

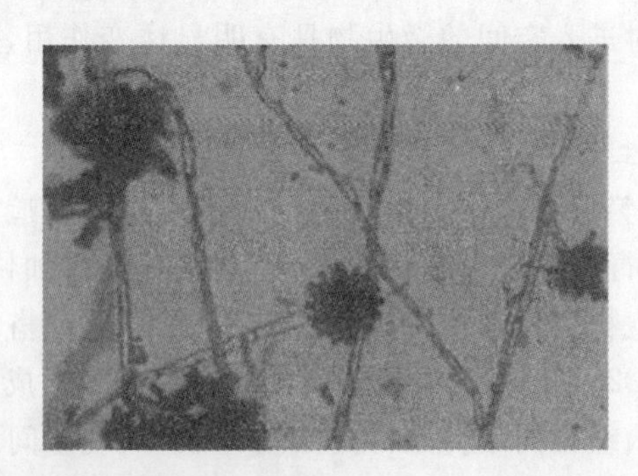

图 2－1　烟曲霉菌搭载后培养 3d 分生孢子(×800)

2. 空间环境对微生物产酶活性的影响

NASA 太阳能辐射研究中心于 1984 年将黑曲霉放置在空间航天器中，于 1990 年回收。通过地面菌种选育实验，获得了单宁酸酶产生率及活性大幅度提高的突变株。我国学者在卫星与“神舟”系列飞船上进行了大量的微生物搭载实验，通过对搭载菌株初筛、复筛、选育驯化，获得一系列产酶能力大幅度提高的优良突变菌株，先后筛选出纤维素酶、果胶酶、淀粉酶、超氧化物歧化酶、邻苯二酚-1,22-双加氧酶、甘露聚糖酶、头孢菌素酰化酶、谷氨酰胺转胺酶等产酶能力有不同程度提高的菌株。

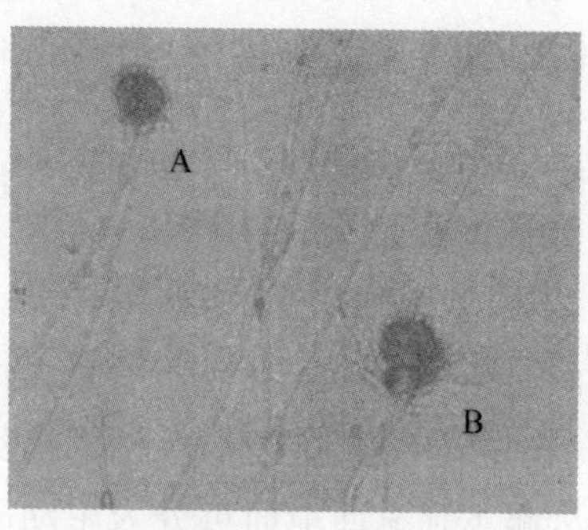

图 2-2　烟曲霉菌地面对照培养 3d 孢子囊

3. 空间环境对微生物产次级代谢产物活性的影响

有研究于 1998 年将一种具有产生单孢菌素能力的真菌（*Humicola fuscoatra*）培养在半固体培养基上，经过航天飞机搭载（STS-77）后，发现该菌产生单孢菌素的能力是地面对照 190%。在另一次搭载中（STS-80），分别对 *mycelial eubacterium* 和 *Streptomyces plicatus* 这两种菌株产生放线菌素 D 的能力进行了测试，也得到类似抗生素表达量提高的结果。这种产量的提高并非完全是空间环境下菌体生长加快，密度增加的结果。就单个菌体而言，空间环境下，也能观察到每个菌体表达量提高 296%～577%。我国学者在这方面也做出了卓有成效的工作，在微生物育种与诱变中，先后筛选出多株在抗生素产量上有明显提高的菌株：如筛选到康乐霉素 C 产量提高 200%的诺卡氏菌株、赤霉素产量提高 11.6%的赤霉菌、庆大霉素摇瓶效价提高 27%～37%、妥布霉素效价提高 38 %以及 NIKKO 霉素效价提高 13%～18%的菌株。1999 年通过搭载筛选得到产他汀类药物成分比传统含量提高 7.8 倍的红曲霉菌。刘鹭等从 7 株酵母菌种（Y1～Y7）及其 7 株经空间搭载（实践八号）诱变后的酵母菌株（YS1～YS7）为研究对象，通过梯度含铬 YEPD 平板培养和液体 YPD 培养基发酵试验，利用氨水提取菌体中的 GTF 和火焰原子吸收光谱法检测其有机铬含量，从中筛选出一株葡萄糖耐量因子的高产酵母（YS-3），有机铬含量达 1 296 μg/g，总铬含量达 1 926 μg/g，生物量为40 g/L。1 994 年在中国发射的科学返回式卫星上，首次搭载了中国自行设计的空间微生物培养箱。JZ-23-4 Trp 和 Ade 缺陷型酵母菌搭载后有 15%Trp 缺陷型消失，只保持 Ade 缺陷型。还有 3 株在加有 Trp 和 Ade 的培养基上不生长，这说明产生了新的营养缺陷型。营养缺陷型菌株是一类很难得到的标记菌株，利用空间条件处理微生物可以得到在地面利用物理化学处理很难得到的营养缺陷型菌株，这对于分子生物学的研究具有重大意义。采用邻苯三酚法，分别测定了搭载及对照组的单倍体和二倍体的五个单菌落菌株的 SOD 活性。空间条件对酵母菌单倍体 SOD 生产活力有提高，而对二倍体的 SOD 生产活力无明显影响。1996 年酵母菌基因组序列测序完毕，它是我们得到的第一个基因组全序列的真核生物。酵母的细胞活性比原核生物如细菌等与人类更相似。但是与细菌相似的是，酵母的培养也比较容易，它生长的较快，并且全部的基因组已知，就比较容易转化其他源属的基因。事实上，对肿瘤很重要的许多核心的细胞过程（如细胞周期和控制，DNA 修复，端粒维持）在酵母和哺乳动物之间是保守的。这些相似使得酵母成了一个极其良好的模式生物来研究空间辐射和老化。

4. 空间环境对微生物菌种活性的影响

2002 年 12 月，我国首次将 4 个微生物肥料菌种搭乘神舟四号飞船进行空间育种航行。返回后选育出了具有固氮、解磷、解钾能力强并互不拮抗的多种菌株，制成增效复合微生物菌剂，增强了菌种抗逆性，使菌种保存期达到 2 年以上，比国家标准保存期延长了 3 倍。从而成功地解决了原有微生物菌种在生产中存在的菌种活性差、有效活菌少、保存时间短等重大技术难题，提高了有效活菌的质与量，在生产实践与实际应用中产生了良好效果。

二、空间微生物效应机理

空间环境诱发微生物突变进而导致遗传变异的原因及作用机制，目前尚不完全清楚。但一般认为空间环境引起搭载材料变异是多种因素综合作用的结果，其中微重力环境和空间辐射是最重要的诱变因素。卫星从起飞到返回地面可分为主动阶段、轨道运行阶段和返回飞行阶段。在主动阶段和返回飞行阶段有强烈的振动和冲击力，虽然时间很短，却常常是造成生物体死亡的重要因素之一。在轨道运行阶段，卫星高度近地点为 220 km，远地点为 300 km 左右，其到达高度的微重力水平、真空度、质子与电子辐射量、大气结构、气温、地磁强度、紫外线均与地面有很大差异。这些空间条件都有可能引起微生物发生遗传变异。

1. 微重力环境效应

因为地球上的微生物都是在 1 *g* 环境下进化的，所以微重力环境会引起微生物在细胞结构和代谢过程的各种变化。目前重力生物学还没有得到足够的数据来阐明空间微重力环境对于微生物产生的胞内、胞间和胞外的影响及其作用机理。

当微生物处于空间飞行条件时，微生物细胞膜表面受体分子会识别外界微重力信号，通过调节微生物细胞质膜上 Ca^{2+} 传递转化系统或经过磷酸肌醇信使系统把刺激信号传递给胞内贮钙体，引起贮钙体内 Ca^{2+} 的释放，使细胞质内 Ca^{2+} 浓度发生改变，影响与某些钙受体蛋白的结合。其中最重要的是钙调节蛋白 Ca^{2+}-CaM。它能调节胞内蛋白质的脱磷酸化和磷酸化作用。所以，它在细胞分裂期微管的组装与去组装、微丝的构建、染色体移动、光合系统的激活等方面起着重要作用，从而影响细胞运动、光合作用、细胞分裂、生长、发育及细胞间信息传递等生理生化过程。研究表明微重力环境可引起遗传物质的改变。因为微重力环境下，微生物可出现细胞结构，Ca^{2+}，Mg^{2+} 与细胞膜结合状态的明显变化，还可见细胞核畸变，分裂紊乱、浓缩染色体增加、核小体减少等。也有人认为微生物细胞能感受到其细胞膜在微重力环境下的变形，并对这种变化做出反应。在地球上正常的环境下，细胞会聚集在容器底部并在压力下变形。但在太空微重力环境下，它们会漂浮在容器顶部，并保持圆球状。也许正是这种不同导致细胞基因表达发生变化。

苏联和美国已进行了大量宏观和微观研究来考察微重力环境对辐射诱导遗传物质损伤的影响。Pross 等的实验结果表明，微生物在空间微重力条件下，兼有它的稳定性和变异性。微重力环境可干扰 DNA 损伤修复系统的正常动作，即阻延或抑制 DNA 链断裂的修复。A. Takahashi等通过对大肠杆菌和酿酒酵母的研究发现，两菌株经过太空飞行后，其 DNA 均出现不同程度的突变及 SOS 效应，暗示微重力环境在菌种 DNA 复制或 DNA 修复过程中诱发了菌株变异及 SOS 效应的产生。

2. 空间辐射的影响

卫星飞行空间存在的各种宇宙射线能穿过航天器的外壁作用于航天器中的微生物，它们有很高的相对生物效应，是有效的诱变源。若微生物细胞出现的DNA断裂或其他损伤未被修复或被错误修复，就会产生遗传变异。

有研究发现，T-1噬菌体和烟草花叶病毒失活的主要原因是波长为200～300 nm紫外线辐射。赤霉菌的孢子也易受这个波长范围辐射的影响，但能抵抗波长小于200 nm辐射。研究表明波长在300～500 nm的辐射不产生明显的生物效应。这些结果与在地面不同波长紫外线照射的结果基本一致。

G. horneck等通过对芽孢杆菌孢子和大肠杆菌空间搭载后的生存能力、芽孢杆菌his位点的突变、大肠杆菌lac位点的突变、DNA链的断裂、修复系统的效率等进行研究后发现，孢子突变频率提高，而对质粒DNA未产生影响。翁曼丽等用不同条件搭载3株大肠杆菌的实验发现，用小生物舱搭载的大肠杆菌A3产生lacI-突变体的频率是地面对照的67倍，铅罐中搭载的CSH108菌株产生Arg+回复突变频率是地面对照的10倍，且回复体中无义抑制基因的突变频率明显增加。研究表明空间特殊环境可显著提高微生物某些基因的突变频率，微生物的空间诱变可望成为获得优良突变株的一条有效途径。

3. 空间亚磁环境的影响

亚磁环境也是空间环境的另外一个显著特点。其对微生物的影响也有一些研究。某些微生物本身具有趋磁特性，地磁场对其影响巨大。对于非趋磁性微生物，有限的研究发现，微生物在亚磁环境中表现出不同的特性。在零磁场下检测了多种革兰氏阴性菌株对抗生素的耐药性，发现大约有一半表现出磁敏感性(三种假单胞菌株，五种肠道杆菌菌株)，其中一些表现出2～3倍的抗药性，一些表现出8～16倍的抗药性，假单胞菌株对氨苄青霉素和四环素的耐药性较强，肠道杆菌菌株对氨苄青霉素、卡那霉素和吡啶羧酶(奥复星)的耐药性较强。Kolmakov等观察了短期(1～7 d)和长期(30～90 d)培养在亚磁环境中的大肠杆菌的生长率和抗生素抗性。指数生长期生长率下降，这种效应在移出屏蔽培养环境后1h消失。长期在亚磁环境中培养的大肠杆菌，对卡那霉素和羧苄青霉素的抗性增强，这种效应是非遗传性的，离开屏蔽环境，其对抗生素的敏感性恢复正常。

第三节　空间微生物生态系统

微生态学是研究微生物之间、微生物与环境、微生物与宿主之间相互依存，相互制约规律的科学。各种特定环境下不同微生物形成了一个动态的平衡，这种平衡的任何一个环节改变都将打破该平衡特征，最终对微生物所处的环境或宿主造成危害。微生态的存在及其平衡状态对整个生物圈的稳定具有重要的意义。空间环境下，由于微重力环境、辐射等影响，微生物生态系统必然会被打破，在地球上形成的平衡被破坏后需要建立一个新的微生物生态平衡体系以适应新的环境。人体内正常菌群失调是微生态系统变化的具体表现。除了人体微生态平衡可能发生变化外，空间环境中微生物生态系统的平衡也会发生改变，航天舱中微生物群落分布会发生新的变化。

一、空间环境下人体内的微生态平衡

人体微生态是研究正常微生物群落的结构、功能及其与宿主相互依赖和相互制约关系的科学，它涉及生物体与其内环境相适应的问题，与人类健康密切相关。人类进入太空，不管是

长期还是短期,始终伴随着微生物的存在。微生物适应空间环境的极限程度到底有多大,目前并不完全清楚。

随着人类空间探测的深入,航天员在空间的停留时间也在逐渐延长。太空舱的密闭状态和长时间的在轨运行形成了一个特殊的微生态环境。航天员在空间飞行中免疫系统功能减弱、长期处在狭小的密闭舱体内以及饮用和呼吸反复再生的水与空气,这些因素使发生感染性疾病的风险也随之加大。尽管迄今为止在航天飞机或空间站上还没有发生过严重的感染(归功于飞行前严格的检疫与隔离),但是当航天员与航天舱回到地面后,还是能检测到一些潜在的、能引起机会感染的病原菌(见表 2-2)。短期内这些病原菌可能不会造成严重的后果,但是在长时间的空间探索中,这些病原菌的不断积累,就有可能造成严重的后果。免疫功能减弱、细菌耐药性与致病性增强、空间狭小的环境可能会成为航天器中工作人员微生态系统变化,并发菌群失调及患感染性疾病的主要诱因。

表 2-2 从航天员与航天器上检测到的病原菌

病原菌数名称	中文名称
Bacillus cereus	蜡样芽孢杆菌
Flavobacterium meningosepticum	脑膜脓毒性黄杆菌
Serratia marcescens	黏质沙雷菌
Citrobacter diversus	柠檬酸菌
Haemophilus influenzae	流感嗜血杆菌
Serratia sp.	黏质沙雷菌属细菌
Citrobacter freundii	弗罗因德氏枸橼酸杆菌
Haemophilus parahaemolyticus	副溶血性嗜血杆菌
Staphylococcus aureus	金黄色葡萄球菌
Citrobacter sp.	柠檬酸菌属细菌
Klebsiella pneumoniae	肺炎克雷白杆菌
Staphylococcus capitis	头葡萄球菌
Enterobacter aerogenes	产气肠杆菌
Klebsiella sp.	克雷白杆菌属细菌
Staphylococcus haemolyticus	溶血性葡萄球菌
Enterobacter cloacae	阴沟肠杆菌
Morganella morganii	摩根氏菌
Stenotrophomonas maltophilia	嗜麦芽寡养单胞菌
Enterobacter sp.	肠杆菌属细菌
Proteus mirabilis	变形杆菌
Streptococcus agalactiae	无乳链球菌
Enterococcus faecalis	粪肠球菌
Proteus sp.	变形杆菌属细菌
Streptococcus pyogenes	化脓性链球菌
Escherichia coli	大肠杆菌
Pseudomonas aeruginosa	绿脓假单胞菌
Streptococcus sp.	链球菌属细菌
Escherichia sp.	埃希杆菌属细菌
Ralstonia paucula	稀有罗尔斯通氏菌
Yersinia intermedia	中间耶尔森氏菌

二、航天器舱内的环境微生态系统

环境微生物学是专门研究环境中微生物的组成以及微生物群落生理学的一门科学。地球上生存着数量众多的微生物，而我们人类所了解的估计还不及1%。一些微生物能在极端恶劣的环境下生存，如在100℃以上的温泉、深海、寒冷、高盐、酸、碱等环境中都有微生物存在。在宇宙空间中，初级宇宙电离粒子与航天器表面相互作用并产生多种的二级粒子（超热中子、质子、γ射线），结果能使舱内的电离辐射强度比地球上的电离辐射强度高出300倍。加上失重以及密闭环境等因素的影响，在这种环境下的微生物生态系统必然发生重大的变化。针对航天器舱内的微生态环境研究自从美国阿波罗载人计划开始就受到了特别的关注。期间的研究发现舱内需氧菌数量增加，厌氧菌数量则下降。另外，细菌的种类数量也有所下降。在阿波罗计划（Apollo）和天空实验室（Skylab）的实验中还发现真菌数量变少。这些实验结果提示舱内的微生物生态系统已经发生了变化，存活下来并成为优势菌群的微生物更能适应舱内的空间环境。需要对这些新微生物种群可能造成的危害进行深入的研究和评估。

三、空间环境中的微生物群落分析技术

对于空间这一特殊环境中微生物生态系统的分析，传统上常通过分离、培养和鉴定等工作来确定微生物的群落结构、数量、活动强度等。由于微生物个体微小、形态简单、缺乏明显的外部特征，再加上大多数特殊环境中的微生物由于难以模拟其生长繁殖的真实条件而不能获得纯培养，因此研究结果很大程度上受样品采集、运输、保存和菌株分离等方法的影响。随着分子生物学技术的发展，可用于环境微生态研究的新方法、新手段不断出现。利用这些分子生物学技术，可直接对环境样品的总DNA进行分析，绕开菌株分离和培养瓶颈，最大限度地获得相关微生物的遗传信息，对环境中微生物的多样性进行更全面的分析。目前广泛应用于环境微生态研究的分子生物学新技术主要有：rDNA基因序列分析、Rep－PCR、变性梯度凝胶电泳、温度梯度凝胶电泳、单链构象多态性、限制性片段长度多态性、随机扩增多态性DNA、核酸杂交和DNA芯片等。这些方法最主要的特点就是可以对样品进行高通量分析，从而能从更全面的角度分析微生物种群的结构与变化。

四、空间环境微生物的监测与分析

NASA，ESA及其他的航天大国自1960以来一直致力于空间微生物的相关研究，包括对航天器内环境以及航天员的微生物生态研究、对航天器中微生物样品收集、分析等技术的研究。"和平号"空间站运行一年后，大量菌群就开始出现。在轨15年间，微生物的群落结构、种群都发生了演变，共检测到了231种微生物。研究还发现，国际空间站上的微生物种群与"和平号"上有所区别，但种类数基本一样。20余年的研究发现，宇宙航行器中生存着250多种微生物，虽然这些微生物均来源于地球，但已发生了较大的变异，它们的活力大大高于地面上的同类。苏联的密闭环境空间飞行模拟实验表明，密闭环境可使微生物的抗生素抗性增加，环境中的相对菌数和受试者的共生菌数均发生了改变。尽管持续使用消毒剂，环境中依然发现有霉菌存在。

美国载人航天计划中对航天器中的微生物生态也进行了大量的研究。研究表明，好氧微生物菌数增加，厌氧微生物菌数下降，微生物物种多样性下降。在Apollo和Skylab中也发现

真菌的菌数下降。有研究表明，从 Viking 密闭舱，人造卫星分离的微生物中，25%是土壤微生物，75%是人体的正常菌群。其中有一些微生物甚至在航天器致死性的热处理后依然存活。Explorer 33 发射后发现微生物的载荷每平方英尺（1 平方英尺=0.092 903 04m^2）可达2.6×10^5 CFU。同样，Apollo 10 和 Apollo 11 的指挥模块污染菌数为每平方英尺 2.7×104 CFU。通过 100 多次的空间发射实验，为短期太空飞行建立了环境微生物数据库。NASA 计划为长期太空飞行提供类似的数据库。表 2-3～表 2-7 是空间飞行前后在国际空间站上不同物体表面以及空气、水中采集到的微生物。

表 2-3　空间站舱内各部位表面上分离到的细菌

Source 样品来源	Identifications 菌属鉴定	
Preflight 起飞前	*Paenibacillusspecies*	类芽孢杆菌属
	Staphylococcusepidermidis	表皮葡萄球菌
	Micrococcus luteus	黄色微球菌
	Staphylococcus capitis	头状葡萄球菌
	Curtobacterium luteum	金黄色短小杆菌
	Curtobacterium species	短小杆菌属
	Brevundimonas diminuta	缺陷短波单胞菌
	Acinetobacter radioresistens	耐放射性不动杆菌
	Pseudomonas oleovorans	食油假单胞菌
	Curtobacterium citreum	柠檬色短小杆菌
	Unidentified Gram-negative rod	未确定的革兰氏阴性杆菌
	Staphylococcus pasteuri	巴氏葡萄球菌
ISS (in-flight) 在轨国际空间站	*Bacillus flexus*	弯曲杆菌
	XStaphylococcus aureus	金黄色葡萄球菌
	Corynebacterium afermentans	非发酵棒杆菌
	Staphylococcus epidermidis	表皮葡萄球菌
	Corynebacterium tuberculostearicum	结核样棒杆菌
	Acinetobacter radioresistens	耐放射性不动杆菌
	Oerskovia xanthineolytica	溶黄质厄氏菌
	Bacillus flexus	弯曲杆菌
	Bacillus pumilus	短小芽胞杆菌

表 2-4　空间站空气中分离到的细菌

Source 样品来源	Identifications 菌属鉴定	
Reusable cargo container, MPLM (preflight) 起飞前 MPLM 货舱	*Micrococcus luteus*	黄色微球菌
	Pseudomonas fulva	黄褐假单胞菌
	Bacillus megaterium	巨大芽胞杆菌
ISS (in-flight) 在轨国际空间站	*Bacillus licheniformis*	藓样芽胞杆菌
	Staphylococcus epidermidis	表皮葡萄球菌

表 2-5　空间站水样品中分离到的细菌

Source 来源	Identifications 菌属鉴定	
Humidity condensate processor 湿气冷凝处理器	*Sphingomonas paucimobilis*	少动鞘脂单胞菌
SRV-K cold SRV-K 湿气冷凝再生冷水口	*Sphingomonas paucimobilis*	少动鞘脂单胞菌
SRV-K hot SRV-K 湿气冷凝再生热水口	*Sphingomonas stygialis*	阴暗鞘脂单胞菌
Filter 水过滤器	*UnidentifiedGram -negative rod*	未确定的革兰氏阴性杆菌
	Bradyrhizobium japonicum	慢生大豆根瘤菌
	Sphingomonas paucimobilis	少动鞘脂单胞菌
	Ralstonia eutropha	富养罗尔斯通氏菌
	Sphingomonas stygialis	阴暗鞘脂单胞菌
	Blastobacter denitrificans	脱氮芽生杆菌
Water dispensing unit SVO-ZV SVO-ZV 供水单元	*Methylobacterium fujisawaense fujisawaense*	甲基菌
	Ralstonia eutropha	富养罗尔斯通氏菌
	Bradyrhizobium japonicum	慢生大豆根瘤菌
	Sphingomonas species	鞘脂单胞菌属
	Blastobacter denitrificans	脱氮芽生杆菌
	Unidentified Gram -negative rod	未确定的革兰氏阴性杆菌
	Pseudomonas stygialis	阴暗假单胞菌
Contingency water containers (CWCs) 应急储水瓶	*Methylobacterium fujisawaense fujisawaense*	甲基菌
	Acinetobacter calcoaceticus or baumannii	醋酸钙不动杆菌或鲍氏不动杆菌
	Unidentified Gram -negative rod	未确定的革兰氏阴性杆菌
	Sphingomonas paucimobilis	少动鞘脂单胞菌
	Microbacterium liquefaciens, luteolum, or oxydans	液化微杆菌或氧化微杆菌
	Enterobacter species	肠杆菌属
	Delftia acidovorans	食酸丛毛单胞菌
	Klebsiella species	克雷白氏杆菌属

表 2-6　空间站舱内各部位表面上分离到的真菌

Source　来源	Identifications　菌属鉴定	
Preflight 起飞前	*Penicillium species*	青霉菌属
	Hyphomycetes	丝孢菌类
	Aspergillus species	曲霉菌属
	Trichophyton species	发癣菌属
	Streptomyces species	链霉菌属
	Microsporium species	小芽孢癣菌属
	Curvularia species	弯孢霉菌属
	Hyphomycetes	丝孢菌类
ISS (in-flight) 在轨国际空间站	Aspergillus species	曲霉菌属
	Hyphomycetes	丝孢菌类

表2-7 空间站空气中分离到的真菌

Source 来源	Sample location 样品采集位置	Identifications 菌属鉴定
ISS (In-Flight) 在轨国际空间站	Node 1	*Phoma species* 疱霉菌属
	Service Module 服务舱	*Aspergillus species* 曲霉菌属
	U.S. Laboratory Module 美国实验舱	*Phoma species* 疱霉菌属

第四节 空间环境微生物的危害

微生物在空间环境中的污染一方面会引起航天器中的工作人员的感染性疾病，另一方面会导致航天器材的生物腐蚀。但目前除了常规的清洁消毒方法外，尚缺乏科学有效的方法，急需研发科学有效的消毒灭菌方法与抗生物腐蚀的航天器材。

一、空间环境下微生物引起的感染

空间环境下微生物的危害首先体现在，在各种综合因素作用下微生物的致病性有增强的证据和趋势。据此，人们担心其引起舱内人员感染的可能性也会增大，主要理由表现在以下几个方面。

1. 空间环境下微生物更易突破宿主防御屏障

宿主自身的防御机能与其内部的微生态平衡密切相关。根据估算，人体上大约寄居有10^{14}个微生物，这个数量比人体细胞数的总和(10^{13}个细胞)都要多。如此众多数量的微生物在机体防御系统的作用下保持着一个相对稳定、平衡的状态。宿主的防御屏障一旦出现漏洞，这一平衡就会被打破，结果就有可能发生机会感染或菌群失调。人体免疫系统正是这一屏障系统的重要组成部分。空间环境对免疫系统的影响已早有报道，免疫功能的下降与菌群失调及机会感染密切相关。动物实验发现空间环境下脾脏中CD3＋的T淋巴细胞和CD19＋的B淋巴细胞数量都有所减少，人NK细胞的杀伤能力也有不同程度的下降。这些因素都有可能使原有的微生态失去平衡，一些非优势菌群转变为优势菌群，从而发生菌群失调或机会感染。

2. 空间环境下微生物对抗生素敏感性的变化

降低微生物感染给航天员所带来的致病危险，对长期空间停留，如空间站、月球基地以及火星探测尤为重要。过去的研究结果提示，抗细菌或抗真菌感染的抗生素在空间环境下对微生物感染治疗的效果变差。20世纪八九十年代相继有一些实验证实，在空间环境下微生物对抗生素的耐受量增大。在地基模拟微重力环境的试验中也证实了细菌毒力的增强和抵抗抗生素能力的提高。空间环境下微生物生长的停滞期缩短，细菌生长加快，导致多种细菌对抗生素的敏感性降低。各菌群之间保持平衡的作用机制中，不同群落之间的相互制约与其分泌的一些类似抗生素作用的物质也有密切的关系。这种相互制约的因子，在空间环境下，其作用能力下降，也必然会导致菌群的失调，打破微生态的平衡。

NASA的微生物耐药与毒力研究计划(Microbial Drug Resistance Virulence，MDRV)着重进行这一方面的研究工作。他们以鼠伤寒沙门氏菌、肺炎双球菌、酿酒酵母菌、铜绿色假单胞菌作为模式微生物，在空间环境下对其基因表达变化与毒力变化进行研究。之所以选择这4种微生物是因为在地基条件下人类对这4种微生物有比较深入的了解。其中有的在航天飞机、空间站上或航天员身上已经分离到，有的在航天飞行中已经证实会发生毒力的变化。地球上造成人类感染的微生物中这 4 种微生物占有重要的比例。20 世纪 80 年代进行的若干次实验证明,经历空间环境后细菌对抗生素的耐受力会有不同程度的提高。但是近年来的若干次实验所得出的结果并非一致。短期的空间飞行似乎能使细菌对抗生素的耐受力提高,但长期的空间环境,如经历 4 个月"和平号"空间站的细菌反而对多种抗生素更加敏感(耐受力降低),只对少数几种抗生素耐受力有所增加。我国研究人员的实验结果表明大部分微生物对抗生素的敏感性未发生变化,只有个别菌株对抗生素的敏感性下降(耐药性增强)。尽管空间环境下微生物耐药实验的研究报告有不完全一致的结果,有些结果甚至还相反,但是可以看到总会有个别菌株在抗生素敏感性上产生变化,表现为对抗生素的不敏感。这种现象虽然只发生在少数菌株上,但即便是少数,也可能造成感染并导致难以控制的结果。

3. 空间环境下微生物毒力的改变

在空间环境下,细菌、真菌的生长速度、毒力,宿主的易感性以及耐药性都会发生一系列变化。产生这些变化的机制目前还不完全清楚。根据已有的研究,通常认为在长期空间环境下病原菌的致病性会增强,非病原菌则会转变成有致病性的病原菌。2006 年 9 月在国际空间站 STS-115/12A 上研究证实,经过口腔感染鼠伤寒沙门氏菌的小鼠模型上,鼠伤寒沙门氏菌的致病性明显增强。进一步的实验发现沙门氏菌毒力等的改变与 Hfq 调节蛋白有关。Hfq 是一种伴侣蛋白,对 mRNA 的转录具有重要的促进作用。地基模拟实验也能证实一些细菌在致病性上发生的变化。在长期空间飞行中病原菌的毒力有可能会增强,而一些正常情况下无致病性的机会感染菌有可能成为致病菌。一旦发生感染,一些常规的抗生素和抗真菌药物可能很难奏效。

空间环境是一个特殊的全新环境,微生物为了适应这种新环境,发生变异也是一个自然选择的过程。可转移的遗传因子(Mobile Genetic Elements,MGE),如噬菌体、质粒、转座子,在细菌的适应性改变与进化中起关键的作用。2004 年在国际空间站(Soyuz Mission 8S)上对质粒介导的基因结合转移进行了实验。分别在携带有转移、结合性质粒的细菌和受体菌之间进行了基因结合与转移实验,结果发现革兰氏阳性菌之间的这种基因转移比革兰氏阴性菌之间的这种基因转移更容易发生。为了适应新的环境,细菌自身基因表达上的变化,也是其变异的主要原因之一。大肠杆菌在微重力-低剪切力的模拟装置上(Low-Shear Modeled,LSMMG)进行长期培养(1 000 代以上)后,发现有 237 个基因表达上调,120 个基因表达下调(见表 2-8)。这些基因表达的变化,在多大程度上与其表形的变异有关仍不清楚。

表 2-8　大肠杆菌在模拟微重力下基因表达的变化

基因类型	表达上调	表达下调
与菌毛、脂多糖、外膜有关的基因	19	1
与运动有关的基因	0	13
与菌体自我保护及适应有关的基因	2	3
与前噬菌体、噬菌体、转座子有关的基因	18	12
与调节、伴侣蛋白相关的基因	29	23
与代谢相关的基因	32	28
与转运相关的基因	61	10
与菌膜相关的基因	20	4
与 DNA 复制、重组、修复、RNA 修饰相关的基因	3	10
未知功能蛋白的基因	53	16

4. 空间环境下微生物在个体之间的交叉感染

由于舱内人员是主要的病原菌携带者，在狭小的航天舱中必然很容易造成交叉感染。这个问题最早在 Apollo 计划中已经被证实。采用具有型特异性的噬菌体对航天员身上的金黄色葡萄球菌进行鉴别时发现该菌能从一个航天员传到另一个航天身上。这一现象在随后的 Skylab 中也得到了验证。采用最新的分子生物学手段如 DNA 指纹技术，证实在航天飞机上金黄色葡萄球菌和白色念珠菌可以在航天员之间传播。作为未来太空探测中爆发感染性疾病的重要风险因素之一，个体之间的交叉感染已经受到了关注。

5. 空间环境激活体内潜伏病毒

某些病毒原发感染后，病毒基因(DNA)会整合进体内特定组织细胞的基因组中，但不产生感染性病毒，也不出现临床症状，病毒在体内存在终生，这种持续性的感染称为潜伏感染(latent infection)。在一些诱因作用下，如机体免疫力下降、辐射、劳累、内分泌紊乱等，病毒就会被激活，感染急性发作并出现症状。一般成年人体内都有潜伏病毒的存在，如水痘-带状疱疹，儿童时发生原发感染，即发生水痘。原发感染后病毒沿神经纤维传播到颅神经感觉神经节的神经元并在细胞中潜伏下来。在一些诱因作用下，潜伏的病毒就会大量繁殖，使神经节发炎、坏死，引起病人疼痛，同时病毒沿神经通路下传，到该神经支配的区域引起带状疱疹。其他一些常见的潜伏病毒有单纯疱疹病毒、EB 病毒、CMV 病毒。航天员上天前的检疫是保证空间环境下人员免受微生物感染的重要措施，在检疫隔离期内可以排除具有致病性的细菌、真菌及一些病毒被携带进入空间舱。但是，对体内潜伏的病毒则无法通过检疫予以排除。由于太空环境对潜伏病毒的激活是一个重要的诱因，所以，NASA 对空间环境下的潜伏病毒感染予以高度重视，设立了专门的研究课题，对航天飞机上多名人员采集到的样本进行了比较细致的研究。通过对唾液中 EB 病毒 DNA 拷贝数的检测，发现经历航天飞行后唾液中的病毒拷贝数明显增加，提示病毒复制活跃。对水痘-带状疱疹病毒 DNA 拷贝数的检测也得到了类似的结果。空间环境下潜伏病毒激活的机理与预防目前也正在进行系统研究。

二、空间环境微生物引起的航天器材生物腐蚀

1. 生物腐蚀的概念

由于微生物活性引起的材料腐蚀称之为生物腐蚀，即微生物腐蚀(Microbial Influenced Corrosion, MIC)。研究表明，微生物可使不锈钢、碳钢、铜、铝及其合金、玻璃、混凝土等材料遭受严重腐蚀。微生物腐蚀并非微生物本身对材料的侵蚀作用，而是微生物生命活动的结果间接地对材料腐蚀的电化学过程产生影响，其关键在于生物膜内及其与材料间的相互作用。据资料统计世界各国地下金属构件的损坏中微生物腐蚀约占 80%，因此 MIC 已成为近 50 年来广泛研究的课题，并已提出许多机制以解释 MIC 现象。

2. 航天器材的生物腐蚀

航天器材也不可避免要受到微生物的腐蚀作用。科学家是在 1980 年“礼炮 6 号”空间站运行期间首次碰到这一问题的。该站的第 5 批乘员组在航天器中工作人员活动舱内的一些装饰处、健身器拉索上和其他一些区域发现了一层白色薄膜。带回地面研究后发现，这层白色薄膜居然是霉菌——青霉、曲霉和镰孢霉等。正是从那时起，俄罗斯开始就微生物引起的航天器的生物腐蚀问题进行研究。

5 年之后，在“礼炮 7 号”空间站上的工作人员报告说，在工作舱的一些部件接合处和电缆

上发现长有肉眼可见的霉菌。将一些样品带回地面仔细观察研究后发现，样品表面有25%～50%面积为霉菌菌丝体所覆盖。在显微镜下还发现样品的结构发生了改变，在某些材料（如绝缘带）上甚至发现了穿透性缺陷。

“联盟号”运载飞船同“和平号”空间站对接后，在轨道上运行了半年时间。第3批乘员组人员发现导航窗的光学性能愈来愈差。返地后研究发现，在中央导航窗和周边大部分的舷窗以及钛合金窗框的珐琅面上，有霉菌菌丝体存在。有一处还能清晰地看到正在生长着的霉菌菌落。用石英制成的超强度窗玻璃，好像沿着菌丝体生长线被蚀刻出了一道道的纹路。

另一个直观例子是“和平号”通信交换设备控制器的报废。这个控制器被拆卸下来带回了地面，检查人员取下金属外罩后，发现在绝缘管、插头和高强度聚氨酯油漆上均生长着大量的霉菌，绝缘材料遭破坏处的铜导线都被氧化腐蚀了。在“和平号”空间站上，微生物学家随后陆续发现一些生物降解菌对轨道站的仪器设备造成了危害，聚合物结构材料和金属材料发生生物腐蚀、水再生系统液压管路形成生物膜层和栓塞物等航天器生态危机，其他飞行任务中也无一例外地在管道、电子接头及电缆上检测出了霉菌。俄罗斯专家Novikova系统研究了“和平号”空间站在轨15年微生物群落结构、种群演变，检测到231种细菌和真菌。还研究了苏联和俄罗斯1986—2000年载人航天中微生物的污染问题，描述了微生物对空间站通信设备上铜线、钛及橡胶的腐蚀现象，国内相关报道较少。

有研究表明，将国际空间站上带回的微生物放到地面合成材料上进行观察时发现，这些微生物一个月内可将聚酯纤维“咬断”，三个月内可将铝镁合金“吃掉”。研究人员对从空间站带回的一小块聚合纤维板研究后发现，微生物对它的破坏相当严重，其中玖红球菌的破坏性最强。

另有研究从运行13年后的“和平号”空间站及运行6个月至1年后的国际空间站俄罗斯舱设备表面上采集到的微生物进行分离与鉴定。发现这些微生物中多数是真菌，细菌的数量相对较少。与地面的同类相比，分离出的微生物菌落在形态与颜色上都发生了不同程度的变化。研究人员进一步用这些分离到的真菌对聚苯乙烯和铝镁合金进行了腐蚀实验。结果证实：这些分离到的真菌比同类地面对照真菌具有更强的腐蚀作用（见图2-3，图2-4）。

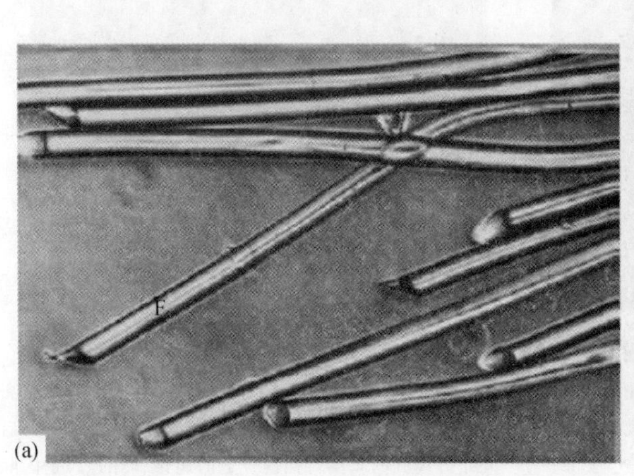

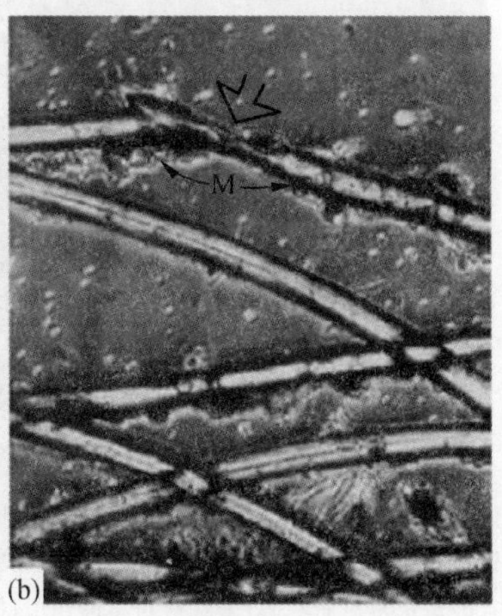

图2-3　真菌在聚苯乙烯上生长28天后对纤维的破坏作用

(a)对照真菌作用后的纤维；(b)和平号空间站上分离到的真菌作用后的纤维，可以看到纤维受到了严重的破坏我国学者采用空间搭载和地面对照实验的3种真菌，*aspergullus niger*（黑曲霉菌），*aspergullus fumigatus*（烟曲霉菌），*aspergullus flavus*（黄曲霉菌）作为霉腐实验标准菌，对9种航天器材的板材进行7个月的霉腐测试实验。结果表明，3种真菌相比，烟曲霉菌对板材霉腐重量损失最多。并发现9种实验板材中硅胶片、真空片、聚四氟乙烯片、天然胶片减少的重量比另几种板材减少的重量要多4～6倍。这一结果可能会对未来选择轨道站仪器设备的制造材料及空间航天器有效载荷有所启发，为保障长期载人航天、空间站的安全运行提供依据。

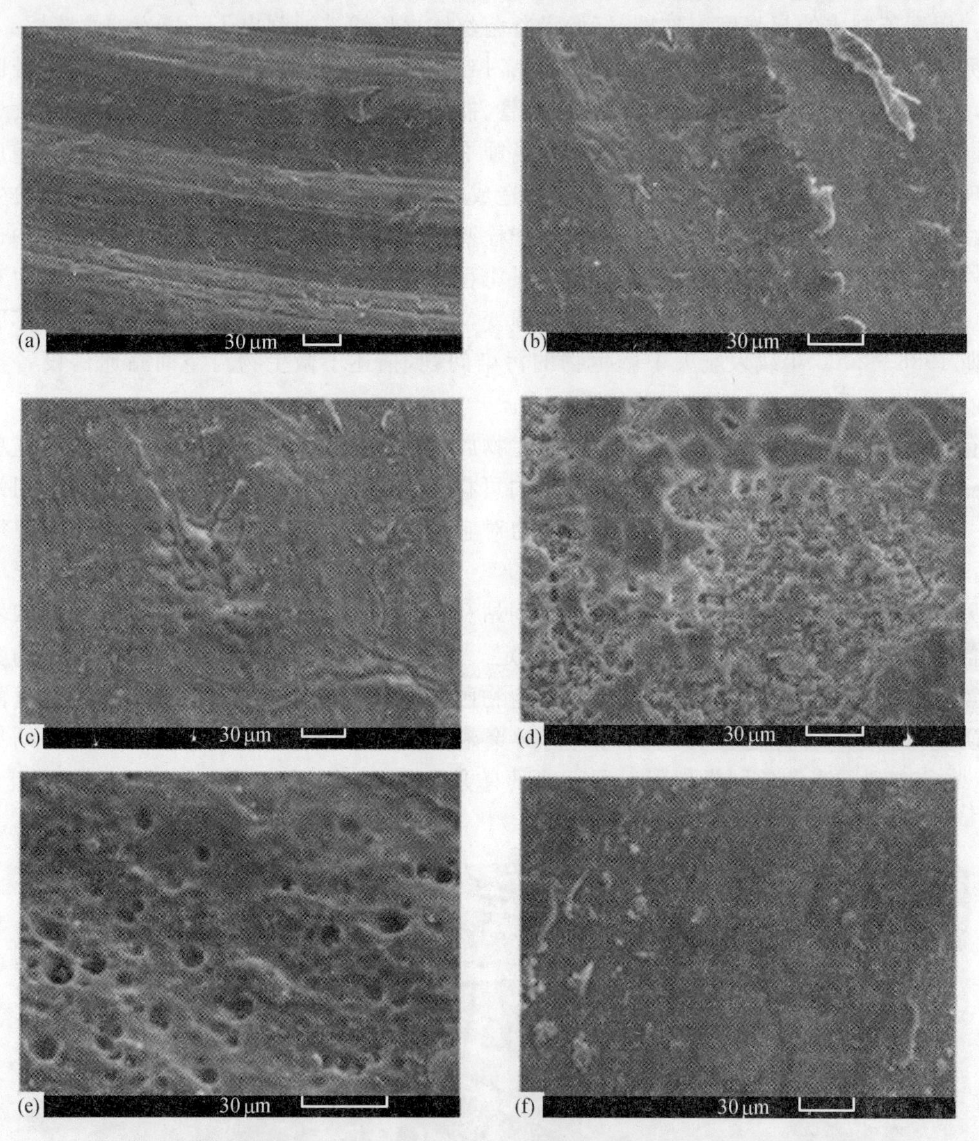

图2-4　从和平号空间站和国际空间站上分离到的真菌对铝镁合金的腐蚀作用

注：(a)，(c)，(e)是作用1个月后的结果，其中(a)是正常对照真菌，未观察到腐蚀作用；(c)是和平号空间站分离到的真菌对铝镁合金的腐蚀作用；(e)是国际空间站分离到的真菌对铝镁合金的腐蚀作用。(b)，(d)，(f)是作用3个月后的结果，其中(b)是正常对照真菌，未观察到腐蚀作用；(d)是和平号空间站分离到的真菌对铝镁合金的腐蚀作用；(f)是国际空间站分离到的真菌对铝镁合金的腐蚀作用

三、空间环境微生物污染的防治措施

中长期飞行时，空间站密闭舱的空气里浮游着许多有害微生物，这些微生物长期在空气中传播和扩散，遇到湿空气和适宜的温度，可以迅速繁殖和滋生，对舱内人员和设备构成了潜在的威胁。为了避免舱内有害微生物对人体健康造成危害，常采用的方法是在舱内安置控制微生物的通风过滤装置和抑制舱内微生物滋生的空气净化装置。为了控制微生物生长，在国际空间站的日本实验舱和ESA的增压舱内，将高效粒子捕获材料过滤网放置到空间站的密封舱通风管道系统上，这种网的网孔比空气中微生物小，当含有微生物的舱内空气通过管道中的过滤网时，高效粒子捕获材料过滤网就会将微生物阻挡在进风管口的外面，其有效过滤效率可达99.9%。这样，微生物、微粒污染物就不会进入舱内继续污染舱内空气，使舱内空气得到净化。水循环系统通过对尿液蒸馏净化，从中提取水，然后将其连同其他废水输送至处理器，经过一系列过滤、处理和净化等步骤。制氧机和水循环系统将成为国际空间站上再生环境控制和生命支持系统的核心装置。每年，NASA需要将约1.5万磅(约合6 800 kg，1磅＝0.453 6kg)补给送入国际空间站。NASA主要的轨道运输工具——航天飞机在2010年退役，为更小、更新的“猎户座”飞船让路，此举将变得尤为重要。近期对空间站水供应系统的微生物检测时发现水中有甲基杆菌(*Methylobacterium*)存在，提示国际空间站水供应系统有被污染的可能。

俄罗斯宇航科学院院士、空间飞行世界纪录(438个昼夜)创造者瓦列里·波利亚科夫宣称他们每周都使用吸尘器和特制的布巾进行一次卫生大扫除，微生物活动最厉害的地方用药剂进行消毒处理，之后就不会再出现这些东西了。这些微生物并没有给他们带来特别大的麻烦。在每次升空进行宇航活动的前后都要取样做实验，航天器内部必须达到国家标准规定的洁净水平。这些卫生大扫除和对微生物的实验研究已经成为常规性工作。俄罗斯宇航管理中心还采取过许多防止微生物大量繁殖的措施，其中包括对航天器的特定部位作补充加热等。俄罗斯的科学家们正在研究制定一套用以评价材料抗生物腐蚀性能的适当方法。同时，他们还在研究寻找预防、早期发现和诊断航天器材的生物腐蚀的种种办法，研发耐生物腐蚀的航天器材。

另外可通过改善营养、加强锻炼来提高航天器中工作人员的免疫力；严格消毒以防止疾病感染与交叉感染；在航天食品中添加乳酸杆菌、双歧杆菌等益生菌，以维持航天员的肠道菌群的生态平衡；做好航天员的常规体检和常规防病、抗病工作，制定完备的生物安全对策等，保障航天器中的工作人员安全地生活与工作。

第五节　空间微生物学的应用

研究空间微生物学，除了微生物作为一种重要的模式生物对空间生物学基础理论研究方面的贡献外，还有许多实际用途，特别是在微生物空间诱变育种和受控生态生命保障系统方面。

一、在工业生产方面的应用

利用空间飞行特殊环境中的多重因素对微生物产生的综合诱变作用，选育具有生长速度快，抗性强，产酶活性强、酶活高，产抗生素活性强、抗生素效价高等优良性状的菌株，用于工业生产。这方面的内容在前述第二节的空间微生物效应与机理中已有详细叙述，在此不再赘述。

二、在受控生态生命保障系统中的应用

1. 微生物在受控生态生命保障系统中的作用

像在自然生态中一样，微生物在受控生态生命保障系统(CELSS)中也起着至关重要、不可替代的作用，关于 CELSS 后续章节中有详细介绍，此处主要从微生物的角度分以下 3 个方面进行阐述。

(1) 微生物的双重作用可实现受控生态生命保障系统的循环与再生。

从一般意义上讲，在受控生态生命保障系统中，植物是生产者，动物和人是消费者，微生物既是生产者，又是消费者。微生物一方面可作为初级生产者通过生物合成作用将无机物有机质化；另一方面，微生物更重要的作用是作为消费者，即分解者，通过自身的生命活动分解有机物并将其无机质化，即微生物承担着将人和动物排泄物、废弃物、污水及植物秸秆分解并转化成人和动、植物可利用物质的重要功能，实现受控生态生命保障系统的循环与再生。如果没有微生物，受控生态生命保障系统中物质的循环与再生是不可能实现的。

(2) 微生物也可作为营养源供人食用。

虽然人类传统习惯的食物是动、植物食品，但就营养价值和口味来说，微生物食品并不比动、植物食品差，只是因为在自然生态环境中存在丰富的动、植物资源而被忽略了。在受控生态生命保障系统中，因为传统食物的栽培周期太长，所以繁殖周期短、品种繁多的微生物食品就相对重要起来，比如光合细菌、酵母菌及真菌子实体等都可作为航天器中工作人员的食物来源。利用微生物发酵生产的食品品种繁多，许多已被人们广泛利用并实现规模化生产。食用菌是一种优秀的微生物食品，素有“植物肉”之称。螺旋藻更被联合国粮农组织称为“人类最佳保健品”，中国已开展螺旋藻保健品的规模化生产和应用。

(3) 参与受控生态生命保障系统的空气循环。

受控生态生命保障系统空气中的 O_2，N_2，CO_2，CH_4 的平衡都需要微生物参与。例如固氮菌可固定受控生态生命保障系统空气中的氮气，光合细菌可同化 CO_2，放出 O_2，还有许多微生物生长时可利用空气中的 CO_2 和 CH_4 等。

2. 在受控生态生命保障系统中微生物筛选的原则和标准

不是所有微生物均适用于受控生态生命保障系统，必须选择适宜的菌种。根据空间环境，如狭小、密闭、微重力、超真空、强辐射等特点，制定下列原则：

(1) 可以在密闭生态系统中发挥食物生产、大气再生与净化、水分再生与净化、废物处理与再生等一种或几种作用；

(2) 培养技术相对简单，对环境条件没有特殊要求；

(3) 易于繁殖，遗传性状稳定；

(4) 生长快，周期短，产量高；

(5) 抗逆性强；

(6) 易于收获、加工和储藏；

(7) 无毒害、腐蚀作用，无致病性；

(8) 作为食物，须符合人们的饮食文化习惯；

(9) 因地制宜，具备一些本国特点。

3. 在受控生态生命保障系统中筛选研究的微生物种类

目前，俄罗斯、美国、日本、ESA和中国等国家和组织都在积极致力于受控生态生命保障系统中适宜微生物菌种的筛选和研究工作。所涉及的菌种主要有蓝细菌即螺旋藻、酵母菌、假单胞菌、梭状芽孢杆菌、自生固氮菌、非硫光合细菌、金针菇、平菇和香菇等，以期能筛选出适用于受控生态生命保障系统的优良菌种。另外，极端微生物本身可能对太空环境具有一定的抗性，可望找到适合空间生长的极端微生物，用于受控生态生命保障系统。还有学者提出将极端微生物的基因转入其他生物，如植物、动物等，可增强它们对于太空环境的抗性，可望培育出适合空间生长的动、植物。

4. 受控生态生命保障系统中微生物部件的技术难点

(1) 微重力条件下微生物的培养条件和方法；

(2) 空间培养光合微生物所需光源或光能的提供和导入；

(3) 空间条件下微生物细胞分离检测技术；

(4) 微生物菌株遗传性状的稳定性、无致病性及无毒害性；

(5) 与其他支撑系统和相关系统及动、植物匹配关系的建立。

三、在空间生命科学基础研究中的应用

微生物个体微小，构造简单，以其独特的生物学特性如体积小，面积大，吸收多转化快，生长旺盛，繁殖快，适应强，易变异，分布广，种类多，成为进行生命科学研究的最基本、最简单、最重要的模式生物。

在微生物中，常被作为模式生物的有大肠杆菌和酵母菌。大肠杆菌(*Escherichia coli*, *E. coli*)是一种常见的细菌，由于它的基因组小、无致病性和实验室中培养生长快而被人们深入研究。大肠杆菌通常被作为低等模式生物用于细胞新陈代谢、大分子合成以及基因调节等基本原理的研究。它被认为是研究空间飞行中代谢途径和“正常”生长效应的一种很好的模式生物。

1996年酵母菌(Saccharomyces)基因组序列测序完毕，它是我们得到的第一个基因组全序列的真核生物。酵母菌的细胞活动比大肠杆菌更加类似我们人类的细胞活动。实际上，癌症中许多核心的细胞过程，例如细胞周期与调控、基因修复和端粒维持等，在人和酵母菌中是保守的。这些相似点使酵母菌在空间辐射和老化研究中成为一种非常好的模式生物。

微生物占地球总生物量的60%以上。它们已经存活和进化了37亿年，广泛分布在各种环境中，大多数微生物都与人类、动物或植物的疾病无关，这些都使得它们可以安全地在密闭环境中进行研究。通过对微生物生长与代谢过程的研究，促进了生命科学许多重大理论问题的突破，促使DNA重组技术和遗传工程的出现，为生命科学的发展做出了巨大的贡献。由于微生物生长迅速、操作简便，作为一种模式生物被广泛应用于空间生命科学的研究，通过对空间环境下微生物生长与代谢过程的研究，对其他生物体在空间环境下生命过程的研究也具有提示意义。

第六节　空间微生物学的未来发展

一、宇宙检疫

随着人类太空探索活动的增多，太空微生物侵害地球或地球微生物污染太空的概率增大。早在1962年，有关宇宙探测利用的国际性组织——宇宙利用委员会，就提出了有关宇宙污染

的问题，现已逐步开展对付这种污染的宇宙检疫研究工作。所谓宇宙检疫(Space Quarantine)是指在每次升空进行宇航活动的前后都要对航天器及其工作人员进行严格的卫生检疫工作。通过宇宙检疫一方面可防止太空微生物侵害地球，另一方面也可防止地球微生物污染太空。

1. 宇宙检疫的作用

(1) 防止太空微生物侵害地球。

科学家们担心随着人类空间探索活动的发展，太空带回的样品或返地的航天器中的工作人员身上附着的太空微生物会侵入地球。如果不及早研究防疫措施，将可能引起全球性的灾难。NASA 的科学家正在采取种种严格的措施，防止来自火星的重达 500 g 的土壤和岩石标本污染地球，给地球带来致命病毒。

(2) 防止地球微生物污染太空。

地球微生物可能通过陨石撞击、火山喷发、空间站、探测船等途径将地球微生物带入太空，引起太空污染。一般散播到太空的地球微生物存活率极低，但也有可能有例外。假如这些微生物被宇宙尘埃包裹起来或被埋入其他星球的沙土中，就有可能存活下来，造成太空污染。

2. 防护措施

一方面加强航天器的各种消毒工作和工作人员的卫生检疫工作，另一方面对返地的航天器中及其工作人员和样品进行严密监测，以便及时采取各种应急措施。虽然航天器被要求严格无菌，但实际操作起来相当困难且耗资巨大，目前尚无不破坏航天器内部构造的优良无菌技术，急需研究开发适用于航天器和航天员的新型优良无菌技术。随着深空探测和宇宙开发步伐的加快，应建立国际性的宇宙检疫指导方针，引导全球进入健康的宇宙开发新阶段。

二、极端微生物与地外生命探索

能在极端恶劣环境下，例如高温、低温、高盐、高碱、高酸、高压、高辐射等环境正常生长，而且一旦离开这些环境往往不能生存的微生物被称为极端微生物(Extremophiles)，又称嗜极菌。极端微生物可分为七个类群：嗜热微生物、嗜冷微生物、嗜酸微生物、嗜碱微生物、嗜盐微生物、嗜压微生物和耐辐射微生物。极端环境的微生物均为古细菌，对 16SrRNA (18SrRNA) 序列分析发现，古细菌既不同于真细菌也不同于真核生物，因其形态接近真细菌而命名为古细菌。

作为地球的边缘生命现象，极端微生物颇为耐人寻味。极端环境中的微生物为了适应生存，逐步形成了独特的结构、生理机能和遗传因子，以适应环境。极端微生物的研究不仅对探究外太空生命、生命的起源与进化具有非凡意义，而且极端微生物特殊的基因类型、生理机制及代谢产物，具有极大的应用价值，将使某些新的生物技术手段成为可能，极大地推动生物技术的发展。一方面，极端微生物本身可能对空间环境具有一定的抗性，可望找到适合空间生长的极端微生物，用于受控生态生命保障系统；另一方面，有学者提出将极端微生物的基因转入其他生物，如植物、动物等，可增强它们对于空间环境的抗性，可望培育出适合太空生长的动、植物。目前，极端微生物已成为国际研究的热门领域。

目前尚未发现地外生命存在的确凿证据。有科学家预言火星、金星、木星、木卫二和木卫三上可能有原始的生命活动。极端微生物生活的高温、高压、无光、缺氧、含硫等环境，与生命起源初期的地球环境非常相似，在进化分支上最接近原始生命，所以对其研究不但有助于揭示地球的生命起源，也能为研究外星是否存在生命提供间接证据。

科学家虽然没有找到火星上有生命的直接证据，但在2005年初发现了沼气和其他可能存在生物活性的迹象，这些特征很像地球上地底生物圈的特征。2015年NASA又发现了火星上存在液态流动水的证据，因此科学家认为火星可能存在地下微生物生态体系。另有研究发现，在地球以下3 km处有微生物群落，它们以CO_2为生，每100年左右繁殖一代。虽然这种情况发生在地球上，在相同条件下，也可能会发生在火星上。康奈尔大学的天文学教授托马斯·戈尔德声称，我们很可能会在火星深处找到一个温度很高的生物圈。

德国科学家的空间实验表明，地球外的微生物只要有沙土等保护层，就可能躲避宇宙射线和太阳紫外线的侵袭。而陨石、宇宙尘埃恰恰能提供这种保护。我们知道，地球上经常有未烧尽的陨石撞击地面，说明这种保护同样能经受与地球大气的剧烈摩擦。这些年来，不断有报告说，在南极发现的火星陨石中隐藏着细菌孢子遗迹。NASA对坠落在澳大利亚的一块陨石进行分析时，发现其中含有石化的微生物。陨石内部发现有氨基酸等生命有机物的存在，就说明了在某些陨石星形成过程中，其物质聚积凝结时有过生命有机物的合成。1997年在西雅图举行的全美科学年会上，美国科学家根据火星陨石AHL84001样本中发现的细菌微痕迹推断火星上可能存在微生物。俄罗斯和NASA的科学家通过对陨石的8块残片3年多的研究，发现了低等菌类和细菌化石，研究认定，这些化石的生物年龄在60亿～70亿年，远远早于地球50亿年的年龄。

天文观测结果表明，金星在历史上曾经存在海洋和两万多座城市的残骸，这些迹象都表明金星在历史上曾经有类人生命存在。

“伽利略号”探测器在木卫二上空对它的磁场探测表明，木卫二的冰下确实是咸海。美国斯坦福大学天文学家克里斯托弗·希巴指出，木卫二上可能存在大量生物，类似地球上的某些微生物就有可能存活在木卫二的海洋里。

种种发现告诉我们，宇宙中如果存在生命的种子，首选当推微生物，也只有微生物能担此重任。

三、空间微生物学研究的发展方向

未来空间微生物学研究的发展可能主要集中在以下研究领域：

(1)微生物的空间分离、培养、检测、鉴定新技术；

(2)微生物空间实验设备的微型化、自动化、智能化；

(3)受控生态生命保障系统中优良菌种的筛选；

(4)微生物空间诱变机理研究；

(5)空间致病性、条件致病性微生物研究；

(6)航天材料生物腐蚀的防护及耐生物腐蚀材料的研发。

参考文献

[1] Adrian A, Schoppmann K, Sromicki J, et al. The oxidative burst reaction in mammalian cells depends on gravity[J]. Cell Commun Signal, 2013,11(98): 1-20.

[2] Alekhova T A, Aleksandrova A A, Novozhilova TIu, et al. Monitoring of microbial degraders in manned space stations[J]. Applied Biochemistry and Microbiology, 2005, 41(4): 435-443.

[3] Alpatov A M, Ilin A M, Antipov V V, et al. Biological Experiments on COSMOS-1887[J]. Kosmi-

cheskaya Biologiya I Aviakoshicheskaya Meditsina，1988，25(5)：26 - 32.

[4] Benoit M R，Li W，Stodieck L S，et al. Microbial antibiotic production aboard the International Space Station[J]. Appl Microbiol Biotechnol，2006，70(4)：403 - 411.

[5] Berry C A. Summary of Medical Experience in the Apollo 7 through 11 Manned Space Flights[J]. Aerospace Med,1970,41(5):500 - 519.

[6] Castro V A，Thrasher A N，Healy M，et al. Microbial characterization during the early habitation of the International Space Station[J]. Microb Ecol，2004，47(2)：119 - 26.

[7] 迟桂荣.极端环境微生物的研究概况[J].德州学院学报，2001，17(2)：74 - 76.

[8] Crucian B E，Stowe R P，Pierson D L，et al. Immune system dysregulation following short - vs long - duration spaceflight[J]. Aviat Space Environ Med，2008，79(9)：835 - 43.

[9] Curtis A C. Space Almanac. Arcsoft Publishers，1990.

[10] Tairbekov M G，Parfyonov G P. Cellular Aspects of Gravitational Biology. Physiologist，1981，24(6)：69 - 72.

[11] 冯军，李江海，陈征，等."海底黑烟囱"与生命起源述评[J].北京大学学报：自然科学版，2004，40(2)：318 - 324.

[12] Fox L. The ecology of microorganisms in a closed environment[M]. Berlin：Academie - Verlag，1971.

[13] Gridley D S，Slater J M，Luo - Owen X，et al. Spaceflight effects on T lymphocyte distribution，function and gene expression[J]. J Appl Physiol，2009，106(1)：194 - 202.

[14] 郭双生，王普秀，李卫业，等.受控生态生保系统中关键生物部件的筛选[J].航天医学与医学工程，1998，11(5)：333 - 337.

[15] 顾薇玲，彭惠林，杨蕴刘，等，微重力和宇宙射线对某些微生物的影响[J].植物生理学报，1989，15(4)：397.

[16] 黄磊，吕淑霞，张利，等，航天生物技术研究进展[J].安徽农业科学，2005，33(9)：1726 - 1727，1775.

[17] 黄训经. 微生物——空间站的大敌[J].世界科技博览，2002，10：40 - 41.

[18] Ilin V K. Drug Resistance of E[J]. Coli Isolated from Cosmonauts. Kosmicheskaya Biologiya I Aviakosmicheskaya Meditsina，1989，23(4)：90 - 91.

[19] 蒋兴邨.8885返地卫星搭载对水稻遗传性的影响[J].科学通报，1991，23：18 - 20.

[20] 贾士芳，郭兴华，周志宏，等.利用返回式科学卫星选育优良双歧杆菌[J].航天医学与医学工程，1996，9(6)：407.

[21] 季孔庶.园林植物高新技术育种研究综述和展望[J].分子植物育种，2004，2(2)：295 - 300.

[22] Johnston R S，Dietlein L F. Biomedical Results from Skylab (NASA SP - 377)[M]. Washington，DC：US Government Printing Office，1977.

[23] Kaur I，Simons E R，Kapadia A S，et al. Effect of spaceflight on ability of monocytes to respond to endotoxins of gram - negative bacteria [J]. Clin Vaccine Immunol，2008，15(10)：1523 - 1528.

[24] Klaus D M，Howard H N. Antibiotic efficacy and microbial virulence during space flight[J]. Trends Biotechnol，2006，24(3)：131 - 136.

[25] Knot W M. The Breadboard project：a functioning CELSS plant growth system[J]. Adv Space Res，1992，12 (5)：45 - 52.

[26] Lapchine L，et. al. Antibacterial Activity of Antibiotics in Space Conditions[J]. Proceedings of the Norderny Symposium on Scientific Results of the German Spacelab Mission D1，1986(8)：27 - 29.

[27] Li Q，Mei Q，Huyan T，et al. Effects of simulated microgravity on primary human NK cells[J]. Astrobiology，2013，13(8)：703 - 714.

[28] 李世娟，诸叶平，孙开梦，等.中国太空育种现状及其前景展望[J].中国农学通报，2005，21

(1):159-162.

[29] 刘红,于承迎,庞丽萍,等.俄罗斯受控生态生保技术研究进展[J].航天医学与医学工程,2006,19(5):382-387.

[30] 刘禄祥.农作物空间技术育种研究现状与展望.中美农业科技与发展研讨会文集,北京:中国农业出版社,1996.

[31] 刘录祥,王晶,金海强,等.零磁空间诱变小麦的生物效应研究[J].核农学报,2002,16(1):2-7.

[32] MacElroy R D, Bredt J. Current concepts and future directions of CELSS[J]. Adv Space Res, 1984, 4(12): 221-229.

[33] Marsden P H,Fallon R J,Larsen R T. Microbiological Studies in Submarines: Ecology of Meningococci in Symptomless Carriers[J]. Journal of the Royal Naval Medical Service, 1974, 60:137-142.

[34] Mauclaire L, Egli M. Effect of simulated microgravity on growth and production of exopolymeric substancesof Micrococcus luteus space and earth isolates[J]. FEMS Immunol Med Microbiol, 2010, 59(3): 350-356.

[35] Mehta S K, Cohrs R J, Forghani B, et al. Stress-induced subclinical reactivation of varicella zoster virus in astronauts[J]. J Med Virol. 2004, 72(1):174-9.

[36] Mose Rossi, Maria Ciaramella, Raffaele Cannio, et al. Extremophiles 2002[J]. Journal of Bacteriology, 2003, 185(13): 3683-3689.

[37] Natalja Noviko va. Review of the Knowledge of Microbial Contamination of the Russian Manned Space craft[M]. Moscow: State Scientific Center Institute For Biomedical Problems, 2000.

[38] Novikova N, De Boever P, Poddubko S, et al. Survey of environmental biocontamination on board the International Space Station[J]. Res Microbiol, 2006, 157(1): 5-12.

[39] 欧阳自远,李春来,邹永廖,等.深空探测的进展与我国深空探测的发展战略[J].中国航天,2002,12:28-32.

[40] Parfenov G P, Lukin A A. Results and prospects of microbiological studies in outer space[J]. Space Life Sci, 1973, 4(1):160-179.

[41] Pierson D L, Chidambarum M, Heath J D, et al. Epidemiology of Staphylococcus aureus in the Space Shuttle[J]. FEMS Immunology & Medical Microbiology, 1996, 16: 273-281.

[42] Pierson D L, Stowe R P, Phillips T M, et al. Epstein-Barr virus shedding by astronauts during space flight[J]. Brain Behav Immun, 2005, 19(3): 235-42.

[43] Pierson D L, Mehta S K, Magee B B, et al. Person-to-person transfer of Candida albicans in the spacecraft environment[J]. Journal of Medical and Veterinary Mycology, 1995, 33: 145-150.

[44] Polikarpov N A, Bragina M P. Sensitivity to Antibiotics of Opportunistic Human Indigenous Microorganisms Before and After Isolation in an Airtight Environment[J]. Kosmicheskaya Biologiyai Aviakosmicheskaya Meditsina, 1989, 23(3): 62-65.

[45] Qi JianJun,Ma RongCai,Chen XiangDong,et al. Analysis of Genetic Variation in Ganoderma Lucidum after space flight[J]. Adv Space Res, 2003, 31(6): 1617.

[46] 任维,魏金河.空间生命科学发展的回顾、动态和展望[J].空间科学学报,2000,10(20):48-54.

[47] Rodgers E B,Seale D B,Borass M E et al. Ecology of Microorganisms in a Small Closed System: Potential Benefits and Problems for Space Station[J]. SAE Technical Paper Series No. 891491, 19th Intersociety Conference on Environmental Systems, San Diego, 1989(7):24-26.

[48] 沈萍,陈向东.微生物学[M].北京:高等教育出版社,2006.

[49] Sonnenfeld G. Editorial: Space flight modifies T cell activation—role of microgravity[J]. J Leukoc Biol, 2012, 92(6): 1125-1126.

[50] Sulzman F M,Ellman D,Fuller C A,et al. Neurospora Circadian Rhythms in Space: A Reexamination of the Endogenous-Exogenous Question[J]. Science, 1984, 225: 232-234.

[51] 孙宏金. 太空育种:太空选宠儿[J]. 生命世界,2008,10: 72-75.

[52] Takahashi A, Ohnishi K,Takahashi S,et al. The effects of microgravity on induced mutation in E. coli and S. cerevisiae[J]. Adv Space Res,2001,28(4):555.

[53] Taylor G R. Cell Anomalies Associated with Spaceflight Conditions[J]. Adv Exp Med Biol, 1987, 225:259-271.

[54] Taylor G R. Space Microbiology[J]. Ann Rev Microbiol, 1974, 28:121-137.

[55] Taylor K, Kleinhesselink K, George M D, et al. Toll mediated infection response is altered by gravity and spaceflight in Drosophila[J]. PLoS One, 2014, 9(1):e86485.

[56] 张玲华,田兴山. 微生物空间诱变育种的研究进展[J]. 核农学报,2004,18(4): 294-296.

[57] 田兴山,张玲华,郭勇,等. 空间诱变在微生物菌种选育上的研究进展[J]. 生物技术通信,2005,16(1): 105-108.

[58] Todd P. Gravity-Dependent Phenomena at the Scale of a Single Cell[J]. American Society for Gravitational and Space Biology, 1989, 2:95-113.

[59] van Tongeren,Raangs G C, Welling G W, et al. Microbial detection and monitoring in advanced life support systems like the international space station[J]. Microgravity Science and Technology, 2006, 18 (3-4):219-222.

[60] 王红姝. 极端微生物的多样性及其应用[J]. 枣庄学院学报,2006,23(2): 88-92.

[61] 王红远. 周红霞,戴剑漉,等. 必特霉素基因工程菌航天育种的研究[J]. 药物生物技术,2007,14(1):10-13.

[62] 王景林,高培基,柳增善,等. 多种微生物搭载返回式卫星的实验研究[J]. 遗传,1999,21(6):7-9.

[63] 王耀东,陈志和,宋未,等. 返回式科学卫星搭载食用菌的空间生物学效应[J]. 航天医学与医学工程,1998,11(4):245-248.

[64] 王莹,万欢,吴根福. 环境微生态研究中的分子生物学新技术[J]. 环境污染与防治,2006,28(6):457-460.

[65] 王璋,刘新征,王亮,等. 链霉菌 WZFF. L-M1 搭载“神舟”四号飞船的空间育种效果[J]. 食品工业科技,2003,24(8):17.

[66] 王璋,王灼维,袁辉,等. 微生物转谷氨酰胺酶生产菌的“神舟四号”飞船搭载育种研究[J]. 食品与发酵工业,2003,29(1):16.

[67] Wheeler E F,Kossowski J,Goto E,et al. Consideration in selecting crops for the human-rated life support system: a linear programming model[J]. Adv Space Res,1996,18 (1-2): 233-236.

[68] 翁曼丽,李金国,高红玉,等. 大肠杆菌菌种空间变异的研究[J]. 航天医学与医学工程,1998,11(4):245-248.

[69] 吴汉基,蒋远大,张志远,等. 空间细胞与组织培养装置的发展[J]. 中国航天,2005,2:15-19.

[70] 谢琼,石宏志,李勇枝,等. 飞船搭载微生物对航天器材的霉腐实验[J]. 航天医学与医学工程,2005,18(5):339-343.

[71] Zaloguyev S N,Utkina T G,Shinkareva M M. The Microflora of the Human Integument During Prolonged Confinement[J]. Life Sci Space Res, 1971, 9:55-59.

[72] 张达,王云秋,郝再彬,等. 浅谈中国航天育种研究[J]. 东北农业大学学报,2006,37(3): 416-422.

[73] 张桀. 太空让病毒更毒[J]. 太空探索,2004,5:16-18.

[74] Zharikova G G,Rubin A B. Nemchinov A V. Effects of Weighlessness, Space Orientation and Light on Geotropism and the Formation of Fruit Bodies in Higher Fungi[J]. Life Sci Space Res, 1977, 15:291-

294.

[75] 周德庆,微生物学教程[M].北京：高等教育出版社,1993.

[76] 周志宏,刘志恒.受控生态生命保障系统中微生物研究的发展现状[J].航天医学与医学工程,1995,8(4):303-305.

[77] Zhukov-Verezhnikov N N,et al. Biological Effects of Space Flight on the Lysogenic Bacteria E. coli (K-12) and on Human Cells in Culture[J]. Cosmic Res, 1971, 9: 267-273.

[78] 朱玉贤,李毅.现代分子生物学[M].北京:高等教育出版社,1997.

第三章 空间植物学

从1957年第一颗人造卫星发射成功之时起，半个世纪以来空间植物学一直是空间生命科学的重要研究内容。空间植物学是研究空间特殊环境因素（如真空、极端温度、失重和重离子辐射等）下，植物的生命活动现象及其规律的学科，是空间生物学领域的一个重要分支学科。首先，相对高等动物来说，以植物为对象研究空间环境对生命活动的影响，所要求的生命保障条件较少，易于进行；其次，由于空间科学探索的迅速发展，进入太空生活和工作的人数越来越多，为维持人们在空间正常生活和工作提出了构建生物学再生生命保障系统的设想。生物再生生保系统是以绿色植物为中心的系统，绿色植物是一切异养生物赖以生存的基础。绿色植物可以提供给人类充足的食物、氧气和水分。

欲将地球上的植物带入太空生长、繁殖，永远扎根太空，就必须了解在地球重力、磁场等环境下生息了亿万年的植物，对太空的环境如何进行反应及适应。这方面工作集中在三个主要问题上：其一，研究怎么样在空间失重环境下种植植物，这关系到确定什么是获得最佳产量所需的条件，哪些植物最适合在太空生长，及在失重和全封闭的条件下植物生长的特殊问题是什么；其二，研究在失重环境下植物生长、发育代谢过程是否受阻，确定重力在植物生活中的必要性，即重力是否在植物某些生命过程中起着至关重要的作用；其三，研究重力作用的机理，探讨植物怎样调整生长发育模式以适应重力的改变。

在空间植物生物学研究的初期，多以低等的藻类、苔藓类植物为研究对象，这是因为低等植物的结构简单，生长期短。这时的研究多停留在观察空间环境对植物生长发育和代谢方面影响的各种现象以及相关数据的积累，还较少涉及机理性的研究。到了20世纪80年代后期，特别是进入20世纪90年代以后，研究的重心转移到了在植物的各种层次上探索失重效应以及作用机理。近年来，分子生物学理论与技术的飞速发展，又为我们从分子水平上认识重力作用于植物的机制提供了有力证据，并取得了许多令人瞩目的进展，这为将来空间植物学的下一步深入研究奠定了基础。

一、重力对植物的影响

1. 植物的向重性

重力是指随地球一起转动的物体，所表现出的、所受地球的引力，它对地球上生物的生长、发育、代谢、繁殖等都有着深刻的影响。在经历了400多万年的繁衍进化后，植物逐渐形成了一套独特的，适应地球重力环境的反应机制和体系，因此，重力大小和方向的改变，都会影响其一系列形态、行为及生理代谢过程。

植物对重力的反应最典型最普遍的现象就是植物的向重性。在地球重力场中的植物种子或幼苗，无论开始所处的位置如何，其幼苗和植株的根总是朝着重力的方向向下生长，即正向重性，而茎总是背着重力的方向向上生长，即负向重性，这种植物感受重力刺激，在重力矢量方向上发生生长反应的现象，称为植物的向重性。植物对重力的反应受重力刺激的时间和量级所影响。从感受刺激到引起反应的最短时间称为阈时。能一起反应的最小重力量级称为阈值。不同物种的阈时和阈值都不相同,一般而言,植物对改变重力刺激的反应较动物"迟钝"些。早在200多年前,英国学者Knight首先发现了植物向重性这一生理特性,随后,达尔文也对植物的向重性进行过细致的研究,他认为,根冠可以感受根尖在重力场中方向的改变,接收到重力刺激后,将产生一种生理信号并传递到伸长区,从而在伸长区引起弯曲反应(见图3-1)。这是对植物向重性机理的最早阐述。经过一个多世纪的研究,关于植物向重性的确切机理,至今却仍不清楚。

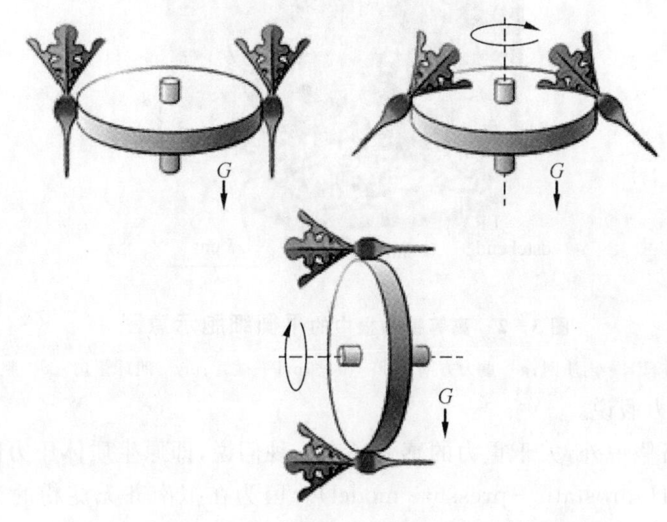

图3-1 Knight关于植物向重性的实验示意图

2.植物的向重性反应过程

(1)重力信号感受的两种假说。

现在一般把植物的向重性生长反应分为四个阶段,即:重力信号的感受,重力信号的转导,重力信号的传递以及对重力信号的反应。对重力信号的反应表现为不对称的生长,最后引起可见的器官弯曲,使生长点重新获得定位。

植物重力信号感受机制一直是生物学界争论不休的话题。到目前为止对于重力信号感受的解释至少有两种,即淀粉平衡石假说与原生质体压力假说。

1)淀粉-平衡石假说。

淀粉-平衡石假说最初由Haberlandt和Nemec于1900年提出,后来得到不断的改进,目前仍是解释高等植物感受重力改变机制的主要理论。淀粉-平衡石假说认为:重力的改变是由一类结构特殊的细胞即平衡细胞来感受的,在根中平衡细胞是位于根冠中的中柱细胞,在下胚轴和花序轴中平衡细胞是内皮层细胞。这两种细胞都存在结构上的特异性,它们是高度极化的细胞,细胞核位于细胞的中部或顶部,细胞质可以分为两层:包含内质网的周边区域和富含肌动蛋白微丝的中央区域。高等植物平衡细胞最显著的结构特征是它们都含有富含淀粉的淀粉体(见图3-2)。淀粉体起平衡石的作用,其比重大于细胞质,在垂直生长的器官中,这些淀粉体沉降在细胞的底部,当植物器官在重力场中的方向发生改变,因为这些淀粉体的比重较大,可以重新沉降到新的物理学底部,平衡细胞通过淀粉体的沉降感受到重力的变化。

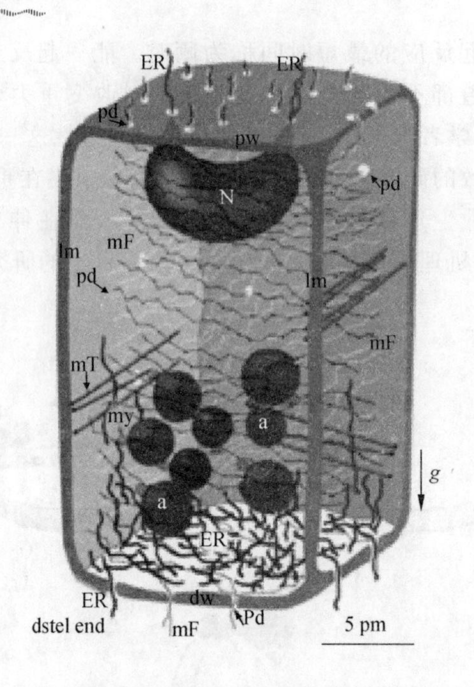

图 3-2　高等植物根中的平衡细胞示意图

a—淀粉体；ER—内质网；g—重力方向；mF—微丝；mT—微管；my—肌球蛋白；pd—胞间连丝

2）原生质体压力假说。

除淀粉-平衡石假说外，关于重力的感受还有一种假说，即原生质体压力假说，或者叫流体静力学-压力模型（Hydrostatic - pressure model）。因为在拟南芥无淀粉的突变体中，尽管重力敏感性降低，但如果给予长时间的重力刺激（阈时延长），仍能发生一定程度的向重弯曲（弯曲角度变小），所以有人认为在植物体中除了结构特异的平衡细胞外植物的原生质体本身也可以感受到重力的改变。原生质体压力学说的主要内容是当植物的原生质体在重力场中的方向发生改变时，原生质体上部质膜与细胞壁之间的张力增强，而原生质体下部的质膜与细胞壁之间的压力增强，这种张力的改变通过特异的区域即质膜与细胞壁通过细胞骨架相连接的区域传递到质膜上改变质膜的张力，从而活化质膜上张力敏感的离子通道，特别是钙离子通道，胞质中钙离子浓度的改变引发下游的信号传导，最终引起植物器官的向重弯曲。这个模型虽没有得到大家广泛的承认，但是可以解释一些与淀粉-平衡石假说不一致的现象，并且可以很好地解释一些植物中重力调节的原生质体流动的极性。

（2）重力信号转导。

植物感受到重力的改变以后，首先将重力改变产生的物理信号转变成细胞可识别的生理或生化信号，然后再向下传递。

对于重力信号转导的作用机制，至今还没有一个令人满意的解释，重力信号的转导可能涉及众多的细胞器和细胞成分的参与。最近提出的几种模型大都涉及了细胞骨架、细胞质膜或细胞内膜上张力敏感的离子通道以及 Ca^{2+} 的参与。Sievers 等人认为，平衡细胞的内层细胞质中肌动蛋白微丝构成复杂的动态的网络系统，这些肌动蛋白微丝通过细胞骨架与质膜相连，淀粉体就陷在这些肌动蛋白微丝网络中，当淀粉体响应重力的改变发生易位时，破坏了周围的肌动蛋白网络，通过与其相连的细胞骨架作用于质膜，改变了质膜的张力，从而活化了质膜上张力敏感的离子通道，特别是 Ca^{2+} 通道，使质外体高浓度的 Ca^{2+} 释放到胞质中，结果胞质中 Ca^{2+} 浓度在瞬间大幅度提高，引发下游的信号传递。还有的作者认为，当植物器官在重力场中的方向发生改变，平衡细胞的淀粉体沉降到内质网上压迫内质网，活化内质网上的 Ca^{2+} 通道，使 Ca^{2+} 从内质网钙库中释放到细胞质，从而启动下游的信号转导过程。

Ca^{2+} 是植物中许多信号途径中重要的第二信使，它参与调节很多重要的生命过程，有证据表明，植物细胞外质体和内质网中的 Ca^{2+} 浓度比胞质中的 Ca^{2+} 浓度高 3～4 个数量级，很多重要的生命过程就是依靠胞质中 Ca^{2+} 浓度在瞬间大幅度提高来激活下游的信号途径。由于测定胞内 Ca^{2+} 浓度在技术上存在一定困难，至今仍缺乏直接的实验证据证明它在重力信号转导中的作用，但是有一些间接的证据，比如在平衡细胞淀粉体中有高浓度的 Ca^{2+}，而且平衡细胞中含有比其他类型细胞多得多的钙调蛋白。用张力敏感的 Ca^{2+} 通道阻断剂或者钙调蛋白以及 Ca^{2+} - ATP 酶的抑制剂处理植物，可以使植物的向重性降低。近来有人用转水母发光蛋白基因的拟南芥植株作为实验材料，对细胞内的 Ca^{2+} 水平进行测定，其结果显示重力刺激可以使细胞内 Ca^{2+} 浓度升高。但是 Ca^{2+} 的来源还不明了，可能的来源有内质网、线粒体、淀粉体或者质体。

Staehelin 等提出了另外一种模式来解释重力信号的转导，他们观察到肌动蛋白构成的细胞骨架遍布于平衡细胞的细胞质，在内层细胞质比较浓密而在包含内质网的外层细胞质较为稀疏，淀粉体通常是沿着两层细胞质的界面进行沉降。他们认为淀粉体的沉降可能是通过原位破坏与质膜上张力敏感的离子通道相连的肌动蛋白网络而直接产生重力的生理信号。他们还发现在平衡细胞的特定区域存在特殊结构的内质网，这种内质网（结状内质网）特异存在于平衡细胞的特定区域，它们的作用可能是保护该区域的肌动蛋白网络和质膜免遭淀粉体沉积引起的破坏。

（3）重力信号传递。

植物向重性弯曲是一种不对称的生长反应，在根中，重力的感受发生在根冠，不对称的生长发生在伸长区，在茎中，重力的感受发生在内皮层细胞，不对称的生长反应部位在表皮和皮层。重力改变引起的物理信号通过信号转导转变成生理生化信号后还需要从感受部位传递到反应部位才能够引起弯区生长反应，所以在高等植物的整个向重反应中必然包含一个一定距离跨组织的信号传递过程。这个过程在根中，是由顶向基式的从根冠传递到伸长区，而在茎中，是以由内向外的方式从内皮层传递到表皮和皮层的（见图 3 - 3）。但问题在于：被传递的信号递质是什么分子？这个问题至今没有统一的答案。生长素，Ca^{2+}，IP_3 等都被认为具有这种信号载体的功能。

1）生长素。

很多研究者认为，重力信号传递的载体分子就是生长素。Rashotte 等人的实验结果证明生长素的由顶向基式的运输是拟南芥根向重弯曲所必须的条件。用生长素报告基因启动子融合 GUS 基因（DR5 ∷ GUS），许多研究者得出相同结论，这些证据间接证明了生长素通过重力刺激的根和下胚轴形成侧向梯度，积累于重力刺激器官的底部。在根中，这种侧向的生长素梯度跨根冠产生，然后从根冠推进至伸长区，在伸长区引发弯曲反应，在拟南芥的下胚轴和花序轴中，整个器官都可以发生这种生长素的侧向分布，所以整个器官都可以对重力做出反应，但是这种反应似乎依赖于钙离子和活跃的代谢。最近在拟南芥中鉴定出了一些和生长素极性运输相关的基因，当这些基因发生突变时，生长素的极性运输被抑制，同时拟南芥表现向重性的缺陷。

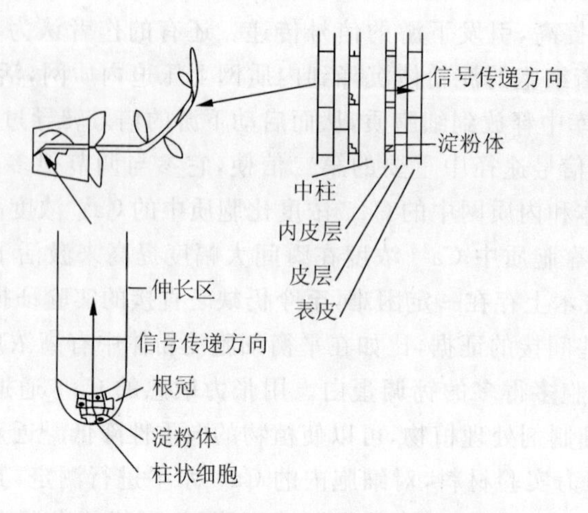

图 3-3 根和茎中的重力信号传递

2) Ca^{2+}。

平衡细胞胞质中 Ca^{2+} 浓度的瞬时升高是高等植物向重性反应的初始生理信号已经得到大家广泛的认可，但是 Ca^{2+} 是否是由感受区域传递到反应区域的信号分子，还没有统一的意见。这种观点的提出主要基于以下一些证据：① 玉米的根受到重力刺激后，可以引起 Ca^{2+} 的不对称运动，Ca^{2+} 通过根尖向下转移，产生跨根尖的 Ca^{2+} 梯度，有人认为，这种跨根尖的 Ca^{2+} 梯度可以由根冠区域向基部推进到伸长区；② 用 Ca^{2+} 螯合剂处理植物的根，可以抑制根的向重性；③ 不对称施加 Ca^{2+} 在根的伸长区的一侧，引起根向施加的一侧弯曲。更多的研究者认为，Ca^{2+} 通过与伸长区细胞壁上的果胶分子交联调节了细胞壁的刚性，单侧施加 Ca^{2+} 于植物根的伸长区，使一侧的 Ca^{2+} 浓度提高，从而增加了该侧细胞壁的刚性，进一步抑制了细胞的延长，使根向这一侧发生弯曲。

3) IP_3。

IP_3 也可能作为第二信使参与了重力信号的传递，IP_3 水平和磷脂酰肌醇-4-磷酸-5-激酶的活性在受重力刺激的燕麦和玉米的叶枕中发生波动，重力刺激燕麦叶枕后 15s 内顶侧和底侧 IP_3 水平都增加，然后在几分钟内发生波动，30 min 后，底侧的 IP_3 水平上升至顶侧的 5 倍，且维持至 2 h 以上。当可见的弯曲反应发生以后(8～10h)IP_3 水平才回到基态。向重性弯曲和 IP_3 水平的升高可被一种磷脂酶 C 的拮抗剂抑制，说明磷脂酶 C 介导的磷酸肌醇 4,5-二磷酸水解为 IP_3 可能调节单子叶植物叶枕的不对称生长。由此 Perera 猜想，短期的 IP_3 水平变化构成一个胁迫信号，而长期的底侧 IP_3 的增加则引起顶侧和底侧不对称的生化信号的产生。最近，Perera 等将人的专一水解 IP_3 的一型肌醇磷脂酶基因转入拟南芥，发现转基因植株 IP_3 水平下降，而且重力敏感性降低。转基因植株还表现为对 Ca^{2+} 的敏感性的改变以及生长素不对称分布的延迟。

除了上述这些比较公认的信号分子外，K^+，ATP，乙烯、脱落酸等也被认为参与了重力信号的传导，因此，弄清这些信号分子之间的关系对正确理解重力信号传导的机制至关重要。

(4) 向重性反应。

重力信号由感受区域传导到反应区域，在反应区域引起植物器官的不对称生长。目前被大家普遍接受的解释不对称生长的假说是生长素学说，Cholodny - Went 生长素学说是由 Cholodny 和 Went 在 1928 年分别提出的，后来得到不断的证明和改进，现在仍然受到广泛的支持。其主要内容是生长素通过重力刺激的植物器官进行侧向的运输，然后积累于受重力刺激的器官的底部，生长素的不对称分布引起受重力刺激器官的不对称生长，从而形成弯曲。由于根和茎对生长素的敏感程度不同，在根中，底部高浓度的生长素抑制根的生长，使根向下弯曲，而在茎中，底部高浓度的生长素刺激生长，所以茎向上弯曲。这就是著名的 Cholodny - Went 生长素学说。近年来用分子遗传学的方法在拟南芥中鉴定出一系列和生长素运输以及生长素反应相关基因的突变体，都表现为向重性的缺陷或者异常，进一步证实了生长素在重力信号中的作用。

最近几年运用各种先进的生物学手段对高等植物的向重性机理进行了深入的研究，也取得了丰硕的成果，特别是对重力信号转导和重力信号传递的研究，鉴定出许多参与重力信号的细胞成分和信号分子，同时也对这些信号分子之间的关系进行了初步的探讨，这些成果的获得很大程度上得益于模式植物拟南芥全基因组序列的信息和对各种突变体的研究，但是如此众多的信号分子在信号转导过程中的确切机制和作用关系网络还不是很清楚，至今还没有一个令人信服的假说能够像淀粉-平衡石假说和生长素学说用来解释向重性反应的第一和第四时相一样用来解释第二和第三时相，将来还需要借助于新的实验手段来解决这些问题。

二、重力改变对植物生长发育的影响

空间科学的发展为利用空间失重环境研究植物重力生物学提供了便利条件。为了更好地利用空间失重环境，在空间建立可再生的生命保障系统，深入地研究重力对于植物的作用机理以及植物在改变重力条件下的生长和发育规律具有非常重要的科学意义和应用价值。近年来，在空间失重环境中开展的植物学实验以及在地面模拟微重力和超重力条件下的植物学实验发现，高等植物在改变重力的条件下，个体形态建成生理代谢、细胞的结构和超微结构以及基因表达水平都发生了明显的改变。

1. 重力改变对植物个体生长发育的影响

植物个体的生长、发育、繁殖能力以及形态建成等都受重力的影响。Nakamura 等用三维回转器研究了模拟微重力下李属植物茎的生长情况，发现微重力促进了植物茎的伸长和叶的伸展，他们认为植物茎的伸长和叶的伸展可能被 1g 重力抑制，而生长方向和次生木质部的形成则依靠重力刺激。对于微重力条件下种子的萌发和幼苗的生长进行研究的结果不太一致，但多数实验结果表明，微重力环境能够增加种子的萌发率，而多数高等植物在空间微重力条件下生长发育迟缓，而且常常不能完成生殖发育。Ueda 等在 STS - 95 上的实验中综合分析了空间微重力条件下生长的黄化豌豆和玉米幼苗的生长和发育情况，发现空间微重力环境严重影响了黄化豌豆和玉米幼苗的生长和发育，这说明植物的生长发育在地球上受到重力的调控。在空间微重力下，植物还表现为衰老加速，而且多数不能完成生活周期。最近的研究认为可能是由于乙烯的积累而引起了雄性不育。如果在飞行条件下，植物所处的物理环境条件能够满足植物所需要的物理环境要求，则能够在空间微重力条件下正常进行生殖发育。Musgrave 等人还在和平号空间站进行了 122d 油菜生活周期的实验，从种子到种子的整个生活周期的完成表明重力不是植物完成生活周期绝对需要的，但是油菜在空间微重力下形成的种子品质发生改变。有关微重力条件下植物个体形态建成的工作也有很多，在 STS - 95 空间微重力和地面上用 3D 回转器模拟微重力条件下的实验结果证明水稻和拟南芥幼苗在模拟或者真实微重力下都具有一个自发的形态建成的过程，形成了和地面正常重力条件下不同的形态特点。而且在微重力下由于细胞壁的延展性增加，使水稻的胚芽鞘和拟南芥的下胚轴生长速度比正常重力条件下快。而在超重力条件下，细胞壁的刚性增强，植物茎的生长受到抑制。

2. 重力改变对植物细胞分裂及分化的影响

改变重力对植物的影响在细胞水平的研究包括微重力环境对细胞的形态、结构、超微结构以及细胞的生长、分化和分裂的影响。有人报道在太空飞行的豌豆幼苗根的细胞形态变长，表面积变大，而细胞核变小。Sato 等研究了培养的烟草细胞对于微重力的反应，电镜观察发现地面样品的叶绿体比飞行样品叶绿体发育快，而且微管组织比飞行样品发达。Kordyum 等比较了空间微重力和地面条件下油菜根尖的分生细胞、伸长细胞以及分化细胞的超微组织结构、分化状态，证实了根冠细胞在重力感受中的作用，并且空间飞行和地面回转所产生的微重力加速了植物细胞的分化和衰老过程。Nedukha 等利用空间飞行实验和地面回转实验研究高等植物细胞壁的结构、生化、细胞荧光以及细胞电化学特征。实验表明细胞壁的超微结构、多糖组成以及代谢特点取决于组织类型和失重时间的长短。用水平回转重现微重力对细胞壁的生物学效应表明地上部分器官表皮细胞的外壁结构对微重力非常敏感。在失重和回转条件下初生壁和次生壁都发生了多重反应，细胞壁中纤维素、木质素、胼胝质和半纤维素的含量都发生了变化。另外，将白菜的原生质体用水平回转器以 2 rpm 的速度回转了 10d，原生质体形成的细胞壁的纤维素成分减少为对照的 1/4，胼胝质含量大约是对照的两倍，并有 28%的原生质体不能再生细胞壁。据推测这可能是回转的原生质体由于质膜的流动性及其功能的改变以及回转模拟的微重力条件使胞溶性的 Ca^{2+} 状态发生了改变，从而导致了纤维素合成的抑制。空间失重环境对植物细胞分裂的影响主要表现为使细胞分裂受到抑制，有丝分裂指数减少，在分裂的不同阶段出现细胞歧化和反常的分裂数，如非整倍体，染色单体断裂和出现染色体桥。

3. 重力改变对植物基因表达的影响

随着分子生物学技术的发展和模式植物水稻及拟南芥全基因组序列测定的完成，使得大规模的基因表达分析成为常用的分子生物学手段。目前这种手段已经用于重力植物生物学的研究。用超重力处理拟南芥幼苗或愈伤组织，然后用基因芯片技术筛选拟南芥幼苗和愈伤组织中对超重力刺激敏感的基因，结果发现在拟南芥幼苗和愈伤组织中分别有 177 和 300 多个基因的表达量与 1*g* 对照条件下明显不同，这些基因中的功能分别与物质代谢、细胞壁成分的合成、胞内运输以及胁迫反应相关。超重力处理使细胞壁的刚性增强从而抑制了植物茎的生长，XTH 是参与决定细胞壁刚性的关键的酶，Zenko 等研究了 300 *g* 超重力处理的拟南芥茎中几种 XTH 的表达变化，他们发现超重力处理后，AtXTH22 的表达发生了上调，而 AtXTH15的表达却发生了下调。Yoshioka 等采用基因差异表达分析的方法研究了 300 *g* 超重力处理拟南芥下胚轴中基因表达的变化以鉴定参与超重力下抑制生长的基因。他们分析了 62 个基因的表达情况，有 39 个基因的表达发生了上调，23 个基因的表达发生了下调。用 RT－PCR的方法验证了表达上调的已知功能的 6 个基因，它们分别是 HMGR，CCR1 和 ERD15 等。

4. 重力改变对植物光合作用的影响

由于在空间生态生命支持系统的中心地位，近年来很多科学家致力于研究空间条件下植物的光合特征。研究植物的光合作用进程对于阐明植物在改变重力条件下生理适应的可能机制非常重要，而植物在改变重力条件下的生理适应是空间生态生命支持系统中植物种植技术的基础。叶绿体膜发育的程度可以作为叶绿体光合作用能力的指标，到目前为止，已经研究了很多种类的被子植物在微重力条件下叶肉细胞的叶绿体形态、超微结构以及淀粉含量的改变。然而这些数据仍然是有限的，有时甚至是矛盾的。已得数据表明空间失重环境下叶绿体中的叶绿素含量、叶绿体结构和数目都发生改变，类囊体膨胀，淀粉粒数目变少，体积变小。空间生长的小麦与地面对照相比，茎杆鲜重下降，在光饱和情况下，二氧化碳饱和光合速率降低。从空间生长的植物中分离出的类囊体通过光系统Ⅰ和光系统Ⅱ以及通过整个光合链的电子传递效率降低。

曾经有人报道了空间失重环境下光合膜的破坏和叶片中碳水化合物的普遍降低以及空间或回转器中生长的豌豆和拟南芥叶绿体类囊体膜结构的改变。Musgrave 等在飞船(STS-54,STS-51,STS-68)上做了三次短时间实验结果发现，空间失重环境条件下拟南芥的叶肉细胞叶绿体没有发现膜结构的破坏，如果培养箱中可以进行气体交换，在飞行样品和地面对照样品的质体中均观察到有成熟的淀粉粒。在封闭系统的实验中，飞行植物的碳水化合物和叶绿素与地面对照不同，但是如果改变气体交换状况，这种差别降低。这些结果说明：在研究空间飞行对叶片的结构和代谢的影响时要充分考虑到叶片所处微环境的影响。Volovik 等研究了空间生长和地面对照油菜的类囊体膜中通过光系统Ⅰ和光系统Ⅱ的电子传递效率，检测了类囊体中叶绿素 a 和 b 的比例。Jiao 等人用电子显微镜和原位免疫定位方法对微重力下细胞形态、叶绿体以及类囊体膜的超微结构进行了进一步研究。这些实验结果表明失重对叶绿体正常的光合作用影响不明显，植物可以在微重力下正常生长。

5. 重力改变对植物次生代谢的影响

植物的很多生理和代谢活动都对重力改变比较敏感，如果植物长期处于失重环境中，这些生理和代谢活动会受到较大的影响。比如细胞壁的形成，在微重力下形成的细胞壁中纤维素和木质素的含量均下降；空间失重条件下形成的油菜胚的储藏物质主要是淀粉，而地面对照的种子中储藏物质主要是蛋白质和油脂；拟南芥幼苗分别于 STS-54 和 STS-68 上飞行 6d 和 11d 后，根中的乙醇脱氢酶表达量和活力均大幅度增加。微重力对植物的次生代谢也有很大的影响，有人报道已从植物细胞的组织培养物中提取了 200 多种生物碱，其中有 30 多种含量超过植株原来的水平。如果将微重力和组织培养相结合，可能会提高植物细胞中有药用价值的次生代谢物质的含量。例如将人参细胞进行水平回转处理，发现回转的细胞干重和鲜重都大于对照，干重变化尤其明显，如果把细胞培养于没有钙的培养基中回转三周，人参皂甙含量几乎是对照的两倍。

6. 重力改变对植物抗病能力的影响

近来一些科学家还研究了空间失重下植物的抗病性，通过系统地分析微重力下大豆幼苗对于病原菌的敏感性，研究者首先发现微重力可以加速病原真菌的发育，他们猜想在微重力条件下植物可能对病原菌更为敏感。为了验证这个猜想，在 STS-87 上进行了微重力条件对大豆幼苗对于真菌病原菌的敏感性影响的实验，将大豆幼苗在微重力或正常重力条件下培养并分别感染腐根病原菌，同时设立不感染对照。结果表明微重力下的大豆幼苗对病原真菌引起的集落现象的确更为敏感。

三、空间亚磁环境对植物的影响

除了失重和辐射外，亚磁环境在空间中也广泛存在。相关研究证实，植物在亚磁环境中的生长发育也受到了影响。Negishi 在亚磁场实验条件下，发现豌豆上胚轴的发育长度明显大于正常地磁场下豌豆的发育情况。Belyavskaya 等观察了在极低磁场环境下豌豆根分生组织细胞超微结构和钙平衡的变化。发现脂质显著堆积，空泡、细胞分解小体、壁旁体结构发生和形成体植物铁蛋白减少；线粒体尺寸和体积增大，基质电子密度降低，线粒体嵴减少；使用焦锑酸盐法检测细胞内钙离子，显示细胞内钙超载。大量实验证实不同植物种子发芽期初生根的生长被抑制；植物根部分生组织增殖和细胞分裂复制减弱；由于 G1 期延长导致细胞分裂周期延长；而在亚麻和小扁豆根分生组织细胞表现为 G2 期延长，而其他阶段基本稳定。

国内学者利用近零磁环境进行了大量的作物诱变育种研究，在近零磁环境处理的农作物种子出现了不同程度的变异。利用零磁环境诱变水稻干种子，发现当代细胞染色体畸变频率提高，染色体桥和微核畸变增加；零磁环境对当代发芽率、成苗率、苗高和分蘖有促进生长作用；M2 变异类型丰富，早熟类型突变频率相对较高，而育性分离较大，提示零磁环境诱变处理在水稻品种改良方面很有前途。在零磁环境处理小麦风干种子和进行小麦花药培养，显示显著抑制种子萌发和幼苗生长；对小麦雄核发育和最终形成愈伤细胞团有一定的刺激作用，能促进高质量愈伤组织及其绿苗的获得率。张月学等利用零磁环境选育出紫花苜蓿新品系，比亲本返青早 13d，返青率提高 1%～2%，株高提高 4.94%，干草产量提高 17.94%，粗蛋白质含量提高 5.01%，表现对苜蓿褐斑病、白粉病有一定的抗性。零磁场环境处理水稻新型不育系玉-08A，该不育系不育性稳定，不实率达 100%，制种产量增产 62.6%。杂交组合玉龙一号比对照汕优 63 增产 5%～8%，蛋白质、垩白度、透明度等 9 项指标达优质米一级标准。

四、空间综合环境对植物的影响

搭载的植物种子或幼苗放置在有防护的飞行器舱内，受到超净环境、高真空、极端温度等因素的影响相对较小，主要是失重、强电离辐射和亚磁场因素的作用明显，同时这 3 种环境因子之间关系复杂，存在一定程度的互作效应，因此须把这几个因素结合起来，综合分析其对植物性状和细胞水平的影响。

1. 空间综合因素对植物细胞的影响

(1) 蛋白质和离子水平研究。

空间环境对生物细胞的影响颇大。空间飞行后，细胞中的内膜系统受到影响，质粒、类囊体、内质网和线粒体都发生了变化。空间植物的染色质出现聚合，核中的核仁增多、胞壁变薄，纤维素、木质素以及木质素合成代谢过程中的酶活性下降。空间飞行后，植物细胞内 Ca^{2+} 会重新分布，Ca^{2+} 向细胞膜集结，液泡中的 Ca^{2+} 减少，胞膜内侧、胞质及胞壁中 Ca^{2+} 明显增多，高尔基体中也有少量 Ca^{2+} 存在。Ca^{2+} 不但是植物生长发育的营养元素之一，并且是细胞中的一种重要的第二信使，其分布的改变必将会影响细胞的功能活动。可见，空间环境通过改变植物细胞内各离子含量或分布可以影响植物的性状。

(2) 基因水平研究。

空间环境下，植物细胞受微重力、空间辐射、亚磁场等各种因素的影响，染色体容易发生变异。绿菜花种子经卫星搭载后种植，发现其花粉母细胞的染色体产生畸变，减数分裂终变期的染色体数目不均等分离，并出现倒位和易位染色体，在其减数分裂的后期和末期出现落后的染色体。通过研究卫星搭载后的普通黄芩种子也发现了类似的结果。可见在空间环境下，植物细胞染色体容易发生畸变，突变后的DNA成多态性。胡章立等利用RAPD方法分析搭载后的稻田鱼腥藻，发现在扩增出的500多条带中，有4条带与原始出发植株之间表现出了多态性。空间环境下，植物细胞DNA与地面对照组相比呈现明显的多态性。高文远等进一步研究了空间环境各因素对药用植物曼陀罗细胞基因组DNA的影响，发现仅受微重力影响的失重组产生的多态性条带少于受到微重力和高能重粒子复合作用的击中组。这表明微重力和高能重粒子对基因组DNA的复合影响大于微重力效应。

空间环境下，植物细胞染色体发生变异，从而导致其结构和功能改变，这是因为植物性植物根细胞在空间环境下失去了重力的影响，其生长方向不再垂直，会发生一定程度的变异。经历空间飞行的大豆苗根部顶端细胞，特别是柱状细胞的空泡增多、胞浆溶解、胞质内水分增加。卫星飞行15d的石刁柏种子，返地后种植，其幼根短粗、生长方向不一。玉米秧苗经空间飞行后，也发现其根生长方向不一，且根部细胞的细胞壁伸展性下降。由此可见，根细胞的生长明显受重力的影响，在微重力环境下失去了重力的作用，根细胞就不能正常生长。

五、存在的问题及研究趋势

1. 存在的问题

经过科研工作者半个多世纪的研究，空间植物学发展迅猛，也获得了许多宝贵且有意义的资料，为人类将来探索和开发太空奠定了基础，但是由于众多因素的制约，空间植物学的发展仍然面临许多问题和挑战，主要表现在以下几个方面：

(1) 空间实验成本高、次数有限，实验重复性不高，导致很多结果可信度不高，甚至有时往往相互矛盾；

(2) 空间硬件设备落后，不能满足大量及较复杂的生命科学实验；

(3) 空间环境复杂，因素相互交织，不好区分，因此要剖析单一物理因素引起的生物学效应比较困难；

(4) 向重性机理仍然不是很清楚，有待进一步深入研究；

(5) 空间飞行成本高，次数有限，因此目前大量采用地基模拟空间环境条件来开展科学实验，地基模拟的手段多种多样，但是其仿真度及有效性仍需更多评估。

2. 研究趋势

空间环境对植物的影响是多方面的。失重、强电离辐射、亚磁场是主要因素，它们主要影响植物的性状和植物细胞的生理生化功能、细胞内成分的分布和含量等。研究空间环境对植物生长发育和遗传变异的影响，不仅对改善空间生命支撑系统中航天员的生活环境、食物供应具有重要意义，且可为开拓太空农业和探索新的育种途径提供理论依据。

(1) 重力生物学的理论研究。

空间提供了地面绝无仅有的失重条件，利用这一条件可以认识地面重力场对植物形态、细胞、生理生化影响的实质以及重力感受、传递的机制，为失重环境的开发利用提供理论依据。生物大分子的单晶生长利用空间微重力条件培养在地面难以长大的蛋白质晶体，将大大推动植物蛋白质三维空间结构的研究生物大分子的分离、纯化利用空间微重力条件分离纯化生物样品，不仅可获得高纯度的生物制剂，还可为某些重要功能蛋白质的研究提供样品。

(2) 地面新育种途径和太空产业开发的科学基础研究。

空间辐射生物效应的研究利用各种飞行器进行植物种子和幼苗的搭载实验，以利用空间辐射线和重粒子诱导细胞染色体畸变，所形成的突变体为地面农业育种提供原始突变体(详见第十六章空间技术育种部分的内容)。空间生物加工探空火箭和空间实验室飞行实验结果表明，空间失重环境和与地面不同的流体性质特别适合细胞融合，用较低强度高频排列电场和较低脉冲电压就能获得较高得率和有较高活性的杂种细胞，显示出空间生物加工的诱人前景。空间制药利用空间失重条件培养珍稀、濒危的资源植物和药用植物，增加其分泌微量活性物质的能力，对资源的开发和医药事业将起到重要作用。

(3) 受控生态生命支撑系统植物分类系统的研究。

地面密封受控生态系统的建立仍然是今后若干年内的研究重点(详见空间受控生态生命保障系统部分的内容)，其研究内容将侧重于植物种类间的搭配与密封系统中氧气浓度的稳定性、生物产量、废物量之间的关系，并研究密封系统中植物的形态、细胞和生理生化的变化受控生态生命支撑系统的整合研究预计在下一个世纪将逐步替换物理化学的生命保障系统，成为航天员的生活支柱。

参 考 文 献

[1] 江丕栋. 空间生物学[M]. 青岛：青岛出版社，2000.

[2] 刘世华，赵淑萍，徐昭玺. 空间植物学研究进展[J]. 自然杂志，1999，21(1)：19－23.

[3] Morita M T, Tasaka M. Gravity sensing and signaling[J]. Curr Opin Plant Biol, 2004, 7: 712－718.

[4] Driss－Ecole D, Lefranc A, Perbal G. A polarized cell: the root statocyte[J]. Physiol Plant, 2003, 118: 305－312.

[5] Hayashi T, Harada A, Sakai T, et al. Ca^{2+} transient induced by extracellular changes in osmotic pressure in Arabidopsis leaves: differential involvement of cell wall－plasma membrane adhesion[J]. Plant Cell Environ, 2006, 29: 661－672.

[6] Zheng H Q, Staehelin L A. Nodal Endoplasmic reticulum, a specialized form of endoplasmic reticulum found in gravity－sensing root tip columella cells[J]. Plant Physiol, 2001, 125: 252－265.

[7] Perera I Y, Hung C Y, Brady S, et al. A universal role for inositol 1, 4, 5－trisphosphate－mediated signaling in plant gravitropism[J]. Plant Physiol, 2006, 140: 746－760.

[8] Zenko C, Yokoyama R, Nishitani K, et al. Effect of hypergravity stimulus on XTH gene expression in Arabidopsis thaliana[J]. Biol Sci Space, 2004, 18: 162－163.

[9] Yoshioka R, Soga K, Wakabayashi K, et al. Hypergravity－induced changes in gene expression in Arabidopsis hypocotyls[J]. Adv Space Res, 2003, 31: 2187－2193.

[10] 王慧. 拟南芥响应改变重力的蛋白质组研究[D]. 北京：中国科学院，2007.

[11] 乔春林，刘滨疆. 空间电场对小麦种子发育的影响[J]. 中国种业，2004，(12)：39－40.

[12] 柴大敏，向青，陶仪声. 等. 空间环境对植物影响的研究进展. 科技导报[J]，2007，25(1)：38－42.

第四章 空间水生生物学

第一节 空间水生生物学研究的意义

水是生命的源泉。水对于地球生命的起源和进化均具有决定性的作用。早期生命均起源于原始海洋,因此在一定程度上来说,早期生物都是水生生物。水不但作为生物新陈代谢活动的必需分子,同时水还对早期的生物起到一定的保护作用。早期地球表面环境极其恶劣,由于没有臭氧层的保护,对生物有害的辐射十分强,而且昼夜温差很大,另外早期的地球大气也含有大量有毒成分,生物生存极其困难。水层不但可以滤掉一些有害的射线,而且可以提供一个温度相对恒定、生长条件较好的环境,对早期生物的生存和进化起着重要的保护作用。此外水相对于其他介质具有良好的透光性,而光能的捕捉和利用是高等生命进行代谢和生长的基础,介质的良好透光性为光合生物提供了必要的生存条件。这些光合生物的出现极大地推进了地球环境的演化。在大约35亿年前,地球上出现了蓝藻。海洋蓝藻的大量发生是地球生命进化史上具有划时代意义的事情,正是出现了蓝藻,才使得大气层有了氧气,才有了需氧生物的发生和进化,才有了高等动物、植物和我们人类,才有了地球上高度的文明。

人类太空探索的目的就是为了开发太空,最终实现太空移民,从广泛的空间活动中获取人类的生存条件和利益。而在实现长期航天计划开展前,必须充分了解生命在空间环境中特殊的行为、代谢、遗传等各方面变化的生物学规律,创造一个人类及其生物伙伴赖以生存的环境(包括空间飞行环境和外星球上的环境),使之能够满足人类自身的生物学、生态学以及某些社会学的需求。犹如水生生物在地球生物圈所具有的不可替代的作用一样,空间生物学的兴起和人们对空间生物学知识的渴求,驱使人们将水生生物作为人类不可或缺的伙伴带上了空间探索的征途。因此,对于人类的空间活动,水生生物不仅可以创造地球生物在空间的生存环境,建立空间封闭生态系统,而且还是人类在空间的理想伴侣和进行空间生命科学研究中的理想材料。在空间生物学中进行这样的选择,无疑是与科学的进步在于探求真知、满足社会需求的目的完全一致的。

一、本章所涉及的水生生物范围

"水生生物"在生命科学中是一个生态学概念。而空间生物学是一门年轻的学科,特别是实验空间生物学,尽管在过去几十年间已经有众多科学家利用各式各样的生物材料做了大量工作,但其研究活动由于需要特定的实验条件,因此研究的积累尚不丰厚。在此基础上,本章论及的范围仅能涉及若干与空间实验相关的藻类、水生原生动物、水生无脊椎动物(轮虫、棘皮动物、线虫、节肢动物)、水生脊椎动物(鱼类和两栖动物)。除此之外,其他水生生物比如贝类、虾蟹等甲壳类也在空间生物学研究中有所体现,限于篇幅,本章未及涵括。

二、水生生物对空间生存环境的作用

1961年以来，人类已经有超过200次的航天飞行，有数百人次在空间环境中停留15min到一年以上。航天员在空间连续生活一年以上在技术上已经不成问题。但是，由于现有技术在气、水、食物/废弃物三个主要循环上尚不能依赖生物学的方法来实现，因此航天员生存系统的稳定性小，生存环境十分脆弱，且维持生存所需的能量消耗很大，危险性也高。水生生物的许多物种分别具备生产者、消费者或分解者的功能，同时由于其适应性好，成分简单，可以参与构建特定的受控生态生命保障系统(CELSS)。如其中的藻类等水生植物能进行光合作用释放氧气，其光合效率相当高，放氧速率大，而且是营养丰富的植物性食物，这样的系统不但可为航天员提供营养丰富的食物，而且可以作为长期空间飞行中的氧气供应者。另外水生动物可以提供具有丰富营养的动物蛋白质，而且在空间封闭系统中可以加快物质循环从而维持系统稳定性。许多水生微生物株系(也包括微藻)可以净化飞行器内的环境，处理废水和生活垃圾，使之进入空间飞行器中的物质循环，回收利用。另外应该强调的是，用水生生物作为空间飞行器中的氧气和食物生产者有助于充分利用空间飞行器中有限的空间。

另外，水生生物是人类在航天飞行中的理想空间伴侣。对航天员来说，长时间的空间生活不仅需要足够的氧气和营养丰富的食物，而且需要具有使其保持良好心理状态的生活环境。由于空间飞行器内的容积狭小、物质与能量供应有限，所载乘员不多，不可能营造以较大数量的人群为基础的人文生活环境。因此只能在有限的空间内，尽可能增加生物因素，模仿地球人类的生存环境，以便于保持航天员良好的心理状态，减轻孤独感。但是并非任何生物都适合作为"伴侣生物"，俄罗斯科学家很早就开始研究适于美化空间生存环境的花卉，如郁金香。但由于空间生活环境要求花卉不能有太浓的香味，不能有致敏作用，因此许多陆地生物不太符合这样的要求。如果采用由水生生物组成的小型封闭"水族箱"作为空间飞行器中的装饰品，就不存在上述问题了。而且，其自我循环的能力强，培养工艺较易控制，成本较低。其中的很多水生动植物，如鱼、螺、贝、水草、藻类有很高的观赏价值。在飞行器中建设小型的"水族箱"，不仅可以美化环境，给航天员一种家居的感觉，还可以兼作具有一定功能的生物反应器。

三、水生生物在空间生命科学和空间生物技术研究中的作用

对各种类型模式生物(及其某些部分)进行多层次的深入研究，揭示涉及空间环境及其时空变化的普遍的和特有的生物学规律，是空间生物学研究的重要途径。在空间生物学领域内，大肠杆菌、单细胞藻类、伞菌、拟南芥、鱼、鼠等都是通常用于建立生物模型的材料。但由于空间环境的特殊性，要考虑选择适合空间生物学研究的生物种类。生物在空间飞行中所遇到的两大主要问题是空间辐射和微重力。星际空间和绝大多数星球上的环境是不适宜人类直接生存的。许多已知的星球环境与地球早期的环境类似(从其环境的辐射状况来看)或者对生物而言更严酷。水生生物生活的水环境不同于陆生环境，它对地球早期生物的生存和进化曾经起到重要的保护作用。在太空探索中，生物所面临的环境在辐射方面与早期地球是相近的，要选择进行太空实验的生物，水生生物无疑具有其得天独厚之处。同时，不同的星球和飞行轨道在重力的强度上是不同的，相对于地球重力加速度来说，有的是微重力或低重力，而有的就呈现出超重力加速度。并且空间飞行不可避免地会遇到重力的改变，变重力反应将是空间长期飞行的一个突出问题。水生生物长期生活在水中，对漂浮生活比较适应，对重力改变的适应性就

较好，因此在失重条件下，水生生物比陆生生物容易培养，因此水生生物在空间的成功培养应该看作人类深入进行空间生命科学研究的突破口。目前，在飞行器中不仅成功地培养了藻类等水生植物，而且日本科学家在美国的航天飞机上已经做到了使鱼在空间飞行环境条件下交配、产卵、受精、孵化、生长。另外由于长期生活在水中，水生生物进化出许多具有明显重力向性的定向行为，这对于理解重力生物学的基本原理具有重要的科学意义。现在许多水生生物已经成为研究重力信号感受和传导的模式生物。

失重状态下培养陆生植物需要面对从培养基质的选择、湿度和水分的控制到种子发芽、幼苗移栽、根的通气、传粉等一系列问题。而水生植物在培养基质的选择上没有困难，在液体或固定化培养条件下无须装备水分和湿度控制的诸多仪器。种子发芽、幼苗移栽、根的通气和传粉等方面的问题大大简化。藻类的空间生物技术研究和发展甚至完全不存在这类问题。另外，水生植物多以营养繁殖为主，营养繁殖可以避开传粉途径和介质上的问题，便于在失重状态下培养。因此，水生生物在空间生物技术的发展中具有极大的潜力。

四、水生生物对空间探索的作用

进行空间探索的目的之一是为人类向太空移民做好准备。首批移植外星的"先锋物种"应该具备适应环境和改善环境的双重功效。这些物种首先应该能够适应外星表面高强度的辐射和相对地球来说极端的温度。另外，这些物种最好能进行光合作用，释放氧气，并能将各种无机元素转化成生物可以利用的形式。并且，首批移植外星的"先锋物种"原来在地球上所处的生态系统应该相对简单，以简约的组成而能完成复杂的功能，并且物种数量少，这样才能做到尽可能减少移植物种对人类的依赖性。在地球上，进化早期的环境与外星表面较为相似。生物进化早期地球上氧气含量很低，基本上没有臭氧层，所以辐射相当严重。生物进化的同时改造了地球的生物圈，蓝藻等水生生物的光合作用放出氧气，为包括多细胞动物在内的各种生物的起源和进化创造了条件。因此，蓝藻、古细菌等原始水生微生物是非常好的移植外星的候选生物。曾经有人建议，在探知水的存在或转化途径后，利用古老发生的生物——蓝藻在适合的星球上创建有氧大气和改造土壤，以利于后续高等生物的生存。

进行空间探索的另一个目的是认识太空。空间生命科学研究的重要方向之一是探索生命的起源，研究外星生物存在的可能性。研究原始水生生物的进化生物学，对于探索外星生命是否存在及其可能的进化方式将有很重要的参考价值。另外，地球生命起源和生物进化的早期都是在水中进行的，对水生生物空间生命行为的研究又有助于反演生命发生、演替的基本过程。

第二节　空间环境对水生生物的生物学效应及机制

水生生物的空间生物学与其他类型生物的空间生物学没有本质的区别，但在特殊问题的有无、切入问题的难易等方面，水生生物的空间生物学研究又有别于其他生物类群。生物机体对重力的反应所涉及的机理研究一直是空间生物学研究的热点和重点，从达尔文起一直到现在，生物对重力信号的感受、传导和反应机制还未完全清楚。Todd 等(1996)根据不同的生物系统对重力反应的不同，提出了重力感受系统的分类观点，他将生物按如下方式分类：①原核单细胞生物；②游动的单细胞真核生物；③植物根尖感重细胞；④多细胞动物和植物；⑤离体动物黏连细胞;⑥原位动物黏连细胞。其中②和③可以被称为是固有的重力感觉细胞,其余的各种可以称作是偶然或临时的重力感受器,除了③以外其余均受胞外运输所支配。根据以上的分类,他提出了下列的重力感受模型:①胞外运输模型;②重力中心模型;③a. 细胞器沉降模型,b. 细胞骨架弹性模型,c. 电信号模型;④活化通道模型;⑤张力模型;⑥电化学信号模型。从这些模型中可以总结出两条规律:打破对称(symmetry breaking)和信号传导(signal transduction)。而与 Todd 同时或前后,还有其他学者提出了各有侧重的重力感受模型。本节介绍在空间生物学各个分支方向中,水生生物研究所取得的进展,侧重于不同生物体系对重力感受的信号通路和空间环境中水生生物的生物学效应及其机制。

一、单细胞藻类——单细胞生物感受重力作用的模式生物

裸藻(*Euglena gracilis*),别名眼虫,是一种单细胞鞭毛藻类,它可以利用光能进行光合作用,但又不能耐受水面高强度的太阳辐射,因此它必须根据光线的强度在水中上下运动。裸藻在有光照的情况下,根据光照提供的光信号和重力信号调整其鞭毛运动从而实现正确的定向行为,在黑暗情况下,重力信号成为其定向行为的主要信息来源。因此裸藻被认为是进行单细胞生物感受重力作用的模式生物而对其进行了大量研究。为了排除可见光对裸藻定向行为的影响,德国科学家利用红外摄像机监测黑暗中裸藻的重力定向行为,发现其具有明显的负向重性(negative gravitaxis)行为。

Häder 等(1990)和 Kuhnel - Kratz 等(1993)研究发现,在空间飞行的微重力条件下,*E. gracilis* 丧失了定位能力,无法正常运动,说明 *E. gracilis* 在地球上的上下运动是重力依赖型的,而不是以磁场或热量、化学浓度梯度为参照。Vogel 等(1993)用水平回转器模拟微重力条件得到了相似的结果。在 *E. gracilis* 感受重力的机制上,早期假说设想细胞的后部重于前端,前端的鞭毛因此被动地朝上。另一种假说认为细胞用主动的重力感受器来测知地球重力的方向。Häder 和 Liu(1990)的实验结果支持第二种假说,他们发现不影响 *E. gracilis* 运动的短波紫外辐射可以破坏 *E. gracilis* 的趋重性。进一步研究发现,培养早期的年轻细胞具有主动的趋重能力,老化细胞则表现出被动的趋重性。在培养环境中施加一定微摩尔浓度的重金属可以使 *E. gracilis* 的趋重性由主动变为被动,这说明存在生理性的主动感受机制。*E. gracilis*细胞的密度比周围介质大,如果不运动细胞将会沉淀,因此在 1 *g* 的重力条件下,细胞向上运动的速度比水平运动慢,而向下运动比水平运动快。在微重力条件下 *E. gracilis* 随机地朝各种方向运动。Häder 等人在美国哥伦比亚号航天飞机空间飞行研究发现鞭毛生物 g 细胞对加速度产生的重力有依赖关系,表现为一个 S 形重力反应曲线,说明鞭毛细胞主动的、生理的重力感受过程。这个重力感受的下限是 0.16 *g*。当重力达到 1 *g* 时鞭毛虫细胞的反应达到饱和。在 0 *g* 条件下,*E. gracilis* 细胞的泳动速度大约为 160 μm/s,逆重力泳动的速度大约为 130 μm/s,这正好与不泳动细胞 30 μm/s 的沉淀速度相吻合。长时间空间飞行中,没有发现鞭毛虫 *E. gracilis* 对微重力的任何适应现象。将细胞悬浮在不同密度的 Ficoll 培养基中发现,其趋重性抑制甚至也可在较高密度中定向反转,表明起重力感受器作用的是整个细胞体而不是细胞器,细胞对重力的感受有可能是通过细胞质对相对位于其下的膜产生压力而引起的。一些假说认为该部位的膜是用来使专一性张力敏感型离子通道活化的,用钆作抑制剂研究证明了这一假说。此外,膜电位似乎在重力感受传导过程的早期可作为一种调节因子,因为离子通道阻塞剂、离子载体和 ATP 酶抑制剂都能强烈抑制这种鞭毛生物的趋重

性，而没有显著影响其运动和趋光性。利用 RNA 干扰技术筛选裸藻中的各种通道蛋白质，结果发现与重力感受有关的这种张力敏感型离子通道是 TRP(Transient Receptor Potential)型的钙通道。这种通道编码的蛋白质具有 6 个跨膜区，在从低等真核单细胞生物到哺乳动物中都广泛存在，且与许多感觉有关的受体都有同源结构，包括光感、疼感、热感、触觉、味觉等。这种通道的特点是刺激只会引起了短暂的胞内 Ca^{2+} 浓度升高，而不是通常的持续、平台样变化。利用 Ca^{2+} 的荧光染料实时监测细胞内 Ca^{2+} 浓度，结合抛物线飞行（可产生 20s 的微重力环境和20 s 1. 8g的超重环境，详见后续章节介绍），结果发现在超重下 Ca^{2+} 浓度明显升高而微重力下 Ca^{2+} 浓度明显较低，显示出 Ca^{2+} 在重力信号的感受上具有重要的作用。但 Ca^{2+} 是如何对细胞的定向行为起作用的？一般而言 Ca^{2+} 在细胞内主要通过结合钙调蛋白(Calmodulin)进行信号的传递，通过 RNA 干扰技术已经获得了裸藻中的这种特殊的钙调蛋白，其表达阻断后，裸藻的重力定向行为完全消失，结果显示这种钙调蛋白也是重力信号传递的一个重要环节。是不是有其他的第二信使参与裸藻的定向行为？钙调蛋白的下一个信号分子可能为 cAMP，实验证明外源添加的 8 -溴- cAMP 确实增加了裸藻的定向行为能力，而利用腺苷环化酶(Adenylyl Cyclases，生物体内产生 cAMP 的主要酶类)抑制剂降低了裸藻的定向行为能力。同时测量不同重力水平处理后裸藻细胞中 cAMP 的浓度显示，重力水平的增加显著增加细胞内 cAMP 的浓度。而 cAMP 可以直接调节裸藻鞭毛的飘动，从而实现定向行为的完成。对以上裸藻的重力感受行为的信号通路总结如图 4 - 1 所示，裸藻细胞利用侧壁特殊的感受密度差异的方式感受重力，在重力作用下，细胞下方的细胞膜通道感受一定的压力，TRP 通道蛋白从中提取累计超过阈值刺激的信号，从而引起细胞内 Ca^{2+} 浓度迅速升高，Ca^{2+} 与钙调蛋白结合后调高腺苷环化酶活性产生高浓度 cAMP(Ca^{2+} 在作用的同时被泵出细胞)，高浓度的 cAMP 引起裸藻鞭毛摆动的改变(cAMP 在作用的同时被磷酸二酯酶降解)，从而引起向重性定向行为。整个定向行为可以在 30～35s 时间内完成，而 Ca^{2+} 浓度出现的最大值估计在 15s。当然布朗运动也会对通道蛋白产生一定的背景信号，但是其作用往往是随机和不连续的，即使有少量超过阈值的信号，但由于 TRP 通道不会产生平台样的信息，最终为细胞所忽略。

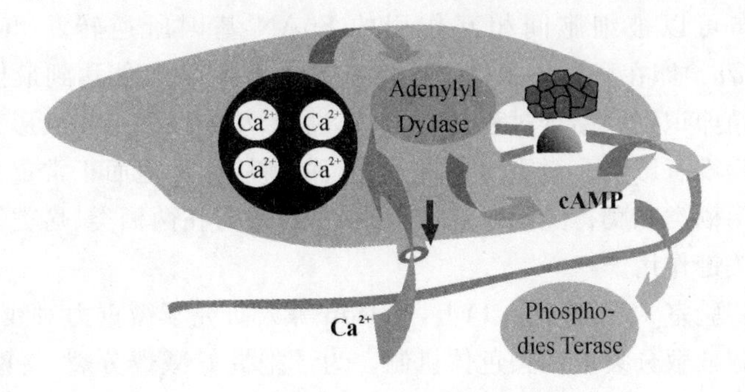

图 4 - 1　信号转导链

二、多细胞群体固着藻类——具有平衡石的向性生物感受重力的模式生物

许多固着的生物对外界刺激的反应有顺刺激方向生长和逆刺激方向的生长，叫作“向性”。轮藻、高等植物、藓类表现出几种类型的向性，包括对光(向光性)，对化学品(向化性)，物理表面(向触性)，气流(向风性)，重力(向重性)，甚至强磁场(向磁性)的反应等等。关于藻类等植物对空间环境的响应及其机制在“空间植物学”章节中已有详细描述，此处不再赘述。

三、水生原生动物——单细胞生物感受重力作用的另一种模式生物

水生原生动物的运动行为具有定向性。原生动物的代表物种是纤毛草履虫，它能够在重力作用下实现空间定向和对游动速率的控制，前者与趋重性(gravitaxis)有关，后者与重力动力学(gravikinesis)有关。尽管前人对这种现象的研究较多，但尚未揭示该行为的机理。前人从纯粹的物理学或生理学角度对该现象提出过一些假说。德国的 Hemmersbach 等人参考光和化学物质等环境刺激的作用机制，选用草履虫作为实验对象，试图揭示在趋重性和重力动力学中的生理信号传导途径。草履虫本身就是一个敏感的运动细胞，因此具有对外界刺激的快速反应能力。该实验是在 IML-2 空间飞行中培养纤毛草履虫 15d，在特定的时间观察草履虫对不同加速度(10^{-3} g 和 1 g 之间)的反应。结果发现，草履虫的重力反应阈值在 0.16 g 和 0.3 g之间，重力是草履虫定向行为的必要条件。同时发现，当运动行为变化时其细胞膜的电势与第二信号并不变化，他们因此进一步认为细胞器是草履虫的重力感受器，执行着重力感受的功能。后续的研究又提出假想，认为细胞质对下面细胞膜的压力能够激活特殊的离子通道，从而诱导了原生动物的重力反应。

四、无脊椎动物——无明显重力感受器官分化的生物模型

Maxson-Rob 等人对海胆的 Msx 蛋白基因的表达进行了研究。Msx 蛋白是海胆的一种包含有 DNA 连接的蛋白质。Msx 蛋白基因在海胆早期发育的过程中起着重要作用。已证实这种基因的活性可以作为在空间飞行中受胁迫影响的受激相互作用中的标志。Angerer-Robert-C 等人对海胆的卵沿动物-植物轴(Animal-Vegetal axis，A-V)特化的进程进行了研究。他们发现，无论动物-植物轴还是背腹轴(Dorsal-Ventral axis)都对重力不敏感。沿 A-V 轴的特化受母体遗传物质所提供的位置信息和细胞间通信所传递的信号影响，该过程可能是通过配体与受体间的相互作用进行的。用一套特定的基因工具(SpHE，SpAN 调控区)鉴定了促使发育的各种位置活性因子。母体基因调控信息不对称地沿 A-V 轴排布，而这种排布可以被细胞间相互作用的 SpAN 基因所逆转。Marthy 等发现海胆(*Paracentrotus lividus*)卵在微重力条件下不仅能正常受精，而且能达到最佳受精比例。这说明微重力对海胆的精卵识别和结合过程、卵的极化过程、动物极到植物极形态发生因子梯度的形成等早期发育过程没有影响。微重力条件下受精的海胆卵在地面正常重力条件下还可以发育成幼虫。这与对两栖类和爬行类的研究结果不一致，重力在两栖类、鸟类等动物卵极化和对称性形成过程中起关键作用。

在国际微重力实验室 1 号(IML-1)上，Nelson 等人研究了微重力对线虫的影响，着重于发育的准确性和细胞减数分裂中的染色体机制。为了把握好减数分裂，将两组线虫分别进行异体交配和自体受精。分析了 1 g 和微重力下子代的情况，实验结果符合孟德尔分离率和重组率。为了测定发育过程，利用固定胚胎和 DNA 染料 DAPI 染色，并对在精子细胞、体壁肌肉细胞和肠细胞表达的抗原进行抗体定位、分析细胞核的数目和位置来估计对称性和结构特征。实验结果显示，线虫在微重力环境下成功繁殖两次，繁殖了几千个后代。成功实现了线虫的自体受精和异体交配。结果显示，微重力条件下线虫的大致结构、对称性和配子的产生都是正常的，未见缺陷的核型和细胞分布，重力水平的改变没有影响到染色体的配对、分离和重组过程。此外，由法国发起，与加拿大、日本和美国组成的合作实验室开展的“第一阶段国际线虫

实验”(ICE FIRST)研究表明，空间飞行仅仅导致线虫轻微的运动缺陷和肌肉发生变化，没有发现其他显著的异常。细胞凋亡对生物正常生命活动起着重要的作用，其功能之一是消除受到损伤可能导致癌症的细胞，太空飞行在增加了生物体暴露于宇宙和太阳辐射的同时也增加了其DNA损伤的概率。日本的研究结果显示空间飞行后线虫细胞与凋亡相关基因表达与地面对照相似，表明动物在空间条件下仍保留清除由宇宙辐射造成的DNA永久损伤的细胞的能力；加拿大的实验结果则显示太空飞行后线虫的突变频率并未发生显著的增加，证实线虫可用于研究空间环境的非致命性反应，还可发展成为一种生物传感器。Adachi等研究了微重力条件对野生型及突变型线虫的肌纤维大小和肌动蛋白中的蛋白含量产生的影响，发现野生型较地面对照无明显变化，突变型较地面对照则发生了变化，肌肉萎缩，较厚的丝状蛋白增加，得出了突变型线虫通过增加总的肌肉蛋白含量来弥补微重力下肌肉功能的下降，以适应空间飞行的微重力条件。

五、水生脊椎动物——前庭系统感受重力的模式生物

脊椎动物对各种加速度(包括重力等)的感知依靠耳石和内耳毛细胞的纤毛等前庭器官。在地面上，由于重力的作用，不同头部体位的动物耳石对毛细胞纤毛(包括动纤毛和不动纤毛)会产生不同力的作用，毛细胞下面连接着神经，从而传导信息到大脑，使得动物能感知头部相对于重力的相对方位，而在微重力环境中，重力刺激的消失导致人和动物出现许多本体感觉功能上的异常现象。鱼类在空间生物学研究中作为脊椎动物的理想实验模型而得到重视，特别是探索微重力对前庭系统发育和重力感受机理研究及空间运动病(Space Movement Sickness, SMS)发生机制等方面。鱼类前庭系统中有相对较大且对重力敏感的耳石，而且耳石对外界环境变化极为敏感，同时还具有完整的日沉积节律，对于某些海洋鱼类还具有潮汐节律，耳石的晶格结构也对外界环境刺激相当敏感。地面模拟实验也表明微重力对耳石的沉积节律和晶格结构产生影响。另外鱼类在前庭器官反应上有明显的背光反应(Dorsal Light Response, DLR)和前庭调整反应(Vestibular Righting Response, VRR)，在微重力环境中会发生类似于航天员空间运动病的螺旋运动(Spining Movement, SM)和转圈反应(Looping Responses, LR)，而且有类似的病症发展过程，而这些行为反应都与耳石相关的前庭反应有关。所谓背光反应，即长期进化过程中金鱼形成的背对光线的习性，在地面环境中，若光线从侧面照射，则金鱼试图倾斜身体，以背对其光。此外斑马鱼(*Danio rerio*)和青鳉鱼Medaka(*Oryzias latipes*)由于诸多优点也常常被用于实验对象进行实验研究，如鱼体形较小(成体长3～4 cm)，发育速度快，孵出后约3个月可达性成熟，能够连续产卵，可以随时提供给大量卵子。卵子体外受精，体外发育，胚胎发育同步，且速度快，在25～31 ℃范围发育正常。胚体完全透明，可以跟踪观察研究组织和器官的早期发育过程，具备清楚的遗传背景和操作手段等。因此，采用鱼类的耳石和前庭系统为研究微重力下的航天员空间运动病提供了较为理想的模型。正常的重力感知在生物体的眼睛运动、姿势控制等各种生理过程中起重要作用。Takabayshi等利用金鱼研究了线性加速对眼睛运动的影响，发现0.1 *g*的正弦刺激和0.1 *g*的直角刺激都能引起正常鱼眼睛扭转。眼睛扭转的方向与重力和线性加速的合力方向一致，扭转运动中左右眼是相互协调的，左右眼扭转反应的强度几乎相同。尽管直到加速度增加到0.5 *g*，眼睛扭转运动反应的强度一直随加速度的增加而增加，眼睛扭转的方向并不能完全消除自身与重力和线性加速的合力之间的夹角。垂直加速也能刺激眼睛扭转运动，但眼睛扭转

反应的强度较小，扭转的角度小于由正弦加速引起的扭转。加速度强度在 0.4 *g* 以下时，一侧除去耳石的鱼眼睛扭转的最大角度仍与加速度的大小成正比，但扭转角度明显低于正常鱼。当正弦或直角刺激达到 0.4 *g* 时，缺少一侧耳石的眼睛扭转的角度接近极限，说明眼睛的运动是由两个耳石共同控制的。德国科学家结合空间飞行、超重和模拟微重力等的研究表明，鱼类在变重力下发育后，会在相对较短死亡时间内得到恢复，它的变重力行为变化与耳石的补偿性生长具有一定的相关性，是基于内耳和电脑的副反馈机制的作用结果。而这种神经控制的反馈机制会被大脑前庭中的刺激依赖性酶类和可塑性神经突触影响。高林彰博士等对微重力下金鱼前庭适应机制进行研究，在国际微重力实验室 2 号(IML－2)上以金鱼为实验对象进行了前庭系统对微重力的适应过程以及返回地面后的再适应的研究。研究发现由于重力感受器的限制作用，金鱼不可能完全侧身，而是保持一个倾斜角度。摘除双侧耳石的金鱼则能完全侧身背对光照。在微重力条件下进行垂直光照发现 6 条金鱼完好返回，但其行为同最初预计的相反，几乎所有金鱼均持续向上打圈或滚转，而不是倾斜身体。随着时间的延长，金鱼对失重趋于适应。

在 IML－2 空间实验室的实验中，日本东京大学的 Kenichi Ijiri 等人将 2 对小鱼“Medaka”(*Oryzias latipes*，青鳉鱼)放在特殊的培养装置中，在空中飞行了 12 d，成功地实现了脊椎动物在空间的首次交配、产卵，并在空间孵化出了鱼苗。在 12 d 的空间飞行中，这些 Medaka 鱼“忘记”了如何使用鱼鳔，在刚进入 1 *g* 环境时往往由于不适应而无法向上游动。在着陆后 4 d 才能完全恢复正常运动。而太空孵化的鱼苗却能正常游动。对于交配行为的研究表明，Medaka 鱼的空间交配不是一件困难的事，尽管在刚进入太空时会受到微重力的胁迫而有一段艰难的时间。在太空产出的 43 个卵中，有 8 个在太空孵化，30 个在着陆后孵化，有 5 个在发育的早期停止发育。Medaka 鱼的太空研究不但实现了脊椎动物首次太空繁殖交配，还为将来太空养殖提供了一个重要的理论基础。利用 STS－89(9 d)和 STS－90(16 d)两次发射实验的机会，对剑尾鱼(*Xiphophorus hellerii*)的免疫系统进行了研究，结果发现，飞行组与地面对照组之间没有明显的差异，但是由于实验用鱼是培养在 C. E. B. A. S. (Closed Equilibrated Biological Aquatic System)的培养空间所限，因此与培养在开放水族箱的培养方式，表现出一些应激反应的特征，如单核细胞和淋巴细胞的减少及细胞吞噬(Phagocytosis)活力的抑制等。此外，青鳉鱼 Madaka(*Oryzias latipes*)幼鱼也被用来在回转器装置上进行失重性骨质流失的相关研究，结果发现 24 h 的模拟微重力和超重处理对 Osteoprotegerin(OPG)基因的表达没有显著影响，但模拟微重力效应对破骨细胞形成的决定调控因子 cbja1/runx2 (Core Binding Factor Alpha 1)表达具有明显的促进作用。这表明青鳉鱼对模拟微重力效应诱导骨质流失的分子机制研究提供了有价值的实验模型。

非洲爪蟾(*Xenopus laevis*)也作为脊椎动物的代表引起了空间生物学的关注。Yokota 等人利用地基模拟重力环境实验研究了爪蟾发育过程受不同重力加速度的影响。利用了回转器模拟微重力效应和离心机超重两种环境研究了非洲爪蟾的早期发育过程。结果表明模拟微重力和超重环境对“形态格局的模式”(Morphological patterning)和“胚胎事件定时”(The Timing of Embryonic Events)有较大影响，如在八细胞期植物极的卵裂沟形成模式和早原肠胚期背唇的形状，对第三卵裂沟的完成和背唇出现的时间产生显著的影响。此外，有学者提出重力对精子与卵(尤其是具卵黄的卵)的协作和对胚胎的两侧对称的形成起着重要作用。空间失重在 1988 年利用 TEXUS－17 飞行实现了非洲爪蟾卵的首次脊椎动物空间环境下受精之后，1992年，在IML－1空间飞行中爪蟾胚胎发育过程两侧对称的形成也得以研究。结果表明精子在失重情况下可以单独诱导胚胎的两侧对称的形成，重力对该过程的形成影响不大。

第三节　水生生物在建立CELSS中的作用

一、水生生物在空间生保系统中的地位和作用

水生生物生活在水中。由于水的浮力，水生生物对重力作用的反应及其活动与陆生生物不同。水生生物无须像陆生生物那样克服1 *g* 重力，一些水生生物利用重力控制身体在水中的位置，在进化中形成了特有的几何形态或器官功能。陆生生物的许多组织或器官用于维持身体的形状和姿势等适应重力的生物学过程，可以想象这些过程消耗了大量的物质和能量。而水生生物在正常生活条件下由于存在水的浮力，各种生命活动无须像陆生动物那样克服重力。Froese等(1985)提出，在失重状态下，用于支持的物质和能量被节约下来，陆生生物原有的同化代谢和异化代谢的平衡被打破，个体生长速度会加快。另外，缺少重力刺激会引起陆生动物发生如肌肉萎缩等一系列复杂的生物学效应。从这一角度出发，空间飞行中的微重力条件对水生生物的影响比对陆生生物小。基于这一点，Froese提议在失重条件下建立由水生生物组成的长期生命维持系统(AQUASPACE)。

水生生物功能分系统在CELSS中的作用和位置则是建立在更实用的基础之上，具体来说，有四个方面的作用。

1.提供氧和去除二氧化碳

由于藻类能进行放氧型光合作用(与高等植物相同，有别于光合细菌)，因而人们对在CELSS中利用藻类有着强烈的兴趣。生保系统(LSS)中呼吸源有五大类：贮存氧、电化学氧、吸附浓缩氧、化学产氧和生物学再生氧。其中生物学再生氧是供长期载人航天而设计的研究方案。根据光合作用原理，藻类光合作用的光合系统Ⅱ将水光解放出O_2，所产生的还原力(NADPH)经光合系统Ⅰ在TCA循环中吸收CO_2产生碳水化合物。利用藻类构建CELSS的研究工作所需克服的主要问题是，在微重力条件下气液两相混合在一起，分离困难，影响藻类的培养和产物的利用。微重力条件下如何维持自由液面，是藻类CELSS的重要技术问题之一。另外，藻类的抗逆性尚需提高，因为空间应用不能发生预料之外的失败。就是说，虽然藻类生物反应器或气体交换器在理论上是可行的，在地面环境中的技术问题也不难解决，但是，还须加强在空间环境中微重力、辐射等方面影响的研究，才能确保CELSS空间运转的生态稳定性。当然，这对其他生物分系统也是同样的。CO_2消除既是实现密闭回路中碳循环的内容，也是气体循环的一个内容。一般认为，CO_2的最高允许值应控制在1%以下，以保证航天员的健康和正常工作。这一浓度相当于正常空气中CO_2含量(0.03%)的大约30倍。如果浓度再高，如CO_2含量达到1.5%时，人心血管系统的储备能量会降低，会降低对超重的耐力。当CO_2浓度超过6%时(109.860 g/m^3)，人体内的CO_2不但不能排出体外，反而有体外CO_2进入体内的危险。CO_2在体内积蓄过多，会使中枢神经麻痹，甚至导致死亡。在密封舱中，CO_2浓度上升的速度是很快的，密封而无净化功能的环境中，一个人在2.83 m^{3}的密封舱中，经3h，舱内空气的CO_2浓度就可达3%。因此，消除空气中CO_2的问题是CELSS研究中的一个重要方面。通常采用的方法有非再生法、可再生法和人工生态系统空气再生方法三类。从

人工生态系统方法的角度，空气中 CO_2 浓度的提高对藻类生长有利，CO_2 浓度由0.03%提高到1%，藻类的生物量生产可以提高1倍以上，CO_2 的提高促进光合放氧，这正好同时达到消除飞行舱内 CO_2 和供氧的需要。

2.提供食物

水生生物中许多的物种都是人类优良的食品和保健品。如藻类中被作为食品和保健品的有螺旋藻、地木耳、发菜、海带、紫菜、葛仙米等，而且许多都已经实现的大规模的培养。我国作为世界上淡水养殖规模和产量最大的国家，在渔业生产中利用的主要淡水经济鱼类有55种，如果筛选适应空间环境的鱼种加以培育，在结合高效养殖技术，有朝一日就有可能在空间站或者外星基地获得高品质的动物性蛋白食物。除鱼和藻外，虾、贝、轮虫、原生动物、水生蕨类和水生高等植物都是未来CELSS需要利用的生物对象。

3.再循环利用水

利用水生生物可以进行水的再循环。在陆地上对污染水体的再循环主要依赖湿地，它在地球生态平衡中扮演着极其重要的作用，被称为"地球之肾"。现在已经建立起一种模仿自然湿地进行水处理的微型生态技术，即人工湿地技术，被广泛地利用于生活污水、城镇组合污水、受污染地表水、景观用水的净化等领域。这方面的技术加以改造和完善，将可以应用于空间活动中进行污水的再循环利用，不但可以净化污水，而且可以作为景观起到美化工作环境的效果。

4.参与处理废物

水生生物可以进行废物的处理。许多光合自养的水生生物可以分解吸收和利用空间飞行中的废物(如粪便、尿液、食物残屑，有机物残渣等)进行光合作用，生产有机物，还可以吸收各类异味气体，对航天环境起着净化的作用。

以藻类作为CELSS系统中水生生物分系统的生产者成分，用以构建的生命保障系统，其性能特点与其他技术路线的比较见表4-1。

表4-1 藻类、高等植物生保系统与物理化学生保系统的特征比较

	优点	缺点
物理化学生保系统	1.体积小，质量较轻(250～300 kg)，能耗0.7～0.8 kW； 2.与航天器的太阳夹角无关，用于空间的可靠性好，物理化学过程相对简单，符合传统的设计模式，反应为高温过程易于控制	1.高温、高压及有毒气体距离乘员太近，不能再生食品，操作复杂，无自修复能力； 2.其放氧、吸收 CO_2 及净化水的过程都分别进行，系统不能作为一个整体来运转； 3.无法用实验来验证系统的稳定性和长时期的可靠性
藻类生保系统	1.质量较轻(250～300 kg)，能耗为太阳能(1.2 kW)； 2.水和空气的再生可在一个过程内完成同时可吸收人的尿液等排出物，对人没有高温高压等危险性，具有较好的自我修复能力，控制过程简单； 3.可以直接利用太阳能(不需要经过电能的转换)，在微重力条件下运行效率高，在连续培养藻类方面具有成熟的方法和技术	1.不能生产传统的蔬菜食品，其生化成分与人类食谱有差别，需要发展新的加工技术以作为航天员食品的重要成分； 2.温控系统效率较低并且需要较大体积，依赖太阳光线照射角度；尚无在微重力下培养藻类的成熟技术

续表

	优点	缺点
高等植物生保系统	1.可再生人类传统的食品；所有的再生过程，包括氧气、水和食物的生产均可在光合作用一个过程中实现； 2.可利用太阳能(能耗1.5～2 kW)，具有快速自我修复的能力； 3.对乘员没有温度、压力有害气体的危险，可营造一个舒适的环境	1.要保障航天员的生活需要相当大的空间(30 m^2 或 50 m^3/人，至少3～5 m^2)，需要的温度控制系统体积与质量都较大，尚无可靠的实验证明高等植物在微重力条件下可以高效生产； 2.依赖于所受太阳光线的夹角

在水生态系统中，不同的生态位(niche)的生物具有不同的生态功能。通常，原初生产者、消费者、分解者的作用和位置彼此大不一样。微藻的光合效率高是由于具有一种特殊的 CO_2 浓缩机理，也没有像高等植物的那种光吸收能量损失。微藻可以分别利用 NH_4^+ 或 N_2 作为氮源，当硝酸盐存在时，硝酸盐还原酶被同时诱导出来而激活。然而，在空间环境的极端条件，如何保证藻类和其他水生生物在这种环境下发挥其功能作用，在CELSS设计、构建和操纵管理中应该加以解决。

二、CELSS中可能使用的水生生物材料

微藻种类非常多，美、苏和其他国家以及我国已报道可用于CELSS研究的藻类有如下物种：*Anabaena sp.*，*Anacystis sp.*，*Anacystis nidulans*，*Cyanodium sp.*，*Nostoc sp.*，*Euglena sp.*，*Spirulina sp.*，*Scenedesmus sp.*，*Scenedesmus obliques*，*Chlorella sorokiniana*，*Chlorella pyrenoids*，*Chlamydomonas sp.*，*Fucus serratus*，*Synechocystis sp.*。空间生物学中的鱼类研究已有许多实验，比如青鳉鱼，稀有鮈鲫，斑马鱼等。我国是世界上淡水养殖规模和产量最大的国家，在渔业生产中利用的我国主要淡水经济鱼类有55种。我国现有的众多养殖种类中的部分物种完全可能用于CELSS中的水生生物分系统。除鱼和藻外，虾、贝、轮虫、原生动物、水生蕨类和水生高等植物都是未来CELSS需要利用的生物对象。

参考文献

[1] Braun M, Limbach C. Rhizoids and protonemata of characean algae: model cells for research on polarized growth and plant gravity sensing[J]. Protoplasma, 2006, 229: 133-142.

[2] Häder D P, Richter P R, Strauch S M, et al. Aquacells—Flagellates under long-term microgravity and potential usage for life support systems[J]. Microgravity Sci Tec, 2006, 18(3-4): 210-214.

[3] Häder D P, Richter P, Ntefidou M, et al. Gravitational sensory transduction chain in flagellates[J]. Adv. Space Res, 2005, 36(7): 1182-1188.

[4] Häder D P, Hemmersbach R. Graviperception and graviorientation in flagellates[J]. Planta, 1997, 203: 7-10.

[5] Häder D P, Liu S-M. Motility and gravitactic orientation of the flagellate, Euglena gracilis, impaired by artificial and solar UV-B radiation[J]. Curr. Microbiol, 1990, 21: 161-168.

[6] Limbach C, Hauslage J, Schäfer C, et al. How to Activate a Plant Gravireceptor. Early Mechanisms of Gravity Sensing Studied in Characean Rhizoids during Parabolic Flights[J]. Plant Physiol, 2005, 139: 1030-1040

[7] Piepenbreier K, Renn J, Fischer R, et al. Influence of space flight conditions on phenotypes and function of nephritic immune cells of swordtail fish(Xiphophorus helleri)[J]. Adv. Space Res, 2006 , 38(6): 1016-1024.

[8] Rahmann H, Anken R H. Gravity related research with fishes - Perspectives in regard to the upcoming International Space Station, ISS[J]. Adv. Space Res, 2002, 30(4):697 - 710.

[9] Renn J, Seibt D, Goerlich R, et al. Simulated microgravity upregulates gene expression of the skeletal regulator Core binding Factor alpha 1/Runx2 in Medaka fish larvae in vivo[J]. Adv. Space Res, 2006, 38(6): 1025 - 1031.

[10] Richter P, Häder D P, Lebert M, et al. Investigation of gravity - related swimming behavior of unicellular flagellates[J]. ESA Special Publications, 2007,647: 465 - 467.

[11] Takabayashi A, Ohmura T, Mori S. Eye movements of goldfish during linear acceleration[J]. J. Jpn. Soc. Micrograviy Appl. 1998,15: 653 - 658.

第五章 空间细胞生物学

第一节 空间细胞生物学概论

空间细胞生物学是空间科学与生命科学在细胞与分子水平上交叉的一门学科，是细胞生物学在空间（失重、辐射等）特殊物理环境中的延伸，主要是从细胞、分子和组织水平研究空间特殊环境中的生物学过程。空间细胞生物学为其他的空间生物学相关学科提供了基础，例如发育生物学，肌肉、骨骼和矿物质代谢，心血管和其他自体调节系统，免疫学以及感知运动系统等。每一个学科在组织和有机体水平上的研究最终取决于单个细胞的正常功能以及这些细胞集合成的生理网络系统。该学科领域主要探讨异常重力和其他空间相关因素如何直接或间接地影响细胞的基本功能和特性（如力学感受、信号转导、基因调控和表达、蛋白质组学、整合素功能和结构、细胞骨架结构和功能等）。本章主要介绍失重环境对细胞结构功能的影响，关于辐射环境对细胞的影响详见第九章。

一、空间细胞生物学研究发展历史

空间细胞生物学的发展可分为四个阶段。第一阶段，从 20 世纪 70 时代早期到 80 年代中期。在此阶段，空间生物学研究主要致力于发现空间环境生物学效应。第二阶段，从 20 世纪 80 年代中期到 90 年代中期，发现了一些重要的生物学现象及细胞生物学机制。目前，空间细胞生物学正处于第三阶段，主要利用微重力环境来研究基础生物学问题，并在微重力环境下进行医学诊断。主要的研究领域包括基因表达，细胞-细胞间相互作用，细胞膜的特性（尤其是脂筏），细胞骨架变化以及信号转导。第四个阶段也即将开始，并且将有可能领先于生物技术与医学的发展。空间细胞生物学的发展将与其他学科以及分析技术（如微阵列技术，细胞荧光测定技术和特异性标记技术）的发展齐头并进。

迄今为止，300 多次的空间实验表明，从低等无脊椎生物到高等哺乳动物细胞均能在太空中生存和增殖，但同时也伴有一些显著的变化。遗憾的是，2003 年哥伦比亚号在执行 STS－107 飞行任务中遭遇的灾难使许多预定的空间飞行研究被搁置。此外，由于空间航天飞机项目的延期，使国际空间站中许多重要生物学设备（如，生物实验室，欧洲组装的培养系统）的使用延迟了至少 2～3 年。因此，在地面上使用一些装置，如回转器（Clinostat）、随机定位仪（Random Positioning Machine，RPM）、转壁回转器（Rotating Wall Vessel，RWV）及抗磁悬浮（Diamagnetic Levitation）等，模拟空间失重环境或效应就显得尤为重要。在过去几十年里，利用地面模拟失重环境或效应装置所做研究，发现了许多与重力相关的有趣现象，并获得了一些重力细胞生物学领域的重要实验数据。

现就空间生物学发展的四个阶段分别作以下具体介绍。

1. 第一阶段

第一阶段主要以现象发现为主。在此阶段，主要采用最基础的实验手段，进行简单的实验研究，并提出初步的假设。在提出的所有假设中，共同提示了一个问题，即生物体的行为在空间环境发生了改变，且受失重因素影响最为明显。然而由于当时还没有空间生物学研究的实验基础，因此对所发现现象也没有很好的解释。

200 多年前采用离心机所做的实验表明，当向心加速度大于重力加速度 1 g 时，植物种子的发育受到影响。对于当时发现的实验现象，大家共同提出假设，即当单细胞生物体如海藻、原生动物，以及多细胞生物体(包括人)中的单细胞处于失重环境中时，它们的行为会发生变化。此假设的理论依据是，在数百万年的进化过程中，所有生物体均生活在地球稳定的重力环境中。由于用于空间研究的实验装置的缺乏，以及有关细胞信号转导机制知识的不足，且当时基因工程技术和相关产品还未发展，致使人们只能进行简单的实验研究。因此，此阶段实验的重点是探究所谓的细胞过程的“终点”。比如，细胞增殖实验、光学显微镜和电子显微镜观察细胞形态变化、分泌物的生物化学分析以及对细胞培养基中代谢物的分析等。本阶段存在的一个主要问题是缺乏合适的对照实验，各种各样的生物体搭载于非常简单的实验装置中。例如，1961 年，尤里·加加林(Yuri Gagarin)，作为第一个进入太空的人，他带了装有细菌的容器登上了东方号飞船(Vostok)。装有大肠杆菌(*E. coli*)细胞的容器被安装在火箭的内顶端，在冬天发射，且没有温度控制。但是，在 1973 年在空间实验室(Skylab)进行“伍德劳恩(Woodlawn Wanderer)”的实验中，使用了一种精细的全自动仪器，此仪器配有培养基交换系统、显微镜、延时摄像机和取样装置。

虽然第一阶段进行的实验很简单，但正是从这些实验中获得了重要的信息，即重力确实对细胞的重要功能产生了影响，这正是后续研究的基础。

2. 第二阶段

空间生物学发展的第二阶段始于 1985 年，以德国空间局(German space agency，DLR)组织执行的 Spacelab D-1 搭载 Biorack 飞行为标志。Biorack 是 ESA 研发的一种多用途设备。该设备专门用于研究较小体积的生物体如细菌，黏菌，真菌，小型植物和动物，同时也适用于植物或动物的单细胞研究。Biorack 的主要特征是，在其中进行的所有实验都设有与实验组(0 g)相对应的对照组(1 g)。1 g 的对照组通过离心的方法实现，即在放置 0 g 组样品的培养箱中放置一台离心机，同时将样品置于离心机中。基础生物学的研究已成为首要的研究项目，而作为 Biorack 的最早使用者，欧洲科学家获得了一种优势。在执行完 D-1 任务后，Biorack 还曾于 1992 年和 1994 年分别执行了 IML-1 和 IML-2 任务，并在 1996 至 1997 年执行了三次 SpaceHab 任务。继 Biorack 之后，出现了各种多用途生物设备，如 1993 年在 Spacelab D-2上搭载的 Biolabor；搭载于 Spacelab IML-2 上的 NIZEMI (slow rotating centrifuge microscope)，装有一台能缓慢旋转的显微镜，可对样品进行 20～400 倍放大观察；以及装载于俄罗斯生物卫星上的自动孵育系统 Biobox 等。

相对于第一阶段，第二阶段主要开展更系统的研究，研究重点也从第一阶段的对初步假设的验证转移到了对细胞分子机制的探究。与此同时，也在利用探空火箭所提供的短时间的微重力环境来研究细胞信号转导。大量的实验数据表明，即使是单个细胞，在微重力环境下也会发生显著的变化。在哺乳动物细胞中发现的非常显著的重力效应，逆转录酶和聚合酶链式反应技术的发展，以及以荧光单克隆抗体作为标记物的细胞荧光技术的出现，逐渐使研究重点转移到对细胞内信号转导通路的研究。显著的例子如，研究早期癌基因的表达，对 G -蛋白-肌醇三磷酸(IP_3)信号通路或蛋白激酶C信号通路活化的研究等。在此阶段研究中，一项突出的任务是区别直接与间接的重力效应。

3. 第三阶段

第三阶段始于 1996—1997 年间，在这一年期间，Biorack 曾三次被搭载在俄罗斯和平号(Mir)空间站执行任务。之后，于 1998 年，Neurolab 也执行了空间实验室任务。这一阶段主要以空间实验为主。国际空间生物学研究领域的科学家依据最新的发展趋势以及基础研究与应用技术研究的结果，共同商讨制定出了一个研究标准。依据此标准，一些主要的国家及国际航空机构共同选定一些科学实验。

这个阶段持续了十年左右，科学家利用探空火箭进行研究，并在 ISS 的 Biolab 上进行进一步的研究。由此，在空间生物学基础研究的基础上，有潜在商业价值的生物加工将会在空间进行。Biorack 的最后飞行与 Biolab 的第一次飞行之间的间隔将由 Biopack 来过渡。前三个阶段最重要的生物学实验在 1996 年已经由 Moore 和 Cogoli 总结公布了。

4. 第四阶段

第四阶段现在正在进行。主要有两个因素促使空间细胞生物学的研究进入了第四个阶段。一是三十多年来在空间及地基重力细胞生物学研究中所获得的科学知识及相关实验技术的发展；二是各国对空间活动所给予的经费支持。在此阶段，主要鼓励高校和非航空系统对医学、生物技术及材料应用科学感兴趣的科学家参与空间实验，并鼓励人们利用微重力环境这个新的工具来进行科学研究及开发。

二、空间细胞生物学发展概况

空间细胞生物学的研究始于 20 世纪 60 年代。细菌、藻类、原生生物等较早被带上太空。苏联早在 Zond5 和 Zond7 飞行任务中将 Hela 细胞带上太空，但由于当时实验条件有限，未得到客观清晰的实验结果。直到 20 世纪 80 年代，研究兴趣才真正扩展到哺乳动物细胞。进入 20 世纪 90 年代后，空间搭载机会逐步增加，空间实验系统不断建立，地基模拟实验模型愈加丰富和完善，促使空间细胞生物学研究迅速发展，取得了许多值得人们关注的成果。NASA 在 1998 年制定的 21 世纪航天发展战略中，将空间细胞生物学列为首要重点发展目标。国际空间站中空间细胞实验平台的实施运行，为开展空间细胞生物学研究提供了先进的实验平台、坚实的技术基础和良好的发展空间。1997 年日本首次在探究火箭上研究空间失重环境对成骨细胞基因表达的影响，并于 1998 年介绍了其空间生命科学研究计划。1998 年的国际"空间研究委员会"会议上，各国均报道了各自在空间细胞生物学研究领域所取得的成果。美国对其进行的免疫细胞表面标记分子 CD4 和 CD8 的表达以及 T 淋巴细胞信号转导的研究进行了报道，并介绍了人肝细胞的 3D 培养。日本报道了模拟失重环境对成骨细胞生长的影响。瑞士则报道了失重环境对有丝分裂原结合作用及对细胞骨架影响的研究。

我国空间细胞生物学研究起步较晚，1988 年首次采用卫星搭载哺乳动物细胞进行实验，实验细胞样品包括癌细胞、杂交瘤细胞、哺乳类基因工程细胞和免疫细胞。经过 7～15d 飞行后，结果表明：哺乳动物细胞对重力变化较敏感，空间失重环境引起细胞生长速率、生物合成和产物分泌等的变化。1993 年，在我国"载人航天工程"和"863"计划的资助下，开始系统地、有组织和有目的地进行空间生命科学和空间生物技术研究。近十年以来，我国的空间生命科学得到了很大发展，开展了大量有计划的空间搭载和地面模拟研究，取得了一系列研究成果。我国利用返回式卫星多次进行了动物细胞搭载。1996 年利用返回式科学实验卫星进行了一次较大规模的空间生物学效应实验，搭载了包括动物、植物和微生物在内的 33 种科学样品。在我国发射的“神舟”系列飞船上搭载了通用生物学培养箱及动植物细胞融合装置等空间生命科学实验设备，进行了大量的空间细胞生物学实验研究。

三、空间细胞生物学发展目标

经过了 30 多年的空间生物学研究，空间细胞生物学研究已经取得了许多令人瞩目的成果，为航天医学的发展及航天员的健康保障提供了大量有价值的参考资料和科学依据。然而真正在细胞生物学理论研究的基础上发展建立起来的用于航天员健康防护的对抗措施仍很少。面临人类将要进行的中长期空间飞行，空间细胞生物学又将承担起重要的使命，即在细胞、分子水平上阐明空间环境因素，尤其是失重因素对生物体的影响，以发展建立基于分子细胞基础的空间对抗防护措施。因此，空间细胞生物学制定发展目标如下：

(1) 阐明空间环境(失重、辐射、亚磁以及复合环境)的细胞生物学效应；

(2) 阐明细胞感受空间环境的分子机制，以及细胞如何感受空间环境的变化，并将该信号转化为神经的、离子的、激素的或功能的反应；

(3) 发展建立空间对抗防护措施，以保障长期空间飞行过程中人的健康；

(4) 利用在空间环境下研究所得知识来服务地面人群，以改善人们的生活。

第二节　空间细胞生物学主要研究内容

一、空间细胞生物学的主要研究领域

由于细胞生物学领域的快速发展为空间细胞生物学的研究提供了新的机遇，NASA 将空间细胞生物学列为优先支持的研究领域之一，并提出在未来十年中，空间细胞生物学应当集中研究空间环境引起特定生理现象的分子细胞机制。NASA 提出下一阶段的目标：明确空间失重环境引起的细胞学变化，获得引起这些变化的分子机制，以及研制可能的对抗策略；在将来的实验设计和分析中克服以前飞行实验及地基实验中存在的不足；重视重力或其他空间环境因素对动物骨骼、肌肉和前庭系统的影响；考虑采用分子生物学技术分析基因表达、细胞结构和功能，以及在完整组织和有机体中研究细胞生理学的改变。

在空间细胞生物学研究方面，NASA 提出了以下 3 个优先研究领域。

(1) 细胞感受机械应力的机制及信号转导通路：包括细胞受体的鉴定、细胞膜和细胞骨架结构变化的研究及信号通路的研究。

(2) 细胞处于空间飞行环境(低氧、极端温度、振动)中对环境(低氧、极端温度、振动)刺激的响应：包括细胞受体性质的研究，信号转导通路，基因表达变化以及介导应力的响应的蛋白结构鉴定与功能分析。

(3) 先进设备和方法学的研究：应当与科学团体及产业合作研究开发基于细胞水平的用于空间研究的先进设备和方法。

二、空间细胞生物学的关键科学问题

为了更好地适应地面重力环境(1 *g*),地球上的所有生物体在进化过程中都形成了与地面环境相适应的生理学与生物学功能。离开正常的重力环境,其结构和功能会有如何变化?因此,空间细胞生物学还需回答以下关键科学问题。

(1) 单细胞生物对重力敏感吗?如果敏感,那么它们如何感知重力?

(2) 由失重环境引起的生物学效应是重力因素的直接效应还是间接效应?

(3) 细胞中感知重力变化的结构是什么?

(4) 空间细胞生物学的研究对空间环境中人的健康保障有什么医学或生理学意义?

(5) 空间失重环境能否被用于生物技术加工或商业开发?

上述均为整体系统,那么单个细胞又是如何发挥功能的呢?难道是大自然认为细胞也应该适应重力环境,因此使其拥有感知重力的结构吗?如何来解答这样的问题?应该先从研究哪方面?迄今为止,对于重力如何在分子、细胞、系统或行为水平上影响生命,还了解的非常有限。空间环境为探索物理环境如何影响地球上生命的形成,提供了一个独一无二的环境。

1. 理论思考

首先,必须了解单个细胞是否具有感知重力的结构,是否在感知重力后能将力学信号转化为生物化学信号。如果存在这样的结构,暂把它称为“重力感受器”。如此前章节所述,有关生物体重力感受的最典型的例子是植物的向重性,这是由植物根中平衡细胞中的平衡石感受重力引起的。平衡细胞是在植物进化过程中获得的典型的重力感受细胞,以引导植物垂直于地面生长。除此之外,还有一些单细胞生物体也具有特殊的重力感受器,如原生动物纤毛虫(*Loxodes*),拥有 Müller's 小体,但这并不像植物重力感受器那样典型。因为,在植物中很容易分辨出含有平衡石的平衡细胞,而在纤毛虫中,很难找出确切与重力相作用的细胞结构。因此,区分“专业的”和“业余的”重力敏感细胞是非常必要的。在“专业的”重力依赖性细胞中已经清楚的证实与重力作用的细胞结构(例如植物细胞中的平衡石),但是,在“业余”细胞中证实与重力相互作用的细胞结构是非常困难的(例如在淋巴细胞或成纤维细胞中)。此外,一定要区分体外培养的单细胞与组成单细胞生物的细胞之间的差异,组成单细胞生物的细胞可以作为器官或组织的一部分,也可以像血细胞一样在体液中循环。

一般而言,任何受到重力作用的物体都可以被看作是重力感受器。但是,一些特定的细胞器(例如,细胞核、线粒体、溶酶体等)密度比较大,因此,在 1 *g* 正常重力条件下,这些细胞器会对细胞骨架微丝施加一定的压力。而当细胞处于 0 *g* 条件下时,这些压力的消失可能影响了包埋在细胞骨架中的信号转导分子之间的相互作用。

了解细胞感受重力的关键是在细胞水平分辨出重力的直接效应及间接效应。这里所谓重力的直接效应是指重力通过与细胞结构或细胞器相互作用而影响细胞功能,或是在失去重力时细胞结构或功能的改变。与之相对应的是重力的间接效应,是指不同重力条件引起的细胞生存环境的改变而导致的细胞结构或功能的变化。这种间接效应可能是由于在 0 *g* 条件下,失去对流和沉降使得细胞周围的营养物质和代谢废物的分布发生改变而引起的。

重力作为一种场力,与黏滞力和静电力相比,是一种很微弱的力。如果把细胞看作一个静态的系统来比较这几种不同的力对细胞的作用的话,那么重力的作用可以忽略。但是,几乎所有的生物系统都不是静态的,而是处于一种不均衡状态,一个小小的变化就会对细胞产生很大的影响。由于一个生物学过程是由许多步骤来完成的,因此,其中一个步骤受到影响,足以引起下游过程直至最后一步的巨大变化。这种效应被 Prigogine 和 Stenger 提出的"分岔理论"(Bifurcation Theory)所预测,并于 2002 被 Tabony 用实验加以证实。该理论提出,在一个确定的分岔点,生物系统可能在两条通路之间选择导致完全不同的终点。因此,在 1 g 环境下,进化压力驱使生物系统选择了两条通路中的一条。相反的,在 0 g 条件下,生物系统可能更偏向于选择另一条通路。

在失重环境下进行细胞培养,由于失去了重力的作用,沉降消失,同时也会使由密度引起的对流和流体静力压发生改变,细胞悬浮于培养液中。当在 1 g 条件下时,由于重力的作用,哺乳动物细胞会在几分钟内沉降于培养瓶底部,并伸展、贴壁。当处于 0 g 条件下时,从 1 g 环境转换到 0 g 环境的过程,是一个从二维转换为三维环境的变化过程,这将显著影响细胞间相互作用、细胞运动、细胞伸展、细胞黏附以及细胞形态等。此外,在失重条件下,失去了由密度引起的对流,也阻止了机械力的扩散,但是热动力学的扩散并不受影响。在 20 世纪初,Marangoni提出,在失重条件下,浮力的消失阻止气泡上浮到培养液表面,因此,使气泡更多地留在了培养液中。

综上所述,细胞对重力的感知可能有 3 种途径:①通过作为重力感受器的细胞器或分子起作用;②通过细胞周围环境的物理、化学变化所引起的适应性反应;③根据分岔理论,通过一种整体途径。现在一般倾向于第三种理论,即重力在细胞水平的直接与间接效应。

2. 进一步的考虑

(1) 细胞形态和结构。

重力可能引起细胞的极化。在细胞有丝分裂初期,中心体作为形成纺锤体的器官,由两个中心粒组成,而中心粒又是由紧密组装的微管构成的。但中心粒不只是致密的结构,两个中心粒相互垂直排列,形成了一个面。中心体在细胞中可能起一个指南针的作用,因此,在空间失重环境下,细胞可能会失去方向。

细胞核及其他细胞器的密度比胞质溶胶的高,因此,细胞器会沉淀到细胞内侧。但是在 0 g条件下,细胞器不会发生沉降。此外,胞质溶胶的黏度或布朗运动,以及胞质的流动也会阻止细胞器的沉降,而影响细胞的三维结构。

在真核细胞中,细胞骨架网络通过与细胞膜、细胞核及细胞器的连接来维持细胞结构和形态。主要的细胞骨架(微丝和微管)是由球状蛋白质亚单位组成,这些球状蛋白质在细胞中可以快速地组装和去组装。Tabony 研究证明:细胞骨架处于不断的动态变化中,其结构的聚合和解聚是重力依赖的。

(2) 生物化学特性。

细胞的生理活动可能也会受到重力的影响。小分子跨细胞膜的被动运输是一个扩散过程,由浓度梯度引起,不依赖于重力;而离子和带电分子的主动运输是由蛋白通道和膜内吞参与的过程,这个过程可能会受到重力的影响。

重力也可能会影响细胞间的物质运输。细胞代谢的放热反应会使局部区域的温度不断升高,使得此区域的密度比周围区域低。因此,重力引起热对流的同时引起了超微结构的重组。而这种对流在失重条件下是不存在的。

此外,重力还会影响细胞内能量的转换。重力使细胞中细胞器呈不均匀的分布,这使细胞具有了可以调节细胞形态和结构的扭矩力。细胞需要能量来抵抗重力以维持细胞形态。在失重条件下，这些能量可能被贮存起来以用于其他的生理过程。对于自由游动的细胞，在 1 *g* 条件下，细胞消耗能量以抵抗重力来防止下沉，而在失重条件下，就不再需要能量来抵抗重力作用。

综上所述，生物体在应对环境的变化（如，温度，光照，压力，营养物质，活化剂或抑制剂）时，或者采取同一种方式，或者采取另一种不同的方式。重力是一种机械力。重力环境的改变，是一种很显著的环境变化。因此，细胞从 1 *g* 的环境转换到 0 *g* 环境时，会对重力的变化做出反应，以适应这种变化。

第三节 空间失重环境下的细胞生物学研究

在轨道上飞行的飞行器，由于离心力与重力相平衡，其舱内物体处于接近零重力的状态，即微重力状态。ISS 在位于地面 400 km 高度的轨道飞行，ISS 内的重力是地球表面重力的 $10^{-6}\sim10^{-4}$。在以往和目前正在进行的空间飞行和地面模拟实验研究中，科学家对 20 余种细胞类型进行了研究，包括成骨细胞、骨髓细胞、T 和 B 淋巴细胞、红细胞、HeLa 细胞、肺二倍体纤维母细胞、心肌细胞、心肌成纤维细胞、血管内皮细胞、上皮细胞、软骨细胞、神经元和神经胶质细胞、肾皮质上皮细胞等，已揭示的微重力或模拟失重导致的变化包括细胞形态、信号传导、细胞分化、基因表达、DNA 损伤、亚细胞组分的定位、细胞凋亡、细胞运动、大分子物质的合成和分布、细胞修复、细胞因子的合成和分泌、糖基化作用和生物膜形成等，几乎覆盖了细胞分子生物学研究的所有内容。

一、空间失重环境对细胞形态、结构及细胞骨架的影响

1. 空间失重环境对细胞形态的影响

不同类型细胞均有其特定的细胞形态，如神经细胞有长长的轴突和树枝状的分支，成纤维细胞则成梭形，红细胞则是典型的面包圈形状，淋巴细胞呈圆形，内皮细胞则为多角形，肌细胞因呈纤维状而又被称为肌纤维。但无论是何种形状的细胞，正常的细胞形态是保证细胞各项功能正常进行的前提。

许多研究资料显示，失重环境可影响细胞形态。20 世纪 80 年代有研究表明，在空间飞行过程中，原生动物细胞在对数生长期早期其体积增大，而在其后的生长阶段，细胞体积又变小，且细胞呈现变圆的趋势。在航天飞机 STS－56 飞行期间，也发现非洲蟾蜍卵细胞体积变小。且另有报道称非洲蟾蜍的神经细胞形态及细胞核大小在空间飞行中发生了改变。此外，在空间飞行中，人癌细胞 Hela 细胞、Jurkat 细胞体积有增大趋势。但空间飞行 28d 却对人胚肺细胞（WI38）形态无显著影响。Hughes Fulford 等研究发现，空间失重环境改变了骨细胞外基质，并且改变了成骨细胞形态。

我国于 1992 年进行了 90105 科学返地卫星搭载实验，结果表明，经空间飞行 8d 后的返地初期，人肺腺癌细胞胞浆中出现颗粒化和空泡化现象，细胞骨架松散，呈无序状态。

迄今为止，有关失重环境对细胞形态影响的研究结论不一，这与细胞类型的不同及实验所选用条件的不同有关。

2. 空间失重环境对亚细胞结构的影响

细胞中存在许多亚细胞结构，如线粒体、内质网、高尔基体等，它们各司其职，共同维持细

胞的正常生理活动。

(1) 线粒体(Mitochondria):空间失重环境引起了细胞内线粒体分布的变化和线粒体基因表达的不平衡,同时影响了细胞骨架分子基因的表达。研究报道Jurkat细胞搭载航天飞机空间飞行4～48h后,线粒体聚集到细胞一边、线粒体内嵴排列紊乱、形态改变,大量细胞出现凋亡。

(2) 内质网(Endoplasmic Reticulum,ER):Ross等研究了空间失重环境对大鼠内耳毛细胞囊斑(utricular maculae)的影响。分别取了3个时间点进行检测,即飞行第13d(共飞行14d)、返回地面当天以及返回地面后14d。结果发现,在返回地面当天,毛细胞中粗面内质网发生了紊乱,但此现象是可逆转的。此外,Garcia - Ovejero等利用航天飞机哥伦比亚号STS - 90搭载15d大的SD大鼠,16d后返回地面进行检测,结果发现,与地面对照组相比,大细胞视上神经(magnocellular supraoptic neuron)细胞核及胞质变得较大,同时,神经细胞中线粒体、内质网及高尔基体等均占据较大体积。

(3) 高尔基体(Golgi body):有研究报道,在空间环境中生长的细胞高尔基体形态发生改变,但是Cook等人通过"哥伦比亚号"航天飞机(STS - 73)搭载植物细胞,结果表明飞行16d后,细胞的超微结构包括线粒体、粗面内质网以及高尔基体等均未发现明显的改变。

3. 空间环境对细胞骨架的影响

细胞骨架的研究一直是细胞生物学研究中最为活跃的领域之一。细胞骨架是一个复杂的纤维网络,对异常重力环境非常敏感。研究发现,细胞骨架不仅在维持细胞形态、承受外力、保持细胞内部结构的有序性中起重要作用,而且还与细胞运动、物质运输、能量转换、信息传递、细胞分裂、基因表达、细胞分化等生命活动密切相关。

在空间细胞生物学研究中发现,细胞形态发生改变的同时,细胞骨架结构也发生了显著的变化。Biorack在STS - 76,81和84上的实验结果表明在失重环境中,生长细胞的细胞微丝骨架崩溃,但是在1 *g*条件下飞行的细胞骨架及纤维黏连蛋白保持正常。多个研究者表明,细胞微丝和微管骨架在失重条件下发生重排。2002年,Tabony利用探究火箭在体外证实,细胞中微管的自组装具有重力依赖性。在1 *g*对照组中,Tubulin能正常进行组装构成微管结构,而在0 *g*条件下,几乎看不到微管结构。Guignandon等利用返回式实验卫星"光子号"(Foton 11和12)研究空间失重环境对ROS 17/2.8成骨细胞形态及细胞黏附动力学的影响时发现,细胞骨架发生了重组,同时伴随有细胞骨架蛋白Vinculin与一些磷酸化蛋白的去组装。在免疫细胞、神经细胞中也发现失重环境使细胞骨架发生紊乱。

二、空间失重环境对细胞功能的影响

1. 空间环境对细胞增殖的影响

细胞增殖(Cell Proliferation)是指细胞通过分裂增生子代细胞的现象,是细胞生命活动的基本特征之一,是个体发育和生命延续的基本保证。1973年Skylab 3搭载人胚肺纤维母细胞株WI - 38进行了为期28d的飞行实验,这是第一次进行较详细的细胞生物学实验,分别对染色体形态、细胞分裂、细胞结构和细胞周期等指标作出详细记录,但没得到有统计学意义的结果。在后续的实验中,越来越多的细胞成为了实验对象。1983年,Cogoli等在Spacelab - 1上进行的实验表明,空间失重环境抑制了T淋巴细胞增殖。1990年和1992年,我国采用科学返地卫星进行了癌细胞生长实验,结果发现,经空间飞行8d的人T淋巴白血病细胞和人肺腺癌细胞在返回地面初期，其生长速度明显减慢，大约一周后细胞才开始分裂增殖逐渐恢复正常状态。然而也有实验得到了不同的结果，发现一些细胞在失重条件下其增殖速率没有显著变化(见表5-1)。

表5-1 空间飞行对哺乳动物细胞增殖的影响

细胞类型	效应	备注
T淋巴细胞	刀豆素A(Con A)激活悬浮细胞，引起有丝分裂指数下降60%～90%；吸附于微载体的细胞活性增加一倍	实验在宇宙空间实验室1，D-1，SLS-1，IML-2中进行，除了第一个，其他都设置了机载1 *g*对照
7E3杂交瘤细胞	空间培养4d后，细胞数目增加40%	宇宙空间实验室IML-1，机载1 *g*对照
鼠股骨和胫骨的骨髓巨噬细胞	空间培养6d后，细胞数目增加了60%	航天飞机STS-57，STS-60和STS-62，无机载1 g对照；孵育温度23～27℃
人胚肺细胞WI38	空间培养28d期间，细胞生长速率无变化	空间实验室提供培养基；无机载1 *g*对照
仓鼠肾细胞	在空间7d后，生长在微载体珠上的细胞数目没有变化	宇宙空间实验室IML-1，机载1 *g*对照
小鼠成肌细胞L8	在包被胶原的微载体珠上生长的细胞增殖速率没有变化	航天飞机，无机载1 *g*对照
小鼠成骨细胞	细胞生长速率没有变化	宇宙空间实验室IML-1，机载1 *g*对照

2. 空间环境对细胞运动的影响

细胞运动(cell motility)是一个周期性的过程，其中包括运动方向前端细胞部分的"延伸"和后端细胞部分的"收缩"。在空间失重环境下，细胞运动受到了显著的影响。Cogoli Greuter等研究表明在空间失重环境下淋巴细胞可以自主运动。Marianne等在Spacelab进行的研究表明，单细胞在空间失重条件下(0 *g*)，其运动速度较正常重力(1 *g*)增加(见表5-2)。

3. 空间环境对细胞代谢的影响

细胞代谢是细胞生命活动的基本特征之一，是指细胞内全部有序的化学反应的总和。细胞代谢一旦发生异常，将会直接影响到细胞其他正常的生命活动，如细胞分裂、增殖等。空间失重环境显著地影响了细胞代谢。有研究表明空间飞行4～5d，原生动物细胞中蛋白、钙和镁离子含量下降。此外，空间飞行使人体中血浆容量和红细胞数量显著下降。红细胞生成素水平也持续下降。空间实验中的大鼠红细胞的生存参数均发生了变化，相对于地面对照组62.4d的存活率，实验组存活率仅为59d，且随机溶血也相对于地面组增加3倍。空间飞行大鼠心肌环腺苷酸(cAMP)结合蛋白活性下降。Spacelab-3搭载人胚肺二倍体纤维母细胞株WI-38进行的为期28d的实验中发现，葡萄糖利用比地面对照组下降约20%。我国1994年对小鼠腹腔巨噬细胞进行的研究也表明，空间飞行15d细胞对葡萄糖的利用也较对照组下降。此外，空间飞行中，分离的胎鼠长骨出现矿化程度降低，葡萄糖利用下降，钙离子释放量增加的现象。

表 5-2 空间飞行对哺乳动物细胞形态和运动的影响

细胞类型	效应	备注
人T淋巴细胞	刀豆素A(Con A)正常黏附到细胞膜;Con A结合膜蛋白形成帽状或片装结构轻微延迟;在Con A存在时,0 g条件下细胞运动较1 g条件下加强;细胞呈拉伸形状。 Con A存在时,细胞运动方式如上所述。0 g条件下细胞聚集体较1 g小;0 g条件下凋亡细胞悬浮,正常细胞黏附在微载体上	探空火箭 NIZEMI旋转显微镜,空间实验室IML-2; 空间实验室D-1,SLS-1上进行1 g对照
人表皮细胞A431	表皮生长因子受体的聚集未发生变化	探空火箭
仓鼠胚肾细胞	细胞可正常黏附到微载体珠	航天飞机,机载1 g对照
人胚肺细胞WI38	超微结构未发生变化,细胞运动未受影响	空间实验室培养28d,无机载1 g对照
人红细胞	细胞聚集能力急剧下降	航天飞机上进行2项实验,无1 g对照组
鼠成肌细胞L8	在0 g条件下进行细胞培养,细胞无法融合,不能分化为成肌细胞。细胞呈现非典型形态	航天飞机,无机载1 g对照
人T-淋巴细胞	细胞骨架发生显著变化:0 g条件处理30 s即形成大束的波形蛋白。 微管发生变化,细胞凋亡增加	探空火箭 航天飞机,机载1 g对照
鼠白血病病毒转化细胞	细胞超微结构未发生变化	空间实验室,机载1 g对照
鼠小脑细胞	与空间飞行中的1 g对照组相比,0 g条件下细胞聚集体的数量增多而体积减小	空间实验室IML-2,机载1 g对照中使用新型仪器
前成骨细胞系MC3T3-E1	细胞形态和细胞外基质发生变化	航天飞机,机载1 g对照

4. 空间环境对细胞分化的影响

细胞分化贯穿于机体整个生命活动过程中,它调节着机体细胞更新与死亡之间的平衡,维持着组织器官正常生理功能及细胞数量的稳定。研究发现,空间失重环境引起的许多生理与病理的变化与细胞分化改变有关。

(1) 失重抑制骨髓间充质干细胞分化。

成骨细胞(Osteoblast)来源于骨髓间充质干细胞,是骨形成的主要细胞。正常重力下骨髓间充质干细胞可在特定的诱导条件下分化为成骨细胞,但在失重条件下,骨髓间充质干细胞向成骨细胞分化受到抑制,而增加了其向脂肪细胞的分化。空间失重环境对成骨细胞前体细胞分化的影响可能是导致成骨细胞数目减少和活性降低的原因。

(2) 失重影响淋巴细胞的分化。

空间飞行导致机体免疫功能下降,造成机体免疫系统的紊乱,其部分原因可能是空间失重环境抑制了淋巴细胞的分化。失重环境下 T 细胞分化发育受到抑制。在空间飞行中和模拟失重条件下，T 细胞发育均受到显著的抑制。空间飞行 16d 导致 $CD4^+$，$CD8^+$ 和 $CD4^+CD8^+$ T 祖细胞丧失。

此外，失重环境还影响了巨噬细胞的分化发育。研究发现，空间飞行使骨髓巨噬细胞分泌的白细胞介素-6(IL-6)明显减少，由于分泌 IL-6 是巨噬细胞分化的标志，因此，空间飞行使巨噬细胞分化受到了损伤。由于 IL-2 在体外具有刺激巨噬细胞增殖的作用，因此，STS-2 搭载巨噬细胞，并用 IL-2 对巨噬细胞加以刺激，但结果发现，IL-2 对巨噬细胞增殖并没有产生显著影响。这说明空间飞行抑制了巨噬细胞的分化。

三、空间失重环境下的骨细胞生物学研究

经过 30 多年的空间失重的研究表明，骨骼是受空间环境影响最严重的器官之一。空间飞行导致骨质丢失，尤其是承重骨。骨密度检测显示，航天员每月平均有 0.9%的骨量丢失，承重骨(跟骨、胫骨、股骨、椎骨)比非承重骨(挠骨、尺骨)严重。航天员胫骨的骨松质部分的骨丢失比骨皮质表现更显著，出现更早。回到地球后，骨质恢复时间要长于飞行时间 2～3 倍，甚至不能完全恢复。机体所有的生理过程最终都是由不同组织的细胞活性支配的，因此，空间骨丢失发生应归咎于各类骨细胞结构与功能的变化。骨组织(Bone Tissue)由多种细胞构成，主要包括骨髓间充质干细胞(Bone Marrow Mesenchymal Stem Cell)、成骨细胞(Osteoblast)、骨细胞(Osteocyte)和破骨细胞(Osteoclast)。采用成骨细胞或成骨细胞前体细胞体外研究表明，在模拟或真实失重环境下，细胞核形态、细胞骨架及细胞内的信号级联发生改变，最终导致骨髓间充质干细胞向成骨细胞分化受损。不同飞行条件及地基模拟对骨组织细胞结构功能的影响如下(见表 5-3 和表 5-4)。

1. 人骨髓间充质干细胞(Human Mesenchymal Stem Cell, hMSC)

在正常重力环境下，hMSC 可以在特定诱导条件下分化为成骨细胞，而空间失重环境则显著影响了 hMSC 的形态、细胞骨架(见图 5-1)，并抑制骨髓间充质干细胞向成骨细胞的分化。RWV 条件下培养 7d 后，由于 GTPase RhoA 和磷酸化丝切蛋白活性明显下降，致使 hMSC 的 actin 应力纤维完全被破坏；hMSC 趋向于向脂肪细胞分化。抗磁悬浮模拟失重环境影响了 hMSC 形态、诱导了细胞骨架重排及凋亡。

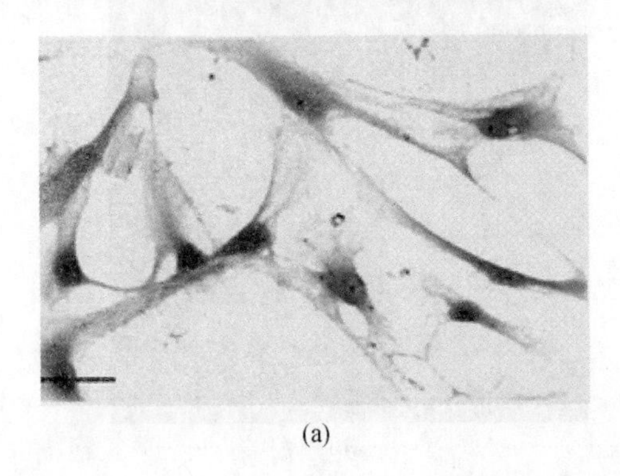
(a)

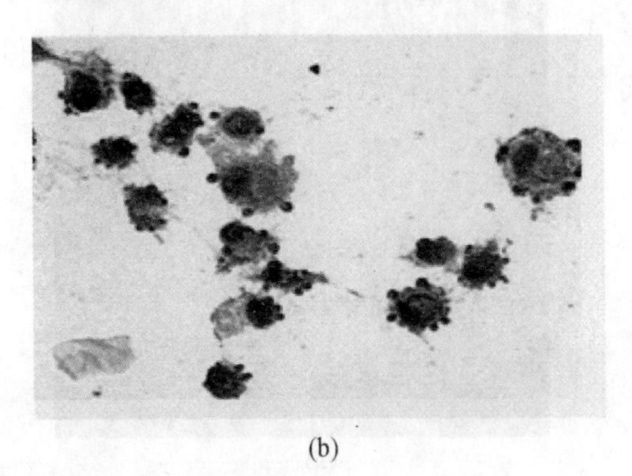
(b)

图 5-1　抗磁悬浮模拟失重对 hMSC 细胞形态的影响

(a)对照组；(b)实验组

2. 成骨细胞(Osteoblast)

一直以来,空间骨生物学方面的研究主要集中在成骨细胞上。多数研究认为成骨细胞功能下降导致骨形成的减少,是失重性骨丢失的主要原因之一。研究报道空间飞行中大鼠骨细胞总数及碱性磷酸酶阳性骨细胞数目减少。STS-65,STS-76,STS-81,STS-84 等空间实验结果表明,成骨细胞(ROS 17/2.8,MC3T3-E1,MG-63,大鼠成骨细胞、鸡颅骨成骨细胞等)形态和大小发生了改变、细胞骨架重组、细胞核形态结构发生改变、黏着斑解聚、PGE2(前列腺素 2)合成增加、增殖能力下降、Col I 及 ALP 表达降低。

地基研究结果表明:抗磁悬浮模拟失重条件下成骨细胞形态发生改变(见图 5-2)、细胞骨架重排(见图 5-3)、细胞骨架相关蛋白表达分布发生改变。回转培养条件下,成骨细胞分化和骨形成的关键调节因子 Runx2 的表达和 AP-1 的转录激活均显著下降,而且维生素 D 受体、Osterix、I 型胶原 αI 链、RANKL 和 OPG 的表达也都明显降低,说明模拟失重抑制了骨形成。此外,研究还表明失重环境可能引起成骨细胞凋亡。小鼠成骨细胞 MC3T3-E1 经旋转培养后,其骨钙素(OC),ALP,I 型胶原和 Runx2 的表达水平均降低,同时抗凋亡蛋白 bcl-2 和线粒体功能调节蛋白 Akt 也下降,细胞对促凋亡因子更敏感,提示模拟失重环境会引发成骨细胞凋亡。

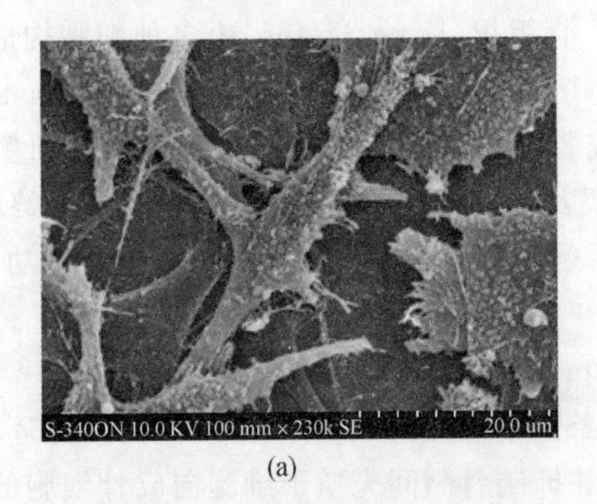

(a)

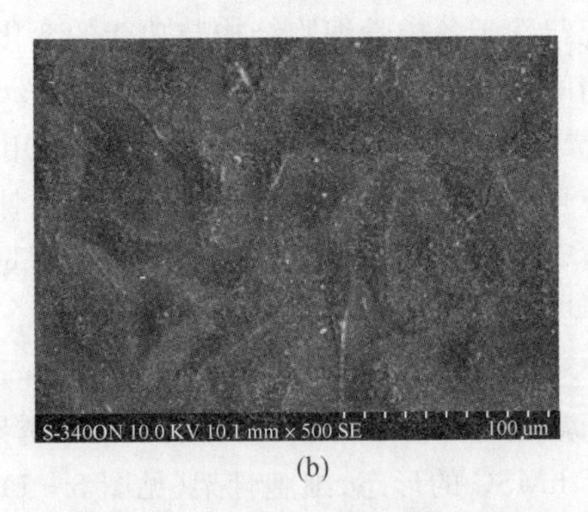

(b)

图 5-2 抗磁悬浮模拟失重对成骨细胞 MC3T3-E1 细胞形态的影响

(a)对照组;(b)实验组

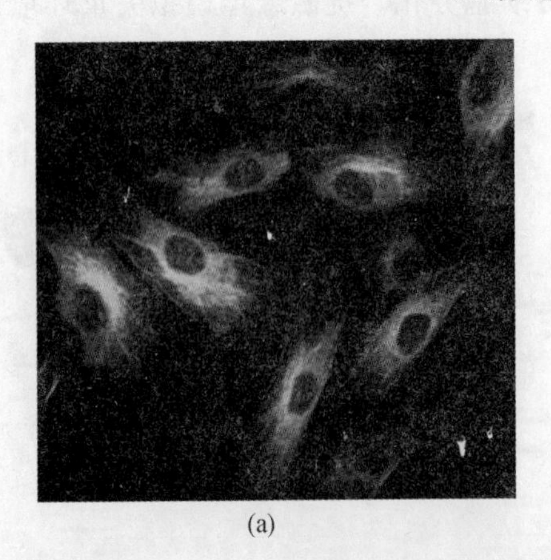
(a)

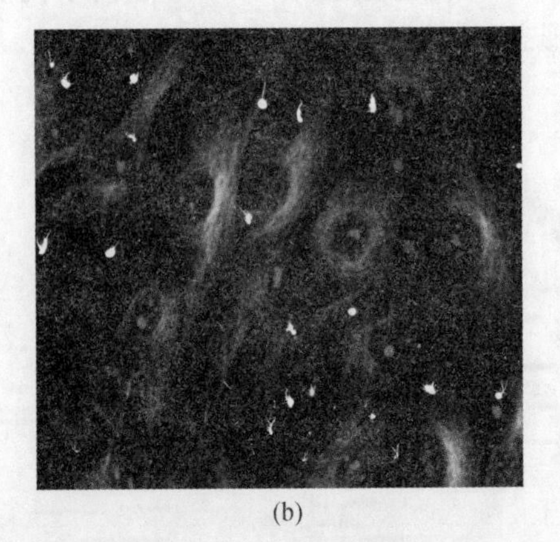
(b)

图 5-3 抗磁悬浮模拟失重对成骨样细胞 MG-63 细胞微管骨架的影响

(a)对照组;(b)实验组

3. 骨细胞(OSteocyte)

骨细胞来源于成骨细胞，是骨组织中含量最丰富的细胞，约占成年动物所有骨组织细胞的90%～95%，是成骨细胞的10倍多。骨细胞通过自身特有的细胞突起，与多个临近细胞相连，形成骨陷窝-小管网络系统。由于骨细胞样品较难获得，因此，多年来空间骨细胞生物学的研究主要集中在成骨细胞上，且认为成骨细胞是骨组织中的“力学感受器”。近年来越来越多的研究表明，骨组织中主要的“力学感受器”是骨细胞而不是成骨细胞，骨细胞通过感知和传递力-化学信号，与成骨、破骨等细胞间建立通信，参与骨的适应性重建。

空间飞行实验表明，大鼠经过12.5d的空间飞行后，其骨干骨皮质骨中骨膜部分的骨细胞发生退化；当飞行2周后，在矿物质吸收增加的地方，发现有骨细胞被破坏。Rodionova等利用俄罗斯Bion－11搭载猴子，飞行14d后观察猴子髂嵴的变化；其胫骨顶部一些未成熟的骨细胞参与胶原蛋白合成的活化，骨细胞空隙中充满了胶原纤维，成熟的骨细胞中鉴定有溶骨活性。由于骨细胞的破坏，空的骨细胞陷窝比对照组增加了5%～7%。

地面模拟失重研究发现，小鼠尾悬吊3d后，骨小梁和皮质骨中骨细胞凋亡的发生率均增加，且与对照组中凋亡骨细胞的随机分布不同，模拟失重组中凋亡的骨细胞主要分布在骨内膜的皮质骨-骨吸收部位。这表明，凋亡的骨细胞可募集破骨细胞，以促进骨吸收，导致骨丢失的发生。抗磁悬浮模拟失重条件下，骨细胞的形态发生了明显的变化，细胞突起数目减少，细胞骨架发生重排(见图5－4和图5－5)。

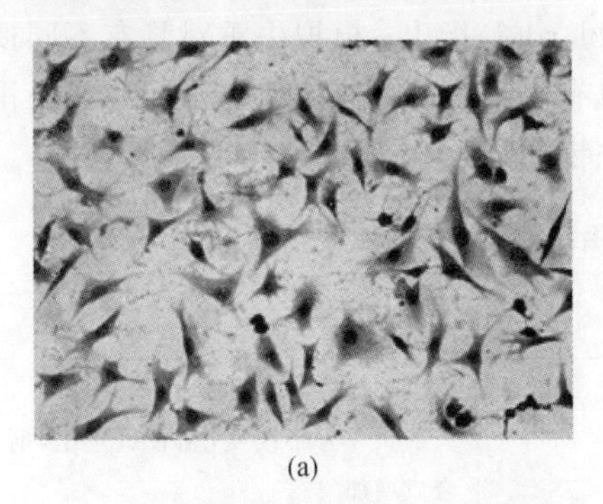
(a)

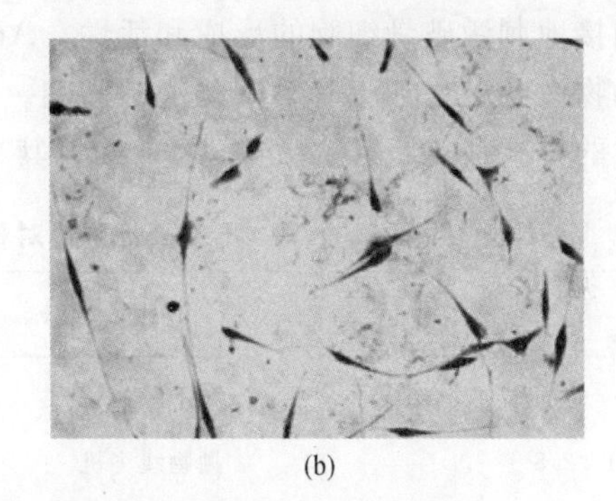
(b)

图5－4　抗磁悬浮模拟失重对骨细胞MLO－Y4细胞形态的影响

(a)对照组；(b)实验组

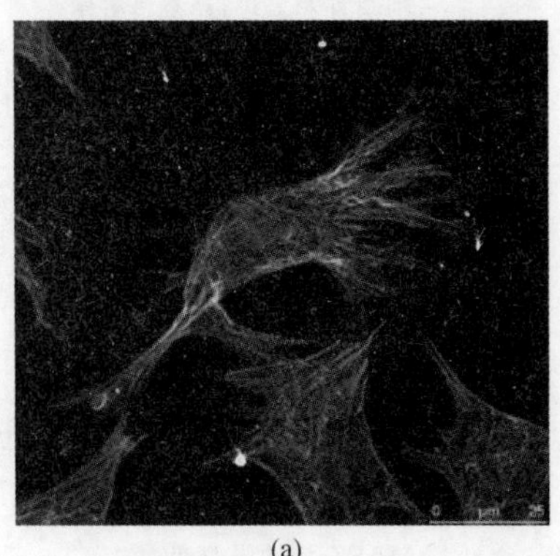
(a)

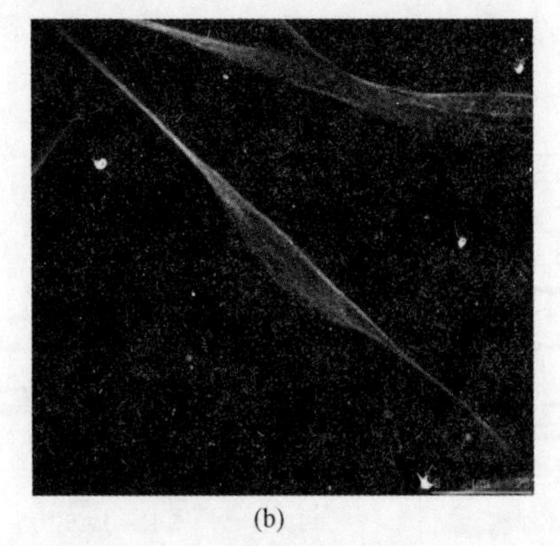
(b)

图5－5　抗磁悬浮模拟失重对骨细胞MLO－Y4细胞骨架的影响

(a)对照组；(b)实验组。注：绿色微管，红色微丝

4. 破骨细胞(Osteoclast)

破骨细胞是一种多核巨细胞,直径在20～100 μm范围,含有2～50个核,多者可达100个。破骨细胞胞浆常呈泡沫样,呈嗜酸性染色特性。破骨细胞数量远比成骨细胞少,约为成骨细胞的1/100,多位于骨组织被吸收部位所形成的陷窝内。关于破骨细胞的起源,目前认为是由多个单核细胞融合而成。

研究表明空间或模拟失重环境可通过改变破骨细胞功能而影响骨吸收过程。大鼠经空间飞行后,检测发现骨吸收活性增加,其胫骨干骺端松质骨部分中破骨细胞数量增多、活性增强。Tamma等在FOTON－M3飞行任务中研究了破骨细胞分化相关基因表达的变化,结果表明,与1*g*对照组相比,破骨细胞成熟与活化相关基因表达显著增加。但是也有研究表明,空间环境对破骨细胞的活性没有明显的影响(见表5－3)。

地面模拟失重环境也表现出促破骨细胞生成、增加破骨细胞数量及分化能力的作用。而且,模拟失重环境在诱发骨细胞凋亡的同时募集破骨细胞,促进骨吸收。然而也有研究表明模拟失重环境抑制骨吸收。幼年和成年的大鼠尾悬14 d后，破骨细胞的数量和活性均没有变化。但是在某些失重及模拟失重下，破骨细胞的数量增加，骨吸收活性增强。在中性浮力模拟的失重效应中，破骨细胞的数量增多，分化能力增强，但是模拟失重的这种效应在一定程度上依赖于细胞因子的表达水平。三维回转器模拟空间失重效应同样也促进了破骨细胞的形成，可能是由于在模拟失重环境中，成骨细胞分泌关键的调控因子，如RNAKL和OPG受到调控而间接地刺激破骨细胞的形成和活性。Amblard等指出，模拟失重对具有不同遗传背景的模式动物中的破骨细胞有不同程度的影响。也有研究表明，破骨细胞的活动在失重条件下会有短暂的升高变化，但随着时间的推移，其功能可恢复到正常状态（见表5－4）。

表5－3　不同飞行条件对骨组织细胞结构功能的影响

类　型	飞行/持续的状态	失重效应
ROS 17/2.8	抛物线飞机	形状和大小改变,黏着斑重组,前列腺素2合成增加
ROS 17/2.8	Bion－10 Foton 11 Foton 12 <6d	细胞骨架重排,黏着斑解聚; 增殖未改变; OC,I型胶原和ALP未发生变化
MC3T3－E1 小鼠成骨细胞	STS－76 STS－81 STS－84 <4d	细胞骨架重排、黏着斑解聚、细胞和细胞核形状改变、细胞核结构改变;增殖以及增殖细胞核抗原表达下降;PGE－2不变或增加,骨钙素表达下降,血清诱导的Bax,Bcl－2,c－myc,COX－2,TGF－b,FGF－2下降
MC3T3－E1 小鼠成骨细胞	探空火箭 TR－1A6	表皮生长因子诱导的c－fos表达下降; MAPK活性未改变

续表

类 型	飞行/持续的状态	失重效应
大鼠成骨细胞	STS-65 4～5d	增殖下降；维生素D诱导的OC表达下降；维生素D诱导的BSP表达上升；HSP70，HSP47，HSC73，IGF-I，IRS-1，IGFBP-5，PDGF受体、shc和c-fos表达减少；TGF-β1分泌减少；诱导表达了c-jun，JNK，IL-6，PGHS-2，iNOS，GTPCH，IGFBP-3，PAF受体，PKC-æ，PKC-，PKC-è，Gαq和糖皮质激素受体；前列腺素2合成增加
鸡颅骨成骨细胞	STS-59，8 d	骨钙素和Ⅰ型胶原表达下降
鸡颅骨成骨细胞	STS-77，<3d	细胞数目减少
MG-63	Foton 10，<9d	骨钙素、Ⅰ型胶原和碱性磷酸酶表达下降

表5-4 地面模拟失重对多种骨组织细胞结构功能的影响

细胞类型	模拟失重效应
HU09成骨样细胞	ALP和OC的表达下降；在有1,25-2羟维生素D时ALP表达增加
MC3T3-E1	增殖下降，EGF诱导的c-Fos表达下降
ROS 17/2.8	细胞骨架重排，整合素β1分布改变；细胞凋亡增加
ROS 17/2.8	增殖减少；ALP表达和活性增加；OPN，OC，BMP-4及IL-6表达增加；骨黏连蛋白BSPII和BMP-2未变化；凋亡增加，但是p53，Bax/Bcl-2和caspase-8未改变
ROS 17/2.8	增殖未改变；灶性接触数量减少
ROS 17/2.8	在转录阶段胶原的表达增加
MG-63	ALP，OC和Ⅰ胶原表达减少；对1,25-2羟维生素D的反应性下降
MC3T3-E1	ALP，OC和runx2表达减少；AP-1反式激活减少
MC3T3-E1	螺旋的赖氨酸羟化酶表达及活性增加
MC3T3-E1	线粒体膜电位消失；成骨细胞的表型减少
2T3前成骨细胞	增殖和细胞形状未发生变化；ALP表达和活性降低；RUNX2、骨调蛋白、PTH受体1表达减少；组织蛋白酶K增加
人成骨细胞系	细胞大小增加；ALP检测延迟；CBFA1和OC表达、p38活性、骨结节的形成和钙化下降原代大鼠成骨细胞增殖未改变

续表

细胞类型	模拟失重效应
正常人成骨细胞	细胞增殖和凋亡未改变；Bax/Bcl-2(凋亡前体)和XIAP(抗凋亡)增加；没有DNA断裂；caspase-3表达水平未改变
人间充质干细胞	ALP，Ⅰ型胶原、骨黏连蛋白和RUNX2表达下降；ERK活性和p38活性下降；脂肪细胞分化标志物增加
人间充质干细胞	α2β1整合素表达增加；FAK和PYK2的磷酸化减少；Ⅰ型胶原表达减少；ERK和Ras活性降低
人间充质干细胞	应力纤维完全破坏，且切丝蛋白磷酸化降低，ALP，RUNX2，Ⅰ型胶原和RhoA的活性下降，脂肪细胞分化标志物增加
大鼠间充质干细胞	增殖未改变，ALP分泌以及细胞外基质(ECM)形成减少
人骨髓间充质干细胞	增殖降低，细胞面积变大

注：ALP：碱性磷酸酶；BMP：骨形态发生蛋白；BSP：骨涎蛋白；Col I：I型胶原；Col III：III型胶原；OC：骨钙素；OPN：骨桥蛋白。

综上所述，空间飞行抑制骨形成，导致骨量减少。由于空间开展研究的次数有限以及实验本身的限制，目前还不能得出最终的关于空间飞行对骨骼的特异性影响的准确结论。不过，目前结果逐渐表明，除了血流、全身激素水平以及局部生长因子产生改变外，骨细胞、成骨及破骨细胞行为也许均会直接或间接受到失重环境的影响。骨组织作为一个不断进行着骨重建、骨形成与骨吸收，处于动态平衡的结构，其所含的骨细胞作为力学感受器，可能在感知应力变化及调节骨形成、骨吸收平衡中起着重要作用。体外实验研究结果提示，空间失重环境对成骨细胞或前成骨细胞分化的抑制，可能是由于细胞骨架结构及内部信号通路改变而引起的。但是这些孤立的细胞是否感受以及如何感受重力还不清楚。这些问题的回答不仅有助于理解空间飞行对生物有机体的影响和保障航天员健康，而且能增加人类对细胞生物学基本过程的认识，并可能对相关疾病(骨质疏松)的病理生理学研究提供线索。

第四节 空间失重环境对细胞基因表达的影响

大量的空间和地面模拟实验已表明失重可以影响细胞的基因表达。但是对不同组织器官基因表达影响不同，并且对同一器官的基因表达存在敏感反应时间段。空间环境可以导致一些自身防御相关基因的表达发生改变，进而影响相关功能蛋白的表达量。空间环境通过直接或间接影响细胞骨架系统来影响细胞的基因表达。细胞骨架的改变可以进一步引起细胞形态、结构和生物学特性的改变。细胞质骨架的重排可以通过核骨架传递牵拉作用，改变启动子空间构象，从而调节其转录活性。这也可能是微重力影响基因表达的途径之一。研究发现失重环境影响多种细胞的基因表达，包括骨组织细胞、肌肉细胞、免疫细胞、神经细胞以及淋巴细胞等。表5-5列举了空间飞行对哺乳动物细胞基因表达和代谢影响的一些重要数据。

表5－5　空间飞行对哺乳动物细胞内基因表达和新陈代谢的影响

细胞类型	效 应	备 注
人T淋巴细胞	干扰素－α的分泌增加了5倍。 微载体珠上细胞的Con A活性：干扰素－α的生成增加2倍，IL－2的生成增加2倍。 IL－2和IL－2的受体α链的基因表达受到抑制，IL－2受体α链的基因表达无变化。CD69基因表达受到抑制；抑制恢复通路TCR的激活受佛波酯和钙离子载体的调控	礼炮6号，在航天员睡眠期间关闭培养箱； 宇宙空间实验室，机载1g对照； 随机回转器； 往返飞行，机载1g对照
人单核细胞	矛盾的结果：几乎所有IL－1的生成受到抑制，IL－1的分泌正常	宇宙空间实验室SLS－1和IML－2，均有机载1g对照
Jurkat细胞	THP－1细胞存在时，在单克隆抗体CD3的诱导后，IL－2的生成量正常；在钙离子通道和佛波酯的作用下，IL－2的生成完全被抑制。在0g时，PKC的分布发生变化	俄罗斯生物卫星； 空间实验室IML－2，机载1g对照
THP－1粒单核细胞系	Jurkat细胞存在时，通过CD3的单克隆抗体的诱导，IL－1生成量正常；在佛波酯的作用下，IL－1的生成被抑制了85％	俄罗斯生物卫星
7E3杂交瘤细胞	单克隆抗体生成，葡萄糖和谷氨酰胺消耗，乳酸盐和氨的分泌减少	宇宙空间实验室IML－1，机载1g对照
小鼠脾细胞	在聚肌苷酸的刺激下，干扰素－α分泌增加	宇宙飞船中层甲板，环境温度
B6MP102巨噬细胞系	在脂糖诱导下IL－1和干扰素－α的分泌增加	宇宙飞船中层甲板，环境温度，无机载1g对照
鼠股骨和胫骨的骨髓巨噬细胞	IL－6分泌增加1.5倍，MHC－Ⅱ和MAC－2的表达减少1倍	宇宙飞船STS－57，60，62，无机载1g对照，孵育温度：23～27℃
小鼠弗兰德白血病病毒转化细胞	新陈代谢无变化：葡萄糖和谷氨酰胺消耗、血红蛋白产生以及由二甲基亚砜诱导血红蛋白产生乳酸盐和氨的量均无变化	空间实验室，机载1g对照

一、骨组织细胞基因表达变化

FOTON－M3飞行任务中研究了破骨细胞分化相关基因表达的变化。结果表明，与1 g对照组相比，破骨细胞成熟与活化相关基因表达显著增加。空间飞行后成骨细胞纤连蛋白(FN)mRNA未发生改变，但是生长因子及基质蛋白(Ⅰ型胶原和骨钙素)基因表达发生了改变。NASA研究组研究表明，微重力下，骨细胞整合素αν及β3基因表达水平上调。

随机回转影响了前成骨细胞2T3基因表达，抗磁悬浮模拟失重环境引起人成骨细胞MG－63基因表达明显改变，尤其是细胞骨架相关基因。回转条件培养成骨细胞48 h后，Ⅰ型胶原(Col Ⅰ)蛋白增加，表明在回转模拟失重环境下成骨细胞能通过提高COL ⅠA1启动子的活性增加Ⅰ型胶原蛋白的表达。在模拟失重环境下，碱性磷酸酶和骨钙素基因表达都有所降低。

二、肌肉细胞相关基因表达变化

研究表明，经过14d航天飞行，大鼠股内侧肌和外侧腓肠肌α肌动蛋白mRNA分别减少25%和36%。空间飞行条件下，大鼠骨骼肌细胞有12个基因的表达上调2倍，38个基因表达下调，细胞骨架蛋白基因表达不正常，线粒体基因表达不平衡。

三、免疫细胞基因表达变化

STS-95飞行搭载Jurkat细胞飞行，采用cDNA微阵列分析细胞基因表达变化。结果发现，与地面对照细胞相比，空间飞行组细胞有11个细胞骨架相关基因表达发生变化；还发现调节代谢、信号转导、黏附、转录、凋亡和肿瘤抑制的基因表达不同，特别是编码肿瘤抑制的抗结核菌素(Tuberin)的Tsc2基因在空间24h是地面表达的11.7倍；其他细胞周期相关基因也上调，包括细胞周期依赖性激酶6(CDK6)在24h内空间飞行的表达量是地面的5倍，G1/S期抑制蛋白在48h是地面的2倍。模拟失重环境处理后，活化的T淋巴细胞中4%～8%的基因与对照表达有差异。表5-5列举了空间飞行对人及小鼠淋巴细胞、单核细胞及巨噬细胞基因表达的影响，结果显示，空间飞行后细胞分泌细胞因子的量正常或增加，相关基因表达正常或上调，但也有个别矛盾的结果。

四、神经细胞基因表达变化

人基因组中有1/3的基因在脑中表达，神经细胞所选择表达的一些基因必须根据细胞外的刺激而精确地受到调节。研究航天失重因素对基因表达尤其是中枢神经系统内基因表达的影响，可以在分子水平上更精确地探究航天特殊因素对机体造成各种危害的内在机制。

采用原位杂交研究空间飞行对鼠下丘脑内mRNA表达的影响，结果显示：下丘脑的促肾上腺皮质激素释放因子(Corticotropin Releasing Factor，CRF)和生长抑素(Somatostatin，SS)前体的转录水平降低，从而导致神经元CRF和SS的分泌减少。Kamal等对飞行动物垂体中含阿黑皮素原(POMC)的细胞进行鉴定，发现飞行组与对照组含POMC的细胞数目基本上没有差异，但飞行组垂体细胞中POMC mRNA的杂交信号强度显著增加，几乎是对照的2倍。同时发现飞行22d的大鼠前庭和网状结构基因表达的变化，小鼠下丘脑和垂体后叶的形态改变。

五、其他

STS-90神经实验室的6d太空飞行任务中检测了原代人肾脏细胞的基因表达情况。结果表明，多于1 632种基因的表达发生改变。空间飞行组幼鼠甲状腺和甲状旁腺细胞在失重环境下分化加速。1990年首次在空间实验采用RT-PCR技术研究表皮细胞的活化，研究发现转录因子c-fos和c-jun表达明显下降。三维回转使甲状腺细胞出现了核染色质浓集、核膜水泡出现、核膜丢失，细胞碎片形成凋亡小体；模拟失重改变了细胞外基质蛋白和黏附分子的表达。

综上可知，大量的地面模拟和空间实验已表明空间失重可以影响细胞的基因表达，包括免疫、肌肉细胞、骨组织细胞以及神经细胞等。尤其在免疫细胞中多种细胞因子(IL-2，IL-1，IFN等)的产生和分泌受到失重环境的影响，但是有些结果也不完全一致，还需进一步深入的研究，为合理利用空间环境、造福地面人群服务。

第五节　空间环境对细胞信号转导途径的影响

细胞暴露在失重环境下是如何改变其分泌的特定产物的？这些改变的信息与信号转导各个步骤又是如何相对应的？细胞是如何识别某个激活蛋白，或是改变某个细胞因子的基因表达的？所有这些问题都涉及细胞的信号转导过程，细胞信号转导是个异常复杂的过程，包括膜受体，G-蛋白，细胞骨架，若干蛋白激酶，转录因子和癌基因等多条途径、通路。

一、细胞外基质-整合素-细胞骨架网络

目前认为，细胞外基质-整合素-细胞骨架网络是细胞重力感受的主要途径之一。细胞外基质(Extra Cellular Matrix, ECM)，是由大分子构成的错综复杂的网络，为细胞的生存及活动提供适宜的场所，并通过信号传导系统影响细胞的形状、代谢、功能、迁移、增殖和分化。整合素通过特殊分子结构将ECM与细胞内的细胞骨架相连。

整合素为跨膜蛋白，与胶原纤维、纤连蛋白FN、层黏连蛋白LN和其他胞外黏附分子相连，其胞质一侧通过连接纽蛋白(Viculin)、踝蛋白(Talin)和辅肌动蛋白(Actinin)充当膜下细胞骨架结构的锚定和聚焦位点。这样整合素直接在细胞外基质和细胞骨架之间介导机械应力信号的跨膜传递。不同的α，β亚基组合存在于不同的细胞类型或在机械感受中有不同的功能，这与他们连接不同的结构分子有关，有的作用于微丝，有的作用于中间丝，还有的与离子通道、局部黏附分子蛋白激酶(FAK)相联系，后者进一步与Src，Ras，Grb和PI3激酶等相互作用。研究证实整合素是细胞膜上的应力信号受体，能将力学信号转化为生物学信息并且传递给细胞内部，引起细胞骨架变化，从而导致一系列的结构和功能的调节和改变。某些特异的细胞外基质与整合素相互作用介导不同特性的机械力信号转导。

细胞骨架(Cytoskeleton, CSK)是真核细胞中的蛋白纤维网架体系，是细胞力学感受体系中的主要部分。整合素通过识别包含RGD(Arg-Gly-Asp)序列的多肽位点与细胞外基质蛋白相互作用，在细胞内黏着斑处则通过接头蛋白与肌动蛋白纤维束状结构连接，完成力在ECM与CSK之间的双向传递。细胞骨架是整合素介导细胞外机械力在细胞内扩散的必备延伸结构，细胞骨架网与细胞内成分、各部位相互作用，维持特定的细胞形态、细胞器和分子结构的特定位置和特异构型。若外界张力发生变化，必将改变网络张力稳态，引起整个网络张力状态的重建，张力变化明显的位置是力学作用的响应点。

Foton 11和12太空飞行实验结果表明，微重力影响了成骨细胞ROS 17/2.8整合素介导的细胞黏附。模拟失重培养条件减少了ECM蛋白及Col Ⅰ的表达，持续增加Col Ⅰ特异结合蛋白整合素α2和β1的表达，FAK活性被显著抑制。三维回转模拟失重条件下，Ⅰ型胶原，纤连蛋白(Fibronectin)，硫酸软骨素，骨桥蛋白，CD44均上调，提示模拟失重改变了乳头状甲状腺癌细胞的细胞骨架，增加了ECM的表达量，且为时间依赖性。模拟失重条件下Ⅰ型胶原α1链基因(Col Ⅰ A1)启动子活性的增强，整合素α5，αυ和β1亚单位mRNA的表达下调，细胞骨架的形态发生了弥散性变化。

二、离子通道

钙离子作为生物体中最重要的离子之一，不仅是生物体的重要组成成分，更重要的是它作为生命活动过程中的重要信号，参与多种生物化学和生物物理反应过程，发挥关键作用。由于钙在细胞收缩过程中起确定性作用，所以无论细胞的外部调控机制如何复杂，最后都归结于各种因素对细胞膜内 Ca^{2+} 浓度的调节。牵拉激活的阳离子通道或机械敏感性离子通道，可能是介导力学-钙信号转化的分子基础。

Ca^{2+} 是骨骼肌收缩的重要因子，失重不仅影响细胞内外 Ca^{2+} 含量，对肌浆网和线粒体 Ca^{2+} 含量也有影响，而 Ca^{2+} 浓度的改变又影响了肌肉的功能。大鼠尾悬吊后，比目鱼肌浆网对 Ca^{2+} 的摄取和释放都增加。肌浆网对 Ca^{2+} 摄取增多，可能与肌浆网表面积/肌纤维体积比的增加、Ca^{2+} ATP 酶活性和肌浆网 Ca^{2+} ATP 酶密度增加有关，与肌纤维类型改变是一致的。快肌肌浆网钙泵活动较强，Ca^{2+} ATP 酶活性也较高，慢肌肌浆网缺乏快肌肌浆网的某些膜蛋白。与快肌相比，慢肌纤维肌浆网 Ca^{2+} 释放缓慢，因为快肌比慢肌纤维肌浆网面积更大。尾悬吊可引起咖啡因刺激 Ca^{2+} 释放的增多，这可能与 Ca^{2+} 释放机制本身或肌浆网对咖啡因敏感提高有关。萎缩肌肉肌浆网 Ca^{2+} 释放增多，与失重引起终末池 Ca^{2+} 通道密度增加、Ca^{2+} 传导加快或肌浆网膜内外 Ca^{2+} 浓度梯度增加是相联系的。

Hemmersbach 和 Brauker 等人研究了草履虫（*Paramecium*）、鞭虫（*Loxodes*）和眼虫（*Euglena*）三种单细胞体系是如何感受重力的，分别检测其离子通道对重力的敏感。结果表明，草履虫钾离子通道主要分布于有机体生物极偏后的位点，而钙离子通道则位于靠前的位点。草履虫或棘尾虫细胞被颠倒后，可以检测到显著的重力感受电位的变化，超级化（刺激位于后端的钾离子通道）或去极化（刺激位于前端的钙离子通道）与细胞本身的伸长方向也有关。鞭虫的重力感受也依赖膜受体，眼虫的钙离子通道位于细胞的前端，同时可以被胞质的加载而激活，信号呈级联反应，cAMP、钙调蛋白及磷酸化作用都可能在其中发挥重要作用。与定位于膜的重力感受元件不同的是，在鞭虫中发现了细胞内的重力感受受体，这种纤毛虫有一个类似平衡石一样的细胞器，即米勒囊泡（Muller vesicles），它是直径为 7 μm 的空泡。在运动细胞感受重力时，刺激因素引起膜电位的改变，用激光束破坏 Muller 囊泡结构，鞭虫失去定向的能力。

大鼠尾吊实验结果表明，相比于对照组，悬吊组钙离子通道电流显著增加，钾离子通道电流显著减小，在 Gemini，Apollo 以及 Skylab 航天实验中都显示飞行过后钙调节失控，而表现出尿钙增加。

三、细胞连接

细胞连接是多种细胞有机体中相邻细胞之间通过细胞质膜相互联系，协同作用的重要组织方式，其中黏着斑、间隙连接等细胞连接在细胞信号转导中起重要作用。间隙连接是相邻细胞间进行物质和信息交换的膜通道结构，有助于细胞间的通信。NASA 将妊娠 11d 的大鼠进行航天搭载，20d 时返回地面。飞行大鼠分娩后，检测大鼠子宫壁上间隙连接蛋白（Connexin，Cx）26 和 43 的表达情况。结果表明，飞行对大鼠 Cx 26 表达无影响，但降低了 Cx 43 的表达，导致分娩时需要更多的子宫收缩。

骨细胞之间以及骨细胞与其他细胞之间可以通过间隙连接传递信号。失重通过骨细胞与骨组织其他细胞之间的间隙连接可能的信号途径如下：①骨细胞将感受到的失重信号通过间隙连接传递到效应细胞，骨形成与骨吸收失衡，骨吸收增加，导致骨丢失；②失重使骨细胞与骨组织其他细胞的间隙连接断开，骨细胞陷窝-小管网络结构破坏，骨细胞感受到的信号不能及时传递到效应细胞，导致骨丢失。

黏着斑是肌动蛋白纤维与细胞外基质之间的连接方式，在真实或模拟失重条件下，细胞间以及细胞与基质之间接触减少，继而引起细胞对丝裂原的增殖反应下降。失重条件下细胞与基质之间接触减少可能与增殖的抑制有关。

四、生长因子

1. 胰岛素样生长因子(Insulin - like Growth Factor，IGFs)

胰岛素样生长因子是与胰岛素具有高度同源性的多肽。IGFs 是细胞信息通信系统的一部分，细胞利用该系统与其生理环境进行信息交流。信息通信系统由两种细胞表面受体(IGF1R 和 IGF2R)、两种配体(IGF - 1 和 IGF - 2)以及 6 个高亲和性 IGF 结合蛋白(IGFBP 1～6)组成。IGFs 由成骨细胞产生，通过旁分泌和自分泌方式影响成骨细胞几乎所有的发展阶段(募集、增殖、分化、基质产生和矿化)。IGFs 的作用很大程度上受 IGFBPs 调控，后者也由成骨细胞产生(IGFBP - 1 除外)并存在于骨基质中。IGFBP - 3，IGFBP - 5 可促进 IGFs 对成骨细胞的刺激作用。失重条件下 IGFBP - 3 的 mRNA 表达增加，而IGFBP -5 和 IGFBP - 4 的 mRNA 水平下降。

2. 血小板源性生长因子(Platelet - Derived Growth Factor，PDGF)

PDGF 是由多种细胞产生能刺激平滑肌细胞、胶质等细胞增生的多肽，具有广泛的生理活性。PDGF 信号转导的一个显著特征就是信号强度受到激活和抑制信号同时激活来调节。许多对 PDGF 反应的细胞是 ECM 依赖性的。整合素是 ECM 分子的跨膜受体。PDGF 可以刺激 α2 -整合素 mRNA 的合成。空间飞行具有明显改变伤痕处 EGF，PDGF 及 TGF - β 产生的潜能，失重大鼠创伤愈合的实验发现，4 天的航天飞行后 EGF 受体表达没有变化，PDGF - β受体、Shc 和 c - fos 表达不同程度的下降，而且，在空间飞行中伤口对 PDFG 的反应性与地面对照伤口相比明显减弱，也许是空间飞行诱导的心理应激导致了伤口周围 PDGF 及其受体表达下调。空间飞行后大鼠成骨细胞中 PDGF 受体下降 62%。这些结果提示，由活化血小板产生的生长因子在失重环境中明显受到抑制。

3. 转化生长因子(Transforming Growth Factor，TGF)

转化生长因子有两种类型，即转化生长因子 α(TGFα)和转化生长因子 β(TGFβ)。除了直接对细胞本身的直接效应外，失重可能影响了细胞因子的产生。大量研究表明 TGF - β 的不同亚型的表达在失重环境下均下降。在失重环境下，组织对 TGF - β 的反应也下降，提示 TGF - β 信号通路受到抑制。Smads 是 TGFβ 信号通路的关键传导分子。Smads 是与线虫 Sma 和果蝇 Mad 蛋白同源的蛋白家族，它们可以将 TGF - β 信号直接由细胞膜受体传导入细胞核内，是受体激酶介导的细胞内信号传导的新途径。

4. 表皮生长因子(Epidermal Growth Factor，EGF)

表皮生长因子是最早发现的生长因子，对调节细胞生长、增殖和分化起着重要作用。空间失重环境影响了 EGF 受体，此外，EGF 诱导的信号通路也受到损害。EGF 诱导的 c - fos 和 c - jun 转录因子表达在探空火箭实验中下降了约 4 倍。

五、蛋白激酶

1. 蛋白激酶C(PKC)

PKC在细胞内信号转导中起中心作用,其11个异构体分布于不同的亚细胞结构中,且与不同的细胞骨架成分相关联,特别是一些细胞中的中间纤维和张力纤维。有学者认为PKC介导的信号转导途径和肌动蛋白微丝结构是微重力影响细胞信号转导的两个重要靶点。Limouse和dcGroot是最早研究空间环境下细胞信号转导的研究者,前者研究发现失重环境下,Jurkat细胞中PKC的功能发生改变。Hatton和Schmitt继续了此研究,结果表明细胞内PKC的分布在失重条件下会发生变化。模拟失重和空间失重环境下人外周血单核细胞IL-2Ra表达受阻,这种抑制在真实的失重环境会部分恢复。

PKC可刺激Ca^{2+}离子信号通路以及ATP介导的Ca^{2+}震荡。有报道称微重力与PKC活性下降有关,微重力改变了PKC的分布。在STS-76飞行中,PKC转位的数量和转位动力学的变化几乎是一致的,并与地面对照有明显差异。STS-54及STS-57飞行实验表明,在PKC抑制剂存在的情况下,TNF介导的细胞毒性与地基对照水平相同。因此,空间飞行可能通过影响靶细胞PKC来调节TNF的作用,但是关于这样的实验还没有同时在空间1 g进行对照实验(只是地基对照的结果),因此关于空间飞行在这方面的效应还需进一步研究。

综上所述,PKC在不同微重力实验中表达活性不同,这种差异可能与PKC不同异构体受微重力影响不同有关,这种定位能够特异调节它们的作用底物。一旦激活,PKC异构体在细胞内将重新分布,在空间飞行中暴露于微重力的细胞重分布模式与飞行中地面对照组不同。

2. 丝裂原活化蛋白激酶(Mitogen Activited Protein Kinase,MAPK)

丝裂原活化蛋白激酶家族是与细胞生长、分化、凋亡等密切相关的信号转导途径中的关键物质,可由多种方式激活。MAPK信号通路通过磷酸化信号级联将来自细胞膜的环境信号传递到细胞核,导致基因表达调节。MAPKs家族包括ERK-1/2,JNK/SAPK及p38 MAPK三个成员。尽管已经证实这些激酶对一系列刺激物都有反应,但是对重力变化的细胞反应却知之甚少。

空间飞行后,Raf,ERK-1/2以及磷脂酶βmRNA水平均上调。G蛋白偶联受体通过磷脂酶β和Ras GRF传递信号。失重环境刺激Rho GAP明显上调,激活的Ras刺激Raf以及MAPK发生级联反应。由于Rho GAP可抑制Rho信号,失重环境可能通过调节微丝重排而抑制Rho信号。因此,失重条件下Ras, Raf以及MAPK可能参与进行信号传递。

六、转录因子

核转录因子NF-ĕB受体激动剂配体(Receptor Activator for Nuclear Factor Kappa B Ligand, RANKL)在破骨细胞的分化中起重要调节作用,可促进OC的定向分化。RANKL必须与其受体RANK结合,再通过NF-κB,P38和ERK等蛋白的磷酸化来调节OC的分化和功能,所以RANK是起作用的关键环节。虽然RANK-RANKL-OPG信号途径可能是破骨细胞分化的主要的调控途径,但是,在没有RANK刺激的情况下,也有其他的信号途径能活化破骨细胞形成,例如IL-1α和TNF-α途径。研究表明,在回转培养条件下,RANKL基因的调控可被蛋白激酶A(PKA)抑制剂H89阻断,但不受环氧合酶抑制剂吲哚美辛(indomethacin)的影响。

七、G蛋白和小G蛋白

G蛋白是指可与鸟嘌呤核苷酸可逆性结合的蛋白质家族，分为两类：一种是由α，β和γ亚单位组成的异型三聚体，在膜受体与效应器之间的信号转导中起中介作用；另一种为小分子G蛋白，只具有G蛋白α亚基的功能，在细胞内进行信号转导。这一家族成员均与一类七次跨膜的受体蛋白直接作用，可引起膜质分解、cGMP生产及[Ca^{2+}]i的变化，进而引发细胞内的各种磷酸化过程。

小G蛋白Rho GTP酶(Rho GTPase)是目前研究最为清楚的Ras相关单体GTP酶，是介导细胞骨架变化的重要信号分子，重力矢量的改变可影响Rho活化相关信号转导，之后改变细胞骨架的形成过程。研究证实Rho GTPases是细胞骨架肌动蛋白的重要调节子并能影响脊椎动物细胞形态。微重力明显地影响了ROS17/2.8成骨细胞整合素介导的黏附，并诱导细胞骨架及Vinculin蛋白解离。在模拟微重力条件下，Rho的表达下降，而且在细胞内Rho仅分布于细胞核周围。此外，Rho－GEF的基因表达水平及Rho－GTP表达水平下降。

八、其他

1. 一氧化氮(Nitric Oxide，NO)

一氧化氮是生物体内一种重要的信使分子和效应分子，可以调节内皮细胞、平滑肌细胞和神经细胞的功能，在循环、呼吸、消化、免疫等全身多系统的生理、病理及有关临床疾病中起着重要的作用。NO可以对心肌的收缩、舒张和心率起调节作用，与多种心脏疾病和心脏功能异常有关。

NO作为旁分泌的第二信使具有抑制骨吸收，促进骨形成的作用。研究表明，尾吊大鼠颈动脉、胸主动脉中eNO和iNOS的表达显著升高，而在肠系膜中的表达却显著下降；脑动脉和股动脉中的eNOS和iNOS浓度与对照组相比没有显著差异。这些结果显示尾吊模拟失重可使大鼠不同部位血管内NOS的表达发生不同形式的改变。尾吊7d大鼠胸主动脉和肺动脉血管内皮细胞中eNOS mRNA和iNOS mRNA的表达显著升高；尾吊14d后肺动脉血管内皮细胞eNOS mRNA表达显著升高；而胸主动脉则回到对照水平。

2. 前列腺素E2 (PGE2)

PGE2对骨骼有合成性影响，可以促进细胞增殖、增强碱性磷酸酶活性以及胶原合成，也可以动员成骨细胞的前体细胞。在骨骼的功能适应性中，发挥着放大力学信号及介导信号转导的作用。骨细胞在受到流体剪切力刺激后可以通过释放可溶性因子如NO，PGE等向效应细胞(成骨细胞或破骨细胞)发送信号。

研究表明，空间飞行搭载的细胞在活化后早期PGE2量增加，在飞行后期PGE2合成下降，活化24h后，细胞中PGE2的量在0 *g*和1 *g*组中均增加。失重也可以引起骨细胞分泌可溶性因子改变，失重通过骨细胞旁分泌方式可能的途径有：骨细胞通过可溶性因子(PGE2，NO等)作为募集破骨细胞的信号，使骨吸收增加，导致骨丢失；骨细胞同时向两种效应细胞传递信号，使骨吸收与骨形成失衡，吸收增加，最终导致骨丢失。但是目前还没有通过骨细胞旁分泌途径对失重引起骨丢失的直接证据。

3. Wnt

Wnt基因家族编码一组信号分子，与细胞间通信有关，它们大多被认为是胚胎发育过程中起重要作用的信号分子。研究表明，Wnt 信号通路在骨系细胞分化、增殖及凋亡中起重要作用。Wnt/β-catenin 信号通路是骨组织细胞和骨量的重要调节因子，在骨组织中的主要作用是将机械负荷传递到骨表面的细胞。在骨细胞中，Wnt/β-catenin 信号通路也许通过前列腺素信号相互交谈而响应机械负荷，进而导致 Sost 和 Dkk1 等负性调节因子表达下调。Wnt 信号通路可能在骨组织对力学负载的适应性调节过程中起重要作用，LRP5 和 Wnt/β-catenin 信号通路对骨细胞响应机械负载时的骨形成是绝对必需的。Wnt 作为一个细胞外的信号，通过 Rho GTPases 的作用，刺激微丝骨架的重排来激发该信号转导过程，而且 β-catenin 可将钙黏着蛋白连接到微丝骨架上。

第六节　空间细胞生物学研究面临的挑战与展望

一、空间细胞生物学研究面临的挑战

科学界中大多数人对空间生物学研究及成果仍了解较少。其主要原因在于空间实验室具有一定的限制性，而且空间特殊环境中重复实验难于进行，因此，难以证实研究结果并提高其统计学意义。尽管如此，到目前为止科学家收集的实验数据足以证实空间生物学的科学性、技术性以及与生物医学的相关性。空间生物学研究面临着以下挑战。

第一，在空间进行科学研究具有一定的限制性。只有极少数的科研项目能够在空间站上进行。这就导致了数据的统计学意义不可靠，重复实验难以进行。例如，每次 Biorak 飞行都只能进行少于 20 项实验。而在诸如空间实验室、和平号、国际空间站、自动化卫星以及探空火箭等进行的实验则少之又少。

第二，空间实验室资源有限。在太空飞行中，无论能量、质量、满载容积，还是航天员工时均具有一定的限制性。空间实验室内温度大约在 22～37℃范围。37℃适于哺乳动物细胞生长，22℃则为环境温度。冰冻环境的温度为－20～－10℃，与地面的保存条件（常为－180～－80℃）差别很大。这就意味着在轨飞行中，实验操作、分析步骤、生物样本的储存和装载均会受到一定程度的限制。此外，在升空之前，通常需要至少 15～25h 将生物样本运送安置到空间站。一些生物探针在运送到空间站之前，必须经过特殊处理以适应空间中的实验要求。这样，空间实验就不能像地面上的相同实验那么精细和全面。ESA 就一直致力于对空间实验前后生物样本的适宜保存方法的研究。另外一个重要的问题在于实验中对照组的设置。现在科学界大多数人采用机载 1 *g* 作为对照组，从而实现太空环境中典型物理化学因素（振动、加速度、温度波动和宇宙辐射）的对照。Biorak 即有机载 1 *g* 离心机，然而在其他航天飞机上进行的太空实验却缺少这样的对照组。新型的设备（如生物舱、Kubik、生物实验室和模块化培养系统）均装配有离心加速器（0 *g*～1 *g*）。

第三，为保证航天员的安全，空间站对机载仪器及生物材料均有要求。例如，有毒气体或异味气体的排放的耐受限制，低电磁污染；避免锋利的棱角存在；防止病毒、细菌或生物流体引起生物、化学污染。此外，机载仪器（如电子仪器、声学仪器等）不能相互干扰。

第四，在提案被接受和飞行试验启动之间需要跨越好几年时间，我们不得不考虑由于飞行器技术的问题所造成时间上的耽搁。例如，太空飞船第一次起飞发生在 1981 年，而不是原始议案中规定的时间——1978 年。另一个导致延迟的原因是 1996 年挑战者号的罹难，随后是哥伦比亚号的损失，结果导致许多科学家的提案在飞行实验中被废止。由于要进行飞行议案材料更新或者提出新的要求，所以在实验的准备阶段很难获得空间机构对议案的批准。

第五，仪器故障。资源突然停止或者船员的错误操作可能直接导致准备多年的实验的彻底失败，并且经常没有再次飞行的机会。

第六，空间细胞生物学目前着重于研究重力和辐射物理因素对细胞活动过程的硬性，但亚磁作为空间环境的另一存在因素，其对细胞的影响研究较少，比如，近零磁场中培养人 VH－10 成纤维细胞和淋巴细胞，培养 40～80 min，发现成纤维细胞和淋巴细胞染色质浓集；反常黏滞时间依赖性（AVTD）峰值下降 20％，效应持续至 120 min 后消失；近零磁场对 G1 期淋巴细胞的效应显著高于 G0 期。Nepomniashchikh 等培养小鼠心肌细胞，认为亚磁场可诱导小鼠心肌组织重组和细胞再生。Sandodze 等研究认为，亚磁环境对内耳室管膜细胞纤毛机械活动有抑制效应，抑制作用逐渐增强，直至完全阻滞。有学者将人的精液在近零磁场、20℃环境下放置 30h，检测精子细胞的活性。发现，与正常地磁场环境相比较，精子细胞活性降低被延迟 5h，精子自然泳动速度减慢推迟了 4h，认为在零磁场环境下，精子细胞的老化速度降低，并能刺激精子细胞泳动。总之，细胞层次的亚磁生物学研究目前并没有充分的开展。

二、空间细胞生物学的前景展望

“和平号”空间站和太空实验室时代为在空间进行生物和物理实验以及空间飞行中处理紧急情况奠定了坚实的基础。国际空间站将致力于微重力实验及相关技术的研究，此外，我们国家也正在准备建设空间实验室，预计 2020 年空间实验室将会建成。细胞及植物生物学将在其中扮演重要角色。欧洲模块化培养体系（主要针对植物）以及生物实验室（主要针对细胞）将开展大量空间生物实验。对于能够带来经济效益的生物实验将进行进一步的深入研究。空间生态学生命支撑系统则致力于水、碳酸酐以及其他生物废物的循环利用。同时，科学家采用多种地基模拟设备，例如随机定位仪或三维回转器、抗磁悬浮等装置进行地基模拟实验。这些地基模拟设备适应于生物学的基础研究并且有助于优化空间飞行中实验方案。

在空间实验的准备和执行阶段，科学家将遇到重重困难。这些问题往往会使人沮丧不已。尽管如此，至少有下述四个充足的理由激励着空间生物学家们努力耐心地寻求真理。

第一个理由就是科学家对该领域的好奇心。活的生命处于失重和宇宙射线下，这在进化过程中从未出现过。有实验结果表明，即使非常简单的生命体在微重力环境下也会发生非常巨大的改变。空间微重力被认为是研究复杂生命机制以及生命起源的工具。例如，在细胞培养中 1 g 到 0 g 的转换会改变系统的几何环境。而大多数生命系统是热驱动复杂的非平衡态系统。因此，他们可能会有非常有趣的进化分支。微重力可能更偏向于正常重力中不会存在的新路径。对此路径的研究将有助于对未知生物过程的分类。由于微重力和宇宙射线在地球上不可重现，开展此项研究的唯一方法是到太空中去。因此，类似于回转器的模拟设备是有用且必要的补充，但它们并不能替代空间实验。总的来说，地基模拟实验结果只能说性质上与空间获得的结果相似，但不是量上的相似。

第二个理由是能够在细胞水平研究生物体的特异生理功能。其中包括对外周血淋巴细胞以及骨组织系统的研究。此类研究表明，生理和心理压力会影响人类的免疫系统，这是神经免疫学研究的一个非常有意义的主题。另外一个有趣的问题是如何判定重力对细胞的影响。植物的向地性很好地解释了这个问题。然而细胞生物学中的许多重要发现并没有考虑重力的影响。

第三个理由是空间细胞生物学的技术回报。空间飞行的限制条件导致在分析技术应用以及飞行装置研制过程中的高技术风险。RT-PCR 技术对于分析少量的生物样品是适用的。事实上，在轨飞行对生物样品质量和体积的限制，使得生物学家不能使用与地面实验中相同的样品及试剂。一个先进的仪器设备的例子是，在 Biorack 上安装有空间生物反应器。微传感器，基于电解水原理的一个新的 pH 控制系统代替了传统的用 NaOH 中和酸的系统，依靠压电微泵供给新鲜空气，开辟了生物反应器技术的新途径。还要补充的是，空间环境中的单细胞研究可能会为生物技术、生化和生物工程等的发展带来新视角。事实上，在微重力环境下，哺乳动物的单细胞经受极大的变化，它们很可能应用于商业和医疗中。在国际空间站上，生物加工是一个有商业开发前景的课题。一些制药公司已经显示出兴趣，想与国家和国际空间机构联合开发应用研究项目。在欧洲，ESA 已经开始了微重力应用计划（MAP），以支持和应用为导向的项目。2000 年 5 月已经首次开展 MAP 项目，针对的是仪器的开发，如生物反应器和组织工程技术。该计划的目标是：建立胰岛细胞、甲状腺组织、肝脏、软骨和脉管等的体外形成器官的方法；研究低重力下组织形成机制；明确产生医疗相关的器官样结构对模化的空间生物反应器的要求以及建立生产用于医疗的移植体的方法。实验会始于地面的随机定位仪，对此会继续扩展到国际空间站上。并且 NASA 也给予了强大的支持。

第四个理由是对太空探索的需要。包括绕地飞行，对太阳系的行星的探索，以及在更远的将来，对其他行星系的探索。研究和阐明人类、其他哺乳动物，以及植物、无脊椎动物、微生物等其他有机体的生理功能的适应是非常重要的。无论是过去还是将来我们人类首先一定会探索行星地球的所有大陆。将来，一旦技术成熟将会探索宇宙中任何可到达的地方。空间探索还包括对地外生命的研究，对地球环境以外生命的研究将有助于我们识别和理解外星生命形式。

参考文献

[1] National Research Council. A Strategy for Research in Space Biology and Medicine in the New Century [J]. Washington DC: National Academy Press, 1998.

[2] Hughes-Fnlfard M. In CellBiloyy and Biofechnology in Sparce[M]. Amsterdam: Elsevier, 2002.

[3] Kossmehl P, Shakibaei M, Cogoli A, et al. Weightlessness Induced Apoptosis in Normal Thyroid Cells and Papillary Thyroid Carcinoma Cells via Extrinsic and Intrinsic Pathways[J]. Endocrinology, 2003, 144 (9): 4172-4179.

[4] Nikawa T, Ishidoh K, Hirasaka K, et al. Skeletal muscle gene expression in space-flown rats[J]. Faseb Journal, 2004, 18 (1): 522.

[5] Ross M D. Changes in ribbon synapses and rough endoplasmic reticulum of rat utricular macular hair cells in weightlessness[J]. Acta Oto-Laryngologica, 2000, 120 (4): 490-499.

[6] Garcia-Ovejero D, Trejo J L, Ciriza I, et al. Space flight affects magnocellular supraoptic neurons of young prepuberal rats: transient and permanent effects[J]. Developmental Brain Research, 2001, 130 (2): 191-205.

[7] Bi L, Li Y X, He M, et al. Ultrastructural changes in cerebral cortex and cerebellar cortex of rats under simulated weightlessness[J]. Space Med Med Eng (Beijing), 2004, 17 (3): 180-3.

[8] Tabony J, Glade N, Papaseit C, et al. Microtubule self-organisation and its gravity dependence[J].

Adv Space Biol Med, 2002, 8: 19 - 58.

[9] Guignandon A, Lafage - Proust MH, Usson Y, et al. Cell cycling determines integrin - mediated adhesion in osteoblastic ROS 17/2. 8 cells exposed to space - related conditions[J]. FASEB J, 2001, 15 (11): 2036 - 2038.

[10] Uva B M, Masini M A, Sturla M, et al. Clinorotation - induced weightlessness influences the cytoskeleton of glial cells in culture[J]. Brain Res, 2002, 934 (2): 132 - 139.

[11] Cogoli A, Tschopp A, Fuchs - Bislin P. Cell sensitivity to gravity [J]. Science, 1984, 225 (4658): 228 - 30.

[12] Yang C, Czech L, Gerboth S, et al. Novel Roles of Formin mDia2 in Lamellipodia and Filopodia Formation in Motile Cells[J]. PLoS Biol, 2007, 5 (11): e317.

[13] Cogoli - greuter M, Meloni M A, Sciola L, et al. Movements and interactions of leukocytes in microgravity[J]. Journal of Biotechnology, 1996, 47 (2 - 3): 279 - 287.

[14] Benoit M R, Klaus D M. Microgravity, bacteria, and the influence of motility[J]. Advances in Space Research, 2007, 39 (7): 1225 - 1232.

[15] Veldhuijzen J P L, J W A. The Effect of Microgravity and Mechanical Stimulation on the in vitro Mineralisation and Resorption in Fetal Mouse Long Bones[J]. Biorack on Spacelab IML - 1, 1995, 1162: 129 - 137.

[16] Van Loon J J, Bervoets D J, Burger E H, et al. Decreased mineralization and increased calcium release in isolated fetal mouse long bones under near weightlessness [J]. J Bone Miner Res, 1995, 10 (4): 550 - 557.

[17] Phinney D G, Kopen G, Righter W, et al. Donor variation in the growth properties and osteogenic potential of human marrow stromal cells[J]. J Cell Biochem, 1999, 75 (3): 424 - 436.

[18] Zayzafoon M, Gathings W E, McDonald J M. Modeled microgravity inhibits osteogenic differentiation of human mesenchymal stem cells and increases adipogenesis[J]. Endocrinology, 2004, 145 (5): 2421 - 2432.

[19] 马克昌,冯坤,朱太咏,等. 骨生理学[J]. 郑州:河南医科大学出版社, 2000.

[20] Pittenger M F, Mackay A M, Beck S C, et al. Multilineage potential of adult human mesenchymal stem cells[J]. Science, 1999, 284 (5411): 143 - 1437.

[21] Buravkova L B, Romanov Y A, Konstantinova N A et al. Cultured stem cells are sensitive to gravity changes[J]. Acta Astronautica, 2008, 63 (5 - 6): 603 - 608.

[22] Merzlikina N V, Buravkova L B, YA R. The primary effects of clinorotation on cultured human mesenchymal stem cells[J]. J Gravit Physiol, 2004, (11): 193 - 194.

[23] Valerie E Meyers, Majd Zayzafoon, Joanne T Douglas et al. RhoA and cytoskeletal disruption mediate reduced osteoblastogenesis and enhanced adipogenesis of human mesenchymal stem cells in modeled microgravity[J]. J Bone Miner Res, 2005, 20 (10): 1858 - 1866.

[24] Collet P, Uebelhart D, Vico L, et al. Effects of 1 - and 6 - month spaceflight on bone mass and biochemistry in two humans[J]. Bone, 1997, 20 (6): 547 - 551.

[25] Caillot - Augusseau A, Vico L, Heer M, et al. Space flight is associated with rapid decreases of undercarboxylated osteocalcin and increases of markers of bone resorption without changes in their circadian variation: observations in two cosmonauts[J]. Clin Chem, 2000, 46 (8): 1136 - 1143.

[26] Nishikawa M, Ohgushi H, Tamai N, et al. The effect of simulated microgravity by three - dimensional clinostat on bone tissue engineering[J]. Cell Transplant, 2005, 14 (10): 829 - 35.

[27] Basso N, Bellows C G, Heersche J N M. Effect of simulated weightlessness on osteoprogenitor cell number and proliferation in young and adult rats[J]. Bone, 2005, 36 (1): 173 - 183.

[28] Qian A R, Zhang W, Weng Y, et al. Gravitational environment produced by a superconducting magnet affects osteoblast morphology and functions[J]. Acta Astronautica, 2008, 63 (7 - 10): 929 - 946.

[29] Ontiveros C, McCabe L R. Simulated microgravity suppresses osteoblast phenotype, Runx2 levels and AP - 1 transactivation[J]. Journal of Cellular Biochemistry, 2003, 88 (3): 427 - 437.

[30] Narayanan R, Smith C L, Weigel N L. Vector - averaged gravity - induced changes in cell signaling and vitamin d receptor activity in MG - 63 cells are reversed by a 1,25 -(OH)2D3 analog, EB1089[J]. Bone, 2002, 31 (3): 381 - 388.

[31] Makihira S, Kawahara Y, Yuge L, et al. Impact of the microgravity environment in a 3 - dimensional clinostat on osteoblast - and osteoclast - like cells[J]. Cell Biology International, 2008, 32 (9): 1176 - 118 - 1.

[32] M A Bucaro, J Fertala, Adams C, et al. Bone Cell Survival in Microgravity: Evidence that Modeled Microgravity Increases Osteoblast Sensitivity to Apoptogens[J]. Annals of the New York Academy of Sciences, 2004, 1027 (Transport Phenomena in Microgravity): 64 - 73.

[33] Kato Y, Windle J J, Koop B A, et al. Establishment of an osteocyte - like cell line, MLO - Y4[J]. J Bone Miner Res, 1997, 12 (12): 2014 - 2023.

[34] Bonewald L F. Establishment and characterization of an osteocyte - like cell line, MLO - Y4[J]. J Bone Miner Metab, 1999, 17 (1): 61 - 65.

[35] Klein - Nulend J, Van Der Plas A, Semeins C, et al. Sensitivity of osteocytes to biomechanical stress in vitro[J]. FASEB J., 1995, 9 (5): 441 - 445.

[36] Vatsa A, Mizuno D, Smit T H, et al. Bio Imaging of Intracellular NO Production in Single Bone Cells After Mechanical Stimulation[J]. Journal of Bone and Mineral Research, 2006, 21 (11): 1722 - 1728.

[37] Bonewald L F, Johnson M L. Osteocytes, mechanosensing and Wnt signaling[J]. Bone, 2008, 42 (4): 606 - 615.

[38] Vezeridis P S, Semeins C M, Chen Q, et al. Osteocytes subjected to pulsating fluid flow regulate osteoblast proliferation and differentiation[J]. Biochemical and Biophysical Research Communications, 2006, 348 (3): 1082 - 1088.

[39] Taylor A F, Saunders M M, Shingle D L, et al. Mechanically stimulated osteocytes regulate osteoblastic activity via gap junctions[J]. Am J Physiol Cell Physiol, 2007, 292 (1): C545 - 552.

[40] Heino T J, Hentunen T A, Vaanaen H K. Conditioned medium from osteocytes stimulates the proliferation of bone marrow mesenchymal stem cells and their differentiation into osteoblasts[J]. Experimental Cell Research, 2004, 294 (2): 458 - 468.

[41] Aguirre J I, Plotkin L I, Stewart S A, et al. Osteocyte apoptosis is induced by weightlessness in mice and precedes osteoclast recruitment and bone loss[J]. Journal of Bone and Mineral Research, 2006, 21 (4): 605 - 615.

[42] Tamma R, Colaianni G, Camerino C, et al. Microgravity during spaceflight directly affects in vitro osteoclastogenesis and bone resorption[J]. FASEB J., 2009: fj. 08 - 12795 - 1.

[43] Lee L, Kos O, Gorczynski R M. Altered expression of mRNAs implicated in osteogenesis under conditions of simulated microgravity is regulated by CD200:CD200R[J]. Acta Astronautica, 2008, 63 (11 - 12): 1326 - 1336.

[44] Ritu Saxena G P, Jay M Mcdonald. Osteoblast and Osteoclast Differentiation in Modeled Microgravity [J]. Annals of the New York Academy of Sciences, 2007, 1116 (Skeletal Biology and Medicine, Part A: Aspects of Bone Morphogenesis and Remodeling): 494 - 498.

[45] Hammond T G, et al., Gene expression in space[J]. Nat Med, 1999, 5 (4): 359.

[46] Pardo S J, et al, Simulated microgravity using the Random Positioning Machine inhibits differentiation

and alters gene expression profiles of 2T3 preosteoblasts[J]. Am J Physiol Cell Physiol, 2005, 288 (6): C1211 - 1221.

[47] Tamma R, et al. Microgravity during spaceflight directly affects in vitro osteoclastogenesis and bone resorption [J]. FASEB J, 2009, fj. 08 - 12795 - 1.

[48] Guignandon A et al. , Cell cycling determines integrin - mediated adhesion in osteoblastic ROS 17/2. 8 cells exposed to space - related conditions[J]. FASEB J, 2001, 15 (11): 2036 - 2038.

[49] Loesberg W A. , Walboomers X F, van Loon J J, et al Simulated microgravity activates MAPK pathways in fibroblasts cultured on microgrooved surface topography[J]. Cell Motil Cytoskeleton, 2008, 65 (2): 116 - 129.

[50] Meyers V E, Zayzafoon M, Gonda S R, et al. Modeled microgravity disrupts collagen I/integrin signaling during osteoblastic differentiation of human mesenchymal stem cells[J]. J Cell Biochem, 2004, 93 (4): 697 - 707.

[51] Infanger M, et al. Simulated weightlessness changes the cytoskeleton and extracellular matrix proteins in papillary thyroid carcinoma cells[J]. Cell Tissue Res, 2006, 324 (2): 267 - 277.

[52] Xie M J, Zhang L F, Ma J, et al Functional alterations in cerebrovascular K^+ and Ca^{2+} channels are comparable between simulated microgravity rat and SHR[J]. Am J Physiol Heart Circ Physiol, 2005, 289 (3): H1265 - 1276.

[53] Wronski T J, Morey E R. Alterations in calcium homeostasis and bone during actual and simulated space flight[J]. Med Sci Sports Exerc, 1983, 15 (5): 410 - 414.

[54] Felix J A, Dirksen E R, Woodruff M L. Physiology of a Microgravity Environment: Selected Contribution: PKC activation inhibits Ca^{2+} signaling in tracheal epithelial cells kept in simulated microgravity[J]. J Appl Physiol, 2000, 89 (2): 855 - 864.

[55] Cogoli A. Signal transduction in T lymphocytes in microgravity[J]. Gravit Space Biol Bull, 1997, 10 (2): 5 - 16.

[56] Burden H W, Zary J, Alberts J R. Effects of space flight on the immunohistochemical demonstration of connexin 26 and connexin 43 in the postpartum uterus of rats[J]. J Reprod Fertil, 1999, 116 (2): 229 - 234.

[57] Kumei Y, et al. , Spaceflight modulates insulin - like growth factor binding proteins and glucocorticoid receptor in osteoblasts [J]. J Appl Physiol, 1998, 85 (1): 139 - 147.

[58] Davidson J M, Aquino A M, Woodward S C, et al Sustained microgravity reduces intrinsic wound healing and growth factor responses in the rat [J]. FASEB J, 1999, 13 (2): 325 - 329.

[59] Carmeliet G, Nys G, Stockmans I, et al. Gene expression related to the differentiation of osteoblastic cells is altered by microgravity[J]. Bone, 1998, 22 (5 Suppl): 139S - 143S.

[60] Limouse M, Manie S, Konstantinova I, et al. Inhibition of phorbol ester - induced cell activation in microgravity[J]. Exp Cell Res, 1991, 197 (1): 82 - 86.

[61] Cooper D, Pride M W, Brown E L, et al Suppression of antigen - specific lymphocyte activation in modeled microgravity[J]. In Vitro Cell Dev Biol Anim, 2001, 37 (2): 63 - 65.

[62] Kumei Y, et al, Small GTPase Ras and Rho expression in rat osteoblasts during spaceflight[J]. Ann N Y Acad Sci, 2007, 1095: 292 - 299.

[63] Cavanagh P R, Licata A A, Rice A J. Exercise and pharmacological countermeasures for bone loss during long - duration space flight[J]. Gravit Space Biol Bull, 2005, 18 (2): 39 - 58.

[64] Kong Y Y, et al. OPGL is a key regulator of osteoclastogenesis, lymphocyte development and lymph - node organogenesis[J]. Nature, 1999, 397 (6717): 315 - 323.

［65］ Kodama H，et al. Congenital osteoclast deficiency in osteopetrotic（op/op）mice is cured by injections of macrophage colony - stimulating factor[J]. J Exp Med，1991，173（1）：269 - 272.

［66］ Kawata T，Fujita T，Kumegawa M，et al. Congenital osteoclast deficiency in osteopetrotic（op/op）mice is improved by ovariectomy and orchiectomy[J]. Exp Anim，1999，48（2）：125 - 128.

［67］ Inoue J，et al. Tumor necrosis factor receptor - associated factor（TRAF）family：adapter proteins that mediate cytokine signaling[J]. Exp Cell Res，2000，254（1）：14 - 24.

［68］ Kanematsu M，Yoshimura K，Takaoki M，et al. Vector - averaged gravity regulates gene expression of receptor activator of NF -［kappa］B（RANK）ligand and osteoprotegerin in bone marrow stromal cells via cyclic AMP/protein kinase A pathway[J]. Bone，2002，30（4）：553 - 558.

［69］ 戴钟铨，李莹辉，丁柏，等.模拟微重力诱导的细胞微丝变化影响 COL1A1 启动子活性[J].生理学报，2006，58（1）：53 - 57.

第六章　空间发育生物学

第一节　空间发育生物学导论

一、引言

1. 空间发育生物学研究的问题

空间发育生物学是阐明动物和人类在空间特殊环境下发育过程中的基本规律和生物学现象,研究空间环境下发育调控的细胞和分子机理,为研究生物发育与人类进化提供科学依据和理论指导的一门学科。它主要研究空间环境特别是微重力对生物体生命过程的影响,包括微重力下生物能否正常受精,受精后的胚胎能否发育成正常的幼体,生物体的各个器官和生命系统如肌肉和骨骼系统等能否正常发育和工作,生物体在基因、分子和蛋白水平上是否发生变化,这些分子水平上的变化是不是引起表观形态变化的原因等问题。

到目前为止,空间发育生物学研究方面已经取得了大量具有创新意义的研究。例如,研究发现细菌、原生动物和无脊椎动物在发育过程中对重力不敏感,而脊椎动物的胚胎发育对重力则很敏感。处于生长发育期的生物体对失重的敏感程度比成熟个体更高。空间微重力会影响两栖类动物受精卵的极性和对称性。在微重力下卵黄被迫处于上方,这引起了卵的不正常发育(见图 6-1)。

因此,利用空间环境尤其是微重力环境这一特殊的工具可以研究生物体发育的机制。目前研究的主要有两栖类早期胚胎形成,哺乳类受精,重力敏感性器官形态学与发育学。之后的研究将主要集中在细胞分化,重力敏感性器官或组织的发育,微重力下哺乳动物的交配、生育及幼体的成熟。

2. 研究空间发育生物学的手段方法

空间发育生物学是一个多学科的研究领域,它利用有关学科的技术方法和研究成果。首先,线虫、果蝇、爪蟾、斑马鱼、小鼠等模式生物体系的建立为各种发育过程的研究提供了便利,同时也为空间发育生物学的研究提供了一系列不同进化水平的研究对象。每个模式生物都可作为一个简单的模型来研究复杂的生物学问题。模式生物中获得的很多研究结果都与人类有着很大的相似性,可见生命体也有一定的保守性。当然也会有不同的地方,这些差别为深入了解相关的细胞生理学和病理学提供了重要的依据。

其次,分子生物学、遗传学、细胞生物学、免疫学等方面技术的快速发展为空间发育生物学的研究提供了强有力的支持。基因组技术、分子和纳米技术、cDNA 芯片、基因芯片、空间细胞培养及相关的容器等技术的应用使得研究空间环境下的发育变得更为方便。空间生物学实验研究地基模拟技术,特别是相关的生物信息处理系统、生物遥测系统、显微成像系统等实时监控系统的发展也促进了空间发育生物学的研究。

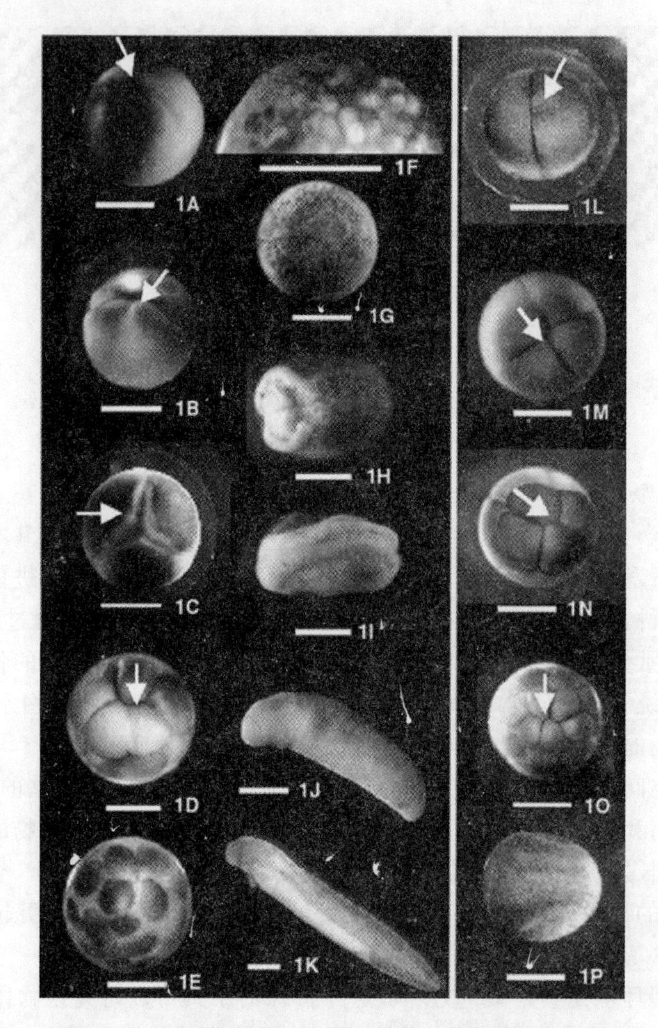

图 6-1　在微重力环境下，蝾螈受精卵的卵裂出现异常

A～J—微重力下的卵裂；K～P—正常对照下的卵裂

二、研究空间发育生物学的意义

1. 研究空间发育生物学对研究空间生物学的意义

长时间的空间飞行能够导致前庭系统的改变，会引起运动障碍，体内血流会重新分布，血细胞和血液会减少，血液中的激素成分和水平会改变，肌肉和骨骼系统损伤，免疫系统功能下降等。为了实现人类飞出地球并长期在空间站生存，我们必须了解空间飞行对生物体的影响并想办法克服这一影响。

空间发育生物学研究的正是有机体在微重力条件下能否正常发育这一问题。回答这个问题不仅解决了空间飞行中航天员的安全和健康问题，同时也提供了对发育生物学、生命科学和空间生物学的理解。只有真正解决空间的生命支持系统，人类才能在空间环境下进行系统的空间生物学研究。

2. 研究空间发育生物学对研究人类进化发育的意义

地球上所有的生物体从细菌到人类都受重力作用。探索重力对生长发育的影响对研究人类进化有着特殊的意义。重力对于个体发育的影响是广泛的,但具体机制还不清楚。重力如何影响生物体的发育?这些影响是不是因为细胞水平上的变化而引起的?研究微重力下细胞水平的发育改变可以帮助我们研究一些人类的基本问题,如重力对于地球上生命的形成、进化、生存及死亡的作用。同时也可以用于提高人类的健康和地球上生命的质量。

第二节　空间发育生物学的研究概况

一、空间发育生物学的研究历史

1. 空间发育生物学的研究

要想解释空间失重环境下发育过程的改变,我们首先要了解生物体每个特定结构与功能的发育学特点。由于对低等生物各个器官及功能了解得比较清楚,因此低等生物在空间发育生物学研究上被广泛应用。例如,空间生物学家研究了鱼的大脑发育,鱼的前庭眼球反射和两栖类的前庭眼球反射,耳石器官以及低等脊椎动物中的前庭补偿。但是哺乳动物的复杂结构使得它们作为空间发育生物学研究的对象很受限制。

生殖是生命延续的基础。这一过程对植物、动物包括人类都是非常重要的,因此也是空间发育学首要的研究问题。研究发现,空间微重力环境下,生殖不再是一个理所当然的现象。例如,经过空间飞行处理的雄性寄生黄蜂(*Habrobracon*)的交配能力被严重破坏,虽然产卵量提高但是孵化率显著降低。将经过空间飞行的雄性小鼠在返回地面后 5d 与正常地面上的雌性小鼠交配,产生的后代生长延缓,且出现很多异常现象,如脑积水、肾脏移位、膀胱变大等。飞行结束之后,经过 2.5～3 个月再交配就能产生正常可生存的后代。在 2 g 超重下处理后受孕概率降低,在 4.7 g 处理后交配后没有出现受孕。

但并不是所有生物的生殖都受微重力的影响。例如在 IML－2 中首次实时拍摄下了脊椎动物在空间的正常交配行为。在飞行过程中,日本的鳉鱼成功交配并孵化出小鱼。返回地面后,小鱼又成功产下了健康的下一个后代(F2),该部分内容在此前章节中也有涉及。

在该实验之前,也有一些实验说明飞行环境下动物可以正常交配。例如,在持续 4d 的 Vostok 飞行中黑腹果蝇(*Drosophila Melanogaster*)经历了正常的交配。后续 IML－1 飞行实验中也观察到了秀丽隐杆线虫(*Caenorhabditis Elegans*)在空间成功交配并繁殖了两代,产生了数千的后代。1998 年,在 STS－89 和 STS－90 飞行中观察到热带淡水蜗牛(*Biomphalaria Glabrata*)也能正常交配,且比地面对照组的更多。因为在空间飞行中蜗牛很容易从玻璃缸上脱落,而地面上的蜗牛大部分的时间都是黏在壁上。一旦从壁上脱落,蜗牛就漂浮在水中而更容易接触到其他蜗牛。由于这些蜗牛是雌雄同体的,经常可以看到一对对交配的蜗牛黏在一起漂浮着。在着陆后,得到的胚胎也经历了发育的每个过程。

在 IML－2(STS－65,1995)中观察到鳉鱼(*Oryzias Latipes*)和蝾螈(*Cynops*)的胚胎发育不受微重力影响。当鳉鱼成功交配后,受精卵被排出体外并在微重力环境下孵化为小鱼。微重力下蝾螈在桑葚胚后期、早期囊胚、原肠胚、神经胚和尾芽形成阶段形态学上均正常。

鸡胚也能在空间飞行中正常发育,胚胎组织中的软骨和骨都能正常形成。着陆后的孵化也按正常的时间进行。

但由于哺乳动物发育的复杂性,有实验得到与上述实验不一致的结果。如在苏联 Cosmos 生物卫星上搭载雄性兔子飞行 5d, 75d 和 90d,并在结束飞行后与雌性兔子交配。飞行 5d 的兔子与正常兔子相比有很多异常,且比飞行 75d 和 90d 的更多。可见微重力对交配行为的影响主要在早期。在长期的空间飞行下,动物本身能对这一影响进行自我调整适应。受精后产生的胚胎的死亡率与正常对照一样,但是仍出现了生长延缓的情况。

另外,在飞行中让雌雄兔子交配,但是没有发现妊娠。飞行结束后实施剖腹手术发现排卵和受精都正常,但由于某些原因胚胎形成没有按正常的方式形成。后来,让飞行后的兔子分别与没有经历飞行的兔子交配,一切都正常。

从上述例子可以看出,微重力对发育早期的影响无法用一个统一的模式来说明。因此,探讨微重力对发育影响的基本规律仍是亟须解决的问题。

2. 地面模拟微重力效应条件下的发育生物学研究

由于空间飞行需要消耗大量的人力、物力和财力,在空间环境下进行实验的机会非常有限,因此人们不得不利用地面模拟微重力来进行大量的研究。

鸡胚经过 13d 孵育后再回转模拟微重力处理,孵化率与对照组一样,而未经孵育的鸡胚直接回转模拟微重力处理,几乎不能孵出小鸡。孵育不到 8d 的鸡胚回转模拟微重力处理后死亡率也极高。进一步研究发现,模拟微重力可导致鸡胚脑细胞被阻留在 G1 期,神经元的运动活性下降,细胞内游离 Ca^{2+} 浓度降低,从而对神经细胞的生长和发育具有阻滞作用,并对磷脂和能量代谢产生影响。

用回转器模拟微重力下观察,非洲爪蛙(Xenopus)的卵裂节奏没有发生变化。但是在 8 细胞期,第一次水平卵裂沟偏向植物极,并提前结束这一次卵裂。另外其囊胚孔顶部的细胞层由 2 层增多为 3 层,囊胚顶增厚(见图 6-2)。尽管有这些形态上的改变,但喂养期的蝌蚪与正常对照相比无差别。用模拟微重力效应研究东北林蛙(*Rana Dybowskii*)也得到了类似的观察结果。

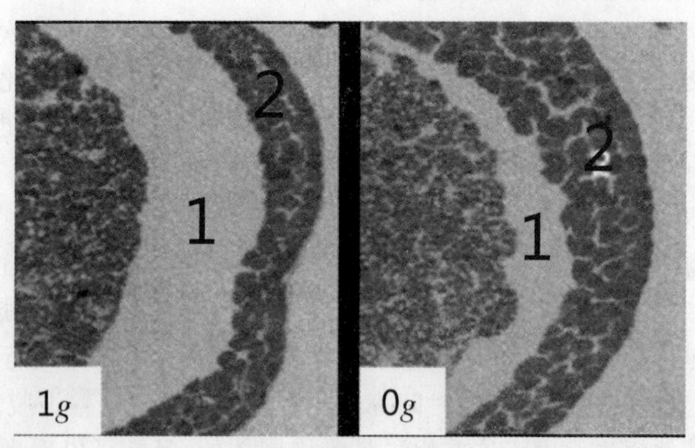

图 6-2 将微重力和正常重力下发育的非洲爪蛙的原肠胚进行比较,微重力下的囊胚腔顶变厚

1—囊胚腔;2—囊胚腔顶部

二、空间低等生物的发育

1. 日本鳉鱼的空间发育

斑马鱼产卵量多,繁殖迅速,胚胎通体透明,是目前最常用的模式低等脊椎动物之一。但由于斑马鱼对环境要求较高，日本科学家喜欢用鳉鱼来进行空间发育生物学的研究。

鳉鱼是一种日本的小鱼（见图 6－3），每条鱼每天产 5～25 个卵。受精卵在 24℃下孵化 14d 可以形成小鱼苗。从受精卵到成熟的鱼到再产卵只需要 3 个月，是生命周期最短的脊椎动物之一。它的胚胎也是透明的，是进行胚胎发育机理和基因组研究的好材料。

图 6－3　日本鳉鱼是研究空间发育生物学的好材料

已有实验证明简单低等动物的发育过程与重力的作用是相对独立的。那么鱼类是否也能在空间进行正常的交配、繁殖，鱼卵能否正常生长发育呢？日本科学家们做出了较好的回答。

在 IML－2 中 4 条日本的鳉鱼在空间飞行中进行了交配、产卵，产下的卵部分在空间发育成小鱼苗（见图 6－4），首次实现了脊椎动物在空间环境下的交配。

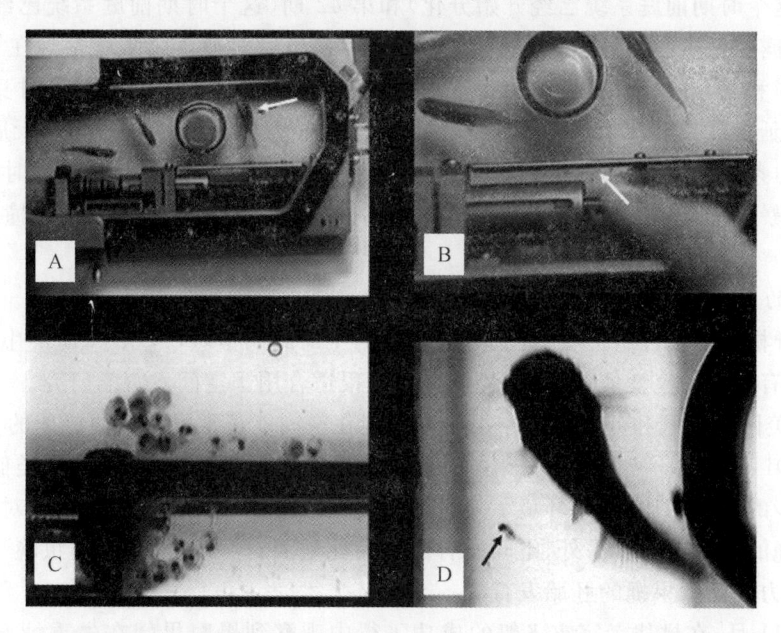

图 6－4　日本鳉鱼在哥伦比亚号航天飞机上的习行实验（1994 年）

A—交配；B—产卵；C—产下的卵发育；D—有些孵化出小鱼苗

在升空后大约 24 h 的时候，航天员发现了 3 只新产的鱼卵，之后每天都有新的鱼卵产生。到第 12d 时，有的小鱼苗已孵出，且能在太空环境下自由游动。在持续 15d 的飞行中，共产下 43 个卵，其中有 8 个卵在空间孵化成小鱼苗，30 个卵是着陆后继续孵化成育苗，有 5 个卵在发育的早期停止了发育，这也有可能是因为没有受精引起的，与地面相比，这个比例为正常的孵化率。

在着陆后的头几天内,鳉鱼们上下翻转总是会沉到水底,直到第四天才恢复正常游泳。着陆后第7天,鳉鱼开始产卵和交配。空间孵化的小鱼苗在着陆后继续发育成熟,并产生能正常生存的后代。同时对在空间孵化的小鱼苗和在地面对照小鱼苗所做成的切片观察发现,两者在原始生殖细胞的数目和发育没有显著差异。

2. 蛙的空间发育

非洲爪蟾也是目前最常用的模式低等脊椎动物之一。因为它们的卵大,直径大约1~2 mm,容易获得而且容易观察。另外,它们的发育周期也较短,受精后2h左右进行卵裂,受精卵为第一期,2个细胞为第二期,4个细胞为第三期,两三天后即可孵化出蝌蚪,蝌蚪经过变态过程形成成蛙。

为了检验在两栖类的发育中重力是否是必需的条件,美国科学家挑选能产高质量卵的爪蟾带到空间。他们观察到飞行中4个蛙都能正常地产卵,卵的受精率较高。他们将受精卵分成两组,一组在微重力条件下孵化,一组在空间1 *g* 的离心机中孵化,皆能孵化出蝌蚪。但是着陆后发现,微重力处理组的蝌蚪总在水柱较低处游泳,而1 *g* 处理组在较高处游泳,这是由于它们的肺的大小不同而引起的。对刚刚着陆(这时蝌蚪已处在第45时期)的蝌蚪的切片进行观察比较,发现微重力处理组的蝌蚪的肺体积明显比1 *g* 处理组小。在空间孵化出的156个蝌蚪后来都变态形成正常的蛙。

德国科学家利用南非爪蟾的卵在Shylab - D1,D2进行了发育生物学的实验。他们选择了第35期(这个时期前庭系统已经开始分化)和第42期(这个时期前庭系统已经开始具有功能)的胚胎暴露在微重力条件下,同时用1 *g* 的离心机组做对照。结果观察到在D2中的小蝌蚪在第1,2,3和第5d很活跃,游的比正常对照快。喜欢向后翻筋斗,或休息时身体朝向不同的方向,有时延自已长轴转动。刚孵出的小蝌蚪固定在壁上向着一个方向,两天后可以自由游泳。在微重力条件下发育的蝌蚪,着陆后至少6d沿它们自己的长轴打圈或长时间休息,暴露微重力7d比暴露10d的上述症状较轻。它们识别方向的能力差,常常互相碰撞,对光和机械刺激敏感。

3. 果蝇的空间发育

果蝇与脊椎动物基因组上具有同源性,它们的生命周期很短,体积小,能产生大量的后代,体外发育,且有很多的突变体,这些优势使得果蝇很适合用于空间发育学研究。

1984年美国科学家和苏联科学家报告说果蝇在空间能正常发育。西班牙的Marco小组,在Skylab - D1和IML - 2发射中对果蝇在空间的发育进行了研究,也得到了类似的结果。但是与地面同步的对照相比,空间环境下发育的果蝇所产生的下一代数目比地面对照多,说明微重力刺激果蝇的繁殖能力。另外,空间发育的胚胎比地面对照发育的慢,幼虫晚一天从蛹中孵出,说明微重力会延缓果蝇的胚胎发育。

1985年11月,在挑战者宇宙飞船的成功飞行中观察到黑腹果蝇在失重情况下的产卵和胚胎发育都发生了变化。对240只雌性和90只雄性野生型Oregon R黑腹果蝇在宇宙飞船中进行了实验。结果显示,在微重力下产卵量增多,卵的体积变大,但是孵化出的幼虫数量显著减少。

空间飞行后存活的果蝇胚胎里面至少有25%无法发育成成熟个体。通过对幼虫的角质层和发育到后期的胚胎的研究发现,果蝇的头部和胸部都有异常。经过空间飞行的胚胎和幼虫的发育都延迟。但无论是雄性、雌性还是后代中都没有发现显著的致死性突变。

4. 鸟类的空间发育

脊椎动物中，除了哺乳动物外，鸟类是最高级的。鱼类和两栖类的胚胎都能在微重力条件下正常发育。那么鸟类是否也能在微重力条件下正常发育呢？

根据 NASA 的报告，将鸡和鹌鹑的早期胚胎带到空间是不能正常发育的。鸡胚先在地面孵化 2d 和 9d 后再带到空间，鸡胚的死亡率提高，且在地面先孵化 2d 的鸡胚比先孵化 9d 的鸡胚死亡率高。在地面利用回转器模拟微重力效应处理鸡胚也得到了类似的结果。将未事先孵育的鸡胚进行处理，几乎不能孵出小鸡。

关于空间飞行中早期胚胎形成的数据显示，在飞行环境中有几个敏感的时期，在这些时期中胚胎不能正常发育。到现在为止，只有很少的鹌鹑胚胎能从微重力下存活，并且只有 2 个胚胎能发育到晚期。这些飞行实验说明，重力在鸟类早期胚胎形成中是必需的，但是在发育的后期并不重要。然而又有实验证明空间飞行会引起生殖能力的下降。这使得微重力对鸟类发育的影响变得很难分析。

为了解释这些现象，我们必须研究在发射后微重力对胚胎发育的影响，在轨道上成熟鹌鹑的生殖能力，激素的分泌及返回地面后生殖器官的变化等。另外我们还需要研究空间飞行环境下鸟类的方向感和飞行能力。在微重力环境下鸟类会分不清方向还是会很快学会飞行呢？

三、空间高等动物的发育

1. 血液和淋巴系统的空间发育

空间飞行使航天员体内的血液量和红细胞数量均显著下降。血液量下降在飞行第一天就发生。红细胞生成素水平也在第一个 24h 内下降并贯穿整个飞行过程。以前的数据认为是氧诱导的溶血作用。Cosmos782 的飞行试验数据表明，红细胞的自发溶血比地面对照高 3 倍，红细胞的寿命下降 5%，起始原因可能是体液头向分布引起的红细胞聚集。空间飞行结束后航天员血液中的淋巴细胞仍需几天的时间来恢复其反应性。经过空间飞行的淋巴细胞对ConA 的反应性比地面对照低 90%，其机制可能与细胞之间的膜接触有关。

另有研究发现进行空间实验的大鼠的红细胞数减少。骨髓里有两种巨核细胞：一种是正常型的巨核细胞，具有多液的结构，清楚的核和颗粒性细胞浆；另一种是萎缩性的细胞核和嗜酸性无结构的细胞浆。空间飞行后 5～11h，不正常的巨核细胞数增加到总数的 27%，而对照组不超过 6%，经过 25d，不正常的巨核细胞数接近正常。在自发性红细胞溶解速度方面，对照组平均血流速度每天为 0.38%，而经 19.5d 空间飞行后，则为每天 1.1%。红细胞寿命对照组平均为 62.4d，而失重组为 59d。经 22d 空间飞行，狗和大鼠的中性白细胞增多，淋巴球和嗜伊红白细胞减少。飞行结束后，大鼠经 2～3d 白细胞数恢复正常，而狗经 30d 还未完全恢复。

大鼠经 19.5d 空间飞行后，在淋巴系统可以见到两种变化：第一种是胸腺和淋巴结里淋巴球破坏和脾脏出现嗜中性浸润现象；第二种是淋巴小囊萎缩，胸腺和淋巴结的皮层缩小。处于失重状态下的动物，咽腔里存在变形杆菌和在血清里免疫球蛋白的水平降低，说明机体预防疾病能力变弱。

由于 T 淋巴细胞在细胞免疫上有着重要的作用，并且它们的激活机制十分复杂，T 淋巴细胞一直都是广泛研究的对象。T 细胞的活化需要三个信号同时作用：抗原与 T 细胞表面受体 TCR/CD3 复合体结合，在体外可用促细胞分裂剂 ConA 或者抗 CD3 的抗体来模拟体内的这一激活过程；B7 配体与 T 细胞表面的 CD28 受体结合；T 细胞产生 IL－2 受体的 α 和 β 亚基，然后与膜上的 γ 亚基结合，自分泌 IL－2 刺激 T 细胞活化。

在 20 世纪 70 年代早期，俄国科学家们首次报道，用抗原刺激着陆后航天员的淋巴细胞，细胞的活化减少。不久之后，美国科学家也报道了类似的结果。这就意味着在飞行中和飞行后感染的概率上升。于是通过体内、体外等实验来研究空间环境下淋巴细胞的活化有助于解决空间飞行带来的健康问题。

微重力下 T 淋巴细胞的体外激活显著减弱，这可能与 IL－2 受体表达受阻有关（见图 6－5）。RT－PCR 结果显示经过模拟微重力处理，在 ConA 活化 T 细胞阶段 IL－2 的基因表达下降。另外 IL－2 受体的 α 亚基的表达受抑制，β 亚基的表达正常。微重力下 IL－2 受体表达的异常必将导致 T 淋巴细胞活化受阻。

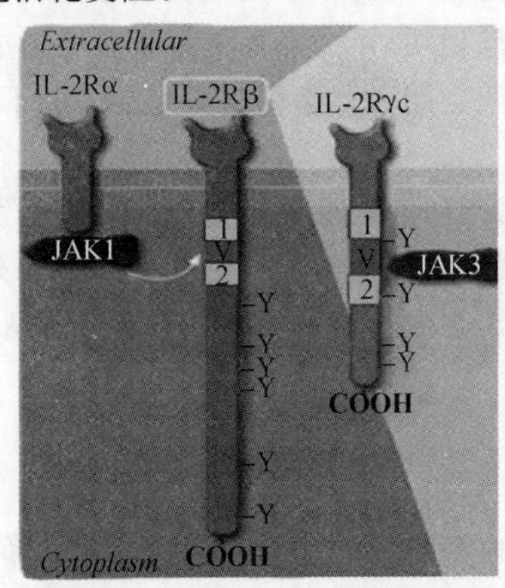

图 6－5　IL－2 的 3 个亚基结构

注：只有 3 个亚基正常表达并正确结合才能活化 T 细胞

2. 肌肉和骨骼系统的空间发育

肌肉和骨骼等重力承受及应力系统在空间飞行期间变化比较明显。大鼠经 22d 空间飞行，蝶状肌、腓肠肌、大腿四头肌、肩二头肌等质量都减轻，肌纤维变薄，细胞核增多，电子显微镜检查线粒体有变化，神经肌肉末梢也有变化。空间飞行后第 2 天，后腿部肌肉组织的 O_2 摄入量和无机磷吸收量都较对照组和模拟舱组明显下降（下降 40%～50%），P/O_2 之比保持不变。失重后第 26d，O_2 摄入量和无机磷吸收量与对照组和模拟舱组比较，没有什么异常。以上结果说明失重时会引起肌肉细胞能量下降，但返回地面后一段时间内就可以恢复正常。

微重力对肌肉质量和功能的影响发生在不到一周的时间内。大鼠出生后 7～30d 是其后肢运动功能发育成型的关键时间。在这个阶段的早期经历微重力会引起肌肉生长的减少，包括负重的肌肉和不负重的肌肉。将处于 P8 和 P14 期的大鼠带到空间，结果发现 P14 大鼠肌肉的发育对微重力的敏感性比 P8 大鼠低，特别是胫骨前肌和内侧腓肠肌。这说明随着大鼠发育的成熟，非负重肌肉和轻微负重肌肉会丧失对微重力的敏感性。但是主要的负重运动肌肉，如比目鱼肌，则一直保持着对微重力的敏感性。这在成熟的成体动物和成人身上也观察到过。

肌肉的进一步发育和成熟依赖一些生长因子和激素，例如生长激素，胰岛素样生长因子（IGF－1）和甲状腺激素 T3。血浆和肌肉中的 IGF－1 的水平也受微重力的影响，且相比 P14 大鼠，P8 大鼠更为敏感。

非洲爪蛙蝌蚪的中轴肌肉在微重力作用下也会出现很多与肌肉退化相关的异常。它们的负重肌肉折叠出现异常,并散开分布,纤维的数量也比对照少了约48%。蝌蚪中与维持体态无关的肌肉,如与呼吸和进食相关的肌肉则没有出现退化。但是,蝾螈的肌肉发育对微重力不敏感,其肌肉发育中的显著标志,例如条纹的结构和位置等都与正常发育一样。

由于失重所产生的功能负荷不足还表现在骨骼的变化上。失重时,大鼠的大腿骨骨膜组成降低,海绵状部分变松软。在接近软骨极区的松质面积减少,骨组织矿物质形成减慢,钙代谢加强,骨硬度降低,机械强度下降30%。失重时,钙、磷、氮等物质排出量增加,人体钙的损失每天可达4.5 g,6个月的失重可损失身体全部钙量的2%。微重力引起骨丢失或者骨质酥松的主要原因是在微重力下成骨分化的功能降低。

在俄罗斯的Cosmos-1514生物卫星上,科学家们研究了处于怀孕期G13~G18期的雌性小白鼠体内胎儿的骨骼发育情况。结果发现每个部位都有约13%~17%的发育滞后,且在未发育成熟的骨架结构中更加明显。返回地面后,在微重力下减少的骨化被过度补偿,使得经历过飞行的胎儿出生比地面对照早。在空间飞行中,小鼠胎儿中的长骨在相对长度的增加和胶原合成上没有改变,但是葡萄糖的消耗减少,钙释放增加。

骨是从中胚层发育来的主要结构,有2种途径可以形成骨组织:一个是直接由间充质组织转化为骨,即真皮骨化(Dermal Ossification),另一个是用骨细胞代替软骨细胞,即软骨骨化(Endochondral Ossification)。这种替代以肥大软骨细胞的死亡和软骨周围的细胞分化为成骨细胞为标志。成骨细胞对微重力很敏感。已经证实提取的去负荷大鼠骨髓细胞中成骨前体细胞的数目明显减少,并且发现微重力条件下骨髓腔内脂肪含量增加,导致成骨前体细胞数量减少,认为这可能是成骨细胞分化功能低下的原因。

Caillot-Augusseau和Collet等人测定了航天飞行及飞行前后反映骨分化3个阶段的骨形成标记(Ⅰ型胶原前胶原碳端肽原、碱性磷酸酶(AlkaLine Phosphatase ,ALP)、骨钙素)的浓度变化,发现在飞行后的20~30d里这些骨形成标志物浓度下降,认为只有新生的成骨细胞对空间微重力产生反应,而成熟的成骨细胞仍然保持飞行前的活性。“Cosmos-1129”生物卫星飞行18.5d后,骨质中未分化的成骨细胞祖母细胞数量增加。但是对于在骨发育中很重要的一个功能,分泌中性蛋白包括胶原酶和纤溶酶原活化因子(tPA)不受影响。这些底物很可能与微重力下的骨丢失和骨发育受损无关。

甲状腺激素和甲状旁腺激素相关蛋白(PTHrP)对于骺生长板的发育、成熟和肥大过程以及维持骨平衡是必需的。在STS-58上飞行后的小鼠的股骨和胫骨中PTHrP的表达比地面对照降低了60%,但是在顶骨中的表达没有差异,说明这种效应主要是由于失去重力后引起的。

骨形成还有一个很重要的要素,就是细胞外基质的矿化。微重力下成骨细胞的基因表达、蛋白分泌及钙代谢的异常使得细胞外基质的矿化受阻。

在地面模拟微重力效应的条件下也观察到了骨形成受损的现象。例如,Zayzafoon等人利用旋转培养体系来模拟微重力,观察微重力对小鼠颅盖骨的影响。结果发现,微重力处理7d后,小鼠颅盖骨中的ALP下降3倍,骨的矿化作用降低,成骨细胞特异性基因ALP和骨钙素的表达也下降。

3. 前庭系统的空间发育

脊椎动物的前庭系统在微重力条件下能否正常发育是一个重要的问题。前庭系统是指内耳中的前庭器和耳蜗。前庭系统具有调节体位、运动、保持身体平衡的作用。前庭器指半规管与耳蜗之间的骨迷路和骨迷路内的膜迷路(包括椭圆囊和球囊),是体位和运动感受器,耳蜗是声音感受器。

前庭对于重力、运动的感受是由膜迷路中斑结构的感觉细胞完成的。这些细胞表面有晶体称为耳砂(位觉砂),主要成分是碳酸盐。耳砂因为密度较大,有重力改变时,或直线运动改变(增速或减速)时,产生位移,对斑的感觉细胞产生张力,而引起细胞变性,使细胞兴奋,产生动作电位。斑分布在膜迷路的椭圆囊和球囊的内层。

作为重力加速度的感觉器官,太空微重力环境对前庭系统功能、形态发育有影响已经得到证实。航天员在空间飞行一段时间着陆后,可出现不同程度和持续时间的定向障碍。Fermin等人研究发现,在太空发育的鸡胚,出生后前庭反应阈值降低,这意味着空间微重力环境可影响到前庭系统的功能。Wiederhold等观察到太空中发育的蝾螈椭圆囊耳石的体积增大,但球囊耳石保持正常体积。这些资料提示微重力在细胞水平方面对前庭感受器的形态和功能有一定影响。

不过,微重力对出生后小鼠的前庭系统的发育成熟无明显影响,鸟类胎儿在空间飞行5d后,观察其前庭系统大体形态无明显改变,说明微重力对胎儿期和出生后前庭系统的大体形态发育无影响。

在Salyut-5上进行耳石的研究后发现,空间飞行不影响斑马鱼前庭系统的发育。上皮组织上的受体和耳石器官的结构完好,前庭器官内液体中的电解质离子成分也没有改变。在Skylab和Cosmos-782生物卫星上的研究鳉鱼的前庭系统发育,也得到了类似的结果。着陆后,小鱼的发育在前庭器官出现前都是正常的。在剑尾鱼(Xiphophorus helleri)中,生长缓慢的胚胎中的耳石发育延缓,但在快速生长的胚胎中的耳石发育就有所加速。未成熟的耳石的发育在微重力下与地面上时一样的。将斑马鱼放在回转器模拟的微重力下,耳石的发育也被延缓。

另外还有研究发现,猫在失重时姿势反射消失。大鼠在失重时从空中掉下来不会翻转。失重初期,动物不能正常行走和维持姿势。失重时测量蛙的第八脑神经单个纤维电位变化,发现神经冲动的发放呈周期性。在失重的前24h,神经冲动的发放率明显减少,以后又突然增加,如此反复,直至渐趋正常。毫无疑问,前庭器官在活动性方面是有变化的,但经过100h以后,可以慢慢地调节到正常状态。

4. 干细胞的空间发育分化

干细胞研究在发育生物学和进化的基础研究中起到了重要的作用,研究干细胞的发育有助于我们理解发育的基本过程。

间充质干细胞(Mesenchymal Stem Cells, MSCs)是一类主要存在于骨髓中的,具有高度自我更新能力和多向分化潜能的干细胞群体,是现在研究最多的干细胞之一。它可以在特定环境下分化为成骨细胞、脂肪细胞、软骨细胞、神经细胞等。但是在微重力环境下MSC的分化转向,成骨分化受到抑制,这也是引起骨丢失的重要原因之一。

利用转壁回转器来模拟研究微重力对hMSC向成骨细胞分化的影响,结果发现虽然是在成骨分化诱导条件下,hMSC向成骨细胞定向分化的能力仍然降低,并且成骨细胞标记性基因的表达明显降低,Runt相关转录因子2(Runx2)的表达受到抑制(见图6-6)。相反,微重力提高了hMSC向脂肪细胞分化的能力,脂肪标志性基因的表达上升,过氧化物酶体增殖激活受体（PPARγ2）的表达也增加（见图 6－7）。同时，ERK 的磷酸化水平也降低了，而 p38MAPK 的磷酸化水平增加。利用小鼠尾吊模型模拟微重力效应也得到了类似的结果。

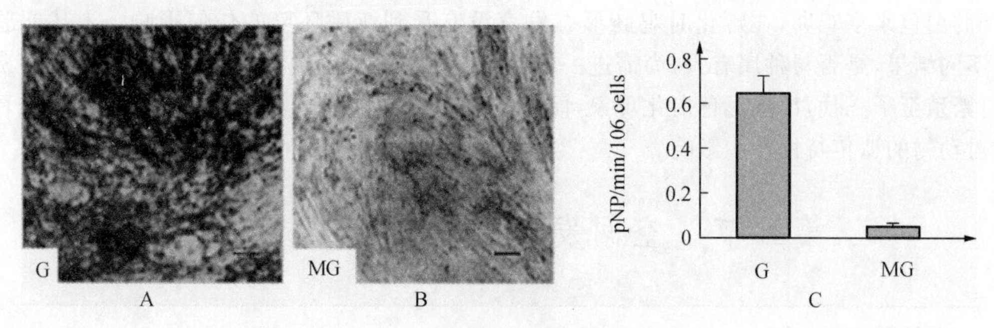

图 6－6　微重力下成骨分化受抑制

A—正常重力下的钙钴法染色；B—微重力下的钙钴法染色；C—pNPP 法检测 ALP 活性

使用 p38MAPK 的抑制剂 SB203580 能够抑制 p38MAPK 的磷酸化，但不能降低 PPARγ2 的表达水平。骨形态发生蛋白（BMP）能增加 Runx2 的表达水平，成纤维细胞生长因子 2（FGF2）增加了 ERK 的磷酸化水平，但也不能显著增加成骨细胞标记性基因的表达水平。采用 BMP，FGF2 和 SB203580 三种因子组合来调控微重力下的成骨细胞分化能力，结果表明三者的协同作用能显著逆转微重力对成骨细胞定向分化的生物学效应。研究结果还说明，模拟微重力应该是通过不同的细胞信号通路来抑制成骨细胞分化和提升脂肪细胞分化的。

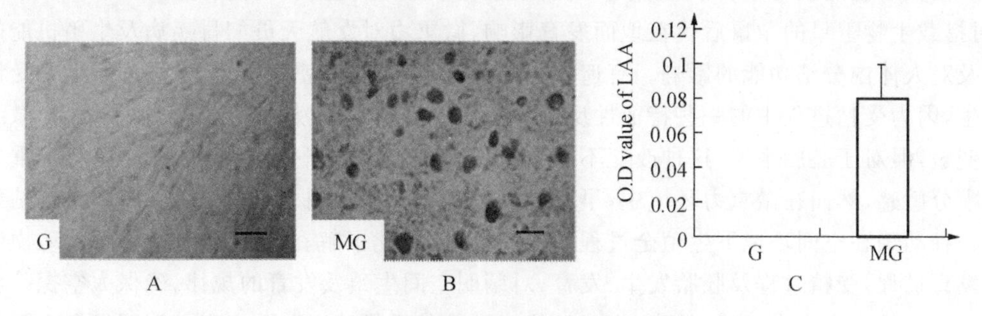

图 6－7　微重力促进 hMSC 向脂肪细胞分化

A—正常重力下的油红 O 染色；B—微重力下的油红 O 染色；C—比色法检测脂肪滴的 OD 值

小鼠的胚胎干细胞（Embryonic Stem cell，ESc）也是研究空间发育生物学很好的材料。将普通培养的小鼠胚胎干细胞，移入可模拟微重力的旋转型生物反应器内进行培养，24 h 即可肉眼观察到大量多细胞聚集体形成，72 h 后细胞聚集体进一步形成均一的拟胚体（Embryoid Bodies，EBs）。随培养时间延长 EBs 体积不断增大，并不断有新的 EBs 出现。且 EBs 中的 ESc 呈现多组织多细胞分化特征。接种 EBs 于 6 孔培养板后，镜下观察到不同类型的细胞，如内皮样细胞、成纤维样细胞、肝细胞样细胞、血管样结构以及可自发性搏动的心肌样细胞。由此可见 ESc 在模拟微重力条件下可大量快速形成 EBs，并伴有不同类型的组织细胞分化。

此外，亚磁环境作为空间环境的显著特点之一，其对动物胚胎发育的影响存在争议。早在 1973 年，Afonina 和 Travkin 就发现亚磁环境下果蝇的寿命缩短和产卵率下降。Kopanev 等观察了家兔在亚磁环境下由胚胎发育到 1 月龄的整个过程，发现动物肝脏、心肌和肠道发生退行性改变，结构和能量代谢紊乱，除糖酵解过程外，代谢酶系统被显著抑制，神经肌肉功能发育不全和运动效能变化，受试动物死亡率也显著高于对照组。亚磁环境下，蝾螈出现早期胚胎发育畸变，表现为脊柱弯曲、眼睛畸形和发育迟缓和停止，证明地磁场剥夺对动物胚胎发育有很大影响。而 Richard 等在亚磁环境下处理鸡胚，进行了大量的重复实验，发现亚磁环境处理2～7d的白色来亨鸡卵，在孵化时鸡胚形态发育没有受到亚磁环境的任何影响。上述实验得出的不同结果，是否与种属有关，尚需进一步研究。有研究表明纯种金黄地鼠饲养在近零磁环境下，繁殖至子三代，出现毛色白化现象，而对照组子三代无一出现白化，提示亚磁或零磁环境可能对动物的遗传特性产生影响。

第三节　空间发育生物学的未来展望

一、理论研究

载人航天的实现及空间实验室和空间站的建立，为人类提供了空间环境。这个环境与地面环境在很多方面有明显的不同。人类要开展空间环境的生物效应的研究，以保障人们长期在空间生存和工作。为了达到此目的，对动物在空间的生长发育的研究具有重要意义。虽然目前对于空间生物发育已经有所了解，但是了解的广度和深度仍然参差不齐。因此，进一步发掘研究对象和充分利用已有的材料，在分子、细胞、个体及群体各个水平上进一步分析过去尚不甚了解的现象，才有利于空间发育生物学的发展。

以前关于空间发育生物学的研究，主要集中在微重力对鱼类、鸟类胚胎发生和前庭系统影响，对搭载生物卫星的孕鼠后代在地面发育影响，微重力对女航天员妇科疾病及生殖机能的影响以及对人体内分泌功能的影响。有遗传学和细胞形态学研究表明，在微重力环境中受精不能发生，因为受精过程中的一些特征性反应包括皮质反应和微绒毛转化都发生了改变，微绒毛明显变短，但对于胚胎来说，这种改变不会有致死作用。又有研究表明，受精过程对于重力因素不十分敏感，然而在微重力环境中，早期胚胎死亡率有可能升高。但迄今为止，尚未见到对任何一种动物在空间环境下生殖全过程的研究报道，因此了解在微重力环境下哺乳动物生殖器官发育过程，受精过程及胚胎发生、发育，对阐明空间生殖及发育的规律，确保太空探险者和太空开发者的生命安全、身体健康、生殖功能正常及其后代健康以及实现空间开发和空间移民十分重要。

二、应用研究

空间环境除了微重力外还有其他物理方面的特点，其中高强度的辐射和亚磁场是较为明显的空间环境特征。动物的胚胎发育时期对环境较为敏感，在空间条件下产生变异的可能性比地面大。利用这一特征可以筛选出有用的突变体，应用于科学研究和生产实践中。

另外，空间发育生物学方面的研究还可以应用于医学。例如利用空间微重力环境人工培育供研究或治疗使用的人体器官和组织。目前用于器官移植的器官仅限于患者家属捐赠，供不应求，并且还存在免疫排斥问题。研究发现，通过体细胞克隆胚的构建，胚胎干细胞的建立与诱导定向分化并促使其发育，将这种细胞培养成不同功能的细胞类型，如肌细胞、骨骼肌细胞、神经细胞等预期的细胞，而微重力环境则有助于这些定向分化的细胞均匀分布于基质上，进而顺利发育成无免疫排斥的移植器官，有利于组织工程的发展。

综上所述，研究空间发育生物学的发展规律，将空间研究和地面应用相结合，将为开发利用近地轨道空间微重力环境、造福人类、实现空间开发和空间移民而奠定基础。不久的将来，地球上的人类在太空中繁衍生息将不再是幻想。

参 考 文 献

[1] 江丕栋.空间生物学[M].青岛：青岛出版社，2000.

[2] 陈向东，Cesar D Fermin，Dale Martin，等，太空发育鸡胚的前庭感受器细胞形态学研究[J].神经解剖学杂志，2002，18(3)：227－231.

[3] 刘卫生，王英杰，刘涛，等，模拟微重力条件下小鼠拟胚体形成及分化的初步观察[J].第三军医大学学报，2008，30(17)：1594－1597.

[4] Clement G，Slenzka K. Fundamentals of Space Biology[M]. California Microcosm Press：and Springer，2006.

[5] Gualandris Parisot L，Husson D，Bautz A，et al . Effects of space environment on embryonic growth up to hatching of salamander eggs fertilized and developed during orbital flights[J]. Biol Sci Space，2002，16：3－11.

[6] Ijiri K. The First Vertebrate Mating in Space－A Fish Story[J]. Tokyo：RICUT，1995.

[7] Zayzafoon M，Gathings W E，Mcdonald J M. Modeled microgravity inhibits osteogenic differentiation of human mesenchymal stem cells and increases adipogenesis[J]. Endocrinology，2004，145(5)：2421－2432.

[8] Qiang Z，Guoping H，Jinfeng Y，et al . Could the effect of modeled microgravity on osteogenic differentiation of human mesenchymal stem cells be reversed by regulation of signaling pathways[J]. Biol. Chem，2007，388：755－763.

[9] Blair Hedges S. The origan and evolution of model organisms[J]. Nature Reviews，2002，3：838－849.

[10] Wiederhold M L，Gao W Y，Harroson J L，et al . Development of gravitysensing organs in altered gravity[J]. Gravit Space Biol Bull，1997,10：91－96.

[11] Tou J，Ronca A，Grindeland R，et al . Models to study gravitational biology of mammalian reproduction. Biol Reproduction[J]，2002，67：1681－1687.

[12] Marxen J C，Reelsen O，Becker W. Embryonic development of the freshwater snail Biomphalaria glabrata under micro－g conditions (STS－89 mission)[J]. J Gravit Physiol，2001，8：29－36.

[13] Ijiri K，Mizuno R，Eguchi H. Use of an otolith－deficient mutant in studies of fish behaviour in microgravity[J]. Adv Space Res，2003，32：1501－1512.

[14] Suda T. Lessons form the space experiment SL－J/FMPT/L7：The effect of microgravity on chicken embryogenesis and bone formation[J]. Bone，1998，22：73S－78S.

[15] Serova LV. Effect of weightlessness on the reproductive system of mammals[J]. Kosm Biol Aviakosm Med，1989，23：11－16.

[16] Denisova L A，Tikhonova G P，Apanasenko Z I，et al . The reproductive function of male rats following space flight on the Cosmos－1667 biosatellite[J]. Kosm BiolAviakosm Med，1989，22：58－63.

[17] Yokota H，Neff A W，Malacinski G M. Early development of Xenopus embryos is affected by simulated gravity[J]. Adv Space Res，1994，14：249－255.

[18] Wassersug R J. Vertebrate biology in microgravity[J]. American Scientist，2001，89：46－53.

[19] Vemos I，Gonzalez J，Jurado J，et al . Microgravity effects on the oogenesis and development of embryos of Drosophila melanogaster laid in the Space Shuttle during the ESA Biorack experiment[J]. Int J Dev Biol，1989，33：213－226.

[20] Adams G R，McCue S A，Bodell PW，et al . Effects of spaceflight and thyroid deficiency on hindlimb

development. I. Muscle mass and IGF - I expression[J]. J Appl Physiol, 2000, 88: 894 - 903.

[21] Landis W J, Hodgens K J, Block D, et al . Spaceflight effects on cultured embryonic chick bone cells [J]. JBMR, 2000, 15: 1099 - 1112.

[22] Collet P, Uebelhart D, Vico L, et al . Effects of 1 - and 6 - month spaceflight on bone mass and biochemistry in two humans[J]. Bone, 1997, 20(6): 547 - 551.

[23] Carmeliet G, Nys G, Bouillon R. Microgravity reduces the differentiation of human osteoblastic MG - 63 cells[J]. J Bone Miner Res, 1997. 12(5): 786 - 94.

[24] Boyle R, Mensinger A F, Yoshida K, et a1. Neural readaptation to earth's gravity following return from space[J]. J Neurophysiol, 2001, 86: 2118 - 2122.

[25] Dememes D, Dechesne C J, Venteo S, et a1. Development of the rat efferent vestibular system on the ground and in microgravity[J]. Dev Brain Res, 2001, 128: 35 - 44.

第七章 空间生理学

第一节 基 本 概 念

空间生理学(Space Physiology),亦称航天生理学,是空间生命科学的一个重要的组成部分,主要研究重力(特别是微重力)对人体和动物的影响规律与机理,以及可有效地防护这些影响的对抗措施。

空间生命科学探索航天特殊环境对生命的影响,以及重力对生命起源、进化、发展与老年化过程的作用。它包括医学与生物学,以及相关的学科如物理学、化学、天体物理学、工程学与宇航学等。空间生命科学的研究领域与地球上研究生命科学已有的领域与分类并没有太大的差别,只是在特殊的航天环境探索与研究生命科学问题。特殊的航天环境主要有微重力、辐射、隔离、狭小空间对活动的限制、昼夜节律改变与应激作用等。因此,空间生命科学仍然可分为空间(或航天)生物学与航天医学两大领域。空间生物学主要是研究航天活动中,辐射产生的生物学效应与防护方案,以及微生物、植物、动物与人体对微重力环境的适应及其机理。由于长期微重力条件下人体的适应改变影响航天员的健康,甚至会危及飞行安全,故必须建立有效的对抗措施,因此,空间生理学的研究尤为重要,为突出其重要性,NASA 将其从空间生物学中分离出来,专门列为一类。

航天医学则研究如何选拔、培训航天员,在航天活动中保障航天员与飞行乘客的健康,对少数急性疾病的救治,以及返回地面后的恢复与再适应。经过将近 50 年的载人航天实践活动,美国已形成了完善的航天员选拔标准,并建立了各种训练方案。NASA 将航天员分为 4 类:领航员(Ⅰ类)、飞行任务专家(Ⅱ类)、载荷专家(Ⅲ类)与参与者(Ⅳ类),在选拔过程中,对于这 4 类人员的标准大不相同,对Ⅰ类航天员身体素质要求最高,对Ⅳ类航天飞行参与者只需身体健康,身高在 150～190 cm 即可。对于初选出的预备航天员,要进行全面体检,通过体检者,按照同样的标准每年均进行一次复检。航天员训练除维持良好的身体素质与体能外,更重要的是职业技能培训,这些训练包括对航天特殊环境的体验,对飞行器进行熟练的操控以及逃逸与救生训练。对于不同的飞行器,需进行专门的训练,与驾驶不同的飞机需要进行机种改装训练一样。另外,航天员的训练不仅只是对参加飞行任务的一名或几名航天员进行培训,而且需要地面控制中心的全体人员与航天员形成一个任务团队,进行密切的协同训练。目前,对于培训项目,每一项目所需训练时间,训练的要求与目标,不同航天飞行器(俄国联盟号飞船、ISS 与航天飞机等)的训练方案,NASA 已形成了固定的模式与成熟的体系。其实,航天员的职业技能训练的许多内容已超出了航天医学的范畴。

因此,航天飞行过程中的医疗保健、选择并指导实施对抗措施,飞行过程中疾病和损伤的治疗指导,以及飞行后的康复则是航天医学的主要内容。经过多年实践积累,NASA 已具备了较为完善的体系。首先,对航天活动中出现的航天员健康问题有充分的了解,并按其发生频率进行了排序。以此为基础,选择出了相应的医疗设备,使每个设备既必不可少又能发挥最大效益。这些医疗设备分为两个层次:航天飞机或飞船上使用的基本医疗系统,ISS 上使用的保健与生命科学研究用医疗设备。基本医疗设备其实就是 3 个急救包,仅提供快速的医疗救护,每个医疗包质量小于 3 kg。急救包中有听诊器、血压计、缝合包、温度计与注射用急救药等,药品与绷带包中主要有胶布、创可贴、纱布绷带与口服药等,器械包中主要装备呼吸器、静脉输液器与除颤器等。ISS 上的医疗保健系统(CHeCS)包括健康维护、环境监测与对抗措施 3 个单元,并对在微重力环境下设备的正确使用进行了详细的研究,如因缺乏质量,心脏除颤器采用黏附式电极板;心肺复苏时需挤压胸腔,故将救治人员也用束缚带进行固定。环境监测系统可实时监测舱内毒物浓度,并制定了每种毒物的最大容许浓度标准(SMAC)。对舱内空气、水与仪器面板上的微生物进行监测,并监测水质与舱内外辐射剂量。另外,人体研究系统(HRF)不仅可开展航天生理学与医学研究,而且可作为 CHeCS 的补充设备,如超声影像系统 ATL5000 与气体代谢分析系统(GASMAP),HRF 中还包括压缩空气与真空泵等辅助设备。除医疗设备外,还制定了详细的急救标准,对每名航天员进行医疗常识的培训,并有一名从事生命科学研究的航天员作为“随船航医”(Crew Medical Officer,CMO),进行一般性医学问题的处置,并可通过远程医疗系统在地面专家的指导下,处理深入而复杂的问题。目前,正在进行航天外科治疗实施方案的研究。

由于在太空停留时间的长短是影响生物与机体的重要因素,故可将与生命科学研究相关的飞行分为 3 类:一是短期飞行(数小时至 1 周),在 20 世纪 60 至 80 年代期间有较多的飞行,如水星号(Mercury)、双子星座(Gemini)、生物卫星(Biosatellite 与 Cosmos)等均属于这类飞行;二是中期飞行(8～28d),20 世纪 80 年代自今多采用,航天飞机、美国的第一个空间站天空实验室以及美国与苏联的联合飞行(Shuttle - Mir 计划)等则属于这类飞行;三是长期飞行(4 周至数月),2000 年国际空间站建立并开始运行后,基本转向这类飞行。

短期载人航天的影响主要包括体液的头向转移与空间运动病:重力的减小或消失,使积聚于人体下肢的血液发生头向转移,直接导致头面部水肿;同时,经神经－体液调节,可引起饮水减少。在微重力环境,因机体的本体感受、前庭半规管对重力的感受消失,航天员仅凭视觉感知周围环境,故空间运动病发病率高达 60％～70％,但是,航天员在 3～5d 内即可适应新的环境。所以空间运动病仅对短期航天飞行产生明显影响,一般采用药物即可预防其发生。中期和长期的影响则较为广泛,涉及骨骼、抗重力骨骼肌、心血管与免疫等多个系统。这些均为适应性变化,在返回地面 1 *g* 重力环境后基本可以恢复,迄今为止尚未见微重力引起机体病理性改变的报道。微重力引起的机体变化,一般为间接作用所导致,而微重力或重力对哺乳动物细胞是否具有直接影响,目前尚处于争议阶段。

第二节　微重力对心血管系统的影响及其对抗措施

一、微重力对心血管系统的影响

微重力对心血管系统的影响,是最早发现并确立的微重力对航天员的主要影响之一。航天飞行之后,航天员普遍呈现心血管系统功能失调,其综合表现为立位耐力不良与运动能力降低。所谓立位耐力不良,是指当人站立时,不能维持血压的稳定而导致晕厥前征兆甚至晕厥的一种综合征。微重力引起的航天员立位耐力不良，可能成为舱外活动(Extra - Vehicular Sctivity，EVA)的限制因素之一，亦可能对航天员返回地面时的逃生构成潜在威胁。其形成机理可能涉及血容量降低、颈动脉压力感受器敏感性下降、心肌萎缩与心肌收缩性能降低、血管反应性减弱以及下肢静脉顺应性增加等诸多方面。目前采用下体负压(Lower Body Negative Pressure，LBNP)、运动锻炼与药物等对抗措施，对立位耐力不良基本有效。

1. 体液头向转移

在飞行准备阶段，航天员需穿 41 kg 重的舱内航天服，取仰卧位，髋与膝关节屈曲 90 度，在飞行舱内等待至少 2.5 h，甚至 4 h。这使得体液发生头向转移而引起尿量增加，或者由于小便的不方便，航天员在飞行前 12～24 h 内即开始限制饮水量。这些均使得航天员在飞行准备阶段即出现体液量减少。

进入地球轨道后，体液继续向头部转移，在 6～10 h 内可完成，并在整个飞行过程保持这种体液头向转移的状态。由于体液的头向转移，航天员出现下列症状：头胀(fullness in the head)，鼻塞与感冒相似，嗅觉与味觉减退，眼睛内发胀，快速转动眼球时感疼痛，口渴感降低导致饮水减少，偶有头痛的主诉。其体征为头颈部静脉充盈突起，眼周浮肿，面部肿胀(puffy face)与双下肢变细，呈现所谓的“鸡腿综合征(chicken leg syndrome)”。测量表明与飞行前仰卧位相比，航天员前额组织厚度增加近 7%，腿容积减少约 10%～30%，肺毛细血管容量增加 25%，眼内压增加 92%。计算表明大约 2 L 液体从下身转向上半身。

体液头向转移引起心血管系统的变化有心输出量与每搏心输出量增加，心脏增大。这些变化持续 24～48 h，心率、每搏量与心输出量恢复至飞行前水平，仅血压稍低于飞行前。中心静脉压在准备阶段增加，在发射与上升阶段进一步增加，进入地球轨道后的 1 min，即下降并低于正常水平，在航天过程中均低于正常水平。

真实航天飞行引起的航天员体液头向转移与地面头低位卧床模拟微重力导致体液头向转移，存在三方面地明显差别：其一，航天飞行引起体液头向转移的容量大于卧床；其二，航天员中心静脉压不增高；其三，航天员不出现尿量增多的现象。

2. 血容量减少

航天飞行第一天即出现血浆容量减少 17%，3～5d 内达到平衡，大约减少 2 L 的体液量。这样使血比容增加，进而可能引起促红细胞生成素分泌减少。因此，长期航天飞行出现红细胞数量降低，最终导致全血容量减少 11%左右。

在 EVA 期间，航天员工作负荷增加，平均代谢率为 800 kcal/h(1cal＝4.184J)，且有短暂时间内(5～10 min)代谢率可达到 1 500 kcal/h 的阶段。因此，6 h 的 EVA 可使航天员体重降低 0.7～2.2 kg，这些均是体液丧失的结果。舱外航天服内备有饮用水，可通过吸管饮水，如果航天员不能饮到水，则体液丧失量将更严重。

3. 心血管功能改变

超声心动图观测表明，航天飞行的 1～4d，航天员左心室舒张末期容积(LVEDV)增加，从第 5 天开始，LVEDV 降低至正常水平以下(见图 7 - 1)。

因此，航天飞行使心脏处于低动力状态，故有观测发现心脏质量下降 8%～10%，出现心脏萎缩。在航天活动中，除静息心率增加外，曾有严重心率失常的报道：Apollo15 号飞行过程中，一名航天员出现室性二联律。Skylab 的航天员在进行 EVA 与运动测试时，出现异位心律。“和平号”空间站上一名航天员出现阵发性室性心动过速(以心率快速搏动 14 次为一个周期，见图7-2)。

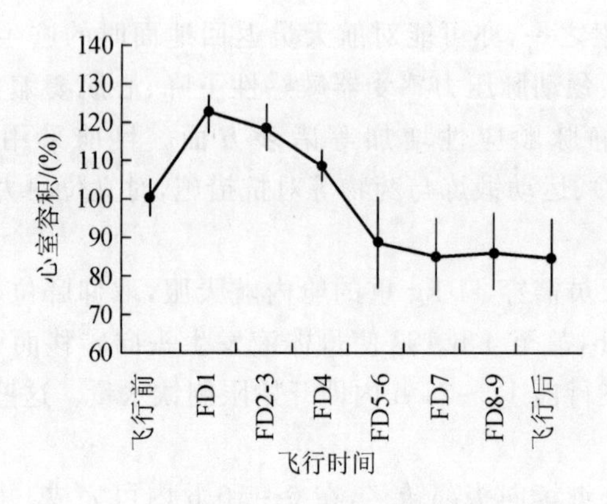

图7-1　航天员左心室舒张末期容积的变化

FD—飞行天数

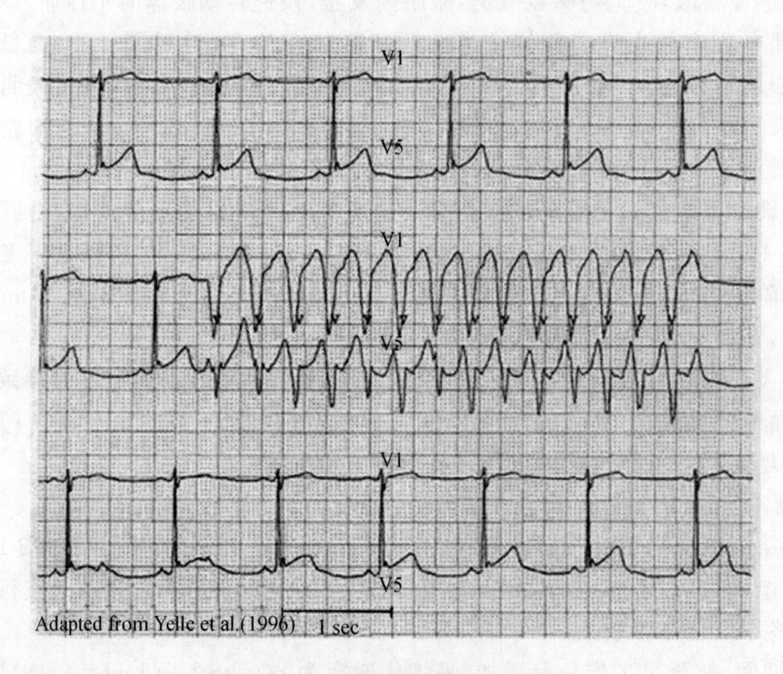

图7-2　航天员偶发性室性心动过速

在“和平号”空间站10年的心电图记录中，有31例不正常心电图，75例心律失常。航天飞行中心律失常的诱因不仅只是微重力，可能还包括电解质不平衡、心理与生理应激以及睡眠不良等因素。另外，航天员颈动脉窦压力感受器敏感性降低。

地面模拟微重力的大鼠实验表明，心肌收缩性能出现适应性降低；前身血管功能增强，而后身血管功能降低。

4. 心血管脱适应(cardiovascular deconditioning)

当从微重力环境返回地面后，由于重新受到1 *g* 重力环境的作用，心血管功能不能立刻适应原有的重力环境，出现心血管的脱适应现象，也就是心血管功能紊乱。心血管脱适应的主要表现包含两个方面：立位耐力不良(orthostatic intolerance)与有氧运动能力降低。

立位耐力不良指人体受到立位应激(站立或下体负压)作用时,心率过分增高而血压不能维持,引起晕厥前征兆或晕厥的一种综合征。航天飞行的航天员在着陆后1～2周内,心率、收缩与舒张压均明显升高。返回地面后的立位耐力不良为常见现象,由于判断立位耐力不良标准的不统一,故对其发病率的报道亦不一致。立位耐力在静止站立的条件下检测,其结果的实际价值有限,因为步行时下肢肌肉第二泵的作用,可能不会引起晕厥,只会感到轻度头痛。一般而言,短期航天飞行可导致大约63%的航天员不能通过10 min的站立测试,而在飞行前这些航天员均能耐受。长期航天飞行(129～190d)引起航天员立位耐力不良的程度较短期飞行者更为严重。对于乘飞船返回地面的航天员,由于采取仰卧位,加速度的影响不明显。然而,驾驶航天飞机的航天员,因为必须采取坐姿,由于存在立位耐力不良,故头至足向加速度的耐力明显降低,1.3～1.5 *g* 的加速度即相当于正常飞行员5～6 *g* 加速度的作用效果。

引起立位耐力不良的机理可能包括诸多因素:早期认为下肢顺应性增加是其形成的因素之一,由于短期航天飞行并未发生下肢顺应性改变,但也能导致立位耐力不良,故可基本排除下肢顺应性的影响。颈动脉窦压力反射器敏感性降低可能是形成因素之一。目前尚不能证明脑血管的自律性调节功能参与其中。血容量降低可能是形成飞行后立位耐力不良的主要因素,但是航天员返回地面前采取口服盐水恢复血容量的对抗措施,仅只有部分效果,提示还有其他因素参与立位耐力不良的形成。一个潜在的因素可能是血管反应性减弱,其理由是飞行后血管外周阻力明显降低,但交感神经活性保持正常,因而提示血管反应性减弱是其限制环节。自律神经功能紊乱与心脏萎缩亦可能导致立位耐力不良。

有氧运动能力降低:短期航天飞行对有氧运动能力不产生明显的影响;长期飞行中在不采用运动性对抗措施的条件下,有氧运动能力亦降低,但是,以运动为基础的对抗措施可在飞行过程中保持航天员有氧运动能力不改变。尽管如此,9～14d短期航天飞行后,着陆的第一天,航天员最大氧耗量仍降低22%。有氧运动水平高的航天员,其最大氧耗量的下降幅度大于有氧运动水平低的航天员。有氧运动能力降低可能是血容量减少、每搏量与心输出量降低的结果,与心率、血压和动静脉氧弥散无关。

二、心血管脱适应的对抗措施

1. 下体负压

将人体剑突以下置于一小舱内,用橡皮装置形成密封环境,迅速(10 s)或缓慢(10 min)产生最大−60 mmHg(1mmHg=133.322Pa)的负压,并同时监测心率和血压的变化;下肢可在舱内活动,以改变骨骼肌负荷,这一装置被称为下体负压舱。小于−20 mmHg的LBNP仅通过心肺受体而影响血压。−40～−50 mmHg的LBNP相当1 *g* 站立的作用,可刺激主动脉弓与颈动脉窦压力感受器。持续LBNP暴露时,血浆肾素与其他调节血容量的激素(如醛固酮)含量增加。与站立时相似,在LBNP期间,心血管系统必须升高血压以保持上肢与头部的血液供应。所以,LBNP可在微重力环境下恢复1 *g* 重力引起的人体体液的梯度分布,以保持一定程度的重力对心血管系统的间接刺激作用,从而维持心血管系统正常功能。LBNP还可在航天飞行中检测人体的立位耐力。对于心血管系统而言,迄今为止,LBNP是一种有效的对抗措施,所以,俄罗斯将LBNP作为返回地面前的常规对抗措施,其方案见表7-1。除LBNP舱,俄罗斯还使用"嬉皮士"服("Chibis" suit)进行LBNP锻炼,这一服装的最大优点是可以在行走和工作的时候,进行LBNP锻炼。美国则正在研究在LBNP舱内放置跑台,对心血管系统与骨骼肌同时施加负荷。但是,在－50mm Hg LBNP 下,以中度负荷在跑台上运动 40 min,未改善立位耐力。

表 7－1 返回前俄罗斯航天员 LBNP 训练方案

阶 段	训练单元	压力/mmHg	每一压力的作用时间/min
预备阶段	第 1 天	10,15,20,25	5
	第 2 天	15,20,25,30	5
	第 3 天	20,25,30,35	5
	第 4 天	25,30,35,40	5
	第 5 天	25,35,40,45	5
	第 6 天	25,35,40,45	5
最后两天	循环 1	25,35,40,45	5
	循环 2	25,35,45,30	5

LBNP 锻炼前饮水 200 mL。每一循环完成后,在 1 min 内将压力缓慢降至 0 mmHg。

在航天飞行中实施 LBNP 时,下肢容量大幅增加,其容积增加的量明显大于飞行前在地面进行的对照观测;心率的增快也高于地面。这可能是下肢骨骼肌紧张度减低与血压调节机制改变的结果。由于 LBNP 时,心血管系统改变的个体差异较大,所以,目前还难以依据航天中 LBNP 的结果来预测着陆后的立位耐力不良的发生率。

2. 增加容量负荷

返回前饮 1 L 等张盐水(1 L 水或饮料中加 8 片盐片),可增加大约 400 mL 血容量,维持至少 4 h。对短期飞行后立位耐力不良有较明显的防护作用,然而对于长期飞行的有效性降低。

返回时穿抗荷服(抗 *g* 服)或用橡皮带于双侧大腿腹股沟部适度扎紧,可防止血液向下身转移。俄罗斯采用专门的服装,以限制血液向下肢转移,该服装称为 Kentavr 服。

3. 有氧运动锻炼

运动锻炼的类型有 4 种:①有氧运动锻炼(Aerobic Exercise),亦称耐力运动锻炼(Endurance Exercise);② 无氧运动锻炼(Anaerobic Exercise),亦称阻力锻炼(Resistance Exercise)或强度锻炼(Strengthening Exercise);③ 拉伸或柔韧性锻炼(Stretching or Flexibility Exercise);④平衡锻炼(Balance Exercise)。有氧运动锻炼是大部分骨骼肌参与活动、每次锻炼时间大于 20 min 且有规律地进行、使心率达到最大心率的 60%～80%、并使机体摄氧量大幅增加的运动锻炼。因此,有氧运动锻炼对心肺功能产生较大的刺激作用。

长期坚持有氧运动锻炼能增加体内血红蛋白的数量,增加血容量,提高机体抵抗力,抗衰老,增强大脑皮层的工作效率和心肺功能,增加脂肪消耗,防止动脉硬化,降低心脑血管疾病的发病率,增加胰岛素敏感性,改善精神状态。因此,有氧运动锻炼对航天飞行引起的立位耐力不良具有有限的改善作用,特别飞行前有氧运动水平较高者更是如此。另外,航天飞行中高强度有氧运动锻炼对保持飞行后有氧运动能力亦有部分作用。除此之外,航天中进行有氧锻炼,可部分防止抗重力骨骼肌质量与强度的下降。

为了保存航天员有氧运动能力,在 Skylab 与"和平号"空间站上耗费了大量时间与食物,如航医推荐的锻炼时间为短期飞行每天 15 min,长期飞行隔天一次,每次 1 h。由于航天飞行中食物、水与氧气有限,故有氧运动必须发挥最大效益,即以最少的食物、水与氧气的消耗,保持最佳有氧运动能力。有研究表明，每天减少 30 min 的有氧运动锻炼时间，一年可节省 110 869 kcal 的食物与 91 L 水。未经运动训练的健康青年，每天进行 30 min 的 50％或接近最大氧耗量的运动，即可满足有氧锻炼的最低水平，航天中由于缺乏其他有氧活动（如行走），故最低运动水平应稍增加。

有氧运动锻炼包括步行、跑步、游泳、骑自行车、划船、滑雪与舞蹈等。ISS 配备的锻炼设备有跑台——保持有氧功率（Aerobolic Power）；自行车功量计——保持肌肉强度与骨矿；以及手握力器——保持手的强度，以便进行 EVA。跑台可进行步行与跑步锻炼，为了施加接近 1g 的负荷，采用弹性负荷装置，亦称双负荷跑台（Tethered Treadmill）。跑台能电动驱动也可被动转动。跑台旁设置吸风管道，可将运动时人体的汗液吸干。自行车功量计的负荷可人工或计算机进行调整，可在坐位或仰卧位进行锻炼，并同步记录功率与转速。

航天飞行的航天员在入轨第三天开始有氧锻炼，每隔一天锻炼一次。国际空间站上的锻炼方案更加严格。“和平号”上的航天员需每天运动 2 h，俄罗斯航天员在锻炼时，在大腿近腹股沟处扎一个橡皮圈，虽然目前对其有效性尚不确定，但航天员报告称可减少头部充血与面部的水肿。强度训练可能防止心肌萎缩，增强下肢肌力可增加“肌肉泵”的作用。迄今为止，不同运动类型对心血管脱适应的作用尚不清楚。

4. 热习服

EVA 与其他星球表面行走时均需穿航天服，而航天服的制冷能力有限，故航天员一般感觉闷热，不舒适。热负荷可引起机体脱水而降低立位耐力，故航天员需要进行热习服。一般性热习服为每天在热环境暴露 1 h，1 周即可完成。需耐受更高热环境的热习服需持续每天暴露于 34℃环境 8～9d。

5. 药物与其他对抗措施

（1）血管收缩剂。

飞行后立位耐力不良的机制之一是在受到 1 g 重力作用时，血管外周阻力增加幅度较小，因此考虑使用血管收缩剂。Midodrine 为受体激动剂，可使外周动、静脉血管收缩，临床上用来治疗立位性低血压。卧床实验表明该药有效。其作用机理尚不清楚，因航天飞行后交感神经活性增加，Midodrine 可能使那些对交感神经激活作用不敏感的血管收缩。

（2）氟氢可的松（Fludrocortison）。

氟氢可的松在临床上用来治疗立位性低血压，其作用与醛固酮相似，具有储钠排钾而增加血容量的作用。氟氢可的松可有效对抗卧床引起的立位耐力不良。航天飞行中使用此药无效，但其用药时间短于卧床实验。这是一种潜在的备选药。

（3）促红细胞生成素（Erythropoietin）。

促红细胞生成素多用于肾透析与贫血患者。重组人促红细胞生成素（Epogen Alfa）需每天注射，新的长效促红细胞生成素（Darbepoetin Alfa）可每周注射一次，口服药正在研制之中。促红细胞生成素可增加血球压积，但在运动员中使用发生过严重事件，故航天中确需使用这种药物时，也只能在返回前一周开始使用。

（4）缺氧。

大于 2 500 m 的缺氧可刺激体内内源性促红细胞生成素的产生，所以，航天员可采用运动员“高原睡眠，平原训练”（Live High - Train Low）的方案，使体内促红细胞生成素含量增加，保持血容量。

(5)自体输血。

运动员采取自体输血的方式可提高运动成绩,被称为血液兴奋剂。自体输血 900～1 350 mL,在 24 h 内可增加最大氧耗量 4%～9%。航天中采用这种方法存在血液的存储与防止细菌污染的困难。

(6)身体降温。

皮肤降温可使外周血管收缩,同时,手与面部的冷刺激可增高交感神经活性(冷加压试验),这种方法可增加 LBNP 耐力,可作为备选对抗措施之一。

6. 人工重力

心血管系统每天所需最低人工重力水平尚不清楚。

上述多种对抗措施均围绕保持或增加血容量、增加总血管外周阻力与防止血液向下身大幅转移而展开。尽管目前采用了多种对抗措施,立位耐力不良仍是一个尚未解决的主要问题。

第三节 微重力对骨骼系统的影响及其对抗措施

一、微重力对骨骼系统的影响

长期载人航天期间,航天员生活在密封的座舱环境中,光照度较低而 CO_2 浓度较高,同时由于微重力而使骨骼肌收缩负荷最小化,这些均对骨骼系统产生明显的影响。

1. 尿钙含量升高

一旦进入航天飞行,航天员尿钙含量即增加 60%～70%(见图 7－3)。航天飞行过程中,尿钙含量持续升高。数月或更长的航天飞行是否仍导致尿钙持续增加或恢复正常水平,目前尚不清楚。卧床实验与脊髓损伤患者的观测提示航天中增加的尿钙最终可慢慢降低。

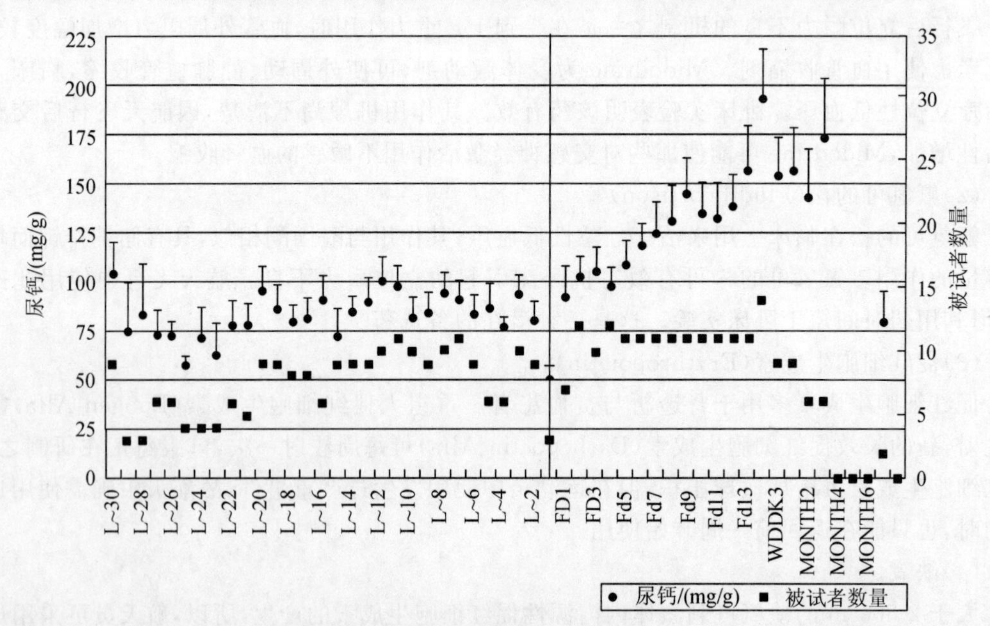

图 7－3 航天员尿钙含量的变化

L:飞行前;FD:飞行天数

尿中 N－telopeptide 或 C－telopeptide 为骨吸收的标志物，Skylab 航天员的尿样分析表明，航天飞行过程中，这两种物质升高并维持在较高水平，表明骨持续吸收引起尿钙增加。骨形成的标志物为骨钙素，180d“和平号”飞行的航天员其骨钙素明显降低，动物研究亦表明微重力引起骨形成抑制。

2. 骨质流失的速度与部位

Skylab 研究表明，全身骨骼系统钙丧失的总速率为每月 0.3%，但是在骨骼系统的分布并不均衡，“和平号”空间站与国际空间站的观测资料表明（见图 7－4）：骨质流失以下部腰椎、髋关节与下肢骨骼为主，最高达每月 1.7%骨质流失的骨质流失，股骨干皮质骨的骨质流失不明显，上肢与头部骨骼骨质反而增加，图 7－4 中所示数据为平均值，个体之间存在较大差异，因此，对抗措施的实施中应该重视所存在的个体差异。骨质流失采用对抗措施可减缓骨质流失的速度，但不能骨质流失完全防止骨质流失。由于采用的测量方法不同，报道的骨质流失率存在较大差异，六个月航天飞行中，骨质流失最高的骨质流失可达到 15%～22%。

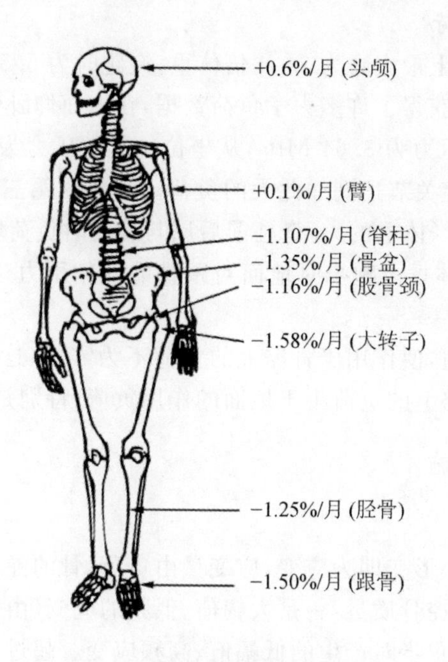

图 7－4　骨质丧失的部位与速度

＋：骨质增加；－：骨质丧失

目前用以测量骨质流失的方法主要有 X－线骨密度仪、双能量 X－线吸收仪（Dual－Energy X－ray Absorptiometry，DEXA）与定量 CT（QCT）等。脊髓损伤患者股骨干骨矿含量降至正常值的 75%并稳定在此水平，胫骨近心干骺端骨质流失达到 40%～50%正常值后不再降低。所以，航天员与脊髓损伤患者骨质流失的资料可相互借鉴。

航天飞行引起骨质流失的一个显著特点是丧失迅速而恢复缓慢。“和平号”空间站上一名航天员在 4.5 月内骨质流失约 12%，然而返回地面 1 年后，才恢复 6%。Skylab 上飞行 1～3 月的航天员，返回地面后 5 年，随访表明骨质流失并未完全恢复。这一特点与脊髓损伤患者的骨质流失有类似之处，脊髓损伤完全或部分恢复后 1 年，其骨质流失仍不能恢复。

3. 骨质流失的可能危害

航天员骨质流失导致负重能力降低，增加骨折的危险，有分析表明，每月1%～2%的骨质流失，可使骨折的可能性增加5倍。骨质流失的另一潜在性危害是形成肾结石。骨质脱钙还可能影响骨髓的造血功能。

4. 骨代谢调节激素

Skylab观测航天员血钙浓度处于正常范围的上限值，这可能是由于短期与长期航天飞行航天员血甲状旁腺素(PTH)浓度降低所引起，PTH降低可进而引起Vit D减少，导致胃肠道钙吸收减少。短期航天飞行不改变其他骨代谢调节激素的血浆水平，如降钙素与生长激素等。

5. 骨质流失的可能机理

如此前章节所述，骨质流失的细胞机制目前尚未完全阐明。航天员尿中羟脯氨酸含量增加表明骨吸收增加。动物研究表明微重力导致成骨细胞活性受到抑制，骨形成降低。两种作用之和导致骨质流失。

6. 航天飞行中骨的负荷

在地面行走时，髋关节上最大力为3～4倍体重，慢跑时为5.5倍体重，而上楼梯达8.7倍体重。通过髋关节植入体，获得了许多力学负荷数据，在地面仰卧体位大腿外展产生的最大压力为3.78 MPa，行走时的压力为3.64 MPa，从坐位站起的压力为7.14 MPa。航天中使用的运动性对抗措施均没有使髋关节达到如此大的负荷。站立时第三腰椎受力与体重相等，约为70 kg f(686 N)，坐位为75%体重的力，脊柱前后屈与旋转时负荷增加。行走时膝关节受力为3倍体重，爬楼梯时为4倍体重。跑步时地面对跟骨的反作用力达2～3倍体重，坐与站立时均存在这种作用力。

由于使用各种对抗措施，使作用于骨骼上的负荷不为零，但这些负荷呈间断性作用，且通过对抗措施施加于下肢骨骼上的负荷小于地面的作用负荷，特别是冲击性负荷。

二、骨质流失的对抗措施

1. 运动锻炼

机械负荷引起骨的微小形变即为应变，应变量由负荷、骨的弹性与几何结构所决定。一些研究者认为，有两种因素调控骨质量：一是大幅值、低频的应变(由多种运动性锻炼产生)；二是从坐位转向站立时、步行与跑步时产生的低幅值、高频应变。超过应变值的上限则促进骨重塑进而增加骨质量，低于下限则使骨质量降低。

为了在航天飞行中对骨骼施加大幅值低频应变，必须采取运动锻炼，研究表明阻力运动较有氧运动锻炼对骨质流失的对抗作用更强，但是，总体而言，运动性对抗措施对负重骨的骨质流失的阻止作用较小。迄今为止，所有关于机械负荷对抗措施的实验均没有明显效果，因为航天飞行中施加于人体骨骼上的负荷，必须同等于地面每天行走4 h所产生的负荷。短期高负荷与长期低负荷何者对保持腰椎骨质量更有效，目前尚不清楚。负重下蹲锻炼可能有助于防止或减轻航天微重力引起的骨质流失。

2. 振动

冲击性力与力的幅值对维持跟骨骨矿含量是重要的。为了在航天飞行中对骨骼施加低幅值、高频应变，则可采用振动装置。地面研究表明，低频振动可以刺激骨生长。这一对抗措施在动物证明有效，如在人体亦证明有效，则可成为长期飞行中采用的对抗措施的备选方案之一。航天飞行中航天员腰背痛发生率较高，腰椎间盘体积明显增加，最新的研究观测表明，采用低幅值高频振动作用后，可明显降低腰椎间盘体积，并减轻腰背痛。

3. 营养

除通过饮食摄入热量外，蛋白质、钙与其他营养物质与骨代谢相关。对磷、钠、钾和镁既没有限定也没有特殊的需求。航天员营养方案在飞行中与地面相同，只是每天需摄入 1 000 mg 钙。食品中钙/磷比例不应超过 1∶1.8，过高会在肠道内抑制钙吸收。推荐镁的摄取量为 350 mg/d，但是，对镁的准确用量尚缺乏仔细的研究。

4. 药物

(1)双磷酸盐类药物。

双磷酸盐类药物包括（按其作用强度由低至高排序）Etidronate，Tiludronate，Pamidronate，Alendronate，Risedronate 与 Zoledronate。双磷酸盐类药物类似与焦磷酸盐，与骨基质的羟磷灰石结合，是破骨细胞吸收的抑制剂。最新的研究证据表明，还具有抑制破骨细胞并促进其凋亡，故显示促骨合成代谢的活性。双磷酸盐吸收入血后不能被降解，2 h 内从血浆中廓清，20%～80%沉积于骨组织中，剩余的由尿液排泄，在骨骼中的半衰期为数年。药物的长期安全性尚不清楚，在航天中是否具有长期抑制骨吸收的作用亦不清楚。为防止妇女闭经后骨质疏松，双磷酸盐药物正在试用。卧床研究表明，Alendronate（默克公司商品名 FOSAMAX）可有效防止高尿钙，保持人股骨颈与转子、脊椎骨与骨盆骨的骨矿密度。虽然跟骨骨密度仍有中度降低，但比对照组的骨质流失程度减轻。其他新的双磷酸盐药物可能更为有效。

每天服用第一代双磷酸盐药物 Etidronate，可损害骨的矿化功能。个别患者长期使用 Etidronate 时，拔牙后会出现上颌骨坏死，这是否由于骨更新被抑制后上颌骨对损伤的反应性降低所导致，目前尚不清楚。第三代 Alendronate 与 Zoledronate 克服了影响骨矿化的副作用。在人与动物使用 Alendronate 后，对骨折愈合与骨重塑未见明显影响。闭经妇女的临床实验表明，10 mg Alendronate 是最佳剂量。航天中使用的最适剂量尚不清楚。

(2)噻嗪类利尿剂。

双氢克尿噻与氯噻酮并未广泛用于防止骨质流失的防护，主要用于防止肾结石的形成。这类药可明显地减少尿钙分泌。流行病学调查、回顾与交叉研究表明，噻嗪类药物亦有防止骨质流失的作用，可减少 20%骨折的危险性，使桡骨骨质流失减少 29%，髋关节减少 49%。噻嗪类药物可能直接作用于成骨细胞，促进合成代谢，其在航天中的作用尚不清楚。

双氢克尿噻易于经胃肠道吸收，2 h 开始有利尿作用，4 h 达峰值，可持续 6～12 h。抗高血压与防肾结石的剂量从每天一次、每次 25 mg 至两次、每次 50 mg。纵向观测表明治疗骨质疏松的剂量为每天一次，每次 12.5～25 mg。其主要副作用为低钾血症，这是通过改变细胞内 pH，增加尿中枸橼酸的再吸收，使尿中分泌的枸橼酸减少，可同时服用枸橼酸钾以防止这一副作用。噻嗪类利尿剂已在临床应用 40 余年，人们对其副作用有充分了解，除低钾血症外，可能还会产生低钠血症、尿钙增加、高血糖，偶见高血钙。

(3)枸橼酸钾。

与噻嗪类利尿剂联合使用，可碱化尿液，防止肾结石形成。枸橼酸钾可能亦有减少骨吸收，增加骨形成的作用，这些尚需卧床实验进行系统观测。

(4)选择性雌激素受体调制剂(SERMs)。

SERMs包括Tamoxifen,Toremifene与Raloxifene。由于单纯使用雌激素,可引起反馈性抑制作用,而SERMs则可选择性作用于具有雌激素受体的细胞,产生激动剂或拮抗剂的作用。闭经妇女使用Raloxifene具有增加骨质量的作用,且没有雌激素引起的乳房与子宫内膜改变的副作用。男性也有用raloxifene的病例,但对制动引起的骨质疏松的作用尚未观测。航天中出现的骨质流失是否与雌激素相关尚不清楚,所以,SERMs的有效性尚待观察。另外,雌激素有引起血栓性静脉炎的副作用,应高度重视。目前正在探寻一种葡萄糖依赖性促胰岛素肽,骨细胞上有这种受体,可能能防止骨质流失。

(5)抑制素(statin)。

降低血清胆固醇的抑制素,如Lovastatin,Simvastatin,Pravastatin与Atorvastatin,动物实验表明具有促骨形成作用,流行病学调查可减少骨折概率。航天中的作用以及卧床实验均未观测。

(6)甲状旁腺素。

环甲状旁腺素(hPTH1-34)可增加骨质疏松患者的骨质量。大鼠实验表明PTH可有效地保持制动肢体骨的质量。PTH可促进肾脏重吸收钙并促VitD合成。航天飞行中,航天员PTH降低,故可补充PTH,这符合生理需求,但PTH有一少见的副作用就是形成骨肉瘤。

5. 人工重力

人工重力可能是在航天飞行中防止骨质流失的最根本的措施,但其作用强度与持续时间有待系统研究。

第四节 微重力对骨骼肌系统的影响及其对抗措施

一、微重力对骨骼肌系统的影响

地面站立和取坐位时,维持人体这些直立姿势的肌肉,统称为抗重力肌。航天飞行引起抗重力骨骼肌萎缩,加上立位耐力不良与平衡机能失调,使航天员返回地面后,很难自己走出航天器。骨骼肌萎缩使骨骼负荷减轻,不利于防止骨质流失。骨骼肌第二泵作用减弱,也加重立位耐力不良。所以,微重力对人体产生的直接影响有:运动能力降低;运动协调能力降低,步态不稳;运动易疲劳。正是由于上述原因,对航天员在飞行过程中的工作能力造成极大影响,大大降低了工作效率,同时对着陆时紧急离舱逃生构成威胁。航天员返回地面后,因恢复时间较长,影响航天员的生活质量。另外,在恢复过程中,因再适应困难可能引起肌肉损伤。

1. 骨骼肌萎缩与肌纤维转型

航天飞行引起航天员抗重力骨骼肌明显萎缩(见表7-2),其萎缩程度大于地面卧床模拟微重力的研究结果。引起抗重力肌萎缩的主要原因是去负荷作用,但是,也可能与下列因素有关,如糖皮质激素升高、睾酮降低、摄食量减少以及氧化应激作用增强等。航天飞行的第五天即出现具有统计学差别的抗重力肌萎缩。由于全身骨骼肌质量占体重的40%,骨骼肌萎缩亦是航天员体重减轻的因素之一。另外,所谓的“鸡腿综合征”的形成,骨骼肌萎缩与体液头向转移是两个主要因素,如返回地面改善脱水状态后,航天员下肢围长依然低于飞行前。航天飞行中,航天员尿中3-甲基组氨酸、肌酐与肌酸含量增加,亦表明骨骼肌蛋白出现降解。航天员骨骼肌组织活检与动物的观测均表明，萎缩骨骼肌结构发生改变，由慢缩型向快缩型转化。

表 7-2　空间飞行返回当天航天员骨骼肌容积的改变

肌　群	萎缩百分比/(%)
竖脊肌	-10.9
髂腰肌	-20.0
股四头肌	-12.1
腘绳肌	-15.1
比目鱼肌	-19.6

由于航天飞行中采用以运动为主的对抗措施，另有心理应激与摄食减低等诸因素存在，干扰了观测结果的准确性，所以，多采用地面卧床模拟实验观测微重力对骨骼肌的影响。长期卧床引起尿氮排泄增加，表明蛋白合成减慢而分解加快。各下肢肌群明显萎缩(见图 7-5)，上肢肌肉亦呈现轻度萎缩：引起踝关节跖屈的比目鱼肌与腓肠肌明显萎缩，其萎缩程度最大；保持姿势与运动的股四头肌与半腱肌也明显萎缩；站立时活动度并不高的胫前肌亦萎缩。然而，腰肌却未出现明显萎缩。踝、膝与肘关节屈、伸运动的强度均减弱，但以踝关节屈伸功能的降低最明显。卧床被试者血浆糖皮质激素、胰岛素、1GF-1 与睾酮水平均未改变，也没有出现摄食不足。

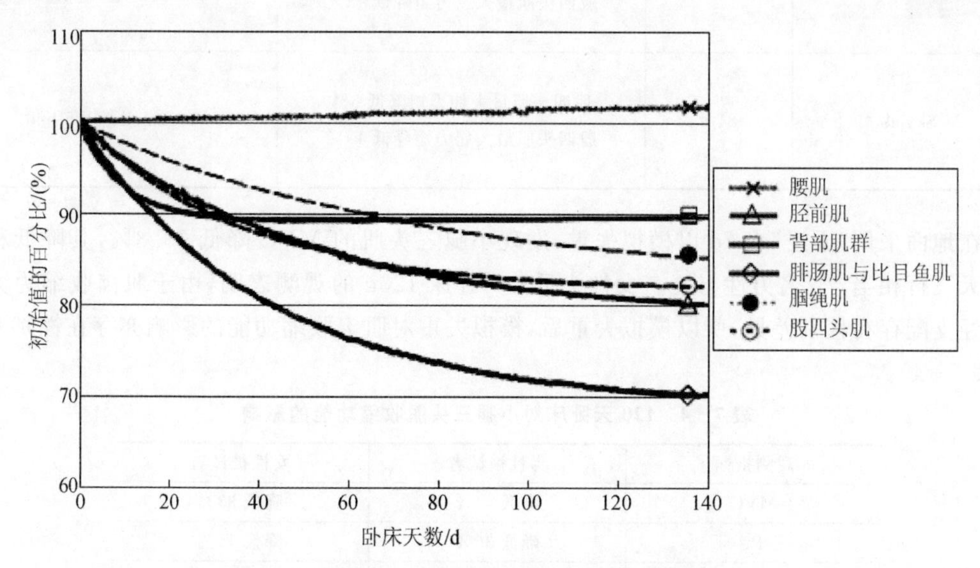

图 7-5　地面卧床模拟失重时下身肌群的萎缩性改变

卧床后如果站立活动过多，可引起萎缩肌肉酸痛，与运动员增加运动量或进行离心性收缩后的酸痛类似，被称为迟发性酸痛综合征，其主要表现有肌肉酸痛、触痛、僵硬与收缩功能减弱。超微结构显示肌纤维有损伤，航天飞行后航天员亦有迟发性酸痛综合征。

2. 骨骼肌收缩功能降低

收缩力与力矩：早期对人体下肢功能的观测多采用等动能肌力计(isokinetic ergometer)，测量下肢骨骼肌屈/伸肌群的最大主动收缩力(the Maximal Voluntary Contraction, MVC)或关节屈/伸的力矩(flexor/extensor torque)。观测表明：17d 航天飞行(STS-78)对航天员小腿三头肌的 MVC 无明显影响,但强直收缩的最大力矩降低 10%。在和平号航天站飞行 1~6 月的航天员,其小腿跖屈的 MVC 降低 0.1%~37.6%。航天飞行时间在 4 个月以内时,随着飞行时间的延长,下肢伸肌肌力的降低快于屈肌。而航天飞行时间长于 4 个月,下肢伸肌与屈肌肌力降低程度趋于相等。如飞行 31d,169d 与 180d 的航天员,他们的双腿伸直强度分别降低 11%,26%与 29%,但屈肌强度的降低在 120d 后才较明显。另一研究观测以踝关节的背屈与跖屈力矩分别作为检测胫前肌与小腿三头肌强度的指标,发现 7d 航天飞行对胫前肌与小腿三头肌强度无明显影响,飞行 110d 与 237d 后,胫前肌强度降低 20%~30%,小腿三头肌强度均降低 20%左右,飞行 110d 与 237d 组间均无显著差别。由于航天员采取有氧锻炼的对抗措施,可能对航天员下肢肌力的降低有一定的防护作用(见表 7-3)。

表 7-3　有氧锻炼对微重力致肌力降低的影响

飞行任务	飞行时间	下肢肌力	有氧锻炼负荷
Skylab 2	28 d	股四头肌最大伸力矩降低 20% 股四头肌最大屈力矩降低 10%	31.3 W·min/kg
Skylab 3	59 d	股四头肌最大伸力矩降低 20% 股四头肌最大屈力矩降低 18%	65 W·min/kg,1 h/d
Skylab 4	84 d	股四头肌最大伸力矩降低 6% 股四头肌最大屈力矩降低 13%	71 W·min/kg,1.5 h/d

在地面采用"干浸"水 7d 以模拟失重,发现小腿三头肌的 MVC 降低 33.8%,其降低程度与航天飞行相当。6 名男性与 4 名女性头低 −6°卧床 120d 的观测表明,由于肌肉收缩力大小与神经支配存在性别差异,所以模拟失重后,模拟失重对肌肉收缩功能的影响亦存在性别差异(见表 7-4)。

表 7-4　120 天卧床对小腿三头肌收缩功能的影响

观测指标	男性被试者	女性被试者
MVC	降低 44%	降低 33%
Pt	降低 36%	降低 11%
Po	降低 34%	降低 24%
FD	增加 60%	增加 28.8%
TPT	延长 12%	延长 14%
TR1/2	缩短 9%	缩短 19%
TCT	延长 23%	缩短 17%
疲劳指数	降低	

注:Pt:单收缩力峰值;Po:强直收缩力峰值;FD:力缺失=(MVC−Po)/Po;
TPT:达到张力峰值的时间;$TR_{1/2}$:舒张一半的时间;TCT:总收缩时间。

功率:Antonutto 等采用测力平台与弧度肌力计,测量航天飞行 31d 与 180d 的 4 名航天员下肢的最大功率，发现最大冲击功率（Maximal Explosive Power，MEP）在 31d 与 180d 分别降低 67%与 45%，而最大旋转功率（Maximal Cycling Power，MCP）在两个时间点均降低 25%。由于返回地面两周后，MCP 即完全恢复，MEP 则恢复较慢，其恢复时间与飞行时间基本一致，因此 Antonutto 等人认为微重力改变了运动神经元的反馈类型（Motor unit recruitment Pattern）。另外，Antonutto 等还观测了航天飞行 21～31d 与 169～180d 大腿的最大收缩功率，分别降低 54%，32%与 50%。

综观上述研究结果，随着失重或模拟失重作用时间的延长，人体下肢肌肉功能并未呈现进行性降低。其主要原因可能是由于有氧锻炼等对抗措施的影响，以及个体差异所致。航天员返回地面后，肌力的恢复时间与飞行的时间密切相关。一般认为，航天飞行时间越长，所需的恢复时间亦越长。Antonutto 等观测 31d 航天飞行后，下肢肌力在返回地面 6d 后完全恢复。然而，航天飞行 169～180d 后，返回地面 26d 后，下肢肌力仍然降低 12～22%。STS－78 飞行 17d 的航天员，其小腿三头肌强直收缩力矩的峰值，在返回地面恢复的最初 8d 中进一步降低。

单肌纤维收缩功能：Widrick 等对 STS－78 飞行 17d 的 4 名航天员下肢肌进行活检，观测了比目鱼肌与腓肠肌Ⅰ与Ⅱa 型纤维的功能变化。由于比目鱼肌的最大硬度降低，提示单位面积上强态结合的横桥数量减少。所以，比目鱼肌最大收缩力与单位横截面积上的最大收缩力降低，可能不仅仅是收缩蛋白含量的降低，单个横桥的功能也可能降低。另外，比目鱼肌Ⅰ型纤维的收缩功率仅降低 20%，而测量航天飞行 21d 航天员小腿三头肌的收缩功率降低 54%，这提示所谓的运动神经元反馈类型的改变可能影响肌肉的收缩功率。值得注意的是，对 STS－78 航天员进行整体观测时，小腿三头肌 MVC 并无明显改变，而比目鱼肌与腓肠肌的最大收缩力均明显降低。这似乎与运动神经元反馈类型的改变又缺乏相关性，其中的原因有待探寻。比目鱼肌与腓肠肌同为下肢抗重力肌，从单纤维的观测结果分析，比目鱼肌的功能降低比腓肠肌大，其机理亦不是十分清楚。

关于失重/模拟失重对航天员下肢骨骼肌收缩功能影响的研究观测，目前的主要结果如下。①在 4 个月内，随着时间延长，下肢骨骼肌收缩功能逐渐降低。抗重力肌收缩功能的下降更快、更明显。4 个月以后，所有肌肉的收缩功能的降低趋势均相当。②下肢骨骼肌收缩功能的降低在 6 个月基本达到新的平衡点。③下肢抗重力肌收缩功能降低的程度大于肌肉体积的降低，这提示除肌肉萎缩引起肌肉收缩功能降低外，每个横桥的产力降低也可能为影响因素之一。④主动收缩功能的降低大于单纯肌纤维收缩功能的降低。提示在整体水平，除肉本身功能降低外，神经系统的支配与驱动功能可能发生了改变。⑤肌肉收缩功能降低存在明显的性别与个体差异。⑥有氧锻炼对肌肉收缩功能降低可能有部分的防护作用。⑦肌肉收缩功能降低的恢复与飞行时间密切相关，飞行时间越长，所需的恢复时间也越长。

3．骨骼肌代谢改变

关于萎缩骨骼肌的代谢，主要涉及葡萄糖与脂肪的代谢，产生能量，以保证肌肉收缩的能量供应。糖代谢分为有氧氧化与无氧酵解，体内的脂肪代谢则主要是 β－氧化。己糖激酶（Hexokinase）为肌细胞利用葡萄糖的第一个限速酶，与糖的有氧氧化有关的酶有醛缩酶（Aldolase）、3-磷酸甘油醛脱氢酶（Glycerol－3－Phosphate Dehydrogenase，GPDH）、柠檬酸合成酶（Citrate Synthase）与琥珀酸脱氢酶（Succinate Dehydrogenase，SDH）等。而糖酵解的标志酶则有糖元磷酸化酶（Glycogen Phosphorylase）、糖元合成酶（Glycogen Synthase，GS）、磷酸果糖激酶(PhosphoFructoKinase, PFK)、丙酮酸激酶(Pyruvate Kinase,PK)与乳酸脱氢酶(Lactate Dehydrogenase,LDH)等细胞浆内的限速酶。长链脂肪酸β-氧化的标志酶主要有两个,一是线粒体内膜上的肉毒碱软脂酰转移酶Ⅰ(Carnitine PalmitoylTransferase, CPT Ⅰ),其在长链脂肪酰CoA进入线粒体中起重要作用;另一则是β-羟脂酰辅酶A脱氢酶(3-Hydroxyacyl-CoA dehydrogenase),这是β-氧化第三步的关键性酶。另外,由于失重或模拟失重引起下肢骨骼肌明显萎缩,因此,与蛋白合成/降解相关的酶也很重要。骨骼肌细胞内主要存在三类蛋白水解酶,它们分别是ATP-泛素蛋白水解酶、钙激活蛋白水解酶与溶酶体蛋白酶(Lysosomal protease)。

关于失重或模拟失重对人体下肢骨骼肌代谢影响的观测较少。航天飞行17d后,航天员比目鱼肌Ⅰ型纤维中糖元含量不变,Ⅱ型纤维中却降低,这可能是航天员能量摄入不足引起的,因为航天员呈现负能量平衡,但电镜观察发现脂滴增多。而卧床17d的被试者能量平衡正常,比目鱼肌Ⅰ与Ⅱ型纤维中糖元含量均增加。航天飞行11d对股四头肌外侧头中SDH与GPDH的活性均未产生影响。飞行17d(STS-78)后,航天员比目鱼肌Ⅰ型纤维的糖有氧氧化的酶活性增高,HK活性不变,糖酵解的标志酶如糖元磷酸化酶,GS,PFK与LDH等的活性也未改变,腓肠肌Ⅰ型纤维氧化酶活性却升高,Ⅱ型纤维的氧化酶活性以及HK,GS与LHD的活性也升高。头低6°卧床30d的被试者,其股四头肌外侧头与比目鱼肌的PFK与LDH活性不变,柠檬酸合成酶与β-OAC的活性却明显降低。由于萎缩抗重力骨骼肌由慢缩型肌纤维向快缩型转化,一般而言,其糖代谢亦由有氧氧化为主向无氧酵解转化。

4. 疲劳性增加及其机理

一般认为,骨骼肌的疲劳性与其代谢密切相关。失重或模拟失重引起抗重力肌疲劳性增加的原因可能有四个方面:①糖代谢增强,而长链脂肪酸利用障碍,表现为CPT Ⅰ与β-OAC酶活性降低;②糖酵解酶活性增强,骨骼肌细胞内乳酸浓度增加,使细胞内pH值降低;③由于在骨骼肌内皮依赖性血管舒张能力降低,当运动时,局部代谢产物积累增加,使局部Pi增加,pH值降低;④骨骼肌兴奋-收缩耦联各环节的改变与肌纤维转型等其他原因。

二、防止骨骼肌萎缩与收缩功能降低的对抗措施

1. 无氧运动锻炼

阻力锻炼可增加肌肉蛋白合成,导致肌纤维肥大与强度增加。因此,航天中自然会选择这种锻炼方式来防止抗重力骨骼肌的萎缩。人与动物的实验观测揭示一条原理:在达到最低持续时间的前提下,运动强度比持续时间更重要。动物实验表明,拉伸肌肉可防止骨骼肌萎缩,故肌肉拉伸作为一种对抗措施被应用。典型的应用是俄罗斯的“企鹅服(penguin suit)”,其商品名为Adeli服。它可在服装的纵轴方向产生15～40 kg f的弹性拉力,对抗重力肌产生拉伸作用。企鹅服的作用效果尚未评估,但这是一种符合生理学原则的对抗措施。地面举重锻炼属于阻力锻炼,可使肌肉产生向心、离心与等长三种类型的收缩。在一定负荷下,5～6次的重复运动即达到最达锻炼效果(five to six Repetitive Maximum,RM),最合适的混合锻炼比例为15%离心收缩、10%等长收缩与75%向心收缩。依据这些原则,设计出的航天中阻力锻炼的训练方案见表7-5。

表 7-5 国际空间站上使用的运动锻炼对抗措施

运动锻炼	第1天	第2天	第3天	第4天	第5天	第6天
硬拉	×		×		×	
俯立划船	×		×		×	
直腿硬拉	×		×		×	
下蹲	×		×		×	
站立提踵	×		×		×	
前上举		×				×
后平举		×				
前平举		×				
髋外展		×				×
髋内收		×				×
弯举				×		
三头肌锻				×		
直立划船				×		
屈髋				×		
伸髋				×		
侧平举						×
前平举						×

国际空间站上采用阻力锻炼装置(interim Resistance Exercise Device, iRED)(见图 7-6), iRED 以弹性力为对抗力,类似于在航天中进行举重锻炼,主要对下肢与背部骨骼肌进行锻炼。为充分利用有限空间,也用拉簧等装置,但这些装置提供的负荷较小。德国科学家将振动装置与弹力负荷装置联合使用,以对抗抗重力肌的萎缩,取得了较好的防护效果,他们称此联合装备为 Galileo 空间训练系统(Galileo - space training system)。在对抗装置中,还有一种飞轮(Fly - wheel)装置,其类似于自行车功量计,不同之处在于利用飞轮的惯性来产生所需的负荷。

图7-6 阻力锻炼装置(第一代)

2. 电刺激

电刺激可促进废用肌肉的蛋白合成，防止氧化酶活性降低，故有防止骨骼肌萎缩的作用。俄罗斯在空间站上已使用了电刺激仪(Tonus－2 与 Tonus－3)，但其精确的对抗效果尚不清楚。

3. 药物与其他对抗措施

(1)抗氧化剂。

抗氧化剂仅在制动的大鼠实验中观测到抗骨骼肌萎缩作用。因其还具有抗辐射的作用，故在航天中是备选药物之一。

(2)生长激素。

航天中未见生长激素缺乏或水平降低的报道，补充生长激素可防止肌肉萎缩，但存在明显的副作用——葡萄糖耐量不良(Glucose Intolerance)与腕管综合征，故在航天中不考虑使用。

(3)生长因子。

IGF－1 在将力学信号转化为生物学信号，并促进肌肉蛋白合成方面起重要作用。给人每天静脉注射 1,2 或 4 mg/kg 体重的 IGF－1，可明显促进下肢肌肉蛋白合成。但是 IGF－1 亦有副作用，即低血糖与神经病变。任何有副作用的药物在航天飞行中均应谨慎选用。

(4)萎缩抑制因子。

抑制肌肉蛋白降解通路亦是防止肌肉萎缩的靶点之一。动物实验已发现泛素连接酶 atrogin－1 与萎缩相关。目前尚未找到抑制剂，这是一个具有较好前景的干预靶点。

(5)Clenbuterol(克仑特罗)。

畜牧场给动物-2 受体激动剂 Clenbuterol 以增加肌肉的质量。Clenbuterol 作用机理尚不清楚，但可促进蛋白的合成。Clenbuterol 可防止尾部悬吊大鼠骨骼肌萎缩。但是，有心动过速与心律失常的副作用。美国不容许在人体使用此药。其他同类药物如 terbutaline 和 albuterol可能具有应用前景。

(6)类固醇类药物。

航天中睾酮含量降低，故可以补充睾酮以增加蛋白合成。睾酮样药物(合成型类固醇)对防止肌肉萎缩效果明显。如果与运动联合使用，效果更明显。合成型类固醇虽可增加肌肉质量与强度，但副作用明显，如抑制体内睾酮的分泌，增强攻击性，增强性欲，前列腺肥大，甚至有增加肝癌发病率的危险性。所以，短期航天飞行中为迅速增加骨骼肌强度与功能可使用，长期飞行中不宜作为对抗措施使用。

(7)氨基酸。

经静脉输液或口服补充必需氨基酸可刺激骨骼肌蛋白合成。28d 卧床研究亦表明补充必需氨基酸可维持肌纤维直径，减缓下肢肌肉萎缩，故航天飞行中补充氨基酸是一个较好的选择，几乎没有副作用。

4. 人工重力

人体中大部分骨骼肌参与姿势的维持，1 g 重力环境可使这些维持姿势的骨骼肌不发生萎缩，目前尚不清楚能保持抗重力骨骼肌不发生萎缩的最小重力水平。

持续的人工重力可有效地防止抗重力肌萎缩，但工程上难以实现。间断人工重力是一种可行方案，目前有短臂离心机、自行车旋转装置与离心机式睡眠床(睡眠期间受到人工重力的作用)。有研究表明，每天 4 次，每次 11.2 min 的短臂离心机作用即可有效地防止骨骼肌萎缩。

第五节 微重力对神经与前庭系统的影响及其对抗措施

一、微重力对神经与前庭系统的影响

在微重力环境，由于不需要对抗重力的影响而保持姿势，漂浮的人体骨骼肌处于松弛状态，NASA经对录像资料进行分析测量后，确定了人体中性静息姿势的模型(见图7-7)。

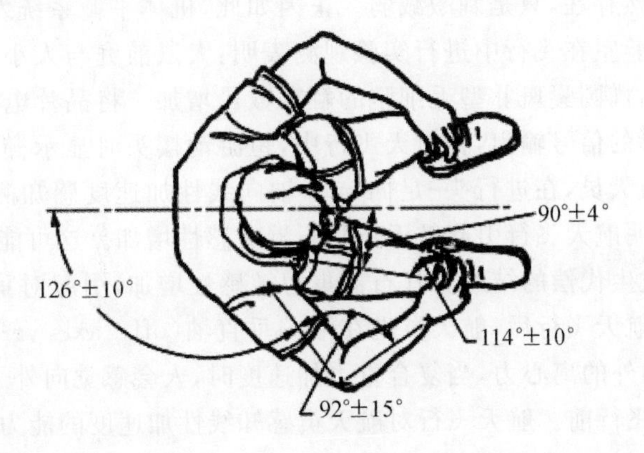

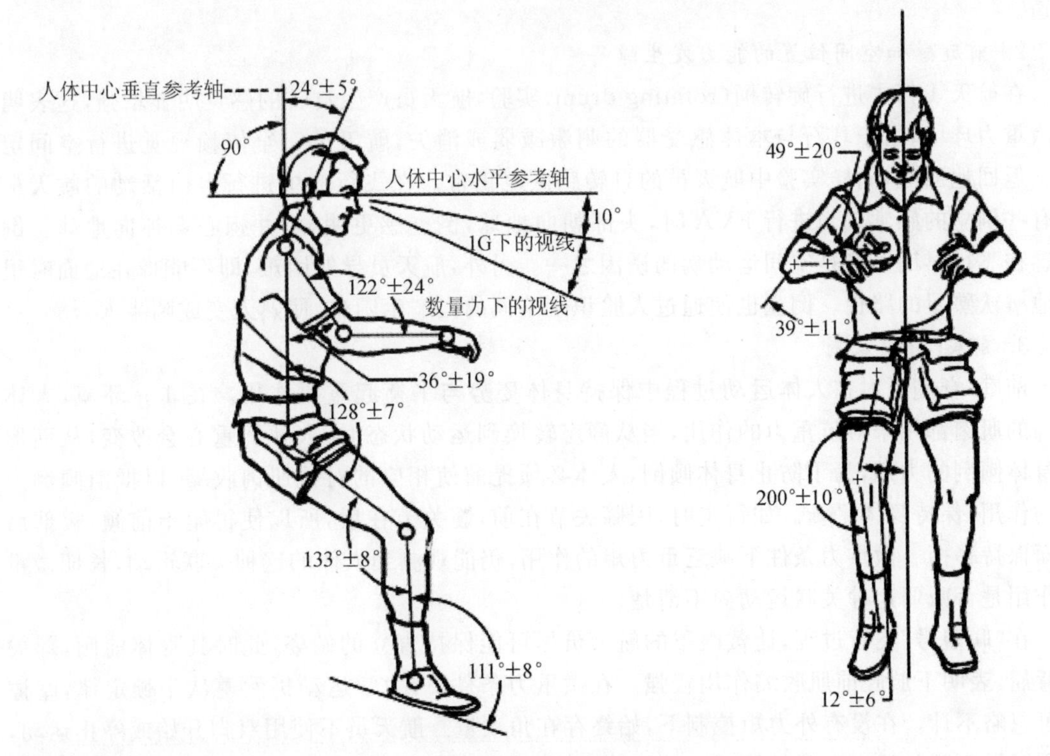

图7-7 人体中性静息姿势

前庭系统、视觉与机体本体感受器共同组成人体的平衡系统，在维持身体姿势与平衡，感知运动状态与空间定向方面发挥重要的作用。一方面，人体的平衡系统具有较强的适应性，能快速适应环境的改变；另一方面，各组成成分感知不同的信息但可以相互代偿。视觉感知空间位置与位置的相对变化，在平衡系统中占主导地位。前庭感知线性加速度、重力加速度的变化，以及空间定向作用。本体感受器则主要感知关节、肌肉与肢体的位置变化。在航天活动中，对前庭感知与反射功能已进行了系统地观测与研究。

1. 前庭感知运动状态的能力增强

航天飞行的主要影响是使前庭系统耳石器的重力负荷消失。无论身体处于何种位置，耳石器均感受相同的重力刺激。当头部左右/俯仰摆动时，前庭半规管系统仍可感知加速度的变化。本体感觉也依然存在，只是刺激减弱。正因如此，机体平衡系统发生明显的可塑性改变。航天飞机的空间实验室在飞行中进行实验观测表明：大鼠前庭与人小脑中神经元内立刻早期反应基因表达增加，椭圆囊斑Ⅱ型毛细胞的触突数量增加。将晶片电极贴附于蟾鱼的第八脑神经，以记录椭圆囊的信号输出，在航天飞行中，鱼游动摆头时显示椭圆囊敏感性增高。航天飞行 9～14d 后的航天员，在进行头-足向与 Y 轴向线性加速度感知测试时，其成绩优于飞行前。以上资料均证明航天飞行引起航天员耳石器敏感性增加。这可能是由于重力刺激减弱或缺乏，引起耳石器发生代偿的结果。耳石器重力敏感性增加，引起对重力加速度的感知增强，导致错觉。如 16d 航天飞行后，航天员坐在沿偏垂直轴(off - axis vertical rotation)做旋转运动的椅子上，产生向外的离心力，当复合重力加速度时，人会感觉向外下侧倾斜，飞行后感觉倾斜的角度明显大于飞行前。航天飞行对航天员感知线性加速度的能力尚未见具有明确影响的报道。

2. 前庭感知空间位置的能力发生障碍

在航天飞行中进行旋转桶(rotating drum)实验，航天员产生自转的感觉明显增强，这表明在微重力环境，由于耳石与本体感受器的刺激减弱或消失，航天员完全依赖视觉进行空间定向。返回地面后，同样实验中航天员的自转感恢复正常。在飞行舱中进行自由活动的航天员总有些倒立的感觉。当进行 EVA 时，头部朝向地球，倒立感更明显，并担心会掉向地球。倒立感在飞行早期可能是空间运动病的诱因之一。另外，航天员导航困难，即不能像在地面时很快地辨认熟习的路径。倒立也使通过人脸识别不同的人产生困难，使熟人变成陌生人。

3. 前庭-脊髓反射

前庭-脊髓反射在人体运动过程中保持身体姿势与平衡起重要作用。在 1 g 环境，人体 60%的肌肉都用来对抗重力的作用，当从静态转换到运动状态时，人体的重心会改变，从而形成身体倾倒的力矩，为了防止身体倾倒，人体必须提前使相应的对抗肌肉收缩，以抵消倾倒力矩的作用，保持身体平衡。如行走时，因膝关节在前，髋关节在后，所以使得躯干前倾，腰部后倾而保持平衡。微重力条件下缺乏重力矩的作用，仍能观测到人体的这种关联运动，长期微重力作用是否减弱这种关联运动尚不清楚。

在“联盟号”飞行过程，让戴眼罩的航天员尽可能保持直立的站姿，此时其身体前倾，踝关节背屈，表明下肢胫前肌收缩作用较强。在微重力条件下，力学运动仍然遵从牛顿定律，摩擦力可忽略不计。在没有外力矩控制下，始终存在角动量。航天员不使用双脚开始或停止运动，而主要靠前臂与手来实现身体的运动。若要实现单一方向的运动，着力点应作用于人体重心部位，人在完全伸展姿势下的重心在髋关节上方。所以，双手放在头上面进行推或拉，往往引起人体旋转，直至碰到舱壁才能停止。正因如此，人的感觉-运动整合机制发生改变，当返回地面时，呈现姿势与步态不稳，如航天员走下航天飞机旋梯时呈谨慎步态：步态变宽，行走摇摆增大，转弯缓慢。即使是5～10d的短期飞行也会引起步态不稳。采用计算机控制的动态姿势检测系统(computerized dynamic posturography system)进行的全面研究表明：航天飞行导致航天员的运动方向感与感知运动幅度的能力降低，从而导致姿态不稳；如果航天员仅依赖前庭功能来维持身体姿势，往往会出现摔倒。

前庭-脊髓反射功能的降低，其飞行后的再适应时间大约需要8d，且呈近似二阶幂指数的特征进行恢复，如返回地面的最初2.7 h快速恢复，接下来的100 h内缓慢恢复。这方面的研究具有一定的临床应用价值，对内耳器损伤与美尼耳氏(Meniere's)病发病机理的探讨均有帮助。

关于前庭-脊髓反射功能的检测，还可观测霍夫曼反射(Hoffmam reflex，H - reflex)，H反射检测方法为：电刺激比目鱼肌牵拉感受器的传入神经纤维，同时记录肌肉放电频率，以此来衡量脊髓运动神经元兴奋的数量，也就是脊髓兴奋性。国际空间站对航天员观测表明：脊髓兴奋性在进入微重力环境后迅速降低，在数天内逐渐达到平衡，返回地面数天内可恢复正常。

4. 前庭-眼动反射

在头部进行运动时，为了保证视网膜上对物体的成像清晰，需要眼球运动来代偿，这便是前庭-眼动反射的重要作用。关于航天飞行对人体前庭-眼动反射影响的研究亦较为完善。

当被试者进行主动头部运动时，中枢系统可预先知道头运动的方向而对眼动进行控制。这方面的实验观察表明：在航天飞行的最初3d，垂直眼动距离减少，4d后即恢复至正常水平。短期航天飞行即可减弱前庭-眼动反射功能；长期航天飞行也改变前庭-眼动反射，特别跟踪垂直向上运动的目标，不像飞行前采取平滑的方式跟踪目标，而是采取快速的扫视方式的眼动来跟踪目标。采用被动头部运动的刺激系统可产生不可预测的头部运动，这方面的研究亦表明前庭-眼动反射功能下降。这些均会导致航天员凝视控制能力减弱，注视固定目标时出现晃动。

当航天员进行直线行走时，有转弯的感觉，并出现头部的明显摆动；在缺乏视觉参照的室内方向感丧失，因行走运动产生的头部摆动而引发自身运动与周围环境运动的幻觉(专门名词称为Oscillopsia)。另外，在步行时，迈步一侧的脚接触地面产生减速运动，减速度的大小由步行速度与地面硬度决定，一般为4～10 *g*。当脚后跟与地面接触产生冲击力上传至头部，由于人体头-颈-眼的协调机制，使头部相对稳定，保证注视物体不产生抖动，航天飞行使航天员头-颈-眼的协调机制减弱，因而在行走时产生周围物体运动的幻觉，以及双脚触地时用力大于飞行前。

除上述变化外，航天员在进入大气层、着陆与返回地面后，运动头部还会出现眩晕感，加上航天员穿着笨重且热负荷较大的返回保护服，对紧急逃生构成较大的潜在威胁。

5. 前庭-植物神经反射——空间运动病

前庭-植物神经反射不良即表现为空间运动病。运动病是机体处于运动中或经视觉产生运动感而引起的综合征，其症状与体征有恶心、呕吐、面色苍白、出冷汗、头痛与眩晕等，另外，常出现唾液分泌增加、打哈欠、打嗝与胃胀等。继发可出现嗜睡综合征(sopite syndrome)：昏昏欲睡、缺乏主动性、无生气与表情冷漠等。其中，恶心与呕吐是两个主要症状。运动病的发生存在明显的个体差异性，且受精神状态与注意力的影响，高度集中注意力可使发病倾向降低，甚至不发病。机体能在较短时间内(一般3d)产生适应作用，使运动病自愈，有极少数不能适应的患者发展成慢性运动病。运动病与前庭功能密切相关，其发病机理至今尚不清楚，仍按感觉冲突学说来解释其机理，即视觉、前庭与本体感觉不匹配或与以前的经验不匹配时引起发病。

航天飞行中产生的运动病被称为空间运动病，在进入微重力环境或从微重力环境返回地球时发生，绝大多数航天员 3d 内可克服。进入微重力环境时，空间运动病的发病率为 70%。由于这是基于航天员自述症状进行的统计，而曾经发生空间运动病将会成为某些特殊飞行任务操纵的限制因素之一，所以，实际发病率应高于此数值。在发生空间运动病的航天员中，大约 13%为严重病例，中度至严重病例占到大约 50%。航天员的主要症状是恶心与呕吐，并不发生嗜睡综合征。空间运动病可对工作能力产生明显影响，故是航天飞行最初几天内需要防治的重要综合征。

二、空间运动病的对抗措施

在航天飞机飞行任务中，普遍采用肌注异丙嗪来预防空间运动病。异丙嗪具有抗胆碱能与抗组胺作用，使其预防空间运动病非常有效。但是，在临床上，异丙嗪还有镇静作用，从而使工作能力降低。但是，航天飞行中使用，其镇静的副作用并不明显。飞行前肌注异丙嗪无效，飞行中口服异丙嗪因吸收困难亦无效，只有在进入近地轨道后立刻肌注异丙嗪才有明显效果。另外，飞行中肌注可较长时间的发挥作用。

航天飞行中使用异丙嗪肌注，镇静的副作用并不明显，弃原因可能有：①微重力使肌注后药物的吸收发生改变，避免了血中产生峰值浓度；②在飞行的第一天，航天员兴奋性较高，掩盖了异丙嗪的镇静作用；③航天员自述的可靠性不高，如采用客观方法检测，其镇静作用可能仍然存在；④药物缓解了嗜睡综合征并改善了航天员心情。

目前，肌注异丙嗪已成为治疗空间运动病的常规用药。但是，还没有在飞行中进行正规地测试异丙嗪的镇静作用及其对工作能力的影响。当需要调动人体全部警觉能力的紧急情况发生时，使用异丙嗪后的有利与不利作用并未进行评估。一方面，由于防止了空间运动病的发生，特别是防止了严重病例的出现，从而增强了航天员的工作能力，这是其有利的一面；另一方面，紧急情况下的注意力高度集中可克服空间运动病，但又同时注射异丙嗪，其副作用可能成为主要问题，对其不利一面不得不倍加小心。

对返回地面后发生空间运动病的发病概率，尚未进行精确统计，若出现严重病例，可采用药物与输液等辅助治疗。

第六节　空间活动对航天员营养与其他系统的影响

一、营养

健康人的体重是营养与工作/活动消耗之间平衡的结果。营养不足可引起体重减轻，骨骼肌萎缩，工作能力下降，易发生感染。营养过剩则引发肥胖，增加心血管疾病与肿瘤危险性。为防止癌症、心血管疾病、牙齿老化等，营养学家推荐的健康食品是避免过量脂肪与单糖，饮食中富含新鲜水果、蔬菜、五谷杂粮与纤维素等。

长期航天飞行引起航天员体重降低，除少数体重略增加外，大多数体重降低 3%左右，最大者降低达11%。攀登珠穆朗玛峰的登山队员，其体重才降低9.6%。因此，为了保障航天员的健康与工作能力，必须对航天员的营养状态进行全程监测。由于航天飞行过程中不可能供应新鲜水果与蔬菜，且高纤维素导致排泄物增加，而富含脂肪与单糖的高卡路里食品所占体积最小。因此，航天员食品并不是营养学家推荐的理想食品，所以，在长期航天飞行中，必须找出一种合理的平衡营养的食品，以确保航天员工作能力与健康。长期航天飞行引起的航天员体重下降，可能涉及三方面的原因：①骨骼肌萎缩与体液丧失；②心理应激导致航天员食欲下降，造成饮食不足；③对抗措施的实施使消耗增加。航天飞行大鼠的食物消耗、体重与体重增长率未发生改变。航天员由于摄食量比地面时低，而能量的消耗未改变，故引起体重减轻。人与大鼠产生不同反应的原因尚不清楚。航天员每天摄食量的能量计算，可依据世界卫生组织的公式。

航天员摄食量减少的原因可能有：①微重力环境不存在空气对流，体表的热量不能被及时带走，导致机体存在一定的热负荷，进而降低食欲；②高强度运动亦影响食欲；③环境 CO_2 浓度过高（地面大气中 CO_2 浓度仅0.03%，而座舱内为0.3%），引起呼吸性酸中毒，进而导致白蛋白分解与负氮平衡。这一因素尚待进一步确定，因为潜水艇舱内 CO_2 浓度高达0.5%～1.5%，但没有报道表明长期在潜艇内工作与生活的人员体重发生减轻。

航天营养的主要目的是保障航天员工作能力与健康。为确保工作能力，高热量食品是最佳选择，不仅可满足执行任务的需求，且占空间少；然而，维护健康的食品则与此相反。因此，应从两者之间取得合理的平衡。

当前，营养亦作为辅助性对抗措施，广泛应用于载人航天活动之中，其目的是对抗骨质流失、防护辐射的影响，预防肿瘤、心血管疾病与龋齿。

可降低骨质流失的食品，其特点为补充 Vit D 与钙，低钠、低蛋白，可补充异黄酮等类雌激素的萃取物。大量补钙不会导致尿钙增加而形成肾结石，这是因为钙与草酸结合是形成结石的条件，钙在胃肠道已与草酸结合，减少了血中草酸含量，故应在进餐时补钙。

防止辐射损伤与预防肿瘤食品的特点是在食品加入天然的或人工合成的抗氧化剂与微量元素，如各类维生素等（见表7-6），新鲜水果、蔬菜、膳食纤维，以及多链不饱和脂肪酸（PUFAs）。

表7-6　饮食摄取维生素与微量元素的推荐剂量

维生素	推荐剂量	微量元素	推荐剂量
Vit A	1 000g/d	铁	10g/d
Vit B1	1.5mg/d	镁	2～5mg/d
Vit B3	1mg/d	锌	15mg/d
Vit C	100mg/d	铜	1.5～3mg/d
Vit E	20mg/d	铬	100～200mg/d
叶酸	400g/d	硒	70g/d
		碘	150g/d
		氟化物	4mg/d

为预防心血管疾病，主要是减少饱和脂肪酸的摄入量。另外，要防止在食品在制作过程中，因高温使不饱和脂肪酸产生加氢作用而生成顺-脂肪酸（如油炸食品）。有研究者已设计合

理的饮食标准,如使用菜油而不用动物油脂与脱水的菜油;每天吃瘦肉、多吃鱼与海产品、多吃豆类与核桃等,少吃腌制的猪肉与相关食品,不吃猪肝与内脏;饮用脱脂或低脂牛奶;吃杂粮与富含 omega－3 脂肪酸的食物等等。预防龋齿主要少食含单糖的食品,并及时清洁口腔。

二、其他系统的影响

航天飞行过程中,机体体液免疫功能保持正常,而细胞免疫功能受限制,特别是"T 细胞功能受限",这并非单纯微重力所引起,可能与航天飞行任务导致的机体应激,以及辐射的作用有关。另外,微重力条件可能导致体内潜伏病毒生长速度加快,复合应激与细胞免疫功能受限等因素,可诱发在地面不会引起机体疾病的病毒致病。

女航天员若进行长时间航天飞行,则会面临特殊问题。当处于月经期时,由于重力促使经血排出体外的作用消失,造成经血在子宫内的聚集。目前虽没有引起危害的报道,可能与女航天员一般避开月经周期进行航天飞行有关。

综上所述,在长期微重力对机体的众多影响之中,按其重要性与影响程度,可初步排序:①骨质流失;②抗重力骨骼肌萎缩;③心血管系统功能紊乱;④神经与平衡系统失调;⑤昼夜节律与睡眠紊乱;⑥血液与免疫功能改变;⑦营养、代谢与消化系统;⑧生殖系统改变(包括女航天员的特殊问题)。

第七节　对抗措施的效果

无论是短期还是长期载人航天,航天活动中的异常环境因素均可引起航天员生理机能的改变,只不过影响的范围与程度不同而已。由于长期航天对人体机能影响的广泛性,目前尚缺乏一种有效的方法对这些影响进行全面的防护与对抗。虽然人工重力可能会达到全面防护的目标,但是,由于工程技术的原因,以及医学相关研究的滞后,迄今对人工重力的实际作用效果尚缺乏了解。本研究室张立藩教授等曾观测了人工重力对尾部悬吊大鼠模拟失重模型的影响,发现每天 1 *g* 作用 1 h 即可防止大鼠心肌收缩性能的降低与血管功能的改变;每天 1 *g* 作用 4h,可防止抗重力骨骼肌的萎缩;每天 1 *g* 作用 6 h,不能完全防止骨质流失。这些实验结果能否过渡到人还不清楚。NASA 曾对短中期载人航天过程中采用的对抗措施进行过分析评价(Countermeasures Evaluation & Validation 计划),筛选出一些有效的对抗措施,但这些对抗措施只针对某一或两个系统,仍不能进行全面的对抗。如下体负压(LBNP)可较为有效地防护心血管系统脱适应,但对骨骼-肌肉系统则不产生明显地防护或对抗作用。因此,目前在国际空间站上正在对每一种常用的对抗措施的对抗效果进行跟踪观测,并希望发现新的对抗措施。

LBNP 与有氧运动锻炼在对抗心血管系统脱适应方面起主要作用。有氧运动与阻力锻炼是对抗骨质流失、抗重力骨骼肌萎缩与平衡系统机能改变的主要措施。采用药物防治空间运动病具有明显的效果。人工重力将成为全面性对抗措施的首选措施,应尽快对其实施方案、人体每一系统所需的最低强度-持续时间、空间实施过程中存在的潜在副作用等进行详细的观测与研究,以期早日在国际空间站上使用,在实践中进一步对其防护效果进行综合评估。空间活动中昼夜节律的变化可由舱内照明系统进行模拟与调节。克服心理学问题,航天员与地面控制中心的通话与经常性沟通是重要的措施。对于空间辐射的防护,主要是飞行器舱体与舱外或舱内航天服，这些物理性措施可有效地降低或防护空间辐射的不良影响。

第八节　小　　结

空间生命科学探索以美国与俄罗斯为主，欧盟诸国与日本参与其中。其研究领域与地球上研究生命科学已有的领域与分类基本相同，只是在特殊的航天环境探索与研究生命科学问题，仍分为两大类，即空间生物学与航天医学。空间生理学由于其重要性，从空间生物学中分离出来，形成专门的学科。航天异常环境有失重或微重力、辐射、隔离与幽闭空间、噪声、发射或着陆阶段的冲击或加速度过载、太空行走负荷、其他星球表面的变重力与昼夜节律改变等。其中，对人体产生主要影响的是微重力与辐射环境。由于在空间停留时间的长短是影响生物与机体的重要因素，故将空间飞行划分为三类：数小时至1周的短期飞行；8d至4周的中期飞行；4周至数月长期飞行。微重力对机体的短期影响主要为体液的头向转移与空间运动病；中长期的影响则包括多个方面：①骨质丧失；②抗重力骨骼肌萎缩；③心血管系统功能紊乱；④神经与平衡系统失调；⑤昼夜节律与睡眠紊乱；⑥血液与免疫功能改变；⑦营养、代谢与消化系统；⑧生殖系统改变(包括女航天员的特殊问题)。航天飞行中长期低剂量辐射暴露引起遗传性疾病的概率非常低，主要是存在肿瘤发病率增加的危险性，这些仍需进一步的研究。为了防止航天异常环境对机体的不利影响，已建立了多项对抗措施，LBNP与有氧运动锻炼基本可对抗心血管系统脱适应；有氧运动与阻力锻炼是对抗骨质丧失、抗重力骨骼肌萎缩与平衡系统机能改变的主要措施；采用药物防治空间运动病具有明显的效果。对机体改变进行全面性对抗，最终可能仍需依赖人工重力。

参　考　文　献

[1] Nicogossian A E, Pool S L. Space Physiology and Medicine[M]. 4th edition. Philadelphia: Lippincott Williams & Wilkins Publishers, 2003.

[2] Buckey J C. Space Physiology[M]. Oxford: Oxford University Press, 2006.

[3] Clement G. Fundamentals of Space Medicine[M]. Microcosm and Springer, 2005.

[4] Ingber D. How cells (might) sense microgravity[J]. FASEBJ, 1999, 13 Suppl: S3 - 15.

[5] Doty S E, Seagrave R C. Human water, sodium, and calcium regulation during space flight and exercise[J]. Acta Astronaut, 2000, 46(9): 591 - 604.

[6] Davis J R, Vanderploeg J M, Santy P A, et al. Space motion sickness during 24 flights of the Space Shuttle[J]. Aviat. Space Environ. Med, 1988, 59: 1185 - 1189.

[7] Watenpaugh D E, A R Hargens. The cardiovascular system in microgravity. In: Handbook of Physiology: Environmental Physiology. Edited by MJ Fregly and CM Blatteis. III: The Gravitational Environment, 1: Microgravity, Chapter 29[M]. Oxford: Oxford University Press, 1996.

[8] Yu Z B, Zhang L F, Jin J P. A Proteolytic NH2 - Terminal Truncation of Cardiac Troponin I That is Up Regulated in Simulated Microgravity[J]. J Biol Chem, 2001, 276: 15753 - 15760.

[9] Zhang L F. Vascular adaptation to microgravity: what have we learned[J]. J Appl Physiol, 2001, 91: 1 - 16.

[10] Convertino V A. Consequences of cardiovascular adaptation to spaceflight: implications for the use of pharmacological countermeasures[J]. Gravit Space Biol Bull, 2005, 18(2): 59 - 69.

[11] Cogoli A. Space flight and the immune system[J]. Vaccine, 1993, 11(5): 496 - 503.

[12] Fitts Roberts H, Danny R Riley, Jeffrey J Widrick. Physiology of a Microgravity Environment Invited Review: Microgravity and skeletal muscle[J]. J Appl Physiol,2000,89: 823－839.

[13] LeBlanc A. Bone mineral and lean tissue loss after long duration spaceflight[J]. J Bone and Mineral Res, 1996, 11:323－332.

[14] Committee on Space Biology and Medicine Space Studies Board, Commission on Physical Sciences, Mathematics, and Applications, National Research Council. A strategy for research in space biology and medicine in the new century[M]. Washington, National Academy Press,D C: 1998.

第八章 空间辐射生物学

空间辐射生物学是空间辐射防护的生物学基础，对其研究有利于人们探索和利用空间环境。空间辐射生物学主要研究空间辐射环境产生的生物学效应及其作用机制，包括空间辐射诱发的生物效应特点及作用途径，空间辐射生物效应与辐射能量沉积和分布的关系等。空间辐射生物学探索的重点问题包括空间辐射的急性和延迟效应研究，空间辐射的防护，空间辐射环境与其他空间因素形成的复合效应等。一方面，对于载人航天中航天员安全保障而言，基本的研究内容包括了解空间辐射环境，研究空间辐射环境对生物体和人体的辐射损伤特点及机制，发展航天员的地面和空间辐射剂量监测，对空间辐射的危险进行预测和评价，研究空间电离辐射的防护方法，制定经济有效的辐射防护方案等；另一方面，对于空间辐射环境的有效利用而言，基本的研究内容包括利用空间辐射环境开展空间诱变育种，微生物改性和空间制药等。

第一节 空间辐射环境

空间辐射是人类空间探索首要考虑的环境因素之一，不仅引起航天器性能退化甚至失效，而且直接影响人的健康和生存。随着载人航天事业的发展，空间辐射环境对生物体和人的影响受到了越来越多的关注。

空间辐射环境主要来源于太阳的辐射和星际空间的辐射，包括粒子辐射环境和太阳电磁辐射环境，这些辐射环境受太阳活动的影响。其中粒子辐射由电子、质子和少量重离子等组成，主要包括地球俘获辐射带、太阳宇宙射线(Solar Cosmic Ray，SCR)和银河宇宙射线(Galactic Cosmic Ray，GCR)，属于电离辐射(Ionizing Radiation)。太阳电磁辐射是主要的空间电磁辐射(Electromagnetic Radiation)环境，包括红外光、可见光、紫外光等。电磁辐射贯穿物体的能力较弱，而电离辐射贯穿物质的能力很强，可以使物质电离或激发，引起急性损伤(包括皮肤、肠、骨髓及其他组织的急性损伤，杀伤人体细胞或改变人体内的DNA)和迟发损伤(如癌症、白内障、免疫系统功能下降或中枢神经系统损伤的破坏)，因此对航天员健康的影响也更大。

一、辐射基本概念

辐射是指能量以波动或者大量微观粒子的形式被发射出来，在空间或媒介中向各个方向传播的过程。在物理学中，辐射被描述成一个过程：一个主体发射的能量通过空间或者介质传播，最终被另外一个主体吸收的过程，但也可以指波动或者微观粒子本身。

自然界中的一切物体，只要温度在绝对温度零度以上，都以电磁波的形式时刻不停地向外传送热量，我们把这种传送能量的方式称为辐射。物体通过辐射所放出的能量，称为辐射能。辐射的含义与能量或者物质在空间的移动有关，所以我们把快速移动的粒子也称作辐射，比如空间的宇宙射线辐射。这种辐射是由氢、氦、铁或者其他原子的原子核组成，它们以每秒数十万 km 的速度在空间穿行。在宇宙射线中，其中一些电子的速度甚至几乎要达到光速。非物理专业的学者常常会将辐射理解为另一个词——电离辐射，其实并非如此，辐射的概念不仅包括了电离辐射，还包括电磁辐射，即无线电波、红外线、可见光、紫外线以及声辐射等。

二、辐射的分类

辐射的分类可根据辐射的构成分为电磁辐射和粒子辐射，也可根据能量的大小分为电离辐射和非电离辐射，还可以根据其来源分为天然辐射和人工辐射。

1. 电磁辐射与粒子辐射

(1)电磁辐射。

电磁辐射是指能量以电磁波的形式向各个方向传播的一种辐射。电磁辐射有电场和磁场的分量，交变的电场和磁场互相激发，闭合的电力线和磁力线像链条环一样不断地套连，在空间传播并形成电磁辐射。二者的振动相位互相垂直，能量传播的方向也垂直。电磁辐射在频率高时称为波，频率低时也称为场。电磁波的范围很广，按照波长或频率的顺序把这些电磁波排列起来，就是电磁波谱(见图 8－1)。电磁波谱是电磁辐射所有频率的一个范围，其下限频率是现代的无线电，上限是 γ 射线，覆盖了波长从数千 km 到原子大小 1% 的尺寸。尽管在原则上波谱应该是无限的和连续的，但是人们认为最长的波长止于宇宙自身的大小，最短的波长应该在普朗克长度附近。按照频率增加的顺序，电磁辐射包括了无线电波、微波、大赫兹波、红外线、可见光、紫外线、X 射线和 γ 射线。其中，无线电波波长最长，γ 射线波长最短。电磁辐射中的一小段是能够被各种生物体眼睛感知的可见光。

人眼看得见的是 0.4～0.76 μm 的波长，这部分称为可见光。可见光经三棱镜分光后，成为一条由红、橙、黄、绿、青、蓝、紫等各种颜色组成的光带，波长依序变短。其中红光波长最长，紫光波长最短。其他各色光的波长则依次介于其间。这个范围内的电磁波能够被人眼感知，也被叫作光波。波长长于红色光波的，有红外线和无线电波。红外线波长范围为 0.8～100 μm，因为具有热的作用，所以也叫热线。波长短于紫色光波的，有紫外线、X 射线、γ 射线等，这些射线虽然不能为肉眼看见，但是用仪器可以测量出来。

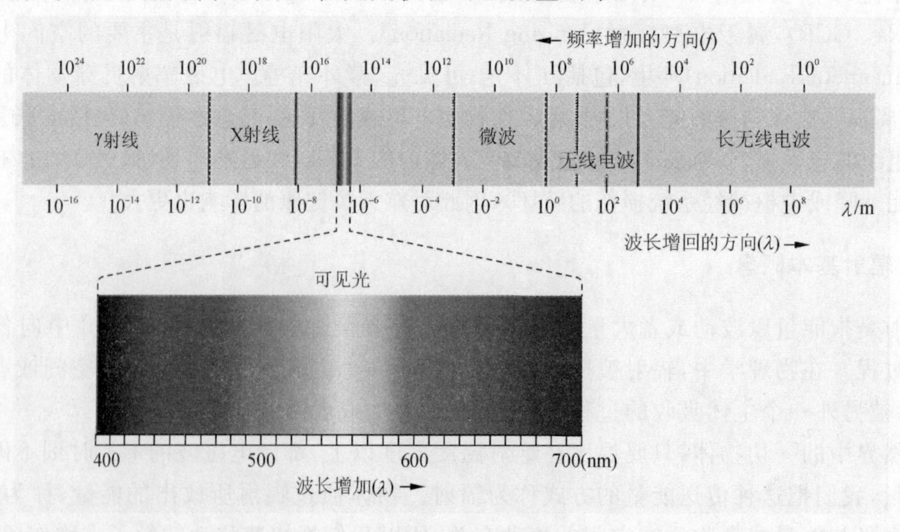

图 8－1　电磁波谱

UV：紫外线；IR：红外线

自然界中的一切物体都以电磁波的方式向四周放射能量。电磁波具有以下 3 个典型的物理特征：频率 f，波长 λ，光子能 E。因为电磁波具有波粒二象性，电磁辐射的能量是量子化的，因此电磁辐射的能量包含一系列不连续的量子或者能量，被称为光量子，用 E 表示。它们之间的关系可以用以下的公式(普朗克法则)描述：

$$f=\frac{c}{\lambda}=\frac{E}{h}=\frac{hc}{\lambda} \tag{8-1}$$

式中：$c=299\ 792\ 458\ \mathrm{m\cdot s^{-1}}$(真空中的光速)；$h=6.626\times10^{-34}\ \mathrm{J\cdot s}$(普朗克常数)。

如式 8-1 中所示，电磁波的频率与光子能成正比，波长与频率成反比。频率越高，电磁波的能量也就越大。当用 eV(电子伏特：$1\ \mathrm{eV}=1.602\times10^{-19}\ \mathrm{J}$)表示对应电磁波的能量时，频率范围从 2.4×10^{23} Hz(1 GeV γ 射线)到 10^{-6} Hz 量级上的电磁波谱，其能量能从 124 feV 到 1.24 MeV。其中，γ 射线具有大约 1 GeV 的电子能，而无线电波仅具有 feV 级的电子能。电磁辐射的性能与波长相关，光子能量愈大，辐射波长愈短；光子能量愈小，辐射波长愈长。电磁辐射的生物学效应不仅取决于光量子数量的多少，而且当电磁辐射与单个原子或者分子相作用时，其作用性能也与光量子的能量水平相关。

(2)粒子辐射(Particle Radiation)。

粒子辐射是指通过快速移动的粒子传送能量的辐射。当所有粒子的移动方向一致时粒子辐射又被称为粒子束。因为波粒二象性，所有的移动的粒子也具有一定的波动性，能量高的粒子更多表现粒子的特征，而能量较低的粒子则会表现出波的特征。根据标准模型的量子场论所描述，目前已经发现的基本粒子有 37 种。这些基本粒子相互结合可以形成更加复杂的粒子，目前已发现和观察到的粒子共 300 余种。

粒子辐射可依据是否具有电性分为带电粒子辐射和非带电粒子辐射。不稳定的原子核(放射性衰变)可以发射出带正电的 α 粒子，带正电或者负电的 β 粒子，不带电的 γ 粒子(又被称为光子)或者中子辐射。光子、中子、中微子都属于非带电粒子辐射。带电的粒子(包括电子、介子、质子、α 粒子、重核等)可由粒子加速器产生。粒子辐射的能量大，易对航天活动带来威胁。

2. 电离辐射与非电离辐射

从辐射防护的角度讲，辐射一般被分为两种，即电离辐射和非电离辐射。能直接或者间接对被作用物质产生电离作用的辐射，称为电离辐射，包括透过介质时能产生正负离子对的所有电磁辐射和粒子辐射。能引起电离作用的辐射主要有 X 射线、γ 射线、α 射线、β 射线、中子流、重核等。不能导致被作用物质产生电离作用的辐射称为非电离辐射，主要来自太阳电磁辐射以及航天器的雷达、通信系统，如可见光、红外线、微波、无线电波等。

(1)电离辐射。

电离辐射是指将原子内的电子移去，形成电子和带正电粒子的离子化过程。当辐射的能量通过组成物质的原子核附近时，传递给原子核外围轨道电子的能量不足以使其脱离原子核的束缚，而使轨道电子从低能态跃迁到高能态，即使原子激发。激发态是不稳定的，当电子由高能态返回低能态时以发射 γ 射线或 X 射线的形式释放能量。但是当辐射的能量较大时，可使原子的轨道电子脱离原子核的束缚，成为自由电子，并使原子核带正电，这个过程称为电离。一次电离生成一对离子(带负电荷的电子和带正电荷的原子核)。如果自由电子具有足够的能量还可以产生次级电离或激发。由于物质的结构不同，产生一对离子所需要的能量也不同，如空气需 32.5 eV，而锗只需 2.94 eV。

所有的带电粒子辐射都属于电离辐射。当这些带电粒子穿过物质时会逐步地释放能量，对物质产生电离作用。电离辐射包括粒子辐射或者能量高的能够将电子从原子或者分子中电离出来的电磁辐射。电离辐射不依赖于粒子和电磁波的数量，而是单个粒子或者电磁波碰撞的能量。大致来讲，粒子或者光量子只要有超过几个电子伏特的能量就能引起电离作用。例如高能的 α 粒子、β 粒子和中子都能产生电离辐射。电磁波是否具有电离能力取决于它的波长，电磁波谱中波长小于 100 nm 的紫外线、X 射线和 γ 射线产生的辐射属于电离辐射。生物体主要是由碳、氢、氧、氮等元素组成的，引起这些物质发生电离所需要的最低的能量下限是 12 eV，其对应的波长是 100 nm。而电磁波谱中紫外线区域的波长范围为 400 nm 到几十 nm。因此电磁辐射被分为两部分，即电离辐射区和非电离辐射区。

(2)非电离辐射(Non－ionizing Radiation)。

根据国际非电离辐射防护委员会(International Commission on Non－ionizing Radiation Protection，ICNRP)的定义，非电离辐射包括了紫外线、红外线、微波、可见光、无线电波这一部分的电磁辐射。静态以及随时间变化的电场和磁场，还有超声也都属于非电离辐射。

非电离辐射是一个相对而言的概念，指的是每个粒子所携带的能量不足以使原子或者分子发生电离的一种辐射，尤其指的是较低能量形式的电磁辐射(例如无线电波、微波、太赫辐射、红外线和可见光)。近些年，非电离辐射对生物体的影响也受到越来越多的重视，不同类型的非电离辐射也具有不同的生物学效应。当电磁辐射的能量足够高的时候，穿过物体也仅产生激发作用，而不产生带电的离子。

3. 天然辐射与人工辐射

从辐射的来源讲，辐射又被分为两种，即天然辐射和人工辐射。自然界天然存在的辐射称为天然辐射，包括来自外太空的宇宙射线及存在于环境中的天然放射性物质等；由人类活动产生的辐射称为人工辐射，包括各种通信的无线电波、核试验生成的放射性尘埃、医疗诊断的 X 射线等。

(1)天然辐射(Natural Radiation)。

天然辐射又叫天然本底辐射，从天然辐射对人类辐射剂量的贡献考虑，常常把天然辐射分为宇宙辐射、陆生辐射、体内天然辐射和氡及其子体(包括^{222}Rn 和^{220}Rn)四种来源。

宇宙辐射和宇生辐射：来自宇宙空间的高能粒子能穿过地球大气到达人的生存环境的辐射和宇宙辐射与大气相互作用产生的次生辐射。宇宙辐射是来自其他星球(如太阳)或宇宙空间的辐射，主要由中子、质子、电子和介子等高能粒子组成。宇宙射线穿透能力强强，其辐射强度随海拔高度的增加而增大。所以在高原旅行、航空和航天飞行时会受到更强的宇宙辐射照射。宇生辐射是宇宙射线和大气层及地表空气中的物质相互作用产生的放射性核素或辐射。宇生放射性核素大约有二十多种，其中^{3}H，^{14}C，^{7}Be，^{22}Na 等贡献较大。陆生辐射：存在于陆地土壤、岩石、水等物质中的天然放射性核素发生的辐射，主要是铀(镭)、钍、钾等。陆地天然存在的三个放射系：钍系、铀系、锕-铀系，每个放射系的第一个核素的半衰期都非常长。

人体内的天然放射性核素：组成人体的一些基本元素的放射性同位素在人体内构成了人体内的辐射。人体内大约有 30 mg 的^{40}K 和 10 ng 的^{14}C，排除由外部辐射物质引起的内部污染后，人体主要是内部辐射是^{40}K。

氡及其子体对人的照射：氡是地球上备受关注的一种电离辐射，尽管非常罕见，但是因为其强烈的放射性元素在世界上很多地方存在，且浓度较高，严重危害人们的健康。

从辐射防护角度看，天然辐射源(除人类活动增高了的天然辐射外)一般是不可控的或很难控制的，其中氡及其子体是个例外。事实上，与天然的背景辐射相比较，人工所造成的辐射的总量都是可以忽略不计的。空间环境受宇宙辐射及其与次生辐射影响较大，是空间飞行和深空探测中首要考虑的因素。

(2)人工辐射(Artificial Radiation)。

人工辐射是由于人类活动而导致增加的辐射，造成对人和对环境的影响，主要有以下四种来源。

医疗照射：人们为了医学诊断和治疗而接受的辐射照射，主要包括 X 射线。受辐射人员包括患者或受检者、陪护家属或亲友、生物医学研究的志愿人员等。医疗照射可以运用实践的正当性和辐射防护最优化原则对辐射进行控制。

核试验：核试验始于 1945 年，在冷战时期次数较多，大规模的大气核试验到 1980 年基本停止，地下核试验则延续到 20 世纪末。大气核试验会向环境释放大量的放射性物质，弥散范围大，但是其中很多放射性核素的半衰期很短，长期影响不大。地下核试验释放的放射性物质要少得多。据 2000 年联合国原子辐射效应科学委员会(United Nations Scientific Committee on the Effects of Atomic Radiation，UNSCEAR)的统计，现在核试验遗留放射性物质造成的全球人均年剂量约为 0.005 mSv。

重大核事故：一般地说，尽管核事故会向环境释放较多的放射性物质，但是影响范围有限，极其严重的核事故可能影响更广大地区。切尔诺贝利核电站事故是迄今为止唯一的一次具有几乎全球放射性影响后果的核电站事故。据 2000 年 UNSCEAR 的统计，现在切尔诺贝利核电站事故遗留的全球人均年剂量大约为 0.002 mSv。

核能生产：核能以清洁、安全著称。据国际原子能组织(International Atomic Energy Agency，IAEA)的统计，现在全世界有大约 450 座核电站在运行，总装机容量超过了 350 GW，大约提供全世界总用电量的 17 %。核电站在正常运行情况下释放的放射性物质很少，其中一些放射性核素的半衰期很短，对环境的影响很小。据 2000 年 UNSCEAR 的统计，核能生产造成的全球人均年剂量大约为 0.000 2 mSv。

与自然辐射相比较而言，人工辐射量少可以忽略。在空间环境中人工辐射主要是航天器内电子电器设备产生的无线电电磁辐射。与医疗照射和核反应中的辐射相比，其对人和环境的影响较小。尽管如此，近些年来电磁辐射对空间活动和健康的影响也开始受到重视。

三、空间辐射环境的特点

空间辐射环境主要来源于太阳的辐射和星际空间的辐射，包括粒子辐射环境和太阳电磁辐射环境。其中粒子辐射由电子、质子和少量重离子等组成，主要包括地球俘获辐射带、太阳宇宙射线和银河宇宙射线。空间辐射环境的特点是种类多，能量强，可对航天器和航天员健康产生重要影响。下面将分别对带电粒子辐射环境、太阳电磁辐射环境及深空辐射环境进行介绍。

1. 太阳宇宙射线

太阳宇宙射线由两种粒子组成：一种是常态的低能的太阳风粒子；另一种是偶发的来自太阳磁扰动区的高能带电粒子，称为太阳粒子事件(Solar Particle Events，SPE)。例如太阳耀斑爆发期间会发射大量高能质子、电子、重核粒子流，这些物质绝大部分由质子组成，因此又被称为太阳质子事件(Solar Proton Events，SPE)。

太阳耀斑是太阳光球中的强磁场达到临界不稳定状态时，强磁场突然调整、释放消除这种不稳定状态时发生的现象。太阳耀斑瞬时释放的能量高达 1 025 J，占太阳总输出能量的 0.1%，可持续几分钟到数小时。该能量使得日冕温度迅速上升，伴随高温的变化，大量粒子被从太阳表面加速并喷出，主要成分是电子和质子，同时伴随粒子辐射的还有大量射电辐射和 X 射线辐射。太阳耀斑的发生频率和强度与太阳活动有密切关系，SPE 的强度也随太阳活动变化，并范围较大。

每次 SPE 的持续时间和能谱均有所不同，SPE 大多只持续约几个小时，偶尔从地球表面可以观察到连续几天的粒子事件。粒子的能量越高，持续时间越短。1978 年 5 月 7 日事件仅持续 1 个多小时，而 1989 年 9 月 29 日事件持续了十多个小时。SPE 的发生具有随机性，每个太阳活动周期大约有 30～50 次重要的粒子事件。有时一年发生多次，有时一年只发生几次。例如 1989 年共发生 SPE 23 次，而 1987 年则仅有一次。大约 22%的粒子事件是由两个或多个接续发生的粒子事件构成。大多数 SPE 发生在太阳活动周期的第 2 年至第 8 年。除了随着太阳活动的增强而发生粒子事件的概率增加外，未发现 SPE 和太阳活动周期的其他关系。

SPE 的能量范围一般从 10MeV 到几十 GeV。每次 SPE 发生的强度和能谱是不相同的，能量在 10 MeV 以下的称为磁暴粒子，能量低于 0.5 GeV 的称为非相对论粒子事件，能量高于 0.5 GeV 的称为相对论粒子事件。相对论粒子事件从太阳到地球的传输时间在 1 h 之内，非相对论粒子事件的传输时间从几十分钟到几十小时不等。一般来说，发生异常大 SPE 的概率较低，在一个 11 年的太阳活动周期中大约只出现 1 次。但是，这些异常大的太阳粒子事件构成载人航天的主要威胁。因为一次事件中能量大于 10 MeV 的质子注量可超过 10^{10} cm^{-2} 量级。例如 1956 年 2 月、1959 年 7 月、1972 年 8 月和 1989 年 9－10 月的事件。在第 22 个太阳活动周期(1986－1996 年)中，至少 8 次事件中粒子能量高于 30 MeV。在地球上探测 SPE 已有 60 多年的历史，自 1965 年才开始在航天器上进行探测。1942－1957 年记录到极高能量的 SPE，这些粒子的能量足可以贯穿地磁场和大气层而被地球上的探测器记录到。

SPE 中绝大部分是质子，另有 5%～10%是氦核，重粒子和电子占 1%左右。重离子中，碳、氮、氧、硫、铁的相对丰度较高，与银河宇宙射线的成分相似。SPE 中重离子在实际情况下并未完全电离。其中，能量介于 5 MeV～20 MeV 的重离子的荷质比上限为 0.1，完全电离的重离子的荷质比在 0.5 左右。重离子电离程度会影响其能否穿入地球磁层，在同样的能量下，离子电荷态越高，越难穿入地磁层。在低地球轨道(Low Earth Orbit，LEO)，地磁场可以屏蔽掉 SPE 粒子，且与纬度相关。但在高倾角轨道和星际间飞行时，SPE 会给人类活动，特别是出舱活动，带来危险。

2. 银河宇宙射线

银河宇宙射线(GCR)起源于太阳系外突发的天文事件，比如超新星爆炸，是载人航天必然暴露的重要辐射源之一。未曾与航天器材料发生作用的银河宇宙辐射称为初级宇宙辐射，与航天器材料发生作用后在舱内产生的次级粒子成分称为次级宇宙辐射。绝大部分 GCR 均被地磁场所屏蔽，从而不会对运行于地球轨道的航天器和航天员造成威胁。但是在极区，少数 GCR 可沿磁力线沉降到磁层内，在极区外也有少量能量特别高的 GCR 可进入磁层内，造成威胁。

GCR 由能量很高、通量很低的带电粒子组成。其成分包括 2%电子和 98%重子(含 85%质子、14%氦核和 1%的重粒子)。其中,原子序数>2,能量可以穿透航天服或 1 mm 宇宙飞船屏蔽的粒子被称为高能高电荷粒子(High Z and Energy,HZE),也叫高能重粒子。虽然 HZE 仅占 GCR 流量的 1%,但对细胞、组织和生物机体的危害极大,产生的损伤也有其特殊性,因此受到了更多的关注,特别是在超出地磁圈以外的高倾角高轨道的长期飞行中。

GCR 除质子和 α 粒子外,丰度较高的是碳、氧、镁、硅、铁等。对于 Z>2 的核可分作几组:L 组(轻核,3≤Z≤5),M 组(中等核,6≤Z≤8),LH 组(半重核,9≤Z≤14),H 组(重核,15≤Z≤19),VH 组(甚重核,20≤Z≤28)。一般将锰(Z=25)至镍(Z=27)称作铁组。Z>29 的核因相对丰度很低,一般不予以考虑。GCR 成分的相对丰度与所考察的能量区间有关,在2 GeV/核子的能量,质子和铁核丰度较高;而在 0.2 GeV/核子的能量,α 粒子、碳和氧离子丰度较高。为合理地估计 GCR 的危害,需考虑的关键粒子应是质子、α 粒子以及碳、氧、氖、镁、硅、硫、钙和铁等重粒子。因为重粒子的能损率与 Z2 成正比,虽然铁离子的丰度只有碳或氧的1/10,但对 GCR 的剂量贡献却是显著的。

多次测量表明,在航天器舱内 GCR 的分布可以认为是近似各向同性的,无明确入射方向,各向异性一般不超过总注量率的百分之几。其粒子能谱范围很宽,初级 GCR 的能谱覆盖了 10^6 eV～10^{22} eV 的能量范围。GCR 中 75%以上的粒子具有低于 2 GeV/核子的能量,而且在 3 g·cm^{-2} 的铝屏蔽以后,大约 75%的剂量当量是能量小于 1 GeV/核子的 GCR 产生的。因此,对于银河宇宙辐射危害的评价,最重要的能量范围是 0.1 GeV/核子,几乎所有的辐射危害问题是能量低于约 10 GeV/核子的 GCR 造成的。

GCR 在整个行星际空间的分布被认为是相对稳定的,其传播受到行星际磁场、太阳活动周期以及地球磁场的调节。当 GCR 进入太阳系,它们会受到外流的太阳风磁场的影响,因此 GCR 的强度与太阳活动周期相关。在太阳活动最弱时呈现峰值,太阳活动最强时水平最低,强度变化可相差 5 倍。其中,太阳活动变化对低能 GCR 的强度影响较大,一个太阳周期中变化相差会达到 10 倍。GCR 的流量可以进一步被地磁场调节。当 GCR 带电粒子进入地磁场后,受到磁场力的作用,其运动轨迹发生偏转,致使部分能量较低的粒子被磁场俘获而不能到达地球表面,只有很高能量的粒子可以进入低倾角轨道。由于磁场力是随地球纬度变化的,故 GCR 注量率也出现随地球纬度而发生变化的纬度效应。一般来说,对于相同的轨道高度,纬度越高,粒子注量率越高,在赤道上空,粒子的注量率最低。而在地球极点,各种能量的粒子可能在磁场轴的方向发生撞击。

对于初级辐射的粒子的低能组分,航天器防护层可有效减少其对航天器内部和航天员的辐射。然而,对于高能粒子,航天器内部的辐射有可能随着防护层的增加而增加。这是由于高能初级粒子(主要指质子和离子)的一部分会与航天器自身材料的原子核发生相互作用,从而产生次级辐射,导致航天器内部辐射的增加。两种类型的核相互作用最为重要。①靶物质核碎片。当高能带电初级粒子与航天器材料的重核(例如铝核),或者航天器中的碳、氧原子核发生碰撞,将会产生两个或更多的次级粒子,包括中子、质子及重核。②弹核碎片。当一个高能重离子与靶核碰撞时,除了产生高能质子和中子外,也能产生更大的弹核碎片,这些弹核碎片保留了大部分初级高能重离子的动能。

3. 地磁俘获辐射带

地磁俘获辐射带(Geomagnetically Trapped Radiation,GTR)是 GCR 和 SCR 与地磁场及

大气层相互作用的结果，是指地球磁层中被地磁场俘获的高能带电粒子区域。由美国学者Jan Van Allen博士领导的一组科学家于1958年首次发现，所以又称为Van Allen辐射带。电子、质子和一些重粒子被地磁场俘获后形成大约6～7个地球半径的粒子辐射区域，分为内、外两条辐射带，内、外带之间是一个低辐射强度的区域。GTR是载人航天遇到的重要辐射环境之一。

内辐射带在赤道平面上空100～10 000 km的高度(约0.01～1.5倍地球半径)，纬度边界约为40°，强度最大的中心位置距离地球表面3 000 km左右。其辐射来源于宇宙粒子与大气层相互作用产生的中子衰减产物，主要是质子，也有部分电子。其电子包括高空核爆炸产生并被磁场俘获的人工电子。质子能量一般在几兆电子伏特到几百兆电子伏特，电子的能量一般为几百千电子伏特。内辐射带有两个强辐射区域，一个位于3 600 km高度，注量率约为2×10^4 $cm^{-2}\cdot s^{-1}$，另一个位于7 000～8 000 km高度，注量率约为5×10^3 $cm^{-2}\cdot s^{-1}$。因地磁场轴与地球自转轴有一倾斜，因此东、西半球不对称，西半球内带下边界低，东半球内带下边界高。在西经0°～60°，南纬20°～50°的南大西洋(非洲和南美洲之间)上空是负磁异常区，内辐射带下边界降低至200 km左右，这一区域称为南大西洋异常区(South Atlantic Anomaly, SAA)。

外辐射带的空间范围比较广，在赤道平面高度13 000～60 000 km(3～10倍的地球半径)，中心位置在20 000～25 000 km，纬度边界约为55°～70°。其辐射来源于地磁场俘获的太阳粒子，主要是0.1～10 MeV的高强度的电子。外辐射带的电子基本上是各向同性的，强度是内辐射带的10倍左右，能量高于0.2 keV的电子最大注量率约4×10^7 $cm^{-2}\cdot s^{-1}$。外辐射带受地球磁尾剧烈变化影响较大，粒子密度起伏较大，变化前后差异可高达1 000倍。

内外辐射带之间是一个低辐射强度的区域，其中的带电粒子绕着地球磁力线旋转，向地球的两个磁极运动。这些带电粒子的能量不同，电子能达到7 MeV，质子为200 MeV，重离子尽管受磁场影响很小，也几乎能达到50 MeV。

地磁俘获辐射带的强度和区域受到太阳活动周期的调节，太阳活动强时质子强度降低，电子强度增加，反之亦然。大的太阳爆发可引起地球磁场的扰动，俘获辐射带也会出现明显的动态变化。受扰动的外辐射带电子注量率可增加1～2个数量级，内辐射带质子的注量率也明显增高。我国“实践四号”卫星(200～36 000 km，倾角28.5°)在1994年2月19日发生太阳粒子事件后，观测到内、外辐射带电子注量率增加，且内、外辐射带之间的辐射稀疏区也变得不明显了。

4. 太阳电磁辐射

空间电磁辐射主要来源于太阳辐射，其次来源于其他恒星的辐射和经过地球大气的散射、反射回来的电磁波，最后还有来自地球大气的发光。空间电磁辐射根据波段可以分为几个范围：软X射线波段，波长范围小于10 nm，光子能量在0.1～10 keV；远紫外波段，波长范围在10～200 nm；近紫外波段，波长范围在200～400 nm；光发射波段，波长范围在400～2 500 nm。

根据美国试验材料学会(American Society for Testing Material, ASTM)490标准，在地球轨道上，太阳电磁辐射位于地球大气层外，在距离太阳为1 AU(Astronomical Unit)处并垂直于太阳光线的单位面积上，单位时间内接收到的太阳的总电磁辐射能量约为1 353 $W\cdot m^{-2}$，这一能量称为太阳常数。不同太阳光谱波段所具有的能量不同，体现在占太阳常数的百分比不同。其中光发射波段能量最多，占太阳常数的91.3%，近紫外波段占

8.7%，远紫外波段占0.007%，X射线的能量很少，约为2.5×10^{-6} W · m^{-2}。太阳常数随太阳活动存在不同时间尺度的波动，变化范围在1%～2%，可能与太阳黑子的活动周期相关。

5. 与飞行轨道相关的电离辐射环境

在不同的飞行轨道，电离辐射的类型和强度不同。

在低倾角低地球轨道，其电离辐射主要是GTR，其中SAA值得注意，由于地磁场的不对称，同样高度时，这里的粒子辐射强度比全球其他区域高得多。另外，还有部分辐射来源于GCR。

在中倾角低地球轨道，主要是GCR和GTR，SAA仍然值得注意。

在高倾角低地球轨道，GCR的影响增大，同时SPE的影响也增加，成为主要的辐射威胁，GTR的影响减弱。

在地球同步轨道，主要的辐射威胁来自于SPE，GCR和GTR的外辐射带也有一定的影响。

在登月和登火星轨道，由于地磁场的屏蔽作用消失，GCR和SPE成为主要的辐射来源，其中HZE对航天员健康的影响很大。

此外，高能粒子与大气中氮原子和氧原子核相互碰撞，会造成高度复杂的二次辐射。同时，初级辐射粒子与宇宙飞船舱壁材料的高能碰撞也会形成一些次级辐射，这些都是飞行中需要考虑的电离辐射环境。

第二节　空间辐射环境的生物学效应

空间辐射将能量传递给生物体引起的改变，称为辐射的生物学效应(Biological Effect)。空间辐射的生物学效应按其发生和照射剂量的关系分，包括确定性效应(Deterministic Effects)和随机性效应(Stochastic Effects)。

确定性效应也称为非随机性效应，主要是照射后细胞损伤导致的组织或器官的功能失常或功能丧失，效应的严重程度与照射剂量的大小有关，取决于细胞群中受损细胞的数量或百分率。所有确定性效应都是躯体效应(发生在受照个体身上的效应)，包括空间辐射造成的白细胞减少、皮肤红斑、白内障等。

随机性效应，指的是受照射的细胞没有被杀死，而是发生了变异。于是经过一段时间(潜伏期)后，由一个变异的仍存活的细胞生成的克隆可能导致恶性病变，即癌症。随机性效应的发生率与照射剂量的大小有关，如发生癌症的概率随剂量的增加而增加。如果辐射效应表现在受照射个体的后代，这种随机性效应称为遗传效应。随机性效应可以是躯体效应(如辐射诱发的癌症)，也可以是遗传效应。

空间辐射生物学效应根据辐射传能线密度的不同，辐射效应敏感性不同，辐射效应的随机性，以及与其他因素的复合效应而呈现不同的效应。通常，高LET的辐射产生的生物学效应大于低LET值的辐射，不同生物细胞或细胞所处不同时期对辐射的敏感性不同，空间辐射诱变具有随机性，低剂量可引发生物体适应性反应、敏感性，空间辐射为多种辐射源系统作用，且空间其他环境与辐射具有协同作用。

一、空间电磁辐射的生物学效应

该部分提到的电磁辐射是特指电磁波谱中能量较低的非电离辐射部分。近地空间环境中,电磁辐射主要是来自于太阳的电磁辐射,其次是来源于航天器中大型电子设备的射频辐射。在载人航天活动中,随着作用强度的增加和作用时间的延长,电磁辐射也会对人体产生不同程度的损伤。电磁辐射危害人体的机理主要是热效应、非热效应和累积效应等。

热效应:热效应是指由电磁辐射对生物组织或系统加热而产生的效应。热产生的方式主要包括:①生物组织在高频电磁场中,由于极性分子反复快速取向转动而摩擦生热;②传导电流生热;③介质损耗生热。热效应的产生一般需要较高强度的电磁辐射。对热效应机制的研究已比较清楚,人体70%以上是水,水分子受到电磁波辐射后相互摩擦,引起机体升温,从而影响到体内器官的正常工作。

非热效应:非热效应是指吸收电磁辐射能后,组织或系统产生的作用与热没有直接关系的变化。窗效应是电磁波非热效应的特点之一,可分为频率窗和强度或功率密度窗效应。前者指在某一频段内,只有某些离散的、频率区间极窄的电磁波才能产生的生物学效应。后者是指在某一功率密度范围内,只有某些离散的、功率密度区间极窄的电磁波才能产生的生物学效应。

目前有关非热效应产生的理论主要有:①跨膜离子回旋谐振理论。该理论认为静磁场中带电离子受洛伦兹力的作用而作圆周运动。电磁辐射中平行于静磁场的交变磁场分量,会增加带电粒子的角速度和轨道半径,产生回旋共振。当回旋共振频率与胞内 Ca^{2+} 依赖过程的电磁场频率一致时会诱发细胞表面受体或跨膜通道内的离子作圆周或螺旋运动,如使钙调蛋白中被弱束缚的 Ca^{2+} 结合态改变,进而影响许多受钙调蛋白调节的酶,诱导出各种生理生化改变。同时,电磁场使离子通道的偶极矩变化,加上通道内离子的回旋运动,最终会干扰离子的通透过程。②离子对膜的穿透理论。膜内外存在着电位差(静息电位),即所谓的势垒。离子在膜两侧达到平衡,是离子的扩散力和电场力对抗的结果。电磁辐射作用在膜上,影响电场力,对膜电位即势垒产生了作用。膜电位的漂移,会大大影响离子对膜的通透而产生生物效应。③生物系统的相干电振动理论。该理论认为,当电磁辐射的频率十分接近生物体的振荡频率时,会产生破坏性相干和建设性相干两种"频率窗"效应,进而影响生物活性。④射频能量的谐振效应理论。该理论引入了极限环的概念,认为无干扰时,生物体维持稳定的极限环振荡。当有电磁辐射时,外界的电磁场作为一种周期性的策动力,会引起生物体非线性的谐振效应,其振动频率依赖于外界电磁辐射频率和强度。此理论可以较好地解释"频率窗"和"功率窗"效应的出现。⑤自由基效应机制。自由基由于其具有磁矩,能与电磁场相互作用,复合成三重态(自旋相同)或单线态(自旋相反)。电磁场可以影响顺磁性自由基的复合速率,从而影响自由基的寿命,也就是影响自由基的瞬时浓度,从而产生一系列生物效应。

人体的器官和组织都存在微弱的电磁场,不受外界干扰时它们是稳定和有序的,受到外界电磁场的干扰后处于平衡状态的微弱电磁场将遭到破坏,人体也会因此受到损伤。

累积效应:热效应和非热效应作用于人体后,在人体对伤害尚未来得及进行自我修复之前再次受到电磁辐射的话,其伤害程度就会发生累积。对于长期接触电磁波辐射的群体,即使功率很小、频率很低,但是由于累积效应也会产生较强的生物效应。

人和生物体本身就就有一定的电磁特征,外界的电磁场和波动必然会与之相互作用。经过疾病预防专家、环境保护专家、防御电磁污染专家及科学工作者广泛和深入的研究后，电磁辐射对生存影响的流行病学研究取得了一定成果。

二、空间电离辐射的生物学效应

1. 空间电离辐射的分子生物学效应

空间辐射在分子水平的生物学效应研究，集中在对生物大分子——DNA靶分子和染色体的影响。

(1)空间电离辐射对DNA靶分子的影响。

目前的一些空间实验结果显示，DNA分子作为生命体的遗传物质基础，是空间辐射损伤的重要靶分子。辐射对靶分子影响的生物学效应取决于辐射剂量与辐射时间，且归属于随机性效应范围，通常发生在较低剂量或长期低剂量照射之后。

空间辐射作用于DNA靶分子的细胞学机制主要有两个：①带电粒子与DNA分子的直接作用：指DNA分子与光吸收光子形成的运动电子的相互作用。电离辐射直接影响DNA，导致DNA的单链突变、双链突变，成群受损突变和关联根部受损。当DNA发生单链突变时，它还可以通过酶的作用自行修复。如果发生了双链突变，就很难正确的重建，会出现错误的修复，结果导致基因的突变。②通过自由基的间接作用：指水辐射分解产物与DNA分子相互作用。自由基缺少配对的电子，是一个十分活跃的物质。它可以使生物体的DNA，RNA或蛋白质大分子受到损伤。

在最靠近DNA处，由于其他分子(尤其是水分子)电离形成的自由基向DNA扩散，并将其能量转移给DNA，结果使该大分子产生化学变化。水在机体中占80%，它参加大量的代谢过程。在受到照射的情况下，水受辐射分解后可产生离子和自由基。这些自由基因为具有过剩的能量而很不稳定，极易反应并能把其能量转移给其他分子，使其发生损伤，即使在离初始电离位置有一定距离的地方也同样发生这种情况。这就是为什么电离辐射对细胞成分，尤其是DNA分子具有直接作用或间接作用的原因。在液态环境下，间接作用是导致DNA损伤的主要原因。

辐射对DNA靶分子的作用主要有以下几种。

1)DNA分子损伤。

a. 双链断裂。细胞受到辐射，DNA分子将产生多种类型的损伤，包括碱基错配、修饰、脱嘌呤或脱嘧啶位点形成，DNA单链、双链断裂以及DNA蛋白质交联等。其中，DNA双链断裂是损伤最严重的一种。

空间辐射环境主要是混合的LET辐射，包括大部分低LET的辐射和有部分高LET辐射。高LET能引起高频率复杂的DNA双链断裂，是辐射损伤的主要形式。其中，重离子辐射造成的DNA双链断裂与粒子注量呈线性正相关关系，即随粒子注量值增大，DNA双链断裂的量也逐渐上升。DNA双链断裂很难被修复，导致了辐射后细胞的死亡。

b. 碱基变化。碱基变化也是空间辐射造成DNA分子损伤的形式之一，它包括以下4种情况：碱基由于脱落而丢失；碱基环被破坏；碱基间形成嘧啶二聚体；嘌呤碱被嘧啶碱或另一嘌呤碱替代，即碱基替代。4种碱基对辐射的敏感性存在差异，依次为：胸腺嘧啶＞胞嘧啶＞腺嘌呤＞鸟嘌呤。

c. DNA交联。空间辐射造成DNA分子损伤后，在碱基之间或碱基与蛋白质之间会形成共价键，发生 DNA - DNA 交联（分为链内交联或链间交联）或 DNA -蛋白质交联。

2)DNA 合成抑制。

空间辐射除了直接或间接地造成 DNA 损伤，也会引起 DNA 合成的抑制。研究表明，即使只有 0.01 Gy（Gy 为辐射的吸收剂量，是对所有类型的电离辐射在任何一种介质中的能量沉积的度量）的照射也能观察到 DNA 合成抑制的现象，是一个非常敏感的辐射效应指标。辐射造成的 DNA 合成抑制与 DNA 合成酶的活力下降、DNA 模板的损伤、四种 dNTP 的形成受抑等因素有关。

3)DNA 分解代谢增强。

空间辐射引起 DNA 合成抑制的同时，会造成 DNA 分解代谢的增强。其机理可能是由于辐射破坏溶酶体和细胞核膜结构，引起 DNase 释放，DNase 与 DNA 直接接触增加了 DNA 的降解，DNA 代谢产物在排出的尿液中明显增加。

4)DNA 损伤修复改变。

细胞受到空间辐射损伤时，首先会启动 DNA 酶修复系统，暂时性地阻断细胞周期进程，可以提供给细胞足够的修复时间，防止错误复制或不对称分裂事件的发生。

如果损伤修复过程发生了异常，则受损的 DNA 不能被修复，会造成基因突变或染色体异常。对于双链 DNA 断裂的修复来说，有同源重组和异源重组两种方式。无错的同源重组方式在细胞修复过程中的效率极低，因此不可能是双链 DNA 损伤的主要修复途径。而异源重组是哺乳动物细胞中的主要机制，是一种不严密的易错修复机理，可以连接没有同源性或仅有 125 个碱基的微小同源顺序的 DNA 末端，可能会造成遗传信息的丢失或某些重要基因的改变，使基因组的稳定性受到破坏，产生具有突变潜能的 DNA 损伤，奠定了癌变的分子基础。

目前国内外研究 DNA 双链断裂的方法很多，主要有中性梯度沉降、中性过滤淘析、凝胶电泳、早期染色体凝缩、电子显微镜、原子力显微镜等。这几种方法都有一定的适用范围和局限性，不同程度地存在着灵敏性差、物理基础不清楚及操作复杂等缺点。近来的一些研究证实，这些方法可能都低估了双链断裂的产额。

(2) 空间电离辐射对染色体的影响。

当辐射引起的 DNA 损伤伴有染色体数目或结构改变时，会造成染色体畸变，涉及较大范围的基因变化。一般来讲染色体畸变需要至少两种 DNA 损伤才能形成。

空间实验研究证明空间辐射可以诱导人细胞的染色体畸变。收集 Gemini 和 Apollo Skylab任务中的航天员的淋巴细胞，用传统的 Giemsa 染色检查双着丝粒和染色体互换，结果显示在有过飞行经历的样本中染色体畸变显著增加。

对于染色体畸变形成的剂量。反应关系，已经在不同物种中进行了研究。结果显示染色体畸变的发生频率基本上随辐射剂量增加而增加，但也有研究显示染色体畸变在辐射注量超过 10^7 个粒子/cm^2 反而降低。

(3) 空间辐射对基因组的影响。

基因组不稳定性是一系列生物系统的变化，包括延迟细胞的死亡、基因扩增和突变延迟。空间辐射会诱导产生子代中可遗传的基因组不稳定性，而这种不稳定性会使整个基因组处于一种损伤易感态，加速了其他损伤的发生与累积，因而产生恶性转化的倾向。在某些鼠细胞株上的研究结果显示，基因组不稳定性在辐射致癌过程中起重要作用，但辐射诱导基因组不稳定性的机理还有待阐明。有学者认为，基因组不稳定性可能是辐射诱导下自然现象的一个早期发生，是老化过程的一个"迂回"。

研究显示，α 粒子诱导的小鼠造血干细胞的基因组不稳定性在移植入体内后可维持 1 年以上，有基因调控参与这个过程。同时，不同品系的小鼠对 α 粒子诱导的染色体不稳定性敏感性不同。

普遍认为在诱导基因组不稳定性时高 LET 辐射更有效，并且 DNA 损伤后修复与不稳定性诱导作用敏感性增加有关。不是所有的细胞在暴露后都形成不稳定性，也不是所有细胞类型对不稳定性诱导作用都敏感。

(4) 空间辐射对细胞信号转导和基因诱导的影响。

空间辐射是一种贯穿性的刺激因素，其作用有先后顺序：首先作用于细胞膜，启动膜的信号传递；然后通过胞质影响位于胞浆内的信号转导分子，从而干预正常的胞内信号转导途径；而后到达细胞核，损伤 DNA 分子；再活化多种蛋白质分子，激活相应的信号转导途径。

空间辐射的刺激信号通过一系列信号分子和生化级联反应传达到细胞内的靶分子，产生相应的细胞效应，就构成了细胞信号转导的轮廓。目前的研究认为辐射信号转导有很强的时控性、滞后性、多方位、多层次等特点。

2. 空间辐射的细胞生物学效应

空间辐射在细胞水平的生物学效应研究，集中在对细胞周期、细胞死亡、细胞凋亡、细胞膜性结构及功能的影响以及旁观者效应、细胞癌变等方面。

(1) 空间辐射引起细胞周期改变。

空间辐射可阻断细胞周期活动及延长细胞周期，其中细胞周期检查点分别通过不同的信号途径对辐射所致损伤产生反应，调节细胞周期。

参与辐射后细胞周期调节的一个重要蛋白是细胞周期关卡激酶 ATM（Ataxia Telangiectasia Mutated），ATM 属于 PI－3K 家族，能识别 DNA 损伤并被激活，通过磷酸化其下游相应蛋白，调节细胞周期各关卡，使损伤 DNA 得以修复。如修复失败，则启动凋亡通路，以避免受损 DNA 随细胞分裂进入子代细胞。

1)辐射诱导细胞周期改变中发现较早的是 G1 期阻滞。有学者早在 1968 年就报道 X 射线能引起 G1 期阻滞，随后相继有不同辐射种类、不同照射剂量及时间、不同受照细胞的相关报道进一步证实了这一现象。

目前公认的 G1 期阻滞中的核心调控分子为 P53。研究发现，辐射后细胞内发生 P53 聚积，而且其含量的增加与细胞 DNA 复制合成的下降密切相关；P53 功能缺陷的细胞受照后 G1/S 期检查点起关键作用。P53 可能通过上调 P21 来抑制细胞周期依赖激酶（Cyclin－Dependent Kinase，CDK），阻止细胞周期启动到 S 期。

2)辐射诱导细胞 S 期延迟及其调控机制。研究 AT 细胞（ATM 缺陷）辐射反应时发现，AT 细胞能够抵抗辐射而进行 DNA 合成。S 期检查点功能正常的细胞在有 DNA 损伤时，DNA 的合成将减慢，以便赢得时间充分修复损伤，而 AT 细胞却可以继续进行 DNA 合成，并且还可延用损伤的 DNA 迅速复制，这一现象说明 ATM 在辐射介导的 S 期检查点调控中起作用，是 S 期检查点的主要开关分子，它可激活不同的下游分子，沿不同途径延迟 S 期的启动。

3)辐射诱导细胞 G2/M 期阻滞及其调控机制。研究表明，辐射所致的 G2 期阻滞比 G1 期阻滞更为普遍。G2 期阻滞主要是由活跃的生长细胞产生的 G2 阻滞调节激活剂（GAMA）调节的，GAMA 是一个热稳定的小分子肽，早期的研究证实 GAMA 可以调整重离子辐射的细胞学效应，保护航天员免受辐射损伤。高 LET 比低 LET 辐射可以导致更长的 G2 期阻滞，由高 LET 辐射诱导的 G2 期延迟的分子调控是否与低 LET 辐射依赖相同系列的蛋白还不清楚。辐射诱导细胞周期的延迟与 LET 的高低、周期依赖性激酶的表达及相关 DNA 损伤效应蛋白表达的不同有关。

(2) 空间辐射与细胞死亡。

研究表明，电离辐射可导致生物体细胞的死亡。细胞受到大剂量照射后，某些受照射细胞丧失了持续增殖的能力，经过一个或几个有丝分裂周期后丧失代谢和细胞功能而死亡，这种称为增殖性死亡。另外，细胞也可能由于细胞不能分裂而死亡，称为间期死亡。一些对辐射敏感的细胞(如精原细胞、卵母细胞和小淋巴细胞)容易发生间期死亡。

如果受照射细胞没有死亡，而出现 DNA 的错误修复或不完全修复，这些异常的细胞会继续增殖，将错误的遗传信息传递下去，称为细胞变异。体细胞变异时，细胞失去控制，异常增殖，正常细胞转变成恶性细胞，最后形成癌症。细胞变异如果发生在生殖细胞，就可以将它的错误信息传给后代，引起遗传性疾病。

(3)空间辐射与细胞凋亡。

细胞凋亡是细胞的一种自主性有序死亡，空间电离辐射可直接激活细胞膜上死亡受体介导的细胞凋亡信号通路，诱导细胞凋亡，从而及时清除错位或变异的细胞。受照射细胞没有得到及时的清除而产生变异，是辐射后细胞癌变的原因之一。

空间辐射导致 DNA 受损较大时，会破坏线粒体膜，使 ATP 合成的量和基本修复元件无法满足 DNA 修复的需要。同时细胞内一系列的信号传递过程启动，如 Ca^{2+} 进入细胞核，激活 Ca^{2+} 依赖的 DNase，将 DNA 降解成 180～200 个碱基对及其整数倍的片断。另外，细胞骨架破坏引起细胞皱缩，细胞质被包装、染色质被浓缩形成凋亡小体，并被吞噬细胞所吞噬，从而完成细胞的凋亡过程。

(4) 空间辐射对细胞膜性结构及功能的影响。

近年来的研究表明，细胞膜也是细胞辐射损伤的一个靶点。细胞膜是外界信息传递的起点，膜上不仅存在细胞生存信号受体，如生长因子信号传递的酪氨酸激酶受体，也存在细胞凋亡信号传递的死亡受体。电离辐射作为一种贯穿性损伤因子，当其作用于细胞时，必将对生物膜的结构与功能产生影响。电离辐射后，膜受体接受并向细胞内传递外来刺激信号，抑制细胞增殖，并通过调控细胞周期而诱导细胞凋亡。

(5) 空间辐射与旁观者效应。

受到辐射的细胞通过细胞间隙连接或可溶性因子和自由基等的作用来对邻近的未被辐射的细胞产生影响的效应被称为电离辐射诱发的旁观者效应。

电离辐射除可损伤直接受照射的细胞，还可通过受照细胞产生一些信号或分泌一些物质，引起共同培养的未照射细胞产生类似的生物学反应，包括细胞凋亡或延迟死亡、基因不稳定性、突变、基因表达改变、炎症反应、微核形成以及细胞生长异常等。

受照射细胞主要通过两条通路将损伤信号传递到旁效应细胞：一个是受照细胞分泌各种细胞因子，通过 NADPH(还原型烟酰胺腺嘌呤二核苷酸磷酸)/NF - kB 使得发生旁效应细胞间活性氧(Reactive Oxygen Species，ROS)水平上升；另一个是受肿瘤抑制基因 p53 产物调控的依赖间隙连接细胞间通信(Gap - Junction Intercellular Communication，GJIC)的通路。

许多实验证实了旁观者效应的存在，目前研究电离辐射旁效应的实验模型主要有：①用微束照射装置定点定比照射细胞；②在细胞与放射源之间插入网格，定比照射细胞；③用培养过受照射细胞的培养液培养未受照射的细胞。

(6) 辐射适应性效应。

辐射的适应性效应(Radiation Adaptive Response，RAR)是一种生物防御机制，是指低剂量辐射可以增强细胞对随后高剂量照射的抵抗能力，从而降低高辐射引起的各种损伤。1984年 Olivieri 等最先报道了辐射的适应性效应。他们发现，用含有 3.7 kBq・mL^{-1}的^3H-脱氧胸苷的培养基培养后的人外周血淋巴细胞，经高剂量 150 cGy X 射线照射后染色体的畸变率比预期值小得多，人们把这种效应称之为"RAR"。后来发现，RAR 在自然界中广泛存在。RAR 通常需要分裂周期的细胞，对于不处于分裂周期的细胞，低剂量的处理没有增加其抵抗力。另外，RAR 的辐射诱导剂量一般在 5～200 mGy 的范围内，超出此范围，RAR 很难发生。

另外，RAR 还存在着明显的个体差异，在相同的实验条件下，来自不同个体的同种组织的细胞得到的实验结果存在明显差异。这可能与细胞来源动物的年龄和基因多态性以及细胞所处的状态有关，随着年龄的增加，RAR 逐渐减弱；由于细胞的基因型不同，这样对同种刺激的反应也会不同。正因为如此，不同的实验室所得到有关 RAR 的结果存在很大的差异。到目前为止，RAR 的分子机制还不清楚，可能有 DNA 损伤修复系统、细胞周期调控系统、抗氧化应激防御系统和应激反应蛋白等参与其中。

(7) 空间辐射与细胞癌变。

空间辐射致癌作用是一个多阶段多种方式的过程。空间辐射先造成细胞核 DNA 分子的严重损伤，DNA 双链断裂容易引起细胞内 DNA 错配损伤修复反应，细胞增殖的失控以及信号转导通路的改变等，从而引发癌症的发生过程。

空间辐射使某些受照体细胞中特定的基因或染色体发生突变，其中涉及原癌基因的激活和抑癌基因的失活或突变。例如，野生型 p53 是一种抑癌基因，而它的突变型则是一种癌基因。野生型 p53 监视细胞基因组的完整性，如 DNA 受到辐射损伤时 p53 蛋白积累，使细胞停滞在 G1 期，从而有足够时间修复受损的 DNA。如修复失败 p53 诱导细胞凋亡，阻止细胞癌变。突变型 p53 的负显性效应使野生型 p53 的上述功能丧失，促进细胞异常生长而癌变。

另外，空间辐射诱发的基因组不稳定性可能使整个基因组处于临界突变状态，在癌变的起始过程中作为一个关键的早期事件，起着重要的作用。随着基因组不稳定性程度的加剧，细胞内一些关键的基因(如癌基因活化，抑癌基因失活)突变，导致了肿瘤的发生。不同细胞类型对辐射导致癌变的易感性不同。通常情况下，低 LET 的辐射要比高 LET 的致癌变作用弱，且与辐射剂量率呈正相关的关系。而高 LET 辐射基本上保持恒定，优势在辐射通量降低时癌变发生反而增加。

3. 空间辐射对植物的生物学效应

空间辐射对植物的影响研究开展得较多。我国 1992 年 10 月发射的返回式卫星舱内测量的 7 d 累积辐射剂量为 0.74 mGy，其平均日剂量为 0.11 mGy。重离子径迹密度为 12～15 径迹/cm^2・d(宇宙射线中的重离子是原子序数等于或大于 2 的核素的带电原子或原子核)。实验表明：重离子贯穿辐射组的种子发芽率减低、发芽时间提前。一般在接受辐射的生物体中，电离辐射沉积的能量表现为沿着其径迹随机分布的原子、分子的激发和电离。

鉴于空间环境复杂多变，而微重力又常常对电离辐射起协同和促进作用，我国搭载用的高空气球，升空高度仅 20～30 km，仍在地球大气内且升空时间仅为数 h。这种条件下搭载的材料并不处于微重力、高真空等的空间环境内，仅接受银河宇宙射线进入地球大气层产生的次级宇宙射线。搭载在该系统内的水稻种子遗传性状发生变异，也从另一个方面证明了空间辐射可以引起植物的性状变异，且能够遗传给后代。最近，我国用"三明治"式实验系统研究空间环境中离子辐射对遗传变异的影响，也发现离子辐射是引起遗传性变异的主要因素。

4. 空间辐射对模式动物的生物学效应

利用模式动物可以对空间辐射对生物体的整体效应进行研究，近年来研究主要集中在以下三方面。

(1) 辐射对全身的急慢性损伤效应。

这对于评估小剂量辐射生物效应和剂量响应关系具有重要意义。例如，早在1969年，就有人利用恒河猴进行了为期2年的辐射效应研究，在辐射18年后(1987年)开始对这批动物进行白内障常规检测，发现2年后其晶体浊化程度明显加重。Sun XZ等建立了对大鼠脑局部进行照射的模型，研究重离子射线对不同部位脑组织的作用特点。Hamilton SA等建立了辐射引起的小鼠骨丢失模型，表明空间辐射可能使失重引起的骨丢失进一步加重。对不同类型和剂量辐射所引起动物的急慢性损伤效应进行系统观察，可以获得半数有效剂量ED50和剂量-效应关系模式以及组织敏感性和组织损伤评价终点的相关资料，阐明损伤效应的分子机制和特征性改变，为评估人类空间辐射风险提供基础和指标。

(2) 辐射对繁殖和胚胎发育的影响。

这方面的研究用于得到射线剂量-畸变效应曲线。对于人类以外的其他物种如小鼠而言，出生率是比死亡率更为灵敏的辐射敏感参数。卵母细胞和睾丸对辐射比较敏感，照射后可能导致育龄期缩短、生殖力下降或完全不育。发育中的胚胎如果受到辐射，会引起生殖率和出生后存活率的降低。胚胎着床前期辐射可造成胚胎的早期死亡；在主要器官发生期，辐射可能诱发畸变；在个体发育的胎儿期，照射会造成死亡和生长障碍。Wang B等将妊娠15天的Wistar大鼠暴露于重离子辐射(LET约为13 keV，剂量范围为0.1～2.5 Gy)后，观察了子代出生后的神经生理学发育情况，结果在大脑皮质的外粒层发现了大量的细胞死亡现象。

(3) 辐射的基因易感性。

一些研究试图揭示对空间辐射敏感的相关基因。其中，p53作为一个重要的抑癌基因，因为在辐射影响细胞增殖和癌变过程中的作用，受到了重视。另外，ATM基因与辐射对细胞周期、凋亡和DNA损伤修复有关，研究发现，ATM基因缺陷小鼠的辐射敏感性远高于正常对照。此基因为杂合基因的人群约占总人群的1%～3%，这类人在受到辐射时可能更易发生致癌性转化。

5. 空间辐射对人体组织器官的影响

(1) 辐射对水与氧的电离作用以及对组织的直接电离作用。

机体70%～80%由水组成，辐射作用于水分子产生电离作用，生成羟自由基(OH^-)与高能电子；与氧作用则产生超氧阴离子(O_2^-)。这些自由基可对周围的分子或细胞结构产生损伤作用。高能重粒子可对组织、细胞产生直接的损伤作用，特别是像DNA这样的大分子物质，可引起DNA单链或双链断裂。

辐射强度越高，对机体造成的损伤越大。表8-1中给出了全身经一次暴露照射后，剂量当量与生理、病理作用之间的关系。按症状排序，机体对辐射的敏感程度由高到低分别为：胃肠道、骨髓造血系统、心脏与中枢神经系统。

表 8-1 辐射机体的直接作用

剂量/Sv	生理与病理作用
0.1～0.5	无明显作用，血球计数稍改变
0.5～1	疲劳，淋巴细胞与中性白细胞数量一过性降低，5%～10%被试者恶心、呕吐一天
1～2	淋巴细胞与中性白细胞降低 50%，25%～50%被试者恶心、呕吐一天
2～3.5	血细胞减少 75%，大部分被试恶心、呕吐。食欲减退、腹泻或出血。5%～50%死亡率(骨髓综合征)
3.5～5.5	几乎全部被试者恶心、呕吐，继而发烧、出血、腹泻与消瘦，50%～90%在 6 周内死亡，存活者在 6 月内恢复(骨髓综合征与胃肠综合征)
5.5～7.5	4h 内全部被试者恶心、呕吐，继而发生严重的辐射综合征，死亡率为 100%
7.5～10	严重的恶心、呕吐持续 3 天，存活时间缩短为 2.5 周(死于中枢神经系统与心脏损伤，以及胃肠屏障作用丧失而引发的感染)
10～20	1～2h 发生恶心、呕吐，2 周内全部死亡(CNS/心脏综合征)
45	急性 CNS 综合征，数天内全部死亡

(2)辐射的长期作用。

中枢神经系统对辐射损伤最不敏感，但一旦造成损伤，则不可修复故危害较大。长时间低剂量辐射对中枢神经系统的影响尚缺乏系统观测，特别是 HZE 粒子的作用也停留在预测阶段。有研究者采用计算机模拟研究，预测 3 年火星飞行过程中脑神经元被 HZE 粒子直接击中而造成损伤的数量(见表 8-2)，大概有 6%～12%的神经元被损伤，这一预测有待实验证明，对脑功能的影响也有待进一步观测。

表 8-2 模拟 3 年火星飞行期间银河宇宙射线击中脑组织的概率

	视网膜	海马	Meynert 基底核	丘脑
总细胞数	6.5×107	4.32×107	4 116	1.83×106
横截面积上细胞核数	40	60	99	100
击中的总细胞核数	3.8×103	3.3×104	508	2.3×105

注：防护掩体为双层铝板，内层厚 0.4 cm，外层厚 1.9 cm。

高剂量当量率照射条件下，低 LET 辐射引起白内障的阈值是 2 Sv。但是，低剂量当量率照射条件下，低 LET 辐射引起白内障的阈值并不清楚。另外，高 LET 辐射引起白内障的阈值亦未观测，可能的剂量是>8 mSv。特别是中子辐射更易引起白内障。

辐射还可影响生育。低 LET 辐射引起短暂不育的剂量为：男性 0.5～4.0 Sv，女性

1.25 Sv。0.15 Sv 的单次急性暴露可减少精子数量。

(3) 辐射长期作用的统计学观测。

大剂量急性辐射暴露引起可预测的基本相同的机体损伤(见表 8-3)。但是,低剂量长期暴露于辐射环境,所引起的机体损伤则是一种概率事件,故应采用统计学方法进行分析处理。航天辐射以这种方式为主。

长期低剂量辐射暴露引起遗传性疾病的概率非常低,主要是存在肿瘤发病率增加的危险性。正常人在没有过量辐射暴露条件下,患肿瘤的概率为 20%～25%。在允许的长期辐射暴露剂量以内(见表 8-3),患肿瘤的概率增加不应大于 3%。

表 8-3 10 年职业性辐射容许暴露剂量

开始暴露年龄	限制剂量/Sv	
	男 性	女 性
25	0.4	0.7
35	0.6	1.0
45	0.9	1.5
55	1.7	3.0

类似于航天活动导致的长期低剂量辐射的资料较少,关于银河系宇宙辐射长期作用造成机体影响的资料则更为罕见。NASA 约翰逊航天中心对航天员进行了两次随访调查,收集资料截止于 1991 年的调查表明,航天活动并没有增加肿瘤的发病率;截止于 1998 年的资料经统计分析表明,较大年龄组的肿瘤发病率有增加的趋势,但缺乏统计学差别;但是,较小年龄组的肿瘤发病率却高于一般人群。飞行时数超过 5 000 h 的飞行员,患急性白血病与黑色素瘤的危险性增加。

高原地区的居民受到的辐射剂量高于海平面的人群。美国丹佛的居民受到的辐射剂量 2 倍于海平面居民,50 年内的累积计量高达 0.05 Sv。在世界的其他地区,居民一年的辐射剂量就达 0.01 Sv,但流行病学调查则未发现肿瘤发病率增加。另外一个可能的原因是人对辐射的适应能力增强。暴露于辐射环境的职业人员,其淋巴细胞对辐射损伤的敏感低于正常人。大量研究表明,机体对辐射的适应还表现在其 DNA 损伤修复功能增强。基于这些研究结果,选拔航天员时,最好进行遗传背景与肿瘤易感性遗传背景的筛选工作。

三、辐射与空间其他因素的复合生物学效应

航天环境是一个非常复杂的多因素复合环境,作用于航天员或其他生物体而产生的效应绝非一种单一因素。因此,研究空间辐射的生物学效应就不得不关注其与空间各因素的复合生物学效应。在实际航天中,一般是多因素共同作用的,如在飞船起飞阶段,可同时受到振动、噪声、次声、加速度和精神紧张等因素的综合作用。在飞船进入轨道后,可同时受到失重、狭小环境、特殊气体环境和电离辐射等因素的综合作用。

在地面实验中很难充分模拟复合因素的条件，大部分研究结果仅能说明一两种因素的综合作用。复合因素的综合效应可以分为3种情况。

（1）叠加效应。

如噪声和振动同时作用，噪声影响听力，振动引起脏器位移但并不加重听力损伤。此时，综合效应是脏器位移和听力损伤的简单叠加。其他如加速度和振动、振动和缺氧等也是简单的叠加效应。在此类效应中，各因素对机体的作用方向一致，但交互作用为零。

（2）增强效应。

如狭小环境所造成的活动减少，可以使横加速度耐力明显降低。属于此类的尚有缺氧和体力负荷，缺氧和寒冷，高氧和电离辐射，失重和电离辐射，加速度和高温，全身振动和高温，减压和体力负荷等。简单来说，就是复合效应量大于各单因素效应量之和的复合作用，又称协同作用。在该作用中，各单因素对机体的作用方向必须一致，且交互作用大于零。

（3）抵消效应。

如长期航天由于活动减少可以使航天员心血管系统调节机能降低，但增强航天员的体力锻炼可以减轻心血管机能失调现象。属于此类的尚有吸入二氧化碳和缺氧，缺氧和电离辐射，局部振动和高温等。在此类情况下复合效应量小于各单因素效应量之和，各单因素对机体的作用方向不一致，且交互作用小于零。

多因素复合作用并不是一成不变的，有可能随作用因素的强度和量级的不同而改变。研究复合因素的综合作用在于力求避免其消极影响而利用其积极作用，以提高航天员对复合因素的耐力。如此前章节所述，在载人航天初期，航天员的心血管系统机能失调现象比较明显。研究者曾担心这种现象会降低航天员的耐受力，限制飞行时间。经过几次轨道飞行的实践表明，影响航天员耐受力的因素除失重外，尚有很多因素。包括穿着航天服使航天员体力负荷增加，座舱狭小环境限制航天员活动，不合适的膳食和作息制度等。由于这些因素的综合作用，严重影响着航天员的持续飞行时间。在以后的航天中注意采取不穿着航天服，扩大座舱容积，合理调配膳食，改善作息制度并加强体育锻炼等一系列措施，虽然失重仍然存在，但由于减少或排除了其他因素的综合作用，所以便提高了航天员的耐受能力，使航天员持续飞行的时间可增长到7个月之久。

利用航天中复合因素的抵消效应，也能提高航天员的耐受力。在长期飞行中已普遍采取的体育锻炼，能改善活动减少引起的心血管机能的失调现象。在Skylab飞行中体育锻炼量适当增大，则飞行后航天员心血管机能恢复正常所需的时间就可以缩短。

面对错综复杂的复合因素，人们已总结出三条基本思路：首先，抓住对人体影响最大或要害的因素进行复合效应研究；其次，从两两因素复合作用入手，在不断扩展；另外，在研究两两复合因素时，确定出一个主要因素一个影响因素进行研究，之后再换位研究。

俄罗斯科学家挑出了失重和其他八大致命因素（超重、振动、电离辐射、超高频电离辐射、低氧、高氧、低温、高温）作为研究对象，并初步给出9个因素的81对中50对双因素的复合类型，见表8-4。

表 8-4　九大因素的双因素复合类型

因　素	因　素								
	失重	超重	振动	辐射	超高频电磁	低氧	高氧	热	冷场
失重			+	+					+
超重	+		+	+		+	−	+	+
振动	+?	+		+		+		+	−
辐射	+?	−			+	−	+	+	+
超高频电磁场				+				+	−
低氧	−	+	+	−				+	+
高氧		−		+		−		−	−
热	+	+	+	+	+	+	−		−
冷	+?						+	−	

注：+：叠加或增强效应；−：抵消效应；+?：不确定。

在这九个因素中，失重与辐射是最重要的，失重是航天环境中最独特的因素且一直起作用。空间辐射剂量随时间可累积叠加，人们或许能够逐渐适应失重却无法正式越来越强的辐射效应。因此，研究辐射与空间其他因素的复合生物学效应是非常重要和必要的。

(1) 电离辐射与失重的复合效应。

在俄罗斯短期飞行的生物卫星Ⅱ上进行的实验表明，在轨失重飞行时的辐射因素使果蝇的死亡率和染色体重组率高于对照组。一些研究者根据未存活的胞芽数和不同的核变异量，认为失重和电离辐射的复合效应属于协同作用。

(2) 电离辐射与高氧的复合作用。

研究表明，在大鼠的头部辐照 50 Gy 或 200 Gy 之后，吸入高氧，其染色体的辐射损伤加强。二者为协同作用。可能原因是辐射期间，组织中的氧张力越大，其损伤越大。

(3) 电离辐射与振动的复合效应。

动物实验表明，辐照 10 Gy，50 Gy，200 Gy 任一剂量之后对大鼠进行 80 Hz 的振动，其染色体的辐射损伤加重，二者为协同作用。

(4) 电离辐射与超重的复合作用。

电离辐射对超重的耐受力影响有两种情况：一是辐射剂量较低时有利于提高超重耐力，二者为抵消作用。二是辐射剂量超过一定的限值，超重耐力下降，二者为叠加或协同效应。

其作用的机理可能是，一方面辐射剂量小时，对机体尚未造成辐射损伤，二者产生非特异性交叉影响；另一方面辐射引起的血液凝聚系统和膜通透性的变化改善了血液动力学状态，有利于提高超重耐力。反之，辐射剂量超额会对细胞和组织带来损伤，从而影响机体功能，降低超重耐力。

(5) 电离辐射与低氧的复合作用。

研究表明，低氧可以提高机体对辐射的耐受能力，二者为抵消作用。

电离辐射对缺氧耐受力的影响也分为两种情况：在辐射剂量为 2～5 Gy 的条件下辐照后

的大鼠置于 10 km 的低氧水平，其缺氧耐力增强，表现为抵消作用。但辐射剂量在 8～20 Gy 时，缺氧耐力变差，此两因素表现为相加作用，其复合效应量是辐射剂量的函数。

(6) 电离辐射和非电离辐射复合作用的生物学效应。

多数学者认为，微波对电离辐射效应的影响与 2 种辐射的照射时间和先后次序以及间隔时间有关，在电离辐射后的急性作用期给予微波照射，可使射线效应加重；但在射线照射前给以微波照射，一般可使射线效应减轻。也有一些学者持不同观点，认为微波能够抵消电离辐射的作用。有报道，若利用 600～700 R 的 X 射线照射小鼠，30 min 后再给予 100 $mW \cdot cm^{-2}$ 的 2.45 GHz 微波照射 5 min，结果表明，给予微波辐射的小鼠存活率高于单纯 X 射线照射组。外周血白细胞数、骨髓有核细胞数以及脾内内源性干细胞数(ESC)均比单纯 X 射线组有所升高。

由于受诸多因素的影响，关于电离辐射和非电离辐射的复合效应，尽管存在一些分歧和矛盾，但多数意见还是倾向于电磁辐射能够进一步加强电离辐射的效应这一观点。相信随着今后研究的不断深入，我们能够更清晰地揭示电离辐射和非电离辐射的生物学效应，从而为制定更为科学、有效的电磁辐射的卫生防护标准提供实验依据。

对于电离辐射与高温或者低温的复合效应，目前未见有关资料。

综上所述，辐射与空间其他因素的复合生物学效应与环境因素的刺激性质、强度、种类、作用时间、作用部位以及评价标准等有关，进行该方面的研究，是一项任重而道远的工作，目前的研究工作距离航天的实际需要仍相差甚远。

第三节　空间辐射的健康防护

与空间环境其他因素不同，空间辐射对航天员健康伤害较大，而且不易防护。因此，NASA 把空间辐射作为单独的研究项目单元(Space Radiation Program Element，SRPE)，主要研究如何保障航天员在空间辐射环境中不受大剂量的照射，安全地从事各种生活和工作。要达到安全的目的，就需要明确定义在飞行过程中、飞行之后和多次飞行任务中人体允许承受的最大辐射剂量极限是多少。在目前的近地轨道飞行任务中，已经有航天员接受辐射最大允许剂量的推荐值和飞行器设计的要求。但是辐射的生物效应，空间的辐射环境的监测和评价，航天员接受辐射最大允许剂量的防护效率，以及未来月球和火星任务航天器的设计要求等还需要进行进一步研究。

一、航天员辐射剂量限值

非电离辐射易于防护，空间飞行中危险的因素是电离辐射。空间电离辐射具有能量大、穿透性强、包含种类复杂、难以检测和评估等特点。在载人航天飞行过程中，航天器舱体能屏蔽一部分辐射，但是航天员不仅在舱内活动，还要求执行舱外任务，而且由于舱壁厚度的增加受到载荷的限制，因此空间辐射的安全问题不能完全解决。航天活动已经被认为是一项高危险性职业，为保障航天员的安全，各国都制订了相应的辐射防护标准。

1. 电离辐射的剂量限值

美国辐射保护和测量委员会(National Committee on Radiological Protection，NCRP)制订了美国公众、从事放射性职业人员及航天员接受辐射剂量的限制水平，用每人每年接受辐射的平均有效剂量表示(见表 8－5),单位是 Sv。

表 8－5　美国 NCRP 制定的受辐射剂量限制水平

人群	类别	剂量/mSv
公众	接受自然源辐射的年平均有效剂量	2.4
	接受医疗辐射的年平均有效剂量	1.5
从事放射性工作人员	年接受辐射的有效剂量水平限值	50
	5 年内接受辐射的有效剂量水平限值	100
航天员	在太阳活动最弱时,和平号站上接受辐射的年平均剂量当量	216
	1972 年 8 月太阳耀斑,1 g·cm^{-2}的铝屏蔽后 BFO 受辐射的剂量当量	480
	1956 年 2 月太阳耀斑,20 g·cm^{-2}的铝屏蔽后 BFO 受辐射的剂量当量	60
	在空间活动 30 天内,BFO 接受辐射的剂量当量水平限值	250
	在空间活动 1 年内,BFO 接受辐射的剂量当量水平限值	500

注:BFO(Blood Forming Organs):造血器官。

美国 NCRP 向 NASA 建议航天活动是一项高危险职业,航天员一生受到的辐射剂量允许超出剂量限值的 3%,引发致癌危险是合理的。而且按照性别、10 年为一时段,推荐了一生剂量限值。1989 年 NCRP 采用剂量当量单位制定 NCRP－1998－1989 推荐针对不同年龄人的辐射剂量限值,2000 年 NCRP 发表的 132 号报道 NCRP－132－2000 采用等效计量单位,考虑生物组织和辐射粒子的权重修订了 NCRP－1998－1989。NCRP－1998－1989 与 NCRP－132－2000 的比较如表 8－6。同时 NCRP－132－2000 针对不同器官推荐的辐射防护的剂量限值见表 8－7。这种按照不同组织和器官的提法体现了各组织器官辐射效应的权重不同,以及空间辐射会在体内形成不均匀剂量分布的特点,同时也考虑到航天任务的特殊性。

表 8－6　航天员的辐射剂量限值

年　龄	NCRP－132－2000 等效剂量 E/cSv(适用范围:LEO)		NCRP－1998－1989 剂量当量 H/cSv(适用范围:空间)	
	女性	男性	女性	男性
25	40	70	100	150
35	60	100	175	250
45	90	150	250	320
55	170	300	300	400

表 8－7　美国制定的空间辐射剂量当量标准

限　值	BFO(5 cm)	眼睛(0.3 cm)	皮肤(0.01 cm)
一个月最大剂量/Sv	0.25	1.0	1.5
一年最大剂量/Sv	0.5	3.0	2.0
从事航天事业总限值/Sv	1～4	4.0	6.0

苏联为保证载人航天的辐射安全,也制定了相关的国家标准,见表 8－8。该标准提出了

持续 3 年的安全标准，规定了航天员从事航天事业的总限值为 4 Sv，一次受辐射的剂量不应超过 0.5 Sv。该标准除规定了剂量当量限值外，还考虑到了剂量当量率的控制，但是未规定各组织和器官的剂量限值。

表 8－8 苏联制定的载人航天辐射安全标准

飞行时间/月	剂量当量值/Sv	剂量当量率/(mSv·h^{-1})
1	0.105	0.146
3	0.215	0.100
6	0.370	0.085
12	0.665	0.076
18	0.735	0.071
24	1.185	0.068
30	1.405	0.065
36	1.625	0.062

我国也制订了飞行过程中相关辐射剂量限值，目前主要是针对短期空间飞行。近地轨道飞行航天员剂量限值如下：3d，7d 和 1 个月空间飞行的皮肤受辐射当量剂量限值分别是 0.15 Sv，0.20 Sv，0.40 Sv。航天员身体器官接受的辐射剂量随深度的不同而有所不同。据计算估计，我国规定的航天员 1 个月空间飞行 BFO 的剂量限值为 0.2 Sv，低于美国规定的限值而高于俄罗斯的一般限值。但俄罗斯一般限值中未包括太阳宇宙射线的辐射。总的来看，我国航天剂量限值较美国和俄罗斯低些。

2. 非电离辐射的安全允许限值

载人航天活动中，非电离辐射剂量小，易于防护。但是随着作用强度的增加和作用时间的延长，电磁辐射也会对人体产生不同程度的损伤。对其的防护一般包括制定安全容许标准和采取防护方法使受照射量低于安全容许标准。目前有许多国际的、国家的文件都规定了非电离辐射的人体安全限值。大多数文件都使用基本限值和导出限值来给出非电离辐射限值。基本限值是指判定人体对电磁场产生生理反应的基本量，见表 8－9。

表 8－9 非电离辐射照射量导出限值

频率范围/MHz	电场强度/(V·m^{-1})		磁场强度/(A·m^{-1})		功率密度/(W·m^{-12})	
	职业人员	公众	职业人员	公众	职业人员	公众
0.1^{-3}	87	40	0.25	0.1	20①	40②
3～30	150/3*f*	67/*f*	0.40/照 *f*	0.17/照 *f*	60/*f*①	12/*f*①
30～3 000	28②	12②	0.075②	0.032②	2	0.4
3 000～15 000	0.5②	0.22/1*f*②	0.001 5②	0.001 5*f*	*f*/1 500	*f*/500
15 000～30 000	61②	27②	0.16②	0.073②	10	2

注：①是平面波等效值，供对照参考；②供对照参考，不作为限值；表中 *f* 表示频率，单位为 MHz。

人体暴露的基本限值通常以比吸收率(Specific Absorption Rate，SAR)来表示。由于基本量很难测出，所以大多数文件给出了电场、磁场和功率密度的导出(参考)限值。导出限值是指可以产生与基本限值相应的电场、磁场和功率通量密度的值。如果场强符合导出限值，那么就一定符合基本限值。导出限值适用于身体的存在不会影响电磁场的情形。

二、空间辐射防护

在空间飞行过程中由于没有地球表面大气层的保护和地球磁场的防护，空间辐射严重危害着航天器的安全、载人航天任务的完成和航天员的健康。空间辐射的防护极其重要，国际辐射防护委员会提出了辐射防护 3 个基本原则：①实践的正当性；②防护的最优化；③个人剂量限值。

在空间飞行过程中辐射的防护主要采取物理防护和药物防护两种方法。物理防护是利用一定质量厚度的物质可以减弱或者阻止一定能量辐射的原理，用物质屏蔽空间辐射的方法来实现防护的方法。实现物理防护的可以是航天器舱壁、航天服或航天器中的屏蔽室。物理防护受到材料和飞行器载荷的限制，在以往的飞行中，普遍采用的方法是增加舱壁的厚度。舱壁厚度增加，可以降低舱内的辐射剂量。例如，对于 SPE 来说，当质量屏蔽的厚度由 2 $g \cdot cm^{-2}$ 增加到 10 $g \cdot cm^{-2}$ 时，造血器官所受到的辐射剂量减少 5 倍。但是，增加舱体质量厚度的代价是十分高的。为了使航天器内宇宙辐射的剂量降低 1/2，航天器舱壁需要 100 $g \cdot cm^{-2}$ 的厚度。在航天器上增加这么多的有效载荷是不可能的。

研究表明含有大量氢原子的材料能够有效防护高能粒子辐射，因为氢原子受到高能粒子撞击不会产生核分裂，不会产生大量的次级辐射。STS－81 和 STS－89 两次飞行任务进行了铝和聚乙烯(长链的每个碳原子上链接两个氢原子)防护效果的比较，结果表明聚乙烯的吸收的辐射剂量比同等厚度的铝高 30%。因此开发新型、轻质的防辐射材料也是有效的防护方法。此外，在航天器内建立容积较小的应急屏蔽室或者对航天员的重要部位进行局部防护也是行之有效的防护方法。

除了质量屏蔽外，还要采取以下一些措施：①选择合适的发射时间。在低地轨道飞行时，发射时间的选择不很重要，但在登月飞行或火星飞行时，就需考虑 SPE 发生的概率，尽量选择太阳活动低年时发射。②进行飞行辐射危险性分析。通过分析，提出是否需要进行干预的意见，及提出干预措施及防护行动的剂量水平。③飞行期间监测轨道辐射环境和舱内辐射环境的辐射剂量，及时向航天员和地面指挥中心提供轨道辐射环境变化的有关信息，尤其是 SPE 到达的信息。④地面天文台站需不间断地实时进行太阳活动观测，并将观测和近期预报结果提供地面指挥中心。⑤航天员应装备个人剂量仪，使航天员能及时了解到个人接收辐射照射的有关信息。必要时，可设置声、光报警，及时向航天员提示辐射环境恶化的信号。⑥采用化学药物防护方法。实验证明一些药物具有减轻辐射损伤的作用。在航天中配备这些药物，在辐射剂量超限时服用，可以减轻辐射的伤害。

辐射的药物防护一般指能抑制辐射损伤的原初阶段，如具有在机体内减少由于辐射作用所产生的自由基、降低氧分压以减轻辐射损伤的氧效应、保护生物敏感分子等作用的物质，或在照射后早期使用能减轻辐射损伤的进展、促进损伤恢复的药物。据文献报道，已发现上万种对辐射损伤的防护剂，但大多存在一定的局限性，如毒性、药效、能否用于临床和服用不方便等问题。因此人们仍在寻找理想的防护剂。目前，临床上用于预防和治疗放射性皮肤损伤的药物较多，包括含硫化合物、激素类、细胞因子类、中草药等。

针对空间辐射生物学效应的敏感性存在差异的特点，还可通过航天员的选拔来降低辐射的风险。由于不同的生物个体对相同的辐射环境及剂量有着不同的敏感度，因此，可以从遗传学和基因工程角度入手，研究耐受空间辐射、不易产生辐射生物学效应或辐射敏感性较低的筛选方法，作为航天员选拔的参考。最后，利用地磁场屏蔽辐射的原理，在航天器周围产生磁场来屏蔽带电粒子来达到辐射防护的目的也是一种很好的解决办法。但是该方法目前尚处于研究阶段，离实际应用仍有较大差距。

三、辐射剂量监测

按照辐射防护最优化原则，一切伴有辐射的实践或者设施都应该根据具体情况制定相应的监测计划，开展辐射监测。一般的辐射监测必须首先对处于辐射工作条件中的人进行个人监测，其次要对工作场所进行常规监测。在活动开展前应开展前期的调查，就是对环境中的辐射和其变化规律进行调查，并在活动期间进行实时监测。为减少在紧急或者事故情况下人所受辐射的危害，对应的应急或者事故监测计划也要根据具体的特点进行制定。最后监测质量保障要贯穿于监测方案制定起直到监测结果评价的每一个阶段，保证监测的质量。空间辐射的监测参考一般辐射环境的监测，但其又具有特殊性。

空间辐射环境复杂、多变，又因为航天器的介入，一方面航天器舱壁屏蔽一部分辐射，保障人的安全；另一方面，航天器舱壁在强的磁场、带电粒子的作用下产生次级辐射，将使辐射的监测和评价变得更为复杂。

国际空间站上使用了两个组织等效人体模型来评价航天器舱内舱外的辐射情况。在国际空间站内，安装了名称为 Fred 的组织等效人体模型；在国际空间站俄罗斯服务舱外，安装了名称为 Matroshka 的组织等效人体模型。它们主要用于在正常载人飞行及舱外活动期间，研究空间辐射剂量在人体深部组织器官的剂量分布，并且研究体表剂量与关键器官剂量之间的关系，比较准确地评价空间辐射对人体的危害。

现有的空间辐射环境监测装置包括以下几种。

1)SOHO 卫星：由 ESA 和 NASA 共同研制的用来研究太阳结构、化学成分和太阳动态以及太阳大气和太阳风的卫星，于 1995 年 12 月发射。2 个粒子探测装置在 SPE 期间，记录快速移动的粒子流。当太阳没有产生能量粒子时，监测来自银河系的连续能量粒子。

2)标准辐射环境监测器 SREM：是 REM 的继任者，于 1997 年发射，能以一定的角度与光谱精度来测量空间高能电子和质子。SREM 搭载于 Strv－1c，Proba，Integral，Rosetta 等多项任务。目前，SREM 已经成为一个标准装置，可以与所有普通航天器接口兼容并适应各种任务约束。

3)阿根廷地球观测卫星 SAC－C：是由法国国家太空研究中心(Centre National d'Etudes Spatiales，CNES)、阿根廷空间局(Comisión Nacional de Actividades Espaciales，CONAE)和 NASA 共同研制的，2000 年 11 月发射。为太阳同步轨道极轨卫星，轨道高度 730 km，轨道倾角 98°。搭载的 ICARE 装置用来监测空间辐射环境并测量各种电路的相关效应。

4)火星辐射环境探测器 MARIE：是 2001 火星奥德赛(Odyssey)轨道器的有效载荷之一，是由 NASA 约翰逊中心、洛克西德-马丁公司和 Battelle 共同研制的。于 2001 年 4 月 7 日发射，同年 10 月进入火星轨道。MARIE 的主要目的是探测火星辐射环境特征以及确定该辐射环境对载人飞行存在的风险，为未来火星载人探测任务设计提供依据。

5)资源卫星和神舟飞船搭载的高能粒子探测器：资源一号卫星的星内粒子探测器是由北京大学和中国空间技术研究院共同研制，用于监测卫星内部高能粒子辐射环境的仪器。于

1999年10月14日发射升空，运行在太阳同步轨道，轨道高度在780 km左右，倾角98.5°。星内粒子探测器可以探测高能质子和电子，其中电子探头可探测0.5～2.0 MeV和大于2.0 MeV的2个能档的电子，质子探头可探测5～30 MeV和30～60 MeV的2个能档的质子。由中科院高能物理所研制的空间"X射线探测器"是神舟飞船系列空间天文所用的探测器，是为观测宇宙γ暴和太阳耀斑X射线而设计的。该探测器于2001年1月10日随神舟二号飞船发射升空，直至6月26号飞船完成使命，在轨运行近半年探测器工作稳定。

我国在空间辐射环境监测研究领域，还与国外存在很大的差距。随着载人航天次数的增多和距离的增加，空间辐射监测这项工作也将受到各国的重视。2006年8月，NASA发布了新的研究项目，用于研究近地空间辐射环境，目的是探索太阳活动引起的空间磁暴如何影响地球辐射带的变化。这些环境因素对航天员、卫星和飞越极区的高空飞行器都有很大的危害。在未来，会有更多的人在空间度过更长的时间，空间辐射监测现在比以往任何时候都更重要，空间辐射监测领域仍然有待进一步的发展。

第四节　空间辐射生物物理模型的研究

辐射生物效应的研究，对辐射应用和辐射防护都有重要意义。电离辐射与物质相互作用的主要特点，是初始能量传递事件过程的量子化，即能量吸收的不连续性和随机性。辐射生物物理研究所面临的关键问题，是如何解释对不同辐射在相同吸收剂量下所出现的不同生物效应。当然，这与电离辐射在吸收物质中能量沉积的更精确物理描述有关，即径迹结构模型与计算，就是在暂不考虑辐射作用的生物模型的情况下，要找出能很好描述辐射本质的物理量；同时，也与生物学系统的机制有关。因此，针对所研究的生物学系统，提出一些简化的假定，从而建立生物理模型解释和预言辐射生物学的实验是非常必要的。

目前应用的空间辐射模式生物模型有以下几种。

1. 细胞径迹结构模型

Katz介绍了应用径迹结构和细胞存活模型，研究太空中宇宙飞船所受宇宙射线和裂变核所致的辐射生物效应。首先用细胞径迹结构模型，分析射线和原子序数1～57的离子照射生物样品所得到的放射灵敏参数和细胞癌变的灵敏参数，用于计算宇宙飞船STS-42飞行搭载的生物样品线虫的太空辐射生物效应。其结果表明，宇宙射线的辐射损伤水平不会因宇宙飞船的屏蔽增加而减小，单个粒子产生的辐射损伤是主要原因。然而，质子和粒子的靶核碎片引起的辐射生物效应也是重要的。计算还表明，细胞诱变和细胞失活的相对生物效应是相当的，失活的细胞数是诱变细胞数的千分之一。在存活的细胞中，发现细胞诱变的概率是(1～2)/10万。以动物的组织为例，每立方厘米的细胞数为10^9，如果上述的灵敏参数可用于体内的话，则在非太阳的活动期，宇宙射线辐射所导致的每立方厘米的诱变细胞数为10^4。如果认为辐射引起的1～2个细胞诱变会导致细胞癌变的话，如白血病等，则人体中能承受细胞诱变的概率不应超过10^{-9}。

2. DNA断裂的间接作用模型

英国St. Andrews大学的Watt C提出了一个电离辐射间接损伤产生DNA双链断裂的经验模型。他认为在环境辐射水平的辐射场中，产生的电磁谱沿带电粒子径迹引起的辐射效应，需区分直接效应和间接效应要确定哺乳动物细胞DNA损伤的间接贡献，就必须研究不同浓度靶(即单靶一次击中失活的运动学)中,从固态到液相的损伤转变,这样便可分开直接和间接作用。模型成功得到浓度、自由基清除、剂量率和 LET 等失活的影响。由于水自由基是哺乳动物细胞间接损伤的主要原因,基于 Poisson 分布概率和相同作用的基本假定,可从结果导出 DNA 的单链和双链断裂的概率。

3. 改进的径迹结构模型

德国 GSI 实验室的 Scholz 和 Kraft C 提出了改进的径迹结构模型,可用于计算重离子的失活截面。该模型与 Katz 的细胞径迹结构模型有许多相似之处,亦有本质的区别。

首先,该模型基于局部能量沉积来计算局部失活事件的概率,在 10～1 500 keV・m^{-1} 的 LET 范围内,只用一个机制便可计算重离子的失活截面。而 Katz 模型则考虑靶内的总能量沉积。同时还引进了两种细胞的失活方式,即离子失活和 γ 失活。它们分别在低 LET 和高 LET 时起作用。其次,Katz 模型中引入了参数,表示失活截面从低 LET 增至高 LET 值时有一坪区。最后,Katz 模型中离子失活方式被认为是在细胞核内的亚细胞结构内发生的,因此,计算得到的哺乳动物细胞的离子失活截面与实验值相差 9 倍。

该模型所需的基本数据:①X 射线辐照的存活曲线,在高剂量时为指数下降,低剂量时为肩型曲线;②失活作用的灵敏靶的大小等于整个细胞核,在细胞核内灵敏度是均匀的。由 X 射线的存活曲线可给出总剂量 D 时的每个细胞核致死事件的平均数。局部剂量 $D(\mathrm{r})$ 产生一个致死事件的概率密度是上述平均数和细胞核总体积的比值。该概率密度对径迹和细胞核重叠部分积分,得到总失活概率。

4. 其他动物模式模型

近年来,Sun XZ 等建立了对大鼠脑局部进行照射的模型,以研究重离子射线对脑组织不同部位的作用特点。Hamilton SA 等建立了辐射引起的小鼠骨丢失模型,表明空间辐射可能使失重引起的骨丢失进一步加重。Hall EJ 等的研究表明,ATM 基因缺陷小鼠的辐射敏感性远高于正常对照。此基因为杂合基因的人群约占总人群的 1%～3%,这类人在受到辐射时可能更易发生致癌性转化。目前,国外已经建立了针对 BRCA1,BRCA2 和 Mrad9 的基因敲除小鼠,用于这方面研究。

早在 1969 年,就有人利用恒河猴进行了长期辐射效应研究,在辐射 18 年后(1987 年)开始对这批动物进行白内障常规检测,发现 2 年后其晶体浊化程度比对照组的有明显的加重。Wang B 等将妊娠 15d 的 Wistar 大鼠暴露于重离子辐射(LET 约为 13 keV・μm^{-1},剂量为 0.1～2.5 Gy)后,观察了子代出生后的神经生理学发育情况,结果在大脑皮质的外粒层发现了大量的细胞死亡现象。

Williams JR 等分析以往大量的有关辐射致癌的剂量-效应模式的研究结果之后提出,可以通过特殊的细胞学机制(细胞事件或生物标志物)将动物和人体致癌性资料进行有效关联。现在地面用小鼠或大鼠进行了很多模拟实验,研究了重离子剂量与致癌率的关系,用^{56}Fe 辐照人表皮细胞后几个月,有一个恶性转化的过程,最后在裸鼠成瘤。但低剂量的^{56}Fe 没有这种效应。但后来用低 LET 辐照时,低剂量 Fe 处理的对肿瘤发生易感。因此有一种可遗传的重离子诱导的不稳定性,可以传递很多代。

不同类型和剂量的辐射,其致癌作用存在较大的差异。但研究认为高 LET 比低 LET 的重离子辐照致癌要早,而且潜伏期也短。Francis A 等建立了小鼠辐射致癌模型,将之应用于不同类型宇宙射线的致癌作用研究,并分析暴露于辐射时的年龄和辐照时间对致癌的影响,认为在评估 GCR 风险时须对年龄因素加以重视。

Lett JT 等利用 ^{56}Fe, ^{40}Ar, ^{20}Ne 离子以及 ^{60}Co, γ 光子模拟空间辐射，在新西兰白兔、恒河猴和比格狗中研究了辐射与晶体混浊的关系。证实可以利用动物模型模拟空间辐射引起的晶体浊化，从而对航天员在空间可能受到的损伤进行评估。Abrosimova AN 等对不同 LET 值的辐射（300 MeV/核的快中子、加速器碳离子、氦、氖和氩）导致晶体混浊和成熟白内障的效应进行了研究，表明加速离子引起白内障的发生率非常高。该研究结果提示，在对屏蔽后航天员所受到空间辐射的安全性进行评价时，应该首要考虑到辐射对航天员眼晶体的损害。

用模式动物进行辐射效应的研究可以获取对人体有参考意义的资料，为正确评估人在空间的辐射风险以及防护的建立提供基础。

参 考 文 献

[1] 江丕栋. 空间生物学[M]. 青岛：青岛出版社，2000：261 - 284.

[2] 李莹辉. 航天医学细胞分子生物学[M]. 北京：国防工业出版社，2007.

[3] 沈自才. 空间辐射环境工程[M]. 北京：中国宇航出版社，2013：433 - 455.

[4] 杨垂绪，梅曼彤，太空放射生物学[M]. 广州：中山大学出版社，1995.

[5] 中国人民解放军总装备部军事训练教材编辑工作委员会，航天环境医学基础[M]. 北京：国防工业出版社，2001.

[6] Cucinotta F, Wilson J, Katz R, et al. Track structure and radiation transport model for space radiobiology studies[J]. Advances in Space Research, 1996, 18(12): 183 - 194.

[7] Desai N, Durante M, Lin Z, et al. High LET - induced H2AX phosphorylation around the Bragg curve [J]. Advances in Space Research, 2005, 35(2): 236 - 242.

[8] Durante M, Kraft G, O'Neill P, et al. Preparatory study of a ground - based space radiobiology program in Europe[J]. Advances in Space Research, 2007, 39(6): 1082 - 1086.

[9] Durante M, Kronenberg A. Ground - based research with heavy ions for space radiation protection[J]. Advancesin Space Research, 2005, 35(2): 180 - 184.

[10] Esposito G, Antonelli F, Belli M, et al. DNA DSB induced by iron ions in human fibroblasts: LET dependence and shielding efficiency[J]. Advances in Space Research, 2005, 35(2): 243 - 248.

[11] Hagen U. Radiation biology in space: a critical review[J]. Advances in Space Research, 1989, 9(10): 3 - 8.

[12] Lett J, Cox A, Lee A. Cataractogenic potential of ionizing radiations in animal models that simulate man[J]. Advances in Space Research, 1986, 6(11): 295 - 303.

[13] Abrosimova A, Shafirkin A, Fedorenko B. Probability of lens opacity and mature cataracts due to irradiation atvarious LET values[J]. Aerospace and environmental medicine, 1999, 34(3): 33 - 41.

[14] Nelson G. Fundamental space radiobiology[J]. Gravitational and Space Research, 2003, 16(2): 29 - 36.

[15] Feurgard C, Boehler N, Ferezou J, et al. Ionizing radiation alters hepatic cholesterol metabolism and plasma lipoproteins in Syrian hamster [J]. International journal of radiation biology, 1999, 75(6): 757 - 66.

[16] Grace M, McLeland C, Blakely W. Real - time quantitative RT - PCR assay of GADD45 gene expression changes as a biomarker for radiation biodosimetry[J]. International journal of radiation biology, 2002, 78(11): 1011 - 1021.

[17] Kiefer J, Pross H. Space radiation effects and microgravity[J]. Mutation Research/Fundamental and Molecular Mechanisms of Mutagenesis, 1999, 430(2): 299 - 305.

[18] Mognato M, Celotti L. Modeled microgravity affects cell survival and HPRT mutant frequency, but not the expression of DNA repair genes in human lymphocytes irradiated with ionising radiation[J]. Mutation Research/Fundamental and Molecular Mechanisms of Mutagenesis, 2005, 578(1): 417－429.

[19] Durante M, Cucinotta F. Heavy ion carcinogenesis and human space exploration[J]. Nature Reviews Cancer, 2008, 8(6): 465－472.

[20] Beaujean R, Kopp J, Leicher M. HZE－dosimetry in space: Measurements and calculations[J]. Radiation measurements, 1995, 25(1): 423－428.

[21] Spurny F. Radiation doses at high altitudes and during space flights[J]. Radiation Physics and Chemistry, 2001, 61(3): 301－307.

[22] Canova S, Fiorasi F, Mognato M, et al. "Modeled microgravity" affects cell response to ionizing radiation and increases genomic damage[J]. Radiation research, 2005, 163(2): 191－199.

[23] Jakob B, Scholz M, Taucher－Scholz G. Biological imaging of heavy charged－particle tracks[J]. Radiation Research, 2003, 159(5): 676－684.

[24] Vykhovanets E, Chernyshov V, Slukvin I, et al. Analysis of blood lymphocyte subsets in children living around Chernobyl exposed long－term to low doses of cesium－137 and various doses of iodine－131[J]. Radiation Research, 2000, 153(6): 760－772.

[25] Durante M. Heavy ion radiobiology for hadrontherapy and space radiation protection[J]. Radiotherapy and Oncology, 2004, 73:S158－S160.

第九章　空间生物力学

第一节　空间生物力学简介

地球上的生物都是在地面正常重力环境中演化形成的，重力在不同层次影响着生物体生命过程的各个环节。从生物大分子、亚细胞结构、细胞、组织、器官到系统乃至生物体整体，始终受到重力这一力场的影响。自从人类能够真正进入太空进行空间探索，如何在空间失重环境下维持生存及正常的活动能力就成为人类首先需要面对的难题。空间失重环境下，作用于生物体的重力场的消失或被平衡，(微)重力进而能够影响生物体的正常机能，因此生物机体对空间环境的响应是典型的特殊环境生物力学问题。

空间环境的特点在此前章节中已有详细叙述，近地轨道上的失重环境并不意味着地球对轨道飞行器及其上物体的引力完全消失。一般在轨飞行时的飞行轨道距离地面约在450～800 km之间(见图9-1)，所受到的地球引力约为地表引力的0.94～0.89，这与地表的引力并没有本质的不同。所以空间失重只是物体的表观质量为零，是轨道飞行时受到的离心力与地球引力平衡导致的。物体的自由落体状态也会因为物体之间的相对运动消失引起失重效应，但在这两种情况下，重力并没有真正消失，而是分别由于力的平衡和相对运动消失而导致。从本质上解释失重现象可为物体的每个质点之间的相互作用力为零(见图9-2)。

对于生物体而言，失重不仅会引起生物体内部体液运动的改变，同时也会改变生物机体所有器官、组织、细胞等的应力分布。更重要的是，重力水平变化引起的生物体受力状态的变化会导致其不同层次上结构和功能的变化。

著名的生物力学专家冯元桢先生曾说过“应力-生长关系式生物力学活的灵魂。活体的组织和器官都是在一定的受力状态下发挥其功能的。正常生理条件下，器官和组织内部的应力分布必然符合其功能优化的需要”。地球上所有的生命均在地球正常重力环境下进化、发育、成熟直至死亡。为了保证在地面正常重力环境下其功能的最优化，生物体的各部分组织、器官的内部也具有确定的力学分布。而当生物体进入空间失重环境后，其机体各部分原有的力学分布被破坏，各部分的受力情况也与地面完全不同，这种力学分布的变化引起了机体各部分形态、结构及功能随之变化，甚至会引起机体的多种不良反应，如骨质流失、肌肉萎缩、体液重新分布等生理反应。然而，从另一种意义上讲，生物体结构功能的变化是其对失重环境的适应过程，说明了生物机体对不同环境的适应能力。对于正常重力环境下的机体，这种适应是一种非正常的退变；但对于失重环境中的机体，其内部应力分布的改变引起的功能变化是对外界环境的适应过程，满足了失重条件下机体功能优化的需要。

力学环境的改变引起机体组织、器官等的适应性变化，归根结底是因为生物机体的不同层次直接或间接响应重力引起的力场变化的过程。因此，空间生物力学研究的本质是探讨失重环境下涉及力——这一基本物理学参数的生物学问题，其研究涵盖生物机体分子、细胞、组织、器官以及整体等多个层次，涉及失重环境下的固体力学以及流体力学等问题。

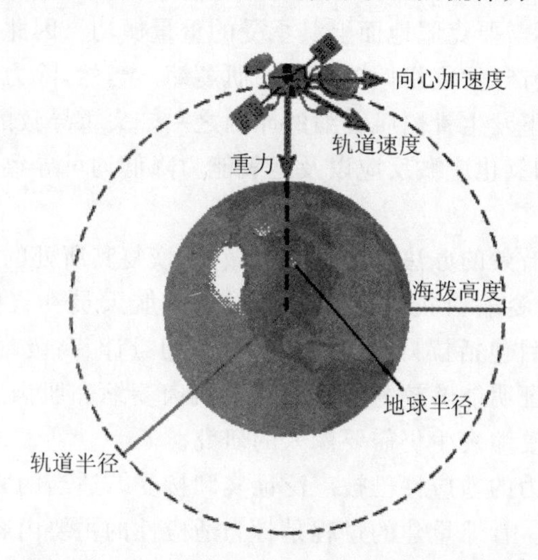

图 9-1　近地轨道飞行器所处力学环境示意图

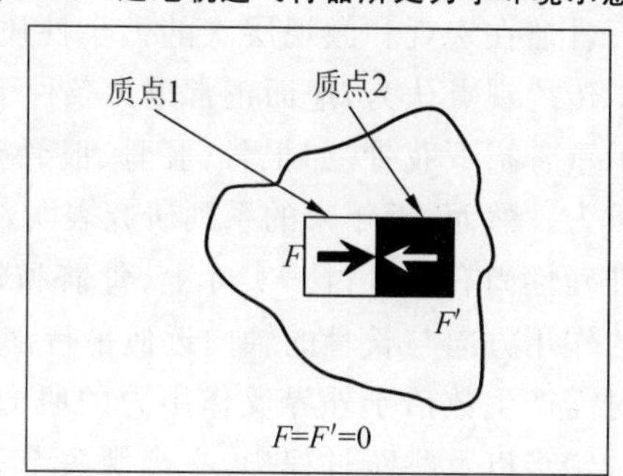

图 9-2　空间环境中“失重”的力学本质

注：F 和 F' 表示质点和质点之间的作用力。

第二节　空间环境下的生物固体力学问题

生物固体力学是生物力学的一个分支，关于主要研究内容已在前面章节中介绍。生物固体力学研究包含的范围较广，构成生命体的各种生物固体，如骨、软骨、肌肉、血管、皮肤及其他器官都可以为其研究对象，它利用多种力学原理，如连续介质力学、多相介质力学、断裂力学、损伤力学和流变学等，结合生物学原理来研究生物机体组织、结构及功能在外界作用下的力学性质，研究在特定力学环境下的瞬时效应和长期效应，以及生理状态下机体组织的发育、生长、适应过程的力学机制。

空间失重环境下，人体各组织器官中的应力分布会较地面发生明显的变化，并由此引发后续的一系列生物学效应，其中包括短期效应和中长期效应。短期效应如空间运动病，中长期效应则更为广泛，涉及骨骼、肌肉及心血管等多个系统。力学环境的重新分布对机体的影响多是功能性的，而瞬时的影响则相对较少。

1. 空间失重环境下肌肉骨骼系统的生物力学问题

肌肉骨骼系统作为机体的运动器官，其结构功能与外界力学环境的变化密切相关。空间失重环境下生物机体不仅无须承受自身重量，而且满足机体运动所需的肌肉活动相比地面也大量减少，进而导致肌肉不需要克服地面上其承受的重量做功。因此，与地面长期卧床人群类似，空间失重环境下肌肉会产生"废用性"变化，即肌萎缩。当然，除力学环境对肌肉的影响外，骨骼肌缺血也是失重状态下发生骨骼肌萎缩的原因之一。失重导致的人体体液头向分布造成下肢缺血，缺血导致机体的氧化应激反应以及运氧能力降低均可导致组织细胞损伤，进而导致肌肉萎缩。

防止肌肉萎缩的最为有效的办法是强迫肌肉做功，恢复其所处的力学环境，因此目前空间站采用的最为普遍的肌肉萎缩对抗措施为体育锻炼。航天员在飞行过程中每天需要进行2～3h的体育锻炼，锻炼项目包括拉力器、跑台、自行车功量计、高级耐力锻炼装置等。该类体育锻炼的对抗措施已经被证明能够较为有效的对抗肌肉萎缩和肌肉工作能力的下降，但如何完全对抗失重导致的肌肉萎缩发生仍需要深入的研究。

骨骼的结构和功能对力的适应性已被广泛证实和接受。适当的力学环境对于维持骨骼的正常结构和功能至关重要。骨骼重建的过程是骨力适应性的主要内容，研究表明骨骼的生长、吸收及重建过程都与其受力状态密切相关。

目前地面正常重力环境下骨骼在宏观和微观层次的力学性质、本构关系以及其所处的力学环境已有较为深入的研究。传统观点认为，地面正常重力条件下，机体的承重骨主要承受机体的自身重量，以人体为例，承重骨指下肢骨，如根骨、胫骨、股骨等，非承重骨包括上肢骨、头骨等。"承重"可理解为承受重力。然而，近年来的系列研究表明，使用"承重骨"和"非承重骨"来描述机体骨骼受力状况的准确性尚有待探讨。实际上，骨骼和附着于其上的骨骼肌关系密切。由于大部分骨骼肌肌力的作用方向与长骨的轴向近似平行，骨骼肌的作用力臂较短，因此骨骼肌在克服外界反作用力时需产生数倍于外界反作用力的肌力，该肌力通过附着于骨骼的肌腱加载于骨骼。例如，步态、跑步以及跳跃过程中，平衡踝关节处的力主要包括踝跖曲肌产生的肌力以及作用于跖骨远端的地面反作用力(亦可理解为重力相关的力)，两者力臂之比约为1∶3(见图9-3)，因此，若要维持踝关节处力矩平衡，踝跖屈肌肌力与地面反作用力之比需为3∶1(见表9-1)。

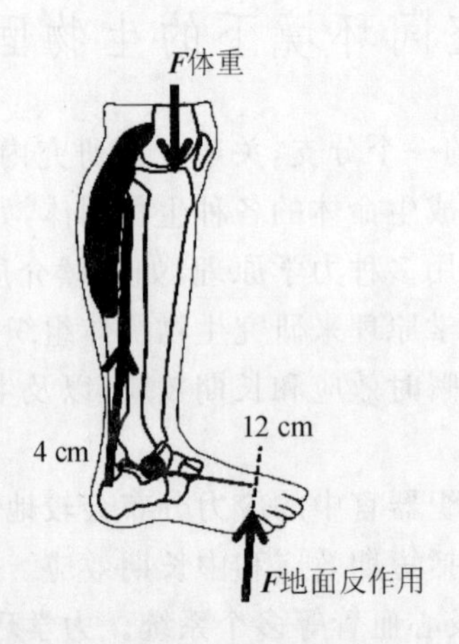

图9-3　人体下肢的受力分析

注：人体踝关节作为平衡点，足跖屈肌群收缩的力臂约为4 cm，地面反作用力的作用力臂约为12 cm。*F*体重表示体重引起的作用力。*F*表示地面反作用力。

表 9-1　人体在静止站立和跳跃时跟腱及胫骨的力学负荷分析

项　目	静止站立	跳　跃
体重	70 kg	70 kg
地面反作用力	700 N	2 500 N
运动加速度	1g	3.5 g
作用力臂	1∶3	1∶3
跟腱力负荷	2 100 N	7 500 N
胫骨力负荷	2 800 N	10 000 N

从而可以说明肌肉收缩产生的主动力(肌力)被认为是骨骼所承受的力学载荷的主要来源之一。骨骼肌的活动可能对于骨骼正常结构功能的维持更为重要。

地面正常重力环境下,机体骨骼的受力状态以及骨骼肌的收缩力可以通过多种方法检测或计算,其中包括侵入性和非侵入性的方法。例如,不同运动状态下人体股骨和胫骨的力学环境可以通过在植入假体内安装的力传感器获取;体内实验研究中,在骨骼表面粘贴应变片检测骨骼表面形变也可以在一定程度上反应骨骼的受力情况;此外,骨骼负载和肌肉的收缩力也可以通过结合外界反作用力、机体运动学指标以及肌骨系统的生物力学模型等技术方法进行计算。相比而言,尽管目前相对长时间的空间飞行过程中航天员普遍采用体育锻炼的方式对抗失重性肌骨废用,但失重条件下进行体育锻炼时肌肉骨骼所处的力学环境仍未可知。

骨骼肌收缩所需的外界,如地面等,反作用力减弱或消失,进而引起作用于骨骼的主要力学载荷减弱及其所处的力学环境发生变化,最终引起骨质流失,危及空间飞行过程中航天员的健康。然而,对于骨骼系统自身而言,失重性骨质流失是骨骼对外界力学环境变化的自然响应,骨骼在失重环境下并不需要或极少程度地参与维持机体的运动能力,骨质流失正是对这种环境的适应性生理变化。但这种生理变化并不是骨骼受力变化引起的瞬时反应,而是生物机体在多个层次上对失重做出响应的长期效应。

综上所述,在宏观层次上,失重直接导致了机体运动系统所处力学环境的变化,进而引起一系列生理学响应,然而,迄今为止,肌骨系统对失重的生理学响应机制并不十分清楚。近年来有大量的文献报道了肌肉细胞及骨组织细胞(骨髓间充质干细胞、骨细胞、成骨细胞、破骨细胞以及骨衬细胞等)对力学环境的敏感性。其中,骨组织中含量最为丰富的骨细胞(约占骨源细胞总量的 95%)被认为是骨组织对外界力学环境最为敏感的感受细胞。骨细胞所处的微观力学环境包括基质形变及间隙液体流流动导致的流体剪切力。外界力学环境的变化直接导致骨细胞微观力学环境的改变。骨细胞随即做出响应,通过细胞间的通信方式,如释放可溶性因子、间隙连接等,将力的信号转变为化学信号传递给效应细胞,如成骨细胞、破骨细胞等,继而产生宏观的骨组织结构或功能的变化。

因此,理解机体运动系统如何响应失重环境需要进一步探讨其在分子细胞等微观层次上对失重的适应性变化。除了个别现象或系统,如体液头位分布以及随之引起的心血管系统生理变化等,机体其他组织或器官也是首先在细胞水平上对重力变化做出响应,再引起继发宏观效应。空间环境下细胞层次上的生物力学问题也是目前空间生物学的研究热点之一。

2. 空间失重环境下细胞层次的生物力学问题

细胞为构成有机体的最基本功能单位。组织、器官乃至整个生命机体都是由不同的细胞或其产物按照一定的组织形式所构成。细胞的形态、结构及功能在失重条件下的变化在一定程度上决定了机体宏观生理响应。早在1925年，生物学家Wilson就曾经说过：“一切生命的关键问题都要到细胞中去寻找。”而应力与细胞结构、功能、生长、分化等之间的必然联系已被众多研究证实。

机体对外界力学刺激的响应是以细胞对外界刺激的响应为基础的。近年来，细胞力学作为细胞工程学和组织工程学的基础，其研究逐渐受到重视，特别是细胞力学与基质之间的相互作用所导致的不同的细胞生理学现象，如细胞黏附、细胞骨架的聚合与分解、细胞运动能力、细胞迁移以及细胞凋亡等都需要以生物物理学的角度重新思考细胞与力之间的关系。

在空间生物学的研究领域中，空间细胞生物学具有举足轻重的地位。空间环境最鲜明的特点即为其力学环境的特殊性，机体所有的细胞均处于失重状态下，细胞内部应力重新分布和其所处微观力学环境的变化会影响细胞的增殖、周期、分化、基因及蛋白表达，进而影响细胞的结构及功能。细胞本身力学性质的变化对其周围介质的力学性能也是重新塑造的过程。周围基质力学性能的改变又能反作用于细胞，调节细胞的结构和功能。因此应力和细胞两者之间的相互作用是机体组织重建的生物力学的本质。由重力场变化引起的细胞功能及结构的变化也是其中的一部分。因此，研究细胞对力学环境，特别是失重环境的响应对于揭示空间环境下生物体的响应机理，开发针对生理学变化的对抗措施，乃至整个空间生物学的领域的研究发展，都有十分重要的现实意义。

概括起来，细胞力学的研究主要包含以下几方面的内容。

(1) 细胞整体对力学刺激的感受。

Ingberg等指出细胞整体和细胞骨架形态的稳定性取决于细胞微丝、微管及细胞外基质之间的力学平衡，如图9-4所示，对于大多数贴壁生长的细胞，其周期和生长都依赖于细胞的铺展过程，骨架应力的增加使细胞扁平，并应力纤维束也有所增加。当细胞外基质的硬度减小至不能承受细胞的自身应力时，应力纤维解聚，细胞变圆。对于大多数细胞来说，细胞整体的应力都会随着其生长、分化直至凋亡的过程而变化。

图9-4　细胞生长和增殖对力学环境的依赖过程

因此，细胞骨架既具有产生主动变形的能力，又具有抵抗被动变形和受力的能力。所以说细胞骨架系统是细胞对外界力学环境变化感受的重要组成部分。

为了更好地研究和理解细胞骨架对力学环境的响应，前人研究建立了多种细胞骨架感受外界力学环境的变化模型。细胞骨架利用不同的微结构机制抵抗变形并影响细胞功能，呈现非线性复杂动态特性，目前的模型基本分为两类：其一为骨架的变形能力取决于单个骨架纤维的变形能力；另一类为骨架变形能力取决于预应力和网络结构决定，即预应力结构。目前被研究人员接受最为广泛的为后一类模型。Ingberg等也曾撰文指出细胞骨架的预应力结构在细胞感受外界力学变化时的作用。预应力结构为组成结构的元件预先存在的拉应力或压应力保持其稳定。预应力越大结构就越稳定，刚度也就越大，无预应力时，结构会失稳而破坏。这类结构的明显特征是：预应力完全由细胞内部各组成部分平衡，或者共同施加，细胞结构和外部物体承担该预应力，结构产生应力以抵抗变形，剪切模量与预应力成正比，即呈现出预应力引起的硬化。但是当细胞处于失重环境下时，细胞骨架的预应力急剧减小，细胞做出响应，将力学信号转化为下游生化信号的传递，进而引起宏观生物学效应。因此这种细胞连续介质力学模型能确定细胞内的应力分布，这有助于确定力信号传递到细胞骨架和亚细胞结构。

其次是细胞的膜系统，它能够维持细胞内外物质和能量的交换，进行信息识别和传递。细胞膜上的跨膜蛋白及离子通道，如整合素、钙离子通道等，在细胞对力学刺激响应的信号通路中起重要作用。因此，研究细胞膜和细胞骨架在失重环境下的变化，对于认识细胞响应失重环境的过程和机制十分重要。

(2)力学环境下细胞间、细胞与周围介质之间的相互作用。

力学环境不仅对细胞自身产生影响，而且对细胞之间以及细胞与细胞外基质、周围间质液体流之间的相互作用也会产生影响。地球重力环境决定了细胞之间以及细胞与细胞外基质、周围间质液体流之间的相互作用模式，建立了各部分之间的平衡关系，并由此来确定细胞在系统中结构、形态和功能的稳定。当处于失重环境中时，细胞及其周围的环境在新的力学环境下建立一种新的力学平衡，细胞自身及细胞外基质、体液分布及细胞之间的相互作用都会产生相应的变化。由于细胞间及其与周围介质之间的相互作用是细胞发挥其应有功能的必要条件，失重环境下上述作用的变化研究是空间细胞力学研究的关键点之一。

综上所述，外界力学环境主要通过影响细胞整体和其周围介质、其他相关细胞两个途径影响细胞的结构和功能。在细胞对力学信号响应的研究过程中，仅从单方面来了解其作用机理并不足以解释细胞在失重环境下行为的变化。因此，空间细胞力学的研究在考虑细胞自身对重力感受时必须考虑失重对细胞与细胞之间、细胞与细胞外基质、细胞与体液之间的相互作用关系的影响，如此，无论是空间研究还是地基的研究，得出的研究结果对于揭示细胞对重力的感受机制才可能是可信的或有说服力的。通过深入了解和量化细胞的力学行为，才能进一步探讨失重条件下其与宏观生理学变化之间关系的机制。

对于细胞周围介质，特别是体液，在失重条件下的流动变化如何则属于生物流体力学的研究范畴。

第三节　空间环境下的生物流体力学问题

流体现象在生物机体内广泛存在，生物流体在机体正常生命活动过程中发挥着至关重要的作用。机体内最为典型的流体系统即为血液系统。动脉血流的流体动力学机制研究揭示：血液流动决定了血管内细胞形态、宏观微观结构、功能的重要因素。血管内血流流动异常必然会导致血管平滑肌细胞的改变，从而引起血管的生理性或病理性变化。从流体力学的角度来看，无论机体内部还是体外细胞培养、生物制品分离等涉及的均是非平衡多相流体系统。空间失重条件下，体系内的流体物理过程与机体或其所在体系之间的相互作用是空间生物流体力学的主要内容。

1. 生物流体

生物流体包括植物、动物和人体的生理液体。绝大多数生物流体都属于现在所定义的非牛顿流体。人体的血液、淋巴液、囊液等多种体液以及像细胞质那样的“半流体”都属于非牛顿流体。例如,血液中剪应力与剪切应变率之间不再是线性关系,无法仅使用黏度来表征血液的力学特性。生物流体力学主要研究动物和人体内生理流体的流动、植物生理流动、动物运动中的流体力学问题、人工脏器中的流体力学问题以及生物技术中的流体力学问题等。相比其他流体力学问题,生物流体力学有下述特点。

1)流体力学同固体力学密切结合。例如,人体生理流动总是以软组织为其运动的边界,而且运动一般是非定常的。因此,生理流体力学问题常为流体运动与边界变形运动的耦合。

2)力学过程同物理和生化过程紧密联系。例如,在毛细血管里,流动现象总是同其他传质过程和生化反应相联系。

3)流体动力同细胞生长密切相关。例如,血液流动同血管内皮细胞的生长和形态有关,生物反应器内的流动直接影响反应器内细胞的生长。

当今生物流体力学主要研究人体的生理流动,尤其是循环系统和呼吸系统以及其他存在体液流动系统中的流体动力学问题,如血管内血液流动、骨陷窝中的间质液体流等。

2. 正常重力和失重条件下流体内部的物质运输问题

生命体内存在大量的流体现象,流体中的物质运输对于生命体至关重要,其中便涉及流体中的质量传递(传质)问题。传质是体系中由于物质浓度不均匀而发生的质量转移过程。体系中由于熵自动向最大值移动,即趋向均匀,如果各部分温度不均匀,会趋向一个平均温度,如果浓度不均匀,也会趋向一个平均浓度,但浓度的传递仅会发生在一种或两种流体之间,或流体和固体之间传质,但不可能在两种固体之间发生传质过程。

对于流体系统而言,其内部质量传递可分为两大类:一是由于外力驱动的宏观流动——对流;另一类是因系统非平衡性由分子热运动造成的物质运输——扩散。此外,还有两者共同作用造成的渗透。

(1)对流。

对流是指流体内部的分子运动,是传质传热的主要模式之一,是液相或气相中各部分的相对运动。对流可分为自然对流和强迫对流,因浓差或温差引起密度变化而产生的对流称自然对流;由于搅拌等外力推动而产生的对流称强制对流。流体内的温度梯度会引起密度梯度变化,若低密度流体在下,高密度流体在上,则将在重力作用下自然对流。空气从暖气片表面上升即为自然对流的例子之一(见图 9-5)。

自然对流的前提是被加热的材料获得更多的浮力上升,且如上所述,自然对流需在一定的加速度场下才能发生,当这种力场消失后,如在失重环境下,因为气体和液体中这种浮力不再存在,所以不会有自由对流的现象发生(见图 9-6)。不同密度引起的组分分离和沉浮现象消失,流体的静压力消失。液体仅由表面张力约束,当气液界面上存在温度梯度时,气液界面上的表面张力分布将会不均匀,从而引起界面周围的液体发生表面张力驱动流,也即热毛细对流,所以空间失重环境下由界面张力梯度驱动引起的毛细对流现象将会加剧。热毛细对流是空间失重环境下液体的主要对流形式。因此,研究热毛细对流现象对失重环境下流体物理研究、材料的加工以及空间生物力学的研究等具有十分重要的意义。近年来,对热毛细对流现象的研究已经成为国际空间科学研究中一项非常重要的热门课题。

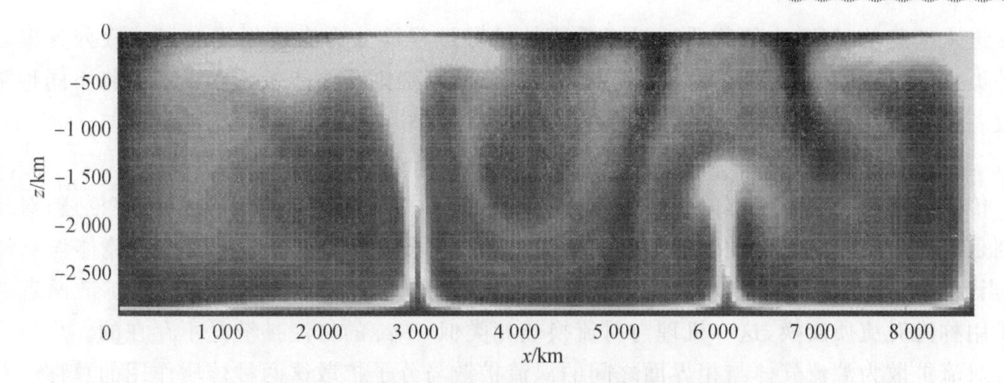

图 9-5　地面正常重力条件下热对流的计算模型

注:红色代表温度较高的区域,蓝色则是温度较低的区域。图中显示温度高、密度低的界面层把热物质往上传递,而上部温度较低的物质则向下运动。

地面正常重力环境　　　　空间失重环境

图 9-6　地面正常重力和空间失重环境沸腾液体对流比较,以及气液两相流在正常重力和失重条件下不同的表现形式

注:失重条件下对流现象消失导致气泡原位聚集。

(2)扩散。

扩散是物质分子通过一个浓度梯度或浓度差异移动的现象,即物质分子由高浓度区域移至低浓度区域,直到分子均匀分布为止(见图 9-7)。正如温度差是传热的推动力一样,浓度差是产生质交换的推动力。在没有浓度差的二元体系中,即均匀混合物中,如果各处存在温度差或总压力差,也会产生扩散,前者为热扩散,后者称为压力扩散,扩散的结果会导致浓度变化并引起浓度扩散,最后温度扩散或压力扩散与浓度扩散相互平衡,建立稳定状态。

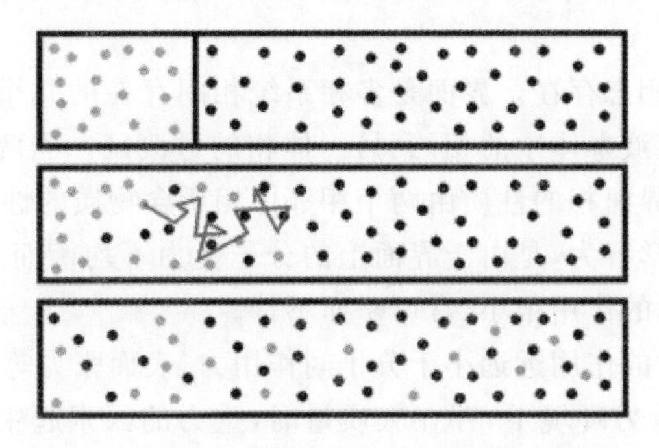

图 9-7　两种浓度的液体混合后的扩散示意图

细胞生物学中,扩散是必要物质的主要传递方式,是小分子进出细胞膜的方式之一。如氨基酸进入细胞的过程,水等物质透过半透膜的扩散过程被分为渗透作用。但扩散分为很多不同种类,其需要和状态不同。有些扩散需要介质,而有些则需要能量。因此不能将不同种类的扩散一概而论。

(3) 对流扩散。

传质过程中有两种基本的传递方式,即分子扩散和对流扩散。分子扩散已有论述;对流扩散则是流体中由于对流运动引起的物质传递,它比分子扩散传质要强烈得多。流体作对流运动,当流体中存在浓度差时,对流扩散亦必同时伴随分子扩散,分子扩散与对流扩散两者的共同作用称为对流质交换,这一机理与对流换热相类似,单纯的对流扩散是不存在的。

对流扩散为湍流气体与相界面之间的涡流扩散与分子扩散这两种传质作用的总称。在湍流流动中,流体质点依平行于流动方向而流动,若浓度梯度的方向与流动方向垂直,那么物质仅依分子运动进行传递,称为分子扩散;物质在湍流流动中的扩散,主要时靠湍动流体中所产生的大量漩涡来带动物质的移动,在有浓度差存在的条件下,物质朝浓度降低的方向传递,这种借流体质点的湍动和漩涡来传递物质的现象,称为湍流扩散。

(4)渗透。

Higbie 于 1935 年提出的渗透理论是溶质渗透模型的简称,是传质理论模型之一。其主要内容为:在传质过程中气液未接触时,整个气相或液相内的溶质是均匀的。当气液开始接触,溶质才渐渐溶于液相中,随着气液接触时间的增长,积累在液膜内的溶质也逐渐增多,溶质从相界面向液膜深度方向逐步渗透,直至建立起稳定的浓度梯度。

渗透是水分子从低浓度溶液到高浓度溶液,通过半透膜时的扩散,直至达到浓度梯度均匀。渗透是溶剂移动最简单的过程,其过程并不需要能量,反而其释放的能量可以被机体所利用。渗透性可能与液体的溶解度、电荷、化学性质以及溶剂的大小密切相关。渗透提供了一种能将水分子转运进出细胞的最为原始的方法。细胞的内部环境与外部低渗环境状态的保持,即膨压,很大程度上是由渗透来保持的。

流体中溶剂从低渗区移动到高渗区能够减小液体浓度的差异。但增加高渗区溶液的压力能够减缓这种现象,这种压力称之为渗透压,其定义为保持液体内平衡状态所需要的压力,溶液中的渗透压与它溶剂的化学势密切相关。由于生物吸取养分是通过半透膜进行的,并且生物膜在物质运输中起到关键作用。半透膜是一种只允许离子和小分子自由通过的膜结构,生物大分子不能自由通过半透膜,如多糖等,其原因是半透膜的孔隙的大小比离子和小分子大但比生物大分子如蛋白质和淀粉小。所以渗透过程在生物体中是至关重要的。

(5)界面张力。

物质可以以不同的相态存在。界面是多相系统相间存在的几个分子厚度的薄层(又称界面相),是由一个体相(溶液本体中的相)到另一体相的过渡区。当两相中的一相为气体时,其界面通常被称为表面。界面相的性质由两个相邻体相所含物质的性质所决定。界面现象是指界面上所发生的物理化学行为,是由于界面上的分子受力不均衡而产生的。当系统内界面面积不大时,界面现象所起的作用很小,常可略而不计。

在分子水平上,重力的作用远远小于分子间作用力,表面张力等分子间作用力与重力是近似无关的,在地面正常重力环境下,存在大质量时,重力的因素起主导作用;但空间失重环境下,流体对弱力场的敏感性会增加。所以当系统内物质的分散程度较大时,则必须考虑界面现象的作用。

3. 空间微重力环境下的生物流体力学问题

由于大多数生物的生命过程是在水相中进行的，因此活的生物机体内部液体的流动对于营养物质的运输和废物的代谢都是一个非常重要的环节。从分子到亚细胞尺度，再到整个生命系统，几乎所有生命的活动过程均包括液体的流动及传质等过程，空间飞行实践已证明人体处于空间的低重力状态下人体会发生多种不利的生理学变化。如血管流体分布的变化能迅速导致血流流体静压力的减小，长时间甚至会引起细胞之间液体流动的减弱。众所周知空间环境会引起骨丢失及骨重建的现象发生，对于空间失重环境下流体物体和运输过程的研究可能为开发对抗上述不利生理变化的对抗措施提供新的途径和方法。此外，失重条件下流体流动状态的变化和传质现象对于空间人体自适应闭环生命保障系统的设计和开发有重要的指导意义。

从力学的角度来讲，空间微重力环境与地球环境的根本区别在于表观重力是否存在。空间环境下，由重力引起的自然对流趋于消失，液体中浮力和不同液体密度引起的组分分离和沉浮现象消失，液体仅由表面张力约束，液滴悬浮无沉降，流体静压力消失（见图 9－6）。由于火箭、卫星或载人航天器技术中存在大量的流体问题，所以失重条件下的流体力学研究最先开始于流体物理学的研究，其中包括空间失重条件下双层不混溶液体的 Marangoni 对流和热毛细对流研究，气液两相流流型研究，气泡迁移和相互作用研究，沸腾传热研究，液体/液体扩散传质研究，颗粒物质动力学研究等。

(1) 空间环境下整体层次上的生物流体力学问题。

从物理学本质上讲，生物机体存在的流体问题与工程领域的部分流体问题并无本质区别。空间环境下，生物机体内的流体流动必然也会受到失重环境的影响，其进而引起宏观生理学变化。然而，空间环境对于实验技术的挑战很大程度上限制了生物机体体内的流体力学研究，因此，目前空间生物流体力学研究多集中于蛋白分子、细胞等层次上的体外实验研究。在机体的宏观层次，血流等体液无疑是生物流体对失重环境的响应最为显著的流体之一。

地面正常重力条件下得长期进化使人体血容量的 80%分布于下肢。失重环境引起机体内流体的静压消失，血液和其他体液无法像正常重力条件下一样向下肢流动，而是集中分布于人体胸腔、头部，因此航天员才会出现面部浮肿、颈部静脉曲张、质量中心上移等现象。体液头向分布使机体错误的感受到体液增加，机体通过体液调节减少体液，继而导致多尿、血容量减少的症状，进而引起心血管功能失调，表现为心输出量减少、返回地面后的立位耐力降低，甚至昏厥前症状或昏厥。

以血管内皮细胞为例，无论是主动脉还是毛细血管，管壁上均有血管内皮细胞的分布，其存在也为血液中水和其他物质的运输提供了与其周围组织的基本屏障。在此生理过程中，血管内皮细胞持续暴露于血液流动产生的流体剪切力这种力学环境中，并且对这种环境具有较强的适应性。

而在空间低重力环境下，血管内皮细胞的力学环境被完全破坏，其形成细胞层的物质运输的性能也随之变化，进而导致水和其他物质的跨内皮运输受到影响。而这些则与低重力下人体体液的头向分布有直接的关系，因此，理解失重条件下液体流动的情况对于开发对抗失重引起的不利效应有重要的意义。

(2) 空间环境下细胞培养过程中的流体力学问题。

由于在失重环境下进行在体研究的限制，空间环境对微观层次上对生物流体的影响主要体现在多个体外实验过程中，其中主要包括细胞培养、连续自由流电泳和蛋白质结晶这三种空间实验过程。该三类实验研究是目前空间生命科学研究的重要组成部分，对于解答机体在失重条件下相关的生命现象和过程提供了基本的研究技术平台。

空间失重环境下对流、沉降、静水压趋于消失，球面气液界面的出现导致物质传输过程发生变化，进而影响细胞营养物质输运和新陈代谢。由于空间失重环境下细胞汲取营养物质的过程以及代谢废物的过程均依赖于扩散，当营养物质或废物的扩散无法满足细胞生长的需求时，随之而来的即是细胞凋亡。目前空间细胞培养过程中使用较为广泛的是强迫培养基对流的方式实现细胞完成物质交换，然而，强迫对流不可避免的引起流体剪切力加载于细胞，从而难以隔离失重环境和流体剪切力对细胞的作用。比如，早期空间细胞培养一般采用挤压胶囊、培养基容器或推动活塞进行强制对流更换营养物质，我国“神舟六号”和“神舟七号”飞船上进行细胞培养实验研究即采取上述实验方案。

为了弥补早期实验装置的不足，近年来，研究人员提出了一种基于双向流动、半透膜渗流运输的空间细胞培养方案（见图 9-8），该培养方案中采用逆流-片流新方法，不仅避免了细胞培养时剪切力对其影响，而且能够满足细胞营养摄取及废物代谢的需求。

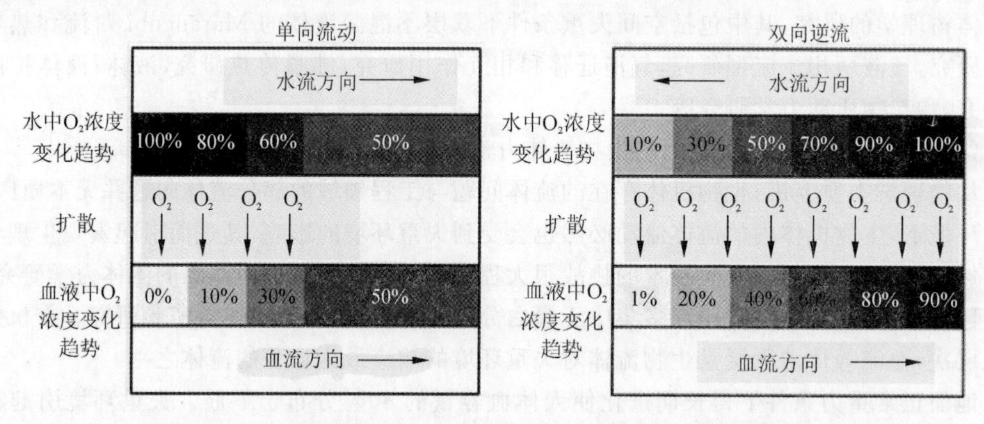

图 9-8　新型片流—逆流式细胞生物反应器的生物力学概念

注：在单向流动（左）和双向逆流模式中血液对从水流中的氧气摄取率分别为 50% 和 80%

此外，我国研究人员也提出了一种结合微泵注射技术的多坝式空间细胞培养装置，对细胞进行更换营养物质等操作。尽管该方法本质上仍是强制对流，但通过对细胞培养室进行优化设计，在其中使用多个“河坝”状的阻隔以期能够尽可能缓冲强制对流时流体剪切力对细胞的影响，该方法的实际空间应用尚有待进一步验证。

（3）空间连续自由流电泳中的力学现象。

生物制品分离是生物工程的关键技术，电泳在分离纯化生物活性物质过程中占有极其重要的位置。电泳的良好分辨率，可控的分离过程，温和的分离条件等优势在大规模制备时尤其突出，但高效率的分离方法一直是制约其发展的瓶颈。电泳是离子在外加电场的作用下发生迁移的一种现象。

电泳分离的基本原理是形态不同的生物分子和细胞结构所带的电荷密度也不同。外加电场可以引起各种离子的迁移率不同，从而达到分离的目的。电泳技术的众多不同类型中，连续流电泳凭借其连续分离的优点，使其成为电泳技术中常用的一种方法。自由流动体系电泳在分离生物大分子方面的独特优点在解决放大制备性电泳的方法方面提供了新的思路和方法，尽管热对流,分子沉降和电动流体力学变形等一些问题会引起样品流的扰动而降低自由流电泳的分辨率,使得其应用受到一定的限制。

连续流式电泳的理论基础是电流体力学和电化学。空间失重环境中流体对流、沉降趋于消失为连续流电泳提供了独一无二的优势条件。失重环境能够减小电泳过程中的电动力学和流体力学变形,并可以增加样品流通量,为利用连续自由流动系统进行生物制品的分离和提纯提供了绝佳的机会和条件。中科院力学所陶祖莱研究员领导的研究小组在空间失重环境下连续流电泳的研究领域进行过大量的基础研究工作。对电流体力学进行了数值模拟和实验室模拟研究,在简化模型下计算电泳浓度场的三维分布,同时从求解电流体力学方程组进行计算,结果表明地球重力条件下系统会产生回流,而失重条件下回流则会消失,并由此来解释失重条件下提高材料的分离效果。

连续流电泳涉及两个不同尺度的流动过程,一是外加电场作用下动电效应引起的小尺度流动,属于低雷诺数的流动过程;二是由外加压力梯度导致的大尺度流动,雷诺数量级较大。两者之间的相互作用是流体系统内电流体力学过程,其受电泳流动腔室的体积(电泳分离长度、有效宽度以及电泳室的高度)、边界条件(介质及腔室温度、进口速度、压力、浓度等)、物性参数(介质密度、黏度、电导率、热传导系数、扩散系数、被分离物表面等效电荷等)以及重力水平的影响。其中电泳中流体的流动过程受重力水平的影响是空间连续流电泳的研究基础。

美国、苏联、欧洲和日本先后有多种型号的电泳仪进行了空间试验和多达 30 余次的生物样品分离实验。结果表明失重条件下的分离效果相比地面正常重力下有显著改善。中国科学院生物化学与细胞生物学研究所和空间科学与应用研究中心利用自行开发的 A3－2 型电泳仪在神舟四号飞船上以连续自由流电泳的区带电泳模式分离血红蛋白和细胞色素 C,并对其缓冲液不同甘油浓度下的分离效果进行了研究分析,最终得到结论:失重环境可以改善连续自由流电泳对蛋白质分离的分辨率,并可以将两种标准蛋白质有效分开。

(4)空间蛋白质结晶过程中的力学现象。

蛋白质结晶是空间生命科学研究和空间生物加工的重要组成部分。随着生物技术的发展,蛋白质等生物大分子药物的出现为许多疾病的治疗提供了新的途径。蛋白质分子的功能主要取决于它的三维空间结构,因此要确定生物大分子的功能,必须首先测定其三维结构。测定高分辨率蛋白质三维结构需要高质量的适合于 X 射线衍射结构分析蛋白质晶体。晶体生长的过程是一个复杂的过程,其受电荷分布、形成条件的影响。如何生长出高质量的蛋白质晶体成为研究人员致力解决的问题。

空间的失重环境排除了重力的干扰,浮力驱使的对流趋于消失,为晶体生长提供了稳定、均一的周围环境。失重环境下,因晶体生长对蛋白质的摄取而在晶体周围形成稳定的低蛋白质浓度梯度场,蛋白质分子的运输仅依靠扩散过程。这种情况下,蛋白质过饱和度的降低不利于新晶核的形成,有利于晶体生长,这使得溶液中的蛋白质主要用于原有晶体的长大。另外,由于扩散速度与质粒的质量相关,较蛋白质分子质量大的杂质难以接触和结合到生长状态的晶体上,因而减弱了杂质对晶体生长的作用。

蛋白质晶体生长过程取决于溶质的运输过程和非线性的界面动力学过程,对于空间失重环境,分析这两方面的动力学过程,有利于揭示空间蛋白质晶体生长的机制。世界各国空间局都进行过了大量的空间蛋白质晶体生长实验,而且取得很大进展。但由于空间实验环境较难控制,瞬发干扰较地面人工实验环境多,所以空间晶体生长实验研究也含有很大的不确定性。

然而，由于目前没有更理想的实验手段，多数人认为空间环境所提供的失重对于晶体生长是有利的。更为详细的空间蛋白质结晶的研究进展及主要技术在后续章节中将有介绍。

4. 地面模拟手段与空间失重环境的相似性问题

空间飞行次数的限制决定了真实失重环境下的实验研究机会较少，成本也较高，因此，开发地基模拟装置和开展模拟实验研究不仅仅能够指导空间实验过程，更能够模拟空间失重环境或模拟空间失重效应，从而进行在真实空间环境中难以开展的研究工作。然而，空间环境的特殊性、复杂的生命过程和生物的非均相体系使地面模拟手段的实现十分困难。

(1)地面上建立的各种模拟失重环境。

地面上进行空间失重实验研究的地基技术平台将在后续章节中详细介绍，本部分内容着重于从力学的角度对现有的地基失重环境进行简要分析。

严格来讲，地面上建立的模拟失重环境并非“模拟”，而是利用地基设施再现接近于真实空间失重的力学环境。例如，抛物线飞行、落管、落塔、高空气球，甚至自由落体试验机等，均利用地基设施再现了“表观质量为零”的失重环境，即通过物体的自由落体再现失重。尽管上述各设施能够再现失重环境的时间尺度很短，仅有从零点几秒到几十秒之短，然而，在较短的时间内，其所搭载的实验对象确实处于失重的状态下。从力学的角度来看，其与空间失重环境较为接近，两者并无本质的区别。然而，他们所提供的失重时间远远小于大多数生物体的生命特征时间，且其中一些实验条件中无法避免超重阶段。实验对象处于失重和超重的交替状态，如何区分两因素各自的作用，是该类技术手段需要解决的问题。

相比上述能够再现失重环境的装备，地基悬浮技术则是利用其他技术产生体积力作用于实验对象，抵消了重力的作用，进而在地基条件下悬浮实验对象。其中较为典型的实验技术即为抗磁悬浮和声悬浮。磁化力和声场产生的体积力用来抵消重力的作用而实现物体的表观重量为零。尽管从力的角度分析，地基悬浮技术产生的环境仍为失重环境，但由于叠加了其他物理因素产生的体积力，所以该失重环境并不单纯，其对实验对象，尤其是生物机体的影响尚有待评估。

(2)模拟失重效应与真实失重环境的力学相似性问题。

区别于地基各种能够“再现”失重的技术平台，模拟失重效应或模拟实验则能够较长时间的观察、研究生命过程，便于实验研究的开展。模拟实验在生物力学，特别是生物流体力学中占重要地位，但只有当模型与原型相似的条件下，模型实验的结果对实际才有指导意义。

从流体力学观点来看，流动相似性要求满足：流场边界几何相似、流体运动动力相似、边界运动相似以及边界运动动力相似四个相似性条件。对于生理流动来说，完全满足上述四种相似性条件几乎不可能。对于空间失重环境下的生理流动进行量纲分析更为复杂，所以说生物流体的相似性问题需要结合生物体所处的力学环境，从生物学方面来考虑。其次对于生物流体力学来说，相似性是和所研究对象的生理功能目标结合在一起的，因此，针对空间失重环境，建立功能-结构-力学环境模型的相似准则，应该是地基模拟手段的建立根据。

目前广泛采用的模拟失重效应技术手段包括整体动物水平后肢去负荷、人体头低位卧床、细胞分子层次的回转器等。例如，回转器是一种在地面模拟失重生物学效应的简便方法，常用于细胞层次的研究。较为常用的回转器是二维回转器(见图 9－9)。回转器模拟失重的原理是基于重力矢量平均。此时，细胞仍处于重力场中，受到重力作用。但由于回转器的转动使实验样品快速的改变自身方位，重力矢量的作用方向相对于细胞不断变化，如果重力矢量的相对变化速度大于实验样品感受或相应重力的时间阈值,实验样品则没有足够的时间感受重力的作用,因此重力的效果无法表现出来,其效应与失重环境类似。回转过程中细胞受力如图9-9所示。

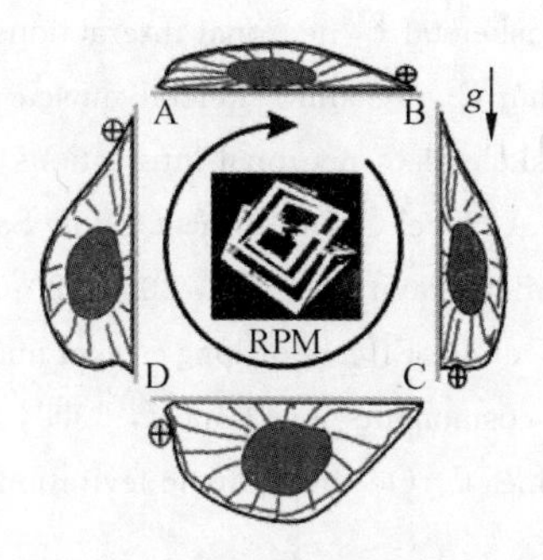

图9-9 三维回转过程中细胞对重力的感受示意图

注:二维回转器模拟失重效应的原理与其类似。

但回转过程中实验样品,如细胞,始终受到重力的作用,这与空间轨道飞行时的情况有本质区别。该模拟手段仅是对失重的效应进行模拟,距模拟真实的空间环境尚有一定的差别。

当然,目前针对不同的科学问题和研究对象已发展出了多种失重效应模拟手段,其他模拟技术手段将在后续章节中详细介绍。尽管地基开展长期实验研究无法离开此类技术手段,但值得指出的是,该类技术均是针对特定功能和目标的效应模拟,并非真正在地面上实现空间真实环境的力学模拟,尚有大量的问题亟须解决。

综上所述,空间生物力学属于特殊环境下的生物力学。尽管其研究范畴仍离不开生物力学,传统生物力学奠定的研究基础和实验技术方法基础也为空间生物力学及空间生物技术相关的研究提供了良好的理论和技术平台。然而,空间生物力学并非仅仅是传统地面生物力学在空间失重环境中的应用。相异于重力环境的空间失重延伸出的特殊科学问题是对传统生物力学的补充和完善,同时也为从力学角度研究空间生物学开辟了新的思路和方向,不仅有助于理解失重环境下的机体生物学过程,其更重要的意义在于以新的思考方式进一步理解地面正常重力环境对于生命过程的重要作用。

参 考 文 献

[1] Bonewald L F, Kiel D P, Clemens T L, et al. Forum on bone and skeletal muscle interactions: Summary of the proceedings of an ASBMR workshop[J]. Journal of Bone and Mineral Research, 2013, 28:1857-1865.

[2] Cavanagh P R, Licata A A, Rice A J. Exercise and pharmacological countermeasures for bone loss during long-duration space flight[J]. Gravitational and space biology bulletin: publication of the American Society for Gravitational and Space Biology, 2005, 18:39-58.

[3] Frost H M. Bone "mass" and the "mechanostat": a proposal[J]. The Anatomical record, 1987, 219:1-9.

[4] Frost H M. From Wolff's law to the Utah paradigm: Insights about bone physiology and its clinical applications[J]. Anat Record, 2001, 262:398-419.

[5] Ingber D E. Tensegrity II. How structural networks influence cellular information processing networks[J]. J Cell Sci, 2003, 116:1397-1408.

[6] Ingber D E. Tensegrity I. Cell structure and hierarchical systems biology[J]. J Cell Sci, 2003, 116:1157 - 1173.

[7] LeBlanc A, Schneider V, Shackelford L, et al. Bone mineral and lean tissue loss after long duration space flight[J]. Journal of musculoskeletal & neuronal interactions, 2000, 1:157 - 160.

[8] Qin Y X, Lam H, Ferreri S, Rubin C. Dynamic skeletal muscle stimulation and its potential in bone adaptation[J]. Journal of musculoskeletal & neuronal interactions, 2010, 10:12 - 24.

[9] Sun S J, Gao Y X, Shu N J, et al. A Novel Counter Sheet - flow Sandwich Cell Culture Device for Mammalian Cell Growth in Space[J]. Microgravity Sci Tec, 2008, 20:115 - 120.

[10] Vico L, Collet P, Guignandon A, et al. Effects of long - term microgravity exposure on cancellous and cortical weight - bearing bones of cosmonauts[J]. Lancet, 2000, 355:1607 - 1611.

[11] Yarin A L, Pfaffenlehner M, Tropea C. On the acoustic levitation of droplets[J]. Journal of Fluid Mechanics, 1998, 356:65 - 91.

[12] Robling A G. Is bone's response to mechanical signals dominated by muscle forces[J]. Medicine and science in sports and exercise, 2009, 41:2044 - 2049.

[13] Judex S, Carlson K J. Is bone's response to mechanical signals dominated by gravitational loading[J]. Medicine and science in sports and exercise, 2009, 41:2037 - 2043.

[14] Sun L W, Blottner D, Luan H Q, et al. Bone and muscle structure and quality preserved by active versus passive muscle exercise on a new stepper device in 21 days tail - suspended rats[J]. Journal of musculoskeletal & neuronal interactions, 2013, 13:166 - 177.

[15] 王春艳，谭映军，聂捷琳，等.多坝式空间细胞培养室设计参数的微重力实验验证[J].航天医学与医学工程，2010;23:243 - 7.

[16] 龙勉.生物力学:与生命科学的有机融合——关于我国生物力学"十一五"发展的一点建议[J].医用生物力学，2005;20:133 - 139.

[17] 胡文瑞，龙勉，康琦，等，中国微重力流体科学的空间实验研究[J].科学通报，2009；54:2615 - 2626.

[18] 江丕栋.空间生物学[M].青岛：青岛出版社，2000.

第十章 生命起源与地外生命

第一节 生 命 起 源

一、引言

地球早期生命的形成或起源是指非生命物质演变为地球上的生命体的过程。它与生命的进化不同,生命进化是指随着时间推移地球上生物群体的演变过程。氨基酸被人们称为"生命的积木",它是原始宇宙空间中发生的化学反应的产物。在生命体中,氨基酸组装成蛋白质,核酸介导蛋白质的合成,这样,有关地球上早期生命如何起源的关键问题归结于最早的氨基酸是如何产生的。

关于生命起源依然有许多问题悬而未决。地球早期生命有机体是单细胞原核生物。最古老的微生物古化石可追溯到35亿年前,它们的出现只比地球本身晚几百万年。24亿年前,无机矿物质及其沉淀物中碳、铁、硫同位素的百分含量证明了生命体在其中的活动,而分子标记物也说明了光合作用的存在,这些研究结果证实,当时生命体已在地球上广泛分布。

然而,导致地球早期最初氨基酸形成的一系列化学反应机制现在仍不清楚。关于地球上早期生命的起源存在着多种假说,其中比较著名的是铁-硫起源学说和RNA起源学说。

二、生命起源假说

1. 自然发生论(Spontaneous Generation)

又称"自生论"或"无生源论",该假说认为生命可由非生命物质或另一种生命形式自然产生。自生学说认为复杂的某些生物体由腐烂的有机质衍生而来,我国古代就有"腐草化萤、腐肉生蛆、鱼枯生蠹"的说法。亚里士多德(Aristotle,公元前384—公元前322年)是一个自然发生论的拥护者,他认为蚜虫来源于掉落在植物上的露水、跳蚤来源于腐败的物质、老鼠来源于肮脏的干草、鳄鱼来源于水底腐烂的木头等。

早在17世纪,就有科学家对"自生说"提出质疑。例如,1646年汤玛斯·布朗(Thomas Browne)在《常见的错误》一书中指出"自生说"的错误和庸俗,提出生命是一种火光,我们是靠着身体内看不见的太阳而生存的理论,然而此理论并没有得到广泛认可。1665年,罗伯特胡克(Robert Hooke)首次发表了他的微生物手绘图。随后,1676年列文虎克(Anthony van Leeuwenhoek)绘制并描述了被现代人称为原生生物和细菌的微生物。由于微生物太低级而不能够发生有性生殖,而且当时通过细胞分裂进行的无性生殖尚未被发现,所以许多人认为微生物的存在证明了自然发生学说。

到17世纪中叶,意大利医生雷迪(Francesco Redi)用实验的方法,发现了苍蝇等生物并不是自然生成的,而是由亲代产卵所生。随后,通过一些易于观察的生物现象,人们渐渐地认识到先前的“自生说”是错误的。1768年,拉扎罗·斯帕拉捷(Lazzaro Spallanzani)证明,空气中存在微生物,加热处理可以杀死微生物。1861年,巴斯德(Louis Pasteur)通过了一系列实验证实了细菌和真菌等生命体在无菌且富含营养的介质中不会自然产生,彻底否定了“自然发生论”。

2. *生源论*(Biogenesis)

19世纪中期,巴斯德和其他科学家通过大量且富有成效的实验,否定了自生论,建立了生源论。生源论认为,一切生物皆来自同类生物。1864年,巴斯德通过“曲颈烧瓶实验”等,有效地摧毁了“自生说”。然而,自然发生学说的彻底否定同时也使生命起源问题再一次成为科学研究领域中争论的焦点。1871年,达尔文提出,最早的生命形式可能起源于一个含有氨、磷酸盐、光、热、电等的热泉,这样的环境有利于蛋白质复合物合成从而为其进一步复杂变化做好准备。

3. *原汤理论*(The Primordial Soup Theory)

直到1924年,关于生命起源问题才有新的理论产生。苏联生物化学家奥巴林(Aleksandr Ivanovich Oparin)指出,空气中氧气的存在使生物进化所必需的某些有机物的合成受到抑制。奥巴林在《生命起源》一书中提出,“被巴斯德否定的‘自生说’在早期地球环境中的确可能发生过,只是由于地球环境的改变导致在现有环境中,一旦自然发生有机体产生就会立刻被环境中已有生物体消耗掉”。奥巴林认为,“在早期地球的缺氧环境中,通过光的作用可形成有机分子‘原汤’,这些有机分子以更加复杂的形式浓缩聚集为球状小滴,这些小滴就是团聚体。团聚体可以表现出合成、分解、生长、生殖等生命现象”。关于生命起源的现代研究中,仍然有许多理论将奥巴林的观点作为其研究基础。

大约在同一时期,约翰霍尔丹指出,地球生命起源以前的原始海洋与现代的海洋环境大不相同。在早期海洋中可以形成能够产生有机复合物的“冲淡的热汤”系统,这种观点被称为无生源说,其认为,生命物质是由自我复制演化而来,而不是由非生命分子产生。

三、早期地球的环境条件

原始海洋最早在冥古纪时(地球形成的2亿年后)出现。在冥古纪,地球上的温度逐渐下降约为100℃,pH快速在约5.8至中性之间变化。Wilde在澳大利亚西部变质石英岩中发现了锆石结晶,推测其有41亿年或42~44亿年的历史。这表明,海洋和大陆地壳在地球形成后的1.5亿年内就已经存在了。

尽管如此,冥古纪的地球环境对于生命体存在依然具有极大的危险性。与以500 km为直径内的巨大物体的频繁碰撞足以使海洋在几个月之内蒸发掉,从而使混合有岩石汽化物的热蒸汽以高海拔云层的形式完全覆盖于地球表面。几个月后,云层的高度下降,基底的云层高度却会在以后的几千年内持续上升。之后,低纬度处下雨,两千年的雨量引起云层高度的降低。最终,在撞击事件发生的三千年后,海洋恢复到了其原始的深度。

在38~41亿年前之间,一些气态巨星轨道的改变也许引起了太阳系晚期重大撞击事件,这使月球以及其他的内行星(水星、火星、可能还有地球和金星)表面布满瘢痕,从而导致此前可能存在的生命彻底灭绝。

通过调查这些具有毁灭性环境事件发生的时间间隔,可以推测出,在早期地球环境的不同时间段均有早期生命形式的存在。研究表明,如果深海的高温环境为生命的起源提供合适的场所，那么在40～42亿年前生命的自然发生就成为可能，然而如果早期生命起源于地球表面，那么生命形成就只可能发生在37～40亿年前。也有一些研究表明生命起源于冷环境。奥格尔(Leslie Orgel)及其同事研究表明，低温使HCN等重要有机物前体浓缩，因而有利于嘌呤合成。米勒及其同事提出，腺嘌呤和鸟嘌呤需要在冰冻条件下合成，而胞嘧啶和尿嘧啶则需要在沸腾温度下合成。基于这些研究，Miller提出，生命发生要在冰冻条件以及陨星爆炸的环境中产生。从1972年到1997年，Miller研究组将氨和氰化物同时放在冰箱中，结果在冰中发现了7种不同氨基酸和11种碱基。Hauke Trinks的研究表明在低温条件下放入一条单链RNA模板，它指导合成了一条长为400bp的新RNA链。伴随着与模板结合，新RNA链不断延伸。Hauke Trinks等解释说，这种现象为共晶凝固现象。由于RNA链以冰晶形式存在，它保持了纯净。只有水分子能够结合冰晶，而诸如盐或者氰化物等非纯净物则被排除在外。而这些非纯净物聚集在冰的液体微孔中，这样的大量聚集导致分子碰撞更加频繁。

早期生命发生的另一证据来源于格陵兰西部伊苏瓦表壳岩带和附近的阿基利亚岛岩层中碳的浓度。经测算证明早在38.5亿年前地球上就已经有生命存在了。Miller指出生命的进化速度是由海洋中海底火山口处水的循环速度决定的。一个完整的循环需要一千万年，所以在这样高于300 ℃的水循环过程中，任何已有的生命体都被改变或者毁灭。

四、有关生命起源的假说

到目前为止，关于生命起源并没有确切的解释。大多数被普遍接受的关于生命起源的学说都至少包含了“奥巴林-霍尔丹假说”(原汤理论)中所提的一些观点。然而，与“奥巴林-霍尔丹假说”不同的大量研究事实以及推想也被提出。

1) 一些科学家指出早期地球含有大量还原性的原始大气圈，比如说甲烷、氨气、水、硫化氢、二氧化碳、一氧化碳、磷酸盐等，但氧气和臭氧几乎不存在。然而在现在的自然界中，早期原始大气圈已经不复存在了。

2) 在这样的还原性原始大气圈中，早期地球上的闪电作用会促进某些生命产生所必需的小分子的合成，如氨基酸等。这已经被米勒和犹莱1953年的实验所证实。

3) 适当长度的磷脂可以自发形成磷脂双分子层，它是细胞膜结构的基础。

4) 关于生命起源的一个基本问题是最早进行自我复制的分子的性质问题。由于在细胞中分子复制是在蛋白质和核酸的合作下共同完成的，所以关于复制的起源主要有两种观点，即蛋白质生命起源和核酸生命起源。

5) 支持“核酸起源学说”的观点主要包括：核苷酸随机聚合为RNA分子引起核酶的自我复制；蛋白质的合成效率及其多样性的限制作用会促进核酶催化多肽的转运(由此合成小蛋白)，这样寡肽与RNA就形成高效的催化剂；最早的核糖体可能由此过程产生，从而诱导蛋白质合成；合成蛋白质的催化能力可与核酶的能力媲美，使之成为优势生物高聚物，核酸所具有的催化功能相对降低，使之成为遗传信息的主要载体。

直到2009年，仍没有人能够利用生命所必需的元素合成一个“原始细胞”(“自下而上的方式”)，这样，就没有确凿的证据来证实早期生命的起源。然而，一些科研工作者正致力于这项工作，比较出名的是洛斯阿拉莫斯国家实验室和哈佛大学的研究者。其他研究者则认为“自上而下的发展模式”更加合理可行。美国遗传研究所的研究者指出，利用现存的原核细胞，可以通过逐渐减小其基因组长度来探求生命存在所需的最小基因。生物学家贝尔纳(John

Desmond Bernal)将此过程命名为“无生源说”,并且将生命起源分为三个阶段:第一阶段:生物单体的形成;第二阶段:生物大分子聚合物的形成;第三阶段:从生物大分子到原始细胞的演化。贝尔纳指出,生命演化可能发生在第一阶段与第二阶段之间。

1. 有机分子的起源

在早期地球上,有机分子可能有两种起源:第一种起源于地球,诸如紫外光激发或者电能释放等冲击力或者其他能量诱导有机分子合成(如米勒实验)。第二种起源于外太空,即起源于外太空的某些物体(如含碳陨石)或者受地球引力吸引的外太空有机分子和其他早期生命形式。目前,关于这些能源的估测表明,与其他能量来源相比,35 亿年前早期大气环境中发生的大爆炸更可能产生大量有机物。

(1)“原汤”理论:米勒实验及其后续研究。

生化学家 Robert Shapiro 总结并完善了奥巴林-霍尔丹的“原汤理论”,提出早期地球处于还原性大气圈中;早期的大气环境存在多种能量形式,有利于简单的有机小分子的产生;这些有机小分子物质在“原汤”中聚集;通过进一步的转化形成更加复杂的有机大分子,最终原始生命在原汤中形成。

1) 还原性原始大气圈。

Miller - Urey 实验中的混合气体所组成的模拟大气层能否真实地反应原始大气圈的环境仍然具有一定的争议性,然而,其他低还原性的气体所组成的大气层又只能产生种类较少且数量有限的有机分子。科学家们曾认为原始大气中所存在的少量氧气会阻止有机分子的形成。现在的科研数据表明事实并非如此。

2) 有机单体的形成。

1953 年,Miller 和 Urey 通过实验阐述了无机物前体在特定条件下如何自发形成有机物。米勒在其实验中使用具有高还原性的混合气体(甲烷、氨气、氢气)以形成诸如氨基酸等的有机单体。这为上述“原汤理论”的第二点提供了直接的实验依据,现在关于“原汤理论”的争论主要围绕其他三点展开。除上述 Miller - Urey 实验以外,John Oró 阐明了下一个最重要的研究原始大气中有机物合成的步骤,证明了加热氰氢酸可以合成腺嘌呤。

3) 有机单体的累积。

“原汤理论”以达尔文提出的假说为基础,它认为,在没有原始生命存在的早期地球环境中,有机单体可能会长期累积,进而为化学进化提供适当环境条件。

4) 有机单体的进一步转化。

在“原汤理论”中所述的条件下,由无机物生成的有机单体并不能直接地自发形成复杂的有机聚合物。在 Miller - Urey 和 Oró 实验中,除了必需的有机单体外,其他一些会阻止有机聚合物形成的化合物也会高浓度累积。例如,米勒实验中的某些产物会与氨基酸发生交叉反应,从而终止肽链延长。

从根本来讲,“原汤理论”中没有解释的关键问题是这些相对简单的有机单体前体是通过何种方式形成结构更加复杂的有机大分子,进而相互作用形成原始细胞的。例如,在原始水环境中,有机聚合物水解为其单体就比单体聚合为聚合物更易发生。

(2)深海热泉理论。

深海热泉理论指出,生命可能起源于深海热泉,热泉喷口处富含氢气的液体从海底喷出与富含二氧化碳的海水相互融合。在深海热泉系统中,电子供体(如氢分子)与电子受体(如二氧化碳分子)相互作用发生氧化还原反应,不断释放化学能量,从而为生命诞生提供足够的能量。

(3) Fox's 实验。

20 世纪五六十年代,Sidney W. Fox 通过模拟地球早期环境条件来研究多肽的自发形成。他的实验证明,氨基酸可以自发合成小的肽段,而这些氨基酸和小肽段可以形成微球体。

(4) Eigen 假说。

20 世纪 70 年代早期,Manfred Eigen 和 Peter Schuster 进行了生命起源的相关研究。他们检测到了在地球早期环境中由分子混沌到自我复制超循环的瞬时阶段。在超循环中,由于信息贮存系统(可能是 RNA)产生一种酶,这个酶又催化其他信息系统的形成,以此类推,直到最后产物在第一个信息系统中。超循环能形成准种(quasispecies),准种通过自然选择进入达尔文的进化模式中。在某特定环境中,RNA 自身转化为核酶,催化其自身的化学反应,这一发现推动了超循环理论的发展。然而,这类 RNA 仅限于能够进行自我剪切(长链 RNA 分子变为短链)以及极少的不能编码蛋白质的 RNA。后来,人们发现,核酶的作用需要如肽链等的复杂的生物大分子的参与,而 Miller - Urey 实验中并未得到肽链等生物大分子,这样,超循环理论就不再被人所信服了。

(5) Wächtershäuser 假说。

20 世纪 80 年代,Günter Wächtershäuser 在他的《铁-硫世界理论》一书中为生物分子的聚合问题提供了另一个解释。在这个理论中,他认为生物分子的进化方式是生命进化的基础。此外,他还构建了一个独特的反应体系,该体系能够将现代的生化反应追溯到原始地球上的生化反应,从而提供了由简单的气态复合物合成有机分子的多种可供选择的反应途径。

与经典的米勒实验使用外来的能量能源(如模拟的闪电或者紫外辐射)不同,“Wächtershäuser 系统”使用地球内的能量来源,如硫化物、铁以及其他矿物质等。从金属硫化物氧化还原反应中释放的能量不仅能够用于有机分子的合成,而且可以用于聚合物的形成。这就是假定该系统最终可以进化为能够进行自身催化、自我复制、代谢等的早期生命体的原因。

(6) 放射性原始海滩假说。

Zachary Adam 提出临近月球的更有力潮汐进程会导致铀及其他放射性物质在原始海滩的高水位线聚集,从而促进原始生命形成。根据太空生物学(Astrobiology)中报道的电脑模型显示,这些放射性物质的长期积累会表现出与非洲加蓬(Gabon)的奥克洛(Oklo)铀矿层相同的自发核反应现象。放射性海滩中的沙石为有机分子的形成提供了足够的能量,例如水中的氰化甲烷能够合成氨基酸和糖分子。放射性的独居石将可溶性的磷酸盐释放到沙粒中,从而为生化反应的发生提供条件。Adam 指出,氨基酸、糖和可溶性磷酸盐可同时生成。放射性的锕系元素以高浓度存在会促进有机金属复合物的合成,进而促进早期生命的形成。

John Parnell 指出,只要早期星球足够大并能够产生可以将放射性物质带到星球表面的板块系统,那么任何早期潮湿多岩石的星球都会有上述反应发生。正因为这些小板块的产生,为早期生命的形成提供了合适的条件。

(7)同手型起源模型。

早期地球化学进化的一些过程可以解释生命同手性起源现象。生命有机体的前体具有相同手性(氨基酸为左手性,核糖核酸和脱氧核糖核酸为右手性)。磷酸甘油酯也具有手性,它在无手性源及手性催化剂的条件下可以合成手性分子,但产物是对应异构体的混合物,它被称为外消旋混合物。Clark 指出,同手性可能源于外太空,默奇森陨石(Murchison meteorite)中氨基酸的分析数据表明,L-丙氨酸比例比 D-丙氨酸高出 2 倍,而 L-谷氨酸比例比 D-谷氨酸高出 3 倍。这暗示着早期行星环境中的偏振光能够破坏其中一个对应异构体的结构。Noyes 证明了早期地球环境中大量有机化合物中 14C 的 β-衰变导致外消旋混合物中 D-亮氨酸的结构遭到破坏。Robert M. Hazen 报道,在不同的手性分子结晶体表面,手性单体集中并聚合成生物大分子。聚合位点一旦确定,生物分子的手性特征也就确定了。通过研究陨星上的有机化合物发现,手性是早期地球生物分子合成的特征,例如,氨基酸表现为左手性,而糖分子则主要以右手性存在。

(8)自组装与自我复制。

自组装与自我复制通常被认为是生命体的主要特征。然而,许多事实证明,非生命分子在适宜的条件下也可以表现这两个特征。例如,Martin and Russel 研究表明,细胞膜的存在实现了细胞内物质与外界环境的隔离,从而有利于细胞自组装及细胞内氧化还原反应的发生。因此,他们认为,具有以上特性的无机物质极可能是地球早期生命的前体。宿主细胞中病毒的自我复制对于生命起源的研究具有重要的提示作用。它为生命可能起源于能够进行自我复制的有机分子这一假说提供了事实依据。

2. 从有机分子到原始细胞

关于"简单的有机小分子是如何形成原始细胞"的问题至今仍没有确切的解释,但是有很多相关的假说。一些假说认为核酸进行自我复制优先,另一些假说则认为生物代谢优先。目前,现代的学说则趋于将上述两种学说融合。

(1)基因优先假说:RNA 起源假说。

RNA 起源假说认为早期地球环境只有 RNA 的自我复制及催化发生,而没有 DNA 和蛋白质存在。这激发了科学家们关于短链 RNA 究竟能否自发形成催化酶以进行自我复制的思考。这样,大量关于 RNA 起源的模型被提出。加热一定浓度的氨基酸溶液可以产生蛋白质样分子——类蛋白,类蛋白可以进一步形成微球体。因此,早期的细胞膜可由类蛋白自发形成。其他相关化学反应则可能发生在黏土基地或者黄铁矿石表面。能够支持 RNA 在早期生命起源中发挥重要作用这一观点的论据有:RNA 既可以作为信息载体,又具有催化功能;RNA 是现代生物体遗传信息(DNA)的表达和维护中所需要的重要的中间体;近似早期地球环境条件有利于至少部分分子的化学合成。科学家已在实验室中成功地人为合成了能够进行复制的短链 RNA 分子。这种具有编码和催化功能的 RNA 复制酶可以为分子复制的发生提供模板。Jack Szostak 指出,一些 RNA 酶能够聚合小的 RNA 片段,并且在适当的条件下进行自我复制。如果上述说法成立,达尔文自然选择学说与这种自我复制的发生是一致的,从而进一步实现其功能。Lincoln 和 Joyce 经研究证明 RNA 酶能够持续进行自我复制。

各种 RNA 起源假说之间的细微不同之处在于,哪种核酸是(PNA, TNA 及 GNA 等)最初作为一个自我复制分子出现,后来被 RNA 取代了。在含氮和含氧的条件下,通过游离糖进行一系列的反应逐步合成嘧啶核糖核苷及它们各自的核苷。Sutherland 研究团队指出,由 2～3个含碳片段,例如乙醇醛,甘油醛、甘油醛-3-磷酸、氨基氰以及丙炔腈,经特定途径可以大量合成胞嘧啶和尿嘧啶。如果甘油醛对映体的量达到或超过 60 %,通过该反应途径中的一个步骤可以实现手性噁唑啉的分离,这可以看作是早期生命形成前的纯化步骤,有机复合物能够从其他氨基噁唑啉混合物中自发的分离出来。随后,手性噁唑啉和丙炔腈作用形成胞嘧啶核糖核苷酸。紫外光的光致异构化作用促进1'端基异构体转化为β立体构型。James Ferris研究表明蒙脱石黏土矿物质可以催化RNA在液体中通过聚合活化的核苷酸形成长链RNA。这些长链RNA含有随机序列,随机序列有可能通过提高其自身催化速度来启动生命演化。

(2)"生物代谢优先"模式:铁-硫起源学说及其他。

一些假说并不赞成分子自我复制及"裸露的基因"等说法,它们认为,早期地球环境中原始代谢活动的发生为后期RNA的复制提供了适宜环境。

支持这种观点的最早期的理论之一是,在DNA结构发现之前,Oparin于1924年提出的关于原始自我复制囊泡的理论。关于无基因存在的条件下能否发生生物代谢的探讨有20世纪80年代早期Freeman Dyson建立的数学模型以及Stuart Kauffman提出的共同自催化概念。更近期的一些理论包括20世纪80和90年代,Günter Wächtershäuser的铁-硫起源学说和Christian de Duve基于硫酯的化学。

然而,关于封闭的代谢循环(如柠檬酸循环)能否自发形成(由Wächtershäuser提出)的问题仍然处于争议之中。Leslie Orgel指出:到目前为止,并没有任何证据能够表明多级循环反应(如柠檬酸循环)能够在FeS/FeS_2或者其他矿物质表面自发进行。在生命形成早期进行的可能是另外一种代谢途径。例如,开放的乙酰辅酶A途径可以在金属硫化物表面自发进行。该途径的关键酶为一氧化碳脱氢酶/乙酰辅酶A合酶,在其反应中心有镍-铁-硫簇,从而催化了乙酰辅酶A的合成。

(3)气泡在代谢中扮演的角色。

波涛拍打海岸形成了泡沫。海风吹过海面,将海水中漂浮的木头等物质带向海滩。同理,有机物就这样被聚集到海滩上。浅海的海水温度较高,从而通过蒸发使有机物进一步浓缩。普通的水构成的气泡会迅速爆破,而包含两性分子的水构成的气泡则更加稳定,从而为上述反应提供足够的时间。

两性分子是含有一个亲水性头部和一个疏水性尾部的脂类化合物。一些两性分子在水中可以自发地形成膜。包含水的球状膜可能是细胞膜的前体。如果该前体中含有蛋白质,那么膜的完整性就会得到提高。当气泡爆破时,有机物就会释放到周围的环境中,一旦足够的有机物被释放到基质中,就会进一步形成原核生物、真核生物、多细胞生物等。

同样,在适宜的环境下含有类蛋白分子的气泡会自发形成微球体。但由于细胞膜是由磷脂复合物构成而非氨基酸复合物,所以这些微球体并不是现代生物膜的前体物。Fernando和Rowe构造出的新模型表明,在原始细胞中封闭的不涉及酶作用的自身催化反应可以避免"代谢优先"模型中常见的副反应发生。

五、其他模式

1. 自身催化

Richard Dawkins提出自身催化可能能够解释早期地球的生命起源。自催化剂是能够催化自身化学反应的物质,所以它们可以进行简单的分子复制。Julius Rebek实验表明,自催化剂能够与具有遗传效应的物质进行竞争,这可以被认为是自然选择的早期形式。

2. 黏土学说

1985年,Graham Cairns-Smith提出了关于早期生命起源的黏土学说。黏土学说指出,水中的硅酸盐结晶为早期的非生命物质复制为复杂的有机分子提供了平台。有机分子的复杂性决定了其所选择的黏土结晶类型的不同,以有利于有机分子即使独立于他们的"硅酸盐起始平台",仍然能够进行精确的自我复制。Cairns - Smith 对其他关于生命起源的化学进化学说进行了客观的评价,他也承认,同其他学说一样,他的黏土学说也存在缺陷。

2007 年,Kahr 和同事们利用邻苯二甲酸氢钾晶体作为实验材料,验证了晶体可以作为遗传信息传递的载体。切割带有条纹的母本结晶体,将所得晶体作为种子在溶液中培养子结晶。通过观察条纹在结晶体系中的分布,发现母体结晶的条纹复制到子结晶中,而且子结晶中还有大量额外的条纹。然而按照基因的性质推断,这些额外的条纹数量应该少于亲本结晶中的条纹数,因此,结晶并不是遗传信息在亲代与子代间传递及贮存的绝佳载体。

3. Gold"深-热生物圈"模型

20 世纪 70 年代,Thomas Gold 提出理论认为,生命并不是起源于地球表面,而是起源于地球表面以下的数 km 处。20 世纪 90 年代,深层岩石中纳米微管的发现为 Thomas Gold 的理论提供了证据。研究表明,微生物以极端古生菌的形式存在于浅地层(地球表面以下 5 km),而非以人们所熟知的真细菌的形式存在。如果在太阳系中其他星球表面以下发现微生物,就会为这个理论提供更加有力的证据。

Thomas Gold 认为,由于产生于有机物水坑中的生命可能消耗尽水坑中所有食物从而导致原始生命灭绝,所以其生存需要来自于地层深处的食物。原始地球地幔中甲烷气体的外溢促进了生命所需食物的流通。而关于地层深处微生物食物来源更加合理的说法是有机物依赖于水和岩石中的(被还原的)铁相互作用所释放的 H_2 生存。

4. 原始的地外空生命

关于生命起源的另一种假说认为,早期地球生命可能起源于地球以外的星球。Francis Crick 就是该理论的支持者。有机复合物在太空中比较常见,尤其是太阳系的外围,易挥发的物质并没有被太阳的热量所蒸发。彗星由外层的深色物质包裹,这种像沥青一样的深色物质是由简单的含碳化合物通过紫外线照射形成的复杂有机物构成的。早期地球中的大量的复杂有机分子就可能起源于彗星。

还有一种假说认为,生命最早起源于早期火星。一旦星球冷却,即会有生命产生。由于火星体积较小,它比地球冷却速度快,所以当地球还处于冷却过程时,火星上已经有早期生命形成。而由于彗星及其他小行星对火星的撞击作用,使其表面的生命形式被转移到已冷却的地球上。火星继续快速冷却,最终导致生命进化遭到抑制甚至导致生物灭绝。虽然地球与火星具有相同的命运,但是它的冷却速度比较慢,所以在地球上有生命繁衍生息。

并没有任何一个假说从真正意义上回答了生命最初是如何起源的问题,它们只是解释为生命从一个星球转移到另一个星球。然而,原始生命起源于外太空这一理论的优势在于生命不需要在它产生的星球上进化,而是可以通过诸如彗星/陨星撞击等方式扩散到其他星系继续繁衍生息。目前还没有足够的支持该理论的证据,但是最近关于南极洲火星陨石的研究以及有关极端微生物的研究为此提供了一些证据。

另外的一个研究证据是微生物生态系统能量来源于放射活动的发现。Jason Dworkin 用水、甲醇、氨水、一氧化碳配制溶液,冰冻,紫外光照射来模拟原始外太空环境。将冰冻溶液浸入水中,产生了大量有机物并且自发形成囊泡。Dworkin 认为,这些囊泡能够自发组装为细胞膜,从而为生化反应提供了与外界隔离的良好封闭环境。紫外线照射囊泡时,囊泡会发荧光、发热。以这种方式吸收紫外线并将其转化为可见光,可能为原始细胞起源提供了能量。假如此类囊泡在生命起源过程中确实起到了一定的作用，那么原始光合作用的前体物质可能就是荧光。荧光可能是原始光合作用的先驱者，可作为遮光剂避免紫外辐射可能造成的伤害。在早期生命起源中，这种保护作用对于原始生命的生存尤为重要。直到光合生物开始制造氧气，地球上才有能够阻止紫外线破坏作用的臭氧层出现。

5. 脂质世界

该理论认为，第一个进行自我复制的分子为脂质。磷脂在水中可以形成磷脂双分子层，这与细胞膜的结构相同。在早期地球上并不存在磷脂，但其他的两性分子也可以形成类囊体膜。而且，通过插入脂质分子，这些类囊体会不断扩大，当类囊体过大时就会自发断裂成两个成分及大小均相同的子类囊体。该理论的核心观点是类囊体的分子组成可能是早期信息贮存的基本形式，而后其逐步进化导致多聚物的出现，例如 RNA 和 DNA。到目前为止，仍然没有找到合理的生化机制来支持脂质世界理论。

6. 聚磷酸盐

大多数关于生命起源的学说所面临的问题是肽段与组成肽段的游离氨基酸之间的热力学平衡问题。其中，聚合反应的动力问题往往被忽略，而聚磷酸盐的性质可以为这个问题提供一个良好的解释。聚磷酸盐是由磷酸根(PO_4^{3-})单体聚合而成。关于其聚合机制，科学家们提出了几种假说。聚磷酸盐能够促进氨基酸聚合为多肽。由于钙与可溶性的磷酸盐反应生成不可溶性的磷酸钙，因此必须找到阻止磷酸钙形成的机制。近年一个有趣的观点是陨星可能为早期地球带来了有活性的磷元素。厦门大学赵玉芬院士实验室研究发现 N-磷酰化氨基酸与核糖核苷能够相互作用并同时形成小肽或寡聚核苷酸。

7. 多环芳烃(PAH)假说

科学家们推测出复杂有机大分子的一些其他来源，如外太空的恒星或者星际间。通过光谱分析可知，在彗星和陨星中有复杂有机大分子存在。2004 年，某研究团队在一个星云状星系中发现了多环芳烃的存在，它们是到目前为止发现的最复杂的有机分子。在多环芳烃世界假说中，多环芳烃被认为是 RNA 的前体。通过史匹哲太空望远镜发现了一个恒星 HH 46 - IR，该恒星的形成过程与太阳相似。此恒星周围，存在大量的有机分子，包括氰化物、碳氢化合物、一氧化碳等。在距地球 1 200 万光年的 M81 星系表面，也存在着大量的多环芳烃，这些证据表明多环芳烃在早期空间环境中已广泛分布。

8. 多起源

在早期地球环境中可能同时出现了多种生命形式，但后来其他生命形式都灭绝了，只有极端古生菌由于其独特的生化反应形式而保留下来，或者说由于它们与现代进化树中某些生物的相似性而保留下来。Hartman 通过将大量的假说综合起来提出：最早的能自我复制的有机物存在于富含铁的黏土中，黏土将二氧化碳固定为草酸和其他二羧酸。该黏土的自我复制体系及其代谢类型后来演化为热泉含硫区域的固氮体系，随后该体系利用磷酸来合成核苷酸和磷脂。假使该生物合成可以总结无生源说，那么，氨基酸的合成就早于嘌呤和嘧啶碱基的合成，而且氨基酸硫酯聚合为多肽早于氨基酸硅酯通过多核苷酸的直接聚合。Lynn Margulis 的内共生学说指出，各种不同形式的细菌以共生关系存在，从而形成真核细胞。细菌之间遗传物质的横向转移推动了共生关系的发展，由此形成现代生物体的最后一个共同祖先。James Lovelock 的“盖亚”理论提出，细菌之间的互利共生促进了适宜生命生存的环境的形成，反之，生命的生存也影响了这个环境。他的理论极大地削弱了生命起源于太阳系其他星球的说法。

第二节　地　外　生　命

一、引言

地外生命即存在于地球外的生命体。它是太空生物学研究的对象,它的存在仍处于假说阶段,因为目前还没有让主流科学界广泛接受的有力证据证明其存在。有关地外生命的假说有以下两种:一种认为生命各自独立的出现在宇宙中不同地方。另一种为有生源说,认为生命出现在一个地方,然后传播到适宜生存的行星上。这两种假说并不互斥。关于地外生命的理论研究被认为是属于太空生物学、外空生物学或者宇宙生物学的研究范畴。人们推测地外生命的形成经历了微生物到有智能型的生物的过程。

科学家们提出可能曾经有,或者目前仍然拥有生命的类似于地球的星球,这些星球包括金星、火星、木星、土星、Gliese 581c 和 Gliese 581d。近来发现,与地球质量相近的外太阳系外卫星很明显地位于恒星的可居住带,而且可能有液态水。

二、地外生命可能的基础

目前,关于外星生命形式从生物化学,进化或形态学角度提出了多种理论。

1. 生物化学

地球上所有的生命都需要碳、氢、氧、氮、硫、磷以及很多其他的微量元素,尤其是矿物质。此外,还需要在生物化学反应中作为溶剂的水。在平均温度和地球上相似的其他行星上,如果有足够量的碳、其他生命形成的主要元素以及水存在,它们就可能通过化学作用合成生物有机体。因为地球和其他行星都是由"小星团"组成的,所以其他行星的组成元素很有可能和地球的构成相似。碳和水通过化学反应结合生成的碳水化合物(如糖)是生物所利用化学能的来源,并且为生命提供了结构基础(如核糖,DNA 和 RNA 分子,植物中的纤维素)。植物通过光合作用将光能转化为化学能,从而获得能量。生命需要还原态的碳和部分氧化态的碳,还需要氮、硫以及磷。足够的水作为溶剂为生物化学物质提供了足够的氧。

水对于生命的形成是至关重要的,纯水可以不断地解离成氢氧根离子和水合氢离子,所以它的 pH 值呈中性。因此,水能以相同的溶解能力溶解金属阳离子和非金属的阴离子。而且有机分子要么是亲水性要么是疏水性,这一性质使得有机化合物可以自我合成能包围水的膜结构。此外,固体水(冰)的密度小于水,也就是说冰会浮在水面上,这使得地球上的海洋不会缓慢冻结。如果没有水的这个性质,在冰雪地球时期,海洋就已经被冻结了。加之,水分子之间的范德华力使它在蒸发过程中储存能量,在冷凝过程中释放出来,这有助于形成适宜的气候,使热带地区凉爽,两级地区变暖,维持着适合生物生存的热力学平衡。

碳与多种非金属元素(主要是氮、氧、氢)形成强大灵活性的共价键对于地球上的生物是必不可少的,二氧化碳和水可以使太阳能储存到糖中,如葡萄糖。葡萄糖氧化可以释放生物化学能,用于其他生物化学反应。

有机酸(—COOH)氨基(—NH_2)可以发生水合作用,这样的作用可以使单体氨基酸聚合生成长的肽链和有催化活性的蛋白质,存在磷酸基时,这种作用不仅能生成 DNA,还能生成 ATP。由于它们在维持生命中具有相对丰度和有效值,很多人猜测在宇宙中其他地方的生命形式也可能利用这些基本材料。然而，其他元素和溶剂也许可以为生命提供基础。硅被认为可能可以代替碳。有人提出硅基生物呈晶体状，并且在理论上是耐高温的，比如可以生活在与恒星相距很近的行星上。虽然氨溶液在很多方面不如水，但也有人提出基于氨的生命形式。

从化学角度来看，生命的本质是一个自我复制反应，尽管在液态水的温度变化范围内，最有利于碳氧键的形成，但是不同的组分在多种条件下也能够发生反应。有些观点认为一些种群的自我复制反应可能在恒星的等离子体内发生，尽管这不符合常规。

目前，关于地外生命特征的一些观点仍然存在质疑。NASA 科学家们认为在太阳系以外进行光合作用的色素颜色可能不是绿色。

2. 进化和形态学

除了地外生命的生化基础，许多研究还提出了进化和形态学基础。科学假设经常将地外生命描述成具有人类特点和/或爬行类的形态。外星人经常被描述成具有浅绿色或者灰色皮肤，有硕大的头和四肢等类似于人的一些基本特点。其他生物，例如猫科动物或者昆虫，也会出现在虚构的外星人代表里。

普遍特征被认为那些曾经只是在地球上独立进化的特征，而且非常有用以至于物种都不可避免地趋向于它们。这些特征包括飞行、视力、光合作用和四肢，所有这些特征都被认为是在地球上进化了多次。例如，眼睛就有很大的变化，包括完全不同的工作原理和可视焦距。然而，狭隘特征本质上是随意的进化形式。这些特征往往很少有内在的效用，可能不会被复制。智能化的外星人可以像聋哑人那样通过手势交流，或者通过一些在地球上与呼吸无关的结构发出的声音交流。试图界定狭隘特征就要挑战许多被认为是理所当然的有关形态必要性的观念。对于重力生物学领域的专家而言，骨骼对大型地球生物是必不可少的结构，几乎可以确定它已经以一种或多种形式在别的地方被复制了。

对于外星人的完全多样性的假设是不会改变的。许多空间生物学家强调，在地球上尚且存在如此庞大种类的生物，在太空中种类将会更多，同时，另一些专家指出，趋同进化可能会使地球生命和星外生命之间有很多相似之处。这两个思想流派分别被称之为“分歧主义”和“趋同主义”。

三、地外生命的观念

1. 古代和现代早期的观点

关于地外生命的观念早在古印度，巴比伦，亚述，苏梅尔，埃及，阿拉伯半岛，中国和南美等地出现，尽管在这些国家，宇宙学常常会与超自然现象扯到一起，并且外星人的概念总是很难和上帝、魔鬼之类的名词分开。公元前 6 世纪到 7 世纪，重要的西方思想家，希腊作家 Thales 和他的学生 Anaximander 最先提出宇宙中充满了其他行星，并且可能存在外星生命。希腊的原子论者提出，在无限的宇宙中应该有无穷的适宜生存的世界。然而古希腊的宇宙学反对地外生命的观点，提出了地球是宇宙的中心。亚里士多德(Aristotle)是地心说拥护者，而且地心说还被托勒密(Ptolemy)编入法典，在地心说中，地球和地球生命受到偏爱，并且在表面上使地外生命在哲学上站不住脚。在路西恩(Lucian)的小说中，描述了月球和其他天体上有人的特征的居民，但是，值得注意的是，他们又不同于人类。

犹太族的创始人也认为有地外生命。在犹太法典中，讲述至少有 18 000 个其他的世界存在，但是在这些世界的自然界，或者说无论是物质世界还是精神世界，都几乎没有经过苦心经营。基于这些,18世纪的 Sefer HaB'rit 提出假设:存在外星生物,并且可能存在智慧生命;外星生物和地球生物的相似度不可能超过海洋动物与陆地动物的相似度。

印度人信仰生命存在无穷尽的轮回,以至于他们描述了多个真实存在的世界,而且这些世界彼此相互联系。印度经文中描述,为了更加方便地实现无数的生灵各自的请求,上帝创造了数不尽的宇宙。然而,这些创造的目的在于带回迷失的灵魂,使他能够正确地理解生活的目的。除了有充满物质的宇宙,还有无穷的精神世界,在这些精神世界里,生活着对生活和终极存在有正确概念的纯净的生灵。这些纯净生灵的生活是以虔诚的服务于上帝为中心。在精神上有志向的圣人和热爱者,包括在生活在物质世界的有思想的人将会得到纯净生灵的指导和帮助,这些纯净生灵来自远古时代的精神世界。然而,在正确理解地理和科学的背景下,这些相关的描述还需要进行更多的研究来验证。

当基督教在西方传播时,托勒密的天动学说被广泛接受,虽然教会在外星生命的问题上没有发表任何正式声明。1277年,巴黎主教 Étienne Tempier 推翻了 Aristotle 的一个观点,他认为,上帝可能创造了不止一个世界。但是,关于外星人是否存在的争论仍然很少。值得注意的是,库萨的 Nicholas 推测外星人可能存在于月球和太阳上。

随后,在思想上出现了一个巨大的转变,这一转变从望远镜的发明和哥白尼对地心说的攻击开始。一旦人们清楚地意识到地球只是宇宙中无数天体中的一个星球,对外星人的了解就进入科学主流。关于上帝的无所不能受到了质疑。近现代这些观点的拥护者中,最有名的是 Giordano Bruno,他认为宇宙是无穷的,每个恒星都被自己的太阳系所包围,最终,由于他的言论,天主教徒将他处以火刑。在17世纪初,捷克天文学家 Anton Maria Schyrleus 提出:"如果木星上有居民,他们一定比地球上的居民体型更大,更漂亮。"多米尼加共和国的修道士 Tommaso Campanella 在他的 *Civitas Solis* 一书中描述了一个理想的外星民族。天主教教会还没有对外星人是否存在给出正式结论。然而,在梵蒂冈的报纸上写到,梵蒂冈天文台主任,天文学家 José Gabriel Funes 预言,在2008年,由上帝创造出来的智能人可能出现在外层空间。

随着科学发现的加速,外星人存在的可能性仍然是一个普遍的推测。从18世纪到19世纪,有许多天文学家,包括天王星的发现者 William Herschel,坚信我们的太阳系,或许还有其他星系适宜外星生命的居住。同一时期,拥护"宇宙多元化"的名人还包括 Immanuel Kant 和 Benjamin Franklin,他们更进一步认为,太阳和月球可以是外星人居住的场所。

2. 外星人和现代人

人们对于外星人可能存在的热衷一直延续到20世纪。实际上,从科学革命到太阳系探测的大约3个世纪中,西方人相信外星人存在的看法达到了顶峰。

许多的天文学家和其他世俗的思想家,一些宗教思想家,还有一些普通民众都认为外星人是真实存在的。随着实际探测器的发射,这种趋势才有所缓和。首先果断地排除了月球上存在生命的可能性,同时,长期以来可能存在地外生命的两个候选星球——金星和火星,也没有明显的证据证明有生命存在。虽然有趣的地热能量的发现提示可能存在广阔的适宜生命生存的潜在环境,但是在太阳系内其他一些大的行星上同样没有发现生命迹象。虽然关于高级的外星人故意保持沉默的假设仍然是有可能的,但是,40年来,"搜索地外文明计划"SETI (Search for Extra - Terrestrial Intelligence)的失败,在一定程度上削弱了太空时代初期普遍存在的乐观态度。尽管相信外星人的理念被称之为伪科学,但在民间传说中它被称为神秘的理论。一些大胆的批评家认为对外星人的研究是不科学的,虽然 SETI 不是一个连续的专注研究，只是在任意时间研究了一个有限的频率范围，但是在一定的条件下，它仍然能代替资源和人力。

因此，在20世纪的前30年，关于外星人的看法到了一个十字路口。很多的科学家更加质疑在我们的银河系存在普遍的智慧文明。然而，美国天文学家Frank Drake说："我们仅仅能确定的是天空中没有充斥着大量的被丢弃的强大的微波发射器。"Drake还指出，利用先进的技术，以某种方式进行沟通，很有可能比传统的无线电传播更有效。同时，空间探测器返回的数据，检测方法的大步前进，这些都允许科学界开始勾画在其他世界适合生存的环境的标准，并证实至少还有大量的其他行星存在，尽管外星人是否存在仍然是个疑问。

2000年，地质学家和古生物学家Peter Ward和天文学家Donald Brownlee出版了一本题为《稀有的地球：为何复杂生命在宇宙中并不普遍？》的书（*Rare Earth*：*Why Complex Life is Uncommon in the Universe*），该书主要观点是尽管宇宙中的低等生物可能很多，但要发展到像人类这种高等生物的机会却微乎其微。

主流科学家对于地球以外的原始生命存在的可能性争议较少，然而，目前还没有发现这种生命的直接证据。关于火星上可能存在原始生命，存在一些间接证据。然而，从这些证据中得出的结论仍有争议。

四、地外生命的科学研究

关于地外生命的科学研究，分为直接研究和间接研究。

1. 直接研究

科学家直接在太阳系内搜寻单细胞生物的迹象，也在火星表面开展研究以及对落在地球上的陨石进行研究。其中，木卫二受到关注，因为在它表层下可能有一层液态水，水中有可能存在着生命。

关于在火星上可能有（或者曾经有）微生物，目前没有足够的证据。海盗号火星登陆者发现火星上的土壤中有气体放出，这一现象引发了关于微生物是否存在的争论。但是，海盗号上的其他实验表明这更可能是非生物反应。另外，1996年，有报道称在一块编号为ALH84001的火星陨石发现了类似蚕蛹状的细小构造物，被认为是火星上的石头的组成成分。对于这一报道仍然存在争议，而且这种争论还会继续。

在2005年2月，NASA的科学家们称他们已经找到了有力的证据证明火星上有生命存在。NASA阿姆斯研究中心的Carol Stoker和Larry Lemke称他们的断言基于在火星大气中找到了甲烷的迹象，这与地球形成早期生命时产生甲烷相似。NASA很快否定了这一说法，Stoker自己也收回了她先前的判断。

虽然这些发现仍然存在争议，但是相信火星上存在生命的科学家越来越多。ESA在一次会议上进行了一次非正式调查，结果显示：参加会议的科学家中，有75%的人认为，火星上曾经有生命存在，25%的人认为，火星上目前存在生命。

Gaia假说认为，任何存在大量生物的星球均处于化学不平衡状态，这种不平衡状态在一定距离内可以通过光谱的方法相对容易确定。然而，在分析外太阳系行星之前，对恒星附近的小天体发出的光进行寻找和分析的能力还需增强。

2. 间接研究

从理论上讲，任何技术社会将会在空间传输信息。很多项目，包括SETI计划，正在通过天文搜索无线电活动，以确认智能生命的存在。一个相关的提示表明：外星人可能可以广播脉冲和连续激光的光学信号，以及红外光谱。激光信号在星际介质中没有拖尾效应，更有助于恒星之间的交流。而其他通信技术，包括激光传输和星际航天，也可能是可行的，以单位成本的信息交流量表示效力的大小，用无线电进行通信被选为最终的方法。

3. 外太阳系行星

天文学家还在寻找他们认为适宜生命生存的外太阳系行星。而且他们发现 Gliese 581 c，Gliese 581 d 和 OGLE－2005－BLG－390Lb 等行星具有类似于地球的特点。目前无线电探测方法已经不能满足这样的探究，因为这种最新的探测技术的分辨率不足以详细研究外太阳系行星物体。未来望远镜应该能够看到恒星周围的行星，直接或间接地通过摄谱学揭示关键信息，这种研究方法也许能揭示生命的出现。

1)ESA 设计宇宙飞船，旨在寻找类地行星和分析这些行星的大气层。

2)法国航天局于 2006 年推出的 COROT，旨在寻找外太阳系行星。这是同类项目的首次尝试。

3) NASA 的类地行星搜寻者(Terrestrial Planet Finder)原计划 2009 年开始进行搜寻类地行星，但是缩减预算使这项计划无限期推迟了。

4) Kepler Mission 在很大程度上取代了类地行星搜寻者，这项计划于 2009 年 3 月启动。

有人认为最接近地球的恒星系——阿尔法人马座可能有能够维持生命的行星。2007 年 4 月 24 日，位于智利拉西拉的欧洲南方天文台的科学家 Chile 说他们发现了第一个类地行星，此行星被称为 Gliese 581 c，轨道位于恒星 Gliese 581 的可居住区内，恒星 Gliese 581 是一个距地球不足 20.5 光年(194 兆 km)的红矮星。

最初认为此行星可能含有液态水，但是最新的计算机模拟 Gliese 581c 气候的实验结果表明，行星大气中二氧化碳和甲烷可能形成强温室效应(这项实验是由 Werner von Bloh 和他的团队在德国气候影响研究所完成的)，这将使此行星的温度高于水沸点(100℃或 212 ℉)。所以在这个行星上找到生命物体的希望将是非常渺茫。温室模型的结论使现在科学家们将注意力转移到 Gliese 581 d 上，Gliese 581 d 位于恒星传统可居住区的外围。

五、德瑞克方程

1961 年，加州大学的天文学家 Santa Cruz 和天体物理学家 Frank Drake 博士提出了德瑞克方程，它是以下各项的乘积。这个方程式是有争议的，用于估算存在其他生命的可能性。

1) 银河系中“合适的”恒星形成的速度；

2) 有行星的恒星的比例；

3) 每个恒星的行星中存在着类似地球的恒星的数量；

4) 能够让智慧生命进化发展的行星的比例；

5) 可能与外界交流的行星的比例；

6) 可交流的文明所存在的时间的长短。

Drake 用这个方程式估计大约有 10 000 个行星上有智慧生命的存在，并且可以和银河系中的地球交流。

通过哈勃望远镜的观察，在宇宙中至少有 1 250 亿个星系。预计至少有 10% 是像太阳一样拥有行星系统的恒星，在宇宙中，有 6.25×10^{18} 个有行星围绕其旋转的恒星。如果平均有十亿分之一的恒星的行星上有生命存在,那么就会有大约62.5亿个有生命的太阳系存在于宇宙中。

六、太阳系中的地外生命

太阳系中的许多天体被认为存在传统的有机生命。常见的天体如下,可以看出,这些天体中一半是卫星,并且大部分地下有液体(水流)。

1)火星:关于火星上存在生命的推测已经出现很久了。目前有证据表明火星上存在液体水,并且在火星的大气中发现了甲烷气体。在2008年7月,在NASA的凤凰号火星登陆器的实验室实验证实了土壤样本中有水存在。登陆器的机械手将样本传送到一个器具中,这个器具检测到加热样本释放出的水蒸气。此外,最近来自火星全球探测者的照片表明近10年内在红色行星寒冷的表面有液体的流动。

2)水星:关于水星的探测信号显示,在它的外大气层中含有大量的水分。

3)木卫二:在木卫二的厚厚的冰层下面可能存在液体水。可能是海洋底部的喷口使冰融化,因此在冰层下方有液体存在,这就可能为微生物和一些简单的植物提供生长环境。

4)木星:20世纪60－70年代,Carl Sagan和其他科学家们根据观察到的木星上的大气环境,估算了以氨基酸为基础的可见生物的状态。这一研究激发了一些科幻故事的产生。

5)木卫三:可能存在地下海洋(木卫二)。

6)木卫四:可能存在地下海洋(见木卫二)。

7)土星:可能存在浮游生物(见木星)。

8)土卫二:地热活动,水蒸气。可能是由于潮汐效应使冰层下方温度升高所造成的。

9)土卫六(土星最大的卫星):惠更斯号探测器探测到的唯一有重要大气的卫星。最新发现表明在其表面海洋面积很小,或者说只是季节性的液态氢的湖(第一个发现的地球外的液体湖),没有大面积分布的海洋。

10)金星:最近,科学家们推测微生物稳定存在于其表面以上50km处的大气层中,原因是这里有优越的气候条件,并且化学不平衡。

还有很多其他的星球被认为有微生物的存在。Fred Hoyle提出生命可能存在于彗星上,就像地球上的微生物在月球探测器上生存多年一样。然而,经过思考后,科学家们认为这些地球上的多细胞生物(如动物和植物)不太可能存在于这样的生活环境中。

参　考　文　献

[1] Wilde S A, Valley J W, Peck W H, et al. Evidence from detrital zircons for the existence of continental crust and oceans on the Earth 4.4 Gyr ago[J]. Nature, 2001, 409 (6817): 175－178.

[2] Schopf J W, Kudryavtsev A B, Agresti D G, et al. Laser－Raman imagery of Earth's earliest fossils[J]. Nature, 2002, 416 (6876): 73－76.

[3] Lin Li Hung, Pei Ling Wang, Douglas Rumble, et al. Long－Term Sustainability of a High－Energy, Low－Diversity Crustal Biome[J]. Science, 2006, 314: 479－482.

[4] Pasek Matthew A. Rethinking early Earth phosphorus geochemistry[J]. Proceedings National Academy of Sciences U.S., 2008, 105: 853－858.

[5] Archer Corey, Vance Derek. Coupled Fe and S isotope evidence for Archean microbial Fe(III) and sulfate reduction[J]. Geology, 2006, 34 (3): 153－156.

[6] Philip P Wiener. Spontaneous Generation, Dictionary of the History of Ideas[M]. New York: Charles

Scribner's Sons, 1973.

[7] Lennox James. Aristotle's Philosophy of Biology: Studies in the Origins of Life Science[M]. New York: Cambridge Press, 2001.

[8] Balme D M. Development of Biology in Aristotle and Theophrastus: Theory of Spontaneous Generation [J]. Phronesis: a journal for Ancient Philosophy, 1962, 7 (1-2): 91-104.

[9] Oparin Aleksandr I. Origin of Life[M]. New York: Dover Publications, 1953.

[10] Oparin A I. The Origin of Life[M]. New York: Dover, 1952.

[11] Bernal J D. Origins of Life[M]. Wiedenfeld and Nicholson, 1969.

[12] Morse J W, MacKenzie F T. Hadean Ocean Carbonate chemistry[M]. Aquatic Geochemistry, 1998, 4: 301-319.

[13] Sleep Norman H, et al. Annihilation of ecosystems by large asteroid impacts on early Earth[J]. Nature, 1989, 342: 139-142.

[14] Maher Kevin A, Stephenson David J. Impact frustration of the origin of life[J]. Nature, 1988, 331 (6157): 612-614.

[15] Orgel Leslie E. Prebiotic adenine revisited: Eutectics and photochemistry[J]. Origins of Life and Evolution of Biospheres, 2004, 34: 361-369.

[16] Robertson Michael P, Miller Stanley L. An efficient prebiotic synthesis of cytosine and uracil[J]. Nature, 1995, 375 (6534): 772-774.

[17] Bada J L, Bigham C, Miller S L. Impact Melting of Frozen Oceans on the Early Earth: Implications for the Origin of Life[J]. PNAS, 1994, 91 (4): 1248-1250.

[18] Levy M, Miller S L, Brinton K, et al. Prebiotic synthesis of adenine and amino acids under Europa-like conditions[J], Icarus, 2000, 145 (2): 609-13.

[19] Trinks Hauke, Schröder Wolfgang, Biebricher Christof. Ice And The Origin Of Life[J]. Origins of Life and Evolution of the Biosphere, 2005, 35 (5): 429-445.

[20] Mojzis S J, et al. Evidence for life on earth before 3,800 million years ago[J]. Nature, 1996, 384 (6604): 55-59.

[21] Lazcano A, Miller S L. How long did it take for life to begin and evolve to cyanobacteria[J]. Journal of Molecular Evolution, 1994, 39: 546-554.

[22] Chyba Christopher, Sagan Carl. Endogenous production, exogenous delivery and impact-shock synthesis of organic molecules: an inventory for the origins of life[J]. Nature, 1992, 355 (6356): 125-132.

[23] Miller Stanley L. A Production of Amino Acids Under Possible Primitive Earth Conditions. [J] Science, 1953, 117: 528-529.

[24] Oró J. Mechanism of synthesis of adenine from hydrogen cyanide under possible primitive Earth conditions[J]. Nature, 1961, 191: 1193-1194.

[25] Huber C, Wächterhäuser G. Peptides by activation of amino acids with CO on (Ni,Fe)S surfaces: implications for the origin of life[J]. Science, 1998, 281 (5377): 670-672.

[26] Adam Zachary. Actinides and Life's Origins[J]. Astrobiology, 2007, 7 (6): 852-872.

[27] Parnell John. Mineral Radioactivity in Sands as a Mechanism for Fixation of Organic Carbon on the Early Earth[J]. Origins of Life and Evolution of Biospheres, 2004, 34 (6): 533-547.

[28] Clark S. Polarised starlight and the handedness of Life[J]. American Scientist, 1999, 97: 336-343.

[29] Koonin E V, Senkevich T G, Dolja V V. The ancient Virus World and evolution of cells[J]. Biol. Direct, 2006, 1: 29.

[30] Ma W, Yu C, Zhang W, et al. Nucleotide synthetase ribozymes may have emerged first in the RNA world[J]. RNA, 2007, 13 (11): 2012 - 2019.

[31] Lincoln Tracey A, Joyce Gerald F. Self - Sustained Replication of an RNA Enzyme[J]. Science, 2009.

[32] Levy Matthew, Miller Stanley L. The stability of the RNA bases: Implications for the origin of life[J]. PNAS, 1998, 95: 7933 - 7938.

[33] Larralde R, Robertson M P, Miller S L. Rates of Decomposition of Ribose and Other Sugars: Implications for Chemical Evolution[J]. PNAS, 1995, 92 (18): 8158 - 8160.

[34] Lindahl Tomas. Instability and decay of the primary structure of DNA[J]. Nature, 1993, 362 (6422): 709 - 715.

[35] Orgel Leslie. A Simpler Nucleic Acid[J]. Science, 2000, 290 (5495): 1306 - 1307.

[36] Nelson K E, Levy M, Miller S L. Peptide nucleic acids rather than RNA may have been the first genetic molecule[J]. PNAS, 2000, 97 (8): 3868 - 3871.

[37] Wenhua Huang, James P Ferris. One - step, regioselective synthesis of up to 50 mers of RNA oligomers by montmorillonite catalysis[J]. J. Amer. Chem. Soc, 2006, 128: 8914 - 8919.

[38] Orgel Leslie E. Self - organizing biochemical cycles[J]. PNAS, 2000, 97 (23): 12503 - 12507.

[39] Dawkins Richard. The Blind Watchmaker[M]. New York: W. W. Norton & Company, 1996.

第二篇　技术篇

第十一章 空间生命实验设备与技术

第一节 引 言

空间生命科学研究主要集中在以下几个方面:①开展生命科学基础问题的研究,探索微重力环境对生命过程的影响,研究内容从细胞级考察生物的变异延伸到从个体、群体分析生物的响应,建立了重力细胞学和重力生物学,提高人类对生物本质和活动规律的认识;②空间生物加工技术研究,利用空间环境资源制备在重力场环境中难以获得的、甚至是新的生物制品,并以此来指导地面的研究工作;③人类长期在空间活动的生命支持和受控生态技术研究,期望在严酷的空间环境中建造一个人类能够自由生存、长期保持自给自足的空间;④空间不同类型和不同能量的辐射对人体健康影响的研究,为长期在空间航行或居留的人类采取安全防护措施提供依据的空间辐射生物学等。空间微重力环境和特殊的辐射环境在空间科学实验中有着非常重要和特殊的作用,对微重力环境作用和辐射环境的研究属于当代高科技的前沿领域,是当前国际空间生命科学实验活动的热点,体现了一个国家科学和技术发展的综合实力和水平。

空间生命科学实验设备是开展空间生命科学研究的重要组成部分之一。作为一门实验技术科学,空间生命科学和生物技术领域的发展离不开科学实验设备的进步。回顾空间生命科学研究和实验设备与技术在过去短短几十年的发展历程,空间生命科学实验从最早的无源搭载、简单的生物培养开始,如今,研究内容已涵盖从微观的分子生物学到宏观的地外受控生命生保系统、从寻找地外生命存在的痕迹到探索未来生命赖以生存的星球环境等诸多领域。相应的实验设备与技术日益先进,实验对象和方法也日趋复杂,已从最初结构简单、功能单一、无能源供给、无过程监控和外部无法干预的状况发展到现在结构复杂、功能多样、能源供给充分、过程监控完备和外部多模式干预调控的水平,为获取极有价值的研究成果提供了重要的技术支撑和条件保障。空间生命科学研究的发展历程充分反映了空间生命科学研究与实验设备之间密不可分、相辅相成的关系:一方面,空间生命科学研究水平的不断提高促进了实验设备的持续更新;另一方面,先进的实验设备为获得新的科学研究成果提供了技术保障。

第二节 空间生命实验设备与技术的发展

在人类近50年的探索太空和利用太空的航天活动中,已开展的空间生命科学及生物技术研究已经有近万次,在这些研究过程中,空间生命科学实验设备与技术得到了不断促进和迅猛发展。

最早的无源搭载实验中,实验设备实质上相当于一些容器,其结构基本按照航天产品规定的要求设计,在这些容器中装载生物样品后安装在航天飞行器内部,被动地依赖飞行器内部提供的环境条件进行空间飞行实验,在飞行器返回地面后,科学家利用经过空间飞行的生物样品研究空间环境条件(如微重力、辐射等)对生物样品产生的影响。

之后开展的有源搭载实验中,实验设备可以利用的飞行器资源(如质量、体积、功耗和测控等)逐渐增多,实验设备的复杂性逐渐提高。生物样品生存的环境条件主要由实验设备提供,对飞行器内部环境条件的依赖明显降低;可以实时测量实验过程中的重要参数,并通过飞行器下传到地面,使科学家对空间实验状态有所了解;可以通过地面上传指令的方式控制空间实验进程。实验设备开始逐渐向集机、电、热等多项技术于一体的航天专用生物仪器的方向发展。例如蛋白质晶体生长已在空间飞行试验中相继引入了液液扩散和温度诱导的分批结晶技术,获得了一次又一次成功。

在随后进行的许多空间生命科学实验中,实验设备大多采用记录或传输关键科学参数和工程参数的方式,由科学家根据这些数量和种类有限的参数对空间实验过程进行分析;或者将在航天飞行器上培养的生物样品带回地面,由科学家根据实验结果推断环境差异对生物样品的影响,获取的有关空间实验过程的信息非常有限。这种实验方式对每一次空间飞行过程的利用率不高,对生物样品进行分析的实时性也不够,难以获得非常有价值的研究成果。因此,具备实时观察和在线检测能力的实验设备成为满足科学家研究需要的重要发展方向。这类实验设备利用图像获取和信息处理等方法,使科学家能够直观地监测空间生命科学实验过程,获取丰富的空间实验图像信息和数据信息,大大改善了空间实验结果。例如在细胞培养方面已经出现的智能化换气、换液系统,在监测方面出现的电子显微观察仪、电视观察系统等。

遥科学及相关技术的发展,使科学家在地面直接参与空间实验过程的目标得以实现。采用遥科学方式的实验设备将遥现场技术和遥操作技术结合在一起,通过择取图像信息和特征参数信号等数据资源,直观地反映实验进程中关键科学参数的变换,充分体现空间实验的进行过程,在地面支持系统中最大限度地遥现空间实验状态,在已建立的物理或其他模型的基础上,利用虚拟现实技术(VR)和增强现实技术(AR),将原来靠思维想象和猜测的抽象实验过程变为清晰的可视化图像或画面,科学家根据遥现场信息结合专家系统以遥操作方式控制空间实验进程。遥科学方式为最大限度地利用航天飞行器的设备、时间和环境资源开展各种复杂的实验提供了技术途径,大大改善和提高了空间生命科学实验效率和获得的研究结果,逐渐发展成为实验设备的技术属性之一。例如利用近代出现的光镊技术开展空间细胞的细微加工,科学家可以在地面测控中心利用遥科学技术对处于空间飞行试验中的生物细胞用光镊、光刀进行超细微手术,获得新的杂交细胞。

载人航天技术水平的提高,为人类在空间环境条件下直接开展科学实验创造了有利条件。与以往无人直接介入的空间实验相比,由于航天员能够参与空间实验,需要实验设备具备人工操控的能力,使航天员采用相对简单的操作方式就可以实现对空间实验的干预和调整,主要包括配备人机交互接口界面、实验参数设置与调整选择、生物样品观察与检测、实验单元或部件更换等。例如在空间环境对植物生长发育及繁殖能力的影响研究和实验中,采用人工授粉的方法解决在微重力条件下植物自然授粉过程难以实现的问题。在蛋白质晶体生长实验中,由航天员将冷冻状态的生物样品带入空间环境后解冻,完成空间晶体生长实验后将生物样品带回地面等。

国际空间站(International Space Station, ISS)的建立和投入使用标志着空间科学实验研究的一次重大突破(见图 11-1)。ISS 为人类探索诸多学科的基本问题提供了一个环境特殊的实验室,成为验证在地面无法验证的研究结果的有效测试平台,是人类开展深空探测的一个新的起点。为ISS开展诸如生物医学、基础生物学、生物技术等领域研究而开发与研制的各种实验设备反映了当前国际空间生命科学实验设备与技术的发展水平。

图 11-1　国际空间站及其生物实验舱

ISS科学实验设备与仪器设计、功能和操作的技术特点主要体现在以下几方面。

1. "Top-to-Down"设计思想

ISS主要研究设备的顶层为设备级有效载荷——国际标准有效载荷机柜(ISPR),是开发下一层次基础实验仪器和构建ISS实验设备系统的关键部分;其次是安装在每个ISPR内的抽屉式标准实验柜;第三层是实验柜内的实验仪器;底层为实验仪器内部完成特定功能的各类标准组件。用这种自上而下的设计方法开发整个设备与仪器系统,可以最大限度地利用ISS环境所能提供的空间实验资源。(见图11-2,图11-3)

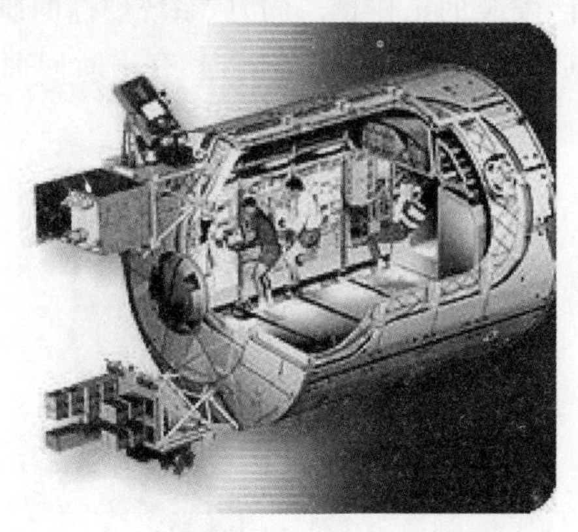

图 11-2　生物实验舱组成示意图

图 11-3　标准机柜

2. 采用标准统一的规范化设计

从ISPR设计到仪器内部实现特殊功能的硬件模块设计,都采用同样的规范和标准进行设计。ISPR具有标准化的ISIS (International Subrack Interface Standard)接口,包括带标准导轨和滑动引导机构的机械接口和盲配的电源和数据传输电接口,使下一层次的实验设备可以便捷地安装在ISPR内。对不同功能的硬件模块也采用标准化设计,使每个模块具有规范的外形尺寸、标准的机械接口和电接口,模块之间更换简单、操作方便。如美国 Space Hardware Optimization Technology, Inc. 研制的 ADSEP(ADvanced SEParations Processing Facility)装置,内含6个标准化设计的模块,分别用于完成细胞动力学、空间制药开发和空间生物大分子分离技术等多项研究。标准化和规范化的设计为不同国家或研究机构之间在ISS实施研究设备互换、资源共享提供了技术基础(见图11-4)。

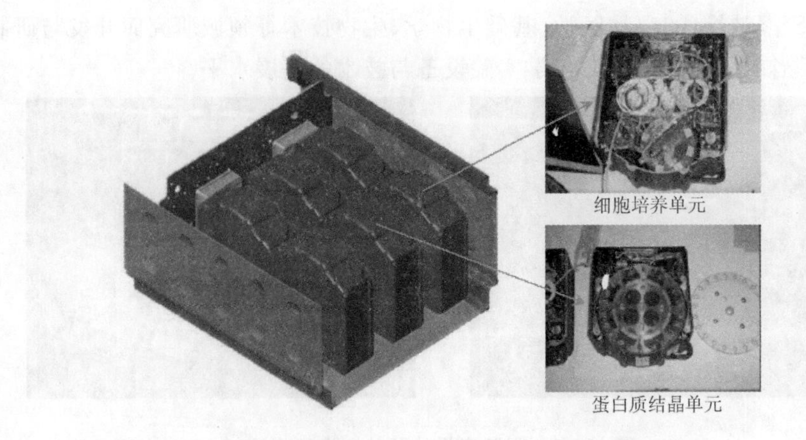

图 11-4　ADSEP 装置及标准实验单元

3. 系统设计保持良好的兼容性和持续的先进性

ISPR设计以多用户为目标，在采用标准模块化设计的前提下，次级抽屉式标准实验柜为研究人员提供了灵活多变的设计与安装条件，允许研究人员设计独特的专用研究组件来满足特殊实验的需要。实验装置既可以设计为一台独立完整的仪器，安装在带锁定功能机柜内的平台上，也可以将实验装置设计为几个组件或部件，在标准实验柜内组装成实验仪器，具有良好的兼容性。图 11-5～图 11-8 所示是根据不同实验需求设计的研究装置，既满足了不同实验需求，又灵活方便，最大限度减少硬件设计、安装的工作量。同时，系统硬件的研制采用不断补充、完善和提高的设计方法，使其始终在继承原有技术的基础上，具有不断向前发展的上升空间，保证了实验系统具有持续的先进性。

图 11-5　生物培养器 Incubator

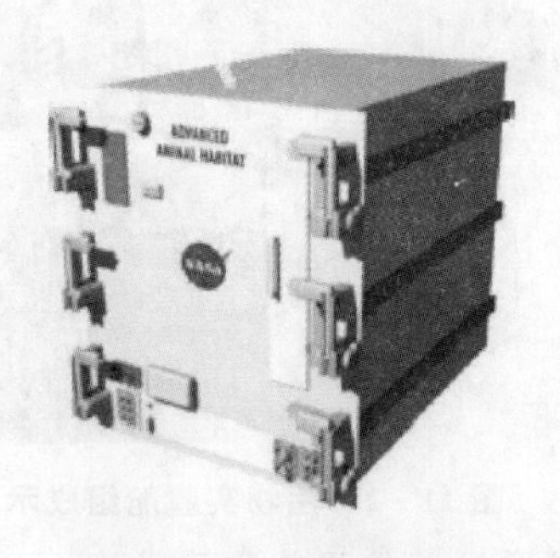

图 11-6　动物居住室 AAH

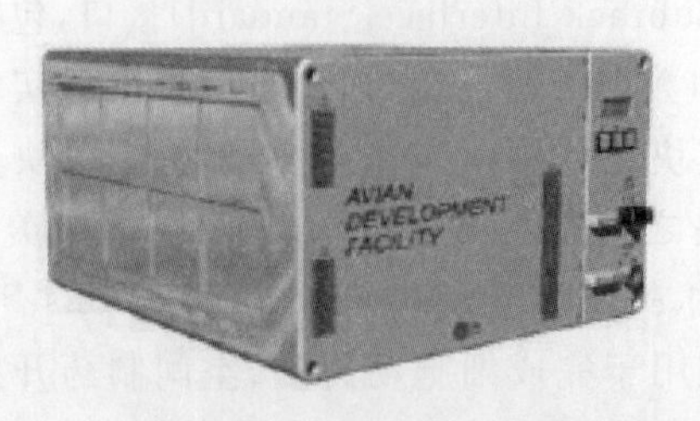

图 11-7　鸟类研究装置 ADF

图 11-8　蛋白质结晶装置 HDPCG

4. 先进的观察、测量与分析技术

ISS实验系统内部配置了许多先进的观察、测量与分析设备(见图11-9,图11-10),使研究人员对ISS空间科学实验的操作能像在地面实验室操作一样便利。ISPR的标准视频信号接口将分布在不同位置的实验仪器中形成的图像信息通过光纤实时存储并传输到地面实验室。光学检测技术(如激光散射、光学干涉、X射线衍射等)的应用日趋广泛,一方面,实现了对重要的、不稳定生物产物成分的现场测量与实时分析,改变了早期只有结果而不知道过程的状况;另一方面,对空间实验的变化过程实现了定量化的检测,为获取具有重要科学意义的研究结果创造了条件。

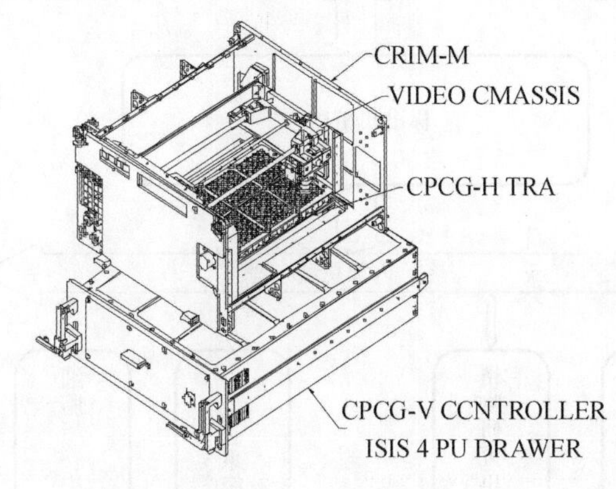

图11-9　视频观察装置

图11-10　衍射装置

5. 灵活多样的空间实验操作方法

一方面,航天员的存在使空间实验的操作过程更加灵活,空间操作方法大致可以分为航天员操作(见图11-11)、非航天员操作、全自动和遥科学操作(见图11-12)这几类。另一方面,空间实验操作过程包含了多学科的研究内容,专业水平要求高。为此,ISS建立了广泛的通信方式,如声音、图像、遥测和下传的实时/延时数据等,使地基专业研究人员可以充分评估在轨实验状况,并对实验进程加以调整。在资源条件限制允许的范围内,ISS设计了灵活的操作方式以加强科学家对实验进程的控制。首先,地基科学家仔细分析以前的实验数据和实验方法,然后,在对空间实验实施操作前一周提交详细的操作计划,因此整个空间实验的效果和质量得到提高。

图11-11　航天员操作

图11-12　遥科学支持TSC

6. 网络化的控制管理

通过数据自动切换的方式实现有效载荷的分布式管理,在这种管理模式中采用了3种数据通信网络模式:MIL－STD－1553B 有效载荷总线,802.3 以太网,光纤高速数据(自动)传输网络。所有有效载荷根据需要分别/全部直接/间接与这 3 种网络相联。主控制模块通过寻址和通信方式管理各个功能模块,由于仪器设备控制标识的唯一性,所以无论将其安装在哪个舱内,都可以通过唯一的设备标识对其进行准确操作与控制,包括供电、开关等操作,采集、存贮和传输各功能模块中的遥测参数(如温度、装置状态等),各功能模块共享数据总线,形成了完整的网络化管理体系(见图 11－13)。

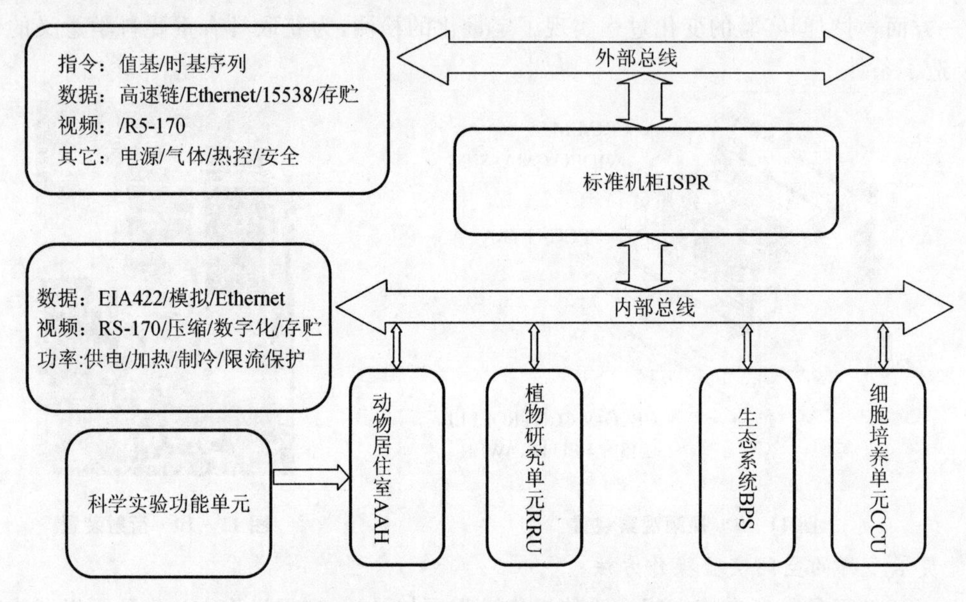

图 11－13　控制系统网络组成示意图

中国的空间生命科学研究起步于 20 世纪 60 年代,几乎与国际上相关科学研究的发展同步。在 1964－1966 年的两年时间内发射了 5 枚生物探空火箭,火箭飞行高度为 70km,火箭中装载了动物、微生物等多种生物样品以及不同类型的实验设备,利用飞行实验对生物样品开展了生理、生化、细菌、免疫、遗传、组织化学、细胞及亚细胞水平形态学等方面的研究,从而揭开了中国空间生物学实验研究的序幕。这个阶段的实验设备的主要功能是收集生物空间飞行时的各类数据。

从 1987 年开始,中国返回式卫星为空间生命科学研究提供了一些空间飞行实验搭载机会。科学家利用动物细胞培养箱、蛋白质结晶装置、微生物培养箱及二元和三元微生态系统等实验装置,先后在 8 颗返回式卫星上进行了细胞培养、蛋白质结晶、微生物培养和微生态系统等空间飞行搭载实验,开展生物学空间环境效应和空间生物技术研究,涉及的生物样品包括动物、植物、水生生物、微生物及细胞组织等 200 余种。搭载实验设备基本具备了为生物样品提供生存环境条件的保障能力,对实验进程可以进行参数设置和有选择性的调控,实验设备的功能和性能逐步提高。

在 1992 年正式立项的中国载人航天工程为空间生命科学研究制定了第一个连续的、系统的、成规模的发展计划,重点开展的生命科学研究领域覆盖了重力生物学基础理论、空间环境生物效应和空间生物应用技术等三方面的 30 多个研究课题。用于研究的生物样品包括动物、植物、微生物、组织、细胞及生物大分子等,并研制开发了蛋白质结晶装置、细胞生物反应器、细胞电融合仪、连续自由流电泳仪、通用生物培养箱等一批实验设备。利用神舟系列飞船完成了空间飞行实验，在空间蛋白质晶体生长、空间细胞和组织培养、空间细胞电融合、空间生物大分子分离-空间电泳和空间生物学效应等五个研究领域，取得了有价值的研究成果和开展空间实验的直接经验，实验设备和技术的水平得到显著发展和明显的提高(见表 11－1)。

表 11－1　神舟系列飞船空间生命科学实验装置

空间实验装置	飞行平台	研究内容
蛋白质结晶装置	神舟二号 神舟三号	选择具有药用前景和典型结构研究意义的 31 种动、植物蛋白质材料和多种结晶技术，进行微重力环境下的生物蛋白质晶体生长实验，进行晶体结构分析
通用生物培养箱	神舟二号	选择动物、植物、微生物、水生生个体以及细胞组织等 27 种材料，进行微重力环境对生物体在各层次上的生理效应
细胞生物反应器	神舟三号	针对癌症、性病、白癫风等当前人类最具威胁的疑难病症，选用 4 种动物细胞，进行空间培养。研究微重力环境对细胞生长及其分泌产物的影响
细胞电融合仪	神舟四号	采用生物界优势互补法则，使用生物工程技术，分别进行动物和植物两项细胞融合实验，提高融合效率，培养新的动物和植物优良品种
连续自由流电泳仪	神舟四号	以生物大分子和蛋白质为实验材料，研究在微重力环境下进行分离纯化的工程技术研究，为未来的空间生物制药和相关应用探索新方法

中国作为世界上为数不多的几个航天大国之一，随着国家载人工程的逐步实施和不断升入，开发和利用空间资源的能力也在日益增强，在独立自主的基础上发展中国自己的空间实验室和空间站的计划已列入议事日程。这些计划的实施将对建设具有创新性的科学和技术体系，促进经济、社会和科学技术的发展，保护国家安全，增强国家综合实力和增强国际影响力具有极其重要的现实意义。利用空间资源取得的科学实验研究成果，将体现一个国家科学和技术的综合实力和发达水平，具有极大的显示度。

空间实验室和空间站计划对空间科学实验设备和技术的发展提出了迫切需要。纵观国际空间科学实验设备与技术的发展历程，考虑到目前国内在相关领域的发展现状及下一阶段空间计划的技术特点，应从以下几个方面加大技术投入和研究力度，开展知识和技术的同步创新，迎头赶上国际先进水平。

(1) 典型部件与组件研制。

加强地基研究投入，根据不同类型空间生命科学实验的特点和要求，设计和研制功能专业化、结构模块化和接口标准化的空间生命科学实验典型部件和组件，为空间实验室生命科学实验设备的系统集成和持续发展创造有利条件，这也符合中国开展空间科学研究的发展战略。这些典型部件和组件首先可以直接应用于现阶段空间生命科学地基研究和实验中，为生命科学研究人员提供直接技术支持和实验手段，并不断完善；一旦获得空间飞行实验机会，通过技术集成，可以在短时间内高效可靠地完成空间生命实验设备的配置、集成和使用。

(2) 系统集成与网络控制。

在典型实验组件和部件研制的基础上，综合集成人工智能化技术、现场总线控制技术和嵌入式实时操作系统，从三个层次开展由典型实验组件构成的分布式系统的网络控制技术和实现方法研究：采用智能自主体(Agent)设计，研制具有一定自主控制、数据管理和通信能力的传感/控制功能单元；利用标准化的开放式现场总线技术，构建以分布式 Agent 为智能节点的数字化硬件网络系统；以植入系统硬件环境的嵌入式实时操作系统(RTOS)作为多任务实时控制操作平台，实现网络化控制的智能分布式实验系统的集成。

(3) 建立空间实验新模式。

计划中的空间实验室/空间站将以“长期无人值守、短期有人照料”为主要运行模式，这就要求在空间实验室/空间站进行的生命科学实验必须提高过程监测和原位分析能力，以各种下传实验数据作为实验结果分析和实验过程评估的主要依据，使研究结果降低对生物样品回收的依赖。显然，为了适应新的空间实验条件、取得期望的研究结果，必须建立新的实验方法和理念，增加同类实验的重复频度，提高空间实验的信息获取和检测技术水平，尤其要加强实验过程的在线检测与实验结果的原位分析技术研究，扩大空间实验中间过程的信息量，提高空间实验效率。

(4) 空间实验的地基干预。

发展遥科学技术研究与应用将为空间实验的地基操作提供一条新的技术途径。遥科学技术的实施主要包括遥现场和遥操作两个方面。遥现场是在地面实验室利用空间实验数据对空间实验过程和状态的可视化重构，使复杂抽象的实验过程转化为生动直观的图像画面，遥现场的实现需要空间实验设备具备多类型多功能的数据采集传输能力；遥操作是按照地面科学家的要求实现对空间实验进程的远程调整或控制，使科学家可以直接干预空间实验，遥操作的实现需要实验设备达到很高的自动化水平。遥科学技术的应用将大大降低实验成本，提高空间实验进程的可预期性和实验成功率，获取更有规律、有价值的空间实验结果。

随着空间科学的发展，空间实验设备与技术本身正在成为一门重要的工程技术学科。开发具有功能专业化、结构模块化、接口标准化、过程可视化、控制多样化和管理网络化的空间科学实验设备与技术，建立适合于空间飞行器平台运行模式的空间生命科学实验新技术和新方法，可以使中国空间生命科学和技术研究在与国际发展总趋势保持一致的同时，在某些方面开创自己的特色，力争取得技术优势，对中国空间生命科学实验设备研究水平的提高具有积极的促进作用。

第三节　空间生物实验设备的组成与功能

空间生命科学实验设备是一种在特殊环境条件下(真空、低温、辐射、微重力、无人操作等)用于开展生命科学实验的专用设备，与地面实验室常用的实验设备相比，空间生命科学实验设备的组成和功能具有以下几个方面的特殊性。

(1) 满足生命科学实验的要求。

具有生物仪器的属性，与生物样品具有良好的生物相容性，能够为生物样品提供基本的生命保障条件，保障生物样品在整个空间实验过程中的活性，满足生物实验的要求。

(2) 满足航天设备的要求。

具有航天设备的属性，航天飞行器能够提供的各种资源非常有限，实验设备应具有体积小、质量轻和功耗低等特点；能够承受航天飞行器发射或回收时的振动、冲击和加速度等恶劣的力学环境条件；在空间环境条件下能够稳定可靠地工作。

(3) 满足无人操作的要求。

在空间实验过程中，实验进程按照预先设定的程序执行，对实验过程的监测和干预主要通过实验设备全自动测控和由地面上传遥控指令完成，实验设备要满足无人操作的要求。

空间生命科学实验设备的主要组成部分包括生物培养单元、数据检测与处理单元、实验控制系统、数据传输接口和结构等几方面，其基本功能框图如图 11-14 所示。

生物培养单元主要包括不同类型的培养单元和保障生物样品活性的环境条件测量与控制部件，生物培养单元为生物样品提供了在空间实验中生长、发育的适宜环境。

数据检测和处理单元在整个空间实验过程中采集、处理包括生物样品温度、照度、湿度、图像等各项科学实验参数和包括实验设备温度、电压、电流等各项工程参数，并将这些数据进行处理后发送至实验控制系统。

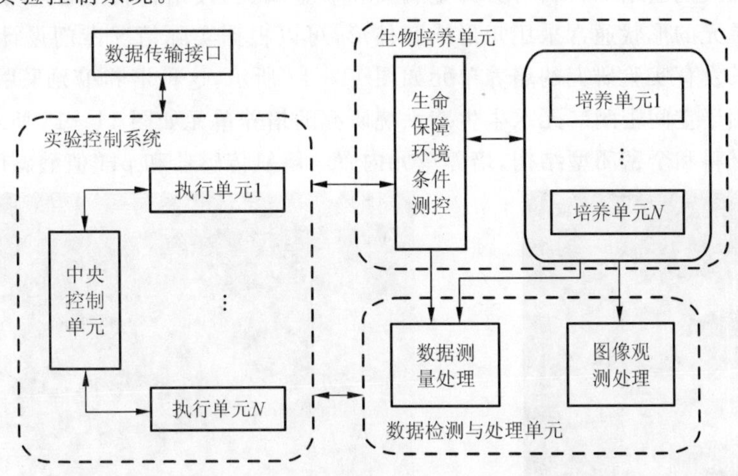

图 11-14　空间生命科学实验设备基本功能框图

实验控制系统是实验设备的核心控制部分，主要包括中央控制单元和不同类型的控制执行单元，中央控制单元按照预先设置的工作流程或地面控制指令，驱动各执行单元完成各项控制功能，实现空间实验过程的控制。同时，将各类数据和图像信息通过数据传输接口发送至卫星数据管理系统下传地面。

数据传输接口是实验设备和卫星平台之间的数据交换通道，传输的信息包括由卫星发送给实验设备的卫星平台信息和控制指令等上行数据，以及由实验设备发送给卫星的各类数据和图像信息。

图 11-15 为国际空间站上带离心机的昆虫培养装置，图 11-16 为我国自行研制的具有自动显微成像功能的高等植物培养箱，于 2006 年在实践八号科学实验卫星上完成空间飞行实验。

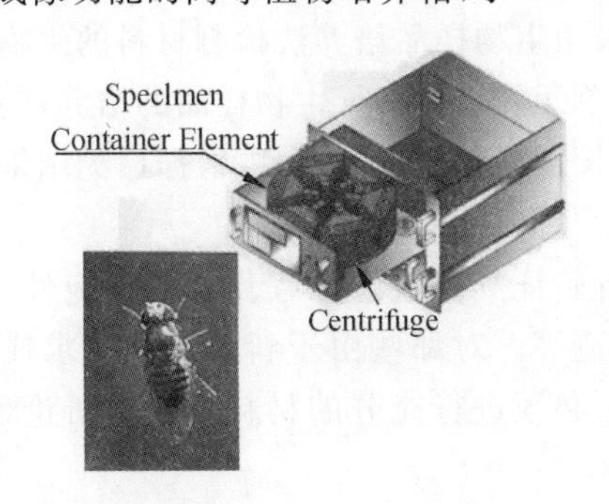

图 11-15　昆虫培养装置

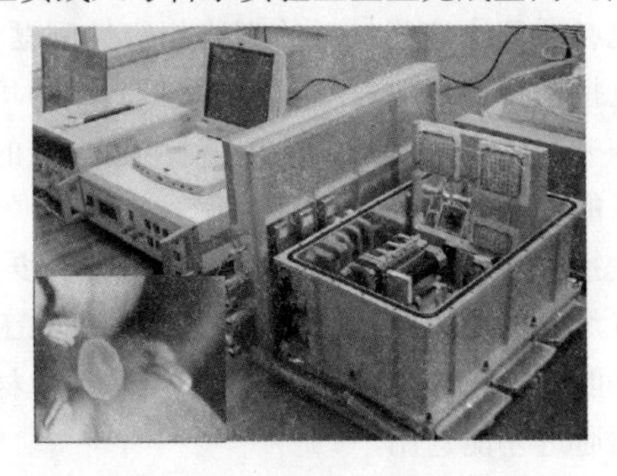

图 11-16　高等植物培养装置

一、生物培养单元

1. 培养单元及材料选用

培养单元的主要功能包括装载生物样品和培养基、提供生物样品生长发育的结构空间以及具备与外界进行物质、能量交换的通道等。

培养单元的组成通常包括具有一定空间的密闭/非密闭容器、内置式各类传感器以及若干输入输出端口等。

培养单元的类别按结构材料可分为金属类和非金属类，按结构特点也可分为密闭型和非密闭型。培养单元的形状通常采用矩形或圆柱形，可以根据实际情况专门设计。用于空间高等植物植株生长发育实验研究的培养单元如图 11－17 所示，这种培养单元采用金属材料和非密闭型结构。用于空间密闭二元水生生态系统研究的培养单元如图 11－18 所示，这种培养单元采用非金属材料和全密闭型结构，培养单元内置溶解氧传感器和 pH 值酸碱度传感器。

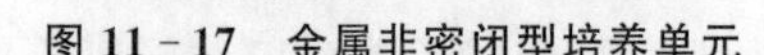

图 11－17　金属非密闭型培养单元

图 11－18　非金属密闭型培养单元

培养单元是直接与生物样品接触的部件，制造培养单元所选用的材料一方面应具有良好的生物相容性，另一方面应满足航天产品对原材料选用的规定和要求。对不涉及特殊功能目的、不影响空间生命科学实验任务的一般常规结构材料的选用，应按照所搭载平台的金属和非金属材料选用目录执行，优先选用在轨验证过的材料。

由于空间生命科学实验设备所具有的特殊性，在材料选用方面与地面有很大的区别。在地面常用的许多实验材料，如玻璃器皿、普通橡胶等都无法完全满足空间实验的特殊需要，选择适用于空间实验的新材料往往是常规航天产品所不常用的。

首先必须解决这些材料的生物相容性问题。采用生物样品培养法检测材料的生物相容性是一种直接简便的方法，在用选定材料制成的培养单元内直接进行生物样品的培养试验，在一定数量和一定频度的培养试验中，对生物样品的生长发育状况进行检测，根据检测结果分析和评价材料的生物相容性。

对生物相容性满足要求的材料需要进一步分析验证其对航天工程任务的适应性，如材料是否具有足够的机械强度和刚度，是否易于加工制造等。对那些由于新的特殊需求或具有其他综合性能的、从未在轨验证过而必须采用的材料，必须进行充分的材料特性分析论证，并经申报审批通过才能选用。

2. 生命保障环境条件测控单元

空间生命科学实验装置最突出的特点是在空间实验全过程中为生物样品提供生命保障条件。

基本的生命保障条件包括温度、湿度、光照度测量和控制、水和营养供给(排泄物收集)及其输运、气压及 O_2/CO_2 气体组分测量与控制、溶液酸碱度 pH 值和溶解氧测量与控制、无毒无菌保障等。不同的生物样品对生命保障条件的要求也各不相同，在空间实验资源非常有限的情况下，要对生物样品的特点和需求进行分析，以确保满足生物样品生存的基本生命保障条件。

在空间生命科学实验全过程中，生物样品基本上要经过在发射场预培养和制备、临射前装入实验装置并转运安装到飞行器中、空间飞行实验、飞行器返回后取出实验装置并转运到实验室取出生物样品等几个主要工作过程。实验装置在每个过程中都要为生物样品提供充分的生命保障条件，如实验装置要满足生物样品对发射场环境(温度、湿度、大气压、水质等)的适应性要求，以及在临射前转运和返回后回收转运过程中的生命保障等。实验装置为生物样品提供全程生命保障的可行性、可操作性及有效性要通过各种地面试验的验证，以确保整个空间实验的顺利实施。

(1)温度、湿度测量和控制。

生物样品都是生命活体，只有在适宜的温度和湿度环境下才能存活、生长、发育。通常航天器平台所能提供的温度、湿度条件与生物样品所需要的环境温度、湿度要求不一致，空间生命科学实验装置要对生物样品提供全程温度、湿度保障。

航天器平台舱内提供的温度条件范围通常为 10～35℃，空间生命科学实验装置必须满足的极限温度范围为－40～＋50℃；由于除载人航天器以外的大多数航天器都采用非气密结构，所以舱内处于真空状态，无法保障湿度环境条件。

不同类型的生物样品对温度、湿度环境条件的要求各不相同。高等植物培养较理想的环境温度和湿度要求分别为 17～22℃和 50%～90%，哺乳动物细胞培养对环境温度的要求为 36.5±0.5℃，蛋白质晶体生长的理想环境温度通常为 20±1℃。

空间生命科学实验装置应在航天器平台提供的温度、湿度环境条件下，在实验装置内部，利用航天器平台提供的电能，实现满足生物样品所需要的温度、湿度条件。

生物样品装入实验装置后，对实验装置通电实现自动保温。实验装置内部温度控制要综合考虑整体结构布局、热控效果均匀性、安装工艺和微重力条件下热交换方式等方面，采用合理的温度控制执行组件，温度控制测量组件。实验装置通常采用气密结构以保证装置内部的湿度环境。

在装置内部合理设置温度和湿度传感器，以采集温度和湿度，实现对温度和湿度进行动态监测。常用传感器包括铂电阻、热敏电阻、半导体湿度传感器等。

(2) 光照度测量和控制。

光照条件是培养植物、藻类等生物样品的基本保障条件，光照条件应满足生物样品培养所需的光谱、光照强度和光照周期。生物样品所需光照条件的光谱波段主要在 400～700nm 的可见光波段，光照周期与日照周期相同，通常为 12h 开/12h 关，光照强度根据不同的生物样品有较大的变化范围，通常为 20～150μmol/($m^{-2}\cdot s^{-1}$)。

除载人航天器外，其他航天器平台内部没有提供光照环境的必要。生物样品所需要的光照条件由空间生命科学实验装置内部提供和保障。

实验装置内选用的照明光源应尽量选用高发光效率的照明源，可以在较小的电输入功率条件下，为生物样品培养提供充足的光照强度。从安全性角度考虑，所选的照明光源不能对生物样品活体产生影响。照明光源的选用应优先考虑已在轨验证过的照明光源,传统的照明光源有汞灯、荧光灯和白炽灯等。近年来半导体照明器件 LED 的迅速发展为照明光源提供了新的选择。NASA 采用 LED 照明光源的生物培养实验如图 11-19 所示。

图 11-19 NASA 空间植物培养

注:采用 LED 照明光源光照控制主要通过时序电路驱动开关自动实现光照周期的调整。光照度的测量采用光敏电阻、硅光电池片等传感器实现。

照明光源的位置应合理布局。影响光源布局的主要因素有生物样品对光照强度的要求,光源工作时的发热状态,光照利用率,光照均匀性等。

(3)水和营养供给及其输运。

在生物样品的培养过程中,水和营养物质的供给是确保生物样品能够正常生长发育的重要条件之一。当生物样品是细胞/组织且采用液体培养时,营养物质的输运尤为关键。在空间微重力条件下,由于重力产生的自然对流不再存在,使得液体内部的物质输运和交换与在地面上有很大区别,因此,实验装置中要充分考虑微重力环境对水和营养供给及其输运的影响。

空间生命科学实验装置采用专用的输运泵、管路、滤膜和阀等组部件构成液体输运系统,利用渗透和扩散实现液体内部物质传输和交换,利用透气滤膜形成的界面实现气液交换,从而完成水和营养液的供给,以及代谢产物等传质的分离、交换、输运和流动等。在空间微重力条件下,还可以充分利用毛细现象、表面张力等条件,以及疏水或亲水处理等方法提高或改善液体输运和物质交换的效率。

图 11-20 所示是用于细胞培养的连续灌流系统组成及其基本工作原理。该系统由培养单元、连续灌流、样品固定与存储等部分构成。

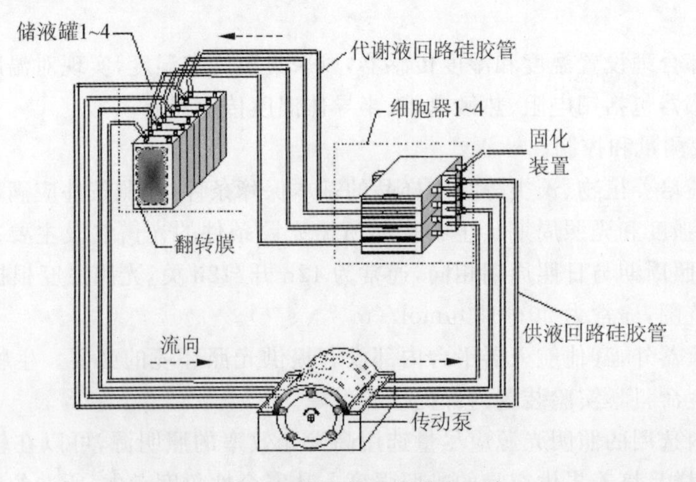

图 11-20 细胞培养连续灌流系统

利用4组独立的培养单元和连续灌流组件，可进行空间长时间、连续、较高密度、较大容量的培养。新鲜培养液以稳定的微流量为生物样品培养提供必要的营养物质，同时回收生物样品生长过程中产生的代谢产物，实现培养液、代谢液的连续低速自动换排功能。

(4)气压及气体组分保障。

载人航天器内部可以提供0.8～1atm(1atm=101.325 kPa)以及适合生物样品培养所需要的气压和气体组分。其他航天器平台内部不提供气压和气体组分条件，要将空间生命科学实验装置设计为全密闭系统，以保证生物培养所需的气压和气体组分。根据生物样品培养的需要，可采用直接或间接的气体组分供给密闭实验装置，同时设置相应的气体组分检测传感器。

由于实验装置采用全密闭结构，所以与生物样品直接接触的部件材料不仅要具有良好的生物相容性，而且要保证不会释放有毒、有害、易燃、易爆气体。

(5)无毒灭菌保障。

与在地面无菌实验室进行的生物学试验相类似，空间生命科学实验也需要无毒灭菌的条件保障。在地面进行预试验时，完全可以利用地面实验室的无菌环境。

为满足生物样品对空间实验无菌环境条件的要求，生物培养单元通常采用密闭结构，在进行空间飞行实验前对生物单元和实验装置进行消毒灭菌，生物样品装载过程在无菌超净台完成，生物样品装载完成后封闭生物培养单元，再将生物培养单元装入实验装置，以保证生物样品的无菌培养条件。这些操作都是在发射场完成的，因此需要在发射场配置相应的消毒灭菌设备和条件，发射场生物实验室如图11-21所示。

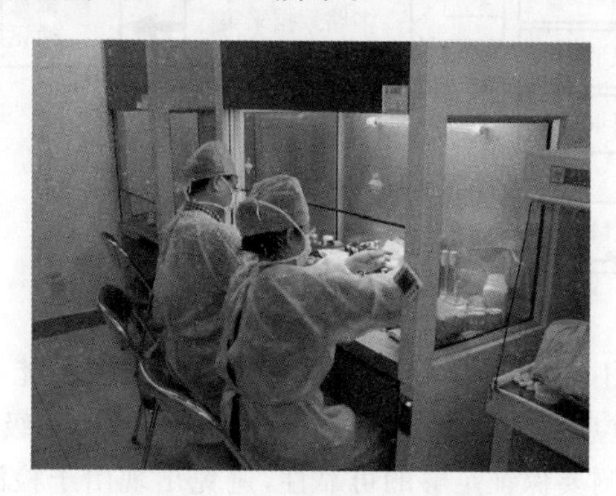

图11-21　发射场生物实验室

二、数据检测与处理

1.数据类型

空间生命科学实验过程中需要实时检测多种类型的实验参数，按照应用目标可以分为工程参数和科学参数，空间飞行实验过程中的各项工程参数和科学参数的检测，应满足对实验过程控制、实验结果分析研究的各项要求。工程参数用于反映实验装置的工作状态，科学参数用于描述生命科学实验运行状况。也可以按照数据传输方式分为直接遥测参数和延时遥测参数。直接遥测参数由航天器平台的数据管理系统统一进行采集处理后，通过平台数据传输系统实时下传地面，延时遥测参数由实验装置采集，按照一定的数据格式打包处理后，通过规定的数据传输协议发送给平台数据管理系统，由平台数据管理系统再次打包处理后，经由平台数据传输系统下传地面。

2. 数据检测

与地面开展的生命科学实验相比，空间生命科学实验对实验过程的监控主要通过检测各类实验参数。在大多数无人参与的空间实验中，数据检测功能成为判断实验设备工作状态和科学实验运行状况的关键技术途径，所获取的实验数据是空间实验任务成功与否的重要判据。

以下按照工程参数和科学参数的分类方法对数据检测加以说明。

(1)工程参数检测。

对空间生命科学实验装置在空间飞行实验过程中工作状态的判断主要通过对工程参数的判读，工程参数的选取要紧扣关键、检测要稳妥可靠。

空间生命科学实验装置中涉及的工程参数主要包括供配电状态参数、转动部件状态参数、执行部件开关状态参数、位置状态参数、关键部件或组件的温度状态等。对这些参数的检测都是采用相应的传感器，将状态信息转换为电信号，按照电信号特性可分为开关量和模拟量。工程参数检测系统的组成与功能如图 11-22 所示。

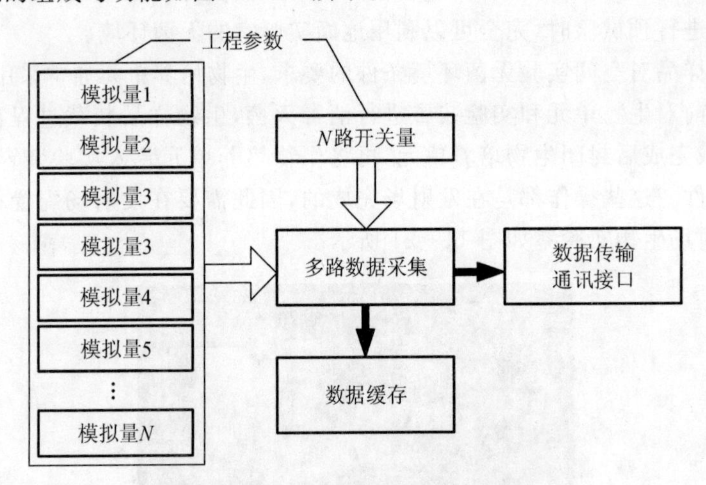

图 11-22　工程参数检测系统框图

不同的实验装置具有不同的技术关重点，工程参数的选取要能够反映实验装置关重点的工作状态，在多个技术关重点并存的情况下，要按照重要性的优先级进行选取。

对关键工程参数的检测要保证足够的可靠性，避免出现由于检测错误而造成对实验装置工作状态的误判，对关键工程参数的检测必须采取冗余措施。

通常将最重要和实时性要求最高的工程参数作为直接遥测参数，通过航天器平台的直接遥测通道下传地面；其他工程参数通常由实验装置完成采集处理后，通过航天器平台的延时遥测通道下传地面。

(2)科学参数检测。

空间生命科学实验的在轨运行状况的判断主要通过对各项科学参数的判读，科学参数的选择要突出该项生命科学实验关注的重点，在航天器平台限定的条件下具有工程可实现性。

生命科学实验中科学参数涵盖的范围非常广泛，在航天器平台资源条件非常有限的情况下，要根据每项生命科学实验的特点分析梳理需要检测的科学参数，综合平台资源和工程实施可行性等因素，确定科学参数类型和检测方法。

空间生命科学实验中最常见的科学参数有环境温度、湿度、照度、压力、流量、酸碱度、溶解氧、葡萄糖含量等，这些科学参数的检测方法比较简单，所需要的资源条件和产生的数据量都比较小，基本可以得到保证。空间生命科学实验中最重要的科学参数之一是生物样品的图像信息，获取空间飞行实验中生物样品的形态及其发展变化过程的图像或视频数据，对于空间生命科学研究具有非常重要的意义。在无人参与空间实验的情况下，要根据生物培养的需求，选择合理的实时图像获取方式。需要采用自动搜索捕获目标和对目标自动聚焦成像的技术手段，选取合适的光学放大倍率，获取在轨实验过程中生物样品生长发育的显微图像，使在轨实验过程可视化。获取图像信息所需要的资源条件和产生的数据量都比较大。图 11－23 所示是适用于空间生命科学实验的、具有自动搜索目标、对目标自动聚焦成像的显微成像装置三维模型图，图 11－24 所示是用该显微成像装置获取的细胞显微图像。

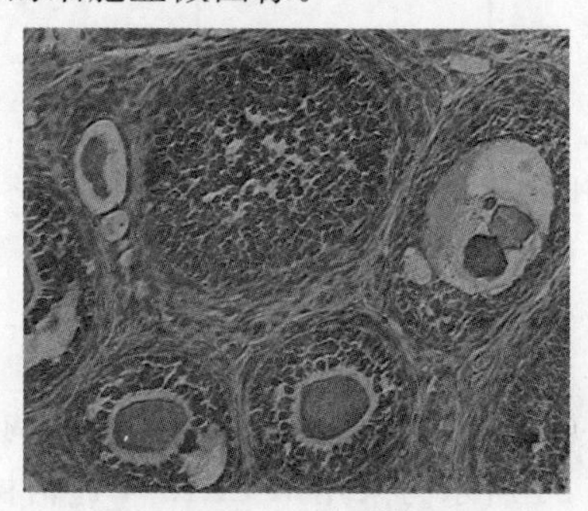

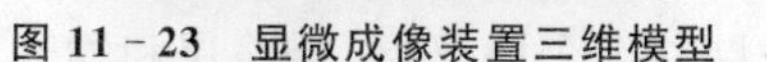

图 11－23　显微成像装置三维模型　　图 11－24　黑细胞组图像

大多数空间生命科学实验都是长周期的缓慢变化过程，对科学参数传输的实时性要求不高，通常通过航天器平台的延时遥测通道下传地面。

3. 数据处理

空间生命科学实验装置的数据检测和处理单元主要包括以微处理器为核心的硬件、嵌入其中的软件和数据传输接口等三个部分，以下分别进行说明。

(1)微处理器。

根据空间生命科学实验的复杂程度和实际需要，数据检测和处理单元的微处理器可以选择不同类型的器件。对于实验过程简单、数据处理要求低和数据量小的空间生命科学实验，可以选用单片机(如 80C31，80C51 等)作为微处理器；对于实验过程复杂、数据处理要求高、数据量大，尤其需要图像处理的空间生命科学实验，可以选用数字信号处理器 DSP 作为微处理器；对于实验过程相对固定、中间过程变化小的空间生命科学实验，可以选用大规模集成电路(如 FPGA、CPLD 等)完成微处理器的功能。由于航天工程项目对微处理器的可靠性有非常严格的要求，所以可以应用于空间生命科学实验装置的微处理器的选择范围比较有限。

(2)嵌入式软件。

在微处理器类型选定后，相应的嵌入式软件类型随之确定。软件的主要处理功能包括数据信号采集转换、数据格式编码存储、数据通信协议及数据传输等。

数据信号采集转换是按照一定的周期采集多路模拟信号，将模拟信号经 A/D 转换后形成的数据暂存在微处理器的内部 RAM 中，为后续数据处理作准备。

数据格式编码存储是将所有需要向地面传输的数据按照航天器平台规定的格式进行编码整理，存储在数据缓存区，以备数据传输时使用。数据格式编排示例如下：

包标识(2 字节)＋包累加数(4 字节)＋有效数标识(4 字节)＋有效参数(18 字节)＋有效数标识(4 字节)

采用软件处理的方法实现航天器平台规定的数据通信协议，完成空间生命科学实验装置向航天器平台传送工程参数和科学参数(包括图像数据)。不同的航天器平台会采用不同类型的通信协议，如RS232，RS422，RS485，CAN，IEEE1394，LVDS等，每种通信协议配置有相应的协议芯片。不同的通信协议因其复杂程度的不同，使得相应的软件处理方法具有很大的区别，同样也会占用较多的微处理器资源。

图11-25所示为采用三线制同步传输LVDS逻辑时序图，接口芯片选用SNJ55LVDS31J，波特率为6.114Mbps。这种三线制通信协议比较简单，所占用的微处理器资源很少。

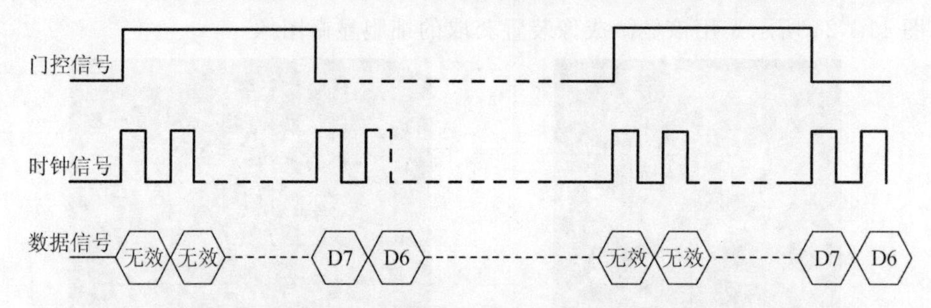

图11-25　三线制同步传输LVDS逻辑时序图

图11-26所示为采用IEEE1394通信协议进行异步和等时数据传输的软件处理流程。IEEE1394通信协议定义了链路层、物理层和事务层共3个协议层，链路层和物理层服务分别由IEEE1394接口芯片提供，而异步事务层服务需通过软件设计实现，包括对异步传输的读写和锁定操作的支持，以完成异步数据传输和等时资源配置。IEEE1394协议的优点在于高数据速率、支持异步和等时传输、点对点连接、热插拔等，但协议的软件实现复杂，所占用的微处理器资源较多。

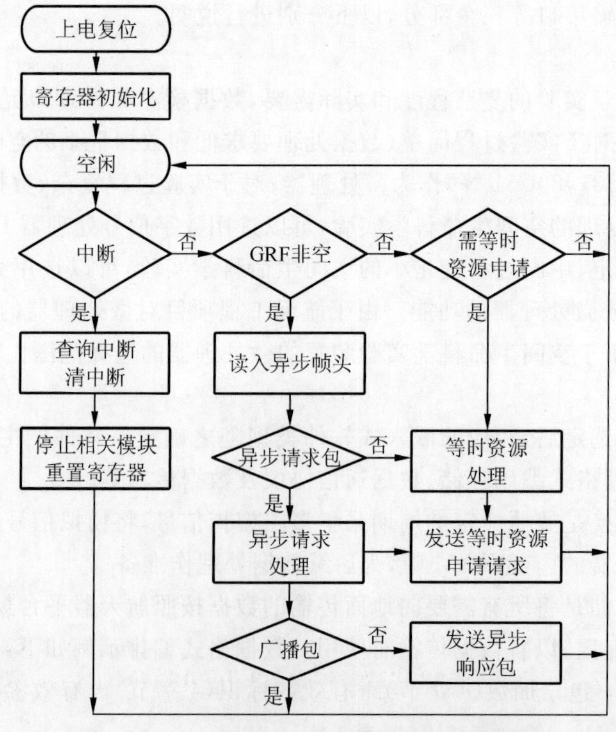

图11-26　IEEE1394协议的软件处理流程图

(3)数据传输接口。

数据传输接口是航天器平台和空间生命科学实验设备之间进行电信号连接和数据交换的物理通道，主要具有机械特性和电特性两种属性。机械特性包括接插件类型、数量、安装方式、接点分配等。电特性包括所传输信号的含义、作用、去向、波形、电压、电流、频率、接口电平、匹配电阻、安全电压范围、接地要求等。图 11－27 所示是符合 RS－422 接口标准、采用异步串行差分输出的数据传输接口原理图。MAX3491 是 RS－422 通信协议芯片，T＋，T－是“发送”差分信号，R＋，R－是“接收”差分信号。

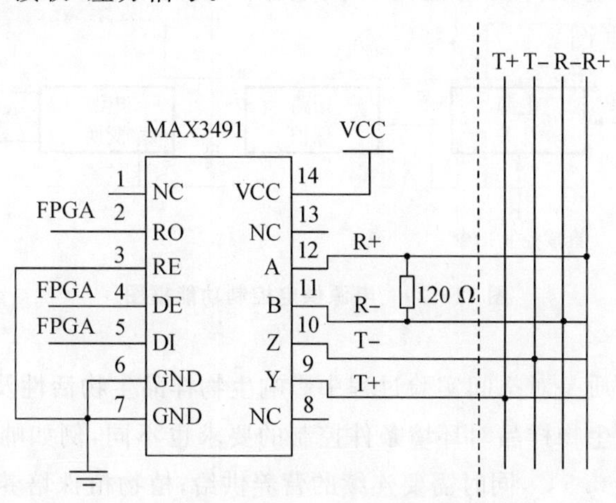

图 11－27　RS－422 异步串行差分数据传输接口原理图

三、实验控制系统

实验控制系统是空间生命科学实验装置的核心部分，主要功能包括两个方面。一方面，按照预先设定的实验流程控制实验装置内部的各个功能单元，完成相应的控制功能；另一方面，按照地面上传的控制指令控制实验装置，完成相应的控制功能。实验控制系统的组成可以按照功能分为电源供电控制、环境条件控制、系统时序控制、功能单元控制等部分；按照控制操作方法又可以分为自动控制和遥控制，其中遥控制包括直接指令控制、间接指令(数据注入)控制等方式。实验控制系统组成与功能如图 11－28 所示。

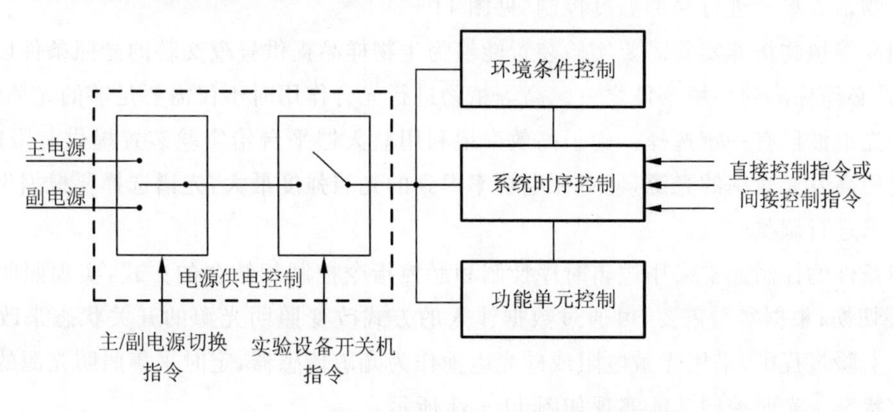

图 11－28　实验控制系统组成与功能框图

1. 电源供电控制

空间生命科学实验装置的供电电源通常由航天器平台通过专用电缆提供，称为一次电源。一次电源在实验装置内，通过电源变换，形成适合实验装置使用的二次电源。一次电源是航天器平台上所有仪器设备公用的电源，其安全性和可靠性对航天器而言至关重要。因此，实验装置内部必须具备电源控制功能，实现对一次电源输入开关的控制。控制端设置在航天器平台的电源适配器处，控制方式采用直接指令控制，可以使控制的实时性最优，降低二次电源出现故障时可能对一次电源产生的危害。图 11-29 为电源供电控制的主要组成和功能框图。

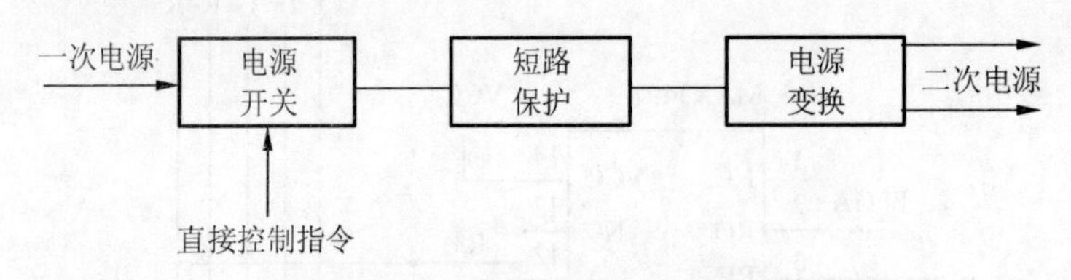

图 11-29　电源供电控制功能框图

2. 环境条件控制

环境条件控制的实质是对空间实验过程中影响生物样品生物活性及生长发育的主要环境条件进行调控。不同的生物样品对环境条件控制的要求也不同，例如哺乳动物细胞培养必须保证环境温度为 36.5±0.5℃，同时需要连续的营养供给；植物植株培养所需要的理想环境温度范围为 17～22℃，同时需要光照条件能够满足植物光合作用的要求等。

温度条件是所有空间生命科学实验首先必须保障的环境条件。航天器平台内部的温度范围通常可以保持在 10～35℃，这种温度变化和波动对大多数生物样品的生长发育而言都是不适合的，因此实验装置必须采取适当的温度控制方式使装置内部的环境温度满足生物样品的需要。温度控制技术是一种技术成熟度很高的通用控制技术，在很多领域得到广泛应用。空间生命科学实验装置采用的温度控制模式主要受到航天器平台提供的能源约束、生物样品的实际需求以及可能出现的温度异常波动等因素影响，在航天器平台能够提供较充足能源的情况下，可以对整个实验装置内部进行温度控制；而在能源非常有限的情况下，只能对实验装置内部的生物培养单元进行局部温度控制（见图 11-30）。

空间高等植物培养实验需要实验装置能够为生物样品提供昼夜交替的光照条件以模拟太阳光，这是必须保障的环境条件之一。高等植物进行光合作用时不仅需要足够的光照强度，而且对照明光谱波段有一定选择。为了高效率地利用航天器平台给实验装置提供有限能源，照明源宜选用高发光效率的光源，使每瓦电功率得到的光照强度最大，光谱选择要根据生物样品的实际需求进行调整。

光照条件的控制通常采用逻辑时序控制和遥控指令控制相结合的方式，实现照明光源的 12 h 开关切换；根据实验需要，可通过数据注入的方式改变照明光源的开关状态来改变光照强度。在实验过程中，采用光敏电阻或硅光电池作为光敏传感器，定时采集照明光源的强度以及开光灯状态。光照控制功能实现如图 11-31 所示。

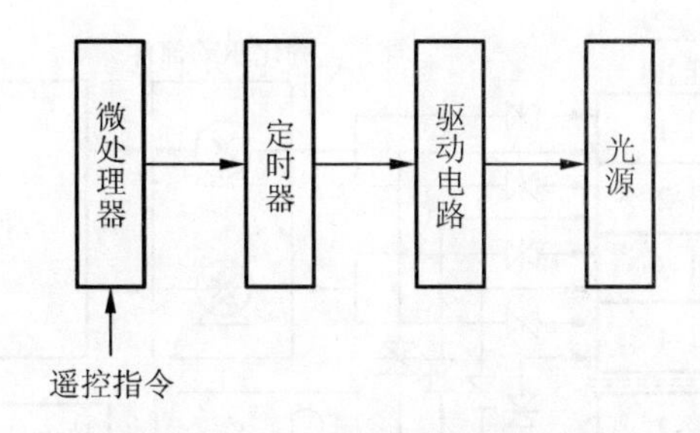

图 11-30 温度控制电路示例

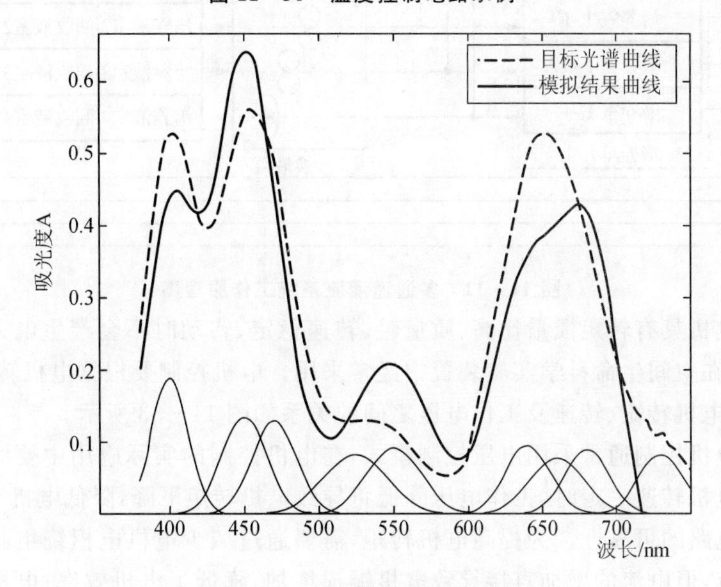

图 11-31 光照控制功能框图

除了温度控制和光照控制以外，环境条件控制还包括溶液酸碱度控制、营养物质供给、气体组分调控和微量有害气体检测及去除等，可采用的控制方法包括了物理、化学及生物等多种技术手段，需要根据具体情况加以选用。

3. 功能单元控制

在空间生命科学实验装置中，功能单元是指能够独立完成某项特定功能的组件或部件，包括各种阀门、液体输运泵、电机及驱动机构、相机等。

功能单元的控制可以分为逻辑时序控制和遥控两种模式，对于已确定的、不需要进行干预的工作流程，通常采用全自动逻辑时序控制模式，对需要进行干预的工作流程，可以采用逻辑时序控制和遥控相结合的控制模式。

图 11-32 所示是由换液泵、培养液室、回收液室、液体管路和控制阀门等部件构成的多通道灌流系统，其中换液泵和控制阀门是这个系统中的重要功能单元。

换液泵具有足够的液体输运能力，可以保证提供多通道培养液的连续或间断输运，将新鲜营养液通过液体管路被输送到培养单元，在培养单元内进行渗透和扩散，细胞样品产生的代谢产物同时被输运到回收液室，换液泵由膜片式结构的泵头和直流无刷电机构成。

阀门采用单向阀的结构，控制各个阀门的开关状态可以确定被输运液体的流向。

通过控制这些功能单元的动作和状态，可以实现多种细胞样品的动态灌流式培养。其中控制模式采用以逻辑时序控制为主、遥控为辅相结合的方式。

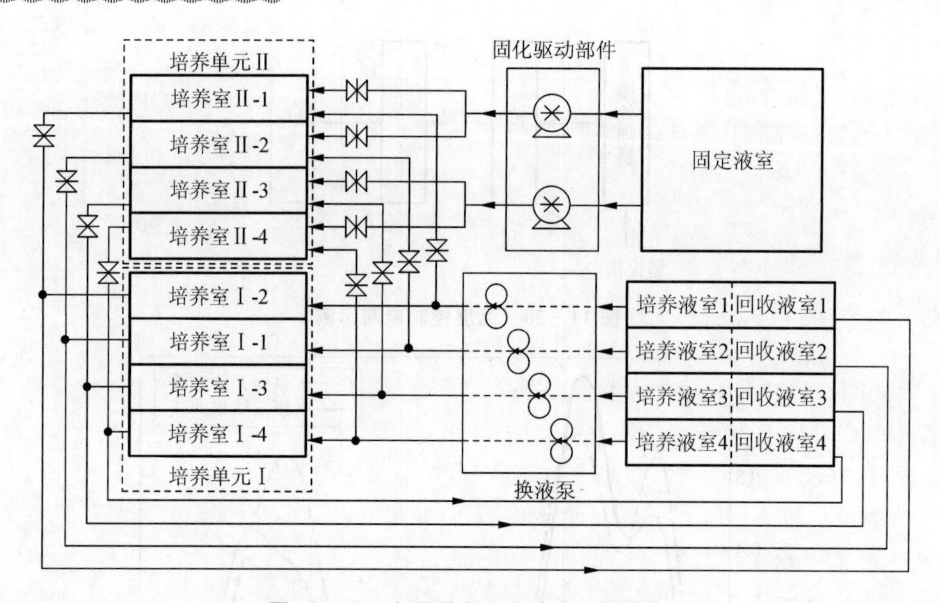

图 11-32　多通道灌流系统工作原理图

直流无刷电机具有转矩惯量比高、质量轻、转速稳定、转动时不会产生电火花、易于控制、效率高等特点，在空间生命科学实验装置中经常采用。电机控制要根据电机转矩、转速选用合适的驱动电压，电机转矩、转速及工作电压之间的关系如图 11-33 所示。

直流无刷电机控制通常采用电压控制模式，在电机控制的实际应用中要综合考虑几个参数的选用。当电机转速一定时，工作电压降低将导致电机转矩下降，降低电机工作电压会影响电机转速控制电路的可靠性。为提高电机转矩，需要通过减少电机电枢绕组匝数并增粗线径来增加电机电流，但电流的增加直接导致电机铜损增加，降低了电机效率；电机电流增加还会导致电机驱动电路功耗增加；降低电机驱动电路功耗可以提高电机控制可靠性。

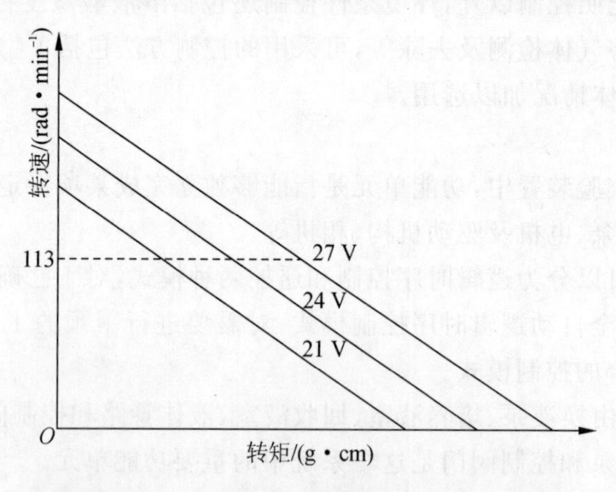

图 11-33　电机转矩、转速及工作电压关系

相机作为一种功能单元在空间生命科学实验装置中的应用日益广泛，利用相机能够获取目标生物样品在空间实验过程中的生长、发育、增殖等图像信息，并通过航天器平台数传系统下传地面，提供给地基生命科学研究人员开展分析。相机通常由光学组件、照明组件、图像传感器和信息处理等部分组成。由于图像传感器是比较复杂的光电转换器件，因此相机控制相对比较复杂。图 11-34 所示是相机内部功能示意图。

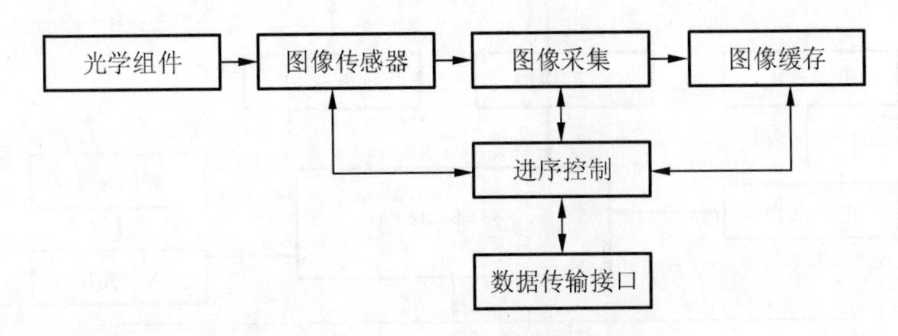

图 11－34　相机内部功能示意图

不同的图像传感器对时序控制的要求不同。常用的可见光图像传感器主要分为 CCD 图像传感器和 COMS 图像传感器两大类。CCD 和 CMOS 的光敏元都是硅光二极管，光电转换原理相同，信号读取过程不同，技术上各有特点，性能指标差异也较大。

CCD 以电荷包形式进行信号存储及转移，信号读取需要多路外部驱动脉冲及偏置电源的支持，时序控制电路相对复杂；面阵 CCD 可分为行间转移式(IT)、帧间转移式(FT)和行帧间转移式(FIT)三种。

CMOS 图像传感器经光电转换后直接产生电流(电压)信号，以类似于 DRAM 的方式读出，只需要单一工作电源供电。COMS 图像传感器通过标准 CMOS 工艺将光敏元阵列、信号读取、模拟放大、A/D 转换、数字信号处理、计算机接口电路等集成在一块芯片上，直接输出数字信号，时序控制相对简单。

图像传感器宜采用相对固定的逻辑时序控制模式。可编程 ASIC(Application－Specific Integrated Circuit)的出现使得图像传感器的时序控制能够得到快速便利地开发。可编程 ASIC 大致可分为 PLD，CPLD 和 FPGA 等几类，器件的编程工艺有熔丝、反熔丝和紫外线工艺，以及性能更佳的 EEPROM 和 SRAM 工艺；可编程 ASIC 的主要供货厂家有 Altera，Xilinx，AMD，Lattice 和 Actel 等。

随着空间生命科学实验复杂程度的提高，对实验装置提出了更高的要求，能够完成特殊功能的新的功能单元将会不断出现，与其相适应的控制技术也将得到促进、发展和应用。

4. 系统时序控制

每项空间生命科学实验都有明确的飞行实验流程，系统时序控制是整个飞行实验流程的核心部分，系统时序控制通常由微处理器和系统软件两部分组成。一方面，实验过程中的各项步骤之间的时序关系需要通过系统时序控制实现协调一致；另一方面，系统时序控制还要根据由地面上传的各种遥控指令实时/延时调整实验流程，以获得更好的空间实验结果。

系统时序控制的主要功能组成如图 11－35 所示。系统时序控制的启动通常受航天器平台控制。在航天器发射入轨前，系统时序控制处于关机状态，航天器发射入轨后，按照航天器飞行控制程序，启动空间生命科学实验装置，系统时序控制开始正式运行。在空间生命科学实验运行过程中，反映空间实验状态的各种遥测数据，通过航天器平台的实时遥测通道和延时遥测通道下传到地面。地基生物学研究人员根据遥测数据，对空间实验状态进行分析判断，在必要的情况下，可以利用上传遥控指令，改变系统时序控制中的某些参数或者启动新的系统时序流程，以调整空间实验进程或者重复某些实验步骤，可以提高空间实验效率，获得更有价值的实验结果。

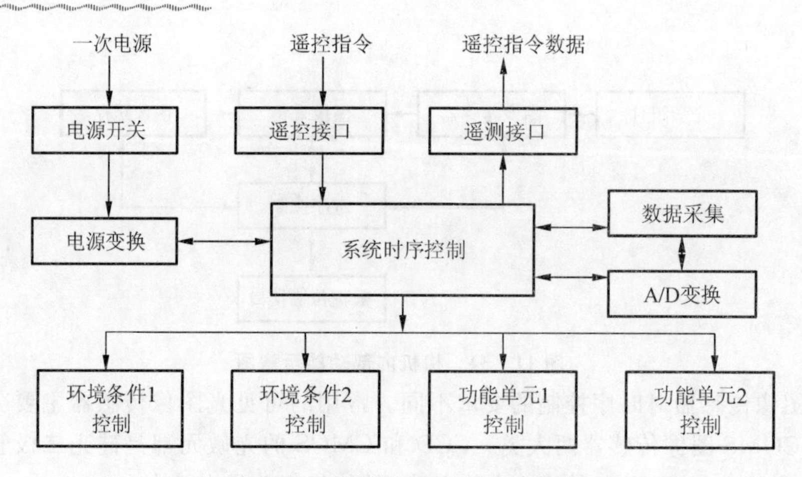

图 11－35　系统时序控制功能框图

系统软件内部功能结构组成示例如图 11－36 所示。系统软件由系统初始化、功能单元 1 控制、功能单元 2 控制、数据采集、数据传输、定时监控、故障恢复等 7 个功能模块组成,每个功能模块又包括若干个单元;所有功能模块都按照一定的时间顺序依次执行。系统软件可以根据具体实验要求增加或减少功能单元控制模块。

系统时序控制软件是嵌入在硬件平台上运行的,硬件平台和系统软件的可靠性和稳定性对整个实验过程至关重要,因此在系统软件中必须采用定时监控、故障恢复等安全性可靠性保障功能模块,对硬件平台及系统软件的运行状态加以监控,提高系统时序控制的健壮性。

调整系统时序控制状态的重要手段之一是采用直接遥控指令方式或间接遥控数据注入方式。直接遥控指令方式可以重新启动系统时序控制,间接遥控数据注入方式可以改变系统时序控制软件中的关键参数或者修改系统软件中的部分程序。相比之下数据注入方式具有上传数据量大、调整范围宽、受测控区影响小等优势,在空间生命科学实验中正在受到越来越多的重视和日益广泛的应用。

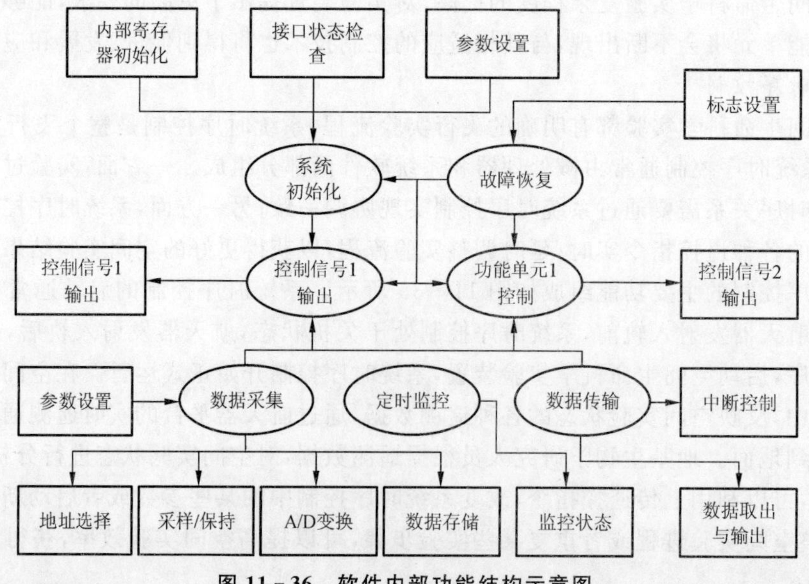

图 11－36　软件内部功能结构示意图

第四节　典型空间生物实验设备

一、空间生物学效应实验设备

空间生物学效应研究是空间生命科学研究的重要领域之一，所涵盖的研究内容非常广泛，相应的实验设备也有多种类型。

美国研制的高级动物居住室(AAH)通过检测处于不同生命周期的鼠类动物对空间微重力环境和人造模拟重力环境的适应能力，用于研究与啮齿类动物相关的空间骨骼学、神经学和免疫学等，如图11－37所示；鸟类发育装置(ADF)与卵孵化器(EI)用于研究空间长期微重力环境和人造模拟重力环境对鸟类胚胎发育的影响，涉及的研究领域有鸟类空间分子学、胚胎学、生理学和生化学等，如图11－38所示。

图11－37　高级动物居住室

图11－38　类发育装置

俄罗斯研制的生命循环温室(VITACYCLE GH)，用于进行单种或多种植物培养，可以提供周期光照条件和营养供给，研究高等植物在空间微重力环境下的生长、发育、蒸腾等过程。

欧洲研制的模块化培养系统(EMCS)配置有2台离心机，用于在空间微重力环境下形成 $0.001g \sim 2.0g$ 模拟重力，在模拟重力条件下研究植物的生长发育状况，可以对植物生长的环境条件进行检测和监控。

加拿大研制的昆虫居住室(IH)，可以提供 $1g \sim 2g$ 的模拟重力环境，可以对气体交换、CO_2 浓度、O_2 浓度及振动、辐射环境进行监测，用于研究昆虫的空间发育、生长和传代等。

日本研制的水生生物居住室(AQH)用于养殖淡水和海水动物，可在与水生生物相关的发育生物学、神经生理学、辐射生物学、行为生物学和密闭生态生保技术等学科领域展开与研究；空间植物箱(SPB)用于研究在长期空间微重力环境条件下，植物生长发育状况及其与环境的相互作用和影响。

空间通用生物培养箱是为开展空间环境的生物学效应实验而研制的专用实验装置之一，可以用于以植物、动物、微生物和水生生物等为主要生物材料的空间培养实验，培养箱内部可以提供环境温度控制、实时图像观察、过程信息检测和样品取样固定等多种功能。

图11－39所示是德国研制的两种不同结构的类似实验设备SIMPLEX和BIOBOX。

BIOBOX是可插拔式的密闭培养装置，内部能够安装44个实验单元。培养装置内部可以为生物样品在空间的生长实验提供所需要的环境，其中环境温度可以根据具体实验要求设定或调整，气体环境为标准大气环境条件，无法进行调控。培养装置内部配置有 $1g$ 离心机用于模拟重力环境的比对实验。

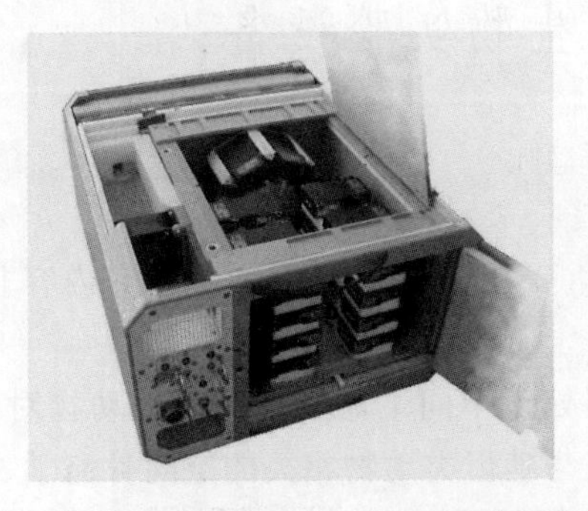

图 11-39 通用生物培养箱 SIMPLEX(左)和 BIOBOX(右)

BIOBOX 的主要技术指标见表 11-2。

表 11-2 BIOBOX 主要技术指标

序号	项目	技术指标
1	尺寸/mm	560(长)×460(宽)×275(高)
2	质量/kg	32(含样品)
3	实验单元	分为标准型和扩展型两类 离心机可安装 16 个标准型实验单元； 静态可安装 28 个标准型实验单元
4	温度范围/℃	4～40,误差±0.1
5	空气环境	实验装置整体气密； 每个实验单元单独气密； 气体压力仅取决于装载样品时的压力和温度剖面变化引起的变化
6	环境湿度	不主动控制,湿度取决于把样品装入实验单元内时的条件
7	离心机/g	1±0.05

BIOBOX 的基本实验流程：

1)实验开始前,设定培养装置内的温度值；

2)启动实验,培养装置内部温度稳定达到所需的培养温度,同时启动离心机；

3)实验结束后,对生物样品进行化学固定,离心机停止工作,温度降至生物样品所需要的保存温度,并维持飞行任务结束。

我国研制的空间通用生物培养箱以返回式科学实验卫星平台和神舟飞船平台为应用目标,设计开发功能模块化、模块标准化、系统集成化的通用实验装置,可以适用于多种类型生物样品进行空间实验,通过实时图像观察、光信息检测和采样固定等实验技术可以实现对空间实验过程的监测和对生物样品的操作。

利用空间通用生物培养箱,可以开展受控生态生命保障系统中的基础生物学问题和相关实验技术研究。通过在微重力条件下构建封闭系统中水、气、碳的循环回路,建立简单受控生态生命支持系统的功能模块和循环回路模型；研究封闭系统中光合自养、异养生物在空间飞行条件下的生长、发育规律、碳氮代谢生理及其调控机制；分步固定不同实验阶段德生物样品，获得在空间环境条件下生长发育的样品。利用返回后的空间实验样品重点开展与相应的基础生物学的研究，揭示受控生态生命保障系统中的一些本质特征，积累开展先进生命支持系统研究必要的数据和经验。

空间通用生物培养箱的功能框图如图 11-40 所示。

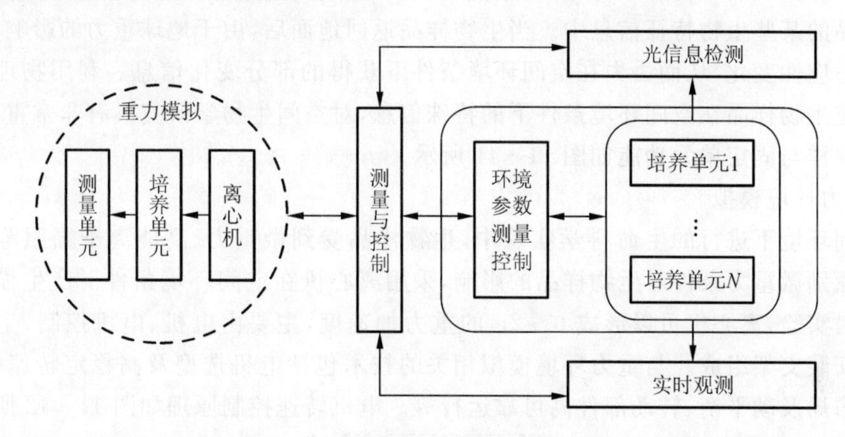

图 11-40　通用生物培养箱功能框图

空间通用生物培养箱的主要功能描述如下。

(1)培养环境和生物样品活性保持。

在空间生命科学实验中，保证生物样品在地面准备、发射升空、空间飞行和返回着陆整个过程中的生物活性是生物实验能够取得研究成果的前提条件。空间通用生物培养箱是用于多种类型生物样品的实验装置，必须为生物样品提供适宜的生存环境，保持样品的生物活性和正常发育和增殖。影响生物样品活性的主要因素包括：

1)所有与生物样品直接接触的材料所具有的生物相容性；

2)生物样品对振动冲击等力学环境的适应能力；

3)生物样品培养环境为液密甚至气密状态；

4)生物样品培养所必需的环境条件；

5)生物样品培养环境的无菌状态；

6)生物样品发育增殖过程中所需要的营养供给等。

(2)实验和装置状态监测和控制。

在空间实验过程中，地基生物学研究人员需要通过实时获取各种与生物学研究相关的空间实验数据，来分析和判断空间实验状态和实验进程；地基工程技术人员需要对实验装置的运行状况进行实时监测，通过一定的技术手段干预或控制实验进程。因此，实时采集、存储、传输和处理空间实验过程中的各种科学数据和工程参数，是监测和控制空间实验的必要手段，是深入研究空间实验后回收细胞样品的重要依据。通用生物培养装置中的主要科学参数和工程参数包括各类科学参数和工程参数。

(3)生物样品实时观察与成像。

在空间微重力环境下进行多类型生物样品培养实验时，生物样品的形态变化、分布状态及发育增殖等过程与地面培养实验可能存在较大差异，获取空间实验中生物样品的图像信息，可以为地基生物学研究人员提供直观的图像数据，通过图像分析有可能取得有重要价值的研究成果。与实时观察与成像相关的技术包括目标尺度和形态与光学系统的选择、成像照明方式、成像部件与培养单元的光学接口等。

(4)生物样品固定。

生物样品在空间环境条件的作用下，可能会发生某些特殊的适应性变化，这些变化会反映在生物样品的某些生物特征信息中。当生物样品返回地面后，由于地球重力的影响，生物样品再次发生适应性变化，从而丢失在空间环境条件下获得的部分变化信息。利用物理和化学方法可以固定生物样品在空间环境条件下的特殊信息，对空间生物学研究具有非常重要的意义。生物样品取样与固定单元功能如图 11－41 所示。

(5)重力环境模拟。

在空间环境下进行的生命科学实验中，生物样品受到微重力、高能离子辐照等因素的影响。为了甄别微重力条件对生物样品的影响，采用离心机在空间环境条件下产生模拟重力环境进行比对实验，离心机可以形成 $0\sim2g$ 的重力加速度，主要由电机、电机控制、生物样品单元和各类安装支架组成。与重力环境模拟相关的技术包括电机选型及高稳定转速控制、生物培养单元布局及动平衡、转动部件高可靠运行等。电机转速控制原理如图 11－42 所示。

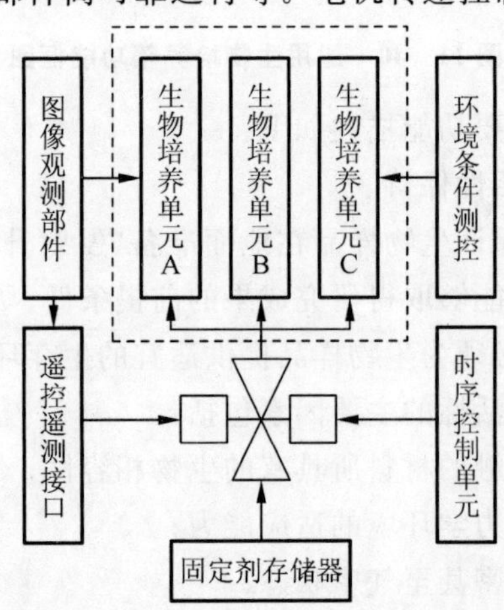

图 11－41　生物样品固定单元功能框图

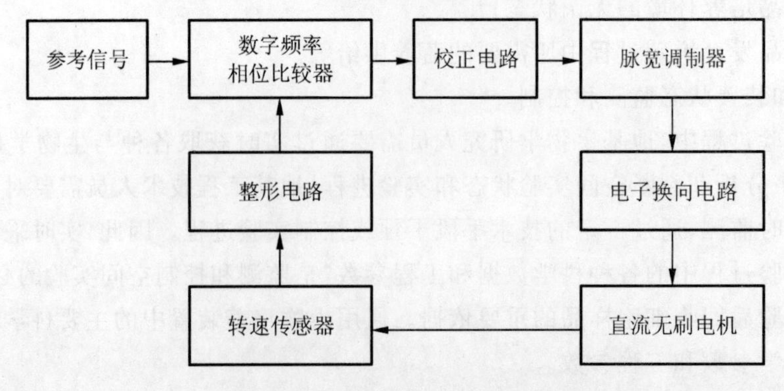

图 11－42　电机转速控制原理框图

图 11－43 所示是中国研制的神舟二号飞船空间通用生物培养箱，由两台相互独立的

实验装置组成，具有生命支持系统和部分生命活动过程测量、重力模拟等功能，用于研究在重力和微重力情况下，生物在种群、群体、个体、组织乃至细胞和分子等不同层次上的空间生物学效应。

图 11-43　空间通用生物培养箱

空间通用生物培养箱有下述主要功能。

1)适用于进行小型动物、植物(萌芽种子、幼苗)、水生生物、微生物、动物细胞或组织培养等空间生物学效应实验和研究；

2)能提供生物生长光照和营养供给等部分生命保障功能，如生物生长的模拟昼夜光照光和营养供给，提供 35±1℃和 25±1℃两种可调解温度环境；

3)具有生命过程监测、控制功能；

4)空间实验状态有可选择重力模拟，提供 1g 模拟重力对照条件；

5)可通过遥控、遥测控制工作过程和实验科学参数收集等。

空间通用生物培养箱内共有 32 个相互独立的培养室，装有蛋白核小球藻、鱼星藻、果蝇、小型动物龟心肌组织、大鼠心肌细胞、胚胎、腿部肌肉等 19 类 25 种植物、动物、水生生物、微生物、细胞和组织等生物样品，如图 11-44 所示。

空间通用生物培养箱在“神舟二号”飞船上进行了微重力环境下的空间生命科学实验，重点开展了植物、动物、水生生物、微生物及离体细胞和细胞组织的空间环境效应实验，取得了大量空间实验数据，为空间生物学效应研究提供了重要依据。

图 11-44　空间通用生物培养箱中的部分生物样品

二、空间生物技术实验设备

空间生物技术是当代高技术发展的热点之一，是当今世界生命科学研究的重要前沿课题。由于地球重力所引起的沉降、对流及其相继作用的影响，使得在地面上开展某些应用前景广阔的生物技术研究和生物加工产业化受到一定程度的制约。空间环境被认为是解决这类困难的重要希望和出路。利用空间特殊的环境资源，开展空间生物技术研究，为生物加工产业化探索新的技术途径，具有非常重要的科学价值和应用价值。

空间生物技术实验涵盖了细胞培养、细胞电泳分离、细胞融合、组织三维生长、蛋白质晶体生长等很多方面，相应的空间生物技术实验设备有空间细胞生物反应器、空间蛋白质结晶装置、空间细胞电融合仪、空间细胞电泳仪等。

1. 空间细胞生物反应器

空间细胞生物反应器是开展空间细胞生物技术研究必须具备的专用空间生命科学实验装置，用于在空间环境条件下完成细胞或组织的高密度连续培养。

空间细胞生物反应器的发展也经历了几个主要阶段。20 世纪 70 年代早期的空间细胞生物反应器一般都是比较简单，仅可进行一次性批量试验。20 世纪 80 年代初期研制的空间细胞生物反应器具备了 37℃恒温控制功能，能够实现生物样品在一定时间内的静态批量培养，尚不具备营养物质输运和代谢产物更换的能力。20 世纪 80 年代后期研制的一种新型动态生物反应器，利用渗透泵原理实现生物样品的连续灌注式批量培养，能够为生物样品提供新鲜营养液的连续供给，该系统在空间飞行实验中取得了满意的试验效果。后来研制的空间细胞生物反应器大多采用连续动态培养方式，如欧空局 ESA 研制的小型生物反应器(SBRI)利用微型泵和磁搅拌灌流实现一种酵母细胞的连续培养；德国和瑞士联合研制的动态细胞培养系统(DCCS)、法国研制的通用细胞培养箱、美国 NASA Johnson 中心研制的旋转壁管式细胞培养系统(RVWS)及 SHOT 公司研制的高级分离处理装置(ADSEP)、中国研制的细胞生物反应器都属于动态细胞生物反应器的范畴。目前，应用于空间细胞培养和组织工程的、具有在线检测功能的微型生物反应器的研究是微型空间生物实验仪器的重点发展方向之一。

空间细胞生物反应器的组成与功能如图 11－45 所示。

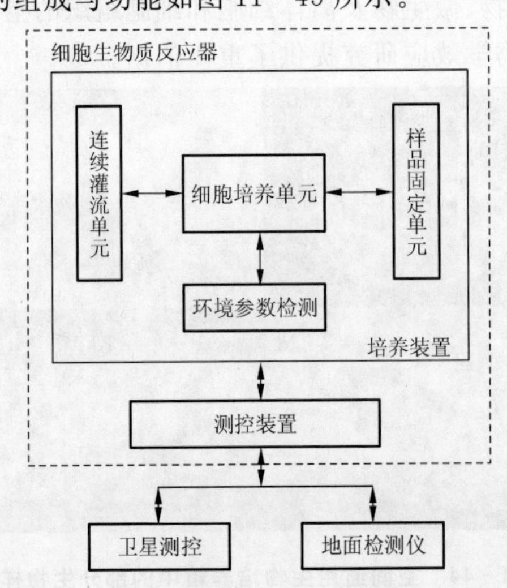

图 11－45　空间细胞生物反应器组成与功能框图

空间细胞反应器按功能可分为培养装置和测控装置两个部分，培养装置内部按功能又可划分为细胞培养单元、连续灌流单元、环境参数检测单元、多温区温度控制、样品固定保存单元等部分。

各组成单元的功能分别描述如下。

(1)细胞培养单元。

用于装载生物样品和培养液，具有良好的生物相容性，可进行空间长时间、连续、较高密度和较大容量的细胞及组织培养。

(2)连续灌流单元。

利用换液泵将新鲜培养液以一定的微流量输运到细胞培养单元，为细胞提供必要的营养物质；同时回收细胞生长过程中产生的代谢产物，实现培养液、代谢液的低速自动换排功能。

(3)环境参数检测单元。

由各种传感器和相应的变换电路组成，对实验过程中培养环境的主要参数进行实时检测，将测量数据传送到航天器测控系统，接收来自航天器数管系统的数据注入等信息。

(4)多温区温度控制。

由温度传感器、温控电路和加热/制冷器等组成，满足不同细胞样品对温度控制的不同要求，实现多温区温度控制，用于保证培养生物样品活性。

(5)样品固定保存单元

由营养液腔/培养室隔断组件、液体置换驱动机构和管路组，可根据生物学研究或实验进程的需要，在实验过程中可利用遥控/程控命令或逻辑时序实现多种细胞样品的固定和保存。

图 11－46 和图 11－47 所示是在中国“神舟三号”飞船上成功完成空间飞行实验的空间细胞生物反应器实物图片。

图 11－46 空间细胞生物反应器外观

图 11－47 空间细胞生物反应器内部结构

在“神舟三号”飞船上利用空间细胞生物反应器中开展了人体组织淋巴瘤细胞、人大颗粒淋巴细胞、抗衣原体蛋白小鼠淋巴细胞杂交瘤细胞、抗天花粉蛋白小鼠淋巴细胞杂交瘤细胞等四种与人类重大疾病研究密切相关并探索研发特效生物药品的空间细胞培养实验，取得非常有价值的研究成果。图 11－48 所示是人组织淋巴瘤细胞的(扫描电镜照片)空间实验样品与地面实验样品的比对结果。

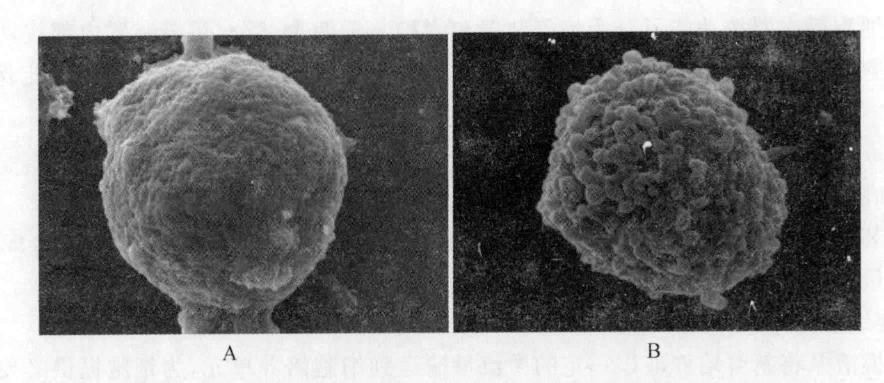

图 11-48　空间实验样品与地面实验样品比对照片

A:空间实验样品(×6 000);B:地面对照样品(×10 000)

2. 空间蛋白质结晶装置

在空间微重力条件下,由于地球重力产生的沉降和自然对流的消失,使得蛋白质晶体生长更平稳、更纯净,晶体内部的分子排列也更加整齐有序。通过分析微重力环境下生成的大型高质量的蛋白质晶体结构,可以获得与其功能和结构有关的数据,有助于研制高效药物和开发纳米器件。空间蛋白质结晶装置是利用空间微重力环境开展大分子晶体生长的专用实验设备。

空间蛋白质晶体生长实验是迄今为止开展最为广泛的空间生命科学研究方向之一。自20世纪80年代以来,世界主要发达国家陆续开展了空间蛋白质晶体生长研究,进行了上万次的空间蛋白质晶体生长实验,研制了一系列适于空间蛋白质晶体生长的硬件实验装置,取得了丰硕的研究成果,如美国宇航局NASA研制的蛋白质结晶装置(PCAM)、高密度蛋白质结晶装置(HDPCG)、蛋白质晶体生长干涉仪(IPCG)、可观测的蛋白质晶体生长装置(OPCGA)和蛋白质结晶动态控制装置(DCPCG),如图11-49所示;欧空局ESA委托EADS公司研制的高级蛋白质结晶设备(APCF)和溶液晶体生长诊断设备(SCDF)利用美国Space Shuttle, Spacelab,欧洲European Retrievable Carrier平台,俄罗斯Russian Mir Space Station平台进行了多次空间飞行实验;日本宇航局JAXA研制的溶液/蛋白质晶体生长设备(SPRF)等。空间蛋白质晶体生长研究目前仍然是国际空间站上的重要研究项目。

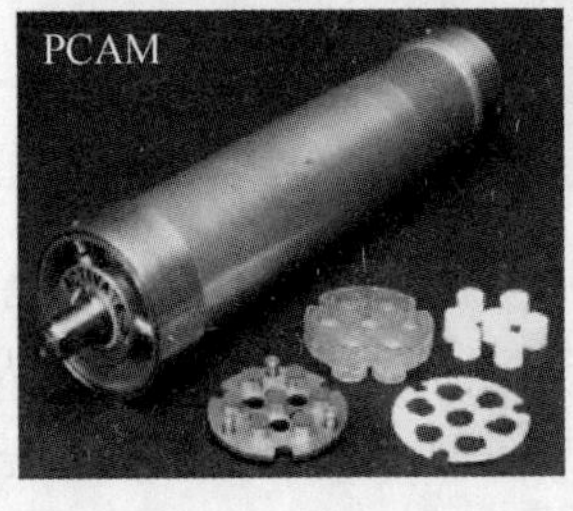

图 11-49　空间蛋白质晶体生长装置(美国)

中国的空间蛋白质晶体生长实验起始于20世纪80年代末,分别于1988年和1992年在返回式卫星上,利用自己研制的蛋白质结晶装置进行了两次空间实验,取得了优于地面对照实验的结果。1995年,中国科学家利用国外的商用结晶装置,搭载美国航天飞机进行了液/液扩散结晶试验,获得了一些新的实验现象。2000年和2001年在中国神舟系列飞船上进行了两次较大规模的空间蛋白质晶体生长实验,两次实验采用了同样的空间蛋白质结晶装置,如图11-50所示。每次共有30种蛋白质的120个样品进行结晶实验,结晶率达到70%,获得了若干可以用于晶体结构分析的优质晶体，其中在神舟三号飞船空间实验中获得的人脱氢异雄酮磺基转移酶蛋白晶体是截止到当时的空间实验中生长最好的蛋白质晶体之一。空间生长的6种蛋白质晶体如图11-51所示。

图11-50　空间蛋白质结晶装置及结晶条

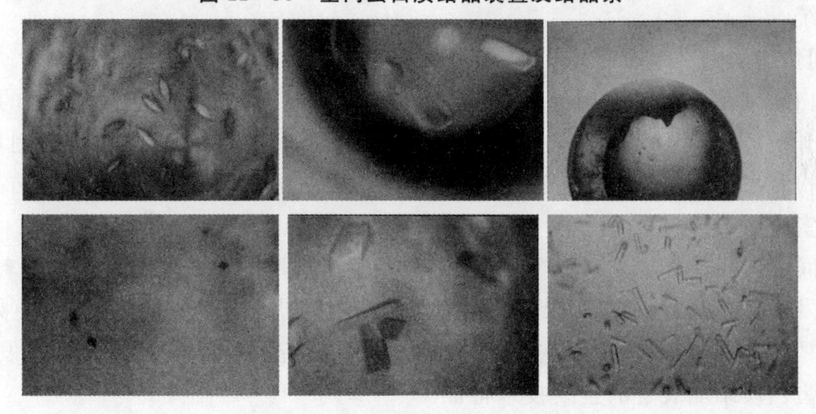

图11-51　空间生长的蛋白晶体

空间蛋白质结晶装置的基本组成包括蛋白质结晶室组件和测量控制组件两个部分。蛋白质结晶室组件由结晶室、旋转/平移驱动机构、温度测量与控制等组成，测量控制组件由结晶状态分析检测、实验过程测量控制等组成。空间蛋白质结晶装置的组成与功能如图11-52所示。

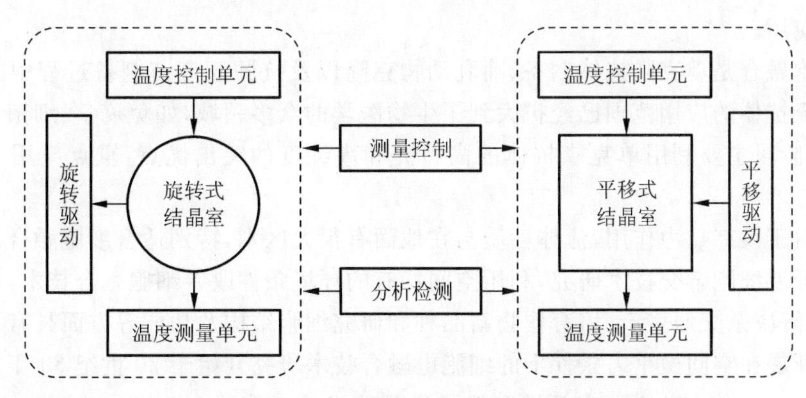

图11-52　空间蛋白质结晶装置组成与功能框图

空间蛋白质结晶装置各主要组成部分的基本工作原理描述如下。

(1)蛋白质结晶室组件。

在空间实验中常用的蛋白质结晶方法有气相扩散法、液/液扩散法、配液法和分离法等，不同的结晶方法对结晶室有不同的设计要求。图 11－52 所示的旋转式/平移式结晶室适用于气相扩散法和液/液扩散法。旋转/平移驱动机构是控制蛋白质溶液与沉淀剂溶液接触面积(或气相扩散通道面积)的执行部件；温度测量单元代表温度传感器，温度控制单元是加热/制冷执行部件。

(2)测量控制组件。

测量控制组件主要完成结晶装置温度测量与控制、电机驱动控制、结晶状态检测、结晶条件与过程的调节以及与外部的数据通信等功能。

温度测量与控制为蛋白质结晶提供适当的温度环境；电机驱动控制通过改变蛋白质溶液与沉淀剂溶液的接触面积(或气相扩散通道面积)来控制结晶过程速度，对应结晶室简单的机械运动；测量传感器对实验过程各项参数进行实时检测，将测量结果通过测量控制组件传送到卫星测控系统。

(3)空间蛋白质结晶装置工作模式。

空间蛋白质结晶装置可采用遥控/程控指令控制和全自动时序控制相结合的工作方式。实验过程的开机/关机可由遥控/程控指令控制。结晶状态分析检测、实验过程测量控制及环境参数采集检测可采用遥控/程控开机，时序控制关机的方法实现，时序控制由结晶装置内部的微处理器实现。

随着空间蛋白质晶体生长研究的发展，空间实验所选用的蛋白质种类正在朝着多样品、微容量的方向发展，空间蛋白质结晶装置的功能也在从主要用于在空间生长更大更好的高质量晶体，逐渐向实时在线监测蛋白质空间结晶过程、注重研究晶体生成过程的方向发展，体现了新一代空间蛋白质结晶装置的主要技术特征。

3. 空间细胞电融合仪

细胞融合是一种在细胞水平上的杂交技术，是研究细胞间遗传信息转移、基因在染色体上的定位以及创造新细胞株的有效途径，可应用于不同类型的动、植物细胞。

植物体细胞融合是克服植物有性杂交不亲和性、打破物种之间的生殖隔离、扩大遗传重组范围的一种手段，在培育作物新品种方面具有重要的应用价值，如在改善油料作物向日葵的品质和产量的应用。

动物细胞融合是单克隆抗体制备、哺乳动物克隆以及抗肿瘤疫苗制备过程中的一个重要步骤。单克隆抗体的应用范围已经扩大到了生物医学的众多领域，如免疫学、细菌学、遗传学、肿瘤学等，现阶段主要利用单克隆抗体的高特异和高纯度的突出优点，重点应用于临床诊断方面。

在空间由于没有重力作用，流体性质与在地面有很大区别，特别适合细胞融合。在空间微重力环境下开展细胞杂交技术研究，利用空间特有的环境条件改善细胞融合技术，可以提高细胞融合率，在解决杂交瘤生产、培育作物新品种和研究细胞结构及功能等方面具有重要意义。

国际上开展在空间微重力条件下的细胞电融合技术研究开始于 20 世纪 80 年代。德国科学家 Zimmermann 等在这个研究领域取得了显著的成绩。美国 NASA 也制定了相应的研究计划。在以往的研究中大多采用探空火箭升空后产生的约 6min 失重时间进行细胞电融合实验，采用的融合装置设计也因此受到一定的条件限制。这类短程飞行产生的微重力时间短、微重力水平不高，却也取得了很有价值的研究成果。飞行实验结果表明：在微重力条件下酵母细胞杂种得率有很大的增加(TEXUS 11/12)。有液泡和无液泡的烟草叶肉原生质体在微重力条件下融合,不仅 1∶1 杂种细胞得率大大增加,而且获得的杂种细胞更具有活力(TEXUS 17)。哺乳动物细胞在微重力环境中融合得率增加 10 倍,有活力的杂种细胞数也比地面对照增加 2 倍(TEXUS 18)。融合效率的提高显然是由于没有重力沉降影响的缘故,杂种细胞活力增加可能是由于在空间微重力环境下需要的细胞排列时间缩短引起的。

1998 年,中国的生物学研究人员利用中德合作高空气球落舱(MIKROBA)成功实施了细胞电融合实验。该实验由德方提供高空气球落舱,中方研制细胞电融合仪,如图 11-53 所示。该实验验证了空间细胞电融合方法,取得了重要研究成果。

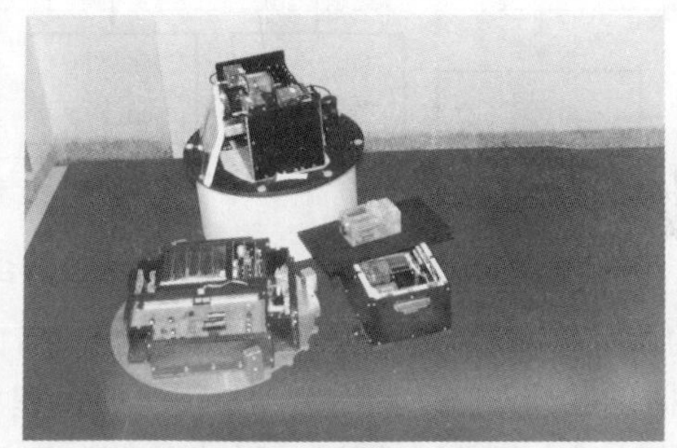

图 11-53　高空气球落舱和细胞电融合仪

在此基础上,2002 年在“神舟四号”飞船上,利用空间细胞电融合仪同时分别进行了空间环境下动物亲本细胞和植物亲本细胞电融合的空间细胞电融合实验,实验取得成功。空间细胞电融合仪如图 11-54 所示。

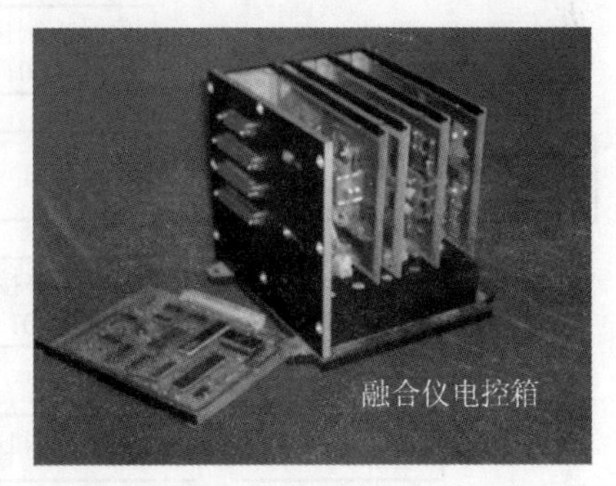

图 11-54　空间细胞电融合仪

空间细胞电融合仪由融合装置和电控箱两个部分组成,系统功能如图 11-55 所示。

融合装置包括储液室、换液机构、电融合室和温度测控部件,其核心是电融合室,主要由基体、异形电极室、电融合信号接口、观察窗、液体缓冲室和液体出入口等部分构成。

电控箱具有电源变换、信号发生、系统控制和遥控遥测功能,主要完成将一次电源变换为仪器所需的各种二次电源,以及细胞电融合实验所需的各种电信号的产生、切换、排序和控制,还有融合装置的温度控制、电机的驱动、数据采集及传输通信等。

电控箱根据飞船遥控指令控制实验的开始、结束和实验装置内部的温度控制,提供细胞电

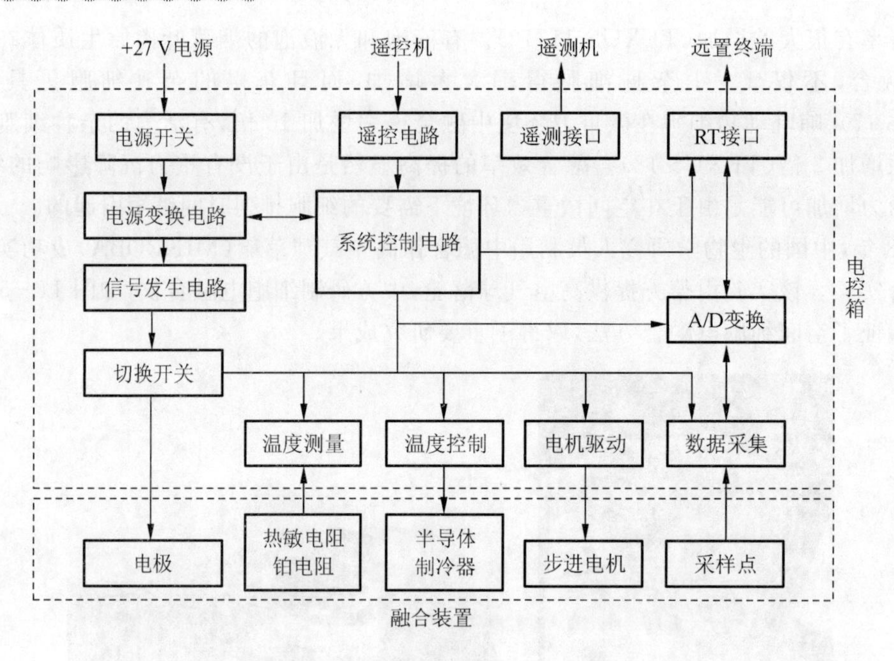

图 11-55　空间细胞电融合仪功能框图

融合所需要的各种电信号,控制细胞电融合实验前后的换液过程,获取细胞电融合实验的有关数据,并将数据传送给飞船远置终端。整个实验过程中的细胞电融合实验信号产生、排序、切换,换液机构中步进电机的运动控制功能,实验数据的采集和传输均由电控器中的嵌入式软件实现。系统软件内部功能结构及外部接口关系如图 11-56 所示。

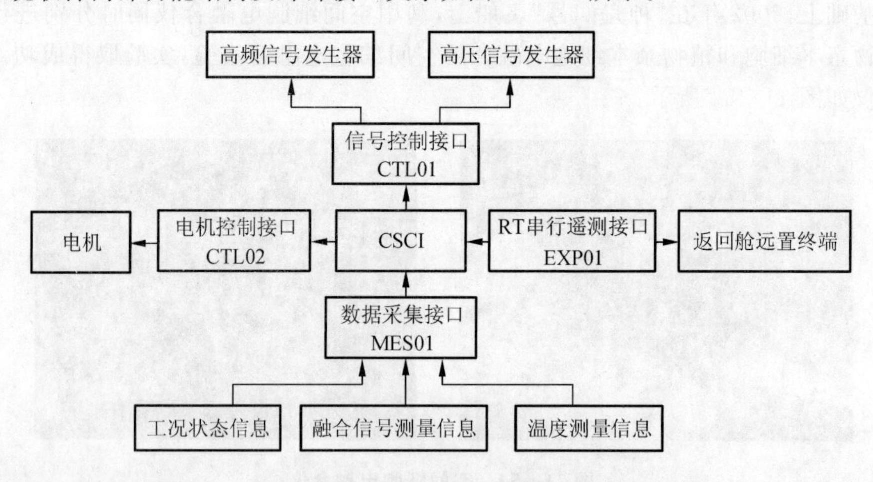

图 11-56　软件内部功能结构及外部接口关系示意图

通过空间飞行实验获得的植物融合细胞经过培养,由单细胞经过生长分裂再生多细胞的愈伤组织,并成功地分化成 500 多棵完整的植株。通过对再生的愈伤组织及再生植株的过氧化物酶谱分析,筛选出 4 株与亲本株有差异的烟草再生苗,如图 11-57 所示。

图 11-57　烟草再生苗

H：黄花；G：革新一号；MB01～03：再生植株

空间细胞电融合仪解决了空间细胞保存、融合和杂种细胞培养等关键技术，提高了电融合杂种细胞得率和细胞活力，研究了空间微重力条件对细胞电融合效率、生物样品的活性及相关的细胞电融合参数的影响，为开展空间生物加工和空间制药技术的研究奠定技术基础。

三、实时在线检测技术与设备

空间生命科学是主要研究空间微重力环境对不同动物、植物或微生物特性产生影响的实验科学。以往开展的空间生命科学实验中，大多采用记录或传输关键科学参数和工程参数的方式，由生物学家根据这些数量和种类有限的参数对空间试验过程进行分析；或者将在卫星或飞船上生长后生物样品带回地面，由生物学家根据实验结果推断环境差异对生物样品的影响，获取的有关空间实验过程的信息非常有限，这种实验方式不能充分利用每一次空间飞行过程，在某种程度上影响了空间飞行实验的效果。实时在线检测技术可以强化对实验过程和生物样品的连续动态监测，能够获取丰富的多类型空间实验信息，将大大改善空间实验结果。

利用实时在线检测技术可以获取多种类型的实验信息。与通常航天仪器遥测获取的电流、电压、电平、温度等工程参数以及温度、流量、压力、照度等科学参数有所不同，实时在线检测技术侧重于检测能够表征实验过程和内在机理的各种工程参数和科学数据。根据不同的空间实验内容，这些数据信息包括气体组分、溶液的 pH 值或溶解 O_2/CO_2 值、葡萄糖含量等，以及实验中生物样品的形态及其发展变化过程的图像或视频数据，乃至光谱或色谱数据等。

实时在线检测技术所涉及的研究内容和技术方法非常广泛，不同的空间生命科学实验对实时在线检测技术的需求也不相同，其中光电信息检测技术正在发挥越来越重要的作用。

1. 生物特征光信息检测

生物发光主要包括生物自发光(Bioluminescence)和激发荧光(Fluorescence)。生物发光与生物体的氧化代谢、信息传递、光合作用、细胞分裂、死亡及生长调控等基本生命过程存在着内在的联系，可以通过监测生物光子的变化(光强)来研究生物体内部的状况；同时生物光发射水平对外界刺激也极为敏感，可以将生物光作为一个探测器来了解外界对生物的影响。无论生物体的自发光还是激发荧光，光谱基本都在可见光范围。并且每种发光在一些特性上都是可以准确确定的，包括颜色、发光强度、极性、发光时间等。表 11-3 列出了某些生物体的发光特性。

表 11-3 生物体发光光谱特性

生物体	峰值波长/nm
腰鞭毛虫	470
肾海鳃或腔肠动物的腔肠体	475
Vibrio fischeri and harveyi	490
激发荧光	500
蚯蚓 LU/LU	500～550
Firefly LU/虫荧光素	560

生物特征光信息检测技术可以分为生物发光信息检测和生物受激荧光信息检测，属于弱光检测技术的范畴。生物发光信息检测的对象是转水母发光蛋白、绿色荧光蛋白基因的细胞中的生物发光强度。

从微观的角度分析生物发光现象时，可以发现生物体细胞内的某些成分是产生生物光的最基本元素。在细胞中游离的 Ca^{2+} 在细胞信息转导中起到十分重要的第二信使作用，是将环境刺激转化为生理生化反应的物质。当细胞质中游离 Ca^{2+} 浓度稍有变化，就可以引发生理生化的显著改变，从而实现生物体对外界刺激的响应。外界环境刺激引起胞内 Ca^{2+} 变化往往是瞬间的改变，对于这种胞内 Ca^{2+} 瞬时变化的检测很有价值，也有一定的技术难度。水母发光蛋白是深海水母中的一种自发光蛋白，这种蛋白有一个十分奇特的性质，它与游离 Ca^{2+} 相结合以后可以导致自发光现象，当 Ca^{2+} 浓度在一定范围内，这种蛋白自发光的强度与它所结合的 Ca^{2+} 浓度呈一定线性关系。通过测定发光蛋白的发光强度就可以反映出 Ca^{2+} 的浓度。采用基因工程的方法将这种蛋白进行改造而形成的重组水母发光蛋白充分保持了与 Ca^{2+} 结合并发光的特性。将重组发光蛋白基因导入到生物体内并在胞质内稳定地组成表达。一旦外界刺激导致胞内游离 Ca^{2+} 浓度升高，胞内的重组水母发光蛋白就与胞内游离 Ca^{2+} 相结合并产生发光，发光强度与它所结合的 Ca^{2+} 多少呈一定线性关系。水母发光蛋白与 Ca^{2+} 的结合是可逆的，当胞内 Ca^{2+} 浓度下降时，水母发光蛋白结合的 Ca^{2+} 就少，从而导致发光强度的下降。通过检测发光强度的变化就可以反映胞内 Ca^{2+} 浓度的变化，并且胞内 Ca^{2+} 浓度的瞬间变化也可以通过发光强度的变化检测到。更重要的是，这种方法简便，可以在整体水平上对胞内 Ca^{2+} 进行检测，具有对于被检测的实验材料没有损伤等特点。这些优点是其他测定胞内 Ca^{2+} 的技术，如同位素标记，荧光分子标记等技术所无法代替的。运用这一技术已成功地检测到冷、热、触摸、伤害、电流、干旱、盐碱等非生物刺激引起的胞内游离 Ca^{2+} 的变化。采用这种原理和方法可以设计开发具有广泛适用性的生物光传感器，为在空间失重条件下对钙信号进行实时快速监测、弱光信号采集与原位分析开辟新的技术途径，为深入研究空间细胞生物学创造条件。

图 11-58 所示是用于快速无损检测细胞质内的 Ca^{2+} 浓度变化的生物发光光强计。

图 11-58 生物自发光光强计

生物发光光强计采用光子计数法工作原理，如图 11－59 所示。前端探测器一般采用光电倍增管(PMT)，当光子打在光阴极上时，就会有光电子从光阴极上发出。然后光电子经由倍增极倍增，最后在阳极汇聚成一个脉冲输出。当入射光强很小时，这些光脉冲在时间轴上就可以区别开来，若将阳极输出脉冲加以放大、鉴别、整形后，让后端电路计算脉冲的个数，从而可以得到这时入射光的强弱。与其他微弱光检测方法相比，光子计数法具有探测灵敏度高、稳定性好、信噪比高、动态范围宽、数据便于处理等优点，在生命科学、计测领域具有广阔的应用前景。

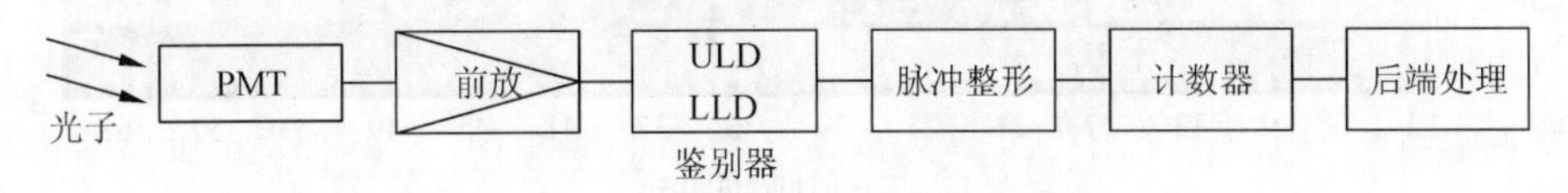

图 11－59　光子计数法工作原理

光电倍增管是生物发光光强计的核心探测器，其基本原理就是光电效应，是一种具有极高灵敏度和超快时间响应的光探测器件，在微弱光探测、粒子探测、医学、环境监测等领域占有主导地位。光电倍增管优异的灵敏度主要表现在具有很高的电流放大和信噪比，这是因为光电倍增管内部采用了多个排列的二次电子发射系统，使电子在低噪声的条件下得到倍增。电子倍增系统包括 8～19 级打拿极或倍增极。现在的电子倍增系统主要分为 7 类：环形聚焦型、盒栅型、直线聚焦型、百叶窗型、细网型、微通道板型(MCP)、金属通道型。

两种不同类型结构的光电倍增管如图 11－60 所示。

图 11－60　光电倍增管

(a)端窗型；(b)侧窗型

前罩放大器实现对光子信号电流脉冲的放大，是生物发光光强计的关键部件。光电倍增管的输出电流脉冲宽度在 10～30ns 范围，脉冲电流在十几微安，与普通放大器相比，光子计数法要求前置放大器具备高速、宽带、低噪声以尽量完好地再现光电倍增管的光电流脉冲。

光子信号鉴别器实现将满足一定门限电平的光子信号识别出来，并去除噪声的影响。LLD(Low Level Discrimination)设置在较低门限，ULD(Upper Level Discrimination)设置在脉冲高端，小于 LLD 的脉冲中大多数都是噪声，大于 ULD 的脉冲一般比较少并且主要是宇宙射线引起的，可以通过计数在 LLD 和 ULD 之间的脉冲个数较精确的测量微弱光信号的强度。

经过鉴别器检出的光子信号脉冲通过脉冲整形、电平转换后输出到后端信息处理部分，得到最终测量结果。

图 11－61 所示是对转基因拟南芥幼苗受到外界刺激后发出微弱光信号的检测结果。

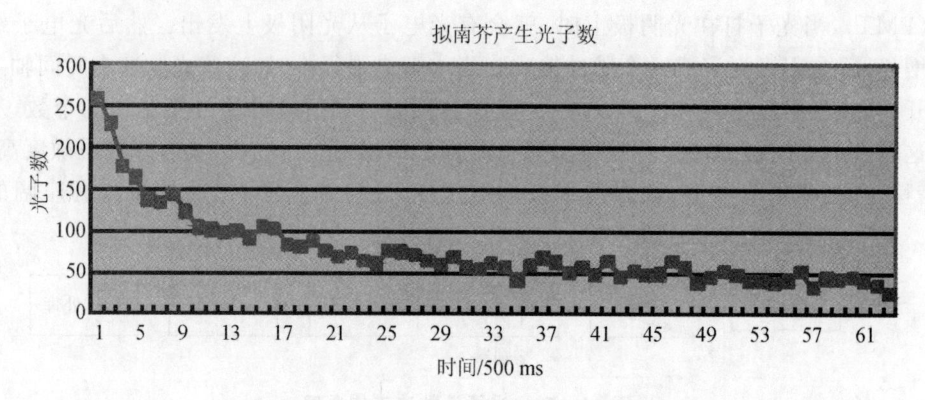

图 11－61　转基因拟南芥幼苗发光检测结果

随着空间生命科学实验和研究的日益多样化，对更高的检测精度、更快的数据处理速度、更多的后端数据分析方法等提出了更新的需求，生物特征光检测技术及设备在检测方法、单次分析获取信息量、检测准确性、提高检测效率等方面正在获得迅速发展。

2. 显微成像观察

在人类通过感觉器官收到的各种信息中，视觉信息占全部信息的 60%。同样，在空间生命科学实验和研究中，直接获取空间实验过程和生物样品的图像信息，将空间生命科学实验可视化，对满足空间生命科学实验的需求和提高空间实验技术能力，具有非常重要的实用价值。

显微成像观察技术是空间生命科学研究中最基本的技术手段之一。人眼观察客观事物的空间分辨极限约为 3×10^{-4} m，利用显微成像技术可以将人眼无法观察的微观事物放大成像，使人眼能够直接观察这些微观事物的图像。通过对图像进行适当的处理，可以分析研究微观事物的特性。显微成像技术的信息载体很多，包括可见光、红外光、荧光、X 光、电子、中子和超声波等。

随着航天科学技术的不断发展，空间资源的开发和利用日益受到重视，在空间环境条件下进行各种科学实验和研究已经广泛开展。将可视化技术应用于空间科学实验过程中，可以直接完整地实时观察实验过程、获取图像信息，从而满足空间科学实验及空间科学技术的发展需求。

显微成像技术按照空间分辨力主要可以分为三类：

1）在微米区段，空间分辨力从亚微米至数百微米，主要有光学显微、电子显微、X 光显微、中子显微和超声显微镜等；

2）在纳米区段，空间分辨力从亚纳米至数百纳米，主要有电子显微、扫描隧道显微、扫描近场光学显微、光子扫描隧道显微、X 光显微和 X 光全息术等；

3）在皮米区段，空间分辨力从亚皮米至数百皮米，主要有场离子显微、晶体衍射成像显微和核振波谱间接成像显微等。

空间生命科学实验中的显微成像观察技术具有一定的特殊性。

在空间微重力环境条件下，细胞样品在培养单元内处于三维自由悬浮状态，在保证细胞活性的同时持续不断缓慢流动的培养液使细胞产生运动，导致细胞样品在培养单元内的分布状态经常发生变化，因此对细胞样品的搜索、捕获是实现显微成像观察技术的关键。

空间生命科学实验往往是在无人在轨操作的情况下进行的，显微成像观察技术的实现必须立足于全自动操作，包括显微成像观察设备的自检、细胞样品的自动搜索捕获、图像清晰度自动判别、图像数据的自动采集存储和传输等。

卫星或飞船等航天器平台对空间生命科学实验设备的功耗、质量、尺寸结构等有着近似苛刻的要求，显微成像观察设备作为空间生命科学实验设备的重要组成部分，在体积、质量、功耗等方面要尽可能优化，同时还要能够满足各项力学环境试验的要求。

图 11－62 所示是适用于空间生命科学实验的显微成像观察系统组成框图。

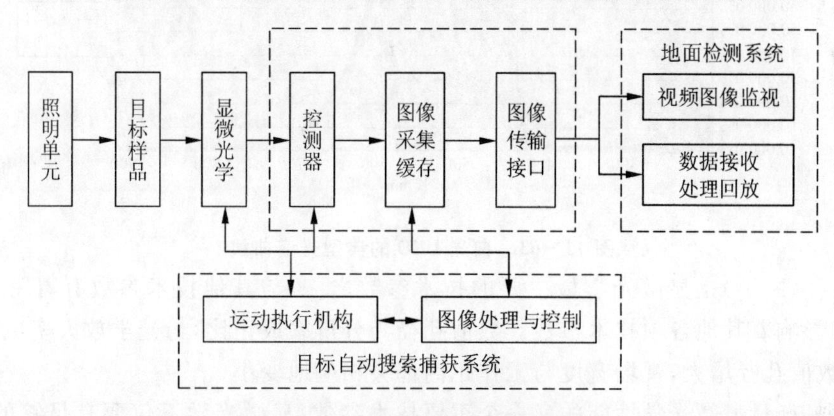

图 11－62　空间显微成像观察系统

显微成像观察系统的照明方式通常可分为透射式照明和反射式照明两大类。透射式照明中，照明光源和目标成像面在目标样品的两侧，适用于透明或半透明的被检目标，绝大多数生物显微成像采用这种照明方法；在反射式照明中，照明光源和目标的成像面在同一侧，适用于非透明的被检目标，主要应用于金相显微成像或荧光显微成像。

透射式照明按照明光束中轴和显微光学光轴是否同轴，可以分为同轴照明和非同轴照明两种形式。同轴照明是最常用的透射式照明，其特点是照明光束中轴与显微光学光轴在同一条直线上。在非同轴照明中，照明光束中轴与显微光学光轴不在一直线上，而是与光轴形成一定的角度斜照在被检目标上，相衬显微和暗视场显微都是采用这种成一定角度的照明方式。

照明光源的选择要综合考虑光源的光谱波段范围、显色性、对生物样品的安全性、对空间环境条件的适用性等方面。光谱范围覆盖可见光全部波段的白光能够较为真实地反映目标的本来颜色；冷光源的长时间、高强度照射对生物样品产生的损伤较低；低功耗、高可靠的光源能够较好地适应空间环境条件。传统的卤素灯、高压汞灯和氙灯具有发光强度大、光谱丰富、覆盖全波段可见光等优点，但由于这些光源存在功耗大及空间环境适应性较差等缺点，应用于空间科学实验的难度很大。近年来迅速发展的半导体白光光源 LED 具有光谱范围适中、发光效率高、功耗低、体积小和控制简单等优点，正在逐渐应用于生物显微成像设备中，这种光源在空间生命科学实验中具有广阔的应用前景。白光 LED 的典型光谱曲线如图 11－63 所示。

在空间生命科学实验的实际应用中，要根据目标特性、照明光源特性和尺寸结构约束条件等选用适当的照明方式。

显微光学部分的主要技术参数包括光学放大率、数值孔径、分辨率、景深和焦深、视场尺寸、工作距离等。这些技术参数之间相互联系、相互制约，各参数的合理配置和优化组合可以使显微光学达到最佳效果。

光学放大率是指目标物体经物镜放大成像在探测器上的图像大小相对于原物体大小的比值。光学放大倍率要根据生物学的需求和目标的尺寸来确定，在探测器成像面尺寸固定不变的情况下，光学放大率越高，光学视场就越小。

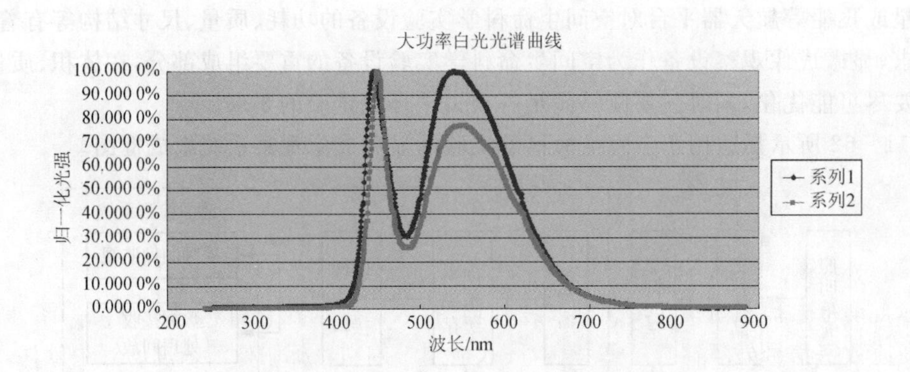

图 11-63　白光 LED 的典型光谱曲线

数值孔径(N. A)是显微光学最主要的技术参数之一，与其他技术参数有着密切的关系，几乎决定和影响着其他各项技术参数。数值孔径与分辨率成正比，与光学放大率成正比，与焦深成反比，数值孔径增大，视场宽度与工作距离都会相应地变小。

分辨率是衡量显微光学性能的又一个重要技术参数，显微光学不仅要有足够的光学放大倍率，还必须达到足够的分辨率(清晰度)。透镜的分辨率取决于光的波长和透镜数值孔径两个因素。数值孔径值越大，照明光线波长越短，则最小分辨率就越高。

景深是指能在像平面上获得清晰像的空间深度，即远景面和近景面之间的距离；焦深是指对于同一物平面能够获得清晰像的像空间的深度。景深、焦深与总放大倍数及物镜的数值孔径成反比。摄像机透镜镜头的景深可能会有几十 mm，而放大倍率为 10 倍的显微物镜，其景深约为 10 μm 。

在光学系统中能清晰成像的范围称为视场，视场范围是有限的。视场的大小由相应的视场光阑限定。显微成像观测系统中没有视场光阑，成像用 CCD 探测器，视场尺寸由 CCD 光敏面尺寸除以物镜光学放大倍数得到，增大物镜的光学放大倍数，视场尺寸会相应减小。

工作距离是物镜前透镜的表面到目标物体之间的距离。观察时，目标物体应处在物镜的 1～2 倍焦距之间。在物镜数值孔径一定的情况下，工作距离短则孔径角大；数值孔径大的高倍物镜，其工作距离小。在放大倍率确定的情况下，工作距离的增加会迅速引起透镜直径增大、数值孔径变高，从而引起光学系统体积的增大和成本的增加。

以上这些参数是衡量显微光学的重要指标，实际应用时，要根据实验的具体需求，综合各参数进行优化配置以满足系统要求。图 11-64 所示是显微成像观察系统实验样机。

图 11-64　显微成像观察系统实验样机

显微图像获取和传输系统实现目标物体显微彩色图像的获取和图像数据的传输。空间生命科学研究不仅要求获取目标的形态信息，还要求获取目标的色彩信息。获取彩色图像的基本原理是分别获取目标物体的三基色(RGB)图像，再将其合成显示为彩色图像。在实际应用中，获取三基色图像的方法主要有旋转滤光片法、三探测器法和集成微透镜法。CCD和COMS是目前最常用的两类可见光图像探测器，各自具有不同的优、缺点，在空间生命科学实验中可以根据实际应用要求，选择不同类型的探测器，配置相应的驱动逻辑和供电电源。图像传输方式有多种形式，常用的包括422，485，LVDS，1394，CAN，USB等总线，可根据数据量、传输速率和航天器平台的约束条件选用适用的图像传输方式。

目标自动搜索捕获系统主要包括图像处理与控制、运动执行机构两个功能。图像处理与控制以高速数字信号处理器为硬件平台，嵌入适用于判别目标图像清晰度的算法软件，智能化实现在复杂环境中对真实目标的搜索、分辨和捕获。运动执行机构具有运动阻力小、线性度好、无回程误差、定位精确、承载能力高及控制简单等优点，保证微米级的位移分辨率和重复定位精度，使运动执行准确率和获取图像的清晰度均能满足实验观察的需求。

图11-65所示是利用显微成像观察系统在空间飞行实验中获得的植物花蕊和柱头的显微图像。这项研究通过获取空间密闭培养条件下高等植物植株开花过程的实时图像信息，研究空间微重力条件对高等植物开花、授粉等重要生理过程的作用和影响。目标植物的花朵柱头尺寸大约为1 mm，在植物开花过程中柱头会不断生长，生长过程是一个空间三维方向的变化过程。显微成像观察系统应用目标自动搜索捕获技术，实现对植物花朵的精确跟踪成像，达到预期研究目标。

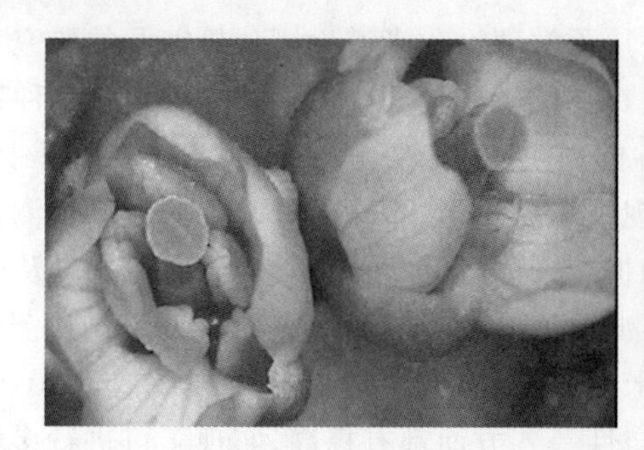
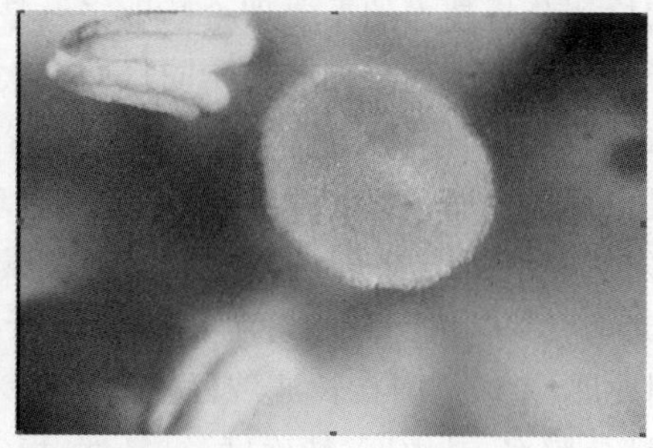

图11-65　植物花蕊和柱头显微图像

图11-66所示是利用显微成像观察系统在空间飞行实验中获得的小鼠胚胎生长发育过程的显微图像。这项实验利用空间环境资源开展转表皮干细胞的胚胎的生长与发育研究，通过获取空间密闭培养条件下小鼠胚胎发育过程的实时图像信息，一方面可以获得在空间环境下转入表皮干细胞的胚胎生长、发育等方面的第一手数据和珍贵的图像资料；另一方面，可以研究分析空间环境对干细胞/胚胎可能产生的影响。小鼠胚胎的尺寸大约为70 μm，在空间飞行实验过程中，小鼠胚胎在培养单元内处于空间三维分布状态，在外界因素的影响下会存在缓慢运动。显微成像观察系统根据目标特性采用的目标自动搜索捕获技术，实现对小鼠胚胎的精确搜索和显微成像。

地面检测系统用于显微成像观察系统的单机性能测试，其主要功能是模拟航天器平台公用系统及地面应用系统的部分功能，在地面进行测试时，为显微成像观察系统提供一次电源、产生遥控指令信号、采集模拟量遥测和模拟平台数据总线通信，也可对显微成像观察系统进行开关机、数据注入等操作。

根据不同的实验需求，结合其他相关技术，可以将显微成像观察系统的功能从以观察生物样品形态变化和运动状态为主，扩展到进行生物样品检测分析的水平。结合荧光激发和荧光检测技术，实现荧光显微成像检测，用于基因工程等更深层次的生物学研究；将微型集成分光技术应用于显微光学系统，可实现多光谱显微成像检测，同时获得目标的多个波段光谱数据和相应的图像数据，实现图谱合一，为生物学研究提供更为丰富的关联数据信息；将激光共焦技术与荧光技术结合应用，可实现具有更高空间分辨率的激光共焦荧光显微成像检测，能够获得生物样品更加精细、清晰的显微图像信息，有助于获得更有价值的生物学研究结果。

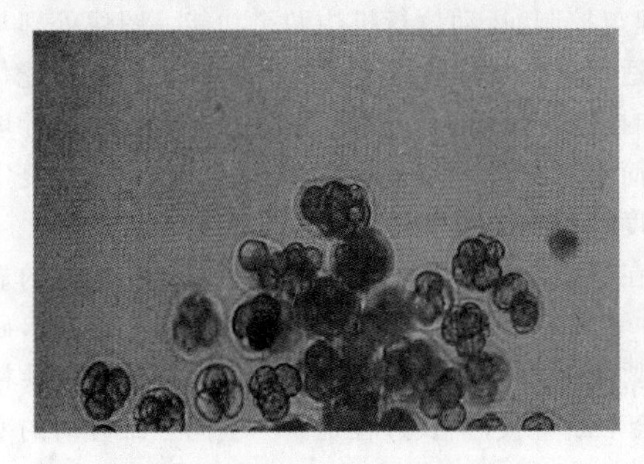
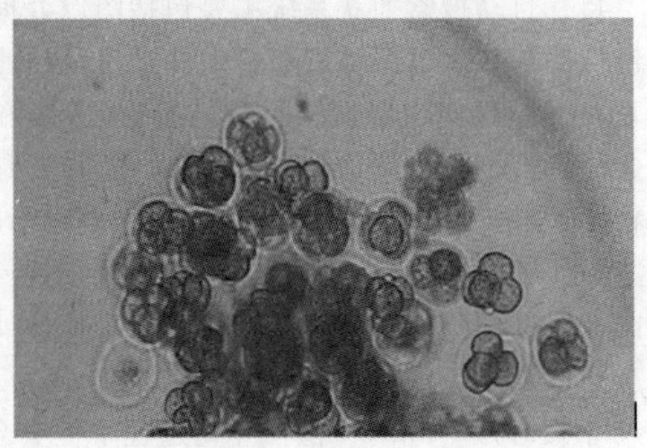

图 11-66　小鼠胚胎发育显微图像

3. 微型光谱检测分析

光谱检测分析技术的重要理论基础之一是量子学理论。光谱检测分析涉及的研究对象包括从离子、原子、分子到凝聚态的不同物质层次，从气态、液态、固态到等离子体的各种物质形态，从遥远的宏观天体到眼前的微观 DNA 的各类物质。

经过多年的发展，光谱检测分析方法也出现了多样化形式，除了最基本的光谱检测分析方法，还有发射、吸收、反射、荧光、散射光谱法，偏振、旋光、光声、光热、光导光谱法，以及微分光谱、调制光谱、傅立叶变换、哈特玛变换光谱、干涉分光、相关光谱法等。相应的光谱检测分析设备也得到发展，光谱范围在长波波段扩展到毫米波，在短波波段与软射线（100Å，1Å10^{-10} m）相连，在光谱分辨率、灵敏度、精确度、重复性、稳定性等各方面都有提高，实现了可进行多组分同时检测分析，检测分析过程快速、无损、无污染等。

微型光谱检测分析仪是一种典型的微型光机电系统（MOEMS），是微型机电系统（MOMS）技术和微型光器件结合后发展起来的一种新技术系统，是微型光机电系统的一个重要研究方向。与传统的光谱检测分析设备相比，微型光谱检测分析仪具有质量轻、体积小、探测速度快、使用方便、可集成化、可批量制造以及成本低廉等优点，在生化分析、生物研究、农业生产、环境监测、临床医学检测和医学研究、工业在线质量控制以及航空航天遥感等领域应用前景广阔。

光谱检测分析仪的基本工作原理是光学色散原理。根据工作原理的具体形式可以将光谱检测分析仪分为基于空间色散分光原理的经典型光谱检测分析仪和基于光信号调制原理的新型光谱检测分析仪两大类。经典型光谱检测分析仪均以狭缝作为光源的输入，其色散元件主要有棱镜和各类的光栅；新型光谱检测分析仪采用了的其他分光原理。

图 11-67 所示是光栅型微型光谱检测分析仪，采用光纤输入方式，主要技术性能指标在表 11-4 中列出。

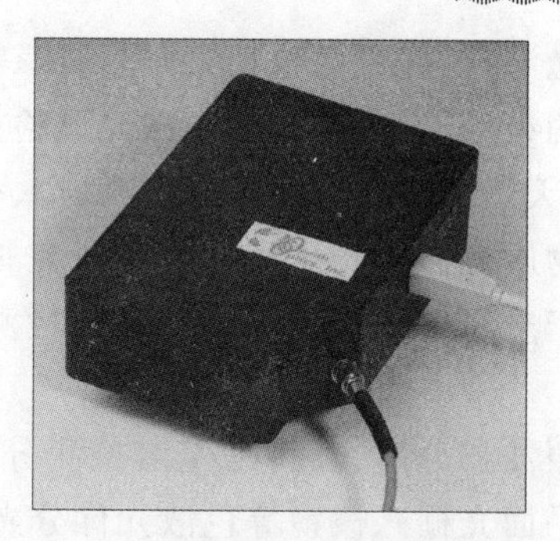

图 11-67 微型光纤光谱检测分析仪

表 11-4 技术性能指标

参 数	典型值
尺寸/mm	148.6×104.8×45.1
质量/g	570
探测器	3648 Pixels CCD
狭缝/μm	5
焦距/mm	f/4 101
光谱范围/nm	200～1 100
光谱分辨率/nm	0.5(FWHM)
级次滤波器	OFLV-200-100

干涉型光谱检测分析仪采用傅立叶变换工作原理，具有分辨率高、杂散光影响小、有利于弱光检测等优点，但色散系统结构复杂，数据处理要求高。

电晶体型光谱检测分析仪采用声光调谐原理，通过调谐施加在晶体上的射频频率，射频在晶体内部产生超声波，超声波改变晶体的光学性质，使晶体在某一频率的调制下只能通过某一种波长的光波，从而形成一个通带很窄的可调谐滤波片。该种光谱检测分析仪可以通过调节射频信号功率对滤波片的出射光强度进行精密、快速调节，连续改变射频的频率便可实现对光谱的扫描；电晶体调谐无运动部件，光谱扫描速度快(秒级)，衍射效率高，分辨率高达 2～6 Å，易于实现微小型化。

微滤光片型光谱检测分析仪采用一种硅微可调干涉滤光片，可以在数毫秒内对需要的光谱段进行扫描。这种微滤光片用一种新的两步光刻多孔硅批量制作技术加工而成，微滤光片的折射率随深度渐变，在 400 nm～6 μm 波段范围内构成了类似于 Bragg 镜或 Fabry-Perot 带通滤光器的选择性透光特性，在可见光和红外波段范围内可以使用一个单元探测器测量光强。

采用空间色散原理的光谱检测分析仪，通常由光源或照明系统、分光(色散)系统、光谱检测以及信息处理系统等部分组成构成，如图 11-68 所示。

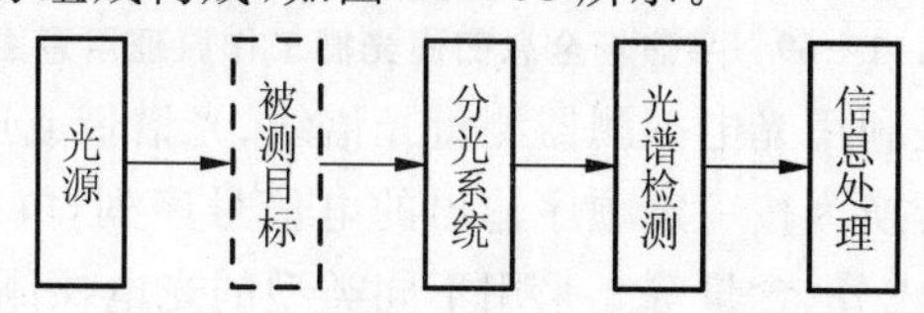

图 11-68 光谱检测分析仪组成原理框图

光源包括天然光源和人造光源，天然光源包括太阳、星体、星云和地球上的各种爆炸物等，人造光源包括各种物质燃烧时的火焰、气体放电等。在光谱检测分析仪中，光源可以是研究对象，也可以是研究物质的工具。天然光源往往用来研究来自太空的光谱，通过光谱来分析在被研究对象中可能存在的元素或物质。人造光谱通常作为研究工具，利用其发射的标准线状光谱标定光谱检测分析仪。应用于空间生命科学实验的光谱检测分析仪中，将光源作为研究工具，用于物质检测和仪器标定。

分光系统利用色散原理按照波长分离光波，是光谱检测分析仪的核心部分。分光系统可以采用多种形式：简单的光栅（平面光栅）、棱镜等色散元件分光；利用干涉调制原理，通过选择调制频率的方法来进行分光等；从空间应用的角度分析，分光系统应具备光学面少、系统简单可靠、光能利用率高、避免光机扫描机构等特点，要构造类似的微小型化、集成度较高、具有空间环境适应性的分光系统，可以采用微小型化的凹面光栅作为色散元件。表 11－5 给出了一种凹面光栅的主要技术参数。

表 11－5 凹面光栅参数表

参数	典型值
波长范围/nm	250～900
F 数	$f/2$
口径/mm	$\phi 40$
刻划密度/(l·mm^{-1})	590
光谱长度 LS/mm	28
光谱色散/(nm·mm^{-1})	23
入射臂长 r_A/mm	80

注：光栅类型为全息消像差凹面光栅。

这种平焦场全息凹面光栅只有一个光学面，具有色散和成像的功能。凹面光栅具有较大的 F 数，可以提高系统的光收集能力；全息光栅具有比刻划光栅更好的表面粗糙度，具有较高的衍射效率，衍射效率曲线比较平直；全息平焦场凹面光栅具有消像差功能。图 11－69 所示是平焦场全息凹面光栅工作原理。

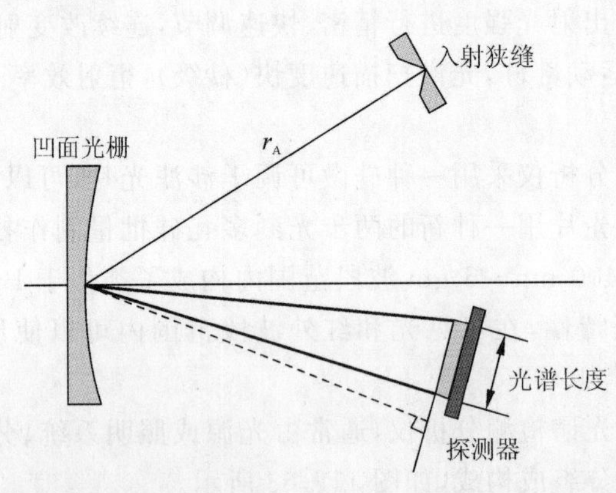

图 11－69 平焦场全息凹面光栅工作原理示意图

光谱检测部分的作用是利用光电探测器测量光谱线、光谱带或连续光谱的波长和强度，将不同光谱波段的光强信号转换为按一定顺序输出的电信号序列，电信号序列中包含了被研究物质的特性参数，如物质的成分、含量等。采用不同类型的光电探测器可以得到被研究物质不同波段的信息。

光电探测器是光谱检测分析仪的关键器件，在空间生命科学实验中，为了减少系统体积、提高系统可靠性，在微小型光谱检测分析仪系统中可采用线阵探测器，选用像元宽度窄、像元高度高的线阵探测器有利于提高系统分辨率和探测灵敏度。图 11－70 所示为一种线阵 CCD 探测器，这种探测器的光谱响应范围宽，在光谱范围里有很好的响应率，光谱响应曲线平坦。

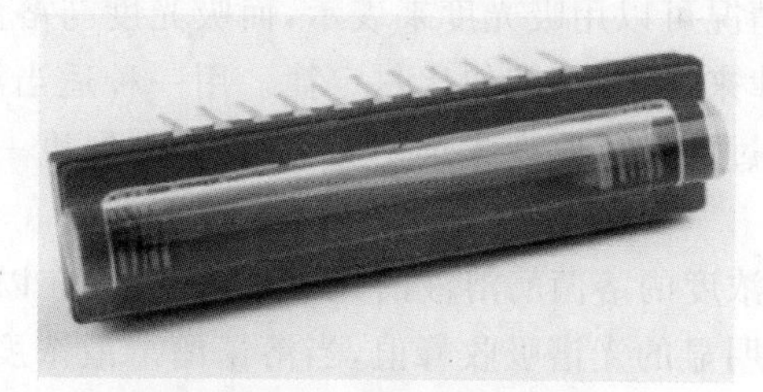

图 11－70　线阵 CCD 探测器

这种探测器主要特性参数见表 11－6。为了提高探测器在紫外波段的响应，可以将探测器标准窗口换成石英窗口，并在窗口上增镀一层磷光剂来增强探测器对 200～360 nm 波段范围的探测率。

表 11－6　线列 CCD 探测器特性参数

参　数	典型值
光敏元数/Pixel	2 048
光敏元尺寸/μm	14×200
工作温度/℃	－25～60
保存温度/℃	－40～100
灵敏度/($V \cdot lx^{-1} \cdot s^{-1}$)	80
饱和输出电压/V	0.8
饱和曝光量/(lx・s)	0.01
暗电压/mV	2
输出阻抗/kΩ	0.5

信息处理部分将探测器输出的电信号进行放大、整理，再按照一定的数据格式输出。信息处理通常采用微处理器及相应的软件来实现，这些数据最终被显示为某种形式的数值或图样，这些数值或图样是进行后续光谱信号处理及分析的数据基础。微型光谱检测分析仪内部结构如图 11－71 所示，配套的光纤光谱检测单元如图 11－72 所示。

图 11－71　微型光谱检测分析仪

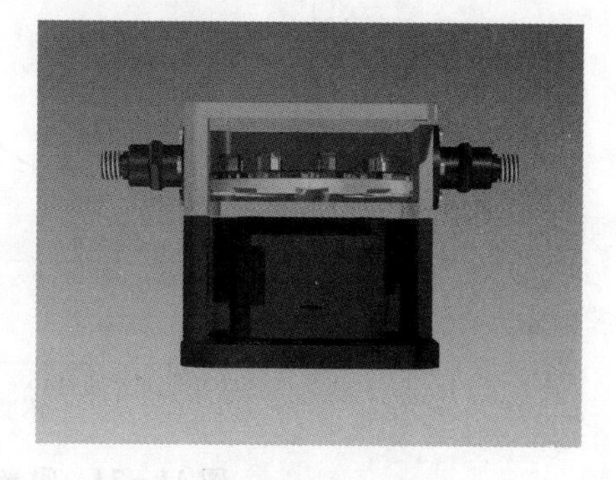

图 11－72　光纤光谱检测单元

在蛋白质结晶实验中，蛋白质在过饱和溶液中以及晶体中化学位之差是结晶的动力。结晶的一般过程分为形成稳定的晶核、由晶核生长为晶体和生长结束三个阶段。在蛋白质结晶全过程中，蛋白质溶液的浓度一直发生着变化，用光谱检测分析的方法可以对这个变化过程进行监测。

溶液对入射光的吸收情况可以用吸光度来表示，而吸光度与溶液液层的厚度与浓度之间的数学关系可以用吸收定律来描述，即朗伯比尔定律。用一种适当波长的单色光照射一定浓度液体时，其吸光度与光透过的液层厚度成正比关系；在液层厚度一定的情况下，吸光度与溶液浓度成正比关系。

图 11-73 所示是不同浓度的溶菌酶溶液的光谱吸收曲线，在以 280 nm 为中心波长的紫外波段，溶菌酶溶液有一个明显的光谱吸收峰值，当溶菌酶溶液浓度从下至上变化时，浓度每递增一个很小的变化量，对应的吸光度变化显著，说明吸光度对溶菌酶的浓度变化有很高的灵敏度。

把溶菌酶溶液在 280nm 处的吸光度与溶菌酶溶液的浓度数据进行直线拟合处理，可以得到如图 11-74 所示的结果，图中拟合直线的斜率即为溶菌酶的吸光系数。

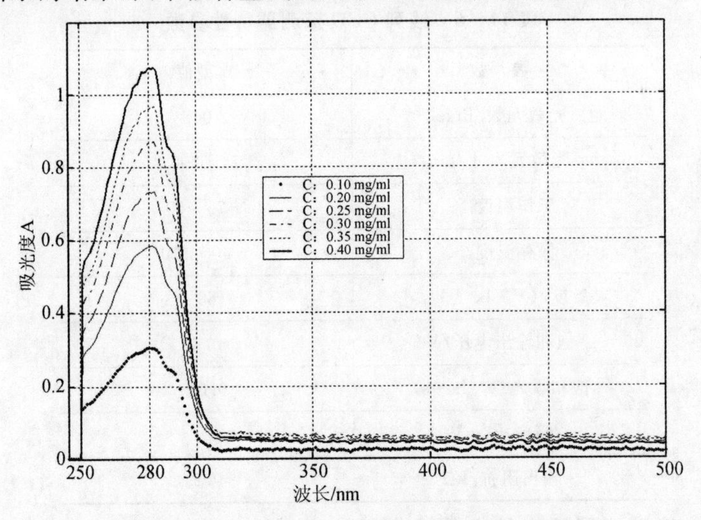

图 11-73 不同浓度的溶菌酶溶液光谱吸收曲线

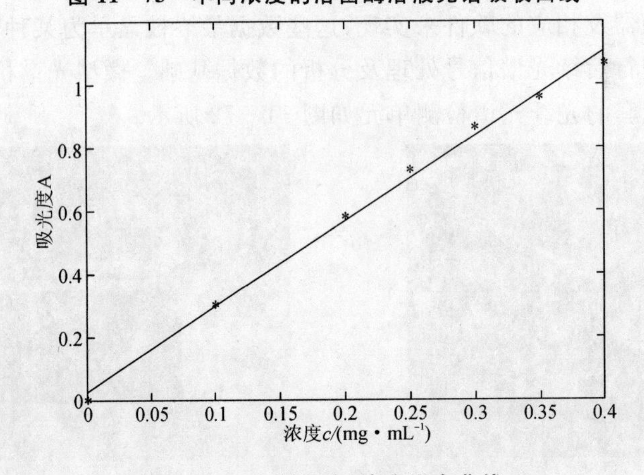

图 11-74 吸光度-浓度拟合曲线

光谱检测分析技术在空间生命科学实验和研究中具有广泛的应用前景，提高光谱分辨率、检测灵敏度、测量精度是光谱检测分析技术的发展方向。随着光、机、电精密加工技术和探测器水平的提高，适用于空间科学应用的微小型化、高可靠的光谱检测分析仪将得到进一步发展。

第五节　先进的空间生物实验系统平台

空间科学技术的发展使得空间生命科学实验和研究已逐渐形成一门新兴的学科，所涉及的研究内容日益广泛，涵盖了研究空间环境因素的生物效应的基础空间生物学，研究超重力、重力、微重力影响生命演化和生理活动的空间重力生物学，研究利用微重力环境获得具有特殊意义生物制品的空间生物技术，研究长期在轨运行时能量/物质循环模式的空间受控生命生态保障技术，研究人类在空间环境条件下生理心理状态及变化的空间医学、研究生命起源和探测地外生命痕迹的天体生物学，等等。所有这些研究工作在微观的细胞分子水平和宏观的整体综合水平上的不断深入，对实验设备的复杂性、先进性和完备性等提出了更高的需求。

大型航天器平台和往复式使用的航天器，使各类先进空间实验平台的建立和使用成为可能。先进的空间生物实验平台能够为空间生命科学实验和研究提供更为优越的环境条件和保障能力：在资源条件方面提供更为充分的体积、质量和功耗等，在环境条件保障方面提供更为适宜的温度、湿度、气压等，在检测手段方面提供更为精细的成像、光谱、干涉等技术，在实验操作方法方面提供全自动、人工干预、遥科学等多种类型并存的工作模式等。

一、Biolab 实验平台

Biolab 实验平台安装在国际空间站 ISS 哥伦布舱内，是由欧空局 ESA 开发的用于细胞、肌肉、微生物、小型植物以及动物等多学科生物学研究的复杂实验系统，如图 11－75 所示。

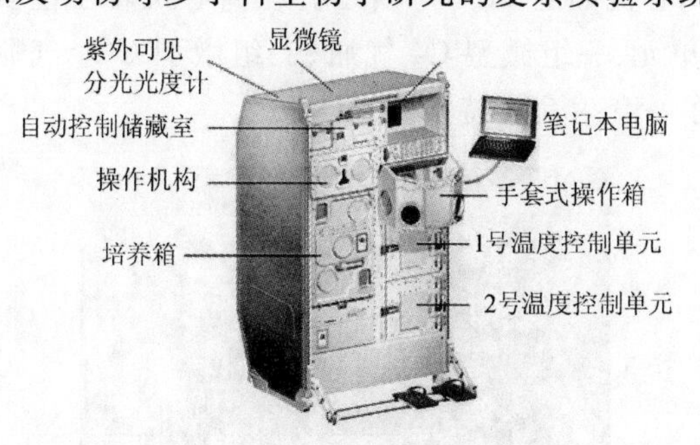

图 11－75　Biolab 实验平台

Biolab 实验平台主要包括一个生物培养箱、一组分析仪器（显微镜和分光计各一台）、一个生物手套箱、两个温控单元、一套操作机械装置、一组生物样品自动温控存储装置、一个视频记录仪和一台计算机等部分组成。

1. 生物培养箱

Biolab 的核心部分是生物培养箱，生物培养箱内部包括 2 台独立的离心机，可以装载 12 个独立的生物实验单元，每个实验单元都由独立的生命支持系统（LSS）提供环境条件保障，有 4 个实验单元具备照明部件，可以利用视频相机和近红外观察相机进行监视和检测。生物培养箱内部结构布局如图 11-76 所示。

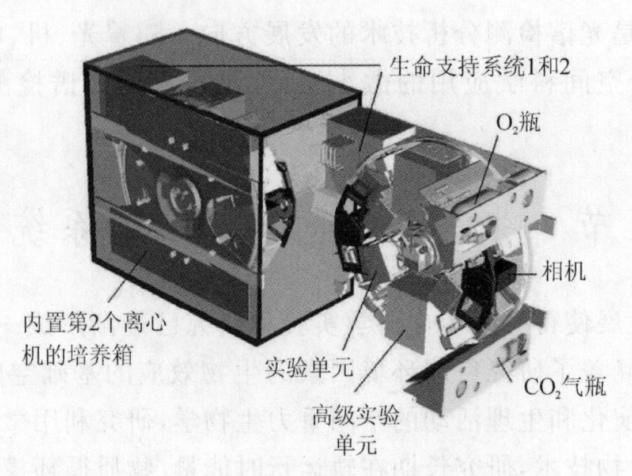

图 11-76　生物培养箱内部结构布局图

生物培养箱的主要技术指标见表 11-7。

表 11-7　生物培养箱主要技术指标

技术指标	数　值
温度范围/℃	18～40
离心机数量/台	2
重力变化范围/g	0.001～2
容器数量/个	12
观察视场/mm	40×40
观察分辨率/mm	0.2
照明/(W·m^{-2})	10

(1)离心机。

生物培养箱内部的离心机如图 11-77 所示。在离心机转子上安装有 4 个标准生物实验单元、2 个高级生物实验单元、一组微型 O_2 气瓶、一组微型 CO_2 气瓶和一个观察相机等。在离心机固定支架上安装了一套生命支持系统。

图 11-77　离心机实物照片

(2)生命支持系统。

生命支持系统(Life Support System)是调控生物培养箱内部环境条件的控制系统,可以在特殊环境条件下根据生物实验要求提供不同的实验环境条件,生物学研究人员可以通过生命支持系统对生物培养箱内部环境中的空气成分及湿度进行高精度调控。生命支持系统的主要技术参数见表 11 - 8。

表 11 - 8　生命支持系统主要技术参数

技术参数	数　值
相对湿度/(%)	60～90(可调步长 1)
CO_2 浓度/(%)	0～0.2(可调步长 0.01) 0.2～5.5(可调步长 0.1)
O_2 浓度/(%)	15～22(可调步长 1)
N_2 浓度	哥伦布舱内环境保证
CO_2 去除	CaOH 储存室
乙烯去除	$KMnO_4$ 储存室
空气流动率/($mL \cdot min^{-1}$)	80±20
空气过滤器滤膜孔径/μm	0.2

当离心机旋转运动时，生命支持系统处于静止状态。通过离心机中轴、气体输运管路和空气过滤器，生命支持系统将 O_2 和 CO_2 输运至离心机上的 6 个实验单元，如图 11 - 78 所示。

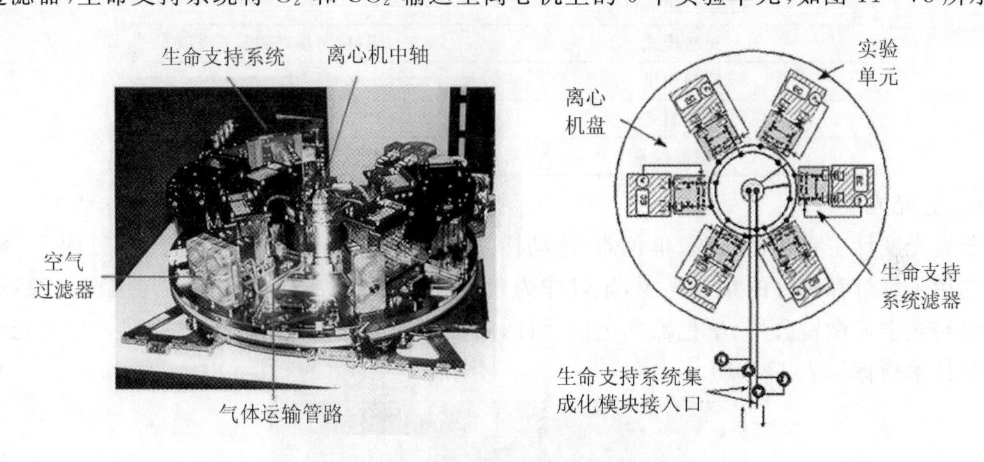

图 11 - 78　生命支持系统及工作原理

2. 分析仪器

Biolab 配置有光学显微镜和分光光度计两种分析仪器，如图 11 - 79 和图 11 - 80 所示。分析仪器与操作机械装置结合使用，可以对 50～150μL 的微量生物样品进行自动分析，获取的测量数据和图像信息通过航天器平台数据传输系统实时传送到地面。每次实验结束后，用于观测的生物样品室被蒸馏水自动清洗洁净。

(1)光学显微镜。

光学显微镜主要包括显微光学部件、生物样品室、冷凝器和控制器。显微光学部件采用轮式旋转物镜结构，可根据所观测生物样品的特性自动选择相应的物镜；生物样品室采用透明结构以便于观测，生物样品可以在样品室内流动；光学显微镜的单步操作和自动扫描调焦操作可以采用遥科学方式进行遥操作。光学显微镜的主要技术指标见表 11 - 9。

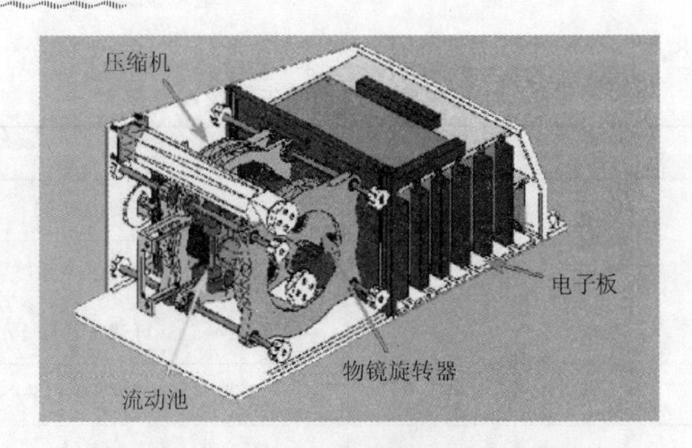

图 11-79　光学显微镜结构示意图

表 11-9　光学显微镜主要技术指标

技术指标	数　值
物镜放大倍率	4×,10×,20×,40×
视场/mm	2.5,1.0,0.5,0.25
分辨率/μm	2.2,1.0,0.8,0.4
照明	蓝色 LED(470nm)
流动样品室参数/μm	100,500
扫描区域/mm²	4×4
观察模式	相衬,明场,暗场
视频相机	黑白
视频制式	NTSC
探测器像素	525×768

(2)分光光度计。

分光光度计主要包括光源、单色器、流动样品池、探测器和信息处理等部分(见图 7-80),光源选用了氘灯和钨灯的集成光源,氘灯作为紫外波段光源,钨灯作为可见光波段光源;流动样品池与光学显微镜公用;单色器为色散元件;对液体样品的检测自动在线完成。分光光度计的主要技术指标见表 11-10。

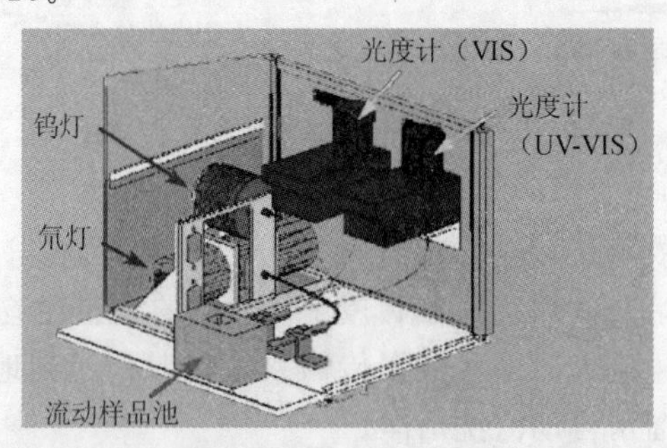

图 11-80　分光光度计结构示意图

表 11-10　分光光度计主要技术指标

技术指标	数　值
光谱范围/nm	220~900
光谱分辨率/nm	10
照明光源	氘灯(紫外波段),钨灯(可见光波段)

3. 生物手套箱

生物手套箱如图 11-81 所示，为生物实验提供可控环境下的人工操作。操作时将生物实验预备单元连接到生物手套箱上，可为冷藏细胞提供活细胞所需要的环境条件。生物手套箱内部可安装两个标准生物实验单元、或者一个先进生物实验单元、或者两个自动温控存储系统、或者一个生物实验预备单元，其主要技术指标见表 11-11。生物样品可通过生物手套箱的主舱门或者手套箱两侧的两个舱口放入后进行操作。

图 11-81　生物手套箱

表 11-11　生物手套箱主要技术指标

技术指标		数　值
工作环境尺寸/mm		355(w)×300(h)×280(d)
通道尺寸/mm		主舱门(mm)：220×160
		手套箱舱口(mm)：220×131，共 2 个
		窗口(mm)：400×112/210
		空气锁(mm)：100×ϕ107
操作模式		闭环状态：生物样品操作
	无菌状态	生物手套箱或操作机械装置； 生物培养箱或生命支持系统
无菌系统		臭氧发生器　100ppm
温度/℃		21～38(±1)可选
压力/Pa		低于环境压力 0～1.3hPa 的负压状态
其他配置		点光源，背光面板； 20mL 液体净化剂； 玻璃和颗粒捕捉器； 磁性约束条； 外置视频相机 2 台

4. 温控单元

Biolab 配置有两个温控单元，如图 11-82 所示，用于控制生物样品的环境温度。每个温控单元的内部容积为 12L，温度精度是±1℃，温控单元通过一个风扇控制内部空气流动。温控单元主要技术指标见表 11－12。

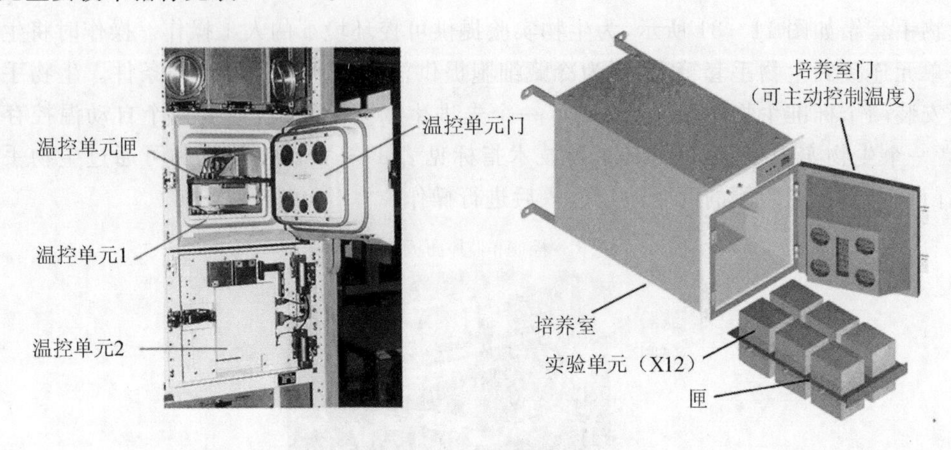

图 11－82 温控单元

表 11－12 温控单元主要技术指标

技术指标	数 值
样品容量	12 个标准生物实验单元/2 个先进生物;实验单元/10 个自动温度控制储存插件
内部容积/L	12
温度范围/℃	－20～＋10
温度精度/℃	±1

5. 操作机械装置

操作机械装置是一套机器人设备，如图 11－83 所示，可以对生物实验单元进行各种不同操作，是生物实验单元和自动温度控制储存装置或分析仪器之间进行液体传输的接口。该装置采用单容器或双容器注射模式，通过推出、拉进和旋转等动作，在生物样品单元内完成对生物样品的操作，操作控制方式分为自动方式和遥控方式。其主要操作内容包括：

1）从生物实验单元内抽出生物样品后，注入分析仪器进行原位分析；

2）从生物实验单元内抽出生物样品后，注入自动温度控制储存装置进行低温保存；

3）从自动温度控制储存装置内抽出生物样品后，注入生物实验单元进行；

4）在生物实验单元内进行旋转或推拉操作。

图 11－83 操作机械装置

Biolab的操作模式从结构配置上分为自动操作和人工操作两个部分。自动操作部分包括生物培养箱、操作机械装置、生物样品自动温控存储装置、显微镜和分光计，人工操作部分包括生物手套箱、温控单元、视频记录仪和微型计算机。地基生物学研究人员利用自动操作模式和遥科学控制方式对空间实验进行操控，航天器平台乘员利用人工操作模式开展空间实验，丰富了空间实验模式，提高了空间实验效率。其主要技术指标见表11-13。

表11-13　操作机械装置主要技术指标

技术指标	数　值
活塞速度	0.1～20mm/s(2.2～220μL/s)
活塞行程/mm	45
推/拉力/N	20
旋转/rpm	4～120(间隔5)
转矩/Nm	±1

二、XCF实验平台

XCF(X-ray Crystallography Facility)是在美国NASA支持下为ISS开发的用于分析大分子蛋白质晶体生长过程的专用实验平台，如图11-84所示。在空间微重力环境条件下可以获得高质量的蛋白质晶体，利用X射线衍射技术可以获得蛋白质晶体的衍射图像，从而可以定义蛋白质的结构。XCF实验平台具备蛋白质晶体预处理、晶体衍射成像和结构图像信息处理等功能。

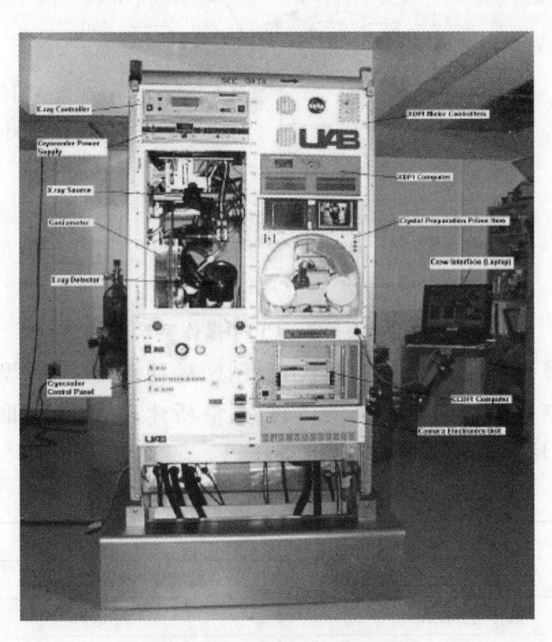

图11-84　XCF实验平台

XCF实验平台主要包括3个子系统：由地基研究人员控制遥操作机器人完成蛋白质晶体收集、准备和低温保存的晶体预备子系统（CPPI），集成了先进的X射线源、测角仪和X射线探测器的X射线单晶衍射子系统（XDPI），与地基遥科学实验室进行控制指令和测量数据传输的测控通信子系统(CCDPI)。XCF 实验平台的主要技术指标见表 11-14。

表 11-14 XCF 实验平台主要技术指标

技术指标	数 值
容积	一个标准机柜
重量/kg	560
功率/W	2 000
制冷方式	低温水循环
氮气消耗	1kg/90d
数据率/kbps	225
视频容量	65h/90d
航天器平台乘员操作时间	32.5h/90d

1. 晶体预备子系统

晶体预备子系统 CPPI(Crystal Preparation Prime Item)是一个高精度机器人操作系统。航天器平台乘员将晶体生长容器放入晶体预备子系统就位后，所有对蛋白质晶体的操作过程完全由 CPPI 根据地基实验室的遥科学指令自动完成。对蛋白质晶体的操作过程包括抽取、定位、注入和冷冻储存等。

CPPI 包括显微操纵器、全景相机、全景照明、显微相机、液体晶体管理系统和样品室支架等，CPPI 操作室如图 11-85 所示。

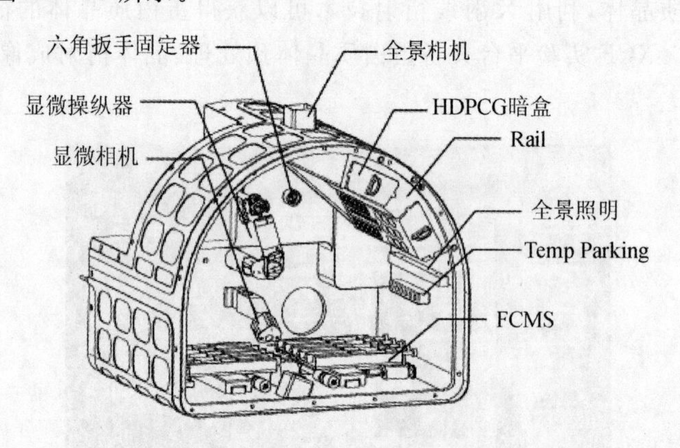

图 11-85 CPPI 操作室

CPPI 核心部件是显微操纵器，具有六自由度精密运动机构，与微型注射泵、显微相机等精确配合，可以完成样品室开盖、液体吸取、液体转移、液桥建立、晶体提取、晶体冷冻与储存等一系列复杂操作。其主要技术指标见表 11-15。

表 11-15 显微操纵器主要技术指标

技术指标	数 值
自由度	6
操作空间/cm^3	400
晶体尺寸/mm	0.1～1.0
毛细管直径/mm	0.3～1.0
低温冷冻/K	90
冷藏时间/h	24

2. X射线衍射子系统

X射线衍射子系统XDPI(X-ray Diffraction Prime Item)包括X射线源、X射线探测器及电子学、三环测角仪、低温氮气源等,如图11-86所示。

(1) X射线源。

X射线源是XDPI的核心部件,常用的旋转阳极式X射线源由于体积大、质量大、功耗大而无法应用于航天器平台,XDPI中采用的微型X射线源采用特殊设计技术,将X射线发生器和形成光束的X射线光学集成在一起,实现低功耗、高密度的X射线输出,具有体积小、质量小、功耗小等优点,可以满足空间应用的需要。微型X射线源主要技术指标见表11-16。

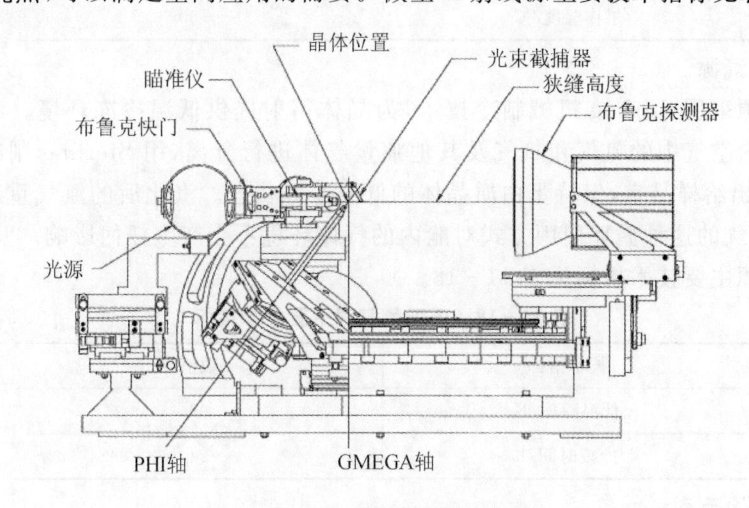

图11-86　XDPI结构功能图

表11-16　微型X射线源主要技术指标

技术指标	数值
功率/W	24
电压/kV	24
电流/mA	0.6

(2)X射线探测器。

XDPI选用基于CCD传感器技术的X射线探测器,在CCD传感器的表面有一层磷屏,可以将X射线转换为可见光波段的光子,可见光光子通过光纤光学耦合器后到达CCD传感器,CCD传感器采用凝视工作模式,收集与可见光亮度成正比的电荷以得到衍射图像;CCD传感器工作在由热电制冷器控制的-50℃环境,以降低CCD传感器的暗电流,提高探测灵敏度;X射线探测器可以承受的峰值辐射剂量为8particles/m²,当辐射剂量超过这个峰值约10倍时,X射线探测器的探测效果将受到严重影响,无法正常实验。

对于每种蛋白质晶体,完成每帧衍射通常需要1min,获得一组完整的衍射数据需要约600帧,数据量为1～2Gbytes,数据存储在容量为4Gbytes的存储器内,通过平台数传系统择机下传地面。X射线探测器主要技术指标见表11-17。

表 11-17　X 射线探测器主要技术指标

技术指标	数　值
探测器类型	CCD
像元数/pixels	2 048×2 048
工作模式	凝视
帧频/fps	>600
峰值辐射量/(particles・m^{-2})	>8
工作温度/℃	−50

(3)低温氮气源。

低温氮气源采用 Stirling 机械制冷技术，为晶体衍射提供低温冷冻环境。利用分子筛将航天器平台舱内空气中的氮气和氧气及其他痕量气体进行分离，用 Sterling 制冷机将氮气制冷到 90K 后输出给样品室，保持蛋白质晶体的低温冷冻状态。汽化后的氮气重新释放到航天器平台舱内，氮气的这种循环使用方式对舱内的气体环境不会产生任何影响。

低温氮气源主要技术指标见表 11-18。

表 11-18　低温氮气源主要技术指标

技术指标	数值
低温冷冻/K	90
冷藏时间/h	24

3. 测控通信子系统

测控通信子系统 CCDPI(Command/Control/Data Prime Item)是一套以 CPU 为控制核心的电子学系统，在轨完成 XCF 的命令、控制、数据采集、数据存储和通信等功能。CCDPI 有两种工作模式：一种模式是按照地基研究人员的指令和控制完成操作，另一种模式是接收航天器平台乘员的指令进行操作。

XCF 实验平台在基于结构的药物设计和人类基因组计划中具有非常重要的价值，其各项主要技术性能指标在原理样机研制完成后进行了试验验证，完成了 200 种冷冻蛋白质晶体的筛选和输运，对其中 60 种晶体进行了特性分析，对其中 13～24 种晶体进行了完整的衍射分析，获得了全套衍射数据。

三、EPM 实验平台

EPM(European Physiology Modules)是欧空局 ESA 为 ISS 哥伦布舱研制的生理学研究实验平台，用于监控航天员生理参数和研究长时间太空飞行对人体的影响。EPM 是一个模块化、多用户设备，由一个支架和一系列科学模块组成，一个支架可以支持多达 8 个科学模块。每个科学模块都采用标准化结构，简化了各模块的在轨重新配置，如图 11-87 所示。

利用 EPM 实验平台开展人体生理学实验研究，目的在于了解人体在长期失重状态下的反应，有利于提高人类对地面疾病认知，如衰老过程、骨质疏松症、生理失调和肌肉萎缩等问题，典型研究领域涉及神经系统学、心血管和呼吸系统学、骨头和肌肉学、内分泌学和新陈代谢学等。

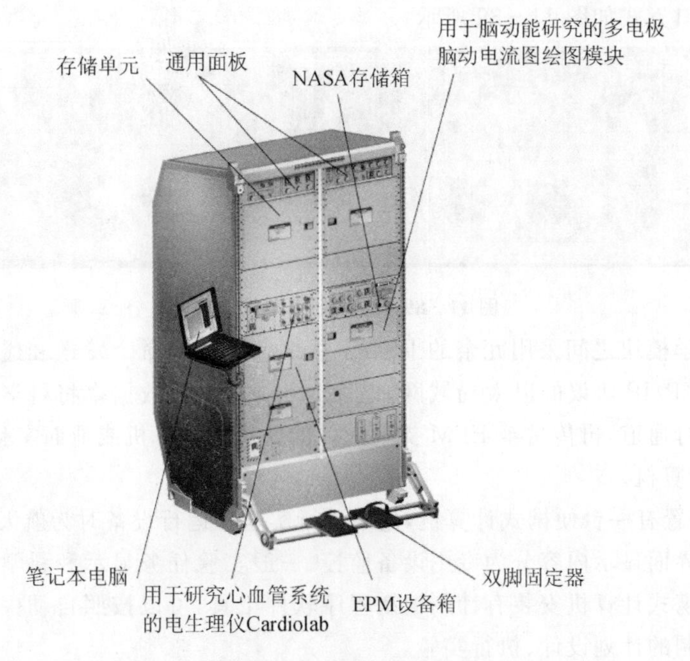

图 11－87　EPM 实验平台

1. EPM 支架

EPM 支架是用于承载各科学模块的基本框架，提供数据处理、电源供给、热控和机械调节等功能，如图 11－88 所示。EPM 支架外部与哥伦布舱直接固连，内部可支持最多 8 个科学模块，允许若干科学模块并行开展实验。

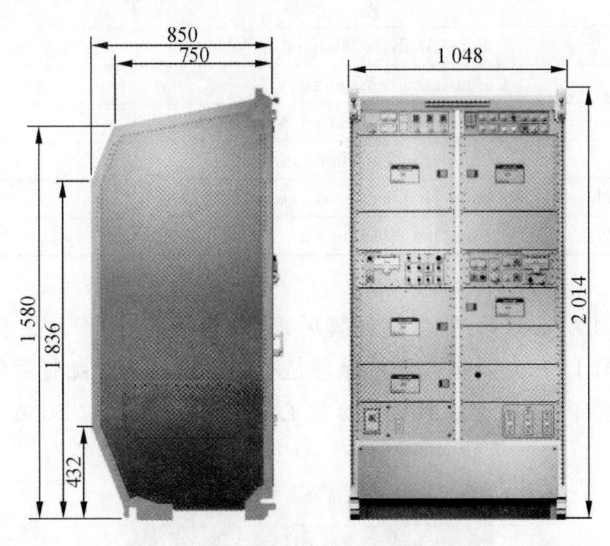

图 11－88　EPM 支架

(1)数据处理系统。

EPM 支架装置有两台独立的计算机构成了数据处理系统，其中设备控制计算机(FCC)管理与航天器平台的所有接口，监视 EPM 支架的状态；科学模块控制计算机(SMCC)管理与科学模块的接口，接收来自科学模块的各类数据并传输给 FCC，通过 FCC 将数据传输至地面。

数据处理系统接口方式如图 11 - 89 所示。

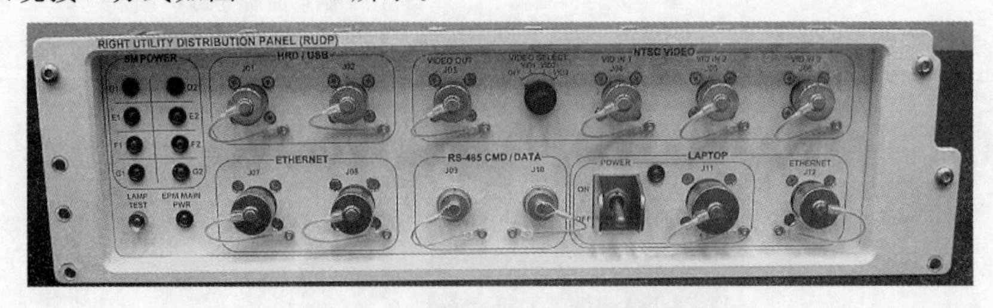

图 11 - 89　数据处理系统接口

SMCC 和科学模块之间采用冗余的 RS485 总线进行控制命令发送和遥测数据采集。系统配置有基于 TCP/IP 协议的以太局域网，以 32Mbps 的最大数据率将科学数据发送到航天器平台的数据下行通道，再传送至 EPM 支架配置的便携式计算机或地面实验室。

(2)便携式计算机。

EPM 支架配置有一台便携式计算机，用于进行实验和运行设备时为航天器平台乘员提供人机交互界面。界面显示内容分为专用设备监控、一般实验任务显示和科学模块实验程序显示三个部分。便携式计算机安装有计划编制程序软件工具，可以按照自动生成的计划或由航天器平台乘员编制的计划设计、执行实验。

2. 科学模块

科学模块是构成 EPM 的关键设备，包括多种用于人体生理学研究的实验模块，见表 11 - 19。科学模块和 EPM 支架之间采用标准化的机械、热和电气接口实现连接。

表 11 - 19　科学模块列表

序　号	全　称	缩　写
1	Bone Analysis Module	BAM
2	Cardiovascular Laboratory	CDL
3	Multi - Electrode Electroencephalogram Mapping Module	MEEMM
4	Portable Electroencephalogram Module	PORTEEM
5	Pulmonary Function Module/Photo - acoustic Module	PFM/PAM
6	Sample Collection Kit	SCK

(1)骨分析模块。

骨分析模块 BAM 用来测量踵部(例如脚后跟)的骨特性，用于评估骨头组织结构及骨头中矿物质的状态，如图 11 - 90 所示。测量原理是利用超声波通过踵骨后发生的衰减和声速变化来分析踵骨结构的内部状态。BAM 的核心部分是 BEAM(Bone Evaluation Acoustic Matrix)扫描仪。

图 11 - 90　骨分析模块 BAM

BAM 具有混合模式和合成模式两种功能模式，其测量结果可以与 X 射线测量结果相比对，用于评价验证 BAM 测量性能。

(2)心血管实验室。

心血管实验室 CDL 用于研究在休息、物理刺激或药物刺激等不同情况下心血管系统中的潜在变化机制等生理学问题，提出适当的预防措施，以确保航天器平台乘员在轨维持良好的身体健康状态，为返回地球作准备。这是 CNES 和 DLR 研究出的用作生理学研究的设备。

CDL 包括数据管理系统、多种传感器装置、应激源装置和消耗品等部分。

1) 数据管理系统。

数据管理系统(DMS)由一个数据管理中心单元(DMCU)、一套软件和一套接口电缆组成，DMS 控制和管理 CDL 各子系统(多种传感器装置/应激源装置)以及与 EPM 的接口。根据不同的工作状态，DMS 的功耗介于 63.1～280W 之间。

数据管理中心单元(DMCU)由计算机、数据存储设备和电源组成，如图 11-91 所示，其热负荷介于 63.1～91.9 W 之间。

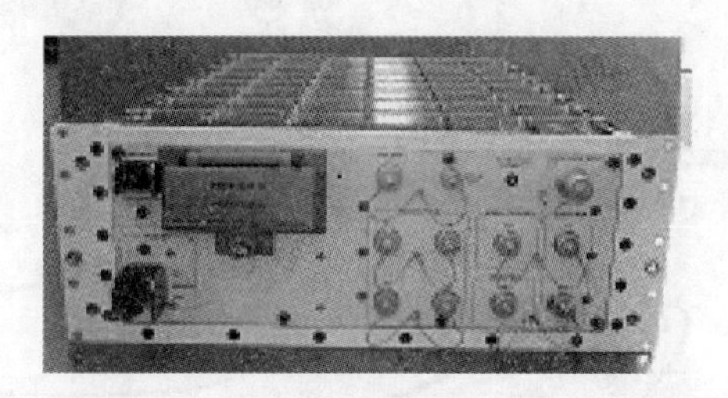

图 11-91　数据管理中心单元 DMCU

多种传感器装置由多种生理学信号传感器组成，每种传感器是一种专用设备或仪器，包括便携式血压分析装置(CDP)、心电图监测仪(HLTE)、动脉血压监测仪(HLTA)、便携式多普勒仪(PDOP)、肢体肌肉量测量装置(LVMD)、血色素测量装置(HEMO)、离心分血器(HEMC)、便携式血液分析装置(PBAD)等。

应激源装置是用于对参试主体进行不同刺激的各种设备或仪器，包括冷/热压力手套(CWPG)、腿/臂护腕系统(LACS)等。

消耗品包括硬盘、PCMCIA 卡、ECG 电极、棉签、超声凝胶体、AA 原电池组等。

2) 心血管压力测量仪。

心血管压力测量仪 CDP(Cardiopress)是一种便携式测试仪器，用来在移动条件下对手指动脉血压、心电图和呼吸时胸围变化进行 24h 以上的连续监控和数据存储，如图 11-92 所示。

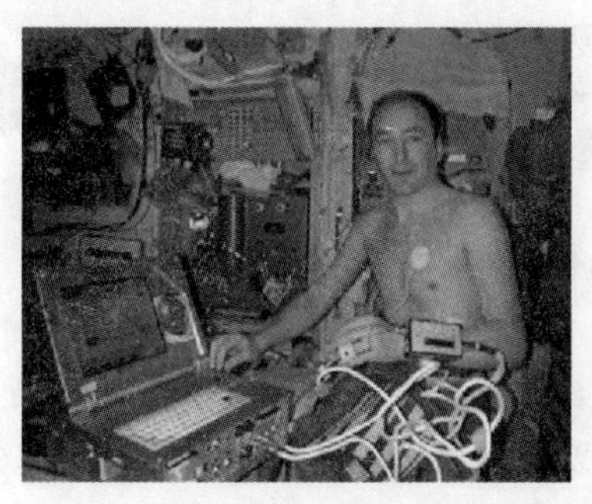

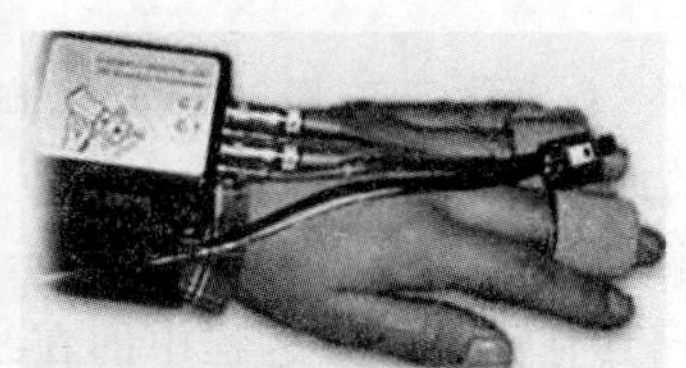

图 11-92　心血管压力测量仪操作

心血管压力测量仪 CDP 有 2 路模拟输入和 7 个模拟输出，可以在设置初始状态后全自动运行，不需要外部干预。CDP 可以将手指血压波形、压力波形中探测到的脉搏数据、心电图、呼吸信号、呼吸时间等多种测量信息采集储存后，通过专用分析软件的处理，得到包括心脏收缩，心脏舒张、平均血压、脉搏频率以及血液动力学参数等一系列生理学数据。

CDP 主要包括由主单元(Main Unit)和泵单元(Pump Unit)组成的腰带(Waist Belt)、高度修正单元(Height Correction Unit)、前端单元(Frontend Unit)、指环(Finger Cuffs)、呼吸带(Respiratory Belts)、心电图线缆(ECG Cables)、在线监测软件(CardiWin)和在线分析软件(CardiView)等，如图 11-93 所示。

主单元负责完成对 CDP 数字电子学装置和模拟电子学装置以及数据输入、输出和存储到内存卡上的操作管理。

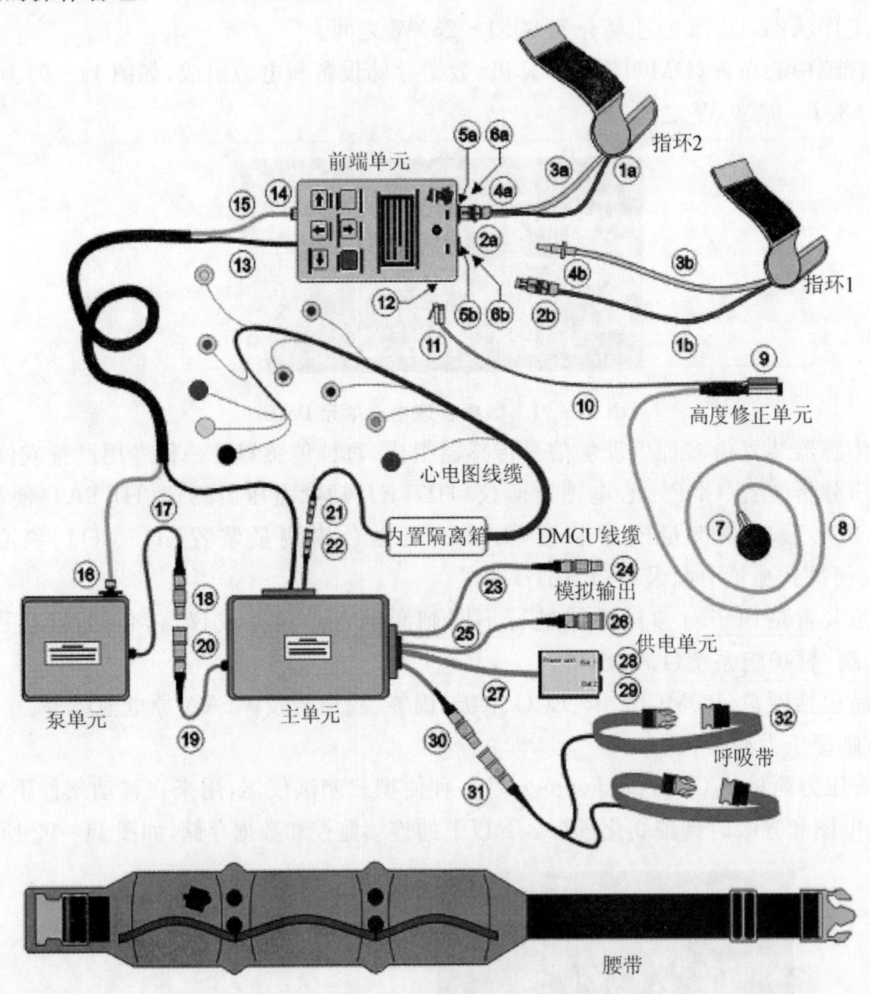

图 11-93 心血管压力测量仪组成

3) 心电图监测仪。

心电图监测仪 HLTE(ECG Holter)用于 24h 以上的心电图长期流动记录，可以记录两个并行信道的信号，具有数据收集过程中的在线分析能力，可以对心电图进行分类整理，采用 Diogenes 运算法则来识别心律失常的 40 种类型，如图 11-94 所示。

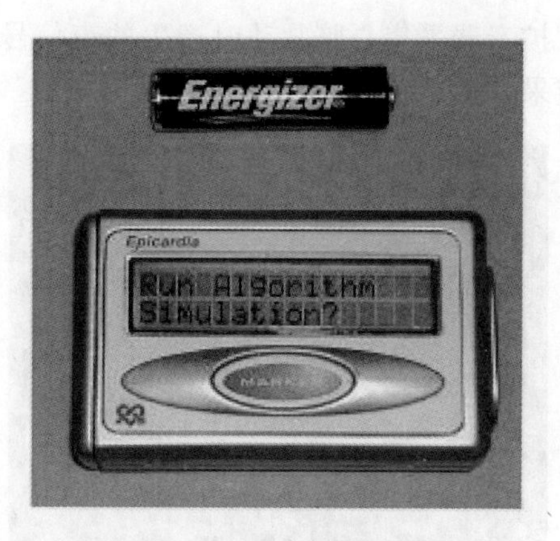

图 11－94　心电图监测仪

心电图监测仪的主要规格见表 11－20。

表 11－20　心电图监测仪主要规格

规　格	数　值
尺寸/cm	5.1(H)×8.1(L)
质量/g	105(含电池)
工作温度/℃	0～45
环境相对湿度/(%)	10～95

4) 动脉血压监测仪。

动脉血压监测仪 HLTA(Arterial Blood Pressure Holter)是一台小型可佩戴式的血压记录仪,可以在 30h 内按照设定的时间间隔记录和保存佩带者的血压值,测量结果可以传送到监控计算机进行显示或打印备份。

HLTA 采用示波法或听诊器法进行血压测量,主要技术指标见表 11－21。

表 11－21　动脉血压监测仪主要规格

规　格	数　值
尺寸/mm	128(H)×105(L)×48(D)
重量/g	390(含电池)
微处理器	CDC1802(RCA)
存储容量/bit	32×1 024×8
压力测量范围/mmHg	心脏收缩　70～300
	心脏舒张　50～230
泵压力/mmHg	25
护腕压力/mmHg	320(最大值)

示波法的标准是监测每次心脏收缩对缠在上臂的护腕内气压产生的压力脉动,测量时护腕内的压力应高于预期的心脏收缩压力,压力传感器可以在测量护腕内气压的同时,监测压力脉动。测量过程中要保持护腕与心脏处于同一水平,以减小血液所产生的静力学压力对测量结果的影响。

听诊器法中采用了一个扩音器采集心脏脉动时产生的声信号，这种测量方法还可以同时记录心率及心电图。测量结果如图 11－95 所示。

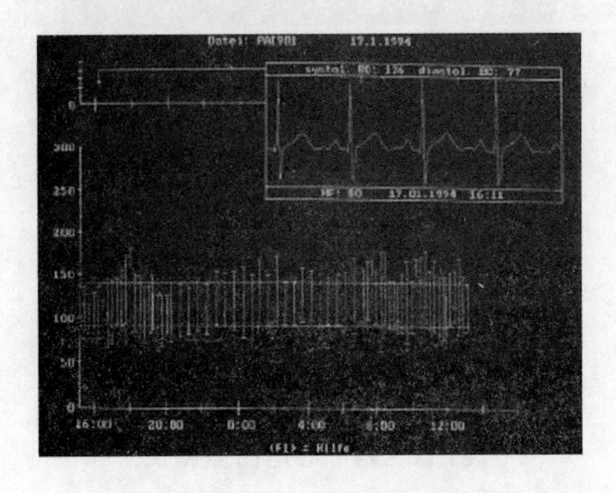

图 11－95　动脉血压监测数据

5）便携式多普勒仪。

便携式多普勒仪 PDOP(Portable Doppler)由主单元、电子学附件（探测器、两个耳机）、紧固器、飞行用特制容器、地面实验用容器、地面支持设备及各类耗材构成，如图 11－96 所示。PDOP 可以并行测量三个动脉的血流量，包括脑动脉、颈内动脉、大动脉、股动脉、表面动脉（如胫动脉）等。为了获得更大量程，每路测量线路采用两个探测器。2MHz PW 探测器用于颅内传输、大动脉、颈动脉测量应用，4MHz PW 探测器用于股动脉测量应用，8MHz PW 探测器用于外表面测量应用。

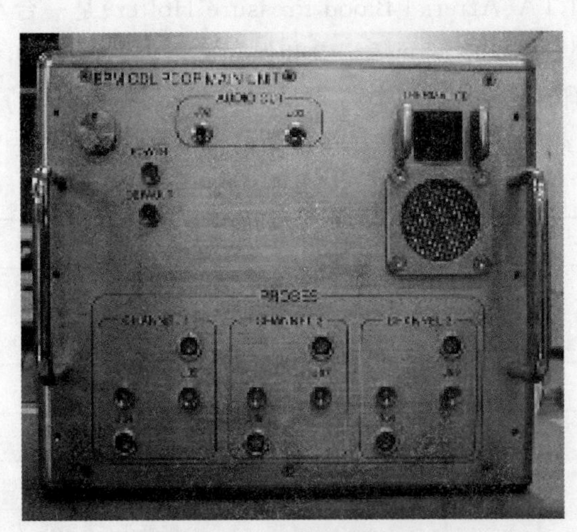

图 11－96　便携式多普勒仪

6）肢体肌肉量测量装置。

肢体肌肉量测量装置 LVMD(Limb Volume Measurement Device)利用基于超声波技术的 H/W 部件、采用两种独立的测量原理，实现对人体肢体肌肉量的测量。第一种测量方法采用两个 U/S 探测头来测量手脚上下肢体间的距离。第二种测量方法支持连续 48h 的脊椎骨几何形状记录。其测量基本原理如图 11－97 所示。

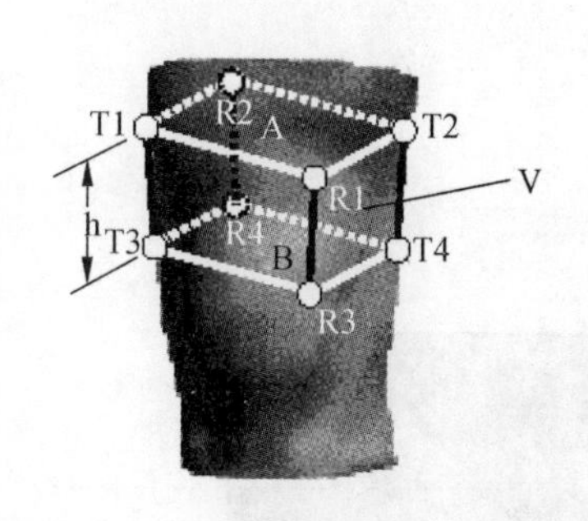

图 11－97　LVMD 测量原理示意图

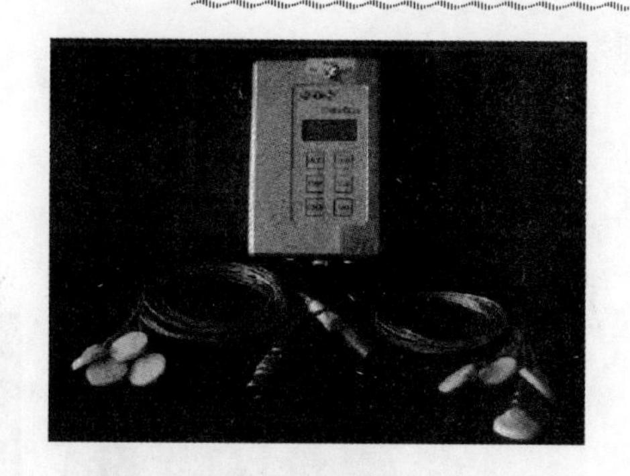

图 11－98　肢体肌肉量测量装置

LVMD 具有易于安装和独立使用的特点，采用电池供电，可以将测量单元直接捆绑在被测物体上，安装使用时只需要很少的工具和简单的动作就可以完成。数据记录包括内部存储和外部存储两种方式。内部存储采用 flash 模式，可以记录 48h 的数据，数据采样率为0.5Hz；外部存储是将数据传输到 DMCU。

LVDM 共有 8 个 U/S 探测器，构成四对发送器和接收器，如图 11－98 所示。探测器可以单个安装在背部来测量肢体位置信息，或者按圆周配对安装在肢体上使用，测量肢体的肌肉量。U/S 传感器与皮肤直接接触，安装操作非常简单，传感器安装连接状态的检测由 LVDM 自动完成，出现故障时有声光信号提示。

7) 血色素测量装置。

血色素测量装置 HEMO(HemoCue B－Hemoglobin measuring device)由特殊设计的光度计和微型试管组成，由电池供电，用于定量测定血液中的血色素，血色素可以反映血浆的变化以及血液的整体状态。

光度计选用两种光谱波段进行测量，以补偿血液样品的透光性；光度计在每次使用前要用标准试管进行标校。光度计主要技术指标见表 11－22。

表 11－22　血色素测量装置主要技术指标

规　格	数　值
波长/nm	570,880
测量范围	0～256g/L； 0～15.9mmol/L
精确度/(%)	1.5
线性度	<2%(5～180g/L)； <4%(18～25g/dL)

微型试管内包含干燥试剂，加入血液样品后不需要稀释就可以发生反应，反应过程中的血色素数据由 HEMO 内部存储器记录，反应结束后读取结果。

HEMO 内部存储器可以记录所有的测量操作，每条记录包括操作时间和日期、记录类型、被测对象以及测量结果。存储器中的数据无法修改，可以上传到计算机。血色素测量装置 HEMO 如图 11－99 所示。

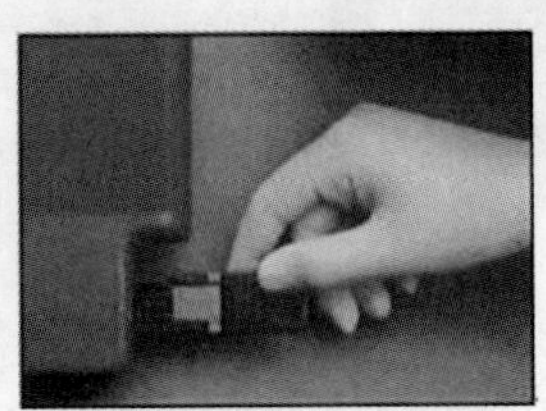

图 11-99　血色素测量装置

8）离心分血器。

离心分血器 HEMC(Hematocrite Centrifuge)用于分离血液样品，可同时处理 6 个以上的试验样品。离心分血器如图 11-100 所示，主要技术指标见表 11-23。

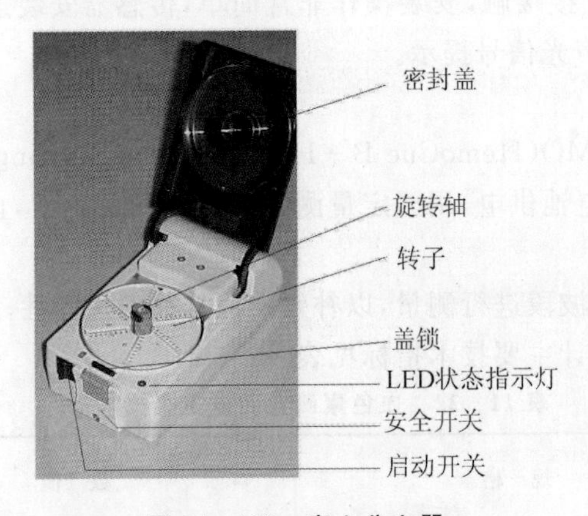

图 11-100　离心分血器

表 11-23　离心分血器主要技术指标

规　格	数　值
离心机转速/$(r \cdot min^{-1})$	11 500
离心力/g	5 396
分离范围/(%)	10～80
精度/(%)	1

9）便携式血液分析装置。

便携式血液分析装置 PBAD(Portable Blood Analysis Device)是基于商用产品开发的便携式设备，如图 11-101 所示。用于直接测量血液中的 Na，K，Ca，Cl，NH_4^+，葡萄糖，pH，pCO_2，pO_2 以及肌氨酸酐等多种参数；还可以通过计算得到血色素，TCO_2，HCO_3，Beecf，SO_2，AGP 等参数。

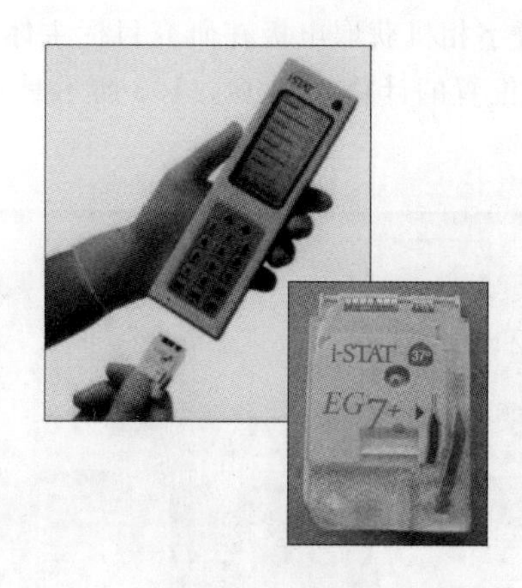

图 11-101　便携式血液分析装置

(3)多电极脑电图映射模块。

多电极脑电图映射模块 MEEMM 是 EPM 配置的科学模块之一，通过测量脑电图 EEG(Electro-Encephalogram)信号和唤醒潜能来研究静止以及运动模式下大脑的行为，也可以用来测量肌电图 EMG(Electro-MyoGraphy)信号。MEEMM 如图 11-102 所示。

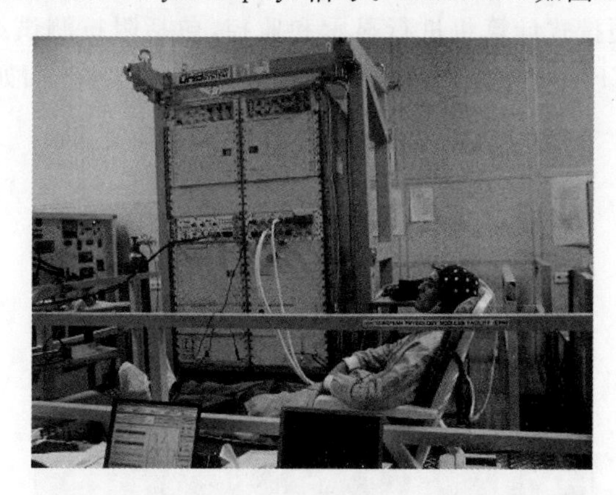

图 11-102　多电极脑电图映射模块

MEEMM 采用不同采样频率对应不同采样信道的工作模式，当采样频率为 2.2kHz 时可以同时采样 128 个信道，当采样频率高达 40kHz 时可以同时采样 32 个信道。每个信道的共模抑制比(CMRR)大于 100dB。MEEMM 的技术性能指标见表 11-24。

表 11-24　离心分血器主要技术指标

工作模式	信道数	两极接口数	最大带宽	采样率	信号峰值
快速模式	≤32	≤32	1～10kHz	≤40kHz	25mVpp
低速模式	≤128	≥32	0.01～570Hz	≤2.2kHz	25mVpp

MEEMM 将连续采集的原始科学数据和 3 路外部模拟输入信号存储在一个 40G 的移动硬盘上；MEEMM 利用一个 8bit 数据接口采集外部触发信号，采样频率可以达到 10kHz。

MEEMM 用一个便携式数字相机获取电极在研究目标主体上的位置图像信息，再由相应的算法软件在地面完成对电极位置的计算。图 11－103 所示是利用数字相机获取电极位置图像计算电极位置的运算过程。

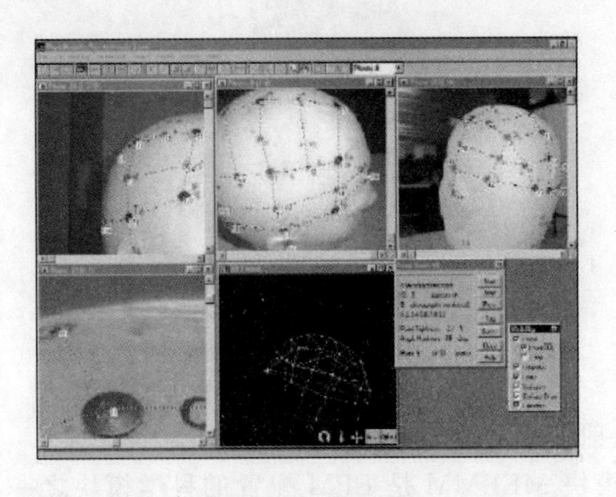

图 11－103　电极位置图像与计算

MEEMM 配置的软件具有阻抗测试功能，在进行 EEG 信号测试记录前启动，测量数据可以通过与 EPM 接口的便携式计算机进行显示和监控，包括阻抗测试结果、所需要的 FFT 范围、EEG/EMG 数据和 EP(Evoked Potential)处理数据等。监控界面如图 11－104 所示。

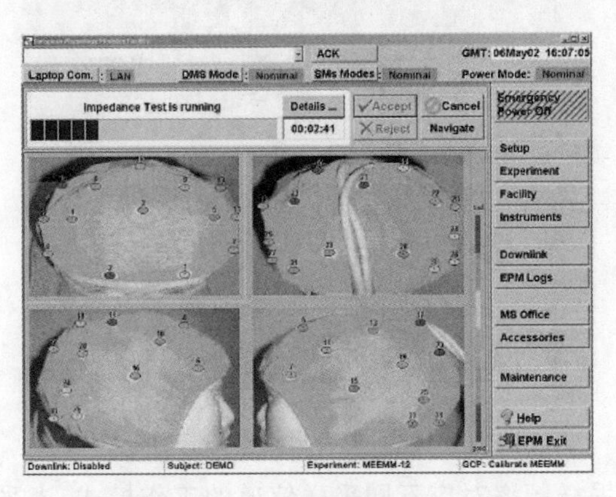

图 11－104　软件监控界面

MEEMM 通过 EPM 支架配置的数据处理系统，将获得的数据以实时速率下传地面，以满足科学实验的需求的。为了将全部原始实验数据传送到 EPM 支架，MEEMM 内部硬盘采用回放运行模式，MEEMM/EPM 的最大传输速率为 1Mbit/s。当采样频率为 2.2kHz 且采用 128 个电极时，MEEMM 采样一个小时的数据需要用 4.5h 传输到 EPM。当采样频率为 20kHz 且采用 32 个电极时，MEEMM 采样 20min 的数据需要用 3h 传输到 EPM。

(4)便携式脑电图模块。

便携式脑电图模块 PORTEEM(Portable Electroencephalogram Module)的配置包括带显示接口的数据采集系统和类似于 EEG16 的模拟放大器两个部分，采集的原始科学数据存储在一个 256MB 的 flash 中，其应用方式如图 11－105 所示。

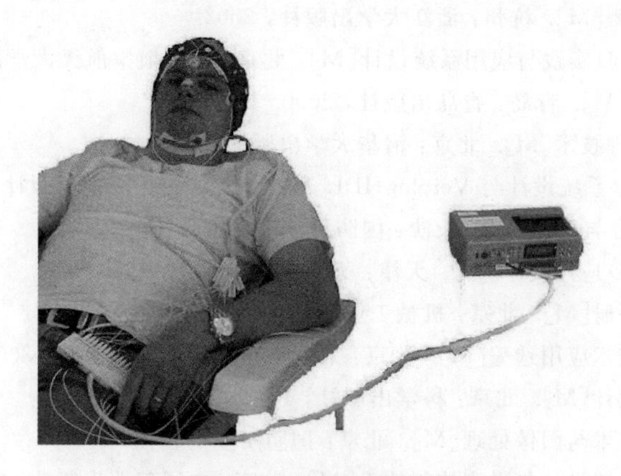

图 11-105 便携式脑电图模块应用

数据采集系统由多路模块化的模拟电路和数据记录器组成，基本组成是一个 16 信道的 EEG/Polysomnography 采集系统，配置 12EEG 电极帽、ECG 电极、呼吸形变测量计、EMG 表面电极等多种可在静态模式或运动模式下应用的传感器，可用于开展定制的临床试验（如睡眠和呼吸记录、癫痫症脑电图监视等）或生理学研究。模拟电路用来进行信号调理，最大通道数可扩大到 64 路；数据记录器配置有数据处理和分析软件。

(5)样品收集工具包。

样品收集工具包 SCK(Sample Collection Kit)是 EPM 的重要辅助工具，主要用于采集用于试验和研究的血液、唾液以及尿液等试验样品。SCK 由一套医用临床装置及工具组成，如耳咽管、毛巾、样品容器等。所收集的某些样品将存储在航天器平台舱内受控环境中，以备带回地面分析利用；有些样品可以在航天器平台舱内进行有限的分析和实验。

SCK 的主要组成包括细长容器、废物袋、止血带、笔、外科包扎带、蝶形针、多种型号的真空管、干燥擦、酒精盘、橡皮膏、唾液吸管等，如图 11-106 所示。

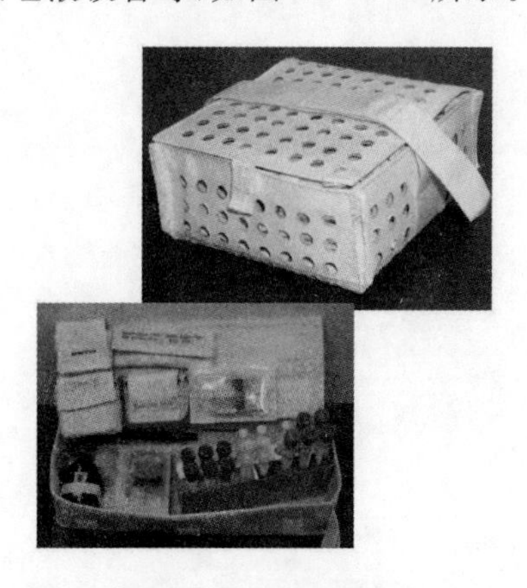

图 11-106 工具包

参 考 文 献

[1] Charles P. Windows 程序设计[M]. 北京：北京大学出版社，1999.

[2] Thomas D, Moorby P. The Verilog Hardware Description Language[M]. 北京：清华大学出版社，2001.

[3] 曾庆勇．微弱信号检测[M]．杭州：浙江大学出版社，2002.
[4] 常晓明．Verilog - HDL 实践与应用系统设计[M]．北京：北京航空航天大学出版社，2003.
[5] 江丕栋．空间生物学[M]．青岛：青岛出版社，2000.
[6] 苏光大．图像并行处理技术[M]．北京：清华大学出版社，2002.
[7] 王金明，杨吉斌．数字系统设计与 VerologHDL[M]．北京：电子工业出版社，2002.
[8] 王里生，罗永光．信号与系统[M]．长沙：国防科技大学出版社，1989.
[9] 王友庆，孙学珠．CCD 应用技术[M]．天津：天津大学出版社，1993.
[10] 王之江．光学技术手册[M]．北京：机械工业出版社，1994.
[11] 邬宽明．现场总线技术应用选编[M]．北京：北京航空航天大学出版社，2005.
[12] 吴国安．光谱仪器设计[M]．北京：科学出版社，1978.
[13] 吴世法．近代成像技术与图像处理[M]．北京：国防工业出版社，1997.
[14] 谢金明．高速数字电路设计与噪声控制技术[M]．北京：电子工业出版社，2003.
[15] 徐志军．大规模可编程逻辑器件及其应用[M]．成都：电子科技大学出版社，2000.
[16] 许永和．USB 外围设备设计与应用[M]．北京：北京航空航天大学出版社，2001.
[17] 张以谟．应用光学(上册)[M]．北京：机械工业出版社，1983.
[18] 周祖成．电荷耦合器件在信号处理图像传感中的应用[M]．北京：清华大学出版社，1991.
[19] Glenar D，Blaney D，Hillman J．AIMS：Acousto - optic imaging spectrometer for spectral mapping of solid surfaces[J]．Acta Astronautica，2003，52(2)：389 - 396.
[20] Crysel W，DeLucas L，Weise L，et al．The international space station X - ray crystallography facility [J]．Journal of crystal growth，2001，232(1)：458 - 467.
[21] 鞠挥，吴一辉．光谱仪的微小型化[J]．仪器仪表学报，2001，22(4)：131 - 133.
[22] 赵炜，蔡伟明．模拟微重力环境因子对人参细胞生长和人参皂苷含量的影响[J]．植物生理学报，1998，24(2)：159 - 164.
[23] 王存恩．SFU 在轨应用成果分析[J]．中国航天，1998，12:31 - 34.
[24] 纲村迪夫．OP 放大电路设计[M]．北京：科学出版社，2004.

第十三章 空间生命科学地基实验技术

第一节 空间重力实验技术

空间科学研究涉及的重力条件，实际上处于比较宽的范围。例如，在遥远星际空间远离各种天体处，其重力几乎接近于零，达到完全失重状态。而在一些天体附近或天体上，则存在较大的重力（如月球表面重力约 0.17 g，火星表面约 0.3 g，木星表面约 2.3～2.8 g，g 是地球表面重力加速度，约等于 9.807 $m \cdot s^{-2}$。但当航天飞行器在绕天体运行时，如果其速度适当，也可以达到完全失重的状态。另外，当航天飞行器以较大加速度运行时，还可以获得较大的重力状态（如多级火箭发射时，每一级都会产生大小不一的加速度。对载人航天飞行而言，目前的加速度常常控制在 5 g 以下；而在返回时，通常控制在 7 g 以下）。因此，根据情况的不同，人类在空间活动将面临不同的重力水平。

人类在探索开发空间环境的努力中，空间重力条件成为影响人类活动的不可规避的条件。为了顺利开展人类在空间的各种活动，有必要针对这些活动受空间重力条件的影响进行预先研究。因此，空间重力条件实验技术成为一个十分重要的研究方向。

目前，人们主要发展了三大类空间重力条件实验技术：基于自由落体的微重力实验技术、基于离心机的实验技术（超重力实验技术）以及各种重力模拟实验技术。

一、基于自由落体的实验技术

在遥远星际空间远离各天体处，人们可以获得理想的微重力条件。但是，实现这种条件需要航天飞行器到达遥远的地方。这在现有的科技水平基础上是一个不现实的技术途径。一个良好的解决方案是采用自由落体技术。

通常一个在重力场下静止的物体，将对阻止其运动的物体施加一个力，大小等于该静止物体的重力。当阻挡物移除，该静止物体将以重力场的加速度向重力场中心运动。此时，根据牛顿第二运动定律可以推算出，当不考虑空气的阻力时，该物体内部各个质点之间的相互作用即等于零，该状态即是所谓的微重力状态。基于自由落体的微重力资源通常包括空间轨道、落塔、落管和落井、抛物线飞机、探空火箭、高空气球落舱、自由落体机等。

1. 空间轨道

严格说来，空间轨道运动是一种永远面向地心引力方向的自由落体。由于飞行器在运行轨道方向速度的作用，其最终的运动呈圆周轨迹。或可以用如下观点解释微重力状态：离心力与重力平衡，使飞行器内部各物质之间相互作用消失，实现了在空间轨道上的微重力状态。

空间轨道微重力状态是常见的微重力资源。在空间轨道高度，实际的重力水平还是相当高的（通常达到地面重力的 80%以上，与高度相关）。但是，通过轨道运动导致的离心作用，即可实现微重力条件（参阅本书第一章“空间环境物理基础”）。

空间轨道上的飞行器或空间站,能够实现长时间持续的微重力环境。但是,由于发射成本高昂(例如将 1lb 重的物体送到国际空间站 ISS,成本需要约 15 000 美元,详见 http://microgravity.com/introduction.html),因此,它是实现微重力技术中,最为昂贵的手段。

2. 落塔 (drop tower)、落井 (drop well)和落管 (drop tube)

这一类微重力实验条件是地面建设的自由落体固定设施。其可提供的微重力时间根据设施的高度而不同,通常在 10s 以内。这类设施常常用于物理学、材料学等学科领域的瞬时过程的科学研究。这类设施通常采用一些手段如气袋、聚苯乙烯小球、磁场或机械制动装置等用于吸收自由下落到设施底部时产生的巨大冲击力(也有较少的情况是特意需要巨大冲击的研究)。

典型的自由落体实验过程是这样的:先将实验对象安装到将下落的舱体内(落舱),并将落舱提升到设施顶部固定位置,在实验起始条件准备完毕后,通过自动控制系统释放落舱。落舱将受其自身重力作用,以当地重力加速度向下方垂直落下。在自由落体期间以及冲击过程中,设施内的实时记录装置将记录期望获得的数据如视频信号、温度等;实验完毕回收样品并进行后处理,完成一个实验周期。更简单的自由落体实验,例如一些材料的凝固实验,可以在落管中进行。在落管顶部将材料熔化后,使其落下。由于凝固速度很快,当液滴到达设施底部时已凝固,即可取出已凝固的近乎完美球状的样品进行后处理。

为了防止自由落体时空气的阻力影响,导致微重力水平下降,这类设施通常需要抽真空。一些没有抽真空的设施,需要充入特定气体如惰性气体,或氧气以满足不同实验的需要。另外一个减少空气阻力的方法是在安装实验对象的落舱外部套上一个外部落舱,使其在自由落体时,与外部落舱之间存在相对运动,减少外部落舱受空气阻力的影响。

通常这类设施都是采用从设施顶部自由落下的方式。在德国 Bremen 的落塔,则在其底部安装了一个弹射装置,可以将落舱从底部弹射上去,从而将其微重力持续时间加倍,从 4.74 s延伸到约 10 s。(见图 12-1)

另一个能够达到 10 s 的设施是在日本北海道的落井(JAMIC)。该设施由废弃的矿坑改造而成,深入地下 760 m。设施提供了 490 m 的自由下落高度,使微重力持续时间可达 10 s。但是该设施因维护保养及使用成本高昂(每落下一次成本约 40 500 美元)等原因,已于 2002 年 3 月关闭。

图 12-1 德国 ZARM 落塔外景

加拿大计划在 Saskatchewan 建成世界上持续时间最长的落井。该落井深度可达 1 000 m,微重力持续时间 12 s,目前正在建设中。建成后预期将有较大的应用前景,特别是其使用成本可以降到约每使用一次8 500 美元,使其将具有较强的竞争力。

由于持续时间很短,此类设施实验的研究对象通常限于材料学、流体力学、燃烧过程等科学研究,鲜有应用于生命科学研究者。

这一类实验的成本依据设施的复杂程度和实验的复杂程度而有所不同。最简单的自由落体实验成本极低。

这类设施的微重力水平可达 $10^{-5}\,g$。

目前世界上较大的主要自由落体设施见表 12 - 1。

表 12 - 1 世界范围主要落塔、落管或落井设施情况

名 称	高度/m	微重力持续时间/s	地 点	网站链接
中科院力学所落塔	110	3.5	中国北京市	http://nml.imech.ac.cn/info/detailnewsb.asp? infono=6423
中科院力学所落塔	52	3.26	中国北京市	http://nml.imech.ac.cn/info/detailnewsb.asp? infono=6423
株式会社日本無重量総合研究所(MGLAB)	150	4.5	日本岐阜县	http://www.mext.go.jp/a_menu/kaihatu/space/kaihatsushi/detail/1299905.htm
NASA Glenn Research Center 2.2 Second Drop Tower	50	2.2	美国 NASA Glenn Research Center	http://facilities.grc.nasa.gov/
NASA Glenn Research Center 0-G Research facility	155	5	美国 NASA Glenn Research Center	http://facilities.grc.nasa.gov/ http://facilities.grc.nasa.gov/documents/TOPS/TopZERO.pdf
ZARM tower	146	4.74(落下) 10(弹射)	德国 Bremen	http://www.zarm.uni-bremen.de/
MSFC Drop Tube Facility	105	4.6	美国 Marshall space flight center	http://science.nasa.gov/ssl/msad/dtf/tube.htm
CMORE drop shaft	1 000	12	加拿大 Saskatchewan	(计划中)

3. 抛物线(失重)飞机

抛物线飞机(或称失重飞机)是在普通飞机基础上改装而成的。最早在 1959 年 NASA 训练飞行员时就开始了,用于科学研究、宇航训练、一些电影拍摄以及商业失重体验飞行。在执行飞行任务时,首先飞机将以飞行仰角 45°爬升到一定高度,减小推力,使飞机攻角为零,完成一个上抛和滑翔过程,其间使飞机飞行动力补偿遭遇的空气阻力,使之等效于在没有动力条件下处于无空气阻力状态,从而使飞机运行等同于自由落体,使其内部获得约 10~25s 的微重力时间。重复上述过程,可以周期性获得微重力时间。整个飞行过程中,由于上升与下行幅度很大,需要在下降到一定高度后迅速爬升,因此除了周期性获得微重力外,还周期性得到超重力状态(通常达到 2 倍常重力)。值得注意的是,飞行中的实际飞行轨迹并非严格的抛物线。

早期美国 NASA 使用 C - 131 Samaritan 飞机训练水星号航天员。由于人们在微重力期间出现的恶心、晕机等症状,使其获得了 Vomit Comet 的外号。之后两架 KC - 135 同温层加油机被用来执行失重飞行。其中一架为 KC - 135A,编号 NASA 930,曾被用于拍摄电影 Apollo 13 号。这架飞机在执行了约 58 000 个抛物线飞行后,于 2000 年退役。另一架 NASA 931 于 2004 年 10 月退役。此后,NASA 使用客机 McDonnell Douglas C - 9B Skytrain II 取代了 KC - 135。利用这些飞机执行失重飞行中,每一个抛物线周期长度约为六英里,飞行总时间为2h,可以完成 40 个抛物线飞行,每次 20~25s 微重力时间。新的失重飞机还给大学生提供了一个微重力实验平台。学生们可以提交研究计划,如果被选中,则可以利用该飞机执行失重飞行。(见

图 12-2)

在欧洲 ESA 和 CNES 使用的失重飞机被称为 Zero-G 飞机。该飞机是客机 Airbus A-300改装而成的。该失重飞机通常每年集中征集并执行飞行任务两次。每次执行飞行任务时,通常连续三天进行,每次飞行约 30 个抛物线,微重力持续时间 20s 左右,每次飞行的总微重力时间约 10min。Zero-G 飞机基地在法国的 Bordeaux-Mérignac Airport,其失重飞行由 the Centre d'essais en Vol (CEV-French Test Flight Centre)执行。除了 Zero-G 飞机以外,欧洲在早期,还利用过美国的 KC-135,俄国的 Ilyushin Il-76 MDK 及法国的 Caravelle 飞机执行过失重飞行。

拉丁美洲厄瓜多尔也于最近(2008 年 5 月)推出了失重飞机。他们使用 T-39 Sabreliner (昵称:Condor,秃鹫)执行失重飞行任务,该失重飞机由厄瓜多尔空间局(Ecuadorian space agency)及厄瓜多尔空军管理。

总体而言,此技术成本较低,约每磅数美元。

除了面向科学研究的失重飞机,现在还有商业的零重力体验公司。美国 Zero Gravity Corporation 利用 BOEING 727 改装的飞机,可以提供微重力(25s)、模拟月球、火星重力体验等服务(网站:www.gozerog.com)。在俄国,失重飞行也已经商业化,执行任务的飞机是 Ilyushin Il-76。

图 12-2　西北工业大学生命学院博士研究生在失重飞机上进行实验研究

4. 探空火箭

探空火箭(Sounding Rocket),也被称为研究火箭(Research Rocket)。这类火箭的有效载荷通常携带有测量仪器设备或设计进行的科学实验项目需要的实验装置。探空火箭能够到达高度范围为 50～1 500 km 的空间,通常飞达的高度正好处于气象气球与一些卫星之间(40～120 km),因此是近地空间的理想探测工具。

历史上,世界上最早的探空火箭是美国于 1945 年研制的"女兵下士"火箭。此后,美国和苏联利用德国的 V-2 火箭发射了一批探空火箭。此后利用探空火箭的活动逐年增多,到现在,探空火箭每年的发射数量高达数千枚。中国于 1958 年开始正式研制探空火箭。出现了 T-7 和 T-7A 探空火箭。1965 年开始研制固体探空火箭和平 2 号和和平 6 号。

探空火箭按照研究对象,可以分成气象火箭、生物火箭、地球物理火箭等。根据需要,探空火箭到达的高度各有不同。例如气象探空火箭多用于 100 km 以下,而地球物理火箭使用高度常在 120 km 以上。

通常探空火箭包括有效载荷、火箭、发射装置与地面台站。有效载荷尺寸和质量分布应按照探测目的，可以是数公斤，也可以是数吨；火箭包括箭体、动力装置、尾翼等。

火箭发射后，其平均飞行时间通常在 40min 以下（常见的处于 5～20min）。运行方式通常有两种：①与地面台站通信发送数据：有效载荷通常将采集到的数据通过遥测装置发送到地面站处理；②回收有效载荷：火箭在上冲过程中，消耗完燃料后，与有效载荷分离，让有效载荷完成椭圆轨道的自由落体飞行，最后有效载荷打开降落伞，返回地面，获取试样及相应的数据。

探空火箭的有效载荷由于是自由落下，不会遭遇如有人照料的空间站那样的干扰，因此是一种较为理想的微重力实验方式。在进行自由落体运行中，实现微重力条件，是一种成本相对低廉的实现微重力的方式。该技术除了成本低廉的优势外，还可以达到气球和卫星通常不出现的高度，可以为更加危险、更加重要、更加昂贵的轨道实验或轨道飞行任务做先期预先准备。同时，探空火箭的尺寸较小，发射地点十分灵活，可以在多种环境条件下发射，例如在船上。探空火箭应用广泛，通常在如下领域得到应用：超高层气流物理学，紫外与 X 射线天文学（需要在大气层外壳处开展研究）、微重力实验（可飞达数百公里高空，实现 3～9min 的微重力条件）、地球物理学、地球科学、天文学、空间物理学、行星科学、再入测试等，具体如在高度方向探测大气层内的情况，了解电离层、地磁、宇宙射线、紫外线、X 射线等多种空间物理学现象等。也可以获取有用的信息用于天气预报、天文物理学研究等，也为其他飞行器（如洲际导弹、载人飞船等）的研制提供必要的环境参数。

探空火箭成本相对于轨道飞行成本大幅降低，当携带载荷 1 000 磅时，所需成本约 100 万美元（即每磅约需 1 000 美元）。由于通常探空火箭在比较固定的位置准备和发射，其各种零配件的供给都很方便而且节省，一些亚系统还可以重复回收并使用，除非研究者提供的有效载荷发生变化。此外，探空火箭的控制也十分简单，基本上没有复杂的控制系统。因此，探空火箭是一种成本较低的实现微重力的方法。

5. 高空气球落舱

简单说，高空气球落舱技术是利用高空气球（充满氢气的自然形零压式气球），将载荷（落舱、吊篮）带到平流层上空，然后切割分离气球吊篮与落舱，使落舱向地面垂直自由下落，实现落舱内携带的研究对象处于微重力状态的一种手段。普通高空气球落舱通常可以实现约 $10^{-3}\ g$ 的微重力水平，持续时间约 25～60s。

一般而言，高空气球会将落舱带到约 40～45 km 的高空，处于自由悬浮状态后，由地面控制站确认整个系统处于稳定状态，然后通过控制系统，切割分离落舱，使落舱自由落下。落舱内的实验即可开始。当落舱落到一定高度后，启动回收系统（如打开多级降落伞、着陆缓冲气垫等方式），使之安全着落回收。因此，整个过程需要地面遥控遥测的雷达站的支持，落舱与吊篮的切割分离、落舱内的实验启动等需要自动控制系统的支持。

通过一些改进，可以提高高空气球落舱中实验对象所处的微重力水平。由于落舱自由落下时，会受到越来越浓密大气的阻力。为此，需针对落舱的外形进行设计，使其所受的气流阻力最小。此外，在高速落下过程中，气动外形仍旧不能解决的气体阻力问题，还可以采用在落舱尾部增加阻力补偿推进及侧向稳定等装置的方式，减小气体阻力的影响。进一步提高微重力水平的方法是将落舱抽真空，在其内部再防止一个可以与外部落舱做相对运动的实验平台。在释放落舱后，落舱进入自由落体状态，再释放固定于落舱内上部的实验平台。这样，在落舱下落的同时，其内部的实验平台也在从落舱上部向其下部运动，直到到达落舱底部。通过这样的设计,实验平台能够达到很高的微重力水平(10^{-8}～10^{-11} g,为目前多种微重力实验设施中,微重力水平最高者),且其稳定性好,几乎没有重力波动。

气球大小的不同,可搭载的载荷重量有所不同。一个 40×10^5～60×10^5 m^3 的氢气球,可以携带 800 kg 以上的载荷。

6. 自由落体机

自由落体机(Free Fall Machine, FFM)是一种实现间歇性自由落体的机器。通过机器的控制,可以实现一个循环:①样品自机器的高处自由落下,此时样品经历的是一个微重力过程,持续时间约 900 ms;②样品到达机器底部后,被机器迅速弹回。此时样品经历的是一个超重力过程,超重加速度可达 20 g,持续时间约 20～80 ms。由于上述两个过程中,弹回过程进行得十分迅速,仅占了全部过程的极少部分的时间,微重力时间段占据了 86%～98%。一些学者认为,一些研究对象体系存在一个应对重力变化的时间窗口,时间太短的重力变化,研究对象体系可能没有足够的时间做出反应。因此,自由落体机的设计,被认为是一种极好的模拟微重力的方法,可以等效认为自由落体机实现了持续的微重力状态。

自由落体机是荷兰科学家根据 Dick Mesland 博士提出的关于极短暂的重力干扰不影响原有重力状态对研究对象的影响的假说研制的。该设备是特别针对一些样品很小的生物学实验设计的。

二、基于离心机的实验技术(超重力实验技术)

离心机是一类门类繁杂的以圆周运动为特征的设施,用于多种场合如分离、提纯、实现加速度等。基于离心机的实验技术,可以通过离心机旋转时产生的离心力实现超重力状态。离心机产生的加速度可以通过经典牛顿力学原理计算得到。

众所周知,当离心机开始以一定角速度 ω 旋转时,固定在转臂上半径为 r 处的物体将受到一个离心力 F 的作用,则

$$F=m\omega^2 r \tag{12-1}$$

根据牛顿定律,有

$$F=ma \tag{12-2}$$

因此,上述物体受到的向心加速度为

$$a=\omega^2 r=\frac{v^2}{r} \tag{12-3}$$

其中 v 是该物体的线速度。

可见,通过离心机产生的加速度,与物体旋转的半径 r 和旋转的角速度 ω(或线速度 v)有关。

例如,一个转臂半径为 5 m 的离心机,在以每分钟 60 转(每秒 1 转,即 2π/s)的速度转动时,在 5 m 处受到的离心加速度为

$$a=(2\pi)^2\times5=197.4\ \mathrm{m/s^2} \tag{12-4}$$

该处受到的实际加速度水平等于当地重力加速度与上述离心加速度的矢量和。

根据上述理论公式,可以看出,转臂尺寸越小,可以(方便)实现的转速越大,实现的加速度越大。但是也应该看到,转臂的尺寸越小,其在样品中产生的加速度梯度越明显。因此,应针对不同尺寸的实验对象,选择合适的转臂尺寸。

航天员在载人航天器发射和返回时，会遭受不同重力状态的影响。例如在发射时，重力水平可以超过 3g，而在返回时，也会面临超重力的影响。目前为航天员提供的地面超重力训练设施通常是水平转臂的离心机。例如美国 NASA 的 20 g 离心机(The NASA Ames)，可以用于研究超重力对人的影响，也可以检测航天设备在超重力状态下的运行情况。该离心机可以营造 20 g 的重力水平。该设备的转臂半径为 8.8 m (29 ft)，最快转速为 50 rpm，可以搭载 1 200磅的载荷。该设施安装了三个载荷舱，一个安装了飞行座椅，可以训练航天员，或研究航天员在超重力条件(最大 12.5 g)下的身体状态(特别是对心血管系统功能的影响、人体生理学的影响等)；另一个是用于测试超重力条件对设备运行状态的影响；第三个可以用于检测处于水平体位的人受重力梯度影响。我国也研制了多个用于航空航天人研究、训练用离心机设施，其中转臂最大者半径达 12 m(中国航天员科研训练中心)。

通常，用于航空航天科学研究的离心机，主要用于实现各种水平加速度状态，转臂半径从 0.5 m 到 5 m 以上，用于不同场合不同 g 值(数 g 到上万 g)的实验。例如针对航空航天人员的离心机，加速度水平达到 15 g 左右，且具备约 6 g/s 的加速度增长率。

研究发现，生物体对加速度的耐力与其质量和个体种类有关。例如，人类一般仅能承受 4g～5g，但是老鼠可以承受 15 g，而一些植物在数百 g 的作用下，也不会受到灾难性影响。因此，针对不同的实验对象，选择 g 值也十分重要。

可见，利用离心机营造超重力条件，是一个简便易行的手段。各国的航天研究机构，均拥有相类似的设施。还有一些其他的小型实验室，也可根据实际研究的需要，研发自己的小型离心机，拥有研究超重力环境对生命系统、材料处理过程、仪器设备仪表运行等的影响。

三、基于直线加速度的实验技术(超重力)

这是利用直线运动过程中的加速度(加速和刹车减速)实现的加速度实验技术，被称为火箭撬或火箭车(Rocket Sled)。火箭撬经过启动、加速、制动减速等过程，其上搭载的样品经历多种加速度变化，可以用于研究加速度剧烈变化对样品的影响。例如美国空军霍洛曼(Holloman)基地建有一个轨道长度达 10 km 以上的火箭撬滑轨场，最长还可以扩展到 36 km 以上，其加速度可达 50 g，减速度最大可达 200 g。中国航空救生研究所也建有火箭撬设施，其长度达 3 km。

四、模拟实验技术

上述重力实验技术，本质上都实现了对实验对象所处重力状态的改变。这些技术中，除了基于离心机的超重力实验技术和轨道微重力技术可以获得长时间的加速度状态外，其他技术都比较难以实现长时间持续的加速度状态，特别是低重力条件。对一些实验研究，特别是生命科学领域的一些研究，需要较长持续时间以使研究对象对重力状态产生反应，因此迫切需要一些能够实现长时间持续重力状态的实验技术。目前，这类技术还都是模拟实验技术，包括从效应上模拟微重力条件的回转器、尾吊法、头低位卧床实验技术等，也包括从力学环境条件上模拟不同重力状态的梯度磁场重力效应模拟实验技术。这些技术当然与真实的空间微重力环境不完全一致，但是这些技术还是具有一定的优势。首先，这些技术与空间环境技术相比，其费用低廉，容易实现，而且可以经常反复进行实验，实验条件也相对严格可控，等等，因此，在模拟微重力科学研究中，这些实验技术受到了广泛的重视，并被广泛采用。

1. 回转器

回转器是利用缓慢的机械旋转，改变重力作用于实验对象的方向，使实验对象转动一周作用在实验对象上的合力为零。这种技术早在18世纪末就被用于研究植物感知重力的现象和机理。此后，该技术被发展用于动物细胞、胚胎和组织的重力生物学效应。由于生物体对外界的刺激的响应需要一个时间来适应，如果重力方向的改变快于生物体对重力感知的速度，则对生物体而言，旋转过程导致的不确定的重力方向对生物体产生的效应，近似于空间微重力(也没有明显的重力方向)对生物体产生的效应。因此，可以利用回转器模拟微重力(它模拟的是生物学效应，而不是力学环境)。

由于回转器技术实现方便，经济，容易操作和控制，因此被广泛应用在空间微重力条件对生物样品的影响研究。目前，已经有很多同类的商业化产品问世。例如，美国的旋转细胞培养系统(RCCS)是一个典型的例子。但是，更多的回转器，还是依据用户的需求研制而成。但是，尽管各种回转器千差万别，但是总体上不脱离以下几种类型。

(1)单轴回转器：最简单的回转器，利用的是一个独立的水平旋转臂。通常包括驱动轴，样品盘，底座等部分。旋转臂直径大小和转速的改变，可以改变受试的样品对重力刺激的响应。一般其转速缓慢，且可调(区间：0～120 rpm。为了防止离心力产生的额外加速度作用，实际实验中的旋转一般很缓慢，约2～3 rpm)；

(2)三维回转器(3D Clinostat)：是利用两个轴(内转动轴和外转动轴，外转动轴带动内转动轴旋转，内转动轴带动样品与外转动轴呈90°角度旋转)的随机转动，可以获得样品在多个方向的随机转动。该回转器可以通过计算机控制实现多种回转方式。利用三维回转器，在模拟微重力效应方面有很好的效果。

随着航空航天领域的迅速发展，各种回转器从结构到功能均得到了长足的进步。在各种回转器的基础上，可以搭载更多的新功能。例如，一些新型的回转器可以实现对样品的实时显微观察，可以实现对样品的供气、供液，等等。

2. 废用性实验技术

用于模拟航天任务中因活动减少导致的一系列废用性变化。例如将小动物限制在一个小区间，或切断神经使其瘫痪等方法。如大鼠废用性动物模型，通常是将大鼠限制在一个小的固定笼中，将其肢体束缚固定，或采用外科手术切断其肌腱，或采用神经节阻滞麻醉制造肌肉废用模型。

3. 尾悬吊法(后肢去负荷)

1974—1975年间，美国学者针对废用性实验技术不能很好地用于模拟空间飞行中发生的肌肉萎缩这一问题，提出了发展新型模拟技术的需求。1979年在BIOSCIENCE杂志上发表了第一篇相关论文，首次提出利用头低位倾斜+后肢去负荷方式模拟“近失重”状态下的骨质流失现象。此后该技术得到进一步完善。其方法通常是将鼠的尾部吊起，头向下体位，与地面成一定倾角(通常为30°)，使其前肢着地，而后肢则完全悬空。实验中，动物可自由饮食，并可以使用前肢移动身体进行活动。更多的实验研究证明该技术具备使鼠发生一系列生理变化，包括体液头向移动、骨丢失、肌肉萎

图12-3 尾悬吊大鼠模型实验

缩、立位耐力不足、免疫功能下降等现象，与空间微重力条件对航天员的影响一致。因此，该技术成为目前针对动物的应用最广泛的模拟微重力实验技术。图 12-3 所示为尾悬吊大鼠实验模型。

4. 卧床法

卧床实验技术通常用于对人的模拟失重实验。一般方法是：实验对象长期持续(数小时至数百天)在床上静卧，一般除了大便外(有时大便也在床上进行)，不离开静卧状态。身体的卧姿为仰卧，头部不可抬起，但是手可以有一定范围的活动。床的角度可以调节，一般从 0～−12°(负角度表示头低位)。

研究发现，卧床在头低位 6°左右时，实验对象的生理变化与航天员在空间微重力条件下的相似，因此，头低位 6°卧床成为比较普遍采用的手段。

卧床能够模拟微重力条件是因为卧床时体液的重新分布与空间微重力条件下航天员的体液重分布类似，此外，运动减少是另外一个可能的原因。卧床同样可以引起骨丢失、肌肉萎缩、心血管功能紊乱、免疫功能下降等现象，与空间微重力条件下的生理变化相似。因此，该方法是面向人类采用的最普遍的模拟微重力实验技术。

5. 座椅法

适用于猴子这样的动物。使猴子在座椅上坐着或半躺，限制其四肢的运动，长时间(数日到数周)模拟微重力效果。这种方式可以减少流体静压对心血管系统的影响，并减少对肌肉-骨骼系统的载荷，因此具有一定的模拟效果。

6. 梯度磁场重力效应模拟技术

目前地面实验技术中，可从力学环境角度去模拟空间微重力的技术，是目前开始走向实际应用的梯度磁场重力效应模拟技术。

梯度磁场重力效应模拟技术，利用的是磁化力(Magnetization Force，有时称磁力 Magnetic Force，或开尔文力 Kelvin Force)与重力之间的相互加强或抵消的效应，造成的物体实际受力状态的改变。磁化力是磁场与物质中原子的轨道电子之间的相互作用产生的。物质根据与磁场之间的排斥、吸引或强烈吸引等相互作用的区别，可分别被粗略地分为抗磁、顺磁及铁磁性材料。其中，自然界绝大多数材料都是抗磁材料。下面以抗磁材料为例，阐述利用磁化力模拟空间微重力环境的原理。

在一个与地面水平方向垂直的磁场中，如果存在磁场的梯度，那么放置于其中的抗磁性物质会因其在磁场中所处的位置，受到向上或向下的排斥力。依据电磁理论，作用于磁场强度为 H 的磁场中的单位体积的抗磁性物质所受的磁化力为

$$F_m=\frac{1}{2}\mu_0\chi\nabla H^2=\frac{1}{2}\mu_0\rho\chi_g\nabla H^2 \tag{12-5}$$

其中 μ_0 为真空磁导率($4\pi\times10^{-7}N/A$)；χ 为真空磁化率；H 为磁场强度；ρ 为密度；χ_g 为介质磁化率。则沿竖直方向(z 轴)的磁化力为

$$F_m=\frac{1}{2}\mu_0\rho\chi_g\frac{\partial}{\partial z}(H^2)\boldsymbol{e}_z \tag{12-6}$$

此处 $\boldsymbol{e}$ 表示沿 z 轴的单位矢量。

对于抗磁性物质(如水、蛋白质晶体、有机聚合物等)，为负值，它在超导磁体中的受力状态如图 12-4 所示。图 12-4 所示为(HzdHz/dz)沿超导磁体中心的轴向分布。位置 A，B 处的

抗磁性物质所受磁化力与重力平衡，处于失重状态（理想状态下此处即为 0 g 位置）；位置 E，F 处的抗磁性物质所受磁化力与重力方向与大小相同，处于超重状态（理想状态下此处即为 2 g 位置）；而位置 G 处的抗磁性物质不受竖直方向的磁化力作用，理想状态下此位置即为 1 g 位置。

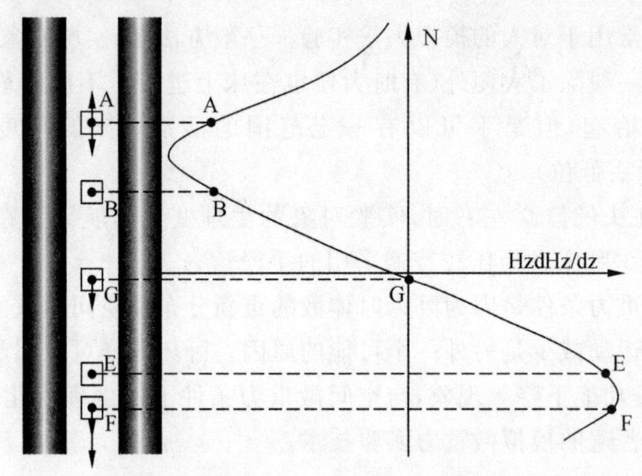

图 12－4　抗磁性物质在梯度磁场中不同位置的受力状态

第二节　空间重离子辐射生物实验的地基模拟设备与技术

一、重离子加速器

粒子加速器是用人工方法产生快速带电粒子的装置，它利用一定形态的电磁场将电子、质子或重离子等带电粒子加速，能提供速度高达每秒几千、几万乃至接近 30 万 km（真空中的光速）的各种高能量的带电粒子束，是探索原子核和粒子的性质、内部结构和相互作用的重要工具，在工农业生产、医疗卫生、科学技术等方面都有广泛应用。1919 年，E. 卢瑟福用天然放射性元素放射出的 α 射线轰击氮原子，首次实现了元素的人工转变。之后物理学家们意识到要想清楚地研究原子核，必须用高速粒子来轰击原子核，使之发生改变。天然放射性现象所提供的粒子能量有限，只有数 MeV，天然的宇宙射线中粒子的能量虽然很高，但是粒子流极为微弱，例如 $1m^2$ 的面积上，平均每小时只出现一个能量为 1 014eV 的粒子。而且宇宙射线中粒子的种类、数量和能量都无法控制，难于开展研究工作。因此为了开展有预期目标的实验研究，数 10 年来人们研制和建造了多种性能不断提高的粒子加速器。日常生活中的电视和 X 光设施等都是小型的粒子加速器。

应用粒子加速器发现了绝大部分新的超铀元素和合成的上千种新的人工放射性核素，并系统深入地研究原子核的基本结构及其变化规律，促使原子核物理学科迅速地发展成熟起来；高能加速器的发展又使人们发现包括重子、介子、轻子和各种共振态粒子在内的数百种粒子，建立粒子物理学。20 多年来，加速器的应用已远远超出原子核物理和粒子物理领域，在诸如材料科学、表面物理、分子生物学、光化学等其他科技领域都有着重要应用。在工、农、医各个领域中加速器广泛用于同位素生产、肿瘤诊断与治疗、射线消毒、无损探伤、高分子辐照聚合、材料辐照改性、离子注入、离子束微量分析以及空间辐射模拟、核爆炸模拟等方面。迄今世界各地建造了数以千计的粒子加速器，其中只有小部分用于原子核和粒子物理的基础研究，它们继续向提高能量和改善束流品质方向发展；其余绝大部分都属于以应用粒子射线技术为主的“小”型加速器。

粒子加速器的基本原理是利用带电粒子通过电场时，在电场的作用下加速，并获得能量。按照被加速粒子的种类，加速器可分为电子加速器、质子加速器和重粒子加速器等。通常将质量数 A 大于 4 的离子称为重离子，相应用于加速的设备就是重离子加速器。

（一）重离子加速器的类型

1929 年，英国物理学家科克罗夫特和沃尔顿一起，设计制造出了一个“电压倍加器”，从而制造出了世界上第一台增加质子能量的装置，他们把它叫作“静电粒子加速器”。在此基础上，科学家们不断努力探索，后来又研制成功了各种各样的粒子加速器。

按照加速电场和粒子轨道的形态，粒子加速器又分为直流高压式加速器、直线谐振式加速器和回旋谐振式加速器等几大类。

1. 高压加速器

高压加速器是利用直流高压电场来加速带电粒子的加速器。它是人们研究最早的一类加速器，一般由高压电源、加速管、离子源或电子枪、高压电极、绝缘支柱、真空系统及其他辅助设备组成。高压加速器按照起电原理的不同，可分为静电加速器、高压倍压加速器等多种类型。

静电加速器是一种利用直流高压静电场对带电粒子进行加速的高压型加速器。其结构设计主要基于 1933 年范德格拉夫首先提出的一种新的起电方案：一个圆筒形金属高压电极由几根绝缘柱支承。位于底部的电晕针加电压后，电晕放电产生的离子（或电子），由橡胶带输送到高压电极上形成直流高压。静电加速器主要由静电起电机、高压电极、绝缘支柱和输电系统等构成，结构如图 12－5 所示。相较其他种类加速器，静电加速器具有束流品质好，发射度与能散度小，能量稳定度高，可加速各种粒子，能提供连续或脉冲束，被加速离子的能量连续可调等优点，是低能核物理实验的理想工具，同时还广泛应用于离子注入，材料分析、材料辐照等领域。

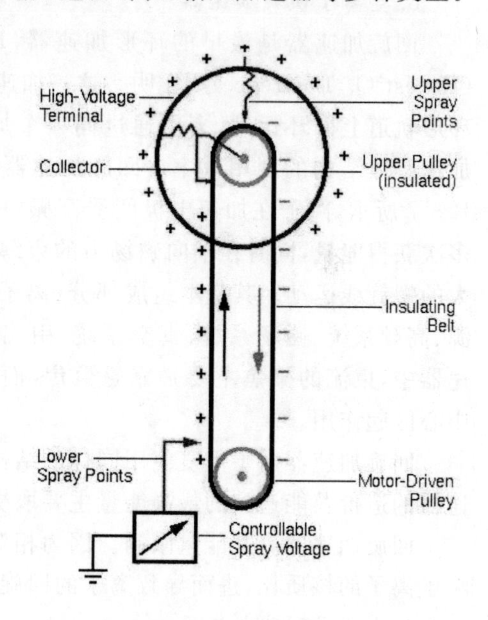

12－5　静电加速器基本结构

高压倍加器是另一种常见的静电加速器类型。它利用倍压整流方法产生直流高压，对离子或电子加速。一般来说，倍压整流器可输出几百千伏（大气中）到兆伏级（高气压下）的直流高压。高压倍加器由高压倍压整流电源，离子源（或电子枪），加速管、聚焦和传输系统，真空和控制系统组成。高压倍加器的输出功率较大，可以用作较理想的中子源，X 光源或离子注入机。

2. 重离子直线加速器

由于加速电压的限制，对带电粒子重复多次加速是达到更高能量的途径。从原理上说，最简单的系统是直线加速器。图 12－6 为直线加速器示意图。一系列金属圆筒状电极沿直线排列,奇数电极和偶数电极分别连接在高频电源的两个输出端上。粒子束沿着中心轴注入,在圆筒(又称漂移管)内,电场总是等于零。在缝隙中,电场随着高频电源的频率交变。如果一个电荷为+e的粒子到达第一个间隙时,第一个漂移管恰好处于正电位,第二个漂移管处于负电位,粒子被加速。粒子进入第二个漂移管后其能量保持不变。第二个漂移管长度(L)的设定须使粒子到达第二个间隙时,加速电场已改变符号,粒子再次得到加速。因此$L=1/2vT$,其中v是粒子的速度,T是加速电压的振荡周期。由于在每个间隙处速度都要增加,所以圆筒的长度也要逐步加长。

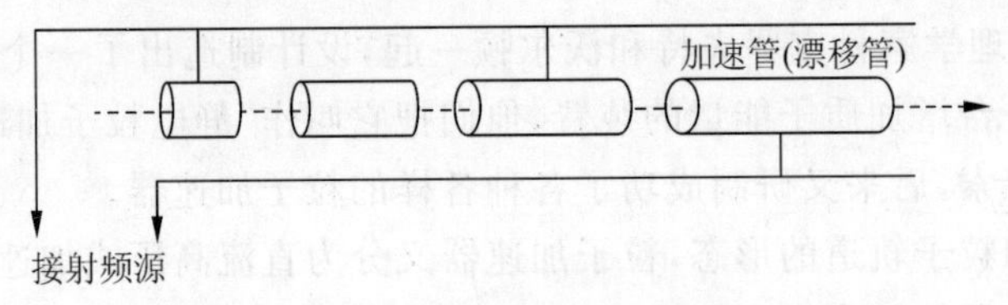

12-6　直线加速器示意图

目前直线加速器已经可以加速从He到U的各种重离子,可达到的最高能量受加速器长度的限制。直线加速器的缺点是离子在加速过程中只经过加速腔体结构一次,因此造价就限制了加速器能达到的最终能量。

3. 重离子回旋加速器

回旋加速器是最早的环形加速器,1930年由劳伦斯(Ernest O. Lawrence)所发明。这一加速器使粒子在一个环形轨道上循环运动,多次通过同一个加速腔体,提高了加速腔体结构的利用效率。回旋加速器的基本原理如图12-7所示,离子在加速电极间受高频电场的谐振加速而多次获得能量,同时在轴向磁场力的束缚下作半径逐渐扩大的螺旋线运动。其基本组成部分:离子源或外注入离子源、高频系统、磁场系统、真空系统、引出系统。在回旋加速器中,束流的聚焦主要是靠磁聚焦,而电聚焦主要是在中心区起作用。

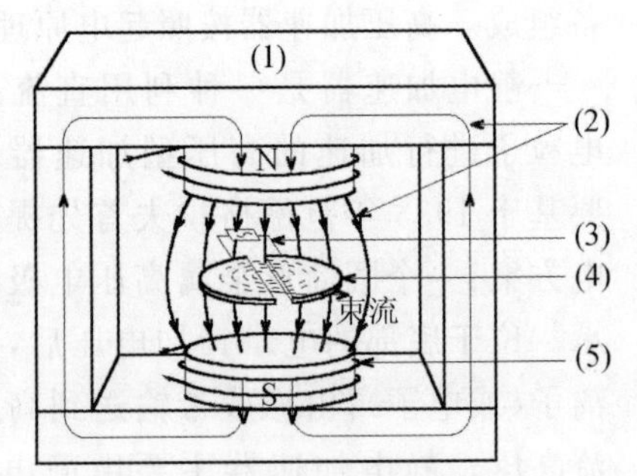

12-7　回旋加速器基本结构

(1)电磁铁;(2)磁力线;(3)高频电源;(4)D形电极;(5)励磁线圈

回旋加速器由于重复使用同样的结构来加速离子,因而可以采用较经济的射频功率。加速器的造价及能达到的最高能量主要取决于磁铁的大小。

回旋加速器有其能量限制。因为相对论效应的存在,高速运动下的离子质量发生改变,影响了离子的核质比,进而导致离子的回旋频率发生变化。

4. 重离子同步加速器

回旋加速器可达到的最高能量由被加速粒子质量的相对论效应决定。这导致轨道运动频率的减小以及粒子通过加速间隙的相位和加速电场不一致。这种不一致逐渐累积,导致加速作用减小,最后甚至使粒子减速。为了克服这一缺点以加速到达更高的能量,同步加速器应运而生。在这种加速器中,粒子处于环形的真空管中,在偏转磁场作用下作闭合的轨道运动。随着粒子能量的增加,偏转磁场与加速粒子的高频电场频率也同步增加,这样就可维持粒子在固定轨道上的谐振加速。

在各类重离子加速器中,静电加速器的特点是直流工作,能提供斑点小,能量精度高的各种重离子束流。直线加速器束流强度大,可加速粒子的种类多,但离子在直线型加速器的加速结构中只能加速一次，不能反复加速，电效率较低。而回旋加速器中离子只需反复通过同一加速结构就能不断地增加能量，其最大费用由磁铁的尺寸决定。如果要求离子能量高且种类和能量可变，由于相对论效应造成的质量改变需要精湛的磁场成形技术来化解，带来了技术上的困难及成本的大量增加。同步加速器在高频和磁铁建造方面比较经济，是获得高能重离子的理想加速器。

（二）重离子加速器的基本考虑

加速器的主要效能指标是粒子所能达到的能量和粒子流的强度（流强）。重离子加速器的加速原理和结构基本上与轻粒子加速器相同。但是，对于加速器来说，重离子与质子等轻粒子的最大差别是它们的荷质比（Q/A）不同，这里 Q 是离子的电荷态，A 是它的原子质量数。一般，重离子的荷质比远小于 1（质子的荷质比＝1）。

对直线形加速器来说，引出束流的单核能

$$E_n=\left(\frac{Q}{A}\right)eV$$

其中 V 为加速电压。而对环形加速器，则有

$$E_n=k\left(\frac{Q}{A}\right)^2$$

这里 k 正比于磁刚度的平方，是加速器的能量常数。

由上述公式可以看出，要获得与质子相同的单核能重离子束，只能增加磁场强度、圆形加速器的尺寸或加速电压。这不仅大幅度提高了加速器的造价，以后的日常运行费也相当昂贵。为了降低造价，利用各种手段提高离子的（Q/A）值是较好的办法，目前提高荷质比 Q/A 的方法主要有以下两种。

一是提高重离子源的电荷态。一个理想的重离子源应能提供强度大，寿命长，不同离子的高电荷态束流。

二是利用电荷交换进一步剥离离子的外层电子。当离子通过介质时会与介质中的原子交换电子，在离子速度低时以电子俘获为主，离子速度高时则以电子剥离为主。剥离电子后的离子平均电荷态与电荷态的分布主要由离子的入射能量决定，一般说来，能量愈高，平均电荷态愈高。常用的剥离器有固体（如碳膜）和气体两种，固体剥离器的剥离效率高于气体剥离器，但剥离后离子的角分散和能散较大。

重离子加速器中这两种提高荷质比的方法通常会结合使用，后者更为普遍。重离子加速器一般采用组合方式把两台或两台以上加速器串联起来，中间放置一台剥离器，将前级加速器作为注入器，后级加速器作为主加速器。重离子源安置在注入器内，或者将重离子由外部注入到注入器中。离子经注入器加速后达到一定能量，通过剥离器将离子剥离成高电荷态的重离子，而后进入主加速器加速，获得引出能量较高的重离子。这种方法的缺点是每通过一次剥离器，束流强度要减弱 50％到一个数量级。这主要是由于离子通过剥离器后产生一个较宽的电荷态分布，但只有一种电荷态的离子可被用于后加速，其次通过剥离器的过程造成离子束的能散度增加，同时离子在加速管道和传输管道内运动时与剩余气体的电荷交换导致电荷态变化，这些改变均引起离子磁刚度变化，进而导致离子损失。因此，重离子加速器的流强远小于相应的轻粒子加速器，而能散度却要大得多。

除离子种类、能量和流强以外，表征重离子加速器束流品质的参数还包括发射度、亮度和

能散度等。

（三）重离子加速器的重要部件

重离子加速器的结构一般包括3个主要部分：①离子源，用以提供所需加速的离子。②真空加速系统，其中有一定形态的加速电场。整个系统处于真空度极高的真空室内以避免离子在空气分子散射的条件下加速。③导引和聚焦系统，用一定形态的电磁场来引导并约束被加速的离子束，使之沿预定轨道被电场加速。

重离子加速器的结构造成它的调试和运行较为复杂，一般应配备自动控制系统来控制调试和运行，当然，加速器内和输运线上的束流诊断设备也是必不可少的。

1.离子源

离子源是产生带电离子束的装置。按照离子产生的方法，离子源可分为电子碰撞型（等离子体离子源）、固体表面电离型（包括溅射源）和热离子发射型（碱金属离子）等。重离子加速器所采用的离子源主要属于电子碰撞型，目前常用的有潘宁离子源、电子回旋共振离子源等。

2.真空加速系统

重离子的电荷数较大，因此很容易同运动路径上的残余气体分子发生作用，造成动量和电荷态改变，并引起相应的磁刚度变化进而导致离子在束流输运过程中损失。为了减少由于电荷交换等引起的离子损失，与相应的轻粒子加速器相比，重离子加速器对束流输运系统的真空度要求更高。如回旋加速器一般要求在1×10^{-7} Torr（1Torr＝133.322Pa）左右，而同步加速器要求高达$10^{-9}\sim10^{-12}$ Torr。同时，由于重离子束种类繁多，不同束流的荷质比相差很大，这就要求重离子加速器的高频加速系统在工作频率和负载功率等方面具有更大的调节范围。

3.束流输运系统

任何带电粒子束装置实际上都是一条束流传输线，传输线上的各种部件对束流起着加速、偏转、聚焦、聚束、能量和粒子种类分析、束流通道分支或汇合等作用。广义上，可以将粒子发射装置和反应靶之间的所有元件统称为束流输运系统。

束流输运系统中最常用的传输元件有二极磁铁、开关磁铁、四极电磁透镜、六极和八极等多极磁铁、螺线管、聚束器及能散调节器等。有的束流输运系统还配置有粒子分离器、束流导向器、束流准直器或光阑、冲击磁铁、扭曲磁铁、切割磁铁、聚束磁铁及废流收集器等专用传输元件。通常，这些元件按照其对粒子运动的作用可分为三大类：①横向聚焦元件，如四极透镜和螺线管等；②纵向变换元件，如聚束器和能散调节器等；③偏转元件，如二极磁铁、静电偏转器和高频扫描偏转器等。这些传输元件的组合，不仅可实现束流的传输，还能根据需要改变束流的性能和参量，如束流几何形状、脉冲宽度、发散度匹配、能量分辨率以及时间结构等。

二、重离子辐射剂量测量技术

（一）重离子辐射剂量探测器分类

重离子辐射剂量探测器分类主要有三大类：气体探测器、径迹探测器和闪烁探测器。

1.气体探测器

气体探测器是常用的重离子辐射剂量探测器，是通过收集射线在气体中产生的电离电荷来测量核辐射，主要类型有电离室、正比计数器和盖革计数器。它们的结构相似，一般都是具有两个电极的圆筒状容器，充有某种气体，电极间加电压，差别是工作电压范围不同。电离室工作电压较低，直接收集射线在气体中原始产生的离子对。其输出脉冲幅度较小，上升时间较快，可用于辐射剂量测量和能谱测量。电离室又可分为脉冲电离室和电流电离室，脉冲电离室是记录单个辐射粒子，主要用于测量重带电粒子的能量和强度；电流电离室是记录大量粒子平均效应，主要用于测量X，γ，β和中子的强度或通量。正比计数器的工作电压较高，能使在电场中高速运动的原始离子产生更多的离子对，在电极上收集到比原始离子对要多得多的离子对（即气体放大作用），从而得到较高的输出脉冲。脉冲幅度正比于入射粒子损失的能量，适于作能谱测量。盖革计数器又称盖革-弥勒计数器或G－M计数器，它的工作电压更高，出现多次电离过程，因此输出脉冲的幅度很高，已不再正比于原始电离的离子对数，可以不经放大直接被记录。它只能测量粒子数目而不能测量能量，完成一次脉冲计数的时间较长。

2. 径迹探测器

径迹探测器通过记录、分析辐射产生的径迹图像测量核辐射，主要种类有核乳胶、云室和泡室、火花室和流光室、固体径迹探测器。

（1）核乳胶。

核乳胶能记录带电粒子单个径迹的照相乳胶。入射粒子在乳胶中形成潜影中心，经过化学处理后记录下粒子径迹，可在显微镜下观察。它有极佳的位置分辨本领（1 μm），阻止本领大，功用连续而灵敏。

（2）云室和泡室。

云室和泡室使入射粒子产生的离子集团在过饱和蒸气中形成冷凝中心而结成液滴（云室），在过热液体中形成气化中心而变成气泡（泡室），用照相方法记录，使带电粒子的径迹可见。泡室有较好的位置分辨率（好的可达10 μm），本身又是靶，目前常以泡室为顶点探测器配合计数器一起使用。云雾室体积大，云雾径迹保留时间短，要拍照才能留下离子径迹，使用很不方便，后来逐渐被固体径迹探测器所代替。

（3）火花室和流光室。

火花室和流光室需要较高的电压，当粒子进入装置产生电离时，离子在强电场下运动，形成多次电离，增殖很快，多次电离过程中先产生流光，后产生火花，使带电粒子的径迹可见。流光室具有较好的时间特性。它们都具有较好的空间分辨率（约200 μm）。除了可用照相记录粒子径迹外，还可记录电脉冲信号，作为计数器用。

（4）固体径迹探测器。

当重带电粒子穿过绝缘体（诸如云母、塑料一类材料上）时，沿路径产生一定密度的辐射损伤，经适当处理（如化学处理刻）后，将损伤扩大成可在显微镜下观察的径迹（空洞），这种用绝缘体记录粒子径迹的探测器称为固体径迹探测器。可探测质子、α粒子、重离子、裂变碎片和宇宙线中的原子核等。CR－39是一种比较理想的核径迹探测器，不仅具有灵敏、均匀、稳定、分辨率高、光学性能好等优点，而且其结构简单、坚固、不需要电源和遥测遥控，只对重电离粒子灵敏，且对高能量沉积不易饱和等优点。

3. 闪烁探测器

闪烁探测器是通过带电粒子打在闪烁体上，使原子（分子）电离、激发，在退激过程中发光，经过光电器件（如光电倍增管）将光信号变成可测的电信号来测量核辐射。

闪烁体可分为三大类：①无机闪烁体，常见的有用铊（Tl）激活的碘化钠NaI（Tl）和碘化铯CsI（Tl）晶体，它们对电子、γ辐射灵敏，发光效率高，有较好的能量分辨率，但光衰减时间较长；②有机闪烁体，包括塑料、液体和晶体（如蒽、芪等），前两种使用普遍，由于它们的光衰减时间短(2～3 ns,快塑料闪烁体可小于1 ns),常用在时间测量中;③气体闪烁体,包括氙、氦等惰性气体,发光效率不高,但光衰减时间较短(<10 ns)。

(二)生物剂量估计

用上述几种物理方法可直接获得重离子辐射剂量,另外,还可通过生物剂量估计方法间接获得重离子辐射剂量。

生物剂量估计方法是利用人体生物材料,如组织、细胞、DNA、蛋白质等,在电离辐射后发生的与辐射剂量存在一定量-效关系的某个方面的改变,利用这种可测、可记录和分析的生物改变来刻度辐射剂量的一类生物标记物与分析方法。这种方法不仅能根据电离辐射分析照射者产生的某些生物学变化,准确地确定其接受的辐射剂量,还可根据生物学上有意义的变化预测对受照者远期健康的影响,主要用于辐射后的剂量重建。目前生物剂量估计的研究结果主要源自于常规射线辐射。

1. 常规染色体技术在辐射生物剂量估计中的应用

人淋巴细胞不稳定型染色体畸变如双着丝粒畸变和着丝粒环畸变形态特征明显、直观、易于识别,并具有辐射特异性,可根据畸变在细胞之间的统计分布来估算全身照射的均匀程度及更合理的剂量。一般来讲,对中度以上强度的辐射,观察100～500个细胞中双着丝粒和着丝粒环的畸变率就可以比较准确的结果。但对低辐射,如10mSv,要分析10 000个细胞才能获得比较可靠的结果。如果辐射剂量达到几个Sv,血液中的淋巴细胞数就会大大降低,不过在这种情况下,每个细胞的畸变量很高,观察几十个细胞就足够了。在剂量更大时,由于淋巴细胞数量减少、分裂能力降低,计数细胞量的不足以严重影响结果的准确性和可靠性,但在得不到其他受照剂量支持的情形下,其结果对剂量的估计也是十分有价值的。一般认为,当照射剂量≥6Gy时,剂量效应已达到饱和。此类畸变会随照后时间的推移而逐渐减少,因此适用于受照后早期生物剂量估算,对辐射远后期效应的研究意义不大。

2. 早熟染色体凝集技术在辐射生物剂量估计中的应用

当分裂细胞和间期细胞融合后,间期细胞核被诱导提前进入有丝分裂期,其核膜溶解,核内极度分散状态的染色质凝缩成染色体样的结构即为早熟凝集染色体(Premature Condensation Chromosome,PCC)。这种PCC技术是在1970年由Johnson等建立的。常用的细胞融合剂是聚乙二醇和仙台病毒。研究发现用PCC断片率所得的剂量-效应曲线与实际受照剂量有较好的吻合性。但这种方法存在许多不足,如技术要求更高、PCC产额低、不稳定等,导致所评价的剂量可靠性较差而未被普遍接受。1995年Gotoh等发现了可促使细胞分裂作用的物质Okadaic acid和Calyculin A(蛋白质磷酸酶抑制剂),二者能够诱导细胞周期各时相(除G0期细胞外)的染色体发生凝集,其最大的优点是可直接观察细胞间期染色体,与常规染色体方法相比有着快速、灵敏、简便的优点。但是这一方法作为一种成熟的生物剂量估计方法实际应用,还有大量工作要做。

3. 染色体原位杂交技术在辐射生物剂量估计中的应用

原位杂交技术的原理是用已知的标记单链核酸为探针,依照碱基互补原则,与待检材料中未知的单链核酸特异结合,形成可检测的杂交双链核酸。染色体原位杂交技术是使用染色体特异性的DNA探针,结合PCC技术或常规染色体技术,检测间期细胞核的染色体或分裂期染色体的数量和结构异常。

对日本广岛、长崎原爆幸存者染色体畸变的长年观察结果发现,辐射诱发的染色体畸变类型主要是稳定型染色体畸变，而非稳定型染色体畸变畸变已明显减少，不到总畸变的10%；在两城市受照者中，畸变率和原先所受剂量之间关系密切，其中主要贡献是稳定型染色体畸变。稳定型染色体畸变在照后若干年甚至数十年仍残留在受照者体内，其频率基本保持恒定，且与原先所受剂量大小仍有一定关系。因此，国内外一些从事辐射远后效应的研究机构多用稳定性染色体畸变作为事故受照者的随访观察主要指标，并以此作为评价辐射对远期健康影响的依据之一。荧光原位杂交技术可比较准确地识别稳定性染色体畸变，有学者提出该指标有可能作为事故照射或职业受照者的剂量重建用。

4.微核分析技术在辐射生物剂量估计中的应用

微核是出现在间期细胞核外的小块染色质，细胞质中主核外的小核，主要来源于染色体的无着丝粒片断和细胞分裂后期滞后的染色体。同细胞核一样，微核外面包有两层核膜，具有DNA合成功能，可以随着细胞的分裂而分裂，也可能在分裂的过程中丢失。因此，只有统计辐射后经过一个分裂周期形成的微核才能比较准确地反映细胞的损伤程度与辐射剂量的关系。目前，常用Fenech等建立的细胞质分裂阻断微核技术研究微核。常规射线照射，微核出现的频率与受照剂量呈线性二次方关系，但在较高的辐射剂量如5～7Gy辐射时，细胞周期阻滞导致细胞不能进入有丝分裂期，微核呈稳定趋势，并不随剂量而改变。

微核法适于对大群体受照情况和大批职业性照射人员检测。但是微核的自然发生率高，自发率和辐射诱发微核率有较大个体差异，并且微核培养时间长，主要反映近期辐射损伤效应，对远后效应的评价意义不大。而且，随时间的推移，微核的减少没有规律可循，所以微核法只能作为生物剂量估算的辅助方法。

5.特殊基因位点突变分析作为辐射生物剂量估计的应用

(1)血型糖蛋白A位点突变分析。

血型糖蛋白A (Glycophorin A,GPA)是人红细胞膜的典型跨膜蛋白，由一对共显性多态等位基因编码，其基因位于4号常染色体上。基因突变可产生4种变异红细胞：单倍型MO，NO和纯合型MM，NN。Langlois等总结了703例日本原爆幸存者的GPA检测结果，确证了GPA基因突变是一个终生生物剂量计。

GPA基因突变分析仅能检测MN血型个体，而这种血型仅占人群的50 %左右，因此有一半的人群不能检测；GPA不能用于受照后立即测定，损伤只有深入骨髓干细胞，才有变异表达。同时，个体间GPA的变异频率相差较大，在弱致突因子的损伤时，统计学上的显著性易被掩盖。但作为终生生物剂量计，已用于人体辐射损伤评估中。

(2)次黄嘌呤磷酸核糖转移酶基因突变分析。

人和啮齿类细胞的次黄嘌呤磷酸核糖转移酶(Hypoxanthine Phospho - Ribosyl Transferase，HPRT)基因位于X染色体上，该基因在两性细胞中均呈半合子状态。HPRT基因编码产物为HPRT，HPRT基因突变后，不能编码生成HPRT，突变细胞对嘌呤类似物(如6 - TG)表现出抗性，在选择培养基中能存活并增殖。体细胞HPRT基因突变频率与辐射剂量之间存在剂量效应关系，可用于分析急性照射以及慢性小剂量长期照射。但检测HPRT基因突变频率还存在不完善的一面：不同发展阶段的淋巴细胞受到电离辐射损伤，其HPRT基因突变存在的时间不同。只有发生在未分化淋巴细胞中的突变才能保存下来，并出现不同的HPRT基因结构改变和重组。未分化干细胞发生突变，存在的时间更长，并可在突变细胞中检出相同的HPRT基因结构改变，没有不同的基因重组。但这种突变细胞较少。因此HPRT基因突变有时不能真正反映受照剂量，使得 HPRT 基因突变分析用于群体优于个体。

另外，还有 T 细胞受体（TCR）基因突变，白细胞抗原 A（HLA－A）基因突变，小卫星 DNA 位点突变，线粒体 DNA 缺失突变等。

6.重离子辐射生物剂量计研究现状

对高 LET 重离子辐射，因其传能线密度很高，局部生物学效应很大，其辐射所产生的生物学效应与常规射线不尽相同。如碳离子辐射诱导的微核效应，其量效关系与常规射线不同；在重离子辐照的细胞中，中期多着丝粒染色体畸变比较常见，加大了统计上的误差；另外，重离子辐射诱导的中期染色体畸变往往受到严重的细胞周期阻止和细胞间期死亡的影响。因此常规射线辐射生物剂量估计的研究结果是否适用于重离子辐射生物剂量估计需要进一步研究。

三、重离子与生物物质的相互作用

重离子与生物物质的相互作用是研究重离子束在物质中的能量损失、电离电荷变化以及重离子和物质原子之间的激发状况等规律。

（一）荷电粒子能量转移的机制

1.电子碰撞

当碰撞参量可以与原子的线度相比较时，带电粒子将与原子（或分子）的束缚电子发生非弹性碰撞。如果入射粒子传递的能量仅使电子跃迁到较高能级上，则称为激发；如果电子获得的能量大于它的束缚能，可脱离原子壳层，称之为电离。这两种过程都导致了碰撞能量损失。与电子入射的情况相比，重带电粒子发生大角度折射的概率很小，因而其路径一般接近直线。

由带电粒子直接作用产生离子偶（离子和电子）的过程称为初电离，某些被电离出来的电子具有足够大的能量，在其路程上还能再次引起电离，这种电离称为次电离。初电离和次电离构成了导致碰撞能量损失时的总电离。单位径迹长度上的总离子偶数称为比电离。形成一对离子偶（包括激发）所消耗的平均能量称为平均电离能。一个能量为兆电子伏量级的带电粒子，在其被完全阻止之前将经历上万次碰撞。

2.核散射和核反应

当碰撞参量小于原子半径且可同核半径相比较时，带电粒子除了与电子发生相互作用外，还会与核发生核散射（包括弹性散射和非弹性散射）和核反应。

弹性散射即库仑散射。带电粒子与核的相互作用概率远小于与电子的相互作用概率。运动的带电粒子通过物质时与原子（尤其是核）发生库仑散射，导致入射粒子的偏转。在质心系，库仑散射不损失能量，在实验室系，为要保持动量守恒，粒子将损失其一部分动能。

韧致辐射，带电粒子与被通过的介质原子核相互作用，带电粒子突然减速，一部分动能转变为连续能谱的电磁辐射释放出来。因此，韧致辐射谱是个连续谱，辐射光子的能量在零到带电粒子总动能之间。由于辐射能量损失与带电粒子的质量的二次方成反比，与靶材料的原子序数成正比，同电子比较，重带电粒子的韧致辐射损失很小，只有在其能量很高时才不能忽略。

核反应，指的是当碰撞参量小于核半径，某种带电粒子的动能足够大，使之克服静电势垒进入核内的情形。这种情形的发生取决于粒子的类型和能量。

3.原子位移和电子俘获或丢失

当碰撞参量大于原子的线度时，带电粒子将与作为整体看待的原子（核与核外电子的耦合系统）发生相互作用。当入射电子的能量低于激发能或重带电粒子的速度 $v \leqslant 0.03Zc$ 时（Z 是带电粒子的原子序数，c 是光速），入射粒子将与原子相互作用使它偏离正常位置，称为原子位移。当与物质中原子电子的运动速度有同一量级的低能带电粒子通过物质时，有可能俘获一个或两个电子而变成单个电荷的或中性的粒子，但其后很快地由于同原子碰撞又失去电子而被电离，在粒子射程的末端，这种电荷交换变得频繁起来。当带电粒子的速度接近或低于原子层 K 电子轨道速度时，带电粒子俘获电子的概率将大于丢失电子的概率，并使粒子的净电荷减少。当净电荷趋于零时，电离能量损失也趋于零。因此，在带电粒子射程的末段，电子俘获效应是重要的。

当带电粒子在介质中通过，由于与介质相互作用耗尽了能量而最终停止下来，这种现象称为被介质吸收。

4. 重粒子与物质相互作用的特点

与一般带电粒子、离子相比，重粒子与物质作用有以下特点。

(1)在贯穿物质时，基本呈“直线”性，能量损失涉及范围比较确定。重离子是质量较大的带电粒子 它可以直接引起物质中原子和分子的电离或激发而造成生物效应。在重离子通过物质时由于受到原子核的库仑作用也会发生散射，不过这种散射通常是小角散射，因此在重离子束通过物质时直至能量耗尽，每个粒子偏离原运动方向是不大的，整个束流在几何学上不会有明显的展宽，这就是通常所说的重离子贯穿的“直线”性。

(2)具有较大的比电离，并在射程末端会形成布喇格(Bragg)峰。

(二) 荷电粒子在生物物质中的平均能量损失

能量为 E_1 的粒子入射到靶材料中，将与靶原子发生一系列的碰撞而损失能量。设入射离子沿深度方向单位距离内的能量损失为 dE_1/dx，则它通过 Δx 的距离时损失的能量为

$$\Delta E_1 = |dE_1/dx|\Delta x$$

设靶原子的体密度为 N，厚度为 Δx，受离子束照射的面积为 A，则 $N\Delta x A$ 为受照射的靶原子总数。而单位面积上受照射的靶原子数为 $N\Delta x$，它随 Δx 线性增加，正如能量损失 ΔE_1 随 Δx 线性增加一样。令能量损失 $|dE_1/dx|\Delta x$ 与靶原子数 $N\Delta x$ 成正比，并定义比例系数 $S(E_1)$ 为阻止本领，则有

$$S(E_1) = -1/N\ dE_1/dx$$

考虑入射离子通过核碰撞和电子碰撞损失能量两个过程，靶原子对入射离子的阻止本领 $S(E_1)$ 应为核阻止本领 $S_n(E_1)$ 和电子阻止本领 $S_e(E_1)$ 之和。设离子在一段微小距离 dx 上，由于与靶原子核及靶中电子碰撞，平均每个离子损失的能量分别为 $-dE_n$ 和 $-dE_e$，则阻止本领为

$$-dE_1/dx = N[Sn(E_1)+Se(E_1)]$$

阻止本领表征的是在单位行程内带电粒子在该物质内损失的能量。其 SI 单位是“焦耳每米”($J \cdot m^{-1}$)，也可使用 $keV \cdot \mu m^{-1}$。

在图 12-8 中显示了物质对动能为 E，质量数为 A 的重离子的阻止本领(单位路径上的能量损失)。重离子在单核子动能(即 E/A)几百千电子伏时(高速区)，阻止本领大致正比于 $1/E$；而在低速度时，则大致正比于 $E^{1/2}$。这主要是重离子的核电荷同物质中的电子作用的结果。当重离子的速度更小时，出现一个小峰，它是由于重离子被媒质原子的屏蔽库仑势的弹性散射所引起的，这个速度区被称为核阻止区。将上述 3 个阻止区加在一起，得到媒质对重离子阻止本领的总效果，它在图中用实线表示出来。实验表明，在相同速度下的各种重离子，射入同样的媒质时，阻止本领大致同重离子的原子序数 Z 的二次方成正比。所以重离子愈重，在

媒质中损失的能量也就愈大。

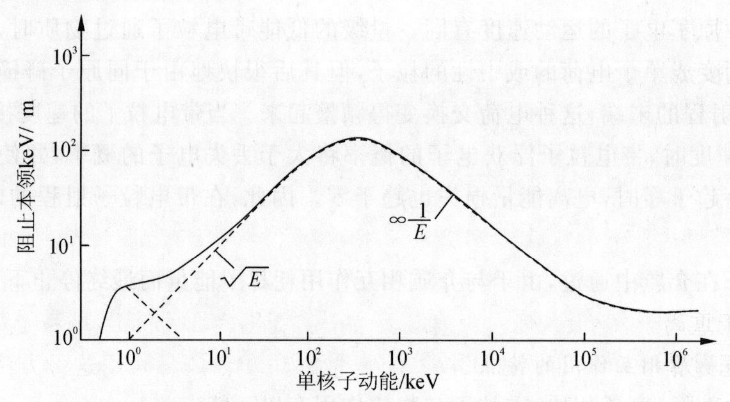

图 12-8　重离子在物质中的阻止本领同它的单核子动能的关系

图 12-9 所示为离子进入靶直到它沉积下来的能量损失和离子沉积的空间分布。在离子开始阶段，入射离子能量较高，离子损失能量主要通过电子损失，即入射离子使靶原子电离或激发损失能量。如果加上核阻止，造成的能量损失，在径迹 a 段，离子损失的总能量基本上保持不变。随着入射离子能量逐渐降低，核阻止能量损失起主要作用，其特点是，离子能量降低，能量损失反而增加。这相当于离子径迹 b 段。当入射离子能量进一步降低时，核阻止本领急剧上升，能量损失达到峰值（c 段，Bragg 峰）。这时，入射离子终因能量耗尽以高斯分布的形式沉积下来。

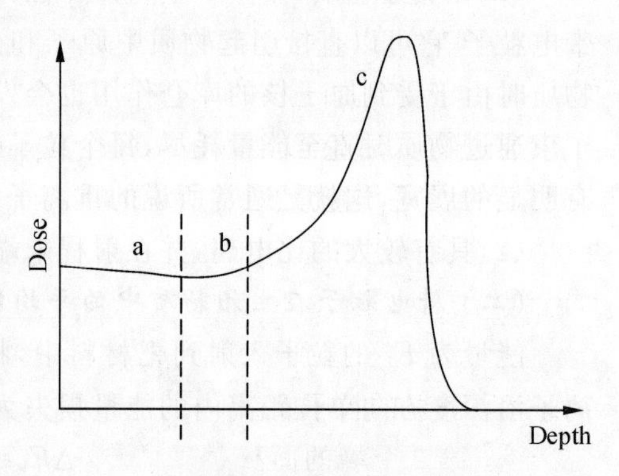

12-9　重离子能量损失空间分布

能量损失的特征：重粒子靠电离和激发损失其能量，并在组织或介质中穿行一定距离后停止。射程的长短依赖于入射粒子的能量。图 12-9 在入射坪区，吸收剂量相对保持恒定，坪区的长度决定于入射离子的能量，快到射程末端时，能量淀积密度达到最大值，剂量急剧升高，形成布拉格峰。随着原子序数的增加，布拉格峰变得越来越窄，同时峰的高度也增加。

（三）阻止本领的测量方法

阻止本领是用来描述入射带电粒子在介质中每单位路径长度上损失的平均能量的物理量，是研究带电粒子与物质相互作用的主要内容之一。微分平均能量损失 S 被定义为：大量具有相同运动学参数的入射粒子的平均能量损失 $\overline{\Delta E}$ 除以靶的厚度 ΔX，因此，必须用不同厚度的靶来测量入射粒子的能量损失，以得到能量损失随靶厚度变化的函数关系。直接微分法是测量在穿过一已知厚度靶的前后粒子的动能，适合于高速度运动的粒子；对低速度（VP2＜0.1MeV/amu）运动的粒子，则得不到高的精度，此时用积分法能得到更为精确的结果。空间重离子是高速运动的高能粒子，因此，本节主要讨论微分法测量阻止本领。

微分方法要求知道入射粒子在穿过一块足够薄、均匀、并精确知道其厚度的靶之前后的能量。因此需要知道靶的厚度和粒子穿过靶前后的能量。

1. 靶的厚度测量

靶的厚度测量有以下几种方法。

(1)测定靶厚度的一个非常简单的方法是称量一已知面积的靶的质量。对于比 50$\mu g/cm^2$ 薄的靶,这种技术并不可靠,而且也不能给出关于靶的非均匀性的知识。

(2)通过直接蒸发一层薄膜到震荡晶体上,测量其震荡频率的改变,从而测定薄膜厚度。但是这种方法对于低于 50 $\mu g/cm^2$ 靶的厚度不能给出足够的测量精度。

(3)测量靶厚度的一个非常精确的方法是通过测量入射粒子被靶物质弹性散射的产额。选择入射粒子的轰击能量和散射角度,使得发生卢瑟福散射。通常选用轻的入射粒子(如 α 粒子),因为它们在靶中的能量离散小。从入射粒子能量损失宽度可以推知靶的非均匀性。另外,由于散射粒子的能量对散射角不灵敏,所以,能在相当大的探测器立体角的几何条件下来探测粒子。对于重离子,由于在靶内它的电荷会不断变化,从而使得入射粒子数目的精确度变得复杂起来。通过精确地测定散射的几何条件(散射角和立体角),用这种方法靶厚度的测量精度可以达到<1%。

(4)通过测量 α 粒子在靶内的平均能损,利用齐勒格和朱收集的关于 α 粒子阻止本领的精确数据则可精确地确定靶的厚度。

2. 能量损失测量

沃德等人讨论了测量能量损失的几种方法,可分为两大类:A 和 B 法。用这两类方法可以进行微分平均能量损失的测量,其精确度<4%。

A 法是利用“夹心”靶的背散射,用面垒型探测器测量在不同角度出射的弹性散射粒子的能谱(见图 12-10(a))。如果这些蒸镀的多层薄膜足够薄,就能够从能量上把不同薄层中发生的背散射粒子区别开来。从两条 Au 线间的能量差(见图 12-10(b)),就能计算出从第二 Au 薄层散射的粒子在待测靶物质(如 Ge)中的平均能量损失。根据能谱中 Ge 层的散射粒子的产额(第二个峰的面积)和弹性散射截面(卢瑟福散射截面)就可以得到 Ge 靶的厚度。这一方法的优点是,它不要求自支撑靶。

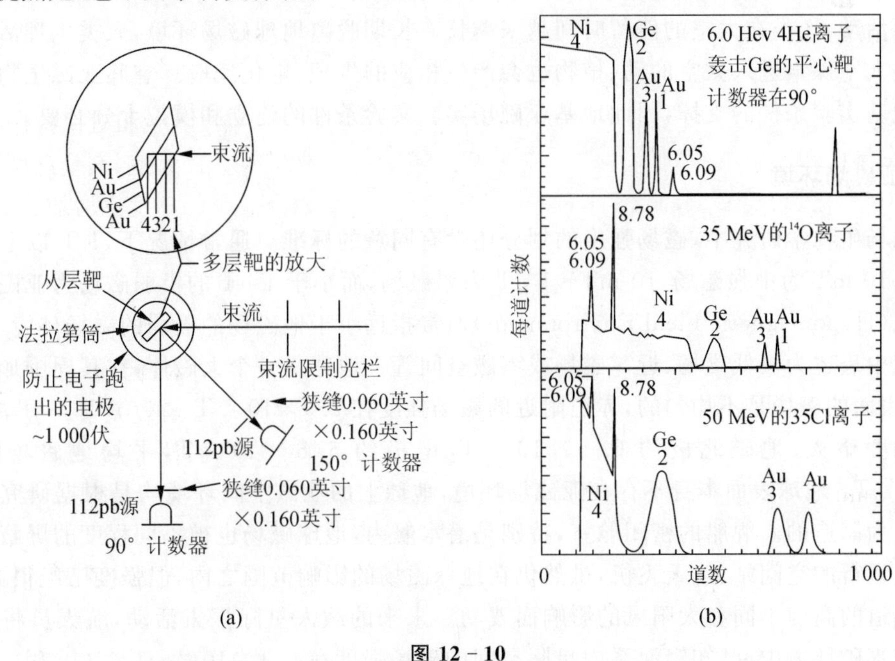

图 12-10

(a)利用“夹心靶”的背散射来测量平均阻止本领的实验装置;(b)背散射粒子的能谱

在沃德等人描述的B法中，同时记录入射粒子经过一薄的Au箔后不同散射角的散射粒子。每个面垒型探测器的一半探测表面被阻止物质（“半月形靶”）覆盖着，因此，在它探测的粒子中，约有一半粒子需穿过阻止物质（见图12-11）。这样，在每个散射角，测得的每个粒子的能谱都是两条分开的谱线。这两条线相应的能量差就是在阻止物质中的平均能量损失。而阻止物质的厚度可以用卢瑟福背散射方法进行精确的测定。

直接微分法得到的能量损失值非常精确，并且系统误差几乎可以忽略。而积分法则与许多难以估计的因素（如离散过程）有关，所以，不可能精确估算其测量误差。至于积分法，这里不再详述，有兴趣的同学可以去查阅相关资料。

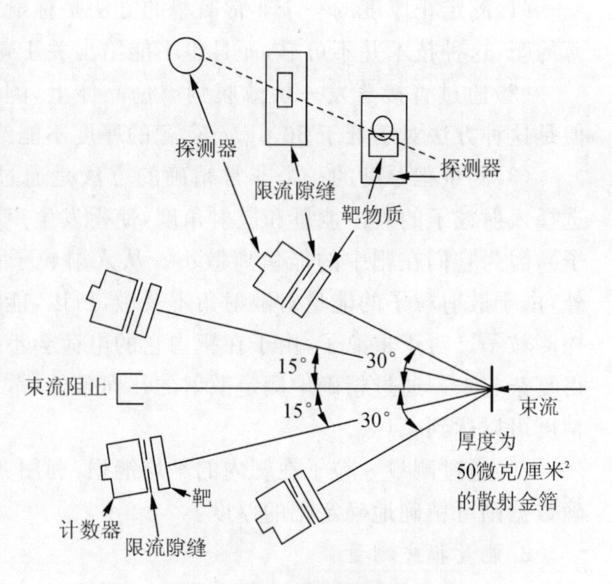

图12-11　利用“半月形靶”测量平均阻止本领的实验装置

第三节　空间亚磁场环境地基实验技术

作为空间重要的环境因素，亚磁环境对包括哺乳动物在内的多种动物以及植物均可产生不同程度的影响。随着人类太空探索计划的不断推进，人类将向月球移民和进行载人火星深空探测等活动，人类在太空的停留时间越来越长。长期脱离地球磁场环境，人类生理活动以及伴随人类太空探索进入太空的动、植物也会产生相应的生理、生化反应。空间亚磁生物学的研究需要地基实验条件的支撑，因此地基亚磁场实验实验条件的建立和模拟十分必要。

一、亚磁场环境

在磁场生物学研究中，磁场强度的划分还没有同意的标准。通常情况下，1 T以上为强磁场，1 T～10 mT为中强磁场，10 mT～1 μT为弱磁场，而小于1 μT的极弱磁场为亚磁场。亚磁场环境（Hypomagnetic Field Environment）通常指远小于地磁场的极弱的磁场环境，在某些研究文献中表述为极低磁场、近零磁场或零磁空间等。地球是一个大磁体，在其周围形成地磁场，地球表面的磁场是不均匀的，赤道附近的磁场强度在2.9×10^{-5} T～4.0×10^{-5} T之间，两极处的强度略大，地磁北极约6.1×10^{-5} T，南极约6.8×10^{-5} T，平均地磁场强度约5.0×10^{-5} T。地球表面本身不存在亚磁场环境，地球上的亚磁空间环境均是根据研究或工作的需要人为制造的。舰船的密闭舱室，特别是潜水艇内，地球磁场也被不同程度的屏蔽。在地球轨道上运行的空间站、航天飞机，虽然仍在地球磁场的影响范围之内，但强度已经很弱，并且随运行轨道的高度不同和太阳风的影响而波动。未来的载人星际探索活动，航天员将长期处于亚磁或零磁环境中，已知银河系内星际空间的磁场强度在0.1×10^{-9}～1×10^{-9} T。月球是人类探索的地球以外的第一个星球，月球基地将是人类未来深空探测的中转站。月球磁场极弱，表面磁场小于 5.0×10^{-8} T，在地磁场的 1/1 000 以下。

二、地磁场屏蔽技术

要在地球上获得亚磁场环境有四种方式：屏蔽法，补偿法，屏蔽加补偿法，辅助加强法。

1. 屏蔽法

采用高导磁材料制成封闭的空间，利用高导磁材料的集束磁力线作用，将磁场屏蔽在封闭空间之外，在封闭空间内获得亚磁实验环境。

屏蔽系数 S 可由下式求得：

$$S=K\mu t\ /\ D \tag{12-7}$$

其中，K 是与屏蔽结构形状相关的系数；μ 是材料的磁导率；t 是材料的厚度；D 是屏蔽空间体积的直径。

从上式可以看出，屏蔽结构的屏蔽效果与所采用的材料的磁导率和厚度成正相关。要获得良好的屏蔽效果，需要采用磁导率高的材料和尽可能厚的屏蔽结构，见表 12-2。

表 12-2　常见导磁材料的磁导率和相对磁导率

材　料	磁导率 μ	相对磁导率 μ/μ_0
非晶及纳米晶软磁合金	$>25\ 000\times10^{-6}$	>20 000
镍铁高导磁率合金	$25\ 000\times10^{-6}$	20 000
坡莫合金	$10\ 000\times10^{-6}$	8 000
硅钢	$5\ 000\times10^{-6}$	4 000
铁氧体（镍锌）	$20\sim800\times10^{-6}$	16～640
铁氧体（锰锌）	$>800\times10^{-6}$	>640
钢铁	875×10^{-6}	700
镍	125×10^{-6}	100～600

用屏蔽法制成的屏蔽结构对交变磁场具有极好的屏蔽效果，对于包括地磁场在内的静态磁场，要想达到良好的屏蔽效果，则需要足够厚的高导磁屏蔽材料。高导磁材料价格昂贵，具体设计磁屏蔽结构时，经常使用几种不同的屏蔽材料搭配使用，形成多层结构，即达到屏蔽要求，有可节约费用。图 12-12 和图 12-13 分别为西北工业大学的亚磁场环境实验舱和亚磁场环境细胞培养箱，均由多层莫合金、硅钢等材料构建而成。

图 12-12　亚磁场环境实验舱

图 12-13　亚磁场环境细胞培养箱

2. 补偿法

磁场是一个矢量,可以分解为 X,Y,Z3 个分量。如果在 X,Y,Z3 个方向上分别叠加大小相等、方向相反的磁场,则叠加处的磁场为零。基于这一思想,设置 3 组相互垂直的亥姆霍茨线圈,通入适当的直流电流的 3 组相互垂直的线圈产生的磁场与外磁场的矢量叠加,就可以抵消地磁场,使预定区域实际测得的磁场接近于零。如果还需屏蔽某些频率的交变磁场,可同时通入适当的交变电流,以抵消交变磁场的影响。采用亥姆霍茨线圈补偿法需要灵敏的环境磁场跟踪反馈系统,该系统可根据环境磁场的变化快速调节通入亥姆霍茨线圈的电流强度和频率,即时抵消环境磁场的变化。图 12-14 所示为中国科学院生物物理研究法的补偿式亚磁场环境实验装置。

图 12-14　补偿式亚磁场环境实验装置

3. 屏蔽加补偿法

该方法是将上述两种方法有效组合,构成亚磁场环境。通常是先采用屏蔽法获得一个相对较弱的磁场环境,然后在这个环境内采用补偿法进一步抵消剩余的磁场,达到获得极低磁场的目的。当然,也可将二者的包含关系调换过来,先补偿,后屏蔽。

4. 辅助加强法

为了增强屏蔽效果,可以通过提高屏蔽材料的磁导率进而提高屏蔽系数。根据电磁学原理，给磁性材料外在绕上线圈，通入电流，就可以有效提高磁导率。因此，可以通过给构成屏蔽箱体的屏蔽材料如坡莫合金上再绕上线圈，提高坡莫合金材料的磁导率，进一步增强屏蔽效果。

三、屏蔽法与补偿法的比较

无论是屏蔽法还是补偿法，目的都是为了获得亚磁场实验环境，二者在磁场表征上都表现为亚磁场，但其物理属性却有本质的不同。前者是利用高导磁材料磁阻很低的特点，使磁场汇集在高导磁材料中，从而大大减少屏蔽箱体内部的磁场；后者并不减少磁场，而是通过三组相互垂直的亥姆霍茨线圈产生与环境磁场矢量方向相反的磁场，并与环境磁场叠加，使叠加磁场的和大大减小。

虽然屏蔽法和补偿法都能消除地磁场的影响，但是这两种情况下的实验条件是不相同的，每种方法各有优点和缺点。在补偿法获得的亚磁场实验环境中，不能完全去除环境电磁影响，如大气电活动、地磁场短周期变化和其他多种天然电磁场等；而屏蔽法可以最大限度地消除除地磁场外的所有环境电磁场包括太阳活动引起的地磁场不规则变化。当然，利用补偿法获得的亚磁场实验环境，光照和环境空气几乎没有变化；而利用屏蔽法获得的亚磁场环境通常需要提供人工光照和有效的气流交换，否则可能对实验动物产生影响。

总之，从两种方法的比较来看，屏蔽法是更可取的方法，它可以有效避免补偿法对突变环境磁场不能有效补偿的缺陷。

四、亚磁场的生物学效应

神经系统活动是生物电活动，亚磁环境对动物中枢神经系统的活动影响较大。1976 年，Bliss 和 Heppner 就发现亚磁环境下饲养的麻雀，生物活动节律发生紊乱。Selitskiĭ 在研究地磁场对大脑生物电活动的影响时，给头部戴上减弱地磁场的帽子，短期可见同步 EEG 的 α 波增加，广泛的慢波放电，主要发生在大脑右半球顶骨区。Levina 在亚磁环境（shielding factor＝172.5）饲养雄性 Wistar 大鼠 3 个月，观察大鼠的行为、学习能力、心血管功能和工作能力。发现工作能力、耐力和活动度降低，心率加快和条件反射时间显著增加。Zaporozhan 的研究认为长期暴露在亚磁的环境中，大脑皮层微循环紊乱，氧化还原酶活性改变。有研究者在 5 000 nT的亚磁场中培养的神经细胞和神经胶质细胞，表现出异常的高敏感性，证明亚磁环境对神经细胞的结构产生了不利的影响。通过测量 C57 雄性小鼠的感伤害性刺激反应，发现在亚磁环境下应激诱发的痛觉丧失被显著抑制。也有研究得出特殊的结果，Prato 等将成年雄性瑞士 CD－1 小鼠在亚磁环境下每天暴露 1h，连续 10d，热板法测定小鼠痛觉耐受时间。发现小鼠出现痛觉耐受时间延长，最大镇痛效应出现在实验第 4～6d，然后作用减弱。第五天的测试结果与 5 mg/kg 剂量的吗啡作用相似并且可以被阿片受体拮抗剂钠络酮所阻断。Sandodze 等研究了新生大鼠 1，2，5，7，9，13，15，17 日龄海马束枢椎（Hippocampal fascia dentata）亚颗粒细胞，以及 1，3，5，7 日龄阿蒙前角线状细胞（Ammon′s horn suprafimbrial cells）在近零磁环境中的增殖活性。实验数据显示，前者增殖活性降低而后者增强，有丝分裂指数与对照组相比呈反比关系。

我国的研究人员在亚磁环境对中枢神经系统的影响上做了较为深入的研究。蒋锦昌等研究发现零磁空间对虎皮鹦鹉声行为活动有明显的影响，均匀和不均匀零磁空间中，叫声日频度比地磁场中平均下降 44.7±10%，不均匀零磁空间中抗议叫声的占有率(Op)比地磁场中平均下降 8.5%～20.3%，并呈适应性变化，均匀零磁空间中，75% 的观察天数内的 Op 比地磁场中平均增高 16.2%～23.3%。李俊凤等对饲养在近零磁空间不同时间的金黄仓鼠大脑皮层、基底核和小脑中氨基酸类抑制性神经递质 γ-氨基丁酸、甘氨酸及牛磺酸的含量进行了测定。与正常地磁环境下饲养的动物相比，随着时间的推移，这几种递质在皮层中的含量变化不明显，在一个月后，基底核和小脑中 GABA 含量逐渐降低，而小脑中一个月后牛磺酸的含量却表现出逐渐升高的趋势。这些递质的含量变化情况与某些神经疾病患者相应脑区这几种递质的变化表现出类似的规律。长期暴露在接近零磁的环境中(数天或数周)，动物表现出多种行为改变，如活动性降低、沮丧、狂躁、焦虑等，显示亚磁环境可能对中枢神经系统有影响，研究发现金黄地鼠小脑和基底神经节的 γ-氨基丁酸显著减少，脑干去甲肾上腺素含量显著降低，并且随暴露时间而进一步降低，显示对大脑活动有显著影响。

亚磁环境对动物记忆的影响不可忽视。亚磁环境下孵化的一日龄小鸡一次性味觉回避行为记忆曲线存在显著的时间效应，长时记忆出现明显的振荡现象，记忆能力和稳定性都显著变差，表明亚磁环境对鸡胚脑功能发育存在负面影响。果蝇多代后出现记忆减退。果蝇在亚磁环境繁殖 10 代，其学习记忆能力被逐代削弱，第十代已经完全丧失学习和记忆能力。这些实验证实，亚磁环境对动物记忆的影响作用于动物胚胎神经系统发育阶段，对记忆力的损害可能是不可逆的。

Babychi 等观察了在 1/100 地磁强度环境下生活 5d 的豚鼠、大鼠内脏器官组织脂质过氧化活性和血浆脂质代谢指数，发现脂质过氧化物酶活性增强。在肺、肝、肾、小肠观察到抗氧化酶活性降低，而心脏无酶活性降低，这个过程中豚鼠血浆胆固醇、磷脂和甘油三脂的降低，代谢指数降低，而大鼠脂质代谢指数增加。Babychi 还研究了豚鼠在 1/100 地磁强度环境下生活 10d 后血液和内脏器官组织 5-羟色胺浓度和单胺氧化酶活性，以及尿中的 5-oxyindolvinar acid 含量，证实亚磁环境可调节单胺氧化酶活性以及血液和内脏器官组织 5-羟色胺浓度，并伴随着 5-oxyindolvinar acid 分泌增加。他认为低地磁场环境是一种有效的对抗豚鼠过敏性休克的物理治疗方法，可能是这种物理作用有效地提高了心、肺的脂质过氧化物酶的抗氧化活性，保护了衰竭的器官。对生活在北半球中等纬度的 412 位动脉高血压患者，进行 24h 血压监测后发现，亚磁环境对心血管系统功能的影响不同于恒定磁场的影响，地磁场屏蔽可降低动脉收缩压。

Daniela Ciorba 等检测了血液在正常环境和近零磁环境室温下分别放置 72h，血清天门冬氨酸转移酶和丙氨酸转移酶的活性，近零磁环境酶活性较正常下降 24%～31%。零磁条件下溶血作用增强，血清天门冬氨酸转移酶和丙氨酸转移酶的活性降低与酶的失活和降解加速有关。Borodin 等将 C57B1/6 自交系小鼠置于亚磁环境下 14d，外周血嗜酸性粒细胞增加，生理周期内的血液淋巴细胞绝对数增多，骨髓、胸腺、脾脏以及腹股沟淋巴结淋巴细胞绝对数量没有变化。淋巴系统对亚磁环境的适应性变化根据淋巴器官的不同，24h 生理节律出现去同步化。Lorelai 等检测了体外血清总 Zn^{2+} 和 Cu^{2+} 浓度，血浆 Zn^{2+} 浓度无显著变化，血浆中铜浓度对零磁环境非常敏感，在零磁环境中显著增高，提示血清离子浓度和血清蛋白的跨膜转运有关。

地球生物在地球生长、发育、进化，与地球磁场环境紧密相连。离开地磁环境，生物将对亚磁环境产生生物效应，这是对亚磁环境的生物学适应。上述研究综述证实，动、植物均可受亚磁环境的影响，影响是广泛的，对某些器官或系统，特别是对动物神经系统及动、植物的胚胎发育影响显著，研究也较深入。然而，笔者认为，迄今为止，亚磁环境生物学研究仍然缺乏深度和广度。现有研究多数只是发现一些亚磁环境下动、植物的生物学效应，对于效应产生的机制、效应与亚磁场强度的关系、效应的时效关系、遗传效应、效应对抗措施等没有进行深入的研究。就广度而言，亚磁环境下动、植物多数系统和器官生物学效应研究仍然没有涉及。

随着世界各国空间探索计划的不断实施，特别是深空探测，如月球移民，人类在月球的亚磁环境长期生活；载人火星探索计划，航天员将经历长达半年以上磁场强度接近零的空间飞行。空间飞行中的环境生物学研究，除了失重生物学、辐射生物学外，亚磁环境生物学研究将会被进一步关注。俄国学者就提出，为了彻底克服星际飞行中的亚磁或零磁环境问题，应通过人工方法在飞船上制造人工地磁环境。亚磁环境生物学所关注的研究对象应该是多方面的，除了要解决空间飞行中遭遇到的亚磁环境问题，还可以利用亚磁环境生物学的研究方法和技术进行诸如亚磁环境作物育种、探索某些疾病的治疗途径，以及其他未知的亚磁可能产生生物学效应的研究领域等。

参 考 文 献

[1]　夏益霖. 微重力落塔试验技术及其应用(I)[J]. 强度与环境，1995，(2)：22 - 31.

[2]　夏益霖. 微重力落塔试验技术及其应用(II)[J]. 强度与环境，1995，(3)：27 - 37.

[3]　耿利强，尹大川，卢慧甍，等. 强磁环境下的生物大分子结晶研究等[J]. 材料导报，2007，(21)：28 - 34.

[4]　韩王超，钟诚文，耿利强，等. 利用超导磁体模拟失重环境[J]. 宇航学报，2007，28 (5)：1385 - 1388.

[5]　赵永明，徐云飞，吴艳，等. 通过补偿法获得零磁场环境[J]. 浙江大学学报，2006，33(1)：44 - 47.

[6]　Sinclair F M. 地磁场与生命[M]. 曾治权，苏先樱，刘桂英，等，译. 北京：地质出版社，1985.

[7]　蒋锦昌，王学斌，徐慕玲，等. 亚磁空间生物学效应研究的实验系统[J]. 生物物理学报，2003：19(2)：218 -221.

[8]　朱润生. 固体核径迹探测器的原理和应用[M]. 北京：科学出版社，1987.

[9]　金璀珍，刘秀林，石爱英. 两例钴源事故受照者的细胞遗传学观察[J]. 辐射防护，1992(4)：265270.

[10]　陆雪，吕玉民，封江彬，等. 用染色体涂染方法对早先辐射受照人员进行回顾性照射剂量估算[J]. 癌变・畸变・突变，2008，20(2)：135 - 138.

[11]　白玉书，黄绮龙，马剑锋，等. 重离子 12C 对 Coγ 射线诱发人染色体畸变效应的比较研究[J]. 中华放射医学与防护杂志，2003，23(4)：258 - 260.

[12]　雷苏文，苏旭，白玉书，等. 重离子 $12C_6^+$ 对 Coγ 射线诱发淋巴细胞微核效应的比较研究[J]. 中华放射医学与防护杂志，2003，23(2003)：151 - 153.

[13]　K. 贝特格. 重离子物理实验方法[M]. 江栋兴，刘洪涛，译. 北京：原子能出版社.

[14]　徐建铭. 加速器原理[M]. 北京：科学出版社，1981.

[15]　刘迺泉. 加速器理论[M]. 北京：原子能出版社，1990.

[16]　夏慧琴、刘纯亮. 束流传输原理[M]. 西安：西安交通大学出版社，1991.

[17]　Herranz R，Anken R，Boonstra J，et al. Ground-Based Facilities for Simulation of Microgravity：Organism-Specific Recommendations for Their Use，and Recommended Terminology[J]. Astrobiology，2013，(13)：1 - 17.

[18]　Morey E R. Spaceflight and bone turnover：correlation with a new rat model of weightlessness[J]. Bioscience 29：168 - 172，1979.

第十三章　空间细胞培养与组织工程

第一节　空间细胞培养的目的及意义

细胞培养技术是细胞工程的基础技术，已被广泛应用于生物学的各个领域。生命科学领域的一些重大理论发现，例如细胞全能性的揭示，细胞周期及其调控，癌变机理与细胞衰老的研究，基因表达与调控等，都与细胞培养技术分不开。开展空间细胞生物学研究是人类走出地球、认识太空、征服太空的必由之路。细胞培养则是研究空间细胞生物学效应的前提和基础。空间微重力环境为开展细胞、组织及生物材料的研究提供了一种独一无二的实验条件。在这种环境下由于重力引起的对流和沉降几乎消失，细胞可以均匀悬浮于培养基中，为细胞的三维生长和高密度培养创造了条件。因此，空间细胞培养技术已成为目前国际上三大空间生物技术（细胞培养、生物分离、蛋白质结晶）之一。

一、空间细胞培养的优点

生物反应的基本过程在于细胞的生长。由生命所特有的新陈代谢这一基本特点决定，生物反应体系与一般化学反应体系不同，是一个多组分、多相的非线性体系，其中既包括了各种细胞内部的生化反应、细胞内外的物质交换，也包含有胞外的物质传递和生化反应。显然，传质过程构成了这一复杂体系的基础。地球上传质过程的实现直接与重力引起的对流、沉降和扩散相关。而空间微重力环境由于总加速度的降低，减少了对流和沉降等因素的作用。这一点有利于研究重力改变对细胞生长过程的影响，同时也减少了传质因素，使细胞的生存仅仅依赖于单纯的扩散作用。

在空间微重力环境中，由于不存在重力沉降和热对流的影响，细胞电融合条件也得到了改善，杂种细胞的融合率也有明显提高。

已经进行的细胞培养太空飞行实验表明，具有医学重要性的某些细胞因子和细胞分泌的信使物质在太空飞行期间呈现高浓度分泌。

二、空间细胞培养的目的和意义

细胞培养作为一门新的工程学科，创造着越来越大的社会效益和经济效益。空间的微重力、高辐射、高真空、高洁净资源的开发和利用是各国开展空间活动时关注的重点。多年来，空间细胞与组织培养一直被众多国家所重视并进行了广泛的研究，应用前景广阔。

一方面，空间细胞培养不但为我们认识空间特殊物理环境下生物大分子的功能、细胞对其所处环境的响应及组织的形成开辟了一条新道路，也为我们探究空间飞行产生的各种疾病的发生机理、过程，以及开发空间飞行医疗防护和对抗措施提供了新的策略。

另一方面，空间细胞培养研究对地面上的基础理论研究和相关生物产业发展也有着积极的作用。空间细胞培养，为深入了解在没有机械力和对流的情况下，生理系统的调控提供新的视角，使科学家对细胞响应机械力和化学处理的过程有了深入了解，给他们提供了设计更有效的生物加工和开发新一代高精度生物传感器的策略，为建立有效的，且与真实组织具有相似特点的细胞培养系统奠定了理论基础。

第二节　空间细胞培养的研究发展概况

空间细胞培养所包括的研究主题很广。具体来说，主要集中于以下五方面：①组织工程、器官移植和生物制药研究；②生产建立疾病（如癌症）模型的相关产物和组织；③通过微生物培养生产疫苗；④生物反应器设计；⑤基因表达变化的研究。起初，基于对空间环境的商业化开发与利用，空间细胞培养主要为了能生产大批量组织。研究主要集中在三维组织培养以及工程化组织与正常组织之间的初步鉴定和比较。虽然在该领域有一些空间和地基科学实验已取得成功，但是商业化的空间产品还未开发出来。目前开展的地基模拟实验主要是使用生物反应器来探索细胞和组织对低应力、模拟微重力环境的响应。这些反应体系主要是为了生产三维生物材料复合体来保持组织中细胞与细胞之间的相互作用。许多培养系统已被用于实验并取得了一些进展，例如在研究空间环境下的寄生虫繁殖和淋巴细胞活化受损方面。此外，利用生物反应器也获得了一大批细胞、组织或器官，包括肿瘤细胞、软骨、肝、肾、淋巴组织、甲状腺、表皮、胰脏细胞、中枢神经细胞，造血细胞、肠上皮以及微生物体等。

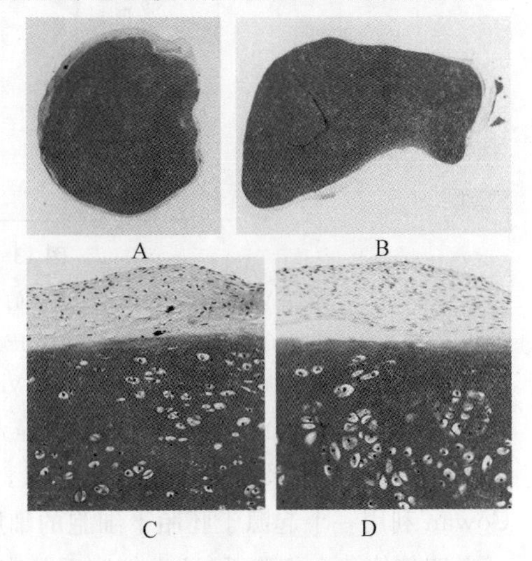

图 13-1　生物工程创建的软骨组织样品

注：A 和 B 分别为“和平号”空间站（1996 年 9 月 16 日—1997 年 1 月 22 日）和地面条件下生物反应器中生长的软骨组织的横切面（10×），C 和 D 分别为空间与地面样品组织的表面结构（40×）。

空间细胞培养研究表明空间复合环境尤其是其中特殊的失重环境对细胞形态、细胞的增殖和凋亡、基因的复制和表达、胞内外的信号传导以及大分子的合成和定向等都有显著影响。空间细胞培养技术对仿真工程和人软骨、心肌、肾组织的生长做了很大的贡献（见图 13-1）。在这种特殊环境下生长的胰岛素晶体也为研究人员提供了一个全新的分子模型，有利于开发更多治疗糖尿病的有效药物。

一、国外空间细胞培养研究概况

20 世纪 60 年代，被认为是空间细胞生物学的开始。当时首次在 Zond5 和 Zond7 的飞行中将 Hela 细胞带上太空，期望研究太空的特殊环境对人类细胞的影响，但由于实验条件的限制，没有得到客观的实验结果。到了 20 世纪 90 年代后，NASA 微重力学会就把细胞融合技术作为重点开发的空间生物技术之一。最初是由 Zimmer mann 等人受空间材料学的启发，利用空间微重力条件改进细胞融合技术（见图 13-2），他们先后以酵母和哺乳细胞为材料进行研究，结果表明，在微重力条件下酵母细胞融合率增加 15 倍，哺乳动物细胞融合率增加 10 倍，而且有活力的杂种细胞数比地面对照增加 2 倍。对动物细胞来说，细胞融合技术实际应用的主要问题是融合得率太低，一般只有 $10^{-5}\sim10^{-4}$ 左右。空间飞行实验结果表明，在微重力条件下酵母细胞杂种得率有很大的增加。有液泡和无液泡的烟草叶肉原生质体在微重力条件下融合，不仅 1∶1 杂种细胞得率大大增加，而且获得的杂种细胞更具有活力（TEXUS 17 flights）。哺乳动物细胞在微重力环境中融合得率增加 10 倍，有活力的杂种细胞数也比地面对照增加 2 倍（TEXUS 18 Flights）。我国“神舟四号”飞船中进行的“空间细胞电融合”实验结果也表明空间微重力条件中有液泡和无液泡的烟草叶肉原生质体融合率比地面对照增加 10 倍多。融合得率增加显然是由于没有重力沉降影响的缘故，杂种细胞活力增加可能是细胞排列时间缩短引起的。

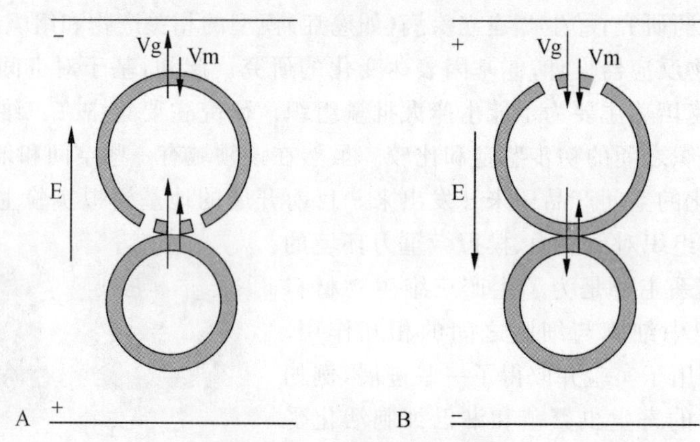

图 13-2　细胞电融合原理

A：细胞受到电场作用破膜的位点与两个细胞接触的位点重合可以成功融合；B：破膜的位点与两个细胞接触的位点不重合不能融合。E：直流电场方向；Vg：电场中产生电压；Vm：破膜电压

在植物方面，最初是由 HamppR 等人利用去液泡和未去液泡的烟草原生质体在德国探空火箭上进行的，结果相比地面对照实验，其融合率和杂种细胞的生活力明显增加。Eggan 和 Cowan 利用一个起源于胚胎干细胞的细胞系与一个纤维原细胞的细胞系融合，通过筛选获得一个四倍体杂合细胞系，这个细胞系具有胚胎干细胞的两个特征，即无限生长性和多能性。这种方法为研究者理解成体细胞通过“再程序化”回到胚胎状态这一过程中的分子生物学机制提供了新的研究系统。然而，由于杂种细胞的融合率低，使得这项技术在实际应用中难以发挥作用。导致目前细胞融合率低的原因主要有以下 3 个方面：①两种亲本细胞的密度差异使这些细胞在同一种介质种难以充分混合，异种细胞接触并融合的概率大大地减少；②细胞中存在着可沿重力方向移动的细胞器，细胞的重心往往不是细胞的中心，导致细胞在电场中的不适当排列，从而降低了异种细胞的融合率；③在地球重力环境中，需要较高的融合电压才能融合，而较高的电压刺激会造成细胞的损伤，降低融合细胞的活力。另外，由于存在着对流，细胞膜破裂的瞬间，细胞内的电解质会发生部分外泄，这也是融合细胞活力低的原因之一。在空间微重力环境中，由于不存在重力与对流的影响，细胞融合技术将得到改善。

随着人类对空间探索的加强，空间搭载机会逐渐增加、地基模拟实验的完善和细胞培养技术和理论的创新，各国均纷纷开展了空间细胞生物学研究，除了美、俄这两个航天大国外，德国、法国、瑞士、日本、加拿大等国在此方面也有了长足的发展，取得了许多成绩。这一切使得空间细胞培养跨入了一个崭新的时代，空间飞行对离体细胞的影响的研究也更为系统和深入。

二、我国空间细胞培养研究概况

我国自行设计和研制的空间细胞培养装置，在神舟三号在轨实验取得了成功。我国的空间细胞培养装置采用了灌流式渗透培养技术和空间实时固化技术，性能指标先进，标志着我国空间细胞实验技术与在轨运行的动态控制技术均取得了突破性进展。对空间细胞培养回收样品开展后续研究结果表明：空间特殊的环境对免疫细胞的杀伤功能有一定影响，这进一步从细胞水平证明了航天员的免疫功能在进入空间后会有所下降；动物细胞对力的作用很敏感，空间微重力条件影响细胞的结构和装配，使细胞骨架松散；空间细胞能耗减弱，对葡萄糖的利用率下降；运用基因组学分析方法，发现空间条件对涉及细胞功能的所有基因表达有明显影响，并与蛋白质合成有关，从而说明可能对细胞抗体的产生有影响，这对空间生物制药等有重要的应用意义。

我国研制了空间细胞电融合仪，在神舟四号上实验取得满意的结果，实验装置设计合理，在一套装置中同时进行了植物细胞和动物细胞两项融合实验：黄花烟草和革新一号烟草两种植物细胞空间实验融合率为18.8%，比地面实验提高10倍以上。植物细胞融合后经过162h在轨存贮及回收转运，获得53.6%成活率。后续研究已由空间融合细胞培养出组织块，并开始进行杂种苗培育；小鼠B淋巴细胞和骨髓瘤SP2/0细胞两种动物细胞空间实验融合率约为11%，比地面提高2倍以上。后续研究结果表明在微重力条件下，植物细胞融合、动物细胞融合均能够显著提高杂种细胞得率，具有发展前景。表13-1是对我国空间细胞培养历程的简单回顾。

表13-1 我国空间细胞培养历程

时 间	飞行器	实验内容	培养条件	备 注
1988年8月	人造卫星	高等动物哺乳细胞	用总体积为6 mL的平底塑料管培养，培养温度与舱内同步	
1990年10月	人造卫星	高等动物哺乳细胞	玻璃培养瓶培养，总体积35 mL，用培养罐控温（36±1℃），罐内有遥测通道，但温控装置没能按原定计划进行	温控装置仅提供了4d的正常生长温度，仅有极少量癌细胞成活
1992年10月	人造卫星	高等动物哺乳细胞	在前一次的基础上，增加了电池和加热板，保证了温度条件	初步取得较好的实验结果
1994年7月	人造卫星	高等动物哺乳细胞	用改良的动态细胞培养系统培养	小鼠腹腔巨噬细胞和杂交瘤细胞样品第一次获得较好培养
1999年11月	神舟一号	作物种子		
2001年1月	神舟二号	大鼠心肌细胞	空间通用培养箱	
2002年3月	神舟三号	人体组织淋巴瘤细胞、人大颗粒淋巴细胞	空间生物反应器	四种细胞空间生长良好，细胞增殖最高达60倍
2002年12月	神舟四号	动、植物细胞	空间细胞电融合仪	电融合杂种细胞获得率和细胞活力提高
2003年10月	神舟五号			
2005年10月	神舟六号	心肌细胞和成骨细胞	改良的空间生物反应器	达到预期培养效果
2008年9月	神舟七号	动植物细胞	改良的空间生物反应器	搭载种类、数目为历次之最

注：神舟五号为第一次载人飞行，没有进行任何空间实验。

第三节 空间细胞培养的条件及方法

一、空间细胞培养的基本条件

细胞培养就是在合适的环境和必需的生存条件下对活细胞进行体外培养和研究的技术，是开展细胞生物学研究的基础。细胞生长需要充足的物质传输和营养供应。良好的细胞生长环境应首先具备以下几个基本条件：合适的细胞培养基，无菌无毒细胞培养环境，恒定的细胞生长温度和充足的气体交换。

为了维持营养供应和去除代谢废物，在地基细胞培养中通过更换培养基这一简单的方法来实现。但是，在空间这一操作变得非常复杂且很难实现，因此，应该采用密闭的自动细胞培养系统。培养基的连续灌流对维持细胞代谢是非常必要的，然而在这个过程中由于培养基的流动引起的流体剪切力可能对细胞活性和功能有影响。有研究报道，剪切应力影响了内皮细胞增殖，而且细胞沿着流体流动方向定向排列。此外，空间环境中的失重条件，使气体交换会变得非常复杂。空间的极端温度对细胞的生长也是一个难题。因此，要进行空间细胞培养，首先要在地面模拟条件下研究细胞培养的基本条件，细胞生长、增殖，以及细胞合成与分泌生物活性物质的改变，建立实验细胞的档案，为空间细胞培养装置的设计研制提供参数，对传统的细胞培养方法、装置进行改进，并检验该装置性能是否能完成空间实验。

二、空间细胞培养的方法

体外培养的细胞按其生长方式可以分为两种，一种为贴壁细胞，另一种为悬浮细胞。贴壁细胞的一个基本特征是，细胞通过分泌一些胞外基质使自身贴附到固相支持物上，与物体表面充分接触，以便生长需要。然而，空间环境毕竟有别于地面环境，在进行空间细胞培养或开展后续相关研究时，通常需要采取各种特殊的细胞培养方法。

1.冷冻法

大量实验证明，把细胞固定化，然后运往空间培养是可行的，早期的实验通常采用冷冻的方法进行固定，等到需要的时候再进行复苏培养。空间进行培养的细胞保存方面，亦大都采用冷冻保存的方法。这种方法与地面上普通的细胞冻存原理、方法基本一样，所不同的是，由于空间飞行实验所处的条件限制，不能采用常规的液氮、超低温冰箱冻存，而是需要一套独特的冷冻设备，但这无疑增加了飞行器的供电负荷，因此随着实验技术的发展和经验的积累，在不断探索后发展出了一些适合空间细胞培养的技术。微载体和微囊化技术就适用于空间细胞培养。起初，这两种技术的提出和应用并非针对空间细胞培养研究，而是后来经过人们多次试验并做改进才将其应用起来的。

2.微载体技术

微载体技术首先是由 A. L. Van Wezel 于 1967 年提出，被用于动物细胞大规模培养，其方法的要点是将制备好的细胞悬液和事先在血清中浸泡并消毒过(可加快细胞与微载体的贴附速度)的微载体混合孵育一段时间，待细胞贴附于微载体上后，再转移至培养液中培养，并借助温和搅拌系统使细胞随载体均匀悬浮于培养液中。它所采用的微载体通常是直径为 60～250 μm的固体小珠，材料大致有纤维素、塑料、明胶、玻璃和葡聚糖五大类，近年来国外又相继开发出多种材料的微载体，如液体微载体、聚苯乙烯微载体、PHEMA 微载体、甲壳质微载体、藻酸盐凝胶微载体等。目前微载体培养广泛用于培养各种类型细胞及生产疫苗和蛋白质产品，如 293 细胞、成肌细胞、Vero 细胞、CHO 细胞。

我国在神舟四号等空间飞行实验中多次采用改良的微载体技术培养细胞。整个培养流程是：先将要使用的微载体进行预处理，再将一定密度的细胞接种于微载体上，于飞行器起飞前 8～16d 左右生长在低温培养系统中，飞行期间采用 25℃恒温生长，返回地面后更换新鲜的低温培养基，37℃复温 8h 左右，然后再进行后续的研究。

实验证明，微载体培养技术具备很多传统细胞培养技术所没有的优势：

(1)微载体表面经过特殊处理，细胞贴壁较快，贴附较牢，不易脱落；

(2)微载体的表面积与体积比大，可培养大量细胞，不易发生接触抑制；

(3)细胞生长于微载体的孔内，可避免运输及飞船起飞时对细胞的剪切力伤害；

(4)微载体的孔径较小，约为 30 μm，细胞分泌的生长因子在短期内不会完全扩散到培养基中，细胞所处的微环境均一，容易测量与监控，有利于细胞存活；

(5)微载体由纤维素构成，可使培养基自由通过微载体，细胞可从表面及贴壁的基底面同时吸收营养；

(6)微载体的比质量与培养基相近，轻微震荡即悬浮于培养基中，有利于细胞生长；

(7)培养操作可系统化、自动化，降低了污染发生的机会。

3. 微囊化技术

微囊化是 20 世纪 50 年代发展起来的新工艺、新技术，并于 20 世纪 60 年代初期开始在药剂学上得到应用，此后广泛用于医药、食品、化工、纺织等诸多领域。微囊化技术也是固定细胞的一种方法，被应用于空间细胞培养研究。微囊是一个有半透性多聚物(多聚赖氨酸)层包围的藻酸盐(一般为 1.4%海藻酸钠溶液)所形成的复合微滴。这种多聚物是多孔的，可使液体自由进出，但也保护了细胞，可减少在生物反应器中由于发射和返地时重力急剧变化等因素引起的剪切力的损伤。

除了以上几种方法外，在哺乳动物细胞保存研究方面，也有报道采用 subcooling - in - oil 技术保存有生物活性细胞，以便于今后在国际空间站的研究；在航天员血样收集方面，采用干燥血细胞保存方法，避免了使用冰箱等冷冻设备，而且在这种条件下干燥收集和保存可更好地保存样品的化学特性，80%的常用分析物可不用电解质保存数月。

三、空间细胞培养存在的问题和展望

1. 空间细胞培养存在的问题

(1)空间实验中对照组的设置有难度。

在地球上正常重力环境下进行实验时，为研究具体现象的发生及机理，对照组是必需的，其设置也相对容易。但是，在空间实验中，细胞处在无沉降、无对流的环境中，分离一些特异性的引起空间与地基样品生长差异的因子是非常困难的。研究者也很难区分发射、飞行及返回不同阶段对样品的效应，就空间生物学其他研究领域而言，空间细胞培养研究需要严格的实验对照。这些对照包括地面上采用生物反应器、失重环境下的细胞培养袋、空间生物反应器、在地面上从支架到三维结构的生长，以及在航天器上相同的 1 *g* 离心机实验设备条件等。然而由于空间环境具有多因素、不稳定等复杂性，空间实验对照组的严格设置仍有一定难度。

(2)空间细胞培养装置不能满足需求。

空间细胞培养装置虽然经过了一代又一代的使用和更新,为相关空间生命科学的研究做出了重大贡献,但是由于空间环境的特殊性,目前的空间细胞培养装置仍不能满足实验需求,更加简便易携、具备实时监测,有高灵敏生物传感器的生物反应器将成为将来发展的重点。

(3)细胞培养技术需改进。

空间的复杂环境有别于地面的细胞培养环境,虽然开发了许多相应的特殊培养装置,但常规的细胞培养技术仍不能很好地满足空间的需要,因此有必要在大量的实验过程中发现问题,总结经验,针对空间环境来制定一套适合的细胞培养技术,这样才能更好地为其他后续研究提供更准确有效的资料。

2. 空间细胞培养的展望

众所周知,空间失重环境影响了细胞结构和功能,包括细胞核结构、细胞骨架以及细胞外基质。越来越多的证据也表明,细胞核内基因与调节蛋白的排列、细胞质和细胞骨架中核酸核信号蛋白的排列以及细胞外基质中的大分子排列能促进基因表达的保真度。因此,在细胞和组织的三维环境内,细胞结构与基因表达之间的相互关系可以在失重及地球重力条件下进行严格地和系统地研究。随着空间站上研究机会的增加以及新的硬件设备的发展,深入的研究将会阐明细胞在空间失重环境中的行为变化,以及更好地理解在生理系统中,细胞(如肌肉、骨骼、心血管细胞等)如何感受微重力并且做出反应,这些研究与载人航天计划直接相关。将来的研究方向不仅仅局限在一些已经探索清楚的领域,而将会转向其他领域,比如在复杂的空间环境下细胞的适应性反应,包括辐射、诱导性的表型和遗传型的改变以及空间环境对分裂细胞的影响等。

空间特殊的物理环境为人们提供了认识和研究生命的新途径,也为解决地面问题提供了广阔的视角。空间细胞培养对于空间探索有着深刻的意义,不但在空间环境对生物体影响的微观领域做出了卓越的贡献,而且还推动了细胞生物学、免疫学、医学及其他各门综合学科的交叉发展,而这正是人们所期待看到的前景,这些都将为人类的进步带来强大的生机。

参考文献

[1] 江丕栋. 空间生物学[M]. 青岛：青岛出版社，2000.

[2] 李辉，余志斌. 国际空间站上的空间生命科学研究与进展[J]. 航天医学与医学工程，21(5):443-450.

[3] 汪恭质，张晓轴. 空间细胞生物学研究的动态和意义，航天医学与医学工程[J]. 1996，9(3)：228-231.

[4] 黄静，赵琦，赵玉锦，等. 植物细胞电融合技术在空间实验中的应用[J]. 生物技术通报，2007，(1):80-83.

[5] V. D. Kern, S Bhattacharya, R N Bowman et al. Life science flight hardware development for the international space station[J]. Adv. Space Res. 2001,27(5):1023-1030.

[6] 汪洛，陶祖莱，高克家，等. 空间细胞培养反应器的研制现状及其发展[J]. 航天医学与医学工程，1998，11(2)：153-156.

[7] 谭映军，袁修干，芮嘉白，等. 细胞培养装置及其研究进展[J]. 航天医学与医学工程，2002，15(5)：383-386.

[8] 汪恭质，李向高，张光明，等. 空间微载体细胞培养技术的地面研究[J]. 航天医学与医学工程，1996，9(1)：37-41.

[9] Binot R. *The International Space Station. Microgravity*: A Tool for Industrial Research[J]. European Space Agency (ed) Noordwijk, ESA BR-136,1998: 16-17.

[10] Cogoli A, Cogoli-Greuter M. Activation of lymphocytes and other mammalian cells in microgravity [J]. Adv Space Biol Med,1997,(6):33-79.

[11] Dickson K J. Summary of biological spaceflight experiments with cells [J]. ASGSB Bull 4, 1991:151-260.

[12] Freed LE, Langer R, Martin I, Pellis NR, Vunjak-Novakovic G (1997) Tissue engineering of cartilage in space[J]. Proc Natl Acad Sci USA, 1997(94):13885-13890.

[13] Hammond T G, Lewis E C, Goodwin T J, et al. Gene expression in space[J]. Nature Medicine,1997 (5):359.

[14] MacKinnon R. Nobel Lecture. Potassium channels and the atomic basis of selective ion conduction[J]. Biosci Rep,2004,(24):75-100.

[15] Moore D, Cogoli A. Gravitational and space biology at the cellular level. In: Biological and Medical Research in Space[M]. New York: Springer,1996.

[16] National Research Council. A Strategy for Research in Space Biology and Medicine in the New Century [M]. Washington DC:National Academy Press,1998.

[17] National Research Council. Future Biotechnology Research on the International Space Station[M]. Washington DC: National Academy Press,2000.

[18] Unsworth B R, Lelkes P I. (1998) Growing tissues in microgravity[J]. Nature Medicine 1998; (4): 901-907.

[19] Brinckmann E. Biology in Space and Life on Earth: Effects of Spaceflight on Biological Systems[M]. Weinheim: Wiley-VCH, 2007.

第十四章 空间蛋白质晶体生长技术

蛋白质不仅是生命体的构筑者，更是生命活动的执行者。蛋白质分子结构与其功能的关系甚至被称为第二遗传密码。一旦蛋白质分子结构发生异常，就会导致生命体产生疾病，甚至死亡。因此，研究蛋白质等生物大分子的结构与功能对于揭示生命奥秘、认识和治疗疾病、生物制药以及纳米生物技术开发等具有非常重要的意义。

晶体X射线衍射技术是解析蛋白质分子结构的最有效手段之一，但使用该技术的前提是获得高质量的蛋白质单晶体。结构生物学研究包括蛋白质样品的制备、蛋白质晶体生长、晶体X射线衍射以及晶体学解析等基本步骤。随着计算机技术和基因技术的迅速发展，晶体生长已经成为整个研究的限速步骤。晶体生长是一个多参数控制的过程，既有内因，也有外因。其中，重力诱导产生的溶质自然对流以及晶体的沉降和碰撞黏连等因素会明显影响晶体的生长质量。

在空间的微重力环境下，溶质自然对流以及蛋白质晶体的沉降被抑制，晶体周围的溶质贫乏层得到充分发展。所以晶体生长环境更加稳定，贫乏层的过滤净化作用得到有效发挥；溶液的近程有序得到增强；晶体在原位长大，碰撞和黏连很少发生，也有效地减少了晶体的器壁效应。因此可以生长出尺寸更大、质量更高的蛋白质晶体，从而为获得更精细的分子结构进而更确切的结构与功能关系奠定基础。

第一节 空间蛋白质晶体生长技术概述

空间蛋白质晶体生长(SPCG)，确切地说，称之为“微重力环境下的蛋白质晶体生长”更准确，而且要求重力水平低于$10^{-3}\ g$，重力水平高于此值被称为低重力。自20世纪80年代初德国科学家实施第一次空间实验以来，经过20多年的发展，蛋白质晶体生长已经成为一项非常重要的空间生物技术。

一、为什么是空间微重力环境

为什么要在空间实施蛋白质晶体生长？人们最初的想法是空间的微重力环境可以有效抑制对流，从而在更安静的环境下生长出质量更好的晶体。

理论研究和实际空间实验表明，空间的微重力确实可以提高蛋白质晶体的生长质量：尺寸更大、外形更完整、内部分子堆积的有序度更高，尽管空间实验的成功率还不够高。以下两个方面被认为是主要原因。

第一，微重力环境可以有效抑制溶质自然对流，从而带来一系列的好处。在地面重力环境里，由于蛋白质分子量大，在溶液中扩散缓慢，因而在晶体生长过程中，蛋白质晶体周围存在一个扩散边界层——溶质贫乏层。溶质贫乏层的密度小于远处的高浓度溶液，因而在重力的作用下，贫乏层中的液体上浮，这样就产生了溶质自然对流，如图14-1所示。对流导致溶质贫乏层减薄，一方面导致界面上溶液过饱和度增加，分子堆积的有序性下降；另一方面将大的杂质带到晶体/溶液界面，并逐渐被晶体包裹。而在空间的微重力环境下，溶质自然对流得到有效抑制，晶体周围的溶质贫乏层得到充分发展。所以晶体生长环境更加稳定，贫乏层的过滤净化作用得到有效发挥；溶液的近程有序得到增强。

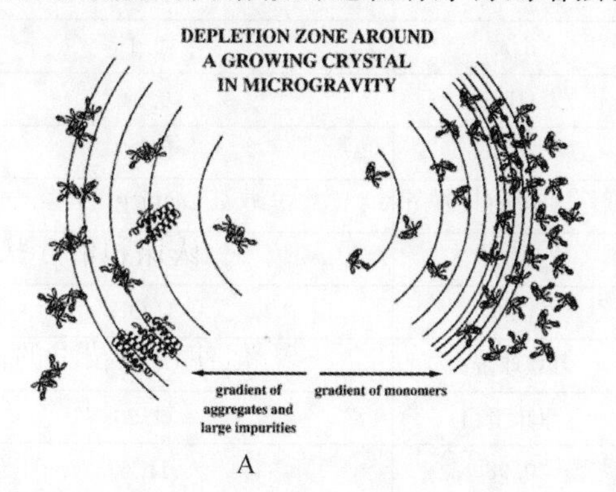

A

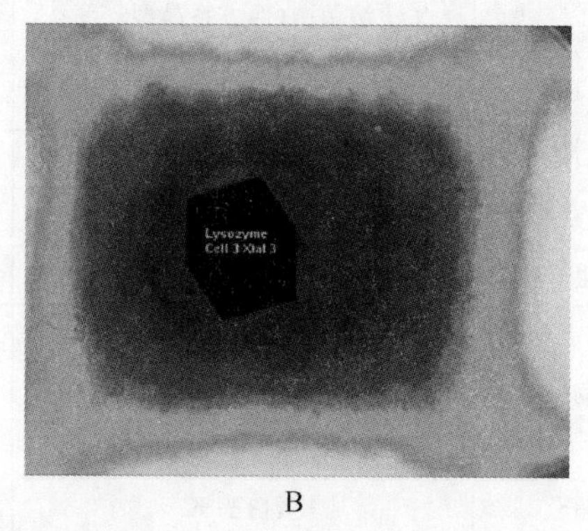

B

图 14-1　溶质贫乏层

A：示意图；B：测量图

第二，微重力可以有效抑制蛋白质晶体的沉降，晶核析出后在原位长大，从而避免了晶体在结晶室底部的堆积和黏连，也避免了晶体沉降时相互碰撞产生的二次生核。此外也有效地减少了晶体的器壁效应。

分子结构水平的机理研究表明，溶剂化程度高的蛋白质样品，在空间的微重力环境下，分子表面的有序水更多地参与晶体的堆积，因而晶体可以获得更高的衍射分辨率。从而意味着，含水量高的蛋白质晶体可望借助微重力获得更大的质量改善。

二、历史回顾

国际上第一次的空间蛋白质晶体生长实验是德国科学家于 1983 年在 1 号空间实验室上用液/液扩散法进行的。由于实验获得了令人鼓舞的结晶效果，随后掀起了空间蛋白质晶体生长的热潮，各国科学家投入了大量的人力和物力完成了逾百次的空间实验，尝试了 15 000 余个结晶样品，有 23 种生物颗粒借由空间生长的晶体解析出高分辨率的三维结构（见表14-1）。

表 14-1　使用空间生长的晶体解析的三维结构

来源	生物颗粒	分辨率/Å	PDB代码
人	γ干扰素	2.8	1HIG
	血清白蛋白	2.8	1UOR
	D因子	1.7	1FKJ
	重组免疫抑制剂结合蛋白	Patent	
	α干扰素	1.4	1BEN
	重组胰岛素	2.6	2ANT，1E05
	α抗凝血酶 Ⅲ	2.8	1ULA
	核苷侧嘌呤磷酸化酶		
牛	免疫抑制剂结合蛋白	2.3	FKK，1FKL

续表

来源	生物颗粒	分辨率/Å	PDB代码
母鸡	溶菌酶(四方系晶型)	1.8	1BWJ
		193L	1.33
		n.a.	2.1
		1IEE	0.94
	核小体中心粒	2.5	1EQZ
鱼	EF-手性小清蛋白	0.91	2PCB
蠕虫	胶原酶	1.7	2HLC
植物	类凝集素1	1.9	1LOE
	1DGW	刀豆球蛋白	2.0
	1KWN	甜味蛋白	1.2
真菌	蛋白酶K	0.98	1IC6
细菌	载磷蛋白Fab复合物	2.8	1JEL
	天冬酰胺-tRNA合成酶	2.0	1L0W
	神经氨苷酸酶	2.5	1NNA
	溶菌酶	2.3	1AM7
病毒	卫星烟草花叶病毒	1.8	1A34
人造结构	胶原状肽	1.3	1G9W

美国利用其技术优势(航天飞机和国际空间站),研制了一系列的空间试验装置,共进行了50余次实验,使用了超过200种蛋白,12 400余个结晶样品。由于哥伦比亚号航天飞机的失事,损失了美国与日本和加拿大共同开展的上千个蛋白质结晶实验。此后,美国调整了空间计划,国内少量的研究工作转移至国际空间站上进行。

日本始终非常重视空间蛋白质晶体生长技术,并把它作为空间生物制药的一个重要步骤。日本于1992年开始蛋白质晶体生长空间实验,1997年进入高峰期,在一年内实施了10次空间实验。为了弥补自身空间资源的不足,日本科学家在空间实验和硬件研制方面积极与其他国家合作,从2002年到2005年,日本使用ESA的晶体生长装置和自制装置,借助美国航天飞机和俄罗斯的联盟飞船,在国际空间站上开展了多次空间实验,取得了较好的效果。现在,日本在国际空间站上已经建设了自己的试验舱。

加拿大以及英国和德国也力所能及地开展了适度的空间蛋白质晶体生长研究,并研制了相应的空间试验硬件。

俄罗斯作为航天大国和强国,于近年来开始关注空间蛋白质晶体生长技术,并于欧洲空间局(ESA)和日本宇宙开发署(JAXA)等展开了有效的合作。

我国在1988年借德国科学家利用我国的返回式科学实验卫星开展空间蛋白质晶体生长的机会,顺便放置了2种蛋白质样品,并得到很好的结果。随后又于1992年和1994年利用返回式卫星开展了两次空间实验,均获得了成功。1995年,我国科学家搭载美国航天飞机,采用液/液扩散法实施了一次空间实验,得到的结果与地面对照实验差异很大,表明不宜简单套用气相扩散法的经验和规律。2002年,我国又使用自行研制的第二代双温双控式空间试验装置,在神舟三号飞船上成功进行了空间蛋白质晶体生长实验。我国进行的历次空间实验结果见表14－2。其中在神舟三号上实验的16种蛋白质样品中，有2种是加拿大科学家的，而且这两种蛋白均获得了质量优于地面的晶体。

表14－2　我国进行的空间蛋白质晶体生长实验和结果

时间	航天器	装置	蛋白质数	样品数	出晶率	好晶体
1988	FWZ卫星	COSIMA	1	2	2/2	
1992	FWZ卫星	TVDA	10	48	25/48	1
1994	FWZ卫星	TVDA	10	48	33/48	3
1995	航天飞机	MDA	3	6	6/6	0
2002	SZ－3飞船	PCGA	16	60	42/60	5
2011	SZ－8飞船	SIMBOX	14	120	12/14	6

第二节　模拟微重力环境下的蛋白质晶体生长

一、模拟微重力环境的重要性

鉴于地面模拟研究方法的可操作性和低成本，模拟方法正在成为研究微重力环境下蛋白质晶体生长的重要手段。随着计算机性能的提高和计算机的普及使用，数值计算成为最重要的、也是最有效的模拟研究技术。此外，地面模拟手段还有凝胶模拟、电场、磁场、超速离心、落塔、抛物线飞行等。虽然严格地讲，解析计算不能算是模拟方法，但是重力加速度却是计算方程里面一个理论上可调节的变量，所以一并考虑在内(见表14－3)。

表14－3　主要模拟方法及其特点

模拟方法	重力水平	持续时间	对流	其他因素
数值计算	不限	不限	可控	虚拟
解析方法	不限	不限	可控	虚拟
凝胶模拟	$0\ g$	不限	无	凝胶链
磁场	$\sim\mu g$	不限	不详	极化
电场	$\sim 1\ g$	不限	强制对流	极化
落塔	$\sim 10^{-6}\ g$	～10s	减弱	
抛物线飞行	$\sim 10^{-3}\ g$	～20s	减弱	
超速离心	$>1\ g$	不限	强制对流	沉降

二、电磁场模拟技术

1. *磁场*

已知梯度磁场将会对介电物质施加一个提升力。由于蛋白质也属于介电物质，因此，采用梯度磁场模拟微/低重力下的蛋白质晶体生长是可行的。采用磁场模拟蛋白质晶体生长的另外一个好处是可以不使用容器，从而避免晶体生长的器壁效应。

实验结果表明，磁场对晶体的取向和生核有影响，其中晶体的取向与蛋白质分子的介电性质有关，但对生核的抑制作用尚待进一步研究。

利用同一台装置可以制造低重力、正常重力和超重力 3 种晶体生长环境。蛋白质晶体生长需要足够的磁场强度和持续时间，所以使用超导磁体是更好的选择。

由于是模拟微重力的一种新方法，关于方法本身仍需要进一步的系统研究。

2. 电场

用电场模拟低重力应该是可行的，因为蛋白质溶液是电解质，在特定条件下可被悬浮。在实际实验中，电场可被设置成内电场和外电场。内电场可以用更低的电压获得更显著的效果。

较低强度的垂直于重力方向的外电场倾向抑制蛋白质成核。强度增加，效果从抑制变为促进。但是通常促进晶体的长大。深入研究发现电场可以缩短蛋白质结晶的平衡时间。在靠近电极处，蛋白质的浓度更高，晶核率先在此析出。

电场有引起强制对流搅拌溶液现象，强度一般大于溶质自然对流，对结晶的影响尚不清楚。

三、计算机模拟技术

计算机模拟主要指数值计算，可以将数值计算看作虚拟的和简化的蛋白质晶体生长实验，用于研究各种因素的影响(包括重力)非常有效。数值计算让我们定量认识了重力对溶质传输的影响，以及相应的结晶动力力学的变化。计算方案通常是有限差分，前向显式计算，或向后隐式计算。

1. 悬滴气相扩散

围绕气相扩散法开展了系统和深入的数值计算研究，集中在浮力和表面张力驱动的对流及其对溶质传输和结晶动力学的影响等方面。

计算表明，在地面重力场作用下，半球悬滴中浮力对流速度最大为 5 μm/s，在坐滴中为 15 μm/s，在球状悬滴中则达到 50 μm/s。这种情况下，溶质传输将由对流主导。

对于球状悬滴，由于存在很大的气-液自由界面，即使重力水平为 0，仍然存在很强的 Marangoni 对流，其强度甚至比 1 g 下的浮力对流高一个数量级。如果实际情况确实如此，那么可能需要重新检查当前公认的微重力改善晶体生长质量的机制。

2. 液/液扩散

液/液扩散被认为是空间蛋白质晶体生长最有效的一种方法，它不存在气-液自由界面，因此不会产生 Marangoni 对流。理论上讲，在 0 g 条件下，液/液扩散结晶室内的溶质传输是纯扩散型的。

分析表明，在晶体析出以前，无论 0 g 还是 1 g，液/液扩散结晶室内的溶质传输都是纯扩散型的。计算结果显示，在扩散开始后，在蛋白质溶液段靠近初始界面处出现一过饱和度峰，该峰在远离界面的同时强度逐渐增加，随后逐渐减弱散开(见图 14 - 2(a))。这一过饱和度峰的存在提示我们，可以利用它来调节和控制液/液扩散结晶。

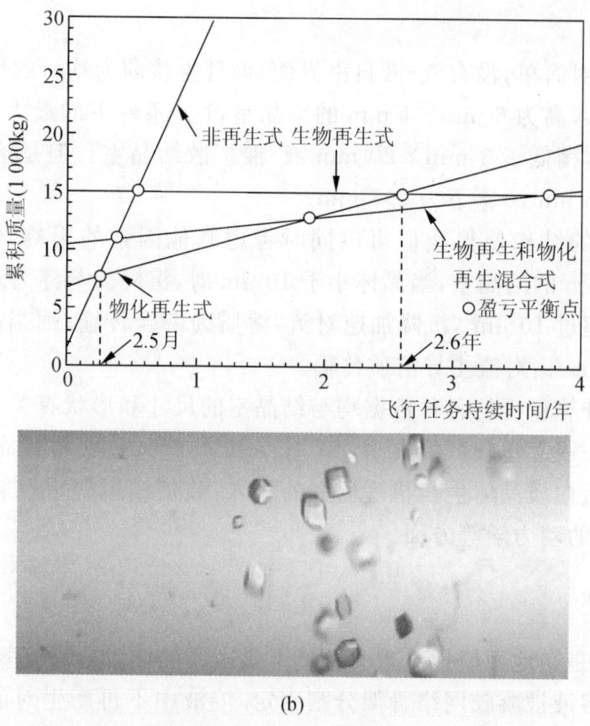

e. Cp＝25mg/ml，Cs＝15％，Cgel＝0.3％

图 14－2　H-液/液扩散

(a)液/液扩散结晶过饱和度分布与演变(A－2min，B－10min，C－30min，D－1h，E－4h，F－10h，G－20h，H－40h)；(b) 凝胶验证试验，晶体位于过饱和峰值区(溶菌酶-氯化钠结晶体系，0.1 mol 乙酸-乙酸钠缓冲液，pH4.5，溶菌酶浓度 25 mg/mL，氯化钠浓度 15％，0.3％琼脂糖凝胶，温度 20℃)

关于成核的计算发现，在液/液扩散结晶室可能存在分批成核现象，几个成核区被无核区分开。在实际结晶实验中，这一现象不很明显。

生核后，如果重力水平为 0，溶质仍然是纯扩散传输；但对正常重力，则产生溶质自然对流。在生长的晶体周围，对流强度最高可达 21.1m/s。对流对溶质贫乏层的影响是显著的，0 *g* 时贫乏层厚度超过 1 mm，而 1 *g* 时只有 0.1 mm 左右。相应地，两种情况下晶体周围的过饱和度分布也显著不同，如图 14－3 所示。从过饱和度看，重力对晶体生长的影响应该是显著的。

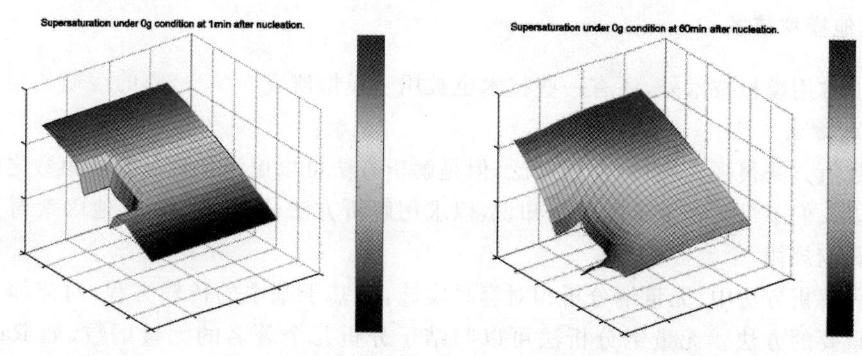

图 14－3　0 *g* 和 1 *g* 条件下液/液扩散结晶室生核 1h 后过饱和度分布

注：缺口处为晶体；左边为 1 *g*，右边为 0 *g*。

3. 配液法

配液法的情况相对简单,没有气-液自由界面,而且生核前为均一的单相溶液,生核后也只有溶质对流。对于宽×高为 6 mm×1 mm 的结晶室,1 *g* 条件下的最大对流强度为17 μm/s,与半球悬滴内的相当,稍低于 3 mm×20 mm 液/液扩散结晶室。但是溶质贫乏层均大于液/液扩散,1 *g* 下为 0.15 mm,0 *g* 下为 2.7 mm。

配液法相对简单的结构使得我们可以同时考虑其他因素的影响,如晶体的沉降。对于宽×高为 6 mm×6 mm 的结晶室,当晶体小于 10 μm 时,沉降流与浮力对流相互抵消,溶质传输以扩散为主;晶体超过 10 μm ,沉降加速对流,溶质为混合传输;而当晶体大于 100 μm 时,对流强度达到 62.7 μm/s,对流主导溶质传输。

需要说明的是,计算所得的各种数据均与结晶室的尺寸和形状有关,在对比分析时需要综合考虑,不宜简单放在一起比较数值大小。

当前,随着关于蛋白质晶体生长机理研究的深入,数值模拟的重点转移至晶体-溶液的界面动力学和晶体生长的动力学等方面。

四、凝胶模拟技术

凝胶蛋白质结晶是在地面模拟微重力环境下蛋白质晶体生长最有效的实验方法。它是溶液结晶的特殊情况,溶液被凝胶网络骨架分割固定,溶液中不再产生对流和沉降,但是对蛋白质分子的扩散影响不大。实际上,凝胶蛋白质结晶本身就是一种很重要的蛋白质晶体生长方法。常用的凝胶有琼脂糖凝胶和硅凝胶。

在地面上采用凝胶法生长的蛋白质晶体质量优于地面不加凝胶的实验,基本上与空间生长的晶体相当。从而证明了凝胶模拟的有效性。有趣的是,凝胶的作用与微重力的作用并不冲突,在全部凝胶化的情况下,空间生长的晶体质量仍然优于地面结果。

凝胶结晶法还是验证数值计算结果的有效手段。前面关于液/液扩散生核前过饱和度分布与演化的数值计算结果,采用凝胶法结晶很好地显示出晶体生核与生长的区域性,生核区域与过饱和度峰相对应。

当然,凝胶的使用对蛋白质结晶,尤其是生核还是具有一定的影响,如琼脂糖凝胶促进鸡蛋清溶菌酶的生核,但硅凝胶起抑制作用。还有实验发现,凝胶的使用会改变晶体的形态。此外,琼脂糖凝胶还有稳定蛋白质,防止其变性的作用。

五、其他模拟技术

除以上常用模拟技术外,还有一些技术也被用于模拟研究。

1. 解析方法

虽然数值方法很强大,而且使用广泛,但是解析方法可以更清楚地反映各参数之间的因果关系。所以人们不惜学习复杂的数学知识,以求用解析方法研究重力和其他因素对蛋白质晶体生长的影响规律。

在各种解析方法中,无量纲分析相对容易实施,它基于基本的传输方程,对流体力学研究是一个很重要的方法。无量纲分析法可以归结于分析几个著名的无量纲数,如 Rayleigh 数 *Ra*,Grashof 数 *Gr*,Schmidt 数 *Sc*,Peclet 数 *Pe* 等。

Gr 可用作浮力对流指标,小的 *Gr* 对应更弱的浮力对流。影响 *Gr* 的因素有重力、溶液黏

度、系统尺度、浓度方向的密度梯度、重力方向浓度梯度等。

Pe 是用来判断扩散之于对流的溶质传输重要性的重要参数，它反映的是对流传输对扩散传输的相对强度。如果 *Pe* 远小于 1，表明扩散传输占主导；否则，对流传输占主导。

在某些情况下，*Gr* 和 *Pe* 可以合并为 *Ra*。对一个刚性敞口容器，当 *Ra* 高于 1 100 时，浮力对流将持续存在。

2. 强制对流

由于重力的效应通常是自然对流和沉降，而且沉降又引起对流，所以人们干脆向结晶室中引入强制对流以考察结晶情况的变化规律，以此来推断重力的影响。

总结关于强制对流影响的实验结果，一般认为，在强度较弱时，对流促进生长；太高的强制对流将抑制晶体生长，甚至使得生长停止。至于临界强度的确切数值，似乎与不同的实验系统有关。对流的抑制作用被认为是由于杂质的传输被强化的缘故。

此外，超速离心、抛物线飞行和落塔也可以制造超重力或微重力环境。超速离心可以产生超重力环境，也可以用于研究重力的影响。但是由于实际情况非常复杂，溶质传输是沉降、对流和扩散的耦合，这一方法现在很少采用。抛物线飞行和落塔制造的微重力持续时间太短，也不便于蛋白质晶体生长试验。

本节内容比较繁杂，而且详简不一，表明地面模拟方法是一个正在发展的领域。考虑到空间实验高昂的成本和稀少的机会，某些模拟方法有望发挥更大的作用，特别是那些不受成本和时间限制，而且可以获得高质量晶体的方法。特别地，数值计算方法可以作为其他任何方法的必要补充。

第三节　空间蛋白质晶体生长技术发展展望

虽然空间蛋白质晶体生长已走过了近 30 年的历程，但它仍然是最重要的空间生物技术之一。从 2001 年至 2009 年，除 2006 和 2007 年外，其他每次 ISS 远征都有蛋白质晶体生长实验，其中有的是为了培养高质量晶体，也有的是检验新技术。

近十年来，空间蛋白质晶体生长技术获得长足发展，空间蛋白质晶体生长已经不再是十年前的“盲人摸象”局面。在众多的新技术之中，毛细管结晶技术(JCB，GCB)、模块化的空间实验装置(PCG－STES，Biobox)、晶体生长调控技术以及多功能 X 射线晶体学设施(XCF)可以说具有划时代的意义。一方面，它们本身就是功能很强大的工具。另一方面，它们清楚地表明了两大发展趋势：①简单、实用、高效：高通量、无源、便携、通用、低成本；②科学、全面、完美：硬件和工艺设计更合理、功能更多、智能操作。

空间蛋白质晶体生长正在不断汲取着蛋白质组学和其他学科研究的新方法和新技术，使得这一技术更加科学、实用和高效，以期充分利用微重力环境的优越性，进一步提高空间试验的成功率。

参 考 文 献

[1] 瓦尔特. 空间流体科学与空间材料科学[M]. 葛培文，等，译. 北京：中国科学技术出版社，1991.

[2] 江丕栋. 空间生物学[M]. 青岛：青岛出版社，2000.

[3] Giege R，McPherson A. General methods. In：International Tables for Crystallography Volume F：Crys-

tallography of biological macromolecules[M]. New York: Springer, 2006.

[4] Lorber B. The crystallization of biological macromolecules under microgravity: a way to more accurate three－dimensional structures[M]. Biochimica et Biophysica Acta, 2002, (1599): 1－8.

[5] Vergara A, Lorber B, Sauter C, et al. Lessons from crystals grown in the Advanced Protein Crystallisation Facility for conventional crystallisation applied to structural biology[J]. Biophysical Chemistry, 2005,(118): 102－112.

[6] Drenth J. Principles of Protein X－Ray Crystallography[M]. New York: Springer. 2007.

[7] Littke W, John C. Protein Single Crystal Growth Under Microgravity [J]. Science, 1984, (225): 203－204.

[8] Yin D C, Wakayama N I, Haratab K, et al. Formation of protein crystals (orthorhombic lysozyme) in quasi-microgravity environment obtained by superconducting magnet[J]. Journal of Crystal Growth, 2004,(270): 184－191.

[9] Berinstain A, Gregory P, Herring R. Canada′s space protein crystal growth program prepares for ISS [J]. Journal of Crystal Growth, 2001,(232): 450－457.

[10] Crysel W B, DeLucas L J, Weise L D, et al. The international space station X－ray crystallography facility[J]. Journal of Crystal Growth, 2001,(232) 458－467.

[11] Sato M, Tanaka H, Inaka K, et al. JAXA-GCF project-High-quality protein crystals grown under microgravity environment for better understanding of protein structure[J]. Microgravity sci. technol, 2006 (XVIII-3/4): 184－189.

[12] 夏仕文，张莉，肖正华，等.交联蛋白晶体技术及其应用[J]. 生物工程进展，2001,(21):61－65.

[13] 孙薇，贺福初. 蛋白质组学在肝病研究中的应用[J]. 中国科学C辑：生命科学，2004,(34):1－5.

[14] 陈竺. 基因组学在中国——从计划到实践的10年[J]. 中国科学C辑：生命科学，2008,(38): 879－881.

[15] 蒋太交，薛艳红，徐涛. 系统生物学——生命科学的新领域[J]. 生物化学与生物物理进展，2004,(31):957－964.

[16] 杨胜利. 系统生物学研究进展[J]. 中国科学院院刊，2004,(19):31－34.

[17] Judge R A, Snell E H, van der Voerd M J. Extracting trends from two decades of microgravity macromolecular crystallization history[J]. Acta Cryst, 2005(D61): 763－771.

[18] DeLucas L J, Moore K M, Long M M, et al.. Protein crystal growth in space, past and future[J]. Journal of Crystal Growth, 2002,(237－239): 1646－1650.

[19] Yang H, Xie W, Xue X. Design of Wide－Spectrum Inhibitors Targeting Coronavirus Main Proteases[J]. Plos Biol, 2005(3): 324－334.

[20] 邹承鲁. 第二遗传密码[J]. 科学通报，2000,(45): 1683－1687.

第十五章 空间生物分离技术

生物分离(Bioseparation)是生物技术中的重要组成部分。其重要性不仅在于生物分离过程是工业生物技术中最后获得产品的必要环节,而且还因为生物分离过程的成本、效益在整个生物工厂的技术经济分析中占有很大的比重。生物物质种类繁多,包括小分子化合物、生物大分子、超大分子、细胞和具有复杂结构与构成成分的生物体组织,在大小、形态和性质上具有广泛的分布。生物分离过程特性也主要体现在生物产物的特殊性、复杂性和对生物产品要求的严格性上。

电泳(Electrophoresis)是生物分离的重要技术。电泳是指荷电的胶体颗粒在电场中的移动。生物大分子如蛋白质,核酸,多糖等大多都有阳离子和阴离子基团,称为两性离子。常以颗粒分散在溶液中,它们的静电荷取决于介质的 H^+ 浓度或与其他大分子的相互作用。在电场中,带电颗粒向阴极或阳极迁移,迁移的方向取决于它们带电的符号,这种迁移现象即所谓电泳。空间环境下应用较多的是自由流电泳(Free - Flow Electrophoresis,FFE),其原理是基于区带电泳的原理,当带电样品以细带进入系统后,在电场的作用下根据它们的电泳迁移率在一定的 pH 值介质中得以分离。

第一节 空间电泳技术

一、空间电泳的特点

1. 重力影响因素

FFE 已被广泛应用于生物活性材料的分离。它在分离介质自由流动的层流中进行分离,没有固定的载体,因此相比其他电泳方法,重力对它的影响更加明显,尤其对于制备型 FFE。颗粒沉降、小滴沉降和热对流是影响 FFE 的 3 种重力现象。

(1)颗粒沉降。

沉降主要是由分离样品和流动介质之间的密度差异引起的。在地基实验中,沉降是限制细胞自由流电泳在水平方向分离的主要因素。在连续流系统中,当分离介质自下而上流动时,被分离样品在垂直于介质流方向上迁移,沉降会增加样品在腔内的有效滞留时间,从而增加焦耳热对分离的影响(低浓度时),或是样品流不完全(高浓度时)。这些以被密度梯度电泳和细胞连续自由流电泳证实,对于具有相同电泳迁移率的不同密度的细胞进行分离时,不同密度的细胞在收集管中的分布是不同的。当分离介质采用自上而下的流动模式时,颗粒沉降会使被分离样品更快地经过分离腔,减小了在电场中的滞留时间,可能使样品未来得及分离便已经流出了分离腔。另外,当一带电颗粒的运动与另一带电颗粒的运动相关时,由于颗粒发生相互作用而产生一种潜在的沉降,这种沉降的大小直接正比于周围介质的离子强度,而反比于电荷在流体中能产生静电力的距离。

(2)小滴沉降。

当高浓度的大分子或细胞被周围相当低浓度的介质区带所包围时,易产生区带或小滴沉降。因小分子能很快地扩散至周围区带内,而大分子或细胞只能慢慢地扩散,使其比周围环境更稠密,从而产生细胞或颗粒间聚集,最终使流体内样品区带像小滴一样沉降。

(3)热对流。

尽管 EFF 采用低电导的分离介质,但电流产生的焦耳热仍会引起热对流,且不容忽视。在地面,要求以每分钟几毫升的流速在一定场强下使样品达到分离,因此分离腔必须在腔壁被很好地冷却,并且腔厚小于 1 mm,这样才能防治热对流对已分离组分重新混合。高场强必然会产生高电流,因此要求更快的流速以减小样品在电场中的滞留时间,减小焦耳热的产生。在一个重力单位条件下,达到较好分离的典型仪器的分离腔尺寸为 50 cm×5 cm×0.15 cm,场强为 100 V/cm,介质流速为 10 mL/min。通常,薄的分离腔可以提高散热效率,提高电泳的分辨率,然而,却会大大降低物料的处理通量,间接影响分离效率,并失去连续自由流电泳的一大优点。

重力在地基连续自由流电泳中是一个不可忽视的因素,它与许多影响过程的直接因素有关,如若对流、流体力学变形、分子沉降等,这些效应在进行连续自由流电泳的放大实验时显得尤为严重。由此可见,失重环境将有助于进一步提高连续自有流电泳的分辨率和产率。

2. 空间电泳的优越性

沉降和热对流两个依赖重力的影响因素在失重条件下几乎完全消失,这使 EFF 的放大在空间有可能得以实现,而且也只有空间条件才是消除重力依赖的影响因素的唯一机会。

在地基条件下,为了减小热对流,分离腔的厚度必须保持在 0.5～0.8 mm 内,并且还必须有十分有效的冷却,因此限制了样品的上样量。在失重条件下,分离腔的热对流几乎完全消失,因此,从理论上讲可以大大增加分离腔的间隙,以提高样品的上样量。然而,仍有两个对立的因素限制了 EFF 在空间的无限放大。其一,在冷却玻璃板和分离腔之间仍存在由焦耳热引起的温度梯度,所以在空间条件下也应该控制分离介质的温度,使其在蛋白等活性材料的变性温度以下。对一些温度很敏感的生物材料的分离并不合适。其二,冷却能力限制了分离腔厚度的上限。通常,腔厚度增加,将明显降低腔内液流的散热效果,加大腔内温度的变化;而温度增加 1℃,会使电泳迁移率增加 3%,从而降低了过程的分辨率。考虑到这些,介质流的厚度实际最大为 3～5 mm。即使这样,在分辨率保持基本不变的要求下,物料流通量仍然能够增加约一个数量级,甚至更高。

与地基条件相比,在失重环境下由于沉降现象的消失可使用更高浓度的样品试样,使物料流通量进一步提高 5～10 倍(依赖于被分离的生物材料)。这种提高可以认为是由于在微重力下避免了微滴的形成而得到的。

许多学者试图建立计算机数学模型来预测不同类型的电泳仪在地基和空间的最佳分离条件,他们着重强调了分离腔内稳定梯度、热对流对分辨率的影响,层流的稳定性以及被分离组分的扩散的重要性。比较不同模型及其实验结果显示,尽管理论分析有其优点,但能够得到的结论是有限的,因为自有流电泳整个系统的复杂性使得难以考虑到所有相关因素和它们导致的现象。另外,分离不同的混合物和细胞类型,要考虑用不同的介质离子强度、电导、pH 值,并调整系统参数。但不管如何,理论模型预言在失重环境下将能使用更大的分离腔、更高的场强,得到更好的分辨率以及更大的样品流通量。

在过去数十年的空间电泳实验中，对蛋白质和生物大分子的分离，证实了失重环境的确提高了流通量和分辨率，如美国的空间电泳实验将流通量提高了718倍；对颗粒的空间分离证明运用高场强和大分离腔的可能性，同时也证实了对流和沉降消失后对分离有益的理论分析；此外在空间对细胞的分离也证实了空间可有更宽的操作条件。这些都证明了失重环境为自由流电泳确实提供了相当优越的环境。

3.空间电泳的设计考虑

尽管失重环境能消除对流和沉降对电泳分离的干扰，但其他因素并不能得到很好的改善，甚至由于失重而引入了新的问题，所以在空间电泳分离实验设计时仍需考虑周全。

电极室内气体的产生是由于水被电解，以致在阴极聚集氢气，在阳极聚集氧气。以铂或钯对电极的涂层可减少气体的产生，但并不能消除，尤其是在高电流下操作。失重环境下，气体因不受浮力作用而不能浮动，因此必须以高流速的循环电解质从电极室中移出气液混合物，然后在电极室下游处在以膜或相分离器将电解质和气体分开，电解质继续循环回到电极室，而不断收集得到的氢气和氧气则必须受到控制或分别被催化。这要求设计出能用来有效维持电极室和电泳分离腔正常进行，并能在微重力下有效分离出气体的器件。

空间电泳仪器还必须适应空间飞行器的要求，须能经受发射时的震动和一些超重负荷。在空间飞船上超重负载可达到4倍重力水平，装载于探空火箭的系统还必须适应起飞时13倍重力或者更大的作用力。此外分离系统的设计还要考虑实验开展时间限制以及自动化的要求。

至今在飞船或空间实验室中进行的电泳分离实验，多由航天员进行实际操作，如电泳过程中的加样、收集、储存、检测等。由于有人操作才允许在同一次飞行中进行不同的实验。然而在轨时置换出分离介质是不切实际的，因此，同一飞行中同时分离不同性质的样品是相当困难的，因为它们所需的分离介质、耐热能力、介质和样品的流速和其他具体的操作条件都不尽相同。

二、空间电泳的应用

由于空间电泳在分辨率和流通量的提高，吸引了众多生物化学家的注意力。但是，由于空间电泳的高成本，决定了候选分离样品是那些在地面上不可能在纯度和数量上达到要求的样品，或是具有极高商业价值的样品，如其年产量价值至少达到一千万美元以上的目标产品。至目前阶段，空间电泳还基本处于理论验证阶段，各国开展的空间电泳以标准蛋白、细胞和颗粒为主，其目的在于建立技术、测试分辨率和流通量。

如前所述，NASA于1969年开始进行空间电泳技术研究。1975年研制出了“空间连续流电泳仪”(CFES, Continuous Flow Electropheresis System)，20世纪80年代在航天飞机中进行过多次实验(见表15－1)。

空间电泳分离技术是在地面电泳技术的基础上发展而来的，地面电泳实验，由于重力的影响，使通过分离室内液体介质受热不均引起温度梯度以及由于成分、浓度变化造成密度梯度产生的对流或沉淀，对流使样品流产生前后波动，导致分离纯度降低。而温度梯度会使其他流体性质如黏度和导电率形成梯度，进一步影响流动和粒子迁移，最终造成分离效率的降低。

表 15-1 在航天器上进行的空间电泳分离实验

序号	时间	完成单位	飞行器	电泳类型	实验内容及结果
1	1971.1	NASA MSFC	阿波罗 14 号	静态区域电泳	对染料、血红蛋白和 DNA 做了试验。红蓝染料呈良好的分离
2	1972.4	NASA MSFC GEC	阿波罗 16 号	静态电泳	对不同尺寸的聚苯乙烯乳液进行试验。样品的分离稳定而清晰，但存在明显的电渗透影响
3	1973.11	NASA MSFC Arizona 大学	天空实验室 4 号	等速电泳	对蛋白质(人的血红蛋白和马脾的铁酸盐)及人的血红细胞进行试验。证明了活细胞可用空间等速电泳分离
4	1975.7	NASA MSFC	阿波罗-联盟号飞船	等速电泳 静态电泳 (MA-011)	成功地进行了淋巴、活肾细胞及细胞的自由区域电泳分离。等速电泳取得了部分成功
		西德乌普生化研究所 MBB 公司		连续流体电泳 (MA-014)	对淋巴细胞，骨髓、脾脏细胞及红血细胞进行了分离，结果比地基电泳优，也比空基静态电泳优
5	1982	NASA MSFC	航天飞机 STS-3	静态电泳	进行了高密度红细胞的自由区域电泳，结果证明电泳漂移率与区域沉淀无关
6	1982.8	MDAC	航天飞机 STS-4	连续流体电泳	红细胞蛋白的提纯及老鼠血清白蛋白分离的证实
7	1983.1	NASA MDAC	航天飞机 STS-6	连续流体电泳	白蛋白、血红蛋白和多糖在其浓度高于引起区域沉淀浓度情况下进行电泳分离
8	1983.6	MDAC MSFC	航天飞机 STS-7	连续流体电泳	高样品浓度的红细胞蛋白的分离。乳液离子的自由流体电泳中呈现黏滞留和导电间隙引起的带宽扩展
9	1983.8	MDAC	航天飞机 STS-8	连续流体电泳	老鼠大脑垂体细胞的分离，这些细胞可生成不同的荷尔蒙；人体的肾细胞的分离，这些细胞产生不同的胞质素活性
10	1984.2	MSFC	航天飞机 STS-11	等点聚焦	对血红蛋白和溴苯染色白蛋白的混合物进行等电聚焦试验，效果不如地面的理想
11	1984.8	MDAC	航天飞机 STS-41D	连续流体电泳	由工程师查尔斯·沃克进行血红蛋白质的提纯，运行 100h
12	1985	MDAC	航天飞机 STS-51D	连续流体电泳	由工程师沃克进行血红蛋白质的提纯，试验很成功
13	1985	MDAC	航天飞机	连续流体电泳	
14	1988.9		航天飞机 STS-26	等电聚焦电泳	由航天员进行试验

注：表中，MSFC 为马歇尔空间飞行中心，GEC 为通用电器公司，MDAC 为麦道公司。

1. 细胞分离

亚利桑那(Arizona)大学空间电泳研究组研制的总重不足240g的等速电泳飞试单元，于1973年装备天空实验室(Skylab) 4号上进行了首次人血红细胞电泳实验。虽然由于证明试验气泡的存在，只取得了部分成功，但此次实验仍然证明了空间等速电泳分离细胞的可行性。

1975年7月，在阿波罗-联盟(Apollo-Soyuz)号实验中。美国方面利用静态等速电泳系统(MA－011)成功地进行了淋巴、活肾细胞的自由区域电泳分离。同时由德国马普生华研究所研制的第一台空间连续自由流电泳设备(MA－014)也在此次飞行中对淋巴、骨髓、脾脏及血红细胞进行了分离并取得了成功。所得结果表明在空间分离细胞不仅将分离能力提高10倍，而且分离的质量是无与伦比的。其分离红细胞能力不仅比地基电泳好，而且比美国同在一飞行器上进行的静态电泳结果高25倍。

1983年由麦道公司主持制造的供航天用的大型连续自由流电泳系统在STS－8任务中对鼠脑垂体细胞和人的肾细胞进行了空间电泳分离。

选择候选细胞时，主要考虑其独特的细胞亚群以地基电泳系统或其他电动力学方法无法得到完全分离的那些细胞，主要包括人肾细胞、脑垂体细胞、癌细胞系(独特的细胞表面电荷能反映不正常的细胞功能)、含胞内颗粒的细胞或含能增加电荷密度结构的细胞。脑垂体细胞包含生长激素颗粒、催乳激素和悬浮的生长素颗粒。能产生特异性抗体的杂交瘤细胞也是空间电泳的很好的候选对象，尤其是那些在空间以电融合方法得到的新的杂交瘤细胞。

2. 蛋白分离

大量高效制备具有药用价值的活性蛋白是空间电泳的重要目标之一。麦道公司的空间电泳计划(EOS) 在经过16个月的市场调查后，从200多种材料中筛选出12种作为空间电泳分离的对象，包括尿激酶、红细胞生成素、表皮生长因子、干扰素、粒性白细胞刺激因子、转移因子、抗血友病因子Ⅷ和Ⅸ，等等。1984年在“发现号”的首次飞行中，麦道公司派出专家查理·沃克(Charles D. Walker)登机照管制药装置，对血红蛋白进行空间电泳纯化，为在空间批量生产各种药品开辟道路，1985年又进行了两次试验。1995年美国又推出了空间商业电泳计划(USCEPS, United State Commercial Electrophoresis Program in Space)，在建立技术和测试分辨率的基础上，转向为商业目的生产高纯度药品。

苏联曾在礼炮7号做了等电聚焦电泳和等速电泳试验和生产尿激醇的实验。通过实验他们发现：空间制备的物质纯度比地面的高10～15倍，生产能力高几百倍。其后在1987年4月24日发射的“宇宙1841号”卫星上，利用所载的电泳仪等自动实验设备，进行了干扰素等材料的试验及生物分离和纯化试验。

其他曾在空间进行过电泳分离的蛋白质主要是混合的标准蛋白，用于空间电泳的技术验证和效果测试，如日本方面对细胞色素C、牛血清白蛋白和胰蛋白酶抑制剂等的分离；我国在“神舟”四号飞船上对细胞色素C和牛血蛋白两种蛋白质为材料，在太空中进行了1 h的连续自由流电泳分离试验，不仅检测数据即时传回了地面，而且成功地收集到了高纯度的蛋白质分离物。

3. 核酸分离

早在1971年，美国研究者就在阿波罗14号上利用静态区域电泳进行了DNA的分离研究。后来日本研究者在哥伦比亚号航天飞机上(STS65)使用连续自由流电泳方法对线虫DNA进行了分离，取得了很好的效果，同时证明连续自有流电泳在空间失重环境下可以用于

DNA之类的大分子分离，有着比地基环境更好的分辨率和样品流通量。

第二节 空间生物分离发展概况

一、美国

早在1969年，美国NASA便拉开了研究空间电泳技术的序幕。最初的目的是研究重力对电泳分离过程的影响，并发展了一种简单的静态电泳分离装置，分别在阿波罗14和16号飞船上进行了搭载实验，结果表明，静态电泳在空间的应用有其局限性。从1975年开始，美国MADC公司与NASA合作开始实行空间电泳计划(EOS)，研制出空间连续流电泳仪(CFES)，于20世纪80年代在航天飞机的中舱进行了多次空间电泳实验，并做了总结，认为连续流电泳是重要的生物空间分离技术。该公司又在1987年研制出能在空间全自动连续运行100h的大型电泳装置，然而1986年挑战者号事件影响了MADC商业空间电泳的进程，使其更多地转向地面研究，至此美国领导空间电泳。1995年美国又推出了空间商业电泳计划(USCEPS)，在建立技术和测试分辨率的基础上，转到为商业目的生产高纯度药物产品，但至今没有进行空间实验。

美国由MDAC公司建造供航天用的CFES(Continuous - Flow Electrophoresis System)系统重达2 000 kg，分离腔尺寸为1 200 mm×160 mm×3 mm，出口处分197管收集，电极室由半透膜与分离腔隔开，并由不同的泵分别驱动，样品的注入和收集均由航天员来操作。采用40 V/cm的电场强度，温度控制在14℃。CFES在STS-4,6飞行任务中主要进行了蛋白质的分离实验，旨在测定空间条件下的电泳分辨率和流通量。它采用25%的蛋白溶液与地面0.2%的浓度相比，得到相似的分辨力，而流通量提高了400倍以上，证实了在微重力下CFES能达到计算机模拟所预测的分辨力和流通量。CFES在STS-7飞行中分离Latex颗粒，主要测试无沉降时的分辨力、扩散以及颗粒和介质间不同电导带来的影响。发现地面和空间结果相似，说明沉降并不明显影响迁移率；当样品电导高于介质的3倍时，明显观察到条带扩散，且差异越大，扩散越明显，这些结果证实了样品和介质电导不匹配能引起条带变形，且不受微重力的影响，这种变形也称为电流体动力学变形。CFES在STS-8任务中进行了脑垂体细胞、肾细胞和胰细胞的分离，主要测试电泳分辨率和细胞功能。它在STS-41D,51D,61B的飞行中，主要分离红细胞蛋白质，用来进行临床试验和纯度检验。

美国于20世纪90年代中期开展的空间商业电泳计划(USCEPS)，其仪器基本同CEFS，但改为97道收集，它主要集中于一些有医学用途的蛋白质和细胞上，原计划应在1995—1996年完成，但因经费不到位或其他一些原因，进展不大，至今未飞行。

二、俄罗斯

俄罗斯的HAΦ，分离腔尺寸为300 mm×70 mm×3 mm，60管收集，场强为80 V/cm，主要集中于医学应用上，例如纯化α干扰素。20世纪90年代初得到的结论是要加强地面基础研究，因为空间电泳还存在问题，如分离效率不稳定、进样速度的场强均匀性、分离室流场稳定性、样品分离波动弯曲等。最近，俄罗斯的工作主要集中在药用蛋白质和肽的分离上。

三、德国

德国用于1988年火箭搭载的连续流电泳分离装置TEM06－13，高1 270 mm，直径438 mm，重113 kg，功耗202 W，有温控装置，检测为摄像机和紫外光吸收同时进行。它的分离腔尺寸为200 mm×70 mm×4 mm，其前板有石英制造。为了使分离腔壁与待分离细胞的ξ电位相匹配，整个分离腔都预先用3%的人血清白蛋白溶液处理过，以减小电渗流对分离的影响。TEM06－13侧重于不同动物的红细胞分离，在得出空间分离肯定优于地面分离的结论后暂告一段落。

四、日本

日本的空间连续自由流电泳系统称FFEU (Free Flow Electrophoresis Unit)由日本宇宙开发事业团(NASDA)和三菱重工(MHI)共同为航空用途而发展。它的分离腔尺寸为100 mm×60 mm×4 mm，分成60管收集，电极室和分离腔之间用离子交换膜隔开。与其他空间电泳仪不同的是，它采用铁电极作为阳极，而用氯化银电极作为阴极。在线紫外检测波长为254 nm，最大灵敏度可达0.2吸收单位(AUFS)，同时可以由电脑程序收集数据并输出三维的检测结果。在FFEU系统上进行蛋白混合物(细胞色素C、伴清蛋白、牛血清白蛋白和胰蛋白酶抑制剂)的分离，主要测试蛋白质浓度达到25～50 mg/mL时的分辨率，因收集问题没有得到明确的结论。以后进行的线虫DNA的分离并用PCR方法进行检测，得到满意的结果，证实了连续流电泳用于分离生物大分子如DNA是有效的，也说明空间环境为连续流电泳提供了更有效的分离。

五、法国

法国的RAMSES(Recherche Appliquee sur les Methods de Separation en Electrophoresis Spatiale)装置的分离腔尺寸为300 mm×41 mm×3 mm，它的两块聚碳酸酯分离腔壁厚4 mm，均经光学抛光处理。分离腔的前部和后部均由快速流动的液体冷却，同时另设两路分别冷却缓冲液和电极液，且在冷却系统的外部还设有除露装置以防止水蒸气在分离腔上凝结。采用50V/cm的场强，整个系统的功率达150～500 kg，总重220kg。其在线紫外分光光度计可以监测其40个级分在278μm处的紫外吸收。RAMSES于1994年8月在国际微重力实验室2号(IML－2)上进行了一系列实验，来观察不同条件下蛋白质分离的情况，从理论上研究连续流电泳的现象。实验最终在技术和科学的不同角度上达到了预期的目标，不仅证明了整个系统对微重力设计的合理性，而且在科学研究上得到了一系列的认识：微重力条件为连续流电泳提供了更宽的操作条件，提供了更稳定的层流；揭示了微重力条件下由样品和介质之间电导差异所引起的电流体动力学变形不会有所改善；和地面不同的是，空间能允许较高的样品浓度，但随着浓度的提高，其分离的质量必然会下降；最后还指出在空间，以连续流电泳纯化生物活性物质，仅通过提高上样的浓度，可允许流通量提高5倍。

六、中国

我国空间连续自由流电泳的研究始于20世纪80年代末，1994年正式作为“神舟”4号飞船的一个载荷，转入工程研制。按计划，电泳仪安装在“神舟”4号飞船的返回舱内，其任务是用连续自由流电泳技术，对细胞色素 C 和牛血红蛋白两种模式蛋白进行电泳分离实验；目的是研究微重力对电泳分离的影响，证实自主研制的电泳仪的空间运行能力，为我国空间电泳研究的发展及未来的空间制药奠定基础。

20 世纪 80 年代末期，中国科学院空间科学与应用研究中心先后与中国科学院微生物研究所，中国科学院上海生物化学研究所合作，开展了 CFFE 的研究工作，并在大量试验的基础上研制了 A3 型连续自由流电泳仪，但是，并未进行过空间飞行试验。1998 年初，根据中俄航天合作计划，获得了利用俄罗斯 IL－76MOK 失重飞机进行连续自由流电泳分离实验的飞试机会。为此，按照飞机搭载试验的条件和要求，在 A3 型连续自由流电泳仪的基础上研制了 A3－1 型连续自由流电泳仪，并于 1999 年 7 月在俄罗斯成功地进行了失重飞机搭载试验。

A3－1 型连续自由流电泳仪的硬件系统包括电源调节单元(PCU)、检测单元(DU)和电泳单元(EU)三部分。为了便于在线观察和摄像，选择了两种有色的标准蛋白：牛血红蛋白和细胞色素 C 作为被分离的样品。飞行试验证实了 A3－1 电泳仪的工作能力，清楚地看到了重力变化对电泳分离过程的影响以及微重力环境对生物材料的电泳分离是有利的，达到了飞行试验的目的. 然而，由于失重飞机提供的微重力时间很短(只有约 25 s)，难于深入进行微重力环境下生物材料的电泳分离研究. 要解决这个问题，只有利用返回式卫星、飞船、空间实验室或空间站进行飞行试验才有可能。

2001 年，我国科研人员完成了 A3－2 型电泳仪正样产品(飞行样机)的研制。A3－2 型电泳仪包括：电泳仪装置和电泳仪电控箱两台设备，总重 25 kg，总功耗＜27 W。电控箱接受来自飞船的母线电压(27 V)和控制信号，并把该电压变换成电泳仪其他组成部分所需的电压；它还控制和监测电泳分离及设备运行情况并把结果通过遥测送到地面测控中心。电泳仪装置是生物样品进行电泳分离的场所，它由缓冲液和样品储箱、4 通道流体驱动泵、分离室、LED(发光二极管)在线光检((430±20) nm)、单向阀收集器和气液分离器等主要部分组成。分离室呈长方形，高 270 mm，宽 60 mm，分离间隙为 3 mm；分离电压为 360 V，分离功率约为 10 W。在分离室的上方设有 LED 光检(由 15 个蓝光发)、t－极管和 15 个光敏二极管组成的窗口，缓冲液及被分离的样品向上流动，被光检后，经 30 根收集管及其单向阀流到收集器中各自的收集袋内以便回收检测。这种采用在线光电检测及回收分离产物互为备份的方法，确保能获得空间电泳分离实验的结果。

A3－2 连续自由流电泳仪在神舟四号飞船上进行了微重力条件下分离蛋白质的实验，结果表明：微重力下连续自由流电泳的分辨率有显著提高，我国首次进行的空间电泳分离实验取得了圆满成功，它为今后我国的空间电泳分离研究和商用生物材料的空间分离打下了良好基础。

参 考 文 献

[1] 孙彦. 生物分离工程[M]. 北京：化学工业出版社，2005.

[2] 郭尧君. 蛋白质电泳实验技术[M]. 北京：科学出版社，2005.

[3] 江丕栋. 空间生物学[M]. 青岛：青岛出版社，2000.

[4] 屈锋，韩彬，邓玉林. 自由流电泳及其应用研究进展[M]. 色谱，2008. 26(3)：274－279.

[5] 吴汉基，等. 模式蛋白分离用的 a3－2 型空间连续自由流电泳仪[M]. 航天医学与医学工程，2005，18(5)：355－359.

[6] Kobayashi H, Ishii N, Nagaoka S. Bioprocessing in microgravity: free flow electrophoresis of C[M]. elegans DNA. J Biotechnol, 1996, 47(2－3): 367－76.

第十六章　空间技术育种

第一节　空间技术育种的概念和特点

一、空间技术育种的概念

科学实验证明，空间辐射和微重力等综合环境因素对植物种子的生理和遗传性状具有强烈的影响作用，因而在过去的几十年里一直受到国内外研究者的广泛关注。经过科技工作者多年的种子空间搭载试验，已经探索出旨在改良植物产量、品质、抗性等重要遗传性状的植物育种新方法，即空间技术育种，又称航天育种或太空育种。所谓空间技术育种就是指利用返回式卫星和高空气球等返回式空间器所能达到的空间环境对植物(种子)的诱变作用以产生有益变异，在地面选育新种质、新材料，培育新品种的植物育种技术。

空间技术育种的核心内容是利用空间环境的综合物理因素对植物或生物遗传性的强烈动摇和诱变，获得地面常规诱变方法较难得到的罕见突变材料和种质资源，选育突破性植物新品种。空间技术育种包括卫星空间搭载、高空气球搭载、地面模拟空间环境要素诱变等途径。空间技术育种方法可广泛应用于各种植物的遗传操作改良过程，实现高效益的遗传改进。

人们有时将经过空间技术培育成的植物新品种称作“太空种子”。但并非经历过空间飞行的植物种子就是太空种子。由于任何突变的发生均有随机性，经过空间搭载的植物种子一般也只有百分之几甚或千分之几可能发生遗传变异。因而，育种家从众多的经历过空间飞行的种子后代中筛选、鉴定出有希望的真正突变体，往往要经历至少3～5年的时间，经过选择、淘汰、试种、区域试验和品种审定等一系列程序，才有可能培育出真正的太空种子。

二、空间技术育种的特点

空间技术育种的关键在于有效利用空间辐射与微重力等综合因素对植物遗传性状的诱变作用。亿万年以来，在恒定的重力场作用下生长于地球的植物(种子)，其形态、生理、行为和演化都一直受到1 g 重力的调节和影响，而且种族进化时间越长的植物受重力的影响越大。一旦植物(种子)处于空间微重力环境，同时受到各种物理辐射因子的作用，其遗传性必然受到强烈影响而发生遗传变异。

从多年来的空间技术育种实践，可以归纳出如下的基本特点：

1.扩大突变谱、提高有益突变频率和塑造新类型

利用空间环境诱变因素诱发产生的突变频率要比自然突变频率高几百倍，甚至上千倍。诱发的突变范围极为广泛，类型多样。而且有可能诱发出自然界少有的或应用一般传统诱变方法较难获得的新性状、新类型，丰富植物种质资源，为育种提供宝贵的原始材料。例如，原广西农学院利用高空气球搭载粳稻品种“海香”和“中作59”的干种子，在其第二代所调查和分析的株高、生育期、穗长、颖壳颜色、品质等 11 个性状均出现较大的分离，特别是从中分离出一些突变成介于籼型和籼-粳型之间的类型，以及能够恢复籼型水稻雄性不育系育性的粳稻恢复基因突变体，属于常规育种较难获得的新类型。中国农业科学院作物科学研究所利用卫星搭载红小豆农家品种“辉县红”的干种子，在诱变二代群体中，籽粒百粒重性状发生显著变异，大粒突变频率达到 52.9%，并从中选育出特大粒、长角果的红小豆突变体，其百粒重比地面对照增加 69.2%，籽粒产量提高了 30%以上。华南农业大学利用空间诱变技术从空间搭载籼稻品种“特华占 13”诱变后代中筛选出与现有水稻矮秆基因 sd－1 非等位的矮秆突变体 CHA－1，株高只有 58～66 cm，且单株有效穗数达到 19 个，有可能成为水稻育种的新矮源。

2. 打破性状连锁、实现基因重组

植物品种的某些优良性状和某些不良性状往往联系在一起，如早熟与低产、高产与晚熟、矮秆与早衰等。利用常规育种方法不易将它们分开，而利用空间诱变因素处理可通过使染色体结构发生变异，打破这种基因连锁，使基因重新组合，获得新的类型。例如，浙江省农业科学院通过空间诱变方法，对高秆易倒和迟熟但品质优良的香型晚粳糯品种“ZR9”进行改良，育成的新品种“航育 1 号”的株高降低了 14 cm，生育期缩短了 13 d，单位面积产量比原品种 ZR9 增产 10 %以上。中国农业科学院油料作物研究所利用卫星搭载诱变“豫芝 4 号”芝麻品种，解决了高产与优质之间的矛盾，成功选育出芝麻新品种“中芝 11 号”，其籽粒产量比原品种提高了 12.7%，平均含油量达到 57.7%。

3. 有效改良现有品种的某个单一性状

诱变处理易于诱发点突变，可使现有品种某个单一性状得到有效改良，而同时又不明显地改变其他性状。育种实践表明，利用空间诱变方法可缩短生育期、降低植株高度、改良株型、提高抗病性和抗虫性、改善品质等。例如中国农业科学院作物科学研究所与辽宁朝阳市高新技术研究所利用卫星搭载高产优质但易倒伏的小麦品种“辽春 10 号”种子，诱变育成的新品种“航麦 96 号”，抗倒伏性能显著改进，但其他主要农艺性状仍然保持原品种的优点。在连续 2 年国家小麦东北早熟组区域试验中产量比对照增产 13.3%，居第 1 位。

4. 缩短育种年限

空间环境诱发产生的突变往往是隐性的，通过自交可得到纯合的突变体，这样的突变后代通常不再分离，一般在第三四代就可稳定下来，因此可大大缩短育种的年限，有利于加速品种的更新换代。例如河南省农业科学院小麦研究中心育成的小麦品种“太空 6 号”就是由卫星搭载小麦品种“豫麦 49”第二代选获的优良突变株自交培育而成。

综上所述，空间诱变是创造作物新种质、选育新品种的有效途径。尽管如此，目前空间环境诱发出现的有益突变的频率较之育种家的期望仍然偏低；突变性状的发生还带有较大的随机性，正如其他任何一种诱变途径一样，目前还不能有效地控制变异的方向和性质。这也说明，对空间诱变育种技术与方法的改进和完善，还有大量工作要做。

第二节　空间技术育种的发展历程和成就

一、国外空间植物学研究概况

早在20世纪60年代初期，苏联学者就研究和报道了空间飞行条件对植物种子的影响。植物种子经卫星搭载飞行，发现其染色体畸变频率有较大幅度的增加。当种子被宇宙射线中的高能重粒子击中后，会出现更多的多重染色体畸变；同时，经空间飞行后的种子即使没有被宇宙粒子击中，发芽后也可以观察到染色体畸变现象，而且飞行时间愈长，畸变率愈高。

1996—1999年，俄罗斯等国在“和平号”空间站成功种植超矮小麦、白菜和油菜等植物。到2005年，美国航空空间局已经从国际植物遗传资源库中筛选出适合空间站培植的超矮小麦、水稻、大豆、豌豆、番茄和青椒等作物品种或品系。目前世界各国利用国际空间站进行的太空植物试验研究，其最终目的在于要使宇宙飞船最终成为“会飞的农场”。但迄今为止尚未见到国外有关利用空间环境条件诱变作用进行农作物育种改良的研究报道。

二、中国空间技术育种的发展历程

1987年8月5日，随着我国第9颗返回式科学试验卫星的成功发射，中国科学院遗传研究所蒋兴邨研究员等在国内率先利用返回式卫星搭载水稻等农作物种子，并在后代种植中发现了遗传变异。随后全国多个研究单位先后参与了作物种子的卫星及高空气球搭载试验，开展空间环境对农作物种子的生物效应与育种应用，由此开始了我国航天诱变农业生物育种的探索。

1996年10月，农业部在“九五”计划中首次将农作物航天育种列为重点课题，并由中国农科院作物科学研究所航天育种研究中心牵头，组织了全国20多个具有较好前期诱变育种基础的研究单位，开展作物空间技术育种的联合攻关，研究工作取得明显进展，在水稻和青椒等作物上通过了新品种审定，并初步形成了全国农作物空间技术育种协作研究队伍。

2002年7月，农作物空间育种技术创新与新品种选育课题首次被列入国家“十五”863计划。随后国家和地方政府也加大了对农作物空间诱变育种研究的支持。“十五”期间，我国利用空间技术育种技术在水稻、小麦、棉花、茄果类蔬菜等作物上育成并审定了30多个新品种。空间技术育成的新品种开始在农业生产中应用。

2006年9月9日，我国成功地发射了“实践八号”育种专用卫星，装载了包括152种植物、微生物和动物等2 020份生物品种材料，并搭载了空间环境探测与机理研究装置，以便在更大范围开展农业生物空间诱变育种，深入探索空间环境诱发突变的机理。全国138个科研院所、大学及企业单位的224个课题组参加航天育种工程试验研究工作。2006年10月13日，农业部组织召开了航天育种工程卫星返回种子地面育种工作启动会，并批准成立了由中国农业科学院牵头的全国航天育种协作组，形成了国家、省、地三级农作物航天育种研究体系和网络。航天育种继续被列入国家“十一五”863计划和科技支撑计划等重点课题。空间环境诱变育种基础研究与应用研究进入稳步发展的新阶段。

三、空间技术育种的基本成就

自1987年以来，我国利用返回式卫星、神舟飞船和高空气球先后进行了23次作物种子等生物材料的空间搭载试验，育成了一批高产、优质、多抗的农作物新品种、新品系，从中获得了一些有可能对作物产量和品质等重要经济性状有突破性影响的突变，并在空间环境诱变育成品种的知识产权保护与产业化、空间诱变育种机理探索等研究方面取得重要进展。我国的空间技术育种研究工作曾被 *Nature* 杂志和 *Science* 杂志分别于 2001 年 4 月 19 日和 2002 年 6 月 7 日作为焦点新闻予以报道。

1. 高产优质多抗作物新品种培育与生产应用

在国家 863 计划、空间科学计划、国家重点科技攻关（支撑）计划及农业部重点等项目的支持下，经过中国农业科学院航天育种研究中心牵头组织，国内主要空间环境诱变作物育种应用研究单位联合攻关，使我国作物空间环境诱变育种应用研究取得显著成绩，一批产量和质量双高的新品种脱颖而出，为提升我国粮食综合生产能力和农产品市场竞争力提供了技术支撑。特别是“十五”863 计划实施以来，先后育成水稻、小麦、番茄、青椒、芝麻、棉花等 80 多个进入区试的作物优异新品系，其中特优航 1 号和Ⅱ优航 1 号杂交稻、华航 1 号水稻、太空 5 号、太空 6 号小麦、宇椒 1 号、宇椒 2 号青椒、宇番 1 号、宇番 2 号番茄、中芝 11 号、中芝 13 号芝麻和中棉所 50 棉花等 40 多个新品种或新组合分别通过国家或省级品种审定。这些优良新品种的育成，为提高作物产品质量和粮食增长，优化农业产业及产品结构调整做出了积极贡献。空间诱变技术培育的作物新品种开始在生产中发挥作用。

华南农业大学育成的“华航 1 号”水稻新品种，在国家南方稻区高产组区试和生产试验中，产量比对照品种“汕优 63”分别增产 4.50％和 4.39％，于 2003 年 8 月通过国家品种审定，成为我国第一个通过国审的空间诱变水稻新品种。目前已在华南稻区大面积推广应用，累计推广种植面积 500 多万亩。

福建省农科院育成的“特优航 1 号”杂交稻新组合，将优质、超高产结合于一体，是我国利用空间技术育成并审定的第一个杂交水稻新品种。该组合产量比对照品种“汕优 63”平均增产 9.61％，创“六五”攻关以来该省所有参加省区试的水稻品种产量的最高纪录；其品质达到国家优质米二级标准。2004 年在福建尤溪县管前镇中稻示范 120.9 亩，经同行专家现场验收，平均亩产 849.6kg。2005 年通过国家品种审定。特优航 1 号已成功转让并在福建、广西、安徽、湖北等地示范推广。

河南省农科院小麦研究中心育成的“太空 5 号”小麦新品种是我国利用空间技术育成并审定的第一个优质、高产小麦新品种。该品种在河南省区试中产量比对照“豫麦 18”平均增产 9.67％，品质达到国家优质弱筋小麦标准。2002 年 9 月通过河南省品种审定，并于 2002 年 12 月获国家“十五”新品种后补助二等奖。该品种目前已在河南省息县、唐河、湖北襄樊等适宜地区推广 100 多万亩左右，并与粮食和加工企业相结合实现了优质弱筋商品麦的深加工和产业化。

中国农科院作物科学研究所和辽宁朝阳市农业高新技术研究所合作育成的“航麦 96”小麦品种，是利用返回式卫星搭载“辽春 10 号”小麦种子诱变选育而成，表现根系发达，较耐旱，耐干热风，抗倒伏，落黄佳。2005－2006 年参加国家东北春麦早熟旱地组品种区域试验，比对照辽春 9 号增产 13.3％，居所有参试品种第 1 位。2007 年通过国家品种审定，成为我国第一个通过国审的空间诱变小麦新品种。目前已在辽宁沈、吉林、内蒙古、河北等地示范种植 20 多万亩。

中国农科院油料作物研究所育成的“中芝 11 号”（航天芝麻 1 号）是集高产、高含油量、抗病、抗倒伏等多个优良性状于一体的突破性芝麻新品种，在全国区试的 12 个试验点全面增产，最高亩产 152.2kg，平均亩产 98.2kg，比对照品种豫芝 4 号增产 12.7％，居“九五”攻关以来全国所有参加区试品种产量增幅首位;平均含油量为57.7%,最高达59.5%。该品种已通过湖北省作物品种审定和全国芝麻品种鉴定委员会鉴定。

中国农科院棉花所育成的"中棉50"是通过空间诱变、生化辅助育种和常规育种技术手段相结合育成的抗虫夏棉新品种,在黄淮地区实现麦后直播,在生育期上实现最大突破,是当前审定的生育期最短的新品种。2005年通过河南省审定,累计推广面积50万亩。

黑龙江省农科院园艺分院育成的"宇椒1号"甜椒品种,表现果实大、品质优和高产。门椒及二荚椒平均250g,中早熟,高抗疫病耐毒病。一般亩产5 000kg,保护地栽培亩产5 000kg以上。果实中Vc、叶绿素及可溶性固形物含量提高25%以上。1993年开始进入全国异地试种,2002年通过黑龙江省农作物品种审定,2002年开始在生产上大量应用推广,已经累计推广30多万亩。

空间诱变技术将在作物超高产、优质专用新品种培育上发挥更大作用。

2.优异育种新材料和种质资源创制

利用空间诱变育种技术有效推动了作物育种新材料、新种质的创制。福建省农科院、华南农业大学和浙江省农科院等单位先后获得了一批特异水稻种质材料,如恢复谱广、恢复力强、配合力高、抗瘟性好、米质较优的水稻恢复系新种质航1号、航2号、航148、航恢七号、航恢八号和R8007;与sd-1矮秆基因不同的优质、多蘖和高配合力的水稻新矮源CHA-1,CHA-2和R955;优质香型突变材料H-61,H-8和H-159;结实率在80%以上的特大穗型水稻材料H-36和H-55;抗稻瘟病和白叶枯病水稻材料浙101。中国农科院作物科学研究所航天育种研究中心创制出极早熟、抗病、强筋小麦新种质SP8581,SP0225和SP798,穗长超过15cm的大穗矮秆小麦新材料SP8724和SP2290。这些优异新种质、新材料已分别进入小麦和水稻常规育种计划及杂交稻育种,并被全国多家育种单位引进和利用,对促进稻麦育种技术起到了重要作用。

空间诱变技术将继续在产量和品质等重要经济性状有益突变资源创造上发挥作用的同时,把肥水等资源高效利用、抗主要病虫、抗逆(旱、涝、盐、寒、热等)、种质材料的培育作为重要发展方向。

3.空间环境诱变育种技术研究

"十五"计划以来,将卫星搭载与常规育种、杂种优势利用和生物技术等技术相结合,组装成空间诱变育种新技术,获得新的突破,加速了育种进程,大大提高了育种效率。由中国农科院作物科学研究所主持的国家863课题"稻麦航天育种技术创新与新品种选育"项目组,在2002—2005年的4年中,利用这种组合技术育成12个高产、优质、抗病的水稻、小麦新品种,占目前空间诱变技术育成作物品种总数的70%,并应用于生产,提高了空间诱变技术育成品种的显示度。

华南农业大学等单位研究建立起"多代混系连续选择与定向跟踪筛选"为核心的与分子标记辅助选择、抗性筛选、品质鉴定以及杂交育种等多种现代育种技术相结合的水稻空间育种技术新体系。利用该体系已经在当前的水稻空间育种实践中发挥重要作用,培育出多个高产优质水稻新品种。

中国农科院作物科学研究所航天育种中心利用地面加速器产生的高能重离子和混合粒子场,以及屏蔽了地球磁场的零磁空间等模拟空间环境不同因素,从粒子生物学、物理场生物学和重力生物学等不同角度研究了空间环境各因素对小麦、大麦、水稻、牧草、青椒、番茄等作物的诱变效应与分子机理，探索建立起地面模拟空间环境诱变育种技术方法，并培育出水稻和牧草等作物新品种。

4. 空间技术育成品种的知识产权保护与产业开发

目前我国育成的绝大多数空间诱变新品种、新品系，如华航1号水稻、特优航1号杂交稻、Ⅱ优航1号杂交稻、航1号水稻恢复系、太空5号小麦、中棉所50棉花、宇椒2号、3号和4号青椒等，均已申请植物新品种保护，有的已经获得了新品种保护权，而且目前我国空间诱变新品种或品系申请知识产权保护的比例与力度居于其他各类育种方法之前列。中国农科院作物科学研究所航天育种中心等单位有关空间环境要素育种机理及应用基础研究的相关成果也已申报或获得多项国家技术发明专利。相信随着我国植物新品种保护制度的进一步完善，我国空间育种技术及其产品知识产权保护的力度将会得到更大提升。

空间诱变育种技术及其产品知识产权的有效保护为更快更好地推进空间诱变育种产业化提供了重要保障。一些已审定的新品种通过“科研－公司－农户”一体化、“种植－加工－销售”一条龙等模式，得到了推广应用。一批新品种如特优航1号和Ⅱ优航1号杂交稻、华航1号水稻、中芝11号芝麻、龙辐麦15号和太空6号小麦等还被列入国家科技、财政等部门的技术成果转化项目或上市种子公司的开发项目，加快了空间育种产业化的步伐。

5. 空间环境诱变机理探索研究

在过去十几年的空间环境诱变育种研究中，有关空间诱变或空间环境生物效应机理的探索研究主要基于空间环境因素的作用以及突变体基因突变的细胞分子生物学研究。

空间环境引起植物和染色体畸变进而导致遗传性状变异的原因，目前尚未完全弄清楚。研究发现，宇宙辐射是原因之一。当植物种子被宇宙射线中的高能重粒子(HZE)击中后，会出现更多的多重染色体畸变，植株异常发育率增加，而且HZE击中的部位不同，畸变情况亦不同，根尖分生组织和下胚轴细胞被击中时，畸变率最高。中国科学院上海植物生理生化研究所在进行小麦种子搭载试验中，于飞行前分别用辐射保护剂半胱氨酸和辐射敏化剂乙二胺四乙酸处理干种子，回收后比较不同处理对根尖细胞染色体畸变的影响。研究发现前者可使根尖染色体畸变率明显下降，后者可使畸变率增高，据此可推论在空间诸环境因素中，电离辐射是引发染色体畸变的主要因素。

不过，研究者也注意到，许多实验结果仅用辐射效应还无法解释，如通常用于预防辐射损伤的药物，半胱氨酸、氨乙基半胱氨酸和5-甲氧色胺等均难以降低空间条件引起的大麦种子的畸变率。推测微重力等其他空间因素也在生物效应中起作用。许多研究表明，经空间飞行后的种子即使没有被宇宙粒子击中，发芽后也可以观察到染色体畸变现象，而且飞行时间愈长，畸变率愈高。黄荣庆等(1991)利用核径迹板定位水稻、小麦和大麦种子，发现高能粒子击中与未击中的种子之间存在差异，但在未击中的材料中也产生了变异，说明微重力对作物种子具有一定的诱变作用。

可见，空间条件引起植物遗传性发生变异的主要因素在于空间辐射与微重力的综合作用。亿万年以来在恒定的重力场作用下生长于地球的植物(种子)，其形态、生理、行为和演化都一直受到1g重力的调节和影响，而且种族进化时间越长的植物受重力的影响越大。一旦植物(种子)处于空间微重力环境，同时受到各种物理辐射因子的作用，其遗传性必然受到强烈影响，很有可能出现在以往地面诱变育种中较难得到的遗传变异。刘录祥等(2004)从地基模拟宇宙粒子、零磁空间以及微重力效应的研究中，也证实了空间环境因素具有明显不同于传统伽马射线的生物学效应与诱变效果。

在空间环境诱发品种基因突变的细胞分子生物学研究方面，王彩莲等(1998)对经空间飞行的水稻种子细胞学观察表明，根尖细胞染色体畸变率及有丝分裂指数均明显高于地面对照组。这种既对根尖细胞染色体具有一定致畸作用，同时又明显促进细胞有丝分裂活动的现象是迄今其他理化诱变因素所未曾观测到的。刘录祥等(2004)对经过空间飞行的种子同工酶分析表明，空间飞行小麦种子在酯酶、过氧化物酶、β-淀粉酶等同工酶酶谱及活性上均与地面对照存在明显差异。在酯酶同工酶酶带数量上，小麦SP1种子有增多趋势，而高粱SP1种子有减少趋势。等点聚焦电泳分析证明，在小麦第4同源群染色体上的β-淀粉酶位点确已发生遗传变异。

刑金鹏等(1995)通过RAPD分析，在分子水平上证明了粳稻大粒型突变系与其原始亲本在基因组之间的差异，并在染色体上定位了突变位点。邱芳等(1998)对空间诱变产生绿豆长荚型突变系进行了RAPD的分析，从100个引物筛选出3个能产生稳定的遗传多态性的引物，分别命名为OPZ-131400,OPY-071000和OPY-042000，它们之间没有差异，而与对照有共同的差异，并把其中的OPY-071000转换成了稳定的SCAR标记。周峰等(2001)选用299对微卫星引物，对卫星搭载回收的水稻品种“特籼占13”种子种植后选育出的5个突变系的后代进行了DNA多态性分析，结果表明，变异植株与原种之间均存在不同程度的微卫星多态。龚振平等(2003)对卫星搭载过的'唐恢28'恢复系高粱种子的变异后代进行了RAPD分析，结果显示，空间突变系在基因水平上发生了明显的变异。

韩东等(2005)对空间处理3株同工酶有变异的番茄植株群体进行分子生物学分析。结果表明在50个供试引物中，有18个扩增出DNA带，共有166条，其大小在200～2 000 bp之间，与地面对照比，空间处理的植株的DNA在5个引物出现差异，其突变的程度分别为4.5%,1.3%,3.2%。曹墨菊等(2005)比较分析了空间诱变玉米核不育基因系与原亲本品种的SSR多态性差异位点，筛选出了与不育基因表现出连锁关系的引物bnlg197和umc1012，并将不育基因定位到玉米的第3染色体上。这些研究均证明由卫星搭载获得的突变后代或突变体在染色体DNA水平上确实发生了变异。

骆艺等(2006)利用神舟三号飞船搭载带核径迹辐射探测器的水稻种子装置，回收后应用随机扩增多态性DNA (Random Amplified Polymorphic DNA, RAPD)技术，分析了201粒升空种子长出植株的基因组多态性。在检测的189个基因座位范围内，30.2%的植株中发现与地面对照不同的扩增带，单株的多态性座位数为1～25。特异扩增带的测序及单核苷酸多态性(Single-Nucleotide Polymorphism, SNP)分析发现空间搭载水稻种子确实可导致当代植株基因组发生变异，表明空间高能重离子辐射对诱导基因组的多态性，乃至遗传性表型变异的有效性。

2006年9月9日发射的育种专用卫星“实践八号”搭载的133种植物种子等生物材料和一系列空间环境探测设备，为探索空间环境生物效应机理研究及育种应用，并在更多种类的作物范围内开展空间诱变育种研究提供了重要基础保障。中国农科院作物科学研究所利用搭载于“实践八号”育种卫星不同装置中的拟南芥种子，研究认为空间环境可诱发植物种子产生遗传变异，其中空间辐射和微重力的协同作用是空间诱变的主要因素，空间辐射的诱变作用大于微重力，微重力对植物生理影响明显。

第三节 空间技术育种的程序

一、空间搭载材料的选择

1. 材料选择的一般原则

空间搭载材料的选择是空间技术育种成败的重要环节。诱变材料的选择既要根据育种目标和研究内容，也要根据空间诱变的特点。选材的一般原则是选用综合性状优良，适应性广，但需要改进个别缺点的纯系品种或品系。

植物纯系品种视其栽培区域及栽培年限的不同，可分为当地栽培品种、引入优良品种以及新推广品种。为了通过空间诱变育成综合性状优良和丰产性好的新品种，通常选用当前生产上推广应用的尚有个别性状不理想的品种，或高世代品系作为起始材料，效果较好；如果是为提高品种的品质或抗逆性，则应选用适应性强、丰产性好的材料；如果外引优良品种的适应性差（如晚熟等），通过空间诱变改良其适应性，使其成为当地栽培的品种等。目前，我国空间诱变育成的品种大多是从改良推广品种的个别缺点而获得成功的。

2. 空间诱变处理的对象

通常用于空间搭载诱变处理的部位有植物种子、花粉、营养器官和植株，还可以有人工培养的细胞、组织或器官等。种子是目前空间搭载诱变中使用最多最普遍的材料，包括风干种子、湿种子和萌动种子。最方便的是处理风干种子，包装简便，不受卫星上有无电源的限制，便于运输和空间飞行后贮藏一定的时间等。无论是搭载干种子或是萌动种子，空间飞行前都要进行粒选，确保其发芽率。

对于无性繁殖植物，例如果树、桑树、薯类、热带的很多经济植物和观赏植物等，由于这类植物选种的基础是利用体细胞的突变——芽变，处理对象可以选择带芽的枝条、块根、块茎、鳞茎等。一些植物组织培养物，如愈伤组织和外植体等在特殊生保装置条件下也可以用于空间搭载诱变。中国农科院作物科学研究所利用“实践八号”育种卫星搭载的小麦愈伤组织已经成功获得再生植株。

二、空间搭载后代的种植与选择

一般来说，对于种子繁殖植物通常利用种子进行空间搭载处理。种子回收后进行地面种植、观察和选育。种子繁殖植物按花器结构与授粉方式不同，可进一步划分为自花授粉作物、异花授粉作物和常异花授粉作物3类。

这里仅以水稻和小麦为例，简要介绍自花授粉作物搭载种子回收后的种植、观察和选择要点。其他种类植物可参照执行。

1. SP_1 代（卫星回收后当代，即第一代）

（1）种植。

种子经空间搭载后，应与地面对照种子同时播种。尽可能做到正季播种，并适当增加株行距。播种与苗期管理，应求精细，以保证幼苗能有较高存活率。

SP_1 代群体应当隔离种植，防止在种植及收获过程中发生机械混杂，也有利于防止由于经过空间搭载部分 SP_1 植株的花粉失去授粉能力而造成田间品种间自然杂交。

(2)观察。

经空间搭载的种子长出的 SP_1 代植株会表现出一定程度的生理损伤。观察与记载 SP_1 代的生理损伤表现是空间诱变育种前期试验的一个重要步骤,主要观察项目有发芽率、田间出苗率、存苗率、幼苗高度、株高、分蘖成穗率、抽穗开花期、成株率、育性与不育株率、结实率、形态畸变等。

(3)选择与收获。

SP_1 代植株由于生理损伤所致的形态变异一般不遗传。SP_1 代所发生的突变大多为隐性突变,一般在当代不表现。即使发生少数显性突变,也多以嵌合体形式存在,SP_1 代仍难以在整体上表现出来。故 SP_1 代一般不进行选择,但如遇有特殊变异类型或优异变异株,也可先行单株选留,及时套袋自交,并单株收获、保存,供 SP_2 代种成株行,作进一步观察、选择。有意识地利用 SP_1 代的损伤表现与 SP_2 代变异之间的关系,对 SP_1 代加以归类预选,有助于提高 SP_2 代突变株的选择机会。

对其他植株,SP_1 代的收获方法必须根据作物类型、选种目标、SP_2 群体规模、种植方法与选择方法加以确定。对自花授粉作物,最常用的方位有以下 3 种。

1)穗收法,通常每株只收主穗,SP_2 种成穗行。这种穗收法主要适用于选择以数量性状为主的突变体,如高产、优质等,也适用于稍早熟、稍矮秆等较难识别的突变体的选择,采用此法为统计突变体的分离频率提供方便。

2)混收法,经去伪后,对 SP_1 代群体实行混收混脱,全部或部分种成 SP_2 代。此法较适合原始材料纯度较高,SP_1 代分蘖受到控制,以及 SP_1 代隔离种植的材料,也适用于突变频率较低的抗病、抗逆突变体的选择,以及易于识别的特早熟、特矮秆等突变体的选择。

3)一穗一粒或少粒混收法,SP_1 代经除伪去劣后,从每一株主穗(主枝)或低位一次分蘖穗上,或者从每一 SP_1 代植株上随机采收 1 粒或少数几粒种子,收后混合,种植成 SP_2 群体。同混收法一样,这种方法只适用于亲本纯度很高和 SP_1 代植株分蘖受到控制的材料,以及突变性状很易识别的材料,此法要求育种工作者须有丰富的选种经验,善于从相当大的 SP_2 代群体中识别出各种较难辨别的突变体。

由于搭载条件对种子的诱变难以在 SP_1 代完全显现,为使有益变异材料不致漏失,建议尽可能多收 SP_1 种子,供分批种植、观察、选择用。

2. SP_2 选择世代(第二代)

(1)种植。

SP_1 的收获方法决定 SP_2 的种植方法,SP_2 代种植规模应大于 SP_1 代。对 SP_1 已发现的变异,SP_2 应种成株系,观察记录其变异的表现及分离情况,供进一步选择。

SP_1 代实行单穗(株)收获的,SP_2 代采用穗系法或穗行法种植,即按预定的穗(株)系数及每一穗(株)的种植株数,将 SP_1 代各个单穗(株)种植成 SP_2 代穗(株)系或穗(株)行。注意采用单株种植。为了便于田间的鉴别和比较,应每隔若干穗(株)系设置一个对照区。

SP_1 代采用混收、一粒或少粒或者分类型混收的,SP_2 代应实行混播或分类型混种。每隔一定距离插播对照材料,以利日后开展单株的鉴别与选择。

(2)观察。

大多数以种子繁殖作物的 SP_2 代会出现多种多样的变异,所以对本代植株,应进行认真细致的观察、记录。观察、记录项目可参照 SP_1 的要求,应根据选种目标及创造新种质资源的要求确定观察、选择重点。

(3)选择与收获。

SP_2 代突变体的选择，一般以田间选择为主。选择方法在本质上与常规育种无甚差异，所不同的是空间诱变育种须从比 F_2 规模大得多的 SP_2 群体中选出为数不多的突变体。在对 SP_2 代材料进行选择时，应尽量排除那些因 SP_1 代损伤出现不良后遗效应的 SP_2 代植株，外界条件所导致的性状反常的 SP_2 代植株，以及严重畸变与高度不育的 SP_2 代植株。

入选的 SP_2 代突变体作为收获重点可单株全收，并应对其农艺性状作全面的调查。对于其他正常的 SP_2 植株，也宜随机混收或穗收一部分，到 SP_3 继续种植观察。

3. SP_3 及以后世代

(1)SP_2 选出的单株，一般应种成株系或穗系，单本单株种植。视作物不同，每一株(穗)系种植 20～50 株，用以调查突变性状的稳定程度，或供作继续选择之用。选择时与原品种等对照材料进行比较，确定为突变株系后，先选优异突变株系，然后在入选株系中选择优异单株若干株。其中从高度稳定的优异突变株系中选出的单株，分株混收后转入 SP_4 代的产量预备试验和特性(抗性、品质等)鉴定试验。根据试验结果，从 SP_4 代的参试株系中再选出最佳株系，并在最佳株系中选出优株进行繁种。对于突变性状尚欠稳定的突变株系，选株后在 SP_4 代甚至 SP_5 代仍按株系进行种植，继续选优汰劣，直至稳定，再行决选。

(2)在一般情况下，纯系种子诱变后代通过 SP_3 代的选择，多数 SP_4 代株系已稳定，故 SP_4 代除了开展产量预备试验外，应同时进行种子繁殖工作，为 SP_5 参加产量试验提供种子准备。对其中表现遗传稳定性突出，有希望成为品种的品系，应设法加快种子繁殖速度，采用稀播栽培，异地加代繁殖等措施，加速扩繁。

(3)对已选出并稳定的优良株系，在 SP_4 代或其后代进行有 3 次重复的测产试验(设原品种为对照)，并对其主要农艺性状及各增产因子进行观察分析，为以后多点区域试验提供依据。SP_5 要进行区域试验，大田示范，对其性状和应用潜力全面观察，为中试和品种鉴定做好准备。

第四节　空间技术育种的安全性问题

一、辐射诱变育种的安全性

从生物进化角度看，突变在自然界是很普遍的现象，是生物进化的根本源泉。众所周知，在自然环境中，植物种子实际上也在发生变异，只是这个变异过程极其缓慢，变异频率很低，我们称其为自然变异。早期的植物系统育种方法大都是对这种自然变异的选择和利用，实践证明是安全可行的。诱发突变是人们有意识地应用一些物理、化学等因素，加速生物体的这一变异过程，我们称之为人工诱变，其发生的变异性同生物进化过程中的自发突变所发生的变异性没有本质上的差别。

从辐射剂量角度看，早在 1980 年 12 月 4 日，由联合国粮农组织(FAO)、国际原子能机构(IAEA)、世界卫生组织(WHO)三个机构组成的辐照食品卫生安全联合专家委员会在奥地利维也纳发表《新闻公报》正式宣告：在 10 kGy(100 万拉特)剂量以下辐照处理的食品，不会引起毒理学的危害，不需要再做毒理试验。我国卫生部 1996 年批准的食品辐照的安全剂量是 10 kGy 及 10 Mev 以下。这就是说人们食用在此安全剂量以下辐照的食品是安全无害的。诱发突变采用的剂量大部分都在 0.3～0.4 kGy 以下，更高剂量辐照对种子会产生致死效应。应用只有食品辐照安全剂量的几十分之一辐照剂量应该是安全的。

从辐射遗传学角度看，人工诱变产生的基因突变只是一个基因产生与其不同的等位基因，如高秆突变成矮秆。产生的染色体突变，不论是染色体组突变，还是染色体结构的重排，在本质上与杂交育种中的遗传分离和重组是一样的。

从基因安全性管理的角度看，由于诱发突变育成品种是安全的，在国际和国内已公布的有关《基因工程安全管理办法》中，也明确地把诱变技术排除在安全管理范围以外。

在已经清楚诱发突变育成的品种不存在放射性和产生有害物质的情况下，人们食用这些品种的营养体或种子，也就不可能发生遗传性的影响和危害。这正如人们食用不同物种或同一物种的不同基因型来源的食品一样，决不会造成危害。

二、空间技术育种的安全性

空间技术育种是人们有意识地利用空间环境条件(微重力、强辐射及弱地磁、高真空等)加速生物体的自身变异过程。这种变异在本质上与自然变异是没有区别的。空间技术育成的品种的基因，还是地面原来种子本身基因变异的产物，并没有导入其他已知对人类有害的新基因。即使空间飞行回来的当代种子(非直接食用)，笔者曾对其进行过连续 72h 的严格检测，也没有发现增加任何放射性。因此，食用太空种子生产的粮食、蔬菜等不会存在不良反应，空间技术育成的植物新品种不存在基因安全性问题。

第五节 空间技术育种的问题与展望

一、进一步规范空间技术育种试验研究程序

近些年来，空间技术育种的成效受到越来越多的研究者、经营者和生产者的关注，但一些研究报告或者新闻报道违背科学研究的基本规律，如把一些并未经过空间搭载，或是虽有过空间搭载但根本没有突变选择培育过程，只是经过简单扩繁的品种直接贴上“太空品种”的标签。切实规范试验研究程序是确保空间技术育种科学发展的关键。空间技术育种虽是一项探索性很强的育种新技术，但其地面育种程序与传统的辐射诱变育种程序是一致的。

为了保证空间环境诱变育种选择的准确性及试验的科学性，农业部已于 2006 年 10 月委托中国农科院作物科学研究所航天育种研究中心编写出《植物航天育种试验研究程序(推荐)》，要求在种植搭载种子及其后代的同时，必须种植相应的地面对照种子，并进行同样的观察、记录，作为突变株(系)鉴别的依据。空间搭载第一代(通常用 SP_1 表示)一般不做选择，第二代(SP_2)是突变显现和突变选择的关键世代，第三代(SP_3)为突变体的稳定性鉴定和优良突变株系的鉴评。第三代以后，可以根据育种目标，对优良稳定品系进行产量比较试验和抗性鉴定等，进入品种区域试验和审定程序。

空间技术育种试验工作应该从后代群体中筛选明显变异的个体入手，而非着眼于不同世代群体性状的平均值变化。试验数据分析中也应着重在突变个体(株系)的发现，而不是寻找群体平均数的变异，要特别重视诱变第二代至第三代的突变选择工作。对于筛选获得的重要突变体，还可以进一步通过与原始品种的杂交等途径，分析研究该突变性状的遗传基础。

二、加强作物空间诱变的分子基础研究

目前我国作物空间技术育种的研究应用总体上还处在初级发展阶段，在作物空间环境响应或诱变机理、提高突变预见性和选择效率等基础研究方面明显滞后于应用研究。为了适应空间技术发展的需要，必须加强理论方法学及其分子基础研究。结合空间环境探测与地面模拟试验，进一步探讨空间环境因素影响植物生长发育的规律，获得不同空间环境因子、植物种类及遗传背景因素对生物体遗传稳定性和变异的影响，明确空间环境的主要诱因及其作用机制，解析空间辐射环境诱变的分子机理及与微重力等其他空间因素的协同关系。结合现代生物技术和基因测序技术，阐明空间搭载诱变对植物DNA序列的效应，建立空间诱变生物学效应的模式分析系统，为作物空间诱变育种应用奠定理论基础。希望国家在“863”“973”计划和自然科学基金等项目中进一步加强空间诱变机理研究，促进空间诱变基础研究水平的不断提高。

三、空间育种关键技术有待突破与实用化

我国作物空间育种育出了一批新品种，但在空间诱变育种关键技术体系的集成创新与应用方面还远远不够，如需在空间环境高效诱变技术、地面模拟空间环境因素诱变技术、高通量突变体筛选技术以及重要突变体的分子鉴定等关键技术的研究有所突破。空间诱变与细胞工程、分子育种等现代生物技术尚未有机衔接，产量与品质、抗逆性协调改良的高效诱变育种技术还未建立。我国作物空间育种技术在不同作物之间发展也还不平衡，在水稻、小麦、棉花、番茄、青椒等作物上已获得初步成效，但在玉米、大豆、油菜等作物上尚待扩大研究应用。建议在国家支撑计划等项目的支持下，进一步建立和完善作物空间诱变育种方法和高效育种关键技术体系。

四、加强空间技术育种的国际合作

近年来，我国在空间育种研究领域逐渐开始与国际原子能机构(IAEA)、亚洲核科技论坛(FNCA)、韩国、澳大利亚、美国和英国等国际组织与国家的合作与交流，不仅促进了空间育种技术向世界的传播，而且在合作交往中也吸收了国外的先进技术。不断加强空间育种国际合作与国际开发，充分利用国际空间平台资源开展空间技术育种研究，对于提升我国参与国际空间资源开发利用竞争力，开拓发展空间育种产业，支撑我国农业生产及农业科技的持续发展均具有重要的意义。

参考文献

[1] 刘录祥，郑企成. 空间诱变与作物改良[M]. 北京：原子能出版社，1997.

[2] 杨垂绪，梅曼彤. 太空放射生物学[M]. 广州：中山大学出版社，1995.

[3] 刘录祥，王晶，赵林姝，等. 作物空间诱变效应及其地面模拟研究进展[J]. 核农学报，2004，18(4)：247-251.

[4] 刘录祥，赵林姝，郭会君，等. 我国作物航天育种20年的基本成就与展望[J]. 核农学报，2007，21(6)：589-592.

[5] 刘录祥，王晶，赵林姝，等. 零磁空间诱变小麦的生物效应研究[J]. 核农学报，2002，16(1)：2-7.

[6] 刘录祥，韩微波，郭会君，等. 高能混合粒子场诱变小麦的细胞学效应研究[J]. 核农学报，2005，19

(5):327 - 331.

[7]　韩蕾,孙振元,彭镇华. 太空环境诱导的草地早熟禾皱叶突变体蛋白质组学研究[J]. 核农学报,2005,19(6):417 - 420.

[8]　骆艺,王旭杰,梅曼彤,等. 空间搭载水稻种子后代基因组多态性及其与空间重离子辐射关系的探讨[J]. 生物物理学报,2006,22(2):131 - 138.

[9]　黄荣庆,蒋兴邨,李金国,等. 在生物堆实验中用塑料核径迹探测器做高游离宇宙线重核的辐射生物学研究[J]. 核技术,1991,14(7):428 - 429.

[10]　蒲志刚,张志勇,郑家奎,等. 水稻空间诱变的遗传变异及突变体的 AFLP 分子标记[J]. 核农学报,2006,20(6):486 - 489.

[11]　David Cyranoski ,Satellite will probe mutating seeds in space[J]. Nature,2001,410:857 .

[12]　Khvostova,V V,et al. A further study of the effect of space－flight conditions on chromosomes in the radicals of pea and wheat seeds[J]. Cosmic Res,1963,1 (1):153 - 157.

[13]　Gu Ruiqi, Shen Huiming. Effects of space flight on the growth and some cytological characteristics of wheat seedlings[J]. Acta Photophysiologica Sinica, 1989, 15(4):403 - 407.

[14]　Halstead,T W, Dutcher FR. Plants in space, Ann. Rev[J]. Plant Physiol,1987,38:317 - 345.

第十七章　空间受控生态生命保障系统

第一节　基　本　概　念

人类第一次进入太空后不久，有人就试图将生物应用于未来长期空间载人飞行的生命保障，苏联和美国科学家在这方面进行了大量的探索性研究。苏联于 20 世纪 60 年代初即提出建立生物再生式生命保障系统(Bioregenerative Life Support System, BLSS)，美国于 20 世纪 70 年代末由 NASA 提出受控生态生命保障系统(Controlled Ecological Life Support System, CELSS) 这一概念，其目的就是要将生物技术和物理化学技术结合起来，发展成为一种闭环再生式生命保障系统。该系统能够生产食物、循环大气和水，利用废物再生资源，从而为长期空间飞行的航天员提供生存必需品。此后，苏、美、法、德、日等国纷纷展开 CELSS 的概念研究、地基和空间飞行试验，掌握了大量的实验数据和实践经验，为进一步深入研究奠定了坚实基础。

目前，国际和国内比较流行的概念是受控生态生命保障系统(CELSS)，它是人工建成的密闭生态系统，其中包括粮食和蔬菜等高等植物、小型陆生或水生动物、螺旋藻和小球藻等微藻以及微生物等若干关键生物部件(见图 17-1)。通过高等植物和微藻的光合作用和蒸腾作用生产粮食、氧气和水等航天员全部最基本的生保物资；通过动物生产丰富食品种类和营养的动物蛋白；通过微生物的分解作用，将生物可降解废物转化为植物、动物、微藻或人可以直接利用的物品，从而实现系统内物质的闭合循环和生保物资的持续再生。

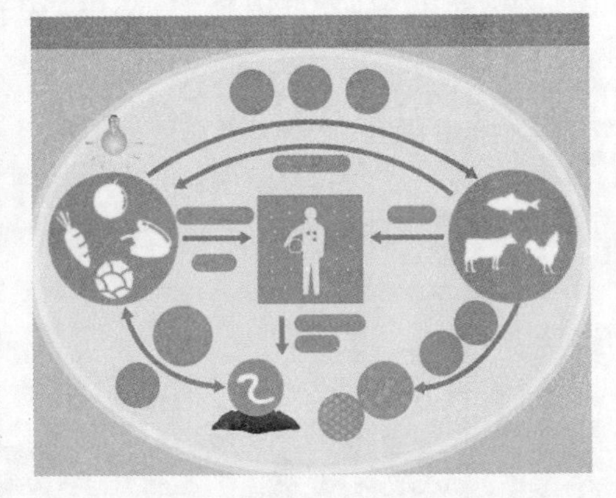

图 17-1　受控生态生保系统的物质循环示意图

第二节　科　学　意　义

从 1957 年苏联第一颗人造卫星发射，揭开人类跨越天疆开拓生存空间的序幕以来，空间科学发展大体上可以分为三个阶段：第一阶段是发展空地往返技术，这一阶段的标志是航天飞机；第二阶段是永久占领近地轨道空间，这一阶段的标志是建立空间站；第三阶段将是开发深层空间和进行有限的空间移民，这一阶段的标志是增强人在空间的自主能力，建立受控生态生命保障系统(CELSS)。然而太空环境是非常恶劣的，如在月球上偶然重复性的对尘埃的暴露，会对宇航员的健康和探索器械的正常运转造成很大的影响，因此需要一个密闭的环境对其进行保护；其次，CELSS 可以实现空气再生、水的净化、废物处理和生产食物，此外还具备环控和有害物监控等功能 。依托 CELSS，发射后的空间飞行器可以不再需要地面保障系统的支持，消耗性物质能实现完全再生，航天员可长期在站内工作和生活，这使得长期载人航天和行星探测在低成本的条件下成为可能。此外，一个充满绿色生机的生存环境，对长期处于极度孤独、寂寞甚至恐慌状态航天员的身心健康极为有利，可以大大促进其身心健康并显著提高其工作效率。因此，相对于传统的物化再生式生命保障系统，CELSS具有可自给自足、低成本、环境优良等优势。

第三节　开展此项研究的必要性、可行性和紧迫性分析

一、必要性分析

长时间、远距离和多乘员的载人空间飞行、深空探测和星球定居与开发是未来航天事业发展的趋势。例如，从地球到火星往返需要2年(730d)，如果按每人每天所需水、食品、空气和储存废物（二氧化碳，液体和固体废物）的质量是24kg，加上必要的包装质量19kg，总重是43kg，估算一次10名宇航员的火星旅游约需314t生保用品。如在月球建立一个100人的移民区，每90天就要供应387t生保用品，照目前发射费用10 000美元/kg计算，不仅费用惊人，而且运载工具也是个难题，这还不包括包装物和结构支持物等。对于外星移民定居如月球和火星基地或太阳系的载人探测飞行，一次就得用几个月甚至几年时间，其生保消费品的再补充更是难以实现。因此，有必要发展再生式的生命保障系统，来实现系统内物质的循环、再生与利用。现有的物理化学再生技术可以收集和还原CO_2、再生O_2、处理废水废物，可达到物质循环回路的部分闭合，从而大大减少O_2和H_2O的再补充和废水废物返送地面的必要性。但到目前为止，生产食物能耗巨大，且食物与航天食品的质量标准差距显著，这就迫使人们去考虑地球自然生态系统中的食物链生产者——光合植物和微生物，尤其是高等植物和藻类，可以在常温常压下生产食物，能耗相对较低，它们同时可以利用其光合呼吸蒸腾作用吸收CO_2、释放O_2、提供纯H_2O，并可直接或间接处理废水废物和微量污染物，这就使得一体多能的高等植物和藻类成为再生式生保技术中最重要的部分。同时为了加速系统中的各类物质循环，需将生物与物理/化学技术结合起来，这就形成了物质循环回路可以完全闭合的CELSS的完整概念。据一计算分析表明，与开环和部分闭环物理化学再生技术生保技术相比较，时间越长越能显示其优越性(见图17－2)。

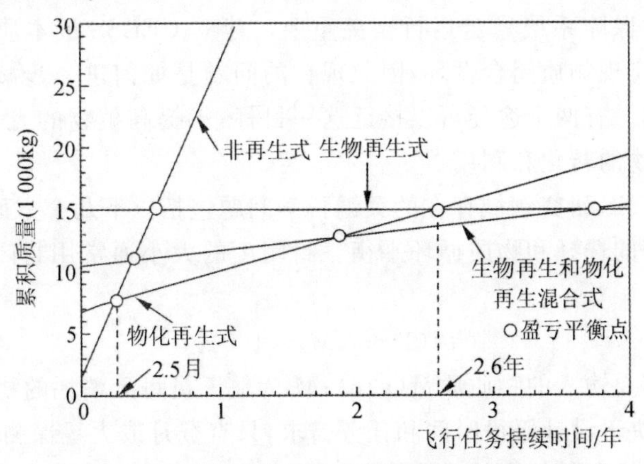

图17－2　三种载人航天生命保障系统的盈亏平衡图

二、可行性分析

建立 CELSS 除涉及实验技术外，还必须考虑客观因素如能源、体积、质量、费用和安全可靠性等。维持一个人的生存就需要数 kW 的电能，要满足长时间、多乘员的需求则必须开发利用新能源，如太阳能的直接照射，或采用纤维光导技术、太阳能的间接利用(太阳能电池)、燃料电池、原子能反应堆等，这在目前都不难做到；通过高效集约化栽培技术充分利用空间，占有体积不会很大(每人约需 25 m^2 的种植面积)，这样发射质量和费用完全可以承受。能源问题一解决，维持费用就不会很多，累积质量基本趋于平稳。目前，物理/化学技术已经成熟并在“和平 2 号”空间站上开始应用，而空间高等植物栽培技术也有突破性进展，进一步完善栽培管理技术，则可大大提高安全可靠性指数。因此，在空间站、月球及火星基地建立 CELSS 不仅是必要的，而且是可能的。

三、紧迫性分析

当今国际上美、俄、欧、日、加等航天大国对 CELSS 表现出极大兴趣，尤其在美国有数 10 家相关的研究中心、科研院所、高校和公司等单位合作或单独开展此项工作，对其前景信心十足，而俄罗斯在经济持续困难的情况下也未曾间断过这一研究。他们普遍认为 CELSS 不仅是解决长期空间载人飞行、月球定居、火星载人探险、太阳系探测中环控生保最有效的途径，同时必将推动空间生物学和地面实验生态学的稳步发展，可望在农业生产和地球环保方面产生巨大效益。

然而，建立 CELSS 是一项复杂的系统工程，目前仍然存在大量的重大基础科学问题和关键技术需要面对和解决，并且决非短期内可以完成。因此现在就必须立即开展相关研究，大力突破相关重大科学问题和关键技术，这样在若干年后有望建立一个可应用于空间的 CELSS，否则，CELSS 的建立必将成为未来载人航天技术和人类地外星球定居与开发的重大瓶颈和制约因素，后果不堪设想。

第四节　该领域包含的关键科学问题分析

在系统设计时，CELSS 及其各级子系统都应遵循物质平衡的基本原则，尤其是气体平衡和水平衡，因为它们对保障系统稳定运行至关重要。建立 CELSS 最本质的问题是宇航员能实现自给自足和系统实现物质闭合循环，因此现在的问题是如何进一步减少人均所需的光合面积，以降低建设成本。有两个途径可以接近这一目标：①提高植物的光合生产率；②提高人和植物的代谢物即废物的转化和利用。

综合分析，在 CELSS 研究领域存在的关键科学问题包括以下几个方面。

(1)系统的封闭度的选择和物质循环平衡。封闭度的大小通常用封闭系数 C(Coefficient of Closure)来表征：

$$C=(1-m/M)\times 100\% \tag{17-1}$$

其中，m 为系统每天需要输入的物质质量(g/d)；M 为航天员每天消耗的物质总量(g/d)。

封闭度的大小取决于设计服役时间和任务需求，只有登月或火星探测等长时间、远距离的空间任务，才有必要选择高封闭度的系统构型。但无论选择何种构型，在系统设计时都必须遵循一条基本原则——物质平衡，只有这样才能保证系统长期稳定运行。

(2)气体尤其是 O_2 和 CO_2 的平衡及废气的净化技术：生物光合作用和呼吸作用所引起的气体当量变化，而其中 O_2 和 CO_2 的平衡最关键，其受很多因素的影响，如绿色植物的光合作用，异养生物的呼吸作用，尤其微生物的，因为人们往往很容易忽略这个环节。

(3)水代谢和水平衡：水是生命之源。因为在 CELSS 中比较特殊的环境条件水的循环途径也很特殊，如系统环境模拟低压时，植物的蒸腾速率很快，会使植物受到类似干旱的胁迫；还有冷凝水的回收利用问题，等等。

这些问题会因为系统的特殊环境或植物种植模式选择的不同而出现不同的情况，需要做很多基础研究，然后对症下药解决问题。其根本原则是通过不断在地面模拟太空环境，摸索植物在地面与太空环境下生长生理状况的差异，并以此为基础发展适合太空环境的植物种植模式与技术。

第五节　国内外研究现状与发展趋势

目前世界上用于空间永久基地如月球基地或火星基地的 CELSS 研究，主要集中在俄罗斯、美国、欧洲和日本的一些重要研究中心。其中，就地基 CELSS 研究而言已发展了：俄罗斯(苏联)的 Bios-1，2，3，美国的 BioHome，Biosphere-2、肯尼迪空间中心的 BPC 和约翰逊空间中心的 BioPlex，日本的 CEEF，欧空局的 CES 和 Melissa 以及德国的 CEBAS。

现在就俄罗斯和美国的一些研究现状做简单介绍。

1972 年，俄罗斯建造的空间基地生命保障的地基综合模拟系统 Bios-3，在此四环节系统的实验中，水和气体都实现了完全循环，同时部分食物实现了系统内再生，并发展了藻类反应器和 SLS(Soil-Like Substrate)处理秸秆等技术来提高系统的闭合度。假如把尿液浓缩，整个系统的闭合度有望达到 93.0%。

目前，美国约翰逊航天中心正在实施先进生命保障系统计划(Advanced Life Support project，ALS)，现已开始建立先进生命保障系统载人试验装置，NASA 可望首次进行全尺寸、整合式的生物和物理化学再生式生命保障系统的长期操作，实现物质高效生产。南极研究计划为发展先进的月球和火星基地的生命保障系统提供了一个独特的可评估的地面试验基地。20 世纪 90 年代初，美国航宇局和国家科学基金会签订了一项南极空间模拟计划(Antarctic Space Analysis Progrann，ASAP)的协议，而受控生态生命保障系统南极模拟计划(CELSS Antarctic Analysis Program，CAAP)是其中一项重要内容，目的是要在其安德逊-司考特南极站发展和操作 CELSS 技术，以便进行技术的操作性试验并从事科学研究。

一、模拟太空条件下高等植物栽培技术

地球生物是在重力场 $1g$ 及地球大气层的辐射保护之下，经过 30 多亿年的进化演替发展而来的，一旦进入空间，它们的生存环境将彻底改变。高真空、微重力、强辐射以及其他空间环境因素将使得生物体基本无法生存，因此高等植物的栽培首先需要一个密闭系统和一定适宜的生长条件，如一定的 O_2 分压，CO_2 分压，温湿度，光照和营养物质供应等，然后进行植物的筛选和栽培技术探索的试验。

(1)筛选原则与标准。

①可以在密闭生态系统中发挥食物生产、大气再生与净化、水分再生与净化和废物处理与再生等一种或几种作用;②体积小;③培养技术相对简单,对环境条件没有特殊要求;④易于繁殖和移植,遗传性状稳定;⑤生长快,周期短,产量高,可食部分比值高;⑥抗病和抗逆性强(如抗虫害、病害、旱、涝、盐碱等);⑦易于收获、加工和储藏;⑧无毒害作用;⑨作为食物,须符合人们的饮食文化习惯,并能满足食谱的多样化。

目前,我国已经通过大量实验研究,为受控生态生保系统筛选出关键生物物种 15 个,其中高等植物(蔬菜类)4 个,微生物 5 个,微藻 5 个,低等植物 1 个。

(2)栽培技术的选择。

目前,国内外比较认可的高等植物栽培技术包括水培和 SLS 技术。不同的栽培技术,如压强大小(包括 O_2 分压、CO_2 分压)、温湿度、光照强度和周期、基质和营养的选择都会对植物的生长发育、代谢活动、繁殖和细胞结构产生一定影响,要综合考虑实验设计包括对闭合度的要求,选择合适的栽培方式。而每一种栽培模式又有自己独特的地方,因此我们应在总结前人的研究和试验摸索的基础上,建立不同栽培方法的标准和技术手册。

二、密闭系统中微藻光生物反应器(LABR)技术

作为原初生产者,藻类特别是微型藻类由于其诸多适应于空间研究与应用的特性而在空间生物学研究中具有十分重要的作用,如高生长率、生长过程易控制、分解人产生的废物、有效调节气体含量(吸收 CO_2 释放 O_2)和提供食物等。国际上,目前微藻规模化人工培养主要有开放池和封闭光生物反应器两类方式:开放式培养(如循环跑道池)相对简单、投资低,但该方式培养条件变化较大,微藻产率低,并存在严重的生物污染;光生物反应器虽然投资费用相对较大,由于可以调控多项培养参数,更易于控制生物污染,培养微藻的产率更高。

近年来,闭合式 LABR 成为 CELSS 中大规模培养微生物最主要的手段。与开放式光生物反应器相比,封闭式光生物反应器具有以下优点:①无污染,能实现单种、纯种培养;②培养条件易于控制;③培养密度高,易收获;④适合于所有微藻的光自养培养,尤其适合于微藻代谢产物的生产;⑤有较高的光照面积与培养体积之比,光能和 CO_2 利用率较高等突出优点。一般封闭式光生物反应器有管道式、平板式、柱状气升式、搅拌式发酵罐、浮式薄膜袋等。在反应器设计方面将会不断探索各种微藻最佳的培养条件和最低的成本消耗。关键因素之一是选择合适的光照方式,提高光能利用率。另一个关键因素是选用合适的循环装置。光生物反应器比一般的反应器要求严格,需对微藻的生长状态、体外代谢产物、酸碱度、温度、溶氧等做出在线检测,才能更好地调节优化微藻的培养条件。

第六节　废物高效循环利用

提高 CELSS 的闭合度,最关键的问题是如何做好废物的高效利用。废物可大概分为四大类:不可降解和可降解固体废弃物、废液和废气。不可降解固体废弃物的处理一般采用直接回收的方法,以下主要就后三类的研究进展做简单介绍。

一、生物可降解固体废物降解处理与循环利用

在 CELSS 中可降解的固体废弃物主要包括植物不可食用部分和粪便等,处理方法包括化学方法(浓硫酸处理等)、微生物降解方法、燃烧处理和类土壤基质处理法等。综合比较上面四种方法,类土壤基质处理法应是最佳方法,与系统最为兼容。其优势在于,所有与植物有关的固体都可以在系统内循环。其具体方法:先借助蘑菇等真菌处理,然后再饲养蚯蚓,残余的部分作为土壤基质使用,另外还获得了食物——蘑菇。

另外,郭双生等研究了空间废物微生物处理方法和研制了地面试验样机,为今后空间环境条件下植物不可食部分等废物转化为植物营养液,实现空间物质的循环利用奠定了基础。

生物可降解固体废弃物的循环利用应遵循周期适宜、尽量提高闭合度、生态且与系统兼容的原则,选择合适的方法或选择几种方法综合处理才会达到最好的效果。其原理图见图17-3。

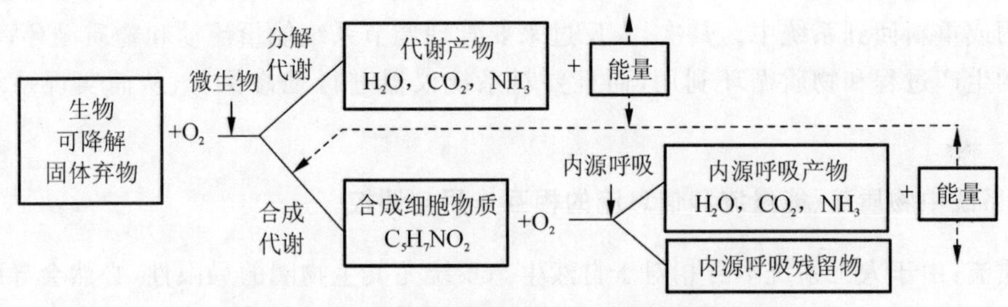

图 17-3　生物可降解固体、废弃物的循环利用

二、废液降解处理与循环利用

废液包括尿液、冷凝水、洗涤水和废营养液等。废液可经过电渗吸收、真空蒸馏和压缩、多层过滤等物化方法处理后循环利用,也可以利用微生物处理变成植物或人可利用的物质(此法能大大提高闭合度,但周期较长),具体过程见图 17-4。

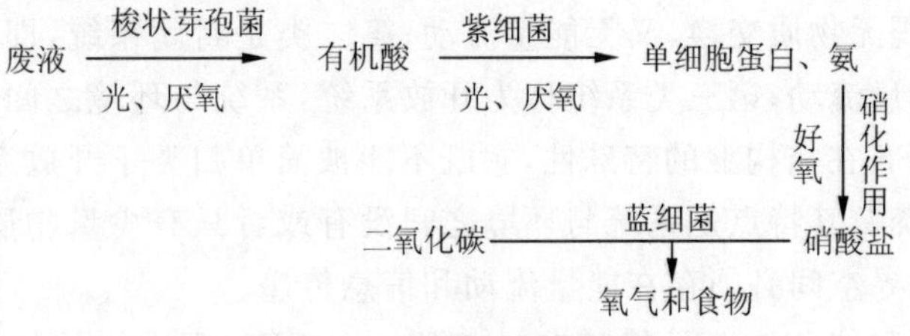

图 17-4　废液的循环利用

人体排出的尿液含有 NaCl,NaCl 的部分或完全回收利用可借助于某些蔬菜类或多叶类植物,如油麦菜、生菜、菠菜等,它们可以在可食的生物量部分累积 NaCl,然后再以食物的形式回到人体中。此外,还有研究表明某些微藻(Spirulina Platensis)或蕨类(Azolla)可以用来净化尿液。对于废水的循环我们要综合考虑物化和生物的方法,把它们有效地结合起来,以达到高效、可持续的目的。

三、废气净化处理

舱内空气连续通过催化燃烧炉(主要氧化 CO,H_2 和 CH_4)和活性炭或纤维玻璃过滤装置去除其他气体和悬浮颗粒物质,以去除微量污染物。欧空局和我国研制出了生物空气过滤器

膜反应器，利用一定种类的微生物通过氧化将气体污染物完全转化为 H_2O，CO_2 和盐等惰性化学物。

第七节　人与系统集成技术

一、人与系统之间的兼容匹配关系

人与系统环境之间是相互作用的，人既要适应环境，又会反过来影响环境。只有人与系统兼容匹配，才能实现系统的长期高效平稳运行。

首先，闭合度较高的密闭 CELSS 生产和供给人基本的生活物资，如食物、水、氧气等，因此植物种植面积（与生物量正相关）应与人的数目匹配，种植面积太少，不能维持人的生存；太多则会产生大量的废弃物，都会导致系统的崩溃。而人产生的废弃物也需要经过相应的处理，循环利用或重新回到系统中。其次，人反过来要管理调节系统能量流动和物质循环，不仅要参与植物的生产过程和物质循环利用，而且要对系统仪器进行维修保养，从而实现系统的正常运转。

二、系统中物质流、能量流和信息流的相互作用与调控

物质流：由于人工系统本身相对于自然生态系统尤其生物圈的局限性，必然会导致物质不可能实现完全循环，就必须有物质的输入和输出。下面以碳为例介绍一下系统的物质流：CELSS 中碳的物流模型包括供源、植物生长、食品加工、人、废物处理和废物存储等。Yu. L. Gurevich 等研究表明，为了平衡有 SLS 技术环节的 BLSS 中碳的输入和输出，需要每天从系统中移除 37g 碳，而 SLB 技术可能实现把这 37 g 的碳转化成类土壤基质，从而实现碳的完全循环，如图 17-1 所示。

能量流和信息流：根据系统与环境之间的关系可以将系统分为 3 类。第一类是孤立系统，即系统与周围环境既无物质交换，又无能量流动；第二类是封闭系统，即系统与环境之间没有物质交换，但存在能量流动；第三类系统称为开放系统，系统与环境之间既有物质交换又有能量流动。由于 CELSS 在结构上的特殊性，它既不能被简单归类于开放系统，同时它又不是严格意义上的封闭系统。其特点是系统与环境之间没有或者只有少量物质交换，但是为了维持生命特征，系统与外界空间必须存在能量流动和信息传递。

物质流、能量流和信息流总是伴随在一起的。在 CELSS 中初始物质的输入如营养元素等要转化成可以利用的生保物质，往往需要能量如电能的输入；伴随着废弃物的产生，往往是能量由高品质向低品质（热能）的转化。与自然生态系统相似，CELSS 也有自己的食物链，物质、能量和信息在食物链上的传递是相互作用和影响的，物质是基础，没有物质，能量和信息就没有载体；能量和信息是推动物质循环的动力。不同物质之间可比性是相对的，因此对于系统功能的评估和调控可通过能流的调控来实现。

三、系统中生物的生长发育与遗传变异特征

高等植物在生长过程中所释放的一些微量气体（乙烯）会对其生长发育产生抑制作用，尤其是在 CELSS 这样的密闭环境中，微量气体的浓度会更高，对植物生长的影响也更明显。如

低浓度乙烯气体(0.04 mg/m^3)就会抑制植物生长,引起植物得萎黄病和变色病,叶偏向上,抑制胚轴伸长造成水平突变,等等,最终造成植物生长发育失衡。

而模拟微重力环境,会对植物向重性的影响,微重力主要通过植物根部的重力感受器——根冠和下胚轴内皮层中的淀粉体发挥作用;在微重力条件下,氢离子、钠离子、镁离子、氯离子、钙离子、三磷酸肌醇(IP_3)和赤霉素(GA)等,也出现含量变化和分布不均的情况;植物细胞染色体容易发生畸变,突变后的DNA成多态性。

四、系统长期高效平稳运行的机理与调控机制

保持系统长期高效平稳运行,可以从以下几方面考虑。

(1)系统的结构构造要稳定、完整和可持续:如植物的种植结构和时间布局,要批次培养,不能有中断,中断可能导致系统崩溃;系统的结构要完整,绿色高等植物、微藻等子系统必不可少,同时应注意微生物子系统。

(2)系统物质、能量和信息的输入输出的平衡和相互协调。

(3)人与系统之间的兼容匹配。

(4)物化和生物技术相结合,即缩短物质循环的周期,又能保证物质高效生产。

(5)生物因素:病虫害的防治,生物组成和食物链的完整性,利用生物间的正相互作用(如互利共生等),防止负相互作用(如化感作用等)。

第八节　系统数学仿真模拟技术

航天飞行是一项耗资巨大、变量参数很多、非常复杂的系统工程,保证其安全、可靠是进行航天器设计时必须考虑的重要问题。因此,利用仿真技术的经济、安全以及可重复性等特点,进行飞行任务或操作的模拟,来代替某些费时、费力、费钱的真实试验或者无法开展的真实试验,最终找到提高航天员工作效率或航天器系统可靠性等的设计方法,就成为确保航天器安全可靠的技术途径。模型应用实例如下。

胡大伟等运用系统动力学和化学计量学原理,在实验数据的基础上建立光藻反应器(LABR)系统的数学模型,对生物再生式生命保障系统(BLSS)中的绿藻培养单元的数学模型和计算机仿真模型的研究表明:LABR的数学模型和仿真模型是有效的,可用于LABR进一步的深入研究。通过对LABR模型的仿真实验研究,可以大大减少实际研究所需的时间和投入,为对BLSS中的其他子系统的类似研究提供了理论和方法上的借鉴。

光生物反应器的单个指标的检测不仅复杂而且成本高,故需要设计新型的适用于光生物反应器的检测系统。Jian Li等人提出了搅拌式光生物反应器的有效在线跟踪检测模型。通过溶氧的在线检测确立细胞的生长动力学模型。包括生长模型和光传送模型。其中,生长模型反映了光抑制、氧抑制和平均光强度等因素。光传送模型以光线模型为基础检测平均光照强度。它内部的辅助装置扩展Kalman滤波EKF(Extended Kalman Filter)可精确地跟踪检测入射光的变化率。该检测系统可同时平行检测生物量,比生长率,溶氧浓度,光合作用效率,平均光强度等多个关键因素。其最大的优点是简单、实用,大大节约了成本。

第九节 结论与展望

我国的CELSS研究正处于初始阶段,我们应该一方面积极借鉴国外的研究经验,另一方面扎扎实实、一步一个脚印地研究自己的CELSS,探讨其机理和发展技术,基础研究和工程技术整合相结合,增强自主创新能力,为我国的航天事业的发展做出自己应有的贡献。

参 考 文 献

[1] 郭双生,尚传勋.国外受控生态生命保障系统的概念研究进展[J].航天医学与医学工程,1995,8(1):75-77.

[2] 刘承宪.21世纪空间生命科学和空间生物技术发展机遇与挑战[J].空间科学学报,2000,20:37-47.

[3] Salisbury F B. Controlled environment life support system (CELSS):a prerequisite for long-term space studies. Fundamentals of Space Biology[M]. Tokyo:Japan Scientific Societies Press,1990.

[4] Schwartzkopf SH. Design of a Controlled Ecological Life Support System[J]. Bioscience, 1992, 42(7):526-535.

[5] Salisbury F B. Lunar farming: achieving maximum yield for the exploration of space[J]. Hortscience, 1991,26(7):827-833.

[6] 郭双生,艾为党.美国NASA高级生保计划实验模型项目研究进展[J].航天医学与医学工程,2001,14(2):149-153.

[7] 刘承宪.植物生理学与空间利用[J].植物生理学通信,1994,30(4):297-303.

[8] Yu Jing Yuan. System engineering and its theoretical basis [J]. Systems Engineering and Electronics, 1989,(7) :1-12.

[9] Morowitz H, Allen J P, Nelson M , et al. Closure as a scientific concept and its application to ecosystem ecology and the science of the biosphere [J]. Advances in Space Research, 2005, 36(7):1305-1311.

[10] 刘红,胡恩柱,胡大伟,等.生物再生生命保障系统设计的基本问题[J].航天医学与医学工程,2008,21(4):372-376.

[11] 胡大伟,刘红,胡恩柱,等.BLSS中光藻反应器的模型与仿真实验研究[J].航天医学与医学工程,2009,22 (1) : 1-8.

[12] 刘红,于承迎等.俄罗斯受控生态生保技术研究进展[J].航天医学与医学工程,2006,19(5):382-387.

[13] 郭双生等.受控生态生保系统中关键生物部件的筛选[J].航天医学与医学工程,1998,11(5):333-337.

[14] 刘娟妮,胡萍,等.微藻培养中光生物反应器的研究进展[J].食品科学,2006,27(12):772-777.

[15] Jian Li,et. Online estimation of stirred-tank microalga photobioreactor cultures based on dissolved oxygen measurement[J]. Biochemical Engineering Journal, 2003, 14:51-65.

[16] 郭双生.美国长期载人航天生命保障技术研究进展[J].中国航天,1996,(6):36-39.

[17] Noreen Khan-Mayberry. The lunar environment:Determining the health effects of exposure to moon dusts[J]. Acta Astronautica,2008,63:1006-1014.

[18] V I Polonskiy,I V Gribovskaya. A possible NaCl pathway in the bioregenerative human life support system[J]. Acta Astronautica,2008,63:1031-1036.

[19] Chengying Yu, et al. Bioconversion of rice straw into a soil-like substrate[J] Acta Astronautica,2008, 63:1037-1042.

[20] Floyd M. Simulation techniques[M]. New York:John wiley&Sons Inc. ,1996.

[21] 艾为党，郭双生，等. 空间微生物废物处理装置地面试验样机研制[J]. 航天医学与医学工程，2004，17(3)：196-200.

[22] Yu L Gurevich, et, al. The carbon cycle in a bioregenerative life support system with a soil-like substrate[J]. Acta Astronautica, 2008, 63: 1043-1048.

[23] Chenliang Yang, et al. Treating urine by Spirulina Platensis[J]. Acta Astronautica, 2008, 63: 1049-1054.

[24] Xiaofeng Liu, et, al. Research on some functions of Azolla in CELSS[J]. Acta Astronautica, 2008, 63: 1061-1066.

[25] Kiss J Z, Wright J B, Caspar T, Gravitropism in roots of intermediate-starch mutants of Arabidopsis [J]. Physiol Plant, 1996, 97 (2): 237-244.

[26] Fukaki H, Wysock-Diller J, Kato T et al. Genetic evidence that the endodermis is essential for shoot gravitropis is in Arabidopsis thaluana[J]. Plant J, 1998, 14(4): 425-430.

[27] Fuj ihira H, Kurata T, Watahikim, et al. An agravitropic mutant of Arabidopsis, endodermal-amyloplast less 1, that lack amyloplasts in hypocotyls endodermal cell layer[J]. Plant Cell Physiol, 2000, 41 (11): 1193-1199.

[28] 柴大敏，等. 空间环境对植物影响的研究进展[J]. 科技导报，2007，25(1)：38-42.

[29] Tang Yongkang, GUO Shuangsheng, Ai Weidang. Progress of biological air filter development for use in manned space craft cabin [J]. Space Medicine & Medical Engineering, 2005, 18 (3): 230-234.

[30] Ai Weidang, GUO Shuangsheng, LIU Xiangyang, et al. C_2H_4 reducing facility for controlled ecological life support system[J]. Space Medicine & Medical Engineering, 2005, 18(3): 186-190.

第十八章 空间制药技术

近半个世纪以来，人类的航天事业取得了长足进步。我国空间站预期于2020年左右进入运行阶段，这将开辟我国综合开发和利用空间资源、发展新的空间技术，并将这些技术服务于地面人类。药物与人类的健康生活和疾病防治密切相关，空间飞行提供的平台毋庸置疑给制药技术带来变革的机遇。空间制药技术包含两个方面的内容，一是利用空间特殊环境资源制备药物，二是为了满足人类空间特殊环境下的健康需求采取的药物防护技术。

第一节 空间制药技术的特点

空间制药技术正是基于空间环境与地面环境的显著区别而提出的，其可利用的主要参数是微重力、真空、温度(低温)。

微重力带来的有利之处在于分层现象的消失，如在制备药物乳剂时，在放置过程中出现分散相粒子上浮或下沉，因此可以获取粒径、成分、浓度分布均一的药物制品，有利于药物成品的稳定性和药品计量的准确性。

高真空或超高真空为药物的生产提供一种超洁净条件。地面药物生产，需要超洁净的场所，而空间的天然洁净环境，且可以长时间保持洁净，非常有利于药物生产以及高洁净的实验。

制造和保持低温在地面上需要消耗巨大的费用，而空间环境中保持低温则相对容易。空间温度一般在－200℃左右，低温对于药物生产有利。

通常，空间的这些物理参数对于制药技术的影响不是独立的，而是几个参数共同作用的结果。

第二节 空间制药技术概述

1. 空间环境药物提纯

药物是一种具有特殊结构的分子，杂质也是分子，而且与药物分子很相似。药物提纯就是将药物分子和杂质分离。药物提纯有多种方法，如过滤、离心、萃取、吸附与离子交换、膜分离、电泳等。电泳技术是使用最广泛和效果最明显的方法，也是可以利用空间环境进行药物提纯的主要方法。

在空间航天器中，由于液体受到的重力作为向心力，所以密度不同的液体相互之间没有作用力，对流现象就不再出现，能够不受干扰地将不同种类的分子分离。在航天飞机上进行的实验表明，空间制造的药物比地球上制造同一种药物的纯度高5倍，其提纯速度提高400～800倍。这意味着空间环境下月产量相当地球上30年的产量，这可以大幅度降低药物价格。此外，利用空间电泳技术能提高氨基酸、多肽、核酸、蛋白质及各种细胞的分离效率和纯度，可以更好地满足人类需求。

尿激酶(Urokinase)有防止血管中形成血栓的能力,可治疗由血栓引起的肺栓塞、脑血栓和心力衰竭等病症。在地面分离肾细胞中的尿激酶不仅十分困难,而且费用很高。目前,分离出供治疗中一次用量($4\times10^4\sim6\times10^4$ U, 40~60 mg)的尿激酶耗费的代价约为1 000美元。在航天飞机上进行的实验表明,电泳法可以将产尿激酶的细胞与其他细胞分开来,从而提高尿激酶的产量。在空间或地面培养高产细胞,可使尿激酶的价格下降到十几分之一。仅此一项每年可节约数亿美元,亦可拯救许多因药价昂贵而买不起药的病人的生命。

目前空间电泳的理论研究,在于探讨热对流、各种动力学变形、微重力对电泳的影响,大概应用可以分为:①生产地面上纯度和数量达不到要求的产品,提高其纯度和产量,如表皮生长因子、红细胞生成素和干扰素等,在空间站上单月生产的某种产品的产量能相当于地面同样设备20年的产量;②分离并获得地面电泳或其他技术无法分离的细胞,如人的肾细胞、癌细胞、脑垂体细胞等。

2.空间环境药物筛选

药物筛选广义是针对特定的要求和目的,通过适当的方法和技术,在一定的可选择范围内,进行药物优选的过程。通过筛选微生物以及次级代谢产物,发现新的、非抗生素类的小分子药物或候补产品,正在成为一项富有成效的工作,可发现许多具有潜在治疗应用的新颖结构和机理,是新药发现的另一个有效途径。

空间环境由于与地面环境的巨大区别,在微生物以及次级代谢产物的筛选中具有显著优势。失重和强辐射可以引起菌种的突变,失重超净等条件也为微生物次级代谢产物的分离提供了有利条件。空间细胞融合技术相对于地面细胞融合技术的高成功率,必将使单克隆抗体技术等细胞工程技术在制药技术,如疫苗的生产和研发,应用更加广泛。

3.空间发酵技术

空间发酵技术就是使微生物在空间环境发酵的一种技术,与地面发酵过程基本相似,即采用现代工程技术手段,利用微生物的某些特定功能,在空间环境下为人类生产有用的产品,空间发酵技术是生产空间生物药物的直接手段。

空间发酵技术包括菌种的选育、培养基的配制、灭菌、扩大培养和接种、空间发酵过程和产品的分离提纯等方面。而空间环境因素,如辐射、温度等都会对空间发酵产生影响。空间发酵技术在药物方面的应用,主要体现在利用微生物发酵技术来产生新的代谢产物,具体内容请参见本书的相关章节。

4.蛋白质药物的空间制备技术

蛋白质药物在人类对抗癌症和疑难疾病方面,具有其他小分子药物不具有的优势,其生产和制备受到人们的极大关注。目前,美国已批准近150个蛋白质药物上市,使3.25亿患者受益,蛋白质药物的产值和销售额已超过200亿美元。目前还有近400种蛋白质药物处于临床研究阶段,约3 000种处于临床前研究阶段。预计到2025年,美国生物技术市场总额将达到2万亿美元。

目前蛋白质大分子药物存在的主要问题是,由于缺乏有效的蛋白质晶体,使得人们对蛋白质大分子的空间三级、四级结构认识不足,不能有效地分析蛋白质药物的药效、作用机理。蛋白质结晶中存在的主要困难体现在,蛋白质是有机物大分子,其密度很小,结晶过程受溶液对流影响很大。而在空间蛋白质大分子药物的结晶则无此影响,可以进一步促进人们认识蛋白质药物的作用机理。

NASA大分子结晶中心正在利用空间微重力生产用于药物设计的蛋白质晶体，计划把数百种蛋白质晶体化，使每种蛋白质都产生一种产品。该中心利用空间微重力生成蛋白晶体的成功，吸引了施贵宝、杜邦、默克、礼莱、强生、先灵-葆雅、普强等重要制药商的加盟。

空间制药是利用空间微重力、高洁净条件来精制纯化有重要经济价值的药物，如蛋白质药物，是建立在空间站上的一个智能化的药物加工系统，其制备过程涉及上述提到的药物提纯与筛选、发酵技术、蛋白质结晶制备技术等，主要用于新型特效药物的生产（见图18-1）。

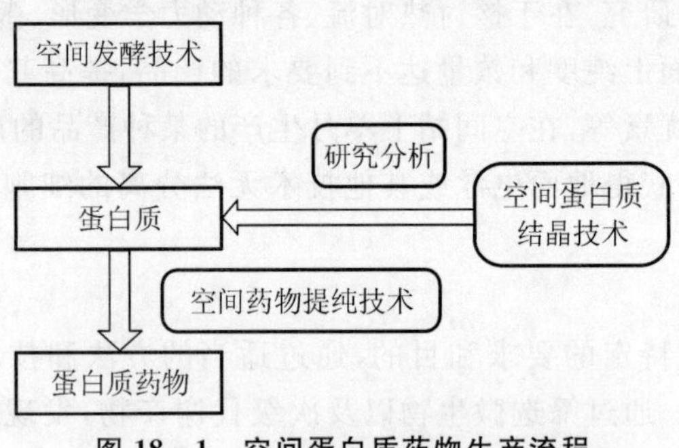

图18-1　空间蛋白质药物生产流程

第三节　空间药物防护技术

在航天飞行过程中，航天员要面对许多与地面不同的环境因素，从安全和航天员的健康角度而言，最重要的就是空间的失重环境和脱离地磁屏蔽的辐射环境。NASA应用风险管理决策理论，对长期空间飞行中的风险因素进行了识别和分类，认为安全分离问题涉及以下三方面。

1）辐射生物学效应：长期飞行中人类所能承受的辐射积累的最大极限以及辐射对生理、病理及遗传的影响程度。

2）失重生理效应：长期飞行中和返回后骨质流失持续恶化的最大程度及由其诱发的其他病理问题的严重程度，长期飞行中心血管功能的适应性和可能出现的最大严重程度。

3）疾病风险：长期飞行中由于高应激、微生物变异、免疫功能下降导致感染疾病的风险，免疫功能的改变与控制感染能力，是否会成为长期空间飞行中一个不可接受的医学风险。

鉴于以上的问题，我们必须对航天员在空间的飞行过程进行有效的健康防护。目前，航天飞行中对抗骨质流失的方法主要有运动疗法、补充维生素和飞行前适应性训练，有资料表明，这些物理防护措施，对于短期的飞行有效，但不能有效地防止长时间空间失重引起的骨质流失。目前的辐射防护措施主要是依靠航天器的物理屏蔽作用，这些物理屏蔽在一定程度上可以减少辐射对人体的损伤，但当航天员出舱工作时物理屏蔽作用大大减弱，接受的辐射剂量将大大增加，一旦遭遇特大太阳粒子事件，将有可能威胁到航天员的生命安全。

可见，单纯的物理防护不能有效地保护航天员的生命健康，所以必须发展有效的药物防护。国外对中枢兴奋药、镇静催眠药、抗运动病药、心血管系统药物等都有相关的研究。我国在此方面也有一定的研究，已着手进行抗运动病药物的研究，并有一些可喜的研究成果。中药是我国的特色和优势，多种复方中药具有提高机体对抗失重、辐射、缺氧等因素的能力，具有较好的发展前景（见表18-1）。

表 18-1　航天员空间常用药物

药　效	药物名称
抗酸药	氢氧化铝(胃舒平)
安眠药	氟胺安定、羟基安定
抗生素	丁胺术那毒素、羟氨苄青霉素、增效联磺、头孢羟氨苄、红霉素
通便	双醋苯啶
解充血	羟间唑啉(阿福林)、伪麻黄素
止泻	止泻宁
心脏药物	阿拖品、肾上腺素、利多卡因、维拉帕米
痔	氧化锌鉍(软膏)
运动病	异丙嗪(口服、经皮或肌肉注射)、东莨菪碱、右旋苯丙胺
肌肉松弛药	安定(口服或肌肉注射)
止痛剂	阿司匹林、司卡因、布洛芬、吗啡、扑热息痛
兴奋剂	右旋苯丙胺
其他	氟哌啶醇、纳洛酮(吗啡拮抗剂)、甲基炔偌酮、炔雌醇、苯海拉明

1. 空间环境对给药方式的影响

空间环境下，由于情况的特殊性，对药物及给药方式有一定的要求。具体来讲，口服给药是最理想的一种选择，考虑到肝脏的效应及食物的影响，将药物制备成缓控释靶向口服药物，可达到较好的药效。

(1)口服给药。

口服给药是空间最常用，也是最方便的给药途径，有研究发现，空间飞行过程中一些口服药物的效力比预期的要低，可能由于药物在空间环境下的胃排空时间的改变所致，从而影响到药物的吸收。在空间失重环境中，由于胃对药物颗粒大小辨别能力的减弱，胃的排空将受到影响。此外，由于缺乏重力作用，药物颗粒不再被限制在较低的胃幽门区，而是在整个胃部迁移，而且，由于重力/黏滞力比率减小，药物沿小肠的运输速率将提高。因此，在失重力环境中，肠胃排空与肠内运输速率的改变将导致较低的药物吸收率和不稳定的血浆含量。

(2)吸入式给药。

在地面重力场和空间失重环境中，肺部对药物的吸收具有差异，主要由于肺部灌流及吸入性气雾剂在肺部的沉积和分散改变造成的(在失重环境中，气雾剂具有更高的沉积率，特别对更小的粒子如 0.5～1.0 μm 的粒子)。这种吸收性的改变将影响肺部吸入性药物的效力，如吸入性的皮质甾类药物。微重力环境下，肺部灌流更均匀且扩散能力增强，更多剂量的吸入性药物将进入全身组织循环，导致药物对肺部的药效减弱，而对全身组织的毒性影响增强。

(3)注射给药。

在空间环境下，注射给药具有相当的难度，但如果能将注射剂型制成长效制剂，如月制剂、年制剂等，这种制剂可以在航天员上天执行任务之前用药，可在航天员空间飞行全过程中均具有一定的药效，对于空间用药而言，无疑是发展方向和优势。

(4)植入给药。

主要是将有治疗性的药物用一种生物相容性好的高分子材料包裹，制成一定形状的微小囊体，以手术的方式植入到人体的某些部位，通过高分子材料的生物降解而对药物进行缓慢释放或控制释放的一种方式。植入式给药作为一种长效制剂，在地面上已有应用，也是空间用药的一种发展趋势。

2. 空间抗骨质流失药物防护技术

目前，空间飞行中的失重或模拟失重导致人和动物骨质流失的机制尚不很清楚。失重引起激素水平、局部活性生长因子和血流的改变起一定作用，机制可能还可能涉及成骨细胞在失重条件下的细胞行为改变。骨质流失的防治药物主要包括以下几种。

(1)二磷酸盐类药物。

Nature 报道，由于脊椎损伤患者骨密度下降的速度与执行任务的航天员相似，因此美国研究人员最近对这些患者进行的一项药物研究，将对增强航天员的骨密度有借鉴作用。研究人员将 15 名脊椎损伤患者分为两组，其中 7 名服用了一种叫作唑来磷酸盐(Zoledronate)的药物，另外 8 名则没有服用该药。一年过后，服用该药的患者的骨密度仅降低了 6%，而未服用该药的患者的骨密度则降低了 16%～18%。通常，医生是利用唑来磷酸盐来控制癌症患者骨骼中出现的肿瘤，而此前的研究表明，此药对骨质疏松症也有一定疗效。根据研究结果，如果航天员每年能够定量注射或服用唑来磷酸盐，就可以增强其骨密度，延长在太空中执行任务的时间。

二磷酸盐的分子中的 P—C—P 结构非常稳定，耐高温，对许多化学物质稳定，与骨质中的羟磷灰石呈高亲和力。特征 P—C—P 键通过磷酸根上的氧原子与钙离子螯合，形成二配位体，与骨表面高亲和力。侧链 R1 决定其与骨矿物的亲和力(OH)，R_2 决定二磷酸盐分子的生物活性(见图 18-2，表 18-2)。

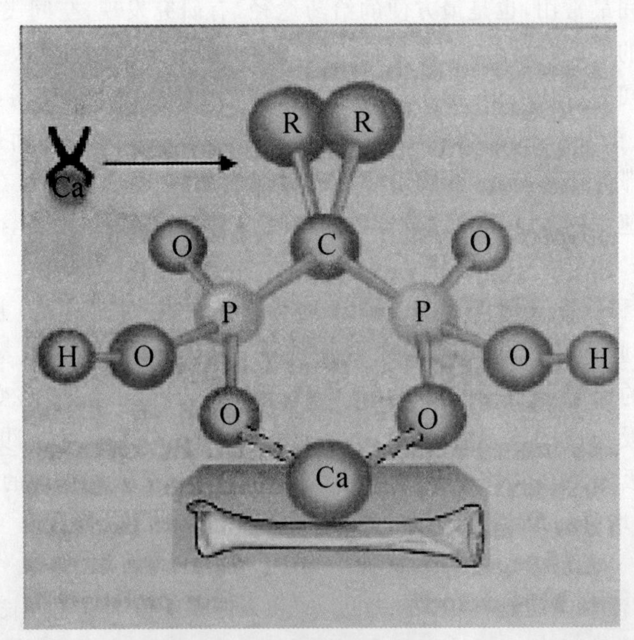

图 18-2　二磷酸盐分子结构及其在骨表面 Ca^{2+} 形成二配位体

表 18-2 不同二磷酸盐的化学结构及其抗骨吸收效果对比

分 代	二磷酸盐	结 构	结构特点	相对强度
第一代	依替磷酸钠 Etidronate	$HO-P(=O)(ONa)-C(OH)(CH_3)-P(=O)(OH)(ONa)$	$R_2=CH_3$	1
	氯屈磷酸钠 Clodronate	$HO-P(=O)(ONa)-C(OH)(CH_2Cl)-P(=O)(OH)(ONa)$	R_2 杂原子取代	10
第二代	帕米磷酸钠 Pamidronate	$HO-P(=O)(ONa)-C(OH)((CH_2)_2NH_2)-P(=O)(OH)(ONa)$	R_2 引入 N 原子	100
	利塞磷酸钠 Risedronate	(3-吡啶基)$-CH_2-C(OH)[P(=O)(OH)_2]_2$	R_2 含引入含 N 杂环	1 000
第三代	阿仑磷酸钠 Alendronate	$HO-P(=O)(OH)-C(OH)((CH_2)_3NH_2)-P(=O)(OH)(ONa)$	R_2 增加一个亚甲基	10 000
	伊班磷酸钠 Ibandronate	$H_3C-(CH_2)_4-N(CH_3)-CH_2CH_2-C(OH)[P(=O)(OH)_2]_2$	R_2 氨基甲基化，变伯胺为仲胺	50 000
	唑来磷酸钠 Zoledronate	(咪唑-1-基)$-CH_2-C(OH)[P(=O)(OH)_2]_2$	R_2 引入 N 杂环中 N 原子数目增加	100 000

帕米磷酸钠是被NASA首先批准用于航天飞行对抗骨质流失的药物，它对骨细胞及羟基磷灰石(HAP)有很高的选择性，24h后约有90%～99%的药物分布于骨内，与骨的结合周期很长。其优点是具有强有力保护骨吸收并抑制破骨细胞的功能，生物利用度高，可制成周注射剂，因此适用于短期太空飞行。但是其缺点也很明显：①它不适用于制成月、季制剂等长效制剂，不适合于中长期航天飞行，NASA近来采用阿仑磷酸钠作为长效制剂治疗骨质流失，可适用于较长期太空飞行，但具体疗效尚未见报道。②输注反应较大，有发热及过敏现象，因此必须控制输注速度(2～4 h)，否则快速输注会引起血浆钙大量络合$CaPO_3H$，从而引起肾损伤及肾衰，而在太空飞行会使航天员产生高血钙症，更应谨慎使用该药。③还可引起低钙、钾、镁、锌，及胃肠、肌肉、头部不适等不良反应。

针对二磷酸盐分子的结构特点，西北工业大学药物技术实验室发展了3种不同的二磷酸盐衍生物：①亲脂性二磷酸盐衍生物分子：提高了衍生物与骨表面的亲合力。②二磷酸盐-胆酸偶联分子：具有促进肠吸收的二磷酸盐衍生物，赋予衍生物特殊的肠吸收性能。③二磷酸盐-穿膜肽偶联分子：具有较高的细胞穿膜能力，有效提高二磷酸盐的摄取率和生物利用度；采用大鼠尾吊模型、灌骨给药，研究了衍生物体内抗骨丢失活性，发现二磷酸盐亲脂性衍生物具有较好的提高尾吊大鼠骨密度、碱性磷酸酶ALP含量、骨生物力学性能的效果。

(2)激素类药物。

早期有关航天飞行时机体雄激素水平的变化，是来自对参加空间飞行大鼠血清和组织中激素水平变化的观察。在经历空间飞行后，飞行大鼠血清中睾酮含量与地面对照组相比有显著的降低，睾丸组织的质量也有明显的下降。根据有关的报道，空间飞行后人体血清、唾液以及尿液中也能观察到相同的结果，表明失重条件引起机体雄激素水平的变化。那么可否像使用雌激素替代疗法一样，使用雄激素替代来防止失重所导致骨质流失的发生呢？有学者对性腺功能正常的男性骨质疏松病人用雄激素替代治疗发现，半年内腰椎BMD增加5%，说明这是一种有前途的治疗。但是，雄激素在治疗中也有较多的副作用，可能诱发红细胞增多症，加重前列增生及前列腺癌，增加心血管疾病的危险性，还可导致男性乳房发育等。由于航天员在航天失重环境中本身存在体液丢失、血容量减少、血液倒流等变化，因此在考虑使用雄激素进行失重引起骨质流失的治疗和预防时，还需要进一步的深入研究。

(3)活性大分子药物。

从目前空间飞行及地面实验的研究结果表明，失重环境下骨质脱钙的机理，倾向于认为是骨形成受到抑制，特别是成骨细胞数目的减少和活性的降低。所以单独使用二磷酸盐这类抗骨重吸收的药物，其治疗效果是不充分的，所以需要外加一些促骨形成药物，进行复合治疗。目前众多的复合治疗试验正在进行中，尚没有明确的结论：如为提高成骨细胞功能和调整太空中基因失常而采用甲状旁腺激素(PTH)、胰岛素样生长因子(IGF－I)、瘦素(Leptin)等内分泌激素(局部激素)治疗，又如从保护成骨细胞和抑制破骨细胞、外周淋巴、单核巨噬细胞等由于细胞骨架损伤而大量分泌肿瘤坏死因子TNF－A，IL－1，IL－6，IL－11，采用骨保护素(OPG)治疗，这些治疗大都有效。在这些大分子药物中，胰岛素样生长因子I(IGF－I)是很强的骨形成刺激剂，也可刺激基质的形成及成骨细胞的增殖，而骨保护素是一种可溶性蛋白，可抑制破骨细胞的发生，它被认为是有希望的对抗空间骨质流失的药物。然而这些生物活性大分子的使用极大地改变了体内正常生理平衡，作为常规治疗手段尚需较长时间的考察论证，才能做出结论，而要作为空间用药，需要相当长的时间去做大量的研究和考证工作。

(4)中药。

我国航天医学工作者分析了太空飞行中航天员血循环系统、骨骼系统和肌肉系统变化的特征,在中药防护措施的研究方面取得一些结果。目前正在进行的中药综合防护作用研究,具有明显改善模拟失重动物血液循环和提高免疫功能的作用,对防止人体肌肉萎缩和骨质疏松有一定作用。

李勇枝等根据中医肾主骨、肝主筋、脾主肌肉理论,从整体调节入手,提出了补肾健脾、舒肝活血、荣筋强骨的治疗原则,据此组成了中药复方强骨抗萎方,并研究中药复方强骨抗萎方对尾吊大鼠骨及相关组织生化指标的影响,发现该方具有改善尾吊大鼠骨及血清、小肠等相关组织生化指标的作用,为失重骨丢失的防护提供依据。

史之祯等研究了刺五加对模拟失重大鼠承重骨骨质丧失的改善作用。结果表明刺五加能显著提高胫骨生长率,提高股骨的硬度,挠度和抗外力的强度、增加股骨中钙、磷和蛋白质的百分含量,同时降低脂肪含量,并促进大鼠恢复期股骨钙的沉积。上述结果说明刺五加确有强筋壮骨的作用,可以缓解和改善模拟失重因素对大鼠承重骨所产生的不良影响。

美国、俄罗斯早已将植物药用于航天,如俄罗斯曾用过人参和刺五加,美国也曾将红花、当归带上天。NASA 营养学家发现了日常饮食中能保持人体骨密度的物质,提醒人们可通过多摄取获得较高的骨密度,深海鱼类的 $w-3$ 脂肪酸可以帮助遏制骨质流失,法国发现,红酒中含有的化合物白藜芦醇,可以帮助老鼠抵御骨质疏松和肌肉萎缩。

NASA 针对骨质流失并发症"肾结石"的研究,发明了"尿液循环机"。2008 年底 NASA 把"尿液循环机"送上国际空间站,从 2009 年 5 月 20 日起,让航天员喝尿液循环处理的水,来预防骨质疏松并发症肾结石。目前,NASA 与科研机构目前还没有找到真正能完美解决航天员在长期太空飞行中的骨质疏松问题。

(5)钙和维生素 D。

空间飞行骨质流失在某种程度上是由于低钙摄入以及不充足的日光照射导致的维生素 D 缺乏,因而空间飞行过程中给航天员补充钙和维生素 D,通过增加 1,2,5 -二羟维生素 D3(骨化三醇)水平和肠钙吸收,来防止血清钙水平的升高。

(6)维生素 K。

空间飞行造成航天员维生素 K 缺乏,伴随着骨钙素钙结合容量的增加以及尿游离钙排出的增加,因此,补充维生素 K 可能是稳定钙平衡和骨代谢的合理措施。

(7)氟化物。

氟是人体骨生成和维持所必需的元素之一,可促进骨形成,氟离子直接刺激成骨细胞,增加松质骨量,是一种疗效明显的骨形成促进剂。

(8)降钙素(CT)。

CT 是人体内正常分泌的调节钙代谢的主要三大激素之一,是具有 32 个氨基酸的多肽,由甲状腺 C 细胞分泌。CT 能直接作用于破骨细胞受体,抑制破骨细胞功能,促进成骨细胞增生,增加骨密度,对航天员骨质流失可以较好地防护,但长期使用疗效会降低。

3.空间辐射药物防护技术

随着人们对辐射防护问题的日益关注,有辐射防护作用的药物或制剂不断被发现或验证,但是由于各方面特殊要求,空间辐射防护剂的研究还是主要集中在一些传统的抗辐射药物。一类是作为抗辐射药物,另一类则是作为食品添加剂来发挥抗辐射功效。

(1)药物防护。

1)巯基化合物。

半胱胺和半胱氨酸是研究最早的含巯基防护剂之一,半胱胺是半胱氨酸的脱羧衍生物,也是辅酶 A 的组成成份。早在 20 世纪 40 年代,人们首次发现辐射产生的生物学效应可被特定的氨基酸减弱,那个时候 Patt 等研究的正是半胱氨酸,他们发现半胱氨酸能显著提高受照射小鼠的存活率,也就是从那时起,人们对巯基化合物展开了广泛研究。半胱氨酸是一种天然存在的氨基酸,要在辐射暴露前短时间内给药才有效,口服无效,静脉注射比皮下注射好,化学性质不稳定,极易氧化。半胱胺辐射防护效果好,但毒性大、有效防护期短、口服效果差、在空气中极不稳定。美国宇航局《人-系统整合标准》(NASA - STD - 3000)中推荐的主要是半胱氨酸和半胱胺。

氨磷汀(Amifostine)WR - 2721 是 1969 年美国 Walter Reed 陆军医学研究所在约 4 000 种含巯基或潜伏化巯基衍生物中筛选出的高效价低毒性的辐射防护剂,作为第一代的辐射防护剂,近 40 年来一直被广泛地关注和研究。化学结构式为 $NH_2-CH_2-NH-(CH_2)-S-PO_3H$,作为前体药物,它在体内产生活性成分 WR - 1065,这是一种具有优良的自由基清除性能的化合物,够清除辐射诱导产生的氧自由基,保护正常细胞免受辐射损伤。除此之外,WR - 1065 通过对 DNA 拓扑异构酶Ⅱ-β的催化抑制而产生细胞保护作用。值得注意的是,WR - 2721 几乎对中枢神经系统没有保护作用,原因是 WR - 1065 不能够穿越血脑屏障,而且有研究表明,WR - 1065 的作用效果在很大程度上与组织中的氧气浓度有关,这也许可以解释其在不同组织器官中的保护效果差异性。WR - 2721 的血浆清除速度很快,静脉注射后 6 min 血中药物残留不足 10%,其在血中消失的方式可能是迅速转化为 WR - 1065,WR - 1065 又很快被组织吸收或转化为二硫化物。尽管 WR - 2721,WR - 1065 有显著的抗辐射活性,但其恶心、呕吐以及急性低血压等副反应、狭窄的治疗时间窗以及有限的给药途径大大限制了其作为空间辐射防护剂的应用。目前,通过尝试改变给药方式、采用皮下注射、形成新剂型,能提高其生物利用度、降低副作用(见图 18 - 3)。

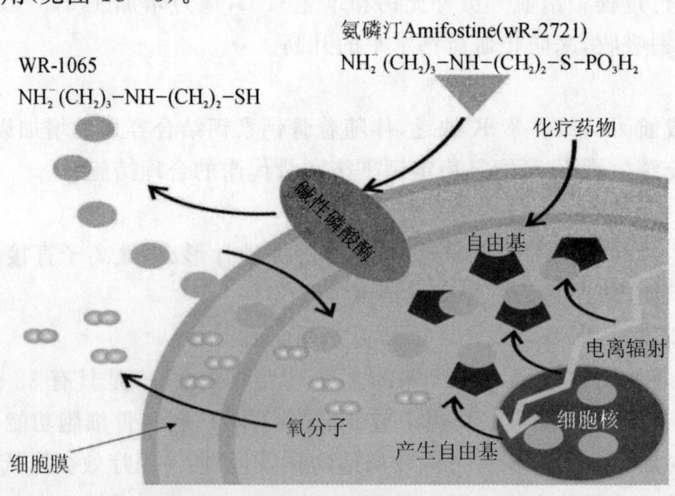

图 18 - 3 氨磷汀抗辐射的作用机理

为了进一步提高氨磷汀的作用效果,西北工业大学药物技术实验室采用 w/o/w 型乳化-溶剂挥发法制备了能在 100h 内持续释放的氨磷汀 PLGA 微球,此微球平均粒径 790±8.4nm,大部分分布于 700~900 nm,药物包封率约 22.7±0.55%,微球得率 77.3±

1.5%,载药率约11.7±0.26%。

为了评价氨磷汀PLGA微球的作用效果,西北工业大学药物技术实验室以^{60}Co γ射线辐射条件下雄性昆明小鼠为动物模型,采取辐照前口服或皮下注射氨磷汀PLGA微球,观察高辐射剂量条件下,各给药组与对照组30d小鼠存活率的变化(见图18-4)。

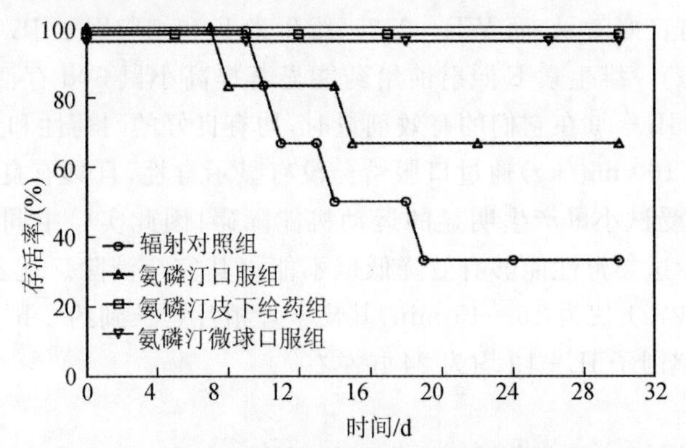

图18-4 8.5 Gy辐射小鼠30d存活率变化

结果发现,辐射对照组小鼠30d存活率仅为16.7%,而氨磷汀皮下给药组和氨磷汀微球口服组小鼠30d存活率达100%,表明氨磷汀皮下注射与氨磷汀微球口服,均能为辐射小鼠提供非常有效的防护作用;而氨磷汀原药口服组小鼠存活率只有66.7%,表明原药口服生物利用度较低,而氨磷汀微球口服后防护效果显著增强,将30d存活率提高至100%。因此,将氨磷汀包裹于PLGA微球中,经口服用于人体的辐射防护,相对原药口服生物利用度的提升则更为显著。

2)甾族类化合物。

甾族类化合物由于在免疫调节和抗感染方面的特性,被用于辐射损伤防护和促进损伤恢复的研究。Whitnall MH等给B6D2F1雌性小鼠皮下注射160 mg/kg的雄烯二醇,结果显示受3 Gy照射的小鼠外周中性粒细胞、血小板、单核细胞、天然杀伤细胞等的下降均有明显改善,受照小鼠30d存活率明显提高,并且在辐照前24 h和辐照后2 h给药均有效,表明其对预防辐射或治疗辐射的迟发效应均作用。照射前皮下注射160 mg/kg雄烯二醇,可提高3~7 Gy全身照射后接种肺炎克雷白杆菌小鼠以及全身接受8~12 Gy照射不接种肺炎克雷白杆菌小鼠的存活率。在毒性试验中,小鼠皮下注射4 000 mg/kg雄烯二醇,血浆化学分析未见毒性作用。雄甾烯二醇结构相对稳定、半衰期长、给药方便、低毒以及服用后不会引起执行任务能力下降等优点,是一类非常有潜力的空间辐射防护剂。

3)维生素。

维生素C、维生素E是有效的抗氧化剂和自由基清除剂,尤其是维生素E抗辐射作用已经过体内、体外实验得到证实。Kotzampassia等研究了维生素E对小鼠的辐射防护效果,结果发现,小鼠腹部照射前给VE有很好的预防作用,可降低脂质过氧化,维持血液中谷胱甘肽的水平。近年来国内外研究较多的β-胡萝卜素具有明显的延缓细胞和机体衰老的功能,减少辐射对机体的损伤和由辐射造成的白细胞、血小板等的降低。王荣先等对γ射线照射的小鼠研究表明,胡萝卜素对保持受辐照小鼠体重、白细胞数、骨骼骨髓有核细胞等效果显著,并对染色体畸变有抑制作用。

Thomas S 等以雄性 C3H/HEN 和 CD2F1 小鼠为模型，辐射条件为 0.25～16Gy 范围内^{60}Coγ 射线，综合对比了 WR－2721，5－雄烯二醇、维生素 E 和细胞因子 IL－1β 的辐射防护性能，实验考察了小鼠存活率、全部血细胞计数、骨髓细胞构成和细胞形态以及祖细胞数量的变化等。实验结果表明，所有试验药物均有适度的辐射防护性能，其中 5－雄烯二醇无论是口服还是注射给药，均有良好效果，而 WR－2721、维生素 E 和细胞因子 IL－1β 都只能通过注射或皮下埋植的方式给药。维生素 E 照射前给药能显著提高小鼠 30d 存活率；5－雄烯二醇、维生素 E 以及细胞因子 IL－1β 在它们的有效剂量时，均有良好的耐药性和无毒性，相比较而言，低剂量的 WR－2721(100 mg/kg)通过口服给药没有显示毒性，且具有良好的耐药性，但是高剂量的 WR－2721 致受试小鼠产生明显的运动机能障碍，因此实验中同时使用了WR－2721 皮下埋植片，结果显示这类毒性能够有效降低但不能将其完全消除。就药物治疗时间窗这一重要因素来看，WR－2721 仅为 15～45 min，其皮下埋植片延长到约 2 h，比较之下，5－雄烯二醇、维生素 E 以及细胞因子 IL－1β 均为 24 h 左右。

4)细胞因子。

细胞因子在辐射损伤过程中发挥保护作用的可能机制有：通过诱导线粒体酶的作用，降低辐射引起的过氧化损伤，如 IL－1，TNF－β，IL－6；通过诱导 Bcl－2，降低细胞凋亡反应；诱导正常的 G_0 期早期祖细胞进入细胞周期，到达相对辐射不敏感的 S 期晚期，如 IL－1，SCF；辐射后，造血细胞表面造血因子受体蛋白及基因表达水平升高；降低血管通透性，限制辐射后炎症反应所致的组织损伤。

IL－1 是多种细胞产生的具有多种生物活性的细胞因子，有 2 个亚型：IL－1α 和 IL－1β，分别由 2 个不同的基因编码。IL－1α 也称为协同因子，本身不能刺激造血集落的生成，可协同 M－CSF 刺激祖细胞集落和巨噬细胞集落的生成。IL－1β 是维持免疫系统平衡的一个重要细胞因子。IL－1 是第一个被证明具有辐射防护作用的细胞因子，预先注射可以改善受辐射动物的骨髓细胞损伤和内源性脾集落的形成，其辐射防护作用与给药时间密切相关，但其致炎症反应限制了应用。

5)G_2 期调控体。

辐射会使处于分裂周期中的细胞在 G_2 期发生较为显著的延迟效应，这种效应被认为是细胞对辐射的一种应激性反应，能够使得受损伤的 DNA 进行修复。Cheong 等发现一些用癌基因转染的细胞在获得辐射耐受性的同时，诱导产生的 G_2 期延迟效应都有所增强，例如 H－ras和 v－myc 癌基因转染的鼠胚胎成纤维细胞，辐射敏感性降低，G_2 期出现显著的延迟效应，Cheong 等据此推断细胞 G_2 期延迟与辐射耐受性之间存在一定的因果联系，进一步实验发现，两者之间的联系是通过受辐照转染细胞分泌的一种多肽类活性物质调解，这种活性物质分子量约为 1kD，对热不敏感，它能够调控诱导细胞分裂阻滞于 G_2 期，增加受损 DNA 的修复，被称为 G_2 期调控体。这种 G_2 期调控体抗辐射的机理不同于以往的细胞修复及自由基清除，是一种新的对抗辐射损伤的途径。目前，对于 G_2 期调节体的研究还有待进一步深入，但其显著活性及全新的作用途径，对于空间辐射防护药物的研究，意义十分重大。

6)抗辐射疫苗。

Maliev 等从强剂量辐射后小鼠的淋巴管内分离出一类特异性辐射因子(Specific Radiation Determinants，SRD)，将分离出的特异性辐射因子注射给正常小鼠，小鼠即表现出部分急性辐射症状，这类特异性因子被认为是造成组织器官辐射损伤效应的毒素，受辐射后短时间内产生于个别组织，并汇集于淋巴管中，后进入血液循环，再分别作用于全身各个组织器官，致使各组织器官表现出相应的症状，主要是各种急性辐射综合征。Maliev 等给小鼠注射较低剂量的特异性辐射因子后，发现小鼠存活率较未处理组有提高，原因可能是低剂量的 SRD 可诱导免疫系统产生相应抗体，这样在接受辐照后机体产生的 SRD 的作用便被降低。这一研究结论并没有否定辐射对 DNA 等大分子的直接损伤以及产生了具有破坏性的自由基，只是从另外的角度阐明了电离辐射致损伤的机理，并指出了空间辐射防护研究的一个新的方向，即利用 SRD 的免疫原性制备抗辐射疫苗，给航天员接种，从而大大降低空间辐射带来的危害。

(2)食品添加剂。

有研究表明，某些抗氧剂、免疫抑制剂、维生素、微量元素等，能阻止或减轻由于暴露于质子及重离子而引起的癌症、免疫抑制和神经系统疾病等诱导效应，而这些物质大多存在于日常饮食当中，正因为如此，目前许多研究致力于具有空间辐射防护作用的食品添加剂，主要集中在以下几个方面。

1)抗癌。

研究显示重离子可诱导的癌效应，动物模型中已有报道有些蛋白酶抑制剂可以抑制射线引起的癌效应，大豆 Bowman - Birk 型胰蛋白酶抑制剂(BBI)在抑制癌扩散过程中特别有效，实验结果表明，BBI 对包括结肠、肝、肺等器官均有效果，已被开发成为预防辐射诱导癌变的药物。

2)抗自由基。

照射后组织内可立即产生自由基和活性氧，在电离辐射暴露期间清除自由基的化合物可以减轻分子损伤以及改善细胞应答。抗氧化剂维生素 C 和 E、α 硫辛酸、烟酸(维生素 B3)、硫胺(维生素 B1)、叶酸、谷胱甘肽(GSH)、N -乙酰半胱氨酸、辅酶 Q10 和硒及其他药物，有长期的应用史，在一定的剂量范围内无毒，可作为食物的添加剂，有可能阻止航天飞行中遇到的各种电离辐射引起的生物损伤效应。维生素 E 抑制辐射诱导的癌发生机制，已经在体外及动物实验中得到证实，此外，维生素 C 和 E 也在与自由基所致的疾病发挥着重要作用。烟酸是一种水溶性维生素，有研究证实烟酸能抑制紫外线和化学致癌物诱发的癌症。辅酶 Q10 又称抗皱修护因子，是一种强抗氧化剂，它能把食物转化为细胞生存必需的能量，使细胞保持最佳状态，有效阻止自由基的形成，维护细胞膜的正常形态以及免疫系统的正常运作。硒是硫氧还蛋白还原酶和谷胱甘肽过氧化物酶发挥活性所必需的微量元素，它和维生素 E 一起保护细胞免受氧化损伤。需要指出的是，航天员在航行产生的氧化压力下所消耗的维生素以及矿物质的速度比常规要快，因此需要比常规食物供应中所需抗氧化的维生素和矿物质更高。

3)免疫系统。

当太阳质子风剂量为 110Gy 时，3d 飞行即可对航天员的免疫系统达到致死性的威胁，电离辐射引起的免疫系统抑制的主要原因是干细胞的衰竭。细胞因子(白介素)作为有潜力的辐射防护剂，可以抑制免疫细胞凋亡，动物实验观察核苷酸前体药物添加在食物中，可以降低大鼠感染，促进细胞因子的产生，干细胞向 T 淋巴细胞的分化，抑制黑色素的转移，提高伤口治愈，促进芽生。

(3)中药及其活性成分。

中药抗辐射作用的主要机理包括对造血系统、免疫系统的保护作用及抗自由基作用等。近些年，关于中药的抗辐射功能开展了大量的研究，验证了很多中药及其提取活性成分具有一定的抗辐射功能，但是由于中药成分复杂，具体的抗辐射机理方面还需要更多细致的研究工作。下面简要介绍一些具代表性的中药及中药活性成分。

1)单味中药。

人参：Tung - Kwang Lee 等采用细胞因子阻滞的微核法检测健康志愿者的血标本，体外 137Cs 照射之前，每份血标本的单个核细胞培养以不同浓度(0～2 000 μg/mL)的人参根水提物孵育 24 h。结果显示，在 0 Gy 时，每 1 000 个双核(BN)细胞的微核量是 11.3±2.7，人参水提取物大于 500 μg/mL 时微核量下降，但微核量和人参水提取物的浓度之间的差异是显著的。单独射线照射显著增加微核量，当暴露于 1 Gy 的照射时，随着培养介质中人参水提取物浓度的增加，微核量呈显著的线性降低($R_2=0.05$，$p=0.002$)，对暴露于 1 Gy 辐射诱导的微核量，人参水提取物浓度在 1 500 μg/ml 时减少 46.6%，浓度在 2 000 μg/mL 时减少 57.6%，对暴露于 2 Gy 辐射诱导的微核量的减少呈更强的线性相关($R_2=0.7$，$p=0.000\ 1$)。

沙棘：H. C. Goel 等将沙棘醇提物处理后，以 30 mg/kg 的剂量心内注射于小鼠，后用致死量的射线照射小鼠发现，对照组小鼠全部死亡，而沙棘组小鼠的存活率为 82%，处理后的沙棘醇提物能显著降低脾内集落生成，并改善体内红细胞的水平。

黄芪：李宗山等用100%黄芪水浸出液定期给小鼠灌胃，X 线照射后检测小鼠淋巴细胞增殖和 IL - 2 的产生。结果发现，用药组小白鼠脾淋巴细胞增殖和 IL - 2 产生有显著增强，与照射组相比有显著性差异($p<0.01$)。许浪等用 60 只大鼠同时用^{60}Coγ 射线照射，造成脾脏放射损伤模型，然后随机分成试验对照组和试验用药组。用药组每只大鼠每天腹腔注射黄芪煎剂 5 mL，给药后第 20d 和 28d 处死大鼠，在电镜下观察脾脏细胞超微结构。结果发现，试验对照组大鼠脾脏淋巴细胞损伤未恢复正常，而给药组大鼠的脾淋巴细胞第 20d 一半以上恢复正常，第 28 天基本恢复正常，可知黄芪对脾脏的损伤有修复和促再生作用。

刺五加：张明溪等研究发现，刺五加可使受损的脾脏组织提前恢复正常，对受^{60}Coγ 射线照射后小鼠脾脏的淋巴细胞起一定的保护作用，能加速^{60}Coγ 照射损伤小鼠胸腺淋巴细胞的恢复，能促进骨髓干细胞增殖并迁往胸腺。

红景天：郑志清等研究发现红景天醇提物可显著提高小鼠经 8.5 Gy 照射后的存活率，经统计学检验，1.5 g/kg 剂量组与辐射组比较，差异有显著性。红景天醇提物对小鼠经 8.5 Gy 照射后的外周血白细胞有明显保护作用。经统计学检验，1.5 g/kg 剂量组与辐射对照组比较，有显著性差异。

灵芝：颜燕等以 0.25 g/kg，0.5 g/kg，1.5 g/kg 的灵芝精粉混悬液连续给小鼠灌胃 60d，在第 30d 以射线照射小鼠，观察小鼠的白细胞总数、30d 存活率、平均存活时间。结果，灵芝精粉能使辐射后小鼠 30d 存活率明显增高，平均存活时间延长，白细胞总数明显增加。

2)中药有效成分。

多糖类：许多中药所含的多糖具有抗辐射作用。如南沙参多糖可提高受 6 Gy ^{60}Coγ 射线照射小鼠 30 d 内存活率，增加谷胱甘肽过氧化物酶活性，清除辐射过程中的脂质过氧化物，间接抑制过氧化分解产物对器官和组织的损伤，使机体对辐射防护力增强。猴头菇多糖对受 8.5 Gy ^{60}Coγ射线照射小鼠造血组织有明显的保护作用，能提高受照小鼠 30 d 内存活率，提高骨髓中 DNA 含量。木耳多糖亦可提高受 8 Gy ^{60}Coγ 射线照射小鼠 30d 的内存活率，提高骨髓中 DNA 含量。枸杞多糖- 2 能明显促进 γ 照射损伤小鼠免疫功能的恢复，照射后 30d，胸腺指数、脾细胞对 ConA，LPS 的增殖反应，MLR，DTH 及 PFC 均较照射组明显增强。

皂苷类：许多中药所含的苷类成分具有抗辐射作用。刘丽波等发现，一定浓度的人参三醇组苷可显著降低受不同剂量X射线照射小鼠的骨髓细胞等染色体畸变和畸变细胞率，由此可见，一定浓度的人参三醇组苷有防护骨髓细胞染色体损伤及明显的抗辐射作用。江岩等发现人参三醇组苷中的Re，Rg1，Rg2和Rh1具有抗自由基作用。金光辉等发现用1～5 μg/mL浓度的人参组苷对UVB诱导的细胞S期阻滞及细胞凋亡有明显的保护作用，表明人参组苷对紫外辐射致皮肤角质形成细胞的损伤具有较好的防治作用。陈月等探讨了刺五加皂苷（ASS）对X射线照射小鼠抗辐射损伤的作用，该研究将小鼠50只随机均分为阴性对照组、阳性对照组及低、中、高剂量ASS实验组。测定小鼠脾指数、胸腺指数、超氧化物歧化酶（SOD）和谷胱甘肽过氧化物酶（GSH－Px）活性，并测定淋巴细胞转化率和外周血白细胞数。结果表明3个ASS实验组小鼠各项指标与对照组比较，脾指数差异无显著性，胸腺指数、淋巴细胞刺激指数、血清SOD和GSH－Px活性差异均有显著性。

生物碱类：梁莉等报道，苦豆子总碱注射液能增强受照射小鼠超氧化物歧化酶、谷胱甘肽过氧化物酶活性，防治肝脏损伤，抑制GPT和GOT的升高，降低MDA含量，认为苦豆子总碱的辐射防护作用机理可能与其增加自由基清除酶活力、清除辐射过程中脂质过氧化物的形成、间接抑制自由基造血系统及肝脏的损害有关。

黄酮类：黄酮类化合物是性能优异的一类抗氧剂，可有效地减轻辐射所致的组织细胞损伤，可使照射后组织的MDA含量下降，SOD活性受到保护。

酚类：葡多酚是从葡萄种子中制取的一种天然植物多酚物质，具有抗肿瘤、抗氧化、抗辐射、抗自由基损伤等多种生物活性。

香豆素类：香豆素类研究较多的如茵陈素，对受照射大、小鼠均有一定的辐射防护作用，对造血器官及造血功能有良好的保护作用。

4. 空间心血管药物防护技术

(1)失重对心血管系统的影响。

航天员在长期的失重环境中，重力缺失将引起人体生理功能的显著变化，其中心血管功能失调最为常见。失重引起航天员心血管功能失调最典型的表现就是立位耐力（Orthostatic Intolerance）下降。立位耐力下降机制研究及其防治一直是航天医学研究的重要课题。虽经多年研究航天后心血管功能失调的机制仍未完全阐明，其具体细节请参照本书相关章节。

(2)心血管系统药物防护。

为了减轻失重飞行对航天员心血管系统的影响，美国和俄罗斯都使用了一些药物。俄罗斯积极鼓励航天员服用药物，以对抗心血管功能失调。例如，用复方甘油、脉律定等来防止心律失常，用抗利尿激素、加压素等防止水和电解质的紊乱，用一些调节植物神经的药物来增加立位耐力等。

我国神九航天员带中药上天，太空养心丸的主要成分包括人参、陈皮、山楂、五加皮以及动物的骨头粉等十几味中药组成，对提高心血管功能有显著功效。太空养心丸被做成药丸装在米纸里，直接装配在餐包里。神七航天员在飞行过程中服用，一日3次，在每次进餐后，航天员可以方便地加水服用。太空养心丸可以使身体在失重状态下阴阳调和，如人参可以遏制过度压力引起的阳气外泄，并且能帮助人提高睡眠质量。动物骨头粉可以防止失重状态下身体免疫力的下降，提高人的精气。陈皮可以帮助航天员调理体内气息，使其畅通。山楂可以防止骨骼受损。从五加皮里提取的刺五加成分可以使宇宙空间的放射线影响降至最低。所有这些药材的效用都是为了让在失重状态下把身体中容易失衡的气循环和血循环回归到正常状态中来，以加强身体机能，有效减轻航天员在失重状态下出现的眩晕、疲劳、呕吐、免疫力下降、骨钙流失等症状。

5.其他药物防护

(1)空间运动病。

空间运动病(SMS)的防护也是各国航天医学工作者正在努力解决的难题。SMS是航天员在空间飞行所经历的常见病。SMS认为会阻碍机组成员在发射和返回的执行任务的能力，NASA有文件指出，“前庭系统是航天员在应对重力变化时最直接反应，航天员经历定向错觉，姿势和行动紊乱，前庭眼反射和注视改变，空间运动病，及可能的结构改变影响到感觉行为和重建”。SMS在重力转变和任务的开始阶段表现得很严重。美国航天员几乎40%的飞行采用药物疗法应对SMS。SMS的症状包括恶心和呕吐，这两个症状对口服药物的浓度和作用时间产生负面影响。东莨菪碱SCOP是一种生物碱，多年来一直用作止吐药和镇静剂，用来治疗恶心和呕吐。早期的研究表明SCOP可有效应对空间运动病的症状。很多运动病药物，包括SCOP，会有一些副作用。和目前应用的其他药物相比，SCOP的半衰期短，其所带来的副作用可能会消退的较快。最新的针对空间运动病的药物疗法的疗效表明，SCOP是一应对恶心和呕吐的有效药物。同时发现SCOP不会对人的短时记忆和注意力产生影响。

口服药物并不能完全防止航天员出现航天运动病，而且药物有副作用。为了延长药物的有效作用时间和减少副作用，在太空飞行中采用了航天员乳突贴敷及肌肉内注射抗航天运动病药物的方法，也取得了一定效果。

异丙嗪是一种对抗运动病的药物，美国的航天计划曾建议航天员在出现中度或严重的航天运动病症状时注射异丙嗪。地面上异丙嗪的副作用是头晕、困倦、镇静和损伤性的精神性运动的知觉，所有这些都会影响到航天员空间飞行时任务的完成。早期的研究结果表明，异丙嗪PMZ可以有效减轻在太空对中枢神经系统的影响作用，同时发现在太空环境下，药物的药代动力学和药物的生物活性都有和地面上有所不同，从而会影响到药物的药效以及在同样剂量下产生的副作用程度。因此系统地评价PMZ的生物活性包括药效、副作用以及在太空下效果，从而确定在太空下药物的最佳用量，对于航天发展十分重要。

我国在航天运动病的防治方面，从中医辨证的角度分析，认为在失重的特异环境中，脏腑功能失调是引起航天运动病的主要原因。因此，以我国中医的辨证施治和经络学说为指导，采用了耳穴刺激、磁穴、按摩法和激光针灸等方法进行研究，已取得初步效果。

(2)飞行后直立性低血压。

空间飞行后，直立姿势不能很好地保护动脉压和脑血流灌注，立位耐力损伤是指航天员在执行完飞行任务返回地面后，会出现头晕或晕厥。实践表明，有相当数量的航天员在直立时会表现出直立性低血压和晕厥，而且此问题随着空间飞行任务时间的延长而加大，统计显示有20%的航天员在短期飞行(4～18d)后出现此症状，而83%的航天员在长期飞行后出现类似症状。约有30%的人在短期飞行会出现此症状，长期飞行则有83%的发生率。为了防止这种现象发生，美国NASA和俄国空间局(RFSA)均采用抗压力服，美国的是抗重力服SGA，俄国的是Kentavr，两种压力服间有一定的差别。其他有效的对抗措施如下身负压LBNP、流体负荷、氟氢可的松等，不能消除飞行后的直立性低血压。因此，需要发展新的药理学对抗措施。研究者研究发现，甲氧胺福林能够降低航天员返回地面飞行直立性低血压的发生率或降低其严重程度。地面模拟实验发现,甲氧胺福林可以有效地提高卧床受试者的血压,防止直立性低血压的发生。

(3)提高工作效能的药物。

航天员在太空飞行中工作强度大,再加上失重对人体的生理影响,很容易产生疲劳,影响工作效率。因此,太空飞行中航天员也可服用一些兴奋剂,例如苯丙胺等。苯丙胺的特点是起作用快,有消除疲劳、增进体力、智力和工作能力的作用;但它有副作用,例如容易成瘾、降低食欲、易引起植物神经紊乱和机体代谢增高、使糖元和脂肪储存减少等。因此,只能在紧急情况下航天员才能服用。目前国外正在研制一些副作用小的药物。

(4)提高免疫功能的药物。

航天药箱中很少有抗失重免疫功能下降的药物。苏联在载人航天早期曾用人参来提高航天员的免疫功能,近期正在研究使用氨基酸和天然药物提高免疫功能的效果。

6. 结束语

到目前为止,仅有少量的几种药物用于对抗太空飞行过程中一系列身体的不适应,以及由此产生的从胃肠道的不适到不能入睡等一系列症状,本章只是涉及了目前空间用药中的主要方面,希望对读者有所帮助和借鉴。

随着人类在太空飞行时间的延长,需要更多、药效更为明确的药物,能够用于对抗人类在空间飞行中出现的不适症。因此,要求对生理学、药物代谢动力学、药效学等在微重力下做进一步的深入研究。尽管目前关于药物在微重力下的药代、药效的实验数据十分有限,但目前的研究告诉我们,微重力环境的确对人产生一系列的生理影响,同时也会对药物产生一定的影响。希望通过我们人类的努力,不但能够了解这一系列变化的原理,同时也能为人类进一步开辟空间环境、利用空间资源,保驾护航。

由于空间环境的特殊性,空间药物选择的原则应该是长效、低剂量、低毒性,副作用小及争取一药多功能。随着药物技术的发展,缓控释制剂、长效制剂、透皮吸收体、栓剂等新剂型的出现,为空间环境下的药物防护,将提供更多的选择。

参考文献

[1] 李勇枝,石宏志,范全春,等. 强骨抗萎方对模拟失重大鼠骨及相关组织生化指标的影响[J]. 航天医学与医学工程,2003,16(2):103 - 106.

[2] Ting Li Lu, Hui - Jing Hu, Wen Zhao, et al. Synthesis and in vivo bioactivity of lipophilic alendronate derivatives against osteoporosis[J]. Drug Dev Ind Pharm, 2011,37(6): 656 - 663.

[3] Ting Li Lu, Yufan Ma, Huijing Hu, et al. Ethinylestradiol liposome preparation and its effects on ovariectomized rats' osteoporosis[J]. Drug Deli, 2011,18(7):468 - 477.

[4] Ting Li Lu, Wei-guang Sun, Wen Zhao, et al. Preparation of amifostine polylactide-co-glycolide microspheres and its irradiation protection in mouse through oral administration[J]. Drug Dev Ind Pharm, 2011,37(12):1473 - 1480.

[5] 惠倩倩,卢婷利,赵雯,等. 提高二磷酸盐类药物口服生物利用度的方法[J]. 中国药业, 2010,20(19): 19 - 21.

[6] 张志刚,卢婷利,赵雯,等. 二磷酸盐类药物的研究进展[J]. 广东药学院学报. 2009,25(6): 551 - 555.

[7] Watanabe C, Morita M, Hayata T, et al. Stability of mRNA influences osteoporotic bone mass via CNOT3[J]. Proc Natl Acad Sci USA, 2014,111(7): 2692 - 2697.

[8] Roberge E. The Gravity of It All：From osteoporosis to immunosuppression，exploring disease in a microgravity environment holds promise for better treatments on Earth[J]. IEEE Pulse，2014，5(4)：35－41.

[9] Blumenfeld O，Williams F M，Valdes A，et al，Livshits G. Association of interleukin-6 gene polymorphisms with hand osteoarthritis and hand osteoporosis[J]. Cytokine，2014,69(1)：94－101.

[10] Garcia H D，Tsuji J S，James J T. Establishment of exposure guidelines for lead in spacecraft drinking water[J]. Aviat Space Environ Med，2014,85(7)：715－720.

[11] Hardcastle S A，Dieppe P，Gregson C L，et al. Prevalence of radiographic hip osteoarthritis is increased in high bone mass[J]. Osteoarthritis Cartilage，2014,4584(14)：01116－01119.

[12] Khajuria D K，Disha C，Razdan R，et al. Prophylactic Effects of Propranolol versus the Standard Therapy on a New Model of Disuse Osteoporosis in Rats[J]. Sci Pharm，2013,82(2)：357－374.

[13] Seckinger A，Hose D. Interaction between myeloma cells and bone tissue[J]. Radiologe，2014,54(6)：545－550.

[14] Curate F. Osteoporosis and paleopathology：a review[J]. J Anthropol Sci，2014,92：119－146.

[15] Muraki S，Akune T，En-yo Y，et al. Association of dietary intake with joint space narrowing and osteophytosis at the knee in Japanese men and women：the ROAD study[J]. Mod Rheumatol. 2014,24(2)：236－242.

[16] Garcia H D，Hays S M，Tsuji J S. Modeling of blood lead levels in astronauts exposed to lead from microgravity-accelerated bone loss[J]. Aviat Space Environ Med，2013,84(12)：1229－1234.

[17] Li C R，Zhang G W，Niu Y B，et al. Antiosteoporosis effect of radix scutellariae extract on density and microstructure of long bones in tail-suspended sprague-dawley rats[J]. Evid Based Complement Alternat Med. 2013,2013:753703.

[18] Zhai Y K，Guo X，Pan Y L，et al. A systematic review of the efficacy and pharmacological profile of Herba Epimedii in osteoporosis therapy[J]. Pharmazie. 2013,68(9):713－722.

[19] Uddin S M，Qin Y X. Enhancement of osteogenic differentiation and proliferation in human mesenchymal stem cells by a modified low intensity ultrasound stimulation under simulated microgravity[J]. PLoS One，2013,8(9)：73914.

[20] Tran T N，Stieglitz L，Gu Y J，et al. Analysis of ultrasonic waves propagating in a bone plate over a water half-space with and without overlying soft tissue[J]. Ultrasound Med Biol，2013，39(12)：2422－2430.

[21] Nishii T，Tamura S，Shiomi T，et al. Alendronate treatment for hip osteoarthritis：prospective randomized 2-year trial[J]. Clin Rheumatol，2013,32(12)：1759－1766.

[22] Shirazi-Fard Y，Anthony R A，Kwaczala A T，et al. Previous exposure to simulated microgravity does not exacerbate bone loss during subsequent exposure in the proximal tibia of adult rats[J]. Bone，2013，56(2)：461－473.

[23] Sibonga J D. Space flight-induced bone loss：is there an osteoporosis risk[J]. Curr Osteoporos Rep，2013,11(2)：92－98.

[24] Sakuma M，Endo N. Space flight/bedrest immobilization and Bone，Exercise training for osteoporosis[J]. Clin Calcium，2012,22(12)：1903－1907.

[25] Okada A，Ichikawa J，Tozawa K. Kidney stone formation during space flight and long-term bed rest[J]. Clin Calcium，201,21(10):1505－150.

[26] Ohshima H. Secondary osteoporosis UPDATE. Bone loss due to bed rest and human space flight study[J]. Clin Calcium,2010,20(5)：709－716.

[27] Ohshima H. Musculoskeletal rehabilitation and bone. Musculoskeletal response to human space flight and physical countermeasures[J]. Clin Calcium，2010,20(4)：537 - 542.

[28] Schenk M. Space medicine-not just in space[J]. Dtsch Med Wochenschr，2010,135(10)：9 - 15.

[29] Bizzarri M. Consequences of space exploration for mankind[J]. G Ital Nefrol，2008,25(6)：686 - 689.

[30] Ohshima H，Mukai C. Bone metabolism in human space flight and bed rest study[J]. Clin Calcium，2008,18(9)：1245 - 1253.

[31] de Pina M F，Alves S M，Barbosa et al. Hip fractures cluster in space：an epidemiological analysis in Portugal[J]. Osteoporos Int，2008,19(12)：1797 - 1804.

[32] 胡惠静.阿仑磷酸钠酰胺衍生物的设计、合成及抗骨丢失研究[D].西安:西北工业大学,2008.

[33] 张志刚.二磷酸盐去氢胆酰化衍生物的设计、合成及性能研究[D].西安:西北工业大学,2010.

[34] 惠倩倩.阿仑磷酸-八聚精氨酸偶联物的合成及其对成骨细胞的作用研究[D].西安:西北工业大学,2012.

[35] 孙伟光.氨磷汀口服微球的制备及药效学研究[D].西安:西北工业大学,2009.

附　录

各章通用名词简称或名词解释

National Aeronautics and Space Administration，NASA：美国国家航空航天局
European Space Agency，ESA：欧洲空间局
German Aerospace Agency：德国空间局
German Aerospace Center，DLR：德国航空航天中心
Comisión Nacional de Actividades Espaciales，CONAE：阿根廷空间局
International Space Station，ISS：国际空间站
Space Shuttle，STS：航天飞机
Skylab：美国空间实验室
IML：国际微重力实验室
Vostok：苏联东方号宇宙飞船
Cosmos：苏联宇宙号生物卫星
Salyut：礼炮号飞船
FOTON：光子号飞船
Mir：和平号空间站
Gemini：双子座飞船
Mercury：水星号飞船
g：重力加速度
μg，micro-g，microgravity：微重力
hypergravity：超重
Space Life Sciences：空间生命科学
Space Biology：空间生物学
Space Physiology：空间生理学
Space Medicine：空间医学
Space Microbiology：空间微生物学
Hydrobiology：水生生物
Controlled Ecological Life Support Systems，CELSS：受控生态生命保障系统

绪论

Space Biotechnology：空间生物技术
Threshold：阈值
Presentation Time：阈时

第一章

Magnetosphere：磁气圈

Dynamo Theory :发电理论
Tachocline:跃层
Geospace:地球空间
Interplanetary :行星际空间
Interstellar:星际空间
Intergalactic:银河际空间

第二章

Mobile Genetic Elements, MGE:可转移的遗传因子
Latent infection:潜伏感染
Microbial Influenced Corrosion, MIC:微生物腐蚀
Space Quarantine:宇宙检疫
Extremophiles:极端微生物

第三章

Revolutions Per Minute, RPM:每分钟转速

第四章

Symmetry breaking:打破对称
Signal transduction:信号传导
Negative gravitaxis:负向重性
Calmodulin:钙调蛋白
Adenylyl Cyclases:腺苷环化酶
Gravitaxis:趋重性
Gravikinesis:重力动力学
Animal - Vegetal axis, A - V:动物-植物轴
Dorsal - Ventral axis:背腹轴
Space Movement Sickness, SMS:空间运动病
Dorsal Light Response, DLR:背光反应
Vestibular Righting Response, VRR:前庭调整反应
Spining Movement, SM:螺旋运动
Looping Responses, LR:转圈反应
Morphological patterning:形态格局的模式
The timing of embryonic events:胚胎事件定时
Niche:生态位
Transient Receptor Potential, TRP:型钙通道
Cyclic Adenosine MonophosPhate, cAMP:环腺苷酸
Chara globularis:轮藻
Rhizoids:假根
Statolith:平衡石
Otolith:耳石
Zebrafish, Danio rerio:斑马鱼

Madaka，Oryzias latipes：青鳉鱼

Xenopus laevis：非洲爪蟾

第五章

Clinostat：回转器

Random Positioning Machine，RPM：随机定位仪

Rotating Wall Vessel，RWV：转壁回转器

Diamagnetic levitation：抗磁悬浮

Bifurcation theory：分岔理论

Mitochondria：线粒体

Endoplasmic Reticulum，ER：内质网

Magnocellular supraoptic neuron：大细胞视上神经

Golgi body：高尔基体

Cell proliferation：细胞增殖

Cell motility：细胞运动

Osteoblast：成骨细胞

Osteoclast：破骨细胞

Bone marrow mesenchymal stem cell：骨髓间充质干细胞

Corticotropin Releasing Factor，CRF：促肾上腺皮质激素释放因子

Somatostatin，SS：生长抑素

Extracellular Matrix，ECM：细胞外基质

Viculin：连接纽蛋白

Talin：踝蛋白

Actinin：辅肌动蛋白

Cytoskeleton，CSK：细胞骨架

Paramecium：草履虫

Loxodes：鞭虫

Euglena：眼虫

Connexin，Cx：间隙连接蛋白

Insulin - like Growth Factor，IGFs：胰岛素样生长因子

Platelet - Derived Growth Factor，PDGF：血小板源性生长因子

Transforming Growth Factor，TGF：转化生长因子

Epidermal Growth Factor，EGF：表皮生长因子

Mitogen Activited Protein Kinase，MAPK：丝裂原活化蛋白激酶

Ligand of receptor activator of nuclear factor kappa B，RANKL：核转录因子 NF - êB 受体激动剂配体

Indomethacin：环氧合酶抑制剂吲哚美辛

Nitric Oxide，NO：一氧化氮

PGE2：前列腺素 E2

第六章

Caenorhabditis elegans：秀丽隐杆线虫

Biomphalaria glabrata：淡水蜗牛

Cynops:蝾螈
Xenopus:非洲爪蛙
Rana dybowskii:东北林蛙
Xiphophorus helleri:剑尾鱼
Embryonic stem cell,Esc:胚胎干细胞
Embryoid Bodies,EBs:拟胚体
Biomphalaria glabrata:热带淡水蜗牛
BMP:骨形态发生蛋白
ConA:促细胞分裂剂
Cephalad fluid shift:头向流体变化
dermal ossification:真皮骨化
Danio rerio:斑马鱼
Drosophila melanogaster:黑腹果蝇
endochondral ossification:软骨骨化
ERK:胞外信号调节激酶
FGF2:成纤维细胞生长因子 2
Fundulus heteroclitus:底鳉,鳉鱼的一种
hMSC:人骨髓间充质干细胞
Habrobracon:黄蜂
IL-2:白介素 2
IGF-1:胰岛素样生长因子
MAPK:分裂原激活的蛋白激酶
Oryzias latipes:日本鳉鱼
PTHrP:甲状旁腺激素相关蛋白
PPAR γ2:过氧化物酶体增殖激活受体
Runx2:Runt 相关转录因子 2
SB203580:p38MAPK 的抑制剂
tPA:纤溶酶原活化因子

第七章

CHeCS:医疗保健系统
HRF:人体研究系统
Crew Medical Officer,CMO:随船航医
Extra-Vehicular Activity, EVA:舱外活动
Lower Body Negative Pressure, LBNP:下体负压
Puffy face:面部肿胀
Fullness in the head:头胀
Chicken leg syndrome:鸡腿综合征
LVEDV:左心室舒张末期容积
Cardiovascular deconditioning:心血管脱适应
Orthostatic intolerance:立位耐力不良
Aerobic exercise:有氧运动锻炼
Endurance exercise:耐力运动锻炼

Anaerobic exercise:无氧运动锻炼
Resistance exercise:阻力锻炼
Strengthening exercise:强度锻炼
stretching or flexibility exercise:拉伸或柔韧性锻炼
Balance exercise:平衡锻炼
aerobolic power:有氧功率
Tethered treadmill:双负荷跑台
Fludrocortison:氟氢可的松
Erythropoietin:促红细胞生成素
Epogen alfa:重组人促红细胞生成素
Darbepoetin alfa:长效促红细胞生成素
Live high - train low:高原睡眠,平原训练
Dual - Energy X - ray Absorptiometry,DEXA:双能量 X 射线吸收仪
Isokinetic ergometer:动能肌力计
Maximal Voluntary Contraction, MVC:最大主动收缩力
Flexor/extensor torque:关节屈/伸的力矩
Maximal Explosive Power, MEP:最大冲击功率
Maximal Cycling Power, MCP:最大旋转功率
Motor unit recruitment pattern:反馈类型
Hexokinase:已糖激酶
Aldolase:醛缩酶
Glycerol - 3 - Phosphate Dehydrogenase, GPDH :3 -磷酸甘油醛脱氢酶
Citrate synthase 柠檬酸合成酶
Succinate DeHydrogenase, SDH:琥珀酸脱氢酶
Glycogen phosphorylase:糖元磷酸化酶
Glycogen Synthase, GS:糖元合成酶
PhosphoFructoKinase, PFK 磷酸果糖激酶
Pyruvate Kinase,PK 丙酮酸激酶
Lactate DeHydrogenase,LDH:乳酸脱氢酶
Carnitine PalmitoylTransferase,CPT I:肉毒碱软脂酰转移酶 I
3 - hydroxyacyl - CoA dehydrogenase,β - OAC :β -羟脂酰辅酶 A 脱氢酶
Penguin suit:企鹅服
interim Resistance Exercise Device,iRED:阻力锻炼装置
Galileo - space training system:Galileo 空间训练系统
Fly - wheel:飞轮
Glucose intolerance:葡萄糖耐量不良
Off - axis vertical rotation:沿偏垂直轴
Rotating drum:旋转桶
Computerized dynamic posturography system:计算机控制的动态姿势检测系统
Hoffmam reflex,H - reflex:霍夫曼反射
Sopite syndrome:嗜睡综合症

第八章

Solar Cosmic Ray,SCR:太阳宇宙射线

Galactic Cosmic Ray,GCR:银河宇宙射线

Ionizing Radiation:电离辐射

Electromagnetic Radiation:电磁辐射

Particle Radiation:粒子辐射

Non-ionizing Radiation:非电离辐射

International Commission on Non-Ionizing Radiation Protection,ICNRP:国际非电离辐射防护委员会

Natural Radiation:天然辐射

United Nations Scientific Committee on the Effects of Atomic Radiation,UNSCEAR:联合国原子辐射效应科学委员会

International Atomic Energy Agency,IAEA:国际原子能组织

Exposure:照射量

Exposure Rate:照射量率

Absorbed Dose:吸收剂量

Absorbed Dose Rate:吸收剂量率

Equivalent Dose:当量剂量

Dose Equivalent:剂量当量

Linear Energy Transfer,LET:传能线密度

Relative Biological Effectiveness,RBE:相对生物学效应

Effective Dose:有效剂量

Solar Particle Events,SPE:太阳粒子事件

Solar Proton Events,SPE:太阳质子事件

Low Earth Orbit,LEO:低地球轨道

High Z and Energy,HZE:高能高电荷粒子

Geomagnetically Trapped Radiation,GTR:地磁俘获辐射带

South Atlantic Anomaly,SAA:南大西洋异常区

American Society for Testing Material,ASTM:美国试验材料学会

Extremely Low Frequency,ELF:极低频

International Agency for Research on Cancer,IARC:国际癌症研究机构

Radio Frequency,RF:射频

Deterministic Effects:确定性效应

Stochastic Effects:随机性效应

Ataxia Telangiectasia Mutated, ATM:细胞周期关卡激酶 ATM

Cyclin-dependent Kinase,CDK:细胞周期依赖激酶

Reactive Oxygen Species,ROS:活性氧

Gap-junction Intercellular Communication, GJIC:依赖间隙连接细胞间通信

Radiation Adaptive Response,RAR:适应性效应

National Committee on Radiological Protection,NCRP:美国辐射保护和测量委员会

Specific Absorption Rate,SAR:比吸收率

Electroporation:电穿孔

Electrofusion:电融合

第十章

Spontaneous Generation:自然发生论
Biogenesis:生源论
The Primordial Soup Theory:原汤理论

第十一章

ISPR:国际标准有效载荷机柜
ADvanced SEParations Processing Facility, ADSEP:高级分离处理装置
International Subrack Interface Standard, ISIS:国际机框接口标准
AAH:高级动物居住室
ADF:鸟类发育装置
EI:卵孵化器
VITACYCLE GH:生命循环温室
EMCS:模块化培养系统
IH:昆虫居住室
AQH:水生生物居住室
SPB:空间植物箱
SBRI:小型生物反应器
DCCS:动态细胞培养系统
RVWS:旋转壁管式细胞培养系统
ADSEP:高级分离处理装置
PCAM:蛋白质结晶装置
HDPCG:高密度蛋白质结晶装置
IPCG:蛋白质晶体生长干涉仪
OPCGA:可观测的蛋白质晶体生长装置
DCPCG:蛋白质结晶动态控制装置
APCF:高级蛋白质结晶设备
SCDF:溶液晶体生长诊断设备
SPRF:溶液/蛋白质晶体生长设备
Bioluminescence:生物自发光
Fluorescence:激发荧光
Low Level Discrimination, LLD:低阶鉴别力
Upper Level Discrimination, ULD:高阶鉴别力
LSS:生命支持系统
X-ray Crystallography Facility, XCF:
X-ray Diffraction Prime Item X, XDPI:射线衍射子系统
Crystal Preparation Prime Item, CPPI:晶体预备子系统
Command/Control/Data Prime Item, CCDPI:测控通信子系统
European Physiology Modules, EPM:哥伦布舱生理学研究实验平台
Arterial Blood Pressure Holter, HLTA:动脉血压监测仪
Portable Doppler, PDOP:便携式多普勒仪

Limb Volume Measurement Device，LVMD:肢体肌肉量测量装置

HemoCue B - Hemoglobin measuring device，HEMO:血色素测量装置

Portable Blood Analysis Device，PBAD:便携式血液分析装置

Portable Electroencephalogram Module，PORTEEM:便携式脑电图模块

Sample Collection Kit，SCK:样品收集工具包

第十二章

drop tower:落塔

drop well:落井

drop tube:落管

Ecuadorian space agency:厄瓜多尔空间局

sounding rocket:探空火箭

Research rocket:研究火箭

Free Fall Machine，FFM:自由落体机

rocket sled:火箭撬或火箭车

magnetization force:磁化力

magnetic force:磁力

Kelvin force:开尔文力

Brookhaven National Laboratory，BNL:美国布鲁克海文国家实验室

Premature Condensation Chromosome，PCC:早熟凝集染色体

GlycoPhorin A，GPA:血型糖蛋白 A

Hypoxanthine Phospho－Ribosyl Transferase，HPRT:次黄嘌呤磷酸核糖转移酶

Hypomagnetic field environment:亚磁场环境

第十四章

SPCG:空间蛋白质晶体生长

VDA:注射器式汽相扩散装置

APCF:先进蛋白质结晶装置

PCG - STES:蛋白质晶体生长单柜温箱

第十五章

Bioseparation:生物分离

Electrophoresis:电泳

Free - Flow Electrophoresis，FFE:自由流电泳

United State Commercial Electrophoresis Program in Space，USCEPS:空间商业电泳计划

Mobility:电泳迁移率

Ion intensity:离子强度

Electric field intensity:电场强度

SDS - PAGE:十二烷基磺酸钠-聚丙烯酰胺凝胶电泳

Recycling Isoelectric Foucusing，RIEF:循环等电聚焦

Free - Flow Electrophoresis,FFE:自由流电泳

第十六章

Random Amplified Polymorphic DNA，RAPD:随机扩增多态性 DNA

Single - Nucleotide Polymorphism，SNP:单核苷酸多态性

FAO:联合国粮农组织

IAEA:国际原子能机构

WHO:世界卫生组织

Chromosome aberration:染色体畸变

Crop:农作物

Gene mutation:基因突变

Gene recombination:基因重组

Genome:基因组

Germplasm:种质

Ground simulation:地面模拟

Induced mutation breeding:诱变育种

Line:品系

Mutagenic effect:诱变效应

Mutant gene:突变基因

Mutant germplasm:突变种质

Mutant variety:突变品种

Mutant:突变体

Mutation breeding:突变育种

Mutation frequency:突变频率

Mutation induction:诱变

Mutation screening:突变筛选

Mutation spectrum:突变谱

Mutation:突变

Point mutation:点突变

Radiation damage:辐射损伤

Radiation genetics:辐射遗传学

Radiosensitivity:辐射敏感性

Recessive gene:隐性基因

Resistant mutation:抗性突变

Seed propagated plants:种子繁殖植物

SP_1，SP_2…:空间诱变一代,二代……

Space breeding:空间技术育种

Space induced mutation:空间诱变

Space irradiation:空间辐射

Space mutagenesis:空间诱变

Variety:品种

Vegetatively propagated plants:无性繁殖植物

第十七章

Bioregenerative Life Support System，BLSS：生物再生式生命保障系统

Advanced Life Support Project，ALS：先进生命保障系统计划

CELSS Antarctic Analysis Program，CAAP：受控生态生命保障系统南极模拟计划

第十八章

urokinase：尿激酶

Zoledronate：唑来膦酸盐

PTH：甲状旁腺激素

IGF－I：胰岛素样生长因子

Leptin：瘦素

OPG：骨保护素

IGF－I：胰岛素样生长因子 I

Specific Radiation Determinants，SRD：特异性辐射因子

SOD：超氧化物歧化酶

GSH－Px：谷胱甘肽过氧化物酶

SMS：空间运动病